eXamen.press

eXamen.press ist eine Reihe, die Theorie und Praxis aus allen Bereichen der Informatik für die Hochschulausbildung vermittelt.

Gilbert Brands

Einführung in die Quanteninformatik

Quantenkryptografie, Teleportation und Quantencomputing

Prof. Dr. Gilbert Brands
Hochschule Emden/Leer
Fachbereich Technik
Abteilung Elektrotechnik/Informatik/Medientechnik
Constantiaplatz 4
26723 Emden
Germany
gilbert.brands@ewetel.net

ISSN 1614-5216
ISBN 978-3-642-20646-7 e-ISBN 978-3-642-20647-4
DOI 10.1007/978-3-642-20647-4
Springer Heidelberg Dordrecht London New York

Die Deutsche Nationalbibliothek verzeichnet diese Publikation in der Deutschen Nationalbibliografie; detaillierte bibliografische Daten sind im Internet über http://dnb.d-nb.de abrufbar.

Einbandentwurf: KünkelLopka GmbH, Heidelberg

Gedruckt auf säurefreiem Papier

Springer ist Teil der Fachverlagsgruppe Springer Science+Business Media (www.springer.com)

Inhaltsverzeichnis

1 Einleitung . . . 1
1.1 Quanteninformatik – warum? . . . 1
1.2 Philosophischer Hintergrund . . . 3
1.3 Voraussetzungen für das Lesen dieses Buches . . . 7

2 Quantenmechanische Phänomene . . . 9

3 Grundlagen der Quantenmechanik . . . 17
3.1 Unschärfeprinzip und Statistik . . . 17
3.2 Wellenfunktion, Superposition und Verschränkung . . . 19
3.2.1 Die Axiome . . . 20
3.2.2 Messung, Wirkung, Verschränkung . . . 23
3.2.3 Von den Axiomen zur Theorie: zwei Beispiele . . . 27
3.2.4 Eigenwerte und Eigenfunktionen . . . 33
3.3 Formalisierung der Theorie . . . 37
3.3.1 Der Hilbert-Raum – unitäre Räume . . . 37
3.3.2 Quantenmechanische Objekte . . . 40
3.3.2.1 Eigenfunktion und Superposition . . . 40
3.3.2.2 Überlagerung und Verschränkung . . . 42
3.3.2.3 Messung . . . 47
3.3.2.4 Zusammenfassung . . . 49
3.3.3 Dichte-Operator . . . 49
3.3.3.1 Die Dichtematrix . . . 49
3.3.3.2 Invarianten: die Spur der Dichtematrix . . . 51
3.3.3.3 Messungen und Wirkungen im Dichtebild . . . 53
3.3.3.4 Partielle Spur . . . 54
3.3.4 Anwendung der Theorie auf polarisierte Photonen . . . 55
3.4 Schrödinger-Gleichung und Unschärferelation . . . 58
3.4.1 Die Schrödinger-Gleichung(en) . . . 58
3.4.2 Klassifikation von Operatoren . . . 60
3.4.3 Operatorformen und Unschärferelation . . . 62

3.4.4 Die Übertragung auf die Praxis 64
3.5 Drehimpuls und Spin 65
3.5.1 Der Drehimpuls 65
3.5.2 Der Spin 67
3.5.3 Unitäre Spintransformationen in der Praxis 70
3.5.4 Zeitliche Stabilität von Zuständen 72
3.6 Lokalität und Klonen 75
3.6.1 Das EPR-Problem und die Bell-Gleichung 75
3.6.1.1 Ist die Theorie unvollständig? 75
3.6.1.2 2-Photonen-Experiment 76
3.6.1.3 3-Spin-Experiment 79
3.6.1.4 Praktische Auswirkungen 81
3.6.2 Verschränkung und lokale Wirkung 81
3.6.3 Das „No Cloning“-Theorem 83
3.7 Entropie und Information 84
3.7.1 Klassische Entropie und Information 85
3.7.2 Entropie und Information in der Quantentheorie 87

4 Lichtquanten und Verschlüsselung 91
4.1 Klassische Verschlüsselungsverfahren und Motivation 91
4.2 Arbeitsweise der Quantenkryptograhie 93
4.2.1 Photonen und Polarisation 93
4.2.2 Quantenkryptografie 96
4.3 Protokolle für die Schlüsselerzeugung 98
4.3.1 1-Photonen-4-Zustände-Protokoll 98
4.3.1.1 Das Basisprotokoll im ungestörten Fall 98
4.3.1.2 Angriff auf den Quantenkanal 99
4.3.2 1-Photonen-6-Zustände-Protokoll 101
4.3.3 Die Ermittlung der fehlenden Schlüsselbits 102
4.3.4 2-Photonen-2-Zustände-Protokoll 104
4.4 Fortgeschrittene Angriffsmethoden 108
4.4.1 Angriff mit Quantencomputern 108
4.4.2 Angriff mit einem Quantenkopierer (Kloner) 111
4.4.2.1 Untergrenze der Sicherheit 111
4.4.2.2 Universeller optimaler Kloner 114
4.4.3 Zusammenfassung der Szenarien 116
4.5 Fehlerkorrektur 117
4.5.1 Allgemeine Vorgehensweise 117
4.5.2 Der klassische Ansatz: Verwerfen der Messinformationen . . 120
4.5.2.1 Advantage Distillation 121
4.5.2.2 Eves „Advantage“ 122
4.5.2.3 Information Reconciliation 125
4.5.2.4 Privacy Amplification 126
4.5.2.5 Fazit 126

4.5.3 Nutzung von Informationen aus Quantenverfahren 127
4.5.3.1 Kaskadierende 2/1-Bitextraktion 127
4.5.3.2 n/m-Blockextraktion 130
4.5.3.3 $n/m/1$-Alphabet 134
4.5.3.4 $k * m/m/m'$-Alphabete 135
4.5.4 Authentifizierung der Verbindung 136
4.5.5 Simulation von Szenarien 140
4.6 Erzeugungsstatistik polarisierter Photonen 149
4.6.1 Statistik des Erzeugungsprozesses 149
4.6.2 Angriff mit einfachem Strahlenteiler 152
4.6.3 Einfaches System mit Gedächtnis 153
4.6.4 Selektive Strahlenteiler 154
4.6.5 Hardware ./. Software 155
4.7 Primäre Photonenquellen: Laserdioden 156
4.7.1 Anforderungen 156
4.7.2 Grundlagen der Halbleitertechnik 157
4.7.3 Photo- und Laserdioden 162
4.7.4 Erzeugen kurzer Impulse 164
4.8 1-Photonen-Emitter 165
4.9 Erzeugen verschränkter Photonenpaare 168
4.9.1 Induzierte Konversion 168
4.9.2 Quantenpunkt-Laserdioden und Verschränkung 173
4.10 Komponenten des optischen Erzeugungssystems 174
4.10.1 Komplettsystem 174
4.10.2 Strahlenvereinigung 176
4.10.3 Interferenzfilter 176
4.10.4 Abschwächer 177
4.10.5 Polarisatoren/Analysatoren 177
4.10.6 Phasenschieber und Rotatoren 178
4.10.7 Systemeichung 181
4.11 Übertragung polarisierter Photonen 182
4.11.1 Luftübertragung 182
4.11.2 Lichtwellenleiter 183
4.11.3 Selbstkompensierende Systeme 185
4.12 Detektion polarisierter Photonen 188
4.12.1 Messanordnung 188
4.12.2 Photodetektor 190
4.12.3 Neutrale Strahlenteiler 190
4.12.4 Polarisierende Strahlenteiler 191
4.13 Realisierte Angriffe 192
4.13.1 Trojaner 192
4.13.2 Zeitverschiebungsangriffe 195
4.13.3 Phasenverschiebungsangriffe 197
4.14 Die Zukunft der Quantenkryptografie 199

5 Teleportation ... 203
5.1 Nur Science Fiction? ... 203
5.2 Funktionsprinzip der Teleportation ... 204
5.3 Ein einfaches Protokoll für die Teleportation ... 206
5.3.1 Die Theorie ... 206
5.3.2 Das Experiment ... 209
5.4 Komplexere Protokolle ... 213
5.4.1 Theorie zum Transport von Mehrteilchensystemen ... 213
5.4.2 Experimentelle Nachweise ... 216
5.5 Fehlerverminderung ... 216
5.6 Speicherung verschränkter Zustände ... 218
5.7 Transport ohne verschränktes Teleportersystem ... 219
5.8 Praktische Auswirkungen ... 222

6 Quantencomputer ... 225
6.1 Funktionsweise von Quantenrechnern ... 225
6.2 Konsequenzen von Quantencomputern ... 228
6.3 Elemente eines Quantencomputers ... 230
6.3.1 Das Qbit und das Qbit-Register ... 230
6.3.2 Basis-Operatoren im Quantencomputer ... 231
6.3.2.1 Grundsätzliches ... 231
6.3.2.2 NOT-Operation ... 235
6.3.2.3 Controlled-NOT-Operation ... 235
6.3.2.4 Toffoli-Operation oder CCNOT ... 237
6.3.2.5 Der SWAP- und der cSWAP-Operator ... 239
6.3.2.6 Der Hadamard-Operator ... 240
6.3.2.7 Wurzeln aus NOT- und SWAP-Operatoren ... 240
6.3.3 Elementaroperationen: Rotationen und Phasenverschiebungen ... 241
6.3.4 Zerlegung von Quantenoperatoren ... 242
6.3.4.1 Zerlegung unitärer Transformationen ... 243
6.3.4.2 Kontrollierte Phasendrehung ... 244
6.3.4.3 Beliebige durch 1 Qbit kontrollierte Operationen ... 244
6.3.4.4 Realisierung der CNOT-Operation ... 245
6.3.4.5 Operationen mit mehreren Kontrollbits ... 248
6.3.5 Aufwandsbilanz ... 251
6.4 Arithmetische Operationen ... 252
6.4.1 Operationsfolgen und Quantenregister ... 252
6.4.2 Fourier-Transformation ... 255
6.4.3 Additionsalgorithmen ... 257
6.4.3.1 Notationen ... 258
6.4.3.2 Klassische Addition mit Hilfsregister ... 260
6.4.3.3 Kontrollierte Addition ... 263
6.4.3.4 Qbit-sparende Addition ... 264

6.4.3.5 Quantenaddition ... 267
6.4.3.6 Modulare Addition ... 268
6.4.4 Multiplikation ... 270
6.4.4.1 Die klassische Multiplikation ... 270
6.4.4.2 Divisionsalgorithmus ... 272
6.4.4.3 Modulare Multiplikation ... 273
6.4.5 Modulare Exponentiation ... 275
6.4.6 Zusammenfassung ... 277
6.5 Problemlösungen mit Quantencomputern ... 278
6.5.1 Suchen in unsortierten Mengen ... 279
6.5.1.1 Ein Suchalgorithmus auf Quantencomputern ... 280
6.5.1.2 Effizienz der Algorithmus ... 285
6.5.1.3 Zählen der Zustände ... 287
6.5.1.4 Die Orakel-Funktion ... 288
6.5.2 Der Faktorisierungsalgorithmus von Shor ... 293
6.5.2.1 Der klassische Ansatz ... 293
6.5.2.2 Die Quantencomputerversion ... 294
6.5.2.3 Der Quanten-Algorithmus im Detail ... 296
6.5.2.4 Ermittlung der Periode ... 299
6.5.2.5 Erfolgswahrscheinlichkeit ... 300
6.5.3 Verschlüsslung auf Basis des diskreten Logarithmus ... 301
6.5.4 Fazit ... 302
6.6 Fehlerkorrekturverfahren ... 303
6.6.1 Allgemeines ... 303
6.6.2 Bitflips und ihre Korrektur ... 305
6.6.3 Phasenflips und ihre Korrektur ... 306
6.7 Simulation auf klassischen Systemen ... 307
6.7.1 Was können wir simulieren? ... 308
6.7.2 Datentypen ... 309
6.7.3 Rechenoperatoren und Tensorprodukte ... 312
6.7.4 Unitäre Transformationen ... 314
6.7.5 Kontrollierte Transformationen ... 317
6.7.6 Operationen auf großen Quantenregistern ... 324
6.7.7 Messung ... 329
6.7.8 Statistisches ... 332
6.7.9 Fehlersimulation ... 334
6.7.10 Ein Simulationsbeispiel: Suchalgorithmus nach Grover ... 335
6.7.11 Weitere Aufgaben ... 337
6.8 Nicht lokale Quantensysteme ... 337
6.8.1 Entfernte Rotation ... 338
6.8.2 Entfernte CNOT-Operation ... 340
6.9 Technische Realisierung von Quantenrechnern ... 341
6.9.1 Übersicht ... 342
6.9.2 Optische Quantencomputer ... 345

6.9.3 Kernspinresonanz in Molekülen 346
6.9.4 Kernspinresonanz in Festkörpern 348
6.9.5 Klassische Ionenfallen 356
6.9.6 Halbleiter-Ionenfallen und anderes 364
6.9.7 Cooper-Paare in supraleitenden Materialien 365
6.9.8 Dissipative Systeme 366
6.10 Fazit und Ausblick 367

Sachverzeichnis 371

Kapitel 1
Einleitung

Dieses Buch wendet sich zunächst an Informatiker. Thematisch wird es aber sicher auch den einen oder anderen Physiker oder Mathematiker ansprechen. Für diese Leserschaft mag sich bei dem einen oder anderen Thema in den ersten drei Kapiteln die Frage stellen, warum es überhaupt aufgenommen wurde. Aus Erfahrung weiß ich aber, dass Informatiker erst auf bestimmte Sachen eingeschworen werden müssen, die einem Physiker vielleicht selbstverständlich sind. Bitte lesen Sie deshalb die ersten drei Kapitel mit verständnisvollem Humor. Später wird es auch Themen geben, bei denen die Informatiker im Vorteil sind.

1.1 Quanteninformatik – warum?

Das Thema „Quanteninformatik für Informatiker" aufzugreifen, erfordert angesichts der derzeitigen Entwicklung der Lehrpläne an Hochschulen etwas Mut. So ist seit meinem Eintritt in die Hochschullaufbahn die Mathematik um $1/3$ gekürzt worden, Physik wurde komplett gestrichen, numerische Mathematik zum Wahlfach degradiert und Hardwarekenntnisse auf ein rudimentäres Maß reduziert. Einher geht – trotz aller gegenteiligen Beteuerungen aus den politischen Lagern – ein weiterer Abbau der Grundkenntnisse von Studienanfängern, zum Einen, weil Stoff vielfach nur in den Plänen existiert oder auf äußerst befremdende Weise präsentiert wird, zum Anderen, weil die Voraussetzungen für die Aufnahme eines Studiums immer weiter aufgeweicht werden. Und noch immer wird aus dem Funktionärslager verkündet, der Mathematikanteil an der Ausbildung sei nach wie vor zu hoch.

Zu einem Kenntnisstand, der bei vielen Themen wie Verschlüsselungstheorie fast schon dazu verleitet, die Lehre auf den Satz „Verschlüsselungsalgorithmen existieren!" zu reduzieren, kommt die starke Konzentrierung auf Themen, die sofort und unmittelbar einen (*wirtschaftlichen*) Nutzeffekt abwerfen, hinzu. Konkret lässt sich das auf den Satz „*wir sollen … Dazu brauchen wir eine Formel.*" reduzieren. Die Mathematik (*und darüber hinaus auch die Physik*) wird auf den Besitz einer Formel reduziert, ohne dass noch interessiert, wie diese denn zustande gekommen ist,

G. Brands, *Einführung in die Quanteninformatik*.
DOI 10.1007/978-3-642-20647-4_1, © Springer 2011

was sie eigentlich aussagt und ob sie überhaupt die richtige für die Lösung dieser Aufgabe ist.

Quanteninformatik ist in diesem Sinne – man habe eine sofort und unmittelbar lösbare Aufgabe und schlage die Formel nach – heute noch gar nicht so richtig existent: zwar existieren schon eine Reihe von Algorithmen, experimentelle Nachweise, dass die Algorithmen grundsätzlich funktionieren, Konstrukte für Programmiersprachen für Quantenrechner und einige bereits praktisch einsetzbare Anwendungen in der Verschlüsselung, jedoch ist eine Maschine, mit der man wirklich Rechnen könnte, trotz ernsthafter Bemühungen der Physiker derzeit noch nicht in Sicht. Die auf dem Papier bereits entwickelten Anwendungen und die Verschlüsselungstechniken machen gegenüber herkömmlichen Techniken erst dann wirklich Sinn, wenn diese Maschinen zu haben sind. Soll man sich also Gedanken über etwas machen, dessen Nutzeffekt nicht absehbar ist?[1]

Die Antwort auf diese Frage kann eigentlich nur **JA** lauten. Beispiele aus der Verschlüsselungstechnik zeigen, dass es durchaus Sinn macht, nicht nur über die Programmierung von Webseiten nachzudenken. So sind neben den mathematischen und zugegebenermaßen oft nicht leicht verständlichen Angriffen auf Verschlüsselungsverfahren auch einfache physikalische Angriffstechniken bekannt – nicht unbedingt kritisch für das Verschlüsselungsgeschehen als Ganzes, aber schon zu beachten unter bestimmten Einsatzbedingungen. Das praktische Problem besteht aber darin, dass immer weniger der eigentlichen Fachleute aus der Informatik heute noch in der Lage sind, die Auswirkungen von Gefährdungen unter bestimmten Einsatzbedingungen objektiv beurteilen zu können. Dazu ist theoretisches Hintergrundwissen notwendig, dass nicht selten fehlt.[2]

Und Beispiele aus anderen naturwissenschaftlich-technischen Bereichen zeigen ebenfalls, dass der einzige Effekt überzogener politischer Ethikdiskussionen, Dogmenbildung und sonstiger Hinhaltetaktiken und Einmischungen ein Vorbeiziehen anderer Volkswirtschaften an uns ist. Am Einsatz der Techniken kommt man nicht letzten Endes nicht vorbei, nur dass sie dann teuer eingekauft werden müssen, statt selbst daran zu verdienen.

Unter diesen Prämissen macht es durchaus Sinn, den Mut auch zu diesem Thema aufzubringen und zu versuchen, ein Häuflein „unbelehrbarer Theoretiker" um sich zu scharen. Und auch wenn sich die Quanteninformatik noch längere Zeit als Flop herausstellen sollte: aus eigener Erfahrung kann ich versichern, dass es Unnützes und Überflüssiges im Leben nicht gibt. Ein breiter intellektueller Horizont ist immer karrierefördernd – von gewissen Karrieren in der Politik vielleicht einmal abgesehen.

---

[1] Etwas ketzerisch könnte man die Quanteninformatik mit der Fusionstechnik vergleichen: nach einem enthusiastischen Aufbruch von mehr als 30 Jahren ist es sehr still um das Thema geworden, und vor 2050 rechnen selbst die Experten nicht mehr mit wirtschaftlich einsetzbarer Technik. Genügt nicht ein kostspieliger Aufbruch ins Nirwana?

[2] Hinzu kommt noch eine Reihe von Verstößen gegen den gesunden Menschenverstand. Selbst einfache Verhaltensregeln werden nicht selten im Rahmen der politischen Grabenkämpfe in Unternehmenshierarchien mit dem Vermerk „das ist den Mitarbeitern nicht zumutbar" abgeschmettert.

1.2 Philosophischer Hintergrund

Druckfehler? Schreibt man das heute nicht „Filosofie“? Kann sein, aber ohne mich. Ein bischen „Understatement“ sollte schon sein, und man schreibt ja auch nicht „Fysik“ oder „Füsick“ (*oder doch?*).

Aber das Thema dieses Kapitels ist eigentlich ein anderes. Sich mit Quanteninformatik auseinander zu setzen, bedeutet, dass man sich auch mit der Quantentheorie und der dazugehörenden Mathematik beschäftigen muss. Nun ist die Beschäftigung mit der Mathematik aus der Sicht von Didaktikern und Pädagogen ja nur dann sinnvoll, wenn man zunächst die Nutzanwendung präsentiert und dann die dazugehörenden Formeln,[1] und nach landläufiger Meinung soll die Theorie ja eine Beobachtung erklären. Von dieser Betrachtungsweise muss man sich aber grundlegend trennen, wenn man hier weiterkommen möchte.

Wichtig ist zunächst einmal das Verständnis des Begriffs Theorie. Wie gesagt, versteht man unter einer Theorie leider meist das nicht-naturwissenschaftlich geprägte Bild einer Erklärung einer Beobachtung. Dazu werden oft mehr oder weniger willkürlich Rahmenbedingungen festgelegt, aus denen die Beobachtung erklärt wird, d. h. argumentativ begründet wird, warum genau das passiert ist (*wer bei der Festlegung der Rahmenbedingungen Recht hat, entscheiden formale Gesichtspunkte. Der Professor hat natürlich immer Recht gegenüber Nicht-Professoren, und untereinander hat man eben unterschiedliche Lehrmeinungen, wobei natürlich immer der andere irrt*). Beim nächsten Mal, d. h. der nächsten Beobachtung, geht man genauso vor und wählt vielleicht ein paar andere Rahmenbedingungen aus, damit es besser passt.[2] Nun sagt aber schon die elementare Aussagenlogik, dass man aus beliebigen Voraussetzungen auch beliebige Schlüsse ziehen kann und die Schlussfolgerung stets logisch richtig ist.

Leider färbt das auch auf die Naturwissenschaften ab. So werden aus physikalischen Theorien Aussagen ausgekoppelt, die etwas erklären sollen und dadurch einen eigentümlichen Realitätscharakter erhalten. Nehmen Sie zum Beispiel Entwürfe zur „großen einheitlichen Theorie“, in denen 11 Dimensionen auftauchen, von denen 7 zur Unsichtbarkeit „zusammengerollt“ sind.[3] Ob das irgendeinen Realitätsbezug zu unserem täglichen Leben hat, sei einmal dahin gestellt, aber auf dieser Basis können sich nun alle diejenigen, die bereits in der Schule „noch keine einzige Formel

[1] Was eigentlich nur zeigt, dass man immer noch in die Didaktik einsteigen kann, wenn man das eigentliche Fach schon längst nicht mehr versteht.

[2] Besonders beliebt sind Verknüpfungen verschiedener Komplexitätsebenen. So ist die „Verbreitung der eigenen Gene“ auch für die verrücktesten Aussagen stets der Garant, dass man richtig liegt, da eine solche Behauptung auf der nächsten Komplexitätsebene nicht kausal überprüfbar ist (Jack Cohen, Ian Stewart, Chaos und Anti-Chaos, dtv 1994). Mein Vorschlag, statt des Genarguments doch die Entropie als Argument zu verwenden (die liegt noch eine Komplexitätsebene unter der Genetik und lässt dann keinen Wunsch der beliebigen Argumentation mehr offen), ist allerdings daran gescheitert, dass keiner weiß, was Entropie ist.

[3] Dieses Beispiel wird relativ häufig in populärwissenschaftlich ausgerichteten Magazinen breitgetreten, so dass Sie es vermutlich kennen.

verstanden haben und immer eine 5 hatten", der Illusion hingeben, die Physik verstanden zu haben und mitreden zu können.

Mit diesen Gedankenmodellen kommt man hier nicht weiter, insbesondere weil sich die Objekte der Quantenmechanik unseren persönlichen sensorischen Fähigkeiten entziehen. Eine Theorie im physikalischen Sinn will nichts erklären (*auch wenn man das halt immer wieder versucht*), sondern Voraussagen über Messungen treffen. Die newtonsche Gravitationstheorie sagt nur aus, dass der aus 1 m Höhe losgelassene Apfel nach 0,45 s auf dem Boden aufschlägt, erklärt aber nicht, wieso das auch für eine Birne gilt und warum der Apfel überhaupt auf den Boden fällt und nicht zur nächsten Obstschale fliegt. Allgemein gesprochen, haben wir Objekte mit bekannten Eigenschaften zu Beginn des Experiments, vorgegebene Umweltbedingungen, eine experimentelle Fragestellung und ein Messgerät, und die Theorie sagt nicht mehr und nicht weniger aus, als bei welchem Zeigerstand das Messgerät beim Ende des Experiments stehen bleibt.

Nun kann man sich nach einigen Versuchen mit seltsamem Ausgang allerdings fragen, worin denn der Unterschied zum zuerst genannten Theorieverständnis besteht. Schließlich liefert die Theorie zwar für Apfel und Birne die richtige Voraussage, nicht aber für einen aufgeblasenen Luftballon bei Seitenwind. Benötigt man dazu nicht doch eine neue Theorie, d. h. ist doch alles beliebig und von einer „Lehrmeinung" abhängig?

Die Antwort lautet **NEIN**.

Theorien bzw. konkrete theoretische Berechnungen dürfen unvollständig sein, oder genauer, sie müssen nur so viele Rahmenbedingungen berücksichtigen, dass das Messergebnis im Rahmen der Messgenauigkeit voraussagbar ist. Ohne Luftinhalt oder im luftleeren Raum verhält sich der Ballon wie Birne und Apfel, rechnet man Oberfläche, Reibung und Wind dazu, kann man auch die Fallzeit und den Aufprallort des Ballons berechnen. Dieselbe Rechnung auf Apfel und Birne angewandt weist aber das gleiche Ergebnis wie zuvor auf, ganz einfach, weil die zusätzlichen Rahmenbedingungen unterhalb dessen liegen, was mit dem verwendeten Messgerät messbar ist.

Abstrakter ausgedrückt, ist eine Theorie bzw. eine theoretische Berechnung nur dann konsistent, wenn

a) durch Fortlassen bestimmter, für das Experiment unwesentlicher Rahmenbedingungen in der Rechnung die Voraussage nicht über das Fehlermaß hinaus geändert wird, bzw.
b) durch Hinzufügen weiterer Rahmenbedingungen für einen verschärften Experimentalrahmen die bestätigten Ergebnisse früherer Experimente nicht widerlegt werden.

Zwei an sich ähnliche Experimente aber nachträglich mit verschiedenen Rahmendaten zu beschreiben, damit die beobachteten Ergebnisse auch herauskommen, und das Ganze als unterschiedliche Theorie oder zumindest abweichende Lehrmeinung zu beschreiben, ist aus naturwissenschaftlicher Sicht schlichtweg Scharlatanerie.[1]

[1] Sie kennen sicher das eine oder andere Beispiel für solches Vorgehen, bei dem entweder vorab oder im Nachhinein der Rahmen recht willkürlich gesetzt wird. Schöne Beispiele liefert auch das

Aufgabe. Nur Lesen bringt auch nur begrenzten Erkenntnisgewinn, deshalb sollten Sie sich auch an einer Verifikation meiner Behauptungen versuchen. Suchen und untersuchen Sie einmal selbst einige Beispiele von Theorie- oder Modellbildung aus dem nichttechnischen Bereich. Bereits bei der täglichen Politik mit ihren Dogmenbildungen kann man fündig werden. Versuchen Sie nicht, ihre eigene politische Ansicht wiederzufinden – untersuchen Sie vielmehr, wie die Randbedingungen jeweils so fixiert werden, dass bestimmte Aussagen passen, und andere Randbedingungen einfach ignoriert werden.

Halten wir zusammenfassend fest: eine grundlegendere oder verschärfte Theorie muss mehr Rahmenbedingungen berücksichtigen und kann in eine einfachere Theorie übergehen (*muss sie gewissermaßen als Asymptote enthalten*), wenn das Ignorieren bestimmter Rahmenbedingungen keinen Einfluss mehr auf das Messergebnis (*im Rahmen der vorgegebenen Messgenauigkeit*) hat. Der Übergang der komplexeren Theorie in die einfachere ist dabei ein Muss und wird **Korrespondenzprinzip** genannt.

Wir erhalten so ein Schalenmodell von Theorien, die einander einschließen oder verschiedene Theoriegebiete vereinen. Einsteins relativistische Mechanik muss bei kleinen Geschwindigkeiten Newtons klassische Mechanik enthalten (*ohne das letztere als eigenständige Theorie entfällt*), die Quantenmechanik bei sehr vielen Teilchen ebenfalls in die klassische Mechanik, die Optik oder die Elektrotechnik münden usw. Zwei Theorien für ein Gebiet mit gleichen Rahmenbedingungen, die zu unterschiedlichen Aussagen führen, sind unzulässig (*und nicht unterschiedliche Lehrmeinungen, die man diskutieren könnte*); für zwei formal unterschiedliche Theorien mit gleichen experimentellen Aussagen ist nachzuweisen, dass sie mathematisch äquivalent sind.

Es sei angemerkt, dass der Übergang von einer theoretischen Beschreibung zu einer anderen aufgrund der bereits in einer Fußnote auf Seite 3 erwähnten Komplexitätsebenen mehr oder weniger zwingend notwendig wird. Warum ein Wassertropfen auf einer heißen Herdplatte hin- und her schießt, lässt sich kaum ermitteln, wenn man bei den Wechselwirkungen zwischen zwei Atomen beginnt – auch wenn das letztendlich theoretisch möglich wäre.

Wie sieht nun aber eine Theorie aus? Nun, die Erfahrung lehrt uns, dass der Schöpfer (*oder wer auch immer sich das Universum ausgedacht haben mag*) in weiten Teilen mathematische Regeln für das Zusammenspiel der Naturkomponenten definiert hat, und zwar nicht in dem Sinn, dass auf bestimmte Fälle bestimmte mathematische Formeln anzuwenden sind (*das ist ein zwar richtiger Nebeneffekt, aber halt nur ein Nebeneffekt, den viele mit der eigentlichen Theorie verwechseln*), sondern dass eine bestimmte Klasse von Naturphänomenen mit einem bestimmten Satz mathematischer Axiome beschreibbar ist. Die newtonsche Mechanik lässt sich

Buch von Alan Sokal und Jacques Bricmont, Eleganter Unfug, C. H. Beck. Auch das Wort „Scharlatan“ lohnt sich zu googlen, wenn unbekannt, war es doch über Jahrhunderte die schlimmste Beleidigung, die man einem Wissenschaftler zukommen lassen konnte, während es heute dank der modernen Presse fast schon den Normalzustand beschreibt.

aus wenigen Prinzipien der Differentialrechnung entwickeln – hätte Newton die lineare Algebra zur Grundlage seiner Berechnungen gemacht, wäre er gescheitert. Einstein hat in seiner speziellen Relativitätstheorie erkannt, dass gewisse bereits lange vorher bekannte Transformationseigenschaften Grundlage einer bestimmten Physik sind – nur ist vorher keiner auf die Idee gekommen, es damit zu versuchen. Kurz gesagt, die Sternstunden der Physik sind in der Regel nicht in äußerst komplizierten Formeln zu suchen, sondern in der Entdeckung eigentlich simpler Axiomensysteme, aus denen sich unterschiedliche Aussagen konsistent entwickeln lassen. Die komplexen Formeln kommen hinterher, und die Theorie bewährt sich, wenn die komplexen Formeln die dazugehörenden Experimentalergebnisse exakt vorhersagen.

Wie müssen wir also die Rolle der Mathematik betrachten? Wir werden der Theorie einige Axiome zugrunde legen und darauf ein mathematisches Gebäude errichten. Das kann zunächst rein abstrakt erfolgen; wir müssen uns aber immer wieder fragen, wie wir physikalisch beobachtbare Größen in die Mathematik integrieren können und ob bei Weiterentwicklung der Mathematik in dieser Richtung tatsächlich eine „Beobachtung" entsteht und durch eine Messung bestätigt werden kann.[1] Wenn die Beobachtung meilenweit, aber systematisch danebenliegt, kann man vielleicht Zusatzbedingungen einführen (*die für die reine Mathematik ohne Bedeutung sind*), mit denen nun die richtigen Ergebnisse produziert werden; wenn eine Ortskoordinate in imaginären Einheiten berechnet wird, kann an der ganzen Theorie irgendetwas nicht stimmen; wenn die reine Mathematik aussagt, dass der „Bretzelzustand" eines Teilchens den Wert „87 Kubiknudeln" nicht übersteigen kann, muss das den Physiker erst dann wirklich interessieren, wenn er ein Messgerät für den „Bretzelzustand" konstruiert hat, aber er sollte die Aussage zumindest nicht ignorieren.

In der Praxis ist die Mathematik häufig auch gar nicht in der Lage, eine Problemlösung zu präsentieren. Oft beschränken sich die Mathematiker auf Existenzaussagen, ohne die konkrete Lösung auch angeben zu können.[2] Mit plausiblen physikalischen Annahmen, Vereinfachungen, Näherungen usw. lassen sich aber in vielen Fällen akzeptable Ersatzlösungen erarbeiten, wobei die Beurteilung der Qualität solcher Lösungen eine zentrale Aufgabe darstell, für die auch die Mathematik das Teilgebiet „numerische Mathematik" beisteuert, in der eine Reihe eherner mathematische Gesetze (*Assoziativ- und Distributivgesetz*) nicht mehr gelten. Die Näherungslösungen werden dadurch oft komplizierter als die exakten Lösungen.

[1] Die Mathematik ist in dieser Beziehung gewissermaßen ein „Fass ohne Boden" und dringt oft in Gebiete vor, die nie ein physikalischer Fuß begeht. Auch wenn die Physiker häufig der Mathematik neue Impulse verschafft haben – die Mathematik bleibt ein eigener naturphilosophischer Zweig und ist nicht nur Hilfsmittel für die Technik. Umgekehrt findet man aber häufig auch die Situation vor, dass die Technik mathematische Ergebnisse aus relativ exotischen Bereichen adaptieren kann.

[2] Das entspricht gewissermaßen einer Schatzsuche: auf der Insel XXX ist definitiv und beweisbar ein Schatz vergraben (*weil Pirat YYY mit Schatz hingefahren und ohne zurückgekommen ist*). Die Mathematik beschränkt sich oft auf diese Existenzaussage und überlässt dem Physiker die schweißtreibende Aufgabe, die Insel umzugraben.

Wichtig bei alldem und deshalb nochmals ausdrücklich wiederholt: den mathematischen Zwischenschritten oder Formeln irgendein Bild einer realen Eigenschaft in unserem eigenen sinnlichen Erfahrungsumfeld zuzuschreiben, ist lediglich ein Hilfsvehikel, um die Diskussion zu vereinfachen, vielleicht auch etwas Neues zu finden, hat aber weder etwas mit der Realität der Objekte zu noch ist es Ziel des Ganzen. Die Aufgabe der Mathematik in der Physik ist die Voraussage des Verhaltens eines Messgerätes, und es ist wichtig, sie in ihrer Gesamtheit ernst zu nehmen und nicht nur als eine Formelsammlung.

1.3 Voraussetzungen für das Lesen dieses Buches

Ich habe eine ganze Weile darüber nachgedacht, ob einem solchen Buch Kapitel mit den Grundzügen der Mathematik oder der Physik eingefügt werden sollten. Letzten Endes hat dies zu den Kap. 2 und 3 geführt, in denen einige historische Experimente zur Entwicklung der quantenmechanischen Theorie beschreiben und eine knappe Einführung in die in den weiteren Kapiteln vorausgesetzte quantenmechanische Theorie gegeben wird. Grundlegende Kenntnisse der Mathematik und Physik setze ich voraus, und bei Bedarf müssen Sie zu einem Mathematik- oder Physiklehrbuch greifen, um auftretende Engpässe im Verständnis aufzuarbeiten. Das vielleicht von einigen Lesern als überflüssig angesehene Teilkapitel „Philosophische Hintergründe" soll Ihnen eine Hilfe bieten, wann und wie Sie auf Grundlagenwerke zurückgreifen sollten.

Ansonsten sollten Sie mit dem Buch relativ flüssig und unabhängig arbeiten können. Die Angewohnheit mancher Autoren, zur Straffung des Textes auf jeder Seite bezüglich komplexer Hintergründe von Aussagen auf 2–3 sehr spezielle andere Werke zu verweisen (*die dann oft nicht greifbar sind bzw. der gleichen Angewohnheit frönen*), nervt mich selbst in einem Maße, dass ich lieber mal einen – von manchen vielleicht als überflüssig empfundenen – Satz mehr formuliere.

Neben der Mathematik und der Physik sind auch eine Reihe von Themen aus der Informatik betroffen, deren Kenntnis im Weiteren vorausgesetzt wird oder zumindest hilfreich wäre. So sind Kenntnisse der aktuellen Verschlüsselungs- und Authentifizierungsmethoden – Hashfunktionen, symmetrische und asymmetrische Verschlüsselung sowie Hybridverfahren aus allen drei Algorithmenbereichen – für das Kapitel über Quantenverschlüsselung hilfreich.[1] Die Kenntnis von Angriffstechniken auf aktuelle Verschlüsselungsmethoden hilft bei dem Verständnis der Quantenalgorithmen weiter, und Programmierkenntnisse sind nicht zuletzt für die eingestreuten praktischen Übungsaufgaben notwendig.[2]

---

[1] Eine mathematisch orientierte Übersicht finden Sie in Gilbert Brands, Verschlüsselungsalgorithmen, Vieweg 2002 (oder als Internetskript).

[2] Hier sei C++ als Programmiersprache aus verschiedenen Gründen empfohlen (Geschwindigkeit, Template-Programmierung). Die notwendigen technischen Tricks finden Sie in Gilbert Brands, Das C++ Kompendium, Springer-Verlag. Vom leider auch bei Physikern inzwischen weit verbreiteten Java sei ausdrücklich abgeraten.

Letztere durchzuführen kann ich nur empfehlen. Wenig steigert mehr das Verständnis als praktische Übung, auch wenn das oft zeitaufwändig ist und daher gerne vernachlässigt wird. Als Werkzeuge seien Ihnen neben einem C++ Programmiersystem (z. B. mit der Entwicklungsumgebung Code::Blocks) eine Tabellenkalkulation (z. B. OpenOffice) und ein symbolisches Mathematikprogramm (z. B. wxMaxima) empfohlen.[1]

Literaturempfehlungen gebe ich ganz bewusst nur eingeschränkt und in Fußnoten, wobei ich meist auf relativ einfach aus dem Internet downloadbare Dokumente verweise. Manchmal werden Sie etwas suchen müssen, aber auf diese Weise immer noch schneller und preiswerter zum Ziel kommen, als wenn auf Artikel in nur über größere Bibliotheken zugänglichen Periodika oder kostenpflichtig aus dem Internet beziehbare Schriften verwiesen wird, deren Brauchbarkeit für die Lösung der speziellen Fragestellung sich dann obendrein auch noch als begrenzt herausstellt. Bezüglich Lehrbücher hat erfahrungsgemäß jeder so seine persönliche Meinung zu dem einen oder anderen Autor, und wenn jemand mit einem Buch hervorragend arbeiten kann, muss das für den nächsten nicht gelten.

Um den letzten Absatz zu komplettieren: Darstellungen sind aus Sicht des Autors optimal für ein Verständnis – aus Sicht des Lesers manchmal eben nur suboptimal. Zögern Sie deshalb nicht, den einen oder anderen Punkt mit mir zu diskutieren. Über das Internet ist jeder heute leicht zu finden, und auf Ihre Email bekommen Sie auch eine Antwort.

[1] Sie können natürlich auch andere Werkzeuge verwenden. Die genannten haben allerdings den Vorteil, dass sie unter dem Betriebssystem Linux kostenlos zur Verfügung stehen. Wer unter den Lesern also nicht professionelle Gründe hat, ein bestimmtes Produkt zu verwenden, sollte aus Kostengründen durchaus einmal über diese Alternative nachdenken.

Kapitel 2
Quantenmechanische Phänomene

In diesem Kapitel werden einige Beispiele vorgestellt, die zur Entwicklung der Quantenmechanik beigetragen haben und zum Teil in Kap. 3 auch mit quantenmechanischen Mitteln erläutert werden. Die Auswahl ist sicher ein wenig willkürlich und unvollständig, und wer die Phänomene schon kennt, mag dieses Kapitel getrost überspringen.

Ausgangspunkt für die Entwicklung einer Theorie der Quantenmechanik waren Beobachtungen, die mit herkömmlichen Theorien nicht erklärbar sind. Herkömmliche Theorien beschäftigen sich vorzugsweise mit makroskopischen Körpern und versagen, wenn man in immer kleinere Dimensionen vorstößt (*erstaunlicherweise häufig auch, wenn man in immer größere Dimensionen vorstößt – aber das ist eher die Domäne der relativistischen Mechanik*).[1] Manchmal treten aber auch schon eigenartige Effekte auf, wenn man meint, sich noch im makroskopischen Bereich zu befinden.

So war schon recht früh bekannt, dass weißes Licht durch ein Prisma in verschiedene Farben zerlegt werden kann. Experimentell filtert man mittels einer Optik und einer Blende einen scharfen und engen Lichtstrahl aus, den man schräg auf ein Prisma fallen lässt.

Mit Entwicklung der Fotografie und der Elektrik war man nicht mehr auf die Sonne und das Auge angewiesen und konnte das Phänomen genauer untersuchen. Ergebnis: die Lichtemission eines Körpers hängt von dessen Temperatur ab. Je höher die Temperatur wird, desto größer werden die grünen und blauen Anteile des Spektrums.

Anfänglich waren die Experimente nicht sehr empfindlich, so dass man nur die Spektralfarben erkennen konnte. Mit Verbesserung der optischen Technik konnte man aber schließlich auch feststellen, dass Sonnen- und anderes Licht keine gleichmäßige Farbzerlegung besitzt, sondern das Spektrum schwarze Banden aufweist, die man wiederum an der gleichen Stelle als helle scharfe Linien sieht, wenn man

---

[1] Ein etwas ketzerischer Gedanke ist der an ein Traktat über „relativistische Informatik". Grundlage wäre die Beobachtung, dass es vielen Softwareproduzenten offensichtlich relativ egal ist, ob ihr Produkt auch tatsächlich das und nur das macht, was sie im Verkaufsprospekt beschreiben.

G. Brands, *Einführung in die Quanteninformatik*.
DOI 10.1007/978-3-642-20647-4_2, © Springer 2011

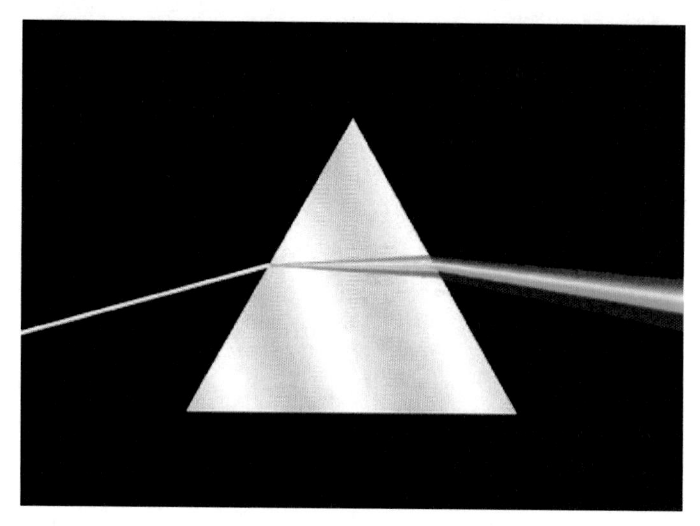

Abb. 2.1 Spektralzerlegung durch ein Prisma (aus: wikipedia)

bestimmte chemische Elemente in eine heiße Flamme einbläst. Mit zunehmender Empfindlichkeit der optischen Geräte zeigen sich die Linien oft weiter unterteilt. Eine einfache systematische Deutung dieses Phänomens mit klassischen Mitteln war nicht möglich.

Parallel dazu ließ der Fortschritt der Chemie – Elemente reagieren stets in bestimmten Mengenverhältnissen miteinander – kaum eine andere Deutung zu, als dass die Materie nicht beliebig teilbar ist, sondern aus kleinsten Einheiten, den Atomen, besteht. Hiervon gibt es ca. 100 unterschiedliche, die im Periodensystem der Elemente so angeordnet sind, dass gleichzeitig ihre grundsätzlichen chemischen Eigenschaften ablesbar sind.[1] Man kann mit diesem aufgrund der experimentellen Erfahrung bei chemischen Experimenten entwickelten System zwar gut in der Praxis arbeiten, ob wo liegt die systematische Erklärung hierfür?

Zusammen mit der Elektrizitätslehre ließen sich schließlich Elektronen als Bestandteile von Atomen und kleinste Träger der negativen elektrischen Elementarladung identifizieren. Der Nachweis gelang mit Hilfe von Kathodenstrahlröhren, also den inzwischen aus der Mode kommenden Fernsehröhren (Abb. 2.2). Eine negativ geladene Platte wird mittels einer Heizung in einer Vakuumkammer erwärmt und gibt elektrisch geladene Teilchen ab, die in einem elektrischen Feld beschleunigt und abgelenkt werden können. Auf einem Fluoreszenzschirm können die auftreffenden Teilchenstrahlen, bei hinreichender Verringerung der Intensität auch die einzelnen Teilchen sichtbar gemacht werden.

[1] Über die Anzahl der Elemente muss man sich hier nicht streiten. Es sind zwar mehr als 100 nachgewiesen, aber davon eine Reihe nur in Teilchenbeschleunigern und in so geringen Mengen, dass sie chemisch nicht untersucht werden können. Für den Chemiker sind deutlich weniger als 100 Elemente tatsächlich für die Praxis relevant.

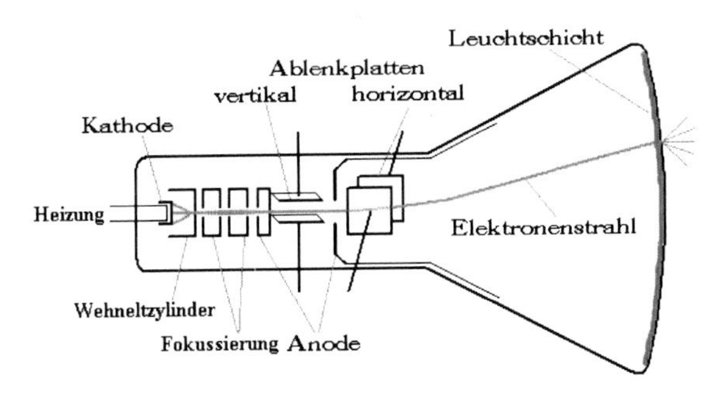

Abb. 2.2 Kathodenstrahlröhre (aus: wikipedia)

Um die Ladung der Teilchen zu messen, werden in einem klassischen Experiment des Physikers Andrew Millikan zunächst mittels eines Zerstäubers feinste Öltröpfchen erzeugt und in einer Kammer deren Sinkgeschwindigkeit im Schwerkraftfeld der Erde mittels eines Mikroskops beobachtet (Abb. 2.3). Da man die Sinkgeschwindigkeit auch theoretisch berechnen kann und die einzige Unbekannte in dieser Berechnung die Tröpfchengröße ist, lässt sich letztere aus den Messwerten berechnen, womit man auch die Tröpfchenmasse kennt.

Anschließend werden im gleichen Experiment die vermessenen Tröpfchen mit Röntgen- oder UV-Strahlen beschossen, was ein Herausschlagen von Elektronen aus dem umgebenden Gas und damit eine negative Aufladung der Tröpfchen bewirkt.[1] Legt man an die Kammer nun ein schwaches elektrisches Feld geeigneter Stärke, so bleiben einige Tröpfchen im Feld stehen und sinken nicht weiter, was ebenfalls mit dem Mikroskop gemessen wird. Aus der Masse der betroffenen Tröpfchen und der angelegten Spannung lässt sich die Kraft berechnen, die notwendig ist, um das Tröpfchen in der Schwebe zu halten, und damit auch die elektrische Ladung auf dem

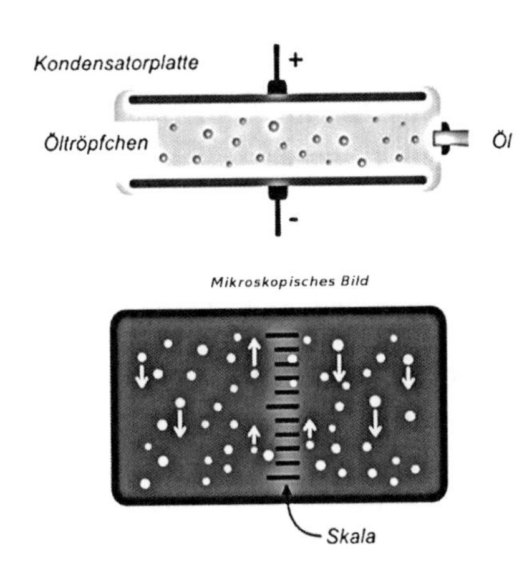

Abb. 2.3 Millikan-Versuch (nach Literaturbeispielen; verändert)

[1] Das ist nicht unbedingt notwendig, da die Tröpfchen auf ohne diesen Trick in der Regel bereits geladen sind, aber es effektiviert die Angelegenheit aber etwas.

Tröpfchen. Diese erweist sich immer als ganzzahliges Vielfaches einer kleinsten Einheit, der elektrischen Elementarladung.

Mit diesen Experimenten weiß man zwar nun bereits einiges über Elektronen, beispielsweise dass sie gegenüber dem Rest des Atoms extrem leicht sind, aber wie halten sie sich in den Atomen auf? Würden sie als Träger einer elektrischen Ladung eine entsprechende positive Ladung im sehr viel schwereren Atomkern umkreisen, wie das die klassische Mechanik fordert, müssten sie nach den Gesetzmäßigkeiten der Elektrodynamik Strahlung aussenden, damit Energie verlieren und letztendlich in den Atomkern stürzen. Das passt aber nicht zu den gefundenen Beobachtungen. Sie scheinen auf bestimmten Bahnen „festzukleben" und können nur zwischen diesen Bahnen wechseln, was zu den oben beobachteten Spektren passen würde. Damit hätte man zwar eine bildhafte Erklärung, aber noch keine systematische Theorie im Sinne des im ersten Kapitel definierten Theoriebegriffs.

Mit der Kathodenstrahlröhre lassen sich aber noch exotischere Beobachtungen anstellen. Stellt man den Elektronen eine spaltförmige Blende in den Weg, so treffen die Elektronen wie erwartet nur hinter dem Spalt auf den Fluoreszenzschirm. Macht man die Strahlung so schwach, dass die Elektronen einzeln vermessen werden können, und legt eine Statistik über die Signalorte auf dem Fluoreszenzschirm an, so erhält man eine mehr oder minder scharfe Glockenkurve, da einzelne Elektronen ja auch an den Blendenrändern etwas abgelenkt werden können und so nicht genau hinter dem Schirm auftreffen.

Im zweiten Teil des Experiments lässt man die Elektronen auf eine Blende mit zwei sehr nahe beieinander liegenden engen Spalten treffen. Hinter der Doppelspaltblende werden wieder die eintreffenden Elektronen gemessen. Das Ergebnis: jedes Mal, wenn ein Elektron durch einen der Spalte durchtritt, leuchtet ein einzelner Punkt in unserem Messgerät auf. Wir können das Experiment nun so einstellen, dass die Elektronen gut getrennt und einzeln an der Messebene eintreffen. Dieses Ergebnis unterstreicht nochmals den Teilchencharakter der Elektronen, denn nur Teilchen „schlagen" in einem Punkt auf.

In der Statistik über viele eintreffende Elektronen findet man allerdings anstelle des nach klassischer Interpretation zu erwartenden Ergebnisses Abb. 2.4 das Ergebnis Abb. 2.5, das nicht aus zwei Glockenkurve entsprechend der zwei Spalte besteht sondern aus einem komplizierterem Wellenmuster.

Ein solches Ergebnis bekommt man aber nicht, wenn man (*makroskopische*) Teilchen durch einen Doppelspalt schickt (*das Ergebnis wäre tatsächlich Abb. 2.4*), sondern das Experiment mit Wellen macht, beispielsweise (*sinngemäß*) den Durchgang von Wasser- oder Schallwellen durch einen Doppelspalt misst. Treffen ebene Wellen auf die Blende und ist die Wellenlänge größer als die Spaltbreite, so gehen hinter der Blende Kugelwellen von den Spalten aus und bilden das beobachtete Interferenzmuster.[1]

Wenn wir das Ergebnis nun interpretieren, so kommen wir zu einem erstaunlichen Schluss: die Elektronen sind ja einzeln durch die Spalte geflogen, hatten also

---

[1] Hieran kann man auch die Nebenbedingungen genauer studieren. Sind die Spalte zu breit, verschwindet der Effekt.

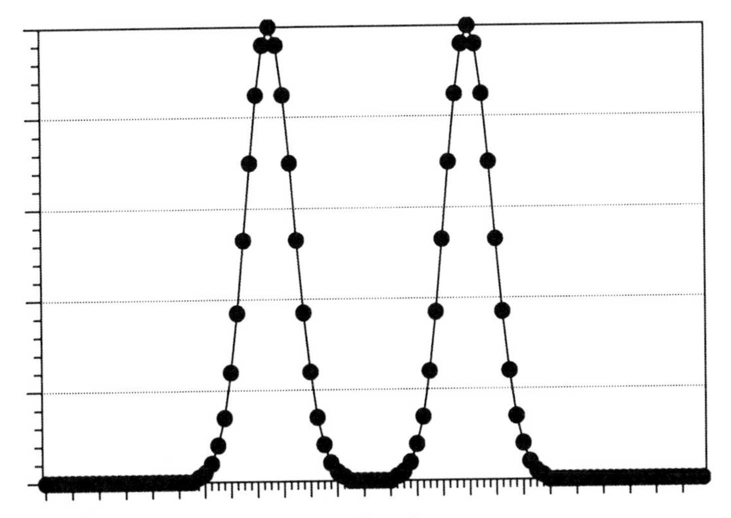

Abb. 2.4 Erwartetes Ergebnis des Doppelspalt-Experiments

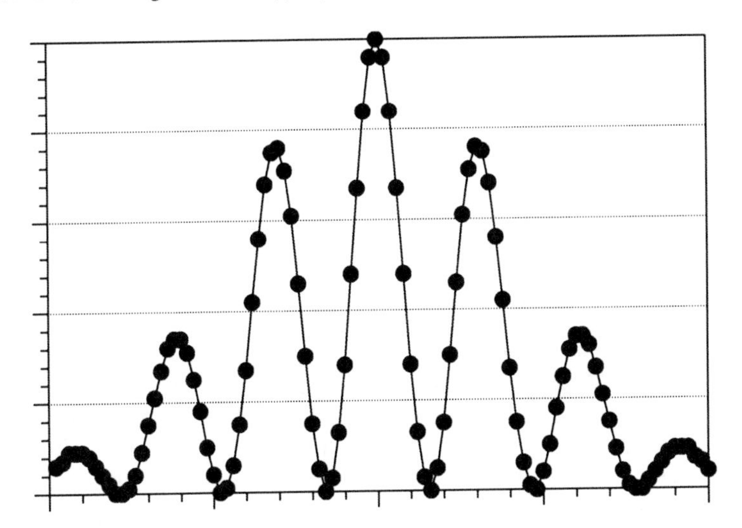

Abb. 2.5 Tatsächliches Messergebnis

keine Möglichkeit, sich untereinander „abzusprechen". Es bleibt also die Interpretation, dass jedes Elektronen sich an den Spalten wie eine ebene Welle verhalten hat, die auf beide Spalten getroffen ist, und hinter den Spalten mit sich selbst interferiert hat, um dadurch eine Ortswahrscheinlichkeit für eine „Rematerialisation" zu bestimmen und anschließend als Teilchen genau an diesem Ort auf den Schirm zu treffen.[1] Diese Zusammenfassung beschreibt zwar das Einzel- und das Statisti-

[1] Die Wellenlänge lässt sich ebenfalls dem Experiment entnehmen, wenn man es klassisch auswertet.

kergebnis, eignet sich als ernstzunehmende Erklärung für das, was man sich hier vorstellen darf, allenfalls für den Selbsterfahrungsreport irgendeiner mit halluzinogenen Drogen experimentierenden esoterischen Gruppe.

Trotzdem nachgehakt: bedeutet das nun, dass ein Elektron ein Teilchen oder eine Welle oder beides zugleich ist? Selbst die großen Physiker haben sich hierüber den Kopf zerbrochen, obwohl es besser ist, keine Zuordnung zu machen, denn beide Eigenschaften sind eigentlich nichts anderes als Projektionen in unsere makroskopische Welt auf Objekte, die unter ähnlichen experimentellen Bedingungen bestimmte Messergebnisse liefern. Ein Elektron ist weder ein Teilchen noch eine Welle im makroskopischen Sinn, sondern eine Entität, die sich unserem direkten sensorischen Zugriff und damit unserer davon gesteuerten Begriffswelt entzieht, aber unter vorgegebenen Bedingungen (*Messung des Ortes in einer kurzen Zeit, Messung der Ortsstatistik in einer langen Zeit*) ganz bestimmte Messergebnisse liefert. Was wir benötigen, ist lediglich eine mathematische Beschreibung, die alles unter einen Hut bringt.

Dazu noch ein weiteres Experiment. Bringt man hinter der Blende eine Lichtquelle an und betrachtet das Ganze von Oben, so lassen sich hinter den Spalten Lichtblitze beobachten, die entstehen, wenn die durchfliegenden Elektronen die elektromagnetischen Lichtstrahlen beugen. Damit haben wir nun festgestellt, durch welchen Spalt die Elektronen geflogen sind – und erhalten bei Einschränkung unserer Messung auf solche Elektronen am Fluoreszenzschirm das statistische Ergebnis 2.4, also die Doppelglockenkurve und nicht mehr das Interferenzmuster 2.5. Was ist geschehen?

Wir haben nun zwei Messungen durchgeführt, nämlich

1. die Ortsmessung mit der Lampe und
2. das Interferenzmuster mit dem Fluoreszenzschirm,

und beides zusammen funktioniert offenbar nicht. Die erste Messung beeinflusst das Ergebnis weiterer Messungen, und bestimmte Eigenschaften von Teilchen lassen sich, im Gegensatz zur klassischen Erfahrung, nicht gleichzeitig messen.

Als letztes Experiment in unserer Beispielreihe gehen wir auf eine Eigenschaft des Lichts ein, die wir später noch ausführlich untersuchen werden. Lichtstrahlen sind elektromagnetische Wellen, die mit klassischen theoretischen Methoden beschrieben werden können, und eine Eigenschaft ist die der Polarisation eines Lichtstrahls. Wenn man ein anschauliches Beispiel sucht, denke man an Wellen in einem Wasserbecken. Da sich die Wellen nur an der Oberfläche ausbreiten, entsprechen die Wellenkämme und -Täler an einem festen Ort vertikalen Auslenkungen. Für Lichtstrahlen in einem Raum ohne definierte Oberfläche gibt es keine derartige Vorzugsrichtung, und die Auslenkungen des elektrischen Feldvektors erfolgen in beliebige Richtungen. Zwingt man sie aber in eine bestimmte Auslenkungsrichtung wie die Wellen an der Oberfläche eines Gewässers, so nennt man dies Polarisation.

Polarisiertes Licht wird mit Hilfe sogenannter Polarisationsfilter erzeugt. Ordnet man zwei Filter, die eine bevorzugte Schwingungsrichtung durchlassen, hintereinander an und misst die Lichtintensität, so ist sie bei gekreuzten Filtern, d. h.

aufeinander senkrecht stehenden Polarisationsebenen, im Idealfall 0 %, bei um 45° gegeneinander gekreuzten Filtern 50 %, bei parallelen Filter 100 %.

Klassisch würde man bei diesem Ergebnis vielleicht erwarten, dass ein solcher Filter geeignete Wellen aus allen ankommenden durchlässt und andere umso stärker filtert, als sie in ihrer Richtung vom Idealwert abweicht, also hinter dem Filter immer noch fast alle Schwingungsebenen vorhanden sind, sich deren Verteilung aber geändert hat. Wiederholen wir nun das Experiment mit drei Filtern, wobei der zweite wiederum im 45° gegenüber dem ersten gedreht ist, der dritte um 90°, also nochmals 45° gegenüber dem zweiten. Die Messung liefert nun 25 % der ursprünglichen Lichtintensität, die naive Überlegung hätte aber ein Ergebnis in der Nähe von 0 % vorhergesagt, da hinter dem ersten Filter gar keine Wellen mehr für den dritten vorhanden gewesen sind. Gibt es eine andere Erklärung?

Kombinieren wir das Ergebnis mit dem Elektronenstrahlexperiment und unterstellen wir, dass auch Lichtstrahlen in kleinsten Einheiten auftreten, so können wir als alternatives Funktionsmodell annehmen, dass ein Polarisationsfilter beliebigen Lichtstrahlen eine feste Richtung aufzwingt oder sie eben spurlos „verschluckt", wobei die Wahrscheinlichkeit für die erste Alternative durch das Winkelverhältnis zwischen Filter und Lichtstrahl gegeben wird. Bei 45° ist diese Wahrscheinlichkeit gerade $1/2$, zwei Prozesse hintereinander mit der Wahrscheinlichkeit $1/2$ ergeben aber gerade die beobachtete Intensität von $1/4$.

Damit sind wir nun schon ein wenige in eine Theorie der Quantenmechanik eingedrungen. Halten wir fest: sie soll nicht erklären, was beispielsweise einem Elektron in der makroskopischen Welt nun am nächsten kommt, sondern zu einem jeweiligen Satz an Rahmenbedingungen ein Ergebnis vorhersagen, das exakt oder statistischer Natur sein kann. Ist das Ergebnis für ein einzelnes Teilchen statistischer Natur, so muss diese dem Korrespondenzprinzip gehorchen, d. h. beim Übergang zu Systemen, die sich auch klassisch beschreiben lassen, müssen aus der Statistik die gleichen Ergebnisse folgen.

Kapitel 3
Grundlagen der Quantenmechanik

Nach einer Einführung in die Axiome der Quantenmechanik werden in diesem Kapitel verschiedene Repräsentationssysteme sowie für die Quanteninformatik wesentliche allgemeine Schlussfolgerungen diskutiert. Die Mathematik wird dabei von der physikalischen Seite her im notwendigen Umfang entwickelt. Die Darstellungsart orientiert sich an den Notwendigkeiten, einen Informatiker in die Thematik einzuführen, ist aber sicher im hinteren Teil auch für Vertreter anderer Disziplinen anspruchsvoll genug. Doch zunächst noch einige quasiklassische Gedanken, welchen Rahmen eine quantenmechanische Theorie ausfüllen muss.

3.1 Unschärfeprinzip und Statistik

Im letzten Kapitel haben wir eine Reihe von Experimenten vorgestellt, deren Ergebnisse mit den klassischen physikalischen Theorien nicht in Übereinstimmung zu bringen sind. Aus den Beobachtungen zu Elektronen in einer Kathodenstrahlröhre oder in Atomen können wir beispielsweise schließen, dass wir zwar in gewisser Weise „Teilchen“ vor uns haben, der Begriff „Bahn“ im klassischen Sinn aber nicht existiert. Zwar können wir aus einem Experiment schon den ungefähren „Weg“ schließen, den ein „Teilchen“ genommen hat, aber eben nur mit einer gewissen Unsicherheit, was die genauen Aufenthaltsorte und den Begriff „Bahn“ angeht.

Hinzu kommt ein weiterer, aus dem klassischen Begriff der Messung resultierender Unsicherheitsfaktor, den wir zu einem Prinzip erheben können, das klassische und quantenmechanische Aussagen/Messungen unterscheiden sollte. Im Gegensatz zur klassischen makroskopischen Physik, in der wir die Messsonden stets so einrichten können, dass die Messung keinen (*messbaren*) Einfluss auf den Systemstatus besitzt, sind in der Quantenmechanik die Messsonden von der gleichen Größenordnung wie die gemessenen Objekte selbst. Die zu untersuchenden Objekte sind die Elementarobjekte (*Atome, Elektronen, Lichtquanten usw.*) unserer Welt, und die Messungen müssen zwangsweise mit anderen Elementarobjekten durchgeführt

G. Brands, *Einführung in die Quanteninformatik*.
DOI 10.1007/978-3-642-20647-4_3,

werden. Das hat gravierende Einflüsse auf den Zustand des physikalischen Systems nach der Durchführung der Messung, wie sich leicht schlussfolgern lässt.[1]

Messen wir beispielsweise den Aufenthaltsort eines Teilchens, indem wir simultan eine Reihe von Lichtschranken oder ähnlichem einschalten und nachschauen, an welcher Stelle eine Unterbrechung eines Lichtstrahls stattgefunden hat, so wird durch die Messung Lichtenergie (*unser Messsignal*) auf das Teilchen übertragen. Da gemessenes Teilchen und Messsignal energetisch in ähnlicher Größenordnung sind, führt dies zu einer Impulsänderung des Teilchens. Eine nachfolgende Geschwindigkeitsmessung hätte also mit der ursprünglichen Geschwindigkeit des Teilchens nur noch begrenzt zu tun.[2]

Anders ausgedrückt: da verschiedene Eigenschaften auch verschiedene Messungen erfordern, sind bestimmte Kombinationen von Eigenschaften eines quantenmechanischen Teilchens (*insbesondere Ort und Geschwindigkeit, die wesentlichen Beschreibungsgrößen der klassischen Mechanik*) grundsätzlich nicht gleichzeitig bestimmbar. Das ist zwar nur eine rein klassische Argumentation, aber quantenmechanische Theorie muss dieses Unschärfeprinzip beinhalten.

Aber nicht nur der Messvorgang selbst erhält hierdurch eine ganz neue Qualität. Während man sich klassisch jederzeit durch wiederholte Messungen davon überzeugen kann, dass ein System in einem bestimmten Zustand ist, muss man in der Quantenmechanik auf eine Messung verzichten, wenn man möchte, dass das System in einem mutmaßlichen Zustand bleibt. Da das auch für die Vorstufen gilt – man kann den aktuellen Zustand ja nicht messen, sondern nur den Bereich abstecken, in dem er sich befinden muss – wird das Messergebnis selbst zu einer statistischen Größe. Ein einzelnes Messergebnis muss daher nicht das beinhalten, was man erwartet; lediglich von einer Statistik über viele Messungen kann man fordern, das angestrebte Ergebnis zu repräsentieren.

In der Praxis tritt häufig der Fall auf, dass die Messwerte nur bestimmte Größen annehmen dürfen. Misst man beispielsweise, ob ein Teilchen an einem bestimmten Ort ist, so kann die Antwort letztlich nur JA oder NEIN lauten. Vor der Messung ist das Teilchen in einem JEIN-Zustand, also gedanklich in einer Überlagerung von JA und NEIN. Die quantenmechanische Theorie sollte solche Überlagerungen in einer Form beschreiben, dass nicht nur die Messwahrscheinlichkeit (Statistik) berechnet werden kann, sondern auch die Propagation der Statistik bei weiterer Einflussnahme auf das Teilchen ohne Messung.

---

[1] Eine Umkehrung dieses Prinzips wird sogar in der Elementarteilchenphysik erreicht. Zum Nachweis der verschiedenen Bestandteile der klassischen quantenmechanischen Teilchen Elektron, Proton und Neutron werden haushohe und tonnenschwere Detektoren benötigt.

[2] Bei dieser Beschreibung handelt es sich um ein reines Gedankenexperiment, das in dieser vereinfachten Form nicht durchführbar ist, da die Wechselwirkungen zwischen Elementarobjekten subtiler sind als die zwischen klassischen Systemen. Die Kernaussage bleibt aber trotzdem korrekt. Wenn Sie ein besser vorstellbares Modell bevorzugen, denken Sie an die Positionsbestimmung einer Billardkugel auf einem Tisch, wobei Ihnen zur Messung nur weitere Kugeln zur Verfügung stehen, die Sie quer über den Tisch schießen können. Kommt eine Kugel nicht genau am gegenüber liegenden Punkt an, haben Sie die Koordinate gefunden, an der die Kugel aneinander gestoßen sein. Aber wo sind die Kugeln dann?

Und nicht zuletzt folgt aus dem Messprinzip auch, dass durch eine Beeinflussung eines Teilchens auch das beeinflussende Werkzeugteilchen ebenfalls seinen Zustand ändert. Die Zustände der beiden Teilchen hängen nach der Beeinflussung in irgendeiner Form voneinander ab, und Messungen an einem Teilchen können durchaus Rückschlüsse auf den Zustand des anderen Teilchens erlauben. Auch diese gegenseitige Abhängigkeit der Zustände nach einer Wechselwirkung muss die quantenmechanische Theorie beschreiben.

Damit haben wir den aus klassischen Überlegungen herleitbaren gedanklichen Rahmen fixiert, den die Quantenmechanik ausfüllen muss. Schauen wir uns nun an, wie dies in einer mathematischen Theorie umgesetzt werden kann.

3.2 Wellenfunktion, Superposition und Verschränkung

Die Theorie der Quantenmechanik beginnt mit der Einführung der sogenannten Wellenfunktion zur Beschreibung eines quantenmechanischen Systems. Der Begriff „Wellenfunktion" weist auf den in den Experimenten ermittelten dualen Charakter von Elementarteilchen als Teilchen und als Welle hin, und die Wellenfunktion enthält Aussagen über den Ort eines Teilchens, seinen Zustand bezüglich bestimmter messbarer Größen und seine zeitliche Entwicklung. Wie in der klassischen Mechanik führen die weiteren Axiome über die Eigenschaften der Wellenfunktion zu einem System von Differentialgleichungen, deren Lösung(en) eben die Wellenfunktion darstellt und deren physikalische Aussagen mit entsprechenden Aussagen der klassischen Physik korrespondieren.

Wie sich allerdings bei näherer Untersuchung quantenmechanischer Systeme herausstellt, existieren auch Teilcheneigenschaften, deren „Wellenfunktion" keinerlei ortsabhängige Komponenten aufweist, die aber dennoch schlüssig durch die Quantenmechanik beschrieben werden müssen.[1] In diese Kategorie fallen eine ganze Reihe der für die Quanteninformatik wichtigen Größen. Abgesehen von der quantitativen Beschreibung spezieller Wechselwirkungen kommt man bei der Untersuchung dieser Eigenschaften mit der linearen Algebra als mathematischem Gerüst aus, ohne sich um Differentialgleichungen und ihre Lösungen kümmern zu müssen.

Tatsächlich werden Sie nach der Lektüre dieses Buches feststellen, dass wir die wellenmechanische Form der Quantenmechanik für die Behandlung unserer Thematik gar nicht benötigen. Sie taucht nur als Randproblem auf, wenn es darum geht, wie bestimmte Quantensysteme realisiert und stabilisiert werden können, und wir werden an diesen Stellen auch nicht in die Details gehen, da dies für unsere Thematik zum einen weniger interessant ist, zum anderen hier auch noch vieles in Bewe-

[1] Das mag etwas verwirrend klingen. Natürlich ist insofern eine Ortsabhängigkeit gegeben, als die Eigenschaft nur gemessen werden kann, wenn auch ein Teilchen vorhanden ist. Die Eigenschaft selbst ist jedoch eine absolute Größe und nicht von irgendwelchen äußeren Bedingungen abhängig, auch nicht vom Raum.

gung ist und nicht abgesehen werden kann, was bei technisch nutzbaren Systemen tatsächlich zum Einsatz kommt.[1]

Sprachlich folgen moderne Darstellungen der Quantenmechanik überwiegend der linearen Algebra und bedienen sich bei der Beschreibung der Operationen mehr mathematischer als physikalischer Termini, was dann oft folgendermaßen aussieht: „... unterwirft das quantenmechanische System einer unitären Transformation ...“. Ohne entsprechende Vorbereitung ist die Physik in solchen Formulierungen nur schwer zu finden.

3.2.1 Die Axiome

Für die Beschreibung eines quantenmechanischen Systems stellen wir nun das Axiomensystem der Wellenfunktion auf. Dabei bezeichne $q = (q_1, q_2, \dots q_{3n})$ die Gesamtheit der Koordinaten eines quantenmechanischen Systems aus n Teilchen, dq das Produkt der Differentiale. „Koordinaten“ ist dabei ein sehr allgemeiner Begriff, denn formal kann er sich auf beliebige physikalische Eigenschaften beziehen, was natürlich auch Auswirkungen auf die konkrete Form der noch vorzustellenden Operatoren hat. Traditionell identifiziert man mit Koordinaten den Teilchenort oder den Teilchenimpuls, um Anschluss an die grundlegenden Experimente und die klassische Mechanik zu erhalten. Wie in der Einleitung schon angedeutet, sind in der Quanteninformatik oft Eigenschaften von Relevanz, die in den klassischen Systemen keinen direkten Gegenpart aufweisen. Auch diese können wir unter diesem Begriff subsummieren.

Die Axiome

Der Zustand des Systems wird vollständig durch die Wellenfunktion $\Psi(q,t)$ mit folgenden Eigenschaften beschrieben:

a) **Funktionscharakter.** $\Psi(q,t)$ ist eine komplexe Funktion der Koordinaten und der Zeit, $\Psi \in \mathbb{C}(q,t)$.
b) **Ortswahrscheinlichkeit.** $|\Psi(q,t)|^2 dq = \overline{\Psi(q,t)} * \Psi(q,t) dq$ ist die Wahrscheinlichkeit dafür, dass bei der Messung einer beliebigen physikalischen Größe zum Zeitpunkt t die Koordinatenwerte des Systems im Volumenelement dq liegen. Diese Eigenschaft führt unmittelbar zu der Normierungsvorschrift

$$\int_{(V)} \overline{\Psi(q,t)} \Psi(q,t) dq = 1 ,$$

die allerdings in der Praxis zu dem einen oder anderen Problem führen kann. Für unsere Untersuchungen ist das jedoch nicht von Belang.

[1] Eine Ausnahme ist die Quantenkryptografie, doch bei der kommt man tatsächlich ohne Wellenfunktionen aus.

c) **Messungen und Zustände.** Sei a eine beliebige physikalische Größe, die zu messen ist, und Ψ, Φ Wellenfunktionen des Systems, so wird der Erwartungswert $\hat{a}$ durch den bilinearen Ausdruck

$$\hat{a} = \iint \overline{\Phi(q)} a(q,q') \Psi(q') \mathrm{d}q \mathrm{d}q'$$

gegeben. Hierbei sind je nach physikalischer Größe und Messbedingungen Wellenfunktionen unterschiedlicher Zustände (Ψ, Φ) oder unterschiedliche Teile (q, q') des Gesamtsystems einzusetzen sind, wobei in vielen Fällen allerdings $\Phi(q) = \Psi(q')$ gilt.[1] Der Integraloperator $\boldsymbol{a}(q,q')$ wird durch die zu messenden Eigenschaft bestimmt.

d) **Superposition (*Mischung*).** Ist $\Psi_1(q,t)$ für eine diskrete physikalische Größe mit dem eindeutigen Messergebnis a_1 verknüpft, $\Psi_2(q,t)$ mit dem Messergebnis a_2, so wird jeder Zustand, der entweder das Ergebnis a_1 oder das Ergebnis a_2 liefert, durch eine Linearkombination

$$\Psi(q,t) = c_1 \Psi_1(q,t) + c_2 \Psi_2(q,t)$$

mit komplexen Koeffizienten c_1, c_2 beschrieben.

e) **Kombination (*Ensemble-Bildung*).** Besteht ein System aus mehreren ***voneinander unabhängigen*** Teilen, die jeweils durch eine Wellenfunktion $\Psi_k(q)$ vollständig beschrieben werden, so wird der Gesamtzustand durch das Produkt

$$\Psi_{12\ldots s}(q_1, \ldots, q_s) = \Psi_1(q_1) * \Psi_2(q_2) * \ldots * \Psi_s(q_s)$$

beschrieben.

Alternativ formuliert: sind in einem System die physikalischen Größen $a_1, a_2, \ldots$ ***gleichzeitig messbar*** und sind $\Psi_1, \Psi_2, \ldots$ Eigenfunktionen dieser Größen, so wird der Gesamtzustand durch das Produkt der Funktionen beschrieben.

Hinter den Kulissen

Wer ein wenig mit der Mathematik vertraut ist, wird festgestellt haben, dass mit Axiom c) trotz der Formulierung in Begriffen der Analysis die linearen Algebra unitärer Räume die eigentliche mathematische Basis der Quantenmechanik ist. Der Ansatz ist nicht ganz aus der Luft gegriffen: wie wir aus den einführenden Experimenten wissen, liefern Messungen an quantenmechanischen Systemen häufig nur ganz bestimmte Werte. Die lineare Algebra besitzt mit Eigenwerten und Eigenvektoren von Matrizen genau solche Konzepte in mathematischer Form.

---

[1] Beispielsweise kann das „Messgerät" selbst ein quantenmechanisches System sein, das durch eine Wellenfunktion beschrieben wird, was unter bestimmten Umständen zu einer solchen Differenzierung Anlass gibt. Meist ist das jedoch nicht so, so dass die Mathematik etwas einfacher wird.

Axiome d) und e) sind dann eigentlich nur eine konsequente Fortsetzung dieses Ansatzes. Zusammen mit a) und b) bringen sie jedoch auch eine Besonderheit ins Spiel: der Wellenfunktionsbegriff ermöglicht es, den Wahrscheinlichkeitsaspekt von Messungen in die Berechnungen einzubringen, jedoch in einer speziellen Form. Wie das auf Seite 14 beschriebene Experiment mit Polarisationsfiltern gezeigt hat, folgende die quantenmechanischen Wahrscheinlichkeiten aber nicht den klassischen Vorstellungen – und genau das wird nun in Verbindung mit Axiom d) erreicht: ändern sich die Wellenfunktionen nach diesem Axiom, so ändern sich die Statistiken erst mittelbar über a)–c) auf nichtklassische Art.

Aus den Experimenten ist weiterhin bekannt, dass ein Teil der Zustände eines quantenmechanischen Systems mit Begriffen aus der klassischen Physik zu beschreiben und damit an Ortskoordinaten gebunden ist, andere Zustandsbegriffe keine klassische Entsprechung besitzen und daher auch Ortskoordinaten nicht benötigen. Eigenschaften, die nicht vom Ort abhängen, mögen hier etwas nebulös erscheinen, denn schließlich haben wir Teilchen vor uns, und die müssen doch irgendwo sein! Richtig. Allerdings kann eine Wellenfunktion nach Axiom d) in ein Produkt zerfallen, deren Teile verschiedene Eigenschaften beschreiben. Seien a und b zwei Eigenschaften, kann das so aussehen

$$\Psi(a,b;q,t) = \Psi(a;q,t) * \Psi(b) \ .$$

Während man bei Messung der Eigenschaft a davon ausgehen muss, dass das Ergebnis davon abhängt, wann und wo man es ermittelt, ist Eigenschaft b völlig unabhängig davon. Hat man ein bestimmtes Messergebnis ermittelt, so hätte man das gleiche Ergebnis auch an einem anderen Ort oder zu einer anderen Zeit erhalten. Aus dieser Schlussfolgerung resultieren einige sehr merkwürdige Eigenschaften der Quantenmechanik, die selbst prominenten Physikern einiges Kopfzerbrechen bereitet hat. Doch dazu später mehr.[1]

Die Formulierung von Axiom c) mit Integraloperatoren schlägt schließlich noch die Brücke zur klassischen Physik. Da bei den neuen nur in der Quantenmechanik auftretenden Zustandsbegriffen der Ort keine Rolle spielt und die Zustände ein Spektrum diskreter Werte besitzen, die sich aus Konstanten zusammensetzen kommt man mit Mitteln der linearen Algebra aus. Anders die ortsabhängigen Größen, die allerdings ebenfalls nicht mit den klassischen Methoden beschreibbar sind. Wie in der klassischen Physik eröffnen die Integraloperatoren die Möglichkeit, die Gestalt der Operatoren aus physikalischen Überlegungen zu gewinnen, und wie in der klassischen Physik erhält man damit ein System von Differentialgleichungen, deren Lösung die Wellenfunktionen sind.

Mit diesem Axiomensystem ist somit ein mathematisches Gebäude geöffnet worden, das die Eigentümlichkeiten der Experimente widerspiegelt. Wie es sich bewährt, wird im Laufe der weiteren Untersuchungen deutlich werden.

[1] Wenn Sie ein anschauliches Beispiel benötigen, betrachten Sie sich selbst. Ob Sie nun Hunger haben oder schlechte Laune, ist sicher eine Funktion von Zeit und Ort, ob Sie aber Männlein oder Weiblein sind, ist völlig unabhängig davon eine gegebenen Konstante (*zumindest, wenn man sich auf das genetische Geschlecht beschränkt und medizinische Umbauversuche mal außen vor lässt*).

3.2.2 *Messung, Wirkung, Verschränkung*

Reine und gemischte Zustände

Wir beschränken uns in diesem Kapitel auf Messgrößen, die nur bestimmte Messwerte annehmen können, sobald wir einzelne quantenmechanische Systeme betrachten. Wird in einem Experiment reproduzierbar ein bestimmter Wert gemessen, so wird das System offenbar durch eine bestimmte Wellenfunktion beschrieben.[1] Systeme mit dieser Eigenschaft nennt man ***reine Systeme***. Nehmen wir im Weiteren an, dass durch geeignete Änderungen der experimentellen Bedingungen insgesamt n solcher reinen Systeme erzeugt werden können, die jeweils einen bestimmten, von den anderen Experimenten verschiedenen Wert in einer Messung liefern. Nach Axiom c) gilt für diese Systeme

$$a_k = \int \overline{\Psi}_k \boldsymbol{a} \Psi_k \mathrm{d}q \ , \quad k = 1, 2, \ldots, n \ .$$

Die Werte a_k nennt man Eigenwerte zum Operator $\boldsymbol{a}$, die Funktionen Ψ_k Eigenfunktionen zu den Eigenwerten (s. o.). Reine Systeme werden somit durch Eigenfunktionen beschrieben.[2]

Nun genügt meist schon eine Veränderung der Messbedingungen, um bei wiederholter Messung nicht immer den gleichen Wert messen, sondern verschiedene Werte aus dem zulässigen Spektrum. Systeme mit diesen Eigenschaften nennt man ***gemischte Systeme***. Nach Axiom d) wird die Wellenfunktion des Systems in diesem Fall durch eine Linearkombination von Eigenfunktionen beschrieben. Den Begriff „Erwartungswert" aus Axiom c) kann man je nach Messprinzip daher folgendermaßen interpretieren:

a) Als Wahrscheinlichkeit, einen bestimmen Wert a_k bei einer Einzelmessung zu beobachten,
b) als Mittelwert einer Reihe von gemessenen Einzelwerten, wobei dieser Mittelwert in der Regel aber nie selbst gemessen wird,
c) als Messwert bei der gleichzeitigen mittelnden Messung einer Vielzahl gleicher unabhängiger Systeme, was im Prinzip dem Übergang zu einem klassischen System entspricht.

Axiome c) und d) funktionieren also nur gemeinsam, d. h. ein System, das bei Reproduktion unterschiedliche Eigenwerte als Messergebnisse liefert, wird durch eine Superposition von Eigenfunktionen beschrieben. Klassisch würde man bei Messung

[1] „Reproduzierbar" bedeutet hier und im Folgenden, dass der Erzeugungsvorgang wiederholt werden kann und identische Systeme liefert, an denen der Messvorgang wiederholt werden kann, nicht aber eine wiederholte Messung an ein und demselben Teilchen!

[2] Die Aussage ist so nicht ganz korrekt, da Eigenfunktionen auch entartet sein können, d. h. zu einem bestimmten Eigenwert existieren mehrere verschiedene Eigenfunktionen. Wir wollen das hier aber nicht unnötig verkomplizieren, da es für die folgenden grundsätzlichen Betrachtungen keine Rolle spielt.

des Wertes 1 oder des Wertes 2 argumentieren, dass bei der Erzeugung von Teilchen entweder Teilchen des Typs 1 oder solche des Typs 2 erzeugt worden sind und man bis zum Zeitpunkt der Messung eben nur nicht genau weiß, welcher Typ tatsächlich erzeugt wurde. Wir werden aber sehen, dass dies aufgrund der unterstellten Mathematik nur bedingt gilt, d. h. Teilchen, die durch eine Superposition beschrieben werden, verhalten sich im Allgemeinen bis zur Messung so, also wüssten sie selbst auch nicht genau, zu welchem Typ sie gehören. Die Ergebnisstatistik ist nach komplexeren Abläufen eine völlig andere als die, die man mit „entweder 1 oder 2" erhalten würde.[1] Genau dieses Systemverhalten wird aber auch von den im ersten Kapitel beschriebenen Experimenten gefordert.

Der Begriff der Eigenfunktion bedarf auch noch einer Erläuterung. In den vielen Fällen wird durch einen Generator ein reines quantenmechanisches System erzeugt, also eines, dass durch eine bestimmte Eigenfunktion beschrieben wird. Wie kann es dann zu gemischten Systemen kommen? Das „Geheimnis" hieran ist – Kenner der linearen Algebra werden es bereits wissen – dass der Begriff Eigenfunktion an ein bestimmtes System gebunden ist, also an den Generator, irgendwelche nicht messenden Systemeinheiten und das Messsystem. Jedes dieser Teile arbeitet in seinem eigenen Eigenfunktionsraum, und was man bei einer Messung schließlich erwarten kann, hängt davon ab, wie weit diese Eigenfunktionsräume übereinstimmen.

Eigener Eigenfunktionsraum bedeutet nun nicht, dass hier unterschiedliche Bedingungen gelten. In allen Räumen werden formal die gleichen Messungen durchgeführt und die Ergebnisse mit den gleichen Funktionen beschrieben. Jedoch können sich Messparameter wie beispielsweise die Raumrichtung, in der eine richtungsabhängige Messung durchgeführt wird, verändern. Die Eigenfunktionsräume sind immer auf solche Messparameter abgestimmt, und wenn die Räume in eine andere Vorzugsrichtung gedreht werden, so erhalten Vektoren in dem neuen Bezugssystem eine andere Darstellung in den neuen Basisvektoren. Ein reiner Zustand im einen System wird zu einem gemischten Zustand in einem anderen.

Die Begriffe „rein" und „gemischt" sind also nicht absolut, sondern abhängig vom experimentellen Zeitpunkt. Wenn wir ein quantenmechanisches System erzeugen, dessen Wellenfunktion eine Superposition bestimmter Eigenfunktionen ist, so kann dies bedeuten, dass wir bereits zum Zeitpunkt der Erzeugung eines reinen Systems gewisse Vorstellungen über den Messprozess haben, und eine Superposition von Eigenfunktionen (*des Erzeugungsprozesses*) kann durchaus einen reinen Zustand (*des Messprozesses*) beschreiben.

[1] Schrödinger hat dieses Paradoxon durch seine berühmte Katze in die Diskussion eingeführt. Selbige sitzt in einer hermetisch verschlossenen Kiste, in der beim radioaktiven Zerfall eines ebenfalls dort vorhandenen Atoms ein tödliches Gift freigesetzt wird. Da das ein völlig zufälliges Ereignis darstellt, ist die Katze für den externen Beobachter weder lebendig noch tot, solange die Kiste nicht geöffnet wird (*sie könnte beispielsweise noch Junge bekommen und sich dann nach dem Tod zersetzen, also bei der Messung beide Eigenschaften präsentieren*). Für ein besseres Verständnis der philosophischen Aussage dieses Gedankenexperiments versetzt man sich am besten vermöge einer größeren Menge Bier ebenfalls in den Zwischenzustand der Katze.

Dekohärenz und Skalierbarkeit

Das Konzept der Eigenwerte und Eigenfunktionen ist zwar theoretisch einfach, experimentell ist eine mit der Theorie konforme Messung allerdings nicht ganz unproblematisch durchzuführen, denn die Umgebungen sind oft nur schwer zu kontrollieren. Untersucht man beispielsweise einzelne Atome, so führen Wechselwirkungen mit anderen Atomen aus der Umgebung zu Zustandsänderungen und damit zu anderen Messwertstatistiken. Dieser Vorgang wird ***Dekohärenz*** genannt, da das präparierte System gewissermaßen auseinanderfällt. Wechselwirkungen mit anderen Atomen können durch ein Vakuum vermindert werden. Hier gelten die in Abb. 3.1 angegebenen Bedingungen.

Druckbereich	Druck in hPa (mbar)	Moleküle pro cm^3	mittlere freie Weglänge
Umgebungsdruck	1013,25	$2{,}7 \times 10^{19}$	68 nm
Grobvakuum	300...1	10^{19}...10^{16}	0,01...100 µm
Feinvakuum	1...10^{-3}	10^{16}...10^{13}	0,1...100 mm
Hochvakuum (HV)	10^{-3}...10^{-7}	10^{13}...10^{9}	100 mm...1 km
Ultrahochvakuum (UHV)	10^{-7}...10^{-12}	10^{9}...10^{4}	1...10^{5} km
extrem hohes Vakuum (XHV)	$<10^{-12}$	$<10^{4}$	$>10^{5}$ km

Abb. 3.1 Freie Weglängen von Teilchen in Gasen in Abhängigkeit vom Druck

Selbst unter guten experimentellen Bedingungen lässt sich ein quantenmechanisches System daher nur eine gewisse Zeit aufrecht erhalten, bevor die Wellenfunktion durch eine „virtuelle Messung“ durch Kollision mit anderen Teilchen in einen anderen Zustand übergeht, ohne dass man das dadurch produzierte „Messergebnis“ als Experimentator zu sehen bekäme. Über diese Zustandsänderungen aufgrund von Umgebungsbedingungen hinaus sind viele quantenmechanische Systeme energetisch instabil und zerfallen mit einer bestimmten Halbwertszeit unter Aussendung von Photonen in andere Zustände.[1] Die Experimentalphysiker können hier zwar ein wenig mit verschiedenen Zustandsfunktionen herumtricksen, sich aber nicht grundsätzlich gegen dieses Phänomen wehren.

Diese Vorgänge beeinflussen natürlich die experimentellen Ergebnisse und müssen deshalb in eigenen Experimenten untersucht werden, um die Qualität der eigentlichen Aussage zu evaluieren. Darüber hinaus führen sie zu Problemen eigener Art: quantenmechanische Systeme sind vielfach außerordentlich schlecht ***skalierbar***. Ein Experiment, das problemlos mit 3–4 Teilchen durchgeführt werden kann, liefert unter Umständen mit 10 Teilchen aufgrund der Dekohärenz überhaupt keine brauchbare experimentelle Aussage mehr.

[1] Bei dem Zerfall muss man nicht gleich an Radioaktivität denken. Ein energetisch ungünstiger Zustand eines Teilchens wird nicht selten durch Aussenden eines Photons behoben; umgekehrt kann ein Photon, das Gegenstand eines Experiments ist, auch von einem Umgebungsatom „missbraucht“ werden, um seine Bilanz aufzubessern.

Wirkung und Verschränkung

Wir wollen hier auch noch genauer auf den Begriff „Wirkung" eingehen. Beginnen wir mit der einfachen Variante.

Wird ein quantenmechanisches System in einem bestimmten Eigenfunktions-/ Eigenwertraum durch $\psi = \sum c_k \psi_k$ beschrieben, so sorgt eine Wirkung für den Übergang in den Zustand $\psi' = \sum c'_k \psi_k$, transformiert also die Mischfaktoren der Eigenfunktionen. Da hierbei keine Informationen über das System offenbart werden (auch keine virtuellen) – es kann in einer Messung immer noch alle Eigenwerte produzieren, aber nun mit anderen Wahrscheinlichkeiten – ist dieser Vorgang reversibel, kann also umgekehrt werden. Im Gegensatz dazu ist eine Messung irreversibel, denn sie sorgt für die Kontraktion der Wellenfunktion auf $\psi \rightarrow \psi_k, a_k$, wobei der Eigenwert a_k als Messwert geliefert wird. Formal lässt sich der Unterschied beider Vorgänge durch

$$\begin{aligned} &\textit{Wirkung:} \quad c_k \rightarrow c'_k = \sum A_{ki} c_i \\ &\textit{Messung:} \quad c_i \rightarrow \delta_{ik} \end{aligned}$$

beschreiben, woran sich die Reversibilität/Irreversibilität leicht erkennen lässt.

Im Falle mehrerer Teilchen kann eine Wirkung auch als Wechselwirkung gestaltet werden. Im Prinzip greifen wir hier die Vorgänge bei der Dekohärenz auf, nur dass wir die Vorgänge kontrollieren und in unserem Sinne ausnutzen.

Ein quantenmechanisches System voneinander unabhängiger Teilchen wird nach Axiom e) durch das Produkt der Wellenfunktionen der einzelnen Teilchen beschrieben, was die Berechnung der Mischkoeffizienten c_k der Gesamtwellenfunktion erlaubt. Jedes Teilchen liefert in einer Messung unabhängig von den anderen ein bestimmtes Ergebnis, was sich auch bei einfachen Wirkungen der beschriebenen Art nicht ändert. Nach einer Wechselwirkung der Teilchen untereinander muss die Zerlegbarkeit in ein Produkt jedoch nicht mehr unbedingt gegeben sein, d. h. wir erhalten zeitliche Entwicklungen der Wellenfunktion in der Form

$$\Psi_1(q_1) * \Psi_2(q_2) \rightarrow \Psi_{12}(q) \, ,$$

wobei die zeitliche Entwicklung mit oder ohne äußere Wirkungen zustande kommen kann. Die zuvor einzeln auf Messungen reagierenden Teilchen reagieren nun wie ein einzelnes Teilchen. Sie lassen sich immer noch einzeln messen, doch sind die Messergebnisse nun nicht mehr unabhängig voneinander. Wenn an einem Teilchen ein bestimmter Messwert ermittelt wird, treten an den anderen Teilchen nur noch ganz bestimmte andere Messwerte auf. Quantenmechanische Systeme mit vielen Teilchen, die nicht durch ein Produkt von Wellenfunktionen, sondern nur durch eine Gesamtwellenfunktion beschreibbar sind, in denen die Teilchen also nicht unabhängig voneinander bei Messungen ihre Eigenwerte liefern, heißen ***verschränkte Systeme***.

Um diese Aussage etwas zu präzisieren: multiplizieren wir die Wellenfunktionen zweier unabhängiger Teilchen miteinander und sind diese wiederum Mischungen von Eigenfunktionen, so enthält das Produkt Summanden mit Produkten aller Eigenfunktionen der beiden Teilchen. Jede Eigenfunktionskombination tritt unter geeigneten Bedingungen mit von Null verschiedenen Koeffizienten in dieser Summe auf. Bei einer Verschränkung werden bestimmte Kombinationen aus der Summe eliminiert, d. h. die Koeffizienten dieser Produkte sind unter allen Bedingungen Null. Theoretisch ausgedrückt wird die Dimension des Raumes – ursprünglich das Produkt der Dimensionen der Einzelräume – verkleinert.

Sofern verschränkte Systeme gemessen oder verschränkende Wirkungen betrachtet werden, können recht widersprüchliche Ergebnisse bei Wechsel des Eigenfunktionsbezugssystems entstehen. Beschreibt man ein verschränktes System durch einen eigenen Satz an Eigenfunktionen, bestehen eigentlich keine Probleme, in der Praxis werden aber die Systeme und Messungen wieder auf die einzelnen Teilchen ausgelegt, d. h. die Eigenschaften des Gesamtsystems werden auf Eigenfunktions- und Eigenwertsätze der einzelnen Teilchen projiziert. Physikalisch ist das verständlich, denn schließlich operiert man an einzelnen Teilchen und misst einzelne Teilchen.

Einfache Wirkungen sind bei solchen Systemen global, obwohl sie oft nur lokal erzeugt werden können (*bei Mehrteilchensystemen nur an dem Teil der Teilchen, auf die man aufgrund ihrer Ortsfunktion Zugriff hat*), lokale Messungen haben globale Aussagekraft, d. h. sie legen die Ergebnisse entfernter Messungen fest. Dies führt zu den schwer verständlichsten Teilen der Quantentheorie, weshalb wir dazu direkt einige Betrachtungen anstellen.

3.2.3 Von den Axiomen zur Theorie: zwei Beispiele

Ist das Wellenfunktionsmodell tatsächlich eine Grundlage für eine Theorie der elementaren physikalischen Entitäten und ihren Beziehungen untereinander? Wir betrachten dazu zwei Beispiele. Im ersten entwickeln wir etwas Neues, was es außerhalb der Quantenmechanik nicht gibt. Für den Experimentalphysiker resultiert daraus die Aufgabe, die Voraussagen in Experimenten zu untersuchen und, sollte dies gelingen, im zweiten Schritt auszuschließen, dass auch eine andere Lösung existiert.[1] Im zweiten Beispiel untersuchen wir eines der Experimente aus dem ersten Teil. Die Quantentheorie muss mindestens in der Lage sein, diese Ergebnisse quantitativ wiederzugeben.

Gemeinsame Geheimnisse

Im Verschränkungsprinzip steckt eine der merkwürdigsten Eigenschaften der Quantenmechanik, und wir wollen einmal darlegen, wie es für die Vereinbarung eines

[1] Diese Methode wird „Falsifikation“ genannt, was begrifflich nicht ganz stimmt, da eben die Unmöglichkeit eines gegenteiligen Ergebnisses das Nachweisziel der Aktion ist. Philosophisch ist dieses Prinzip mit dem indirekten Beweis der Mathematik identisch.

gemeinsamen Geheimnisses zwischen zwei Personen verwendet werden kann.[1] Das folgende Modell ist etwas vereinfacht und dient nur der Erläuterung der Phänomene; wir werden ein vollständiges, für die Praxis taugliches Modell im Kapitel über Verschlüsselung eingehend untersuchen.

Nehmen wir an, wir haben ein System aus zwei Teilchen, die jeweils zwei verschiedene, von den Ortskoordinaten unabhängige Zustände annehmen können, die wir mit $\Psi_1^1, \Psi_1^2, \Psi_2^1, \Psi_2^2$ bezeichnen (*die ortsabhängigen Teile der Wellenfunktionen lassen wir der Einfachheit halber fort. Es genügt die Kenntnis, zwei einzeln identifizierbare Teilchen vor sich zu haben*). Einschränkend sollen für den Gesamtzustand aufgrund des gewählten Erzeugungsprozesses nur die Paarungen $\Psi_1 = \Psi_1^1 * \Psi_2^2$ und $\Psi_2 = \Psi_1^2 * \Psi_2^1$ auftreten können. Solche Einschränkungen der möglichen Kombinationen haben wir als Verschränkung der Komponenten eines Ensembles bezeichnet.

Der Erzeugungsprozess werde nun so modifiziert, dass er nicht Ψ_1 oder Ψ_2, sondern einen Zustand

$$\Psi = c_1 * \Psi_1 + c_2 * \Psi_2$$

generiert, d. h. wir wissen nicht genau, welcher der beiden zulässigen Paarungen tatsächlich hervorgerufen wurde. Dazu genügt in vielen Fällen, wie wir schon begründet haben, bereits eine Drehung der Raumbasen von Erzeugungs- und Messsystem gegeneinander. Wir haben eine *Superposition* zweier verschränkter Zustände vor uns.

Dies kann nun ausgenutzt werden, um ein gemeinsames Geheimnis zwischen zwei Partnern zu vereinbaren. Wir benutzen dazu die in der Kryptologie übliche Terminologie: eine gewisse Alice möchte mit Bob Informationen austauschen, und eine Dritte im Bunde – Eve[2] – das Ganze belauschen. Alice hat ein Teilchenpaar mit der Eigenschaft Ψ erzeugt und trennt nun die beiden Teilchen, ohne eine Messung durchzuführen.[3] Eines der Teilchen behält sie, das andere sendet sie an Bob.

Lokal lassen sich die beiden Teilchen nun durch die Wellenfunktionen

$$\Psi_a = c_1 * \Psi_{11} + c_2 * \Psi_{12}\ , \qquad \Psi_b = c_1 * \Psi_{22} + c_2 * \Psi_{21}$$

beschreiben (*man beachte: dies ist eine willkürliche lokale Beschreibung eines Teilchens, aber nicht des quantenmechanischen Systems! Würden in diesem System Messungen durchgeführt, so könnten auch die Zustände* $\Psi_1 = \Psi_1^1 * \Psi_2^1$ *und* $\Psi_1 = \Psi_1^2 * \Psi_2^2$ *auftreten, die wir im Erzeugungsprozess ausgeschlossen haben!*). So lange niemand die Eigenschaft eines Teilchens misst, verhalten sich die beiden Teilchen weiterhin auch so, als wüssten sie nicht, welchen Zustand sie aufweisen, und

[1] Gemeinsame Geheimnisse werden für Verschlüsselungszwecke benötigt. Ihre Vereinbarung kann unter verschiedenen Voraussetzungen erfolgen, wobei die allgemeinste davon ausgeht, dass die Partner vorab über keinerlei Informationen über den anderen verfügen.

[2] Die betrogene Ehefrau von Bob? Nach der Konstruktion nicht ganz auszuschließen ;-), jedoch ist „Eve" eine Abkürzung für „Eavesdropper", was so viel wie Horcher oder Lauscher bedeutet.

[3] Im Klartext: der Trennvorgang darf keinen Einfluss auf die zu messenden Zustände der Teilchen haben, ist also lediglich eine Wirkung auf die Ortskomponenten der Teilchen. Die zu messenden Zustände müssen nach dem Erzeugungsprozess konstant bleiben – und hier liegt, wie man sich leicht vorstellen kann, das Problem einer praktischen Realisierung des Modells.

wenn eine Messung durchgeführt wird, erhält man mit den entsprechenden Wahrscheinlichkeiten eines der Ergebnisse.

Das Interessante ist nun, dass mit der Messung der Eigenschaft eines Teilchens auch das Messergebnis am anderen Teilchen festliegt, ohne dass wir es messen müssten, oder anders ausgedrückt, dass Alice nach einer Messung das Messergebnis kennt, das Bob am anderen Teilchen ermittelt. Führen Bob und Alice nun Messungen an vielen gleichartigen Teilchen durch, erhalten sie eine entsprechend große gemeinsame Reihe von Bits, die nur dem Zufall unterliegen.

Das hat selbst unter den Physikern einiges an Verwirrung ausgelöst, denn es widerspricht (*scheinbar*) dem Prinzip der Endlichkeit der Geschwindigkeit der Informationsübertragung aus der Relativitätstheorie. Ein Teilchen, das offenbar nicht so genau weiß, wie es sich verhalten soll, nimmt augenblicklich einen bestimmten Zustand an, sowie sein Partner gemessen wird, unabhängig von der Entfernung zwischen den Teilchen. Die Zweifel wurden durch entsprechende Experimente denn auch erst nach längerer Zeit zugunsten der Quantenmechanik beseitigt.

Doch die Verwirrung geht sogar noch weiter, wenn sich Eve einmischt und eine Messung am versandten Teilchen durchführt: nachdem Eve die Eigenschaft des Teilchens gemessen hat und damit den Wert kennt, den Alice misst, stellt sie ein Teilchen mit der passenden Eigenschaft her und sendet dieses an Bob. Deren Messung sollte wieder mit dem Zustand des bei Alice verbliebenen Teilchens verbunden sein, aber genau das stimmt nun nicht mehr! Alices Messungen stimmen nur noch statistisch mit denjenigen von Bob überein, und bei einem genauen Vergleich verschiedener Messungen fällt Eves Betrug auf (*siehe unten*). Die Aufhebung der Verschränkung ist also irreversibel. Ist das noch Physik oder schon Mystik?

Mit etwas Pragmatismus lassen sich die Rätsel zumindest teilweise lösen (*wenn auch vielleicht nicht ganz befriedigend*). Betrachten wir zunächst das Problem der überlichtschnellen Kommunikation. Hier kann man auf zwei Arten hereinfallen:

a) Unser Erzeugungsprozess erzeugt ein Teilchenpaar mit genau entgegengesetzten Eigenschaften, wobei nicht festgelegt wird, welches Teilchen welche Eigenschaft erhält. So lange also nichts getan wird, eines der Teilchen so mit seiner Umgebung in Wechselwirkung treten zu lassen, dass sich daran etwas ändert, bleibt die Korrelation zwischen den Teilchen bestehen, denn es gilt für die Zustandsbeschreibung weiterhin die Gesamtwellenfunktion Ψ und nicht die lokalen Funktionen, die ohnehin nur formalen Charakter haben und nicht das System beschreiben. Die Voraussagbarkeit der Messung am zweiten Teilchen hat also nichts mit überlichtschneller Kommunikation zu tun, sondern mit genügender Isolation der Teilchen gegen ihre Umgebung, und der Gedankenfehler besteht im Ersatz von der Gesamtwellenfunktion durch die lokalen Funktionen lediglich aufgrund lokaler Messbedingungen.[1]

[1] Das ist eigentlich nicht weiter verwunderlich, denn „Lokalisierung" eines Problems ist eine der Standardmethoden auf der Suche nach Lösungen. Außerdem erfordert das Phänomen, dass die verschränkten Eigenschaften keine Ortskoordinaten in der Wellenfunktion aufweisen, was ebenfalls unter klassischen Gesichtspunkten ungewöhnlich ist.

b) Wir haben vorausgesetzt, dass die zu messenden Eigenschaften unabhängig von den Ortskoordinaten sind. Fehlen die Ortskoordinaten in der Beschreibung, sind für die Festlegung des Zustands auch bei räumlich getrennten Teilchen keine Informationen zu übertragen, und die Voraussagbarkeit hat wiederum nichts mit überlichtschneller Kommunikation zu tun. Der Gedankenfehler liegt nun darin, jeder messbaren Eigenschaft auch einen Ortscharakter hinzuzufügen, was aber selbst im makroskopischen Bereich nicht stimmen muss, wie wir an einem Beispiel bereits gesehen haben (*siehe Fußnote auf Seite 22*).

Ganz befriedigen können diese Überlegung nicht, denn in unserem Beispiel liegt eigentlich schon zu vieles fest, bevor wir messen. Implizit haben wir die Fragen bezüglich der Verschränkung in einem bestimmten Bezugssystem beantwortet, das keine überlichtschnelle Kommunikation benötigt, doch geschickte experimentelle Anordnungen, in denen die Bezugsbasis erst nach der Erzeugung des Teilchenpaar festgelegt wird, belehren uns, dass diese tatsächlich nicht benötigt wird: trotz wahrscheinlichkeitsgesteuerter Zufälligkeit der Messergebnisse in beliebig, erst sehr spät fixierten Bezugssystemen ist die Verschränkung eine absolute Eigenschaft, d. h. das Teilchen, das sich im Rahmen einer Messung für den Zustand „1" entscheidet, legt damit das Messergebnis des zweiten Teilchens (*im gleichen Bezugssystem*) fern von jeder Zufälligkeit eindeutig fest. Folgt man klassischen Gedankengängen, bleiben aber immer irgendwo Lücken oder Versatzstücke, die wir später klären werden.

Kommen wir zur Aufhebung der Verschränkung. Mit der ersten Messung hat Eve unter Berücksichtigung des Unschärfeprinzips auch den Zustand des Teilchens verändert, d. h. Ψ ist nicht länger Wellenfunktion des Gesamtsystems. Für eine zweite Messung eignet sich das Teilchen nicht mehr. Eve muss also ein Teilchen mit der passenden Eigenschaft noch einmal erzeugen, und hier liegt der Haken für das zweite Phänomen, denn das funktioniert nicht. Für die Fälschung hätte sie prinzipiell zwei Möglichkeiten:

a) Sie stellt ein Teilchen mit der gemessenen Eigenschaft, beispielsweise Ψ_{22}, her. Dieses wird natürlich bei einer weiteren Messung durch Bob genau diese Eigenschaft aufweisen und damit formal weiterhin mit dem Teilchen von Alice korreliert sein.
Allerdings hat das Teilchen nun den reinen Zustand Ψ_{22} und nicht den Superpositionszustand Ψ_b, d. h. es verhält sich nicht so, als ob es vor der Messung nicht genau weiß, welchen Zustand es hat. Misst Bob nun einige Teilchen in einem anderen Bezugssystem, in dem er nur noch mit einer Wahrscheinlichkeit w das von Alice vorhergesagte Ergebnis erhält, findet aber bei Vergleich seiner Werte mit denen von Alice eine Übereinstimmung $u \neq w$, so ist Eves Betrug aufgefallen.
b) Eve stellt das Teilchen wieder in seinen ursprünglichen Eigenschaften her, d. h. sie produziert ein Teilchen mit der Wellenfunktion Ψ_b. Dieses ist nun nicht vom ursprünglichen Teilchen unterscheidbar, liefert aber bei der zweiten Messung durch Bob nicht zwingend das gleiche Ergebnis, denn die neu erzeugte Wellenfunktion Ψ_b hat nun nichts mit der ursprünglichen Wellenfunktion Ψ zu tun. Ψ_b ist nämlich tatsächlich eine neue lokale Beschreibung, und die Gesamtwel-

lenfunktion ist nun

$$\Psi' = \left(c_1\Psi_1^1 + c_2\Psi_1^2\right) * \left(c_1\Psi_2^1 + c_2\Psi_2^2\right)$$

und diese hat, wie man leicht nachrechnet, auch nicht verschwindende Anteile $\Psi_1^1\Psi_2^1$ und $\Psi_1^2\Psi_2^2$. Vergleichen Bob und Alice also anschließend ihre wiederum aus mehreren Paaren ermittelten Geheimnisse, so haben sie mit hoher Wahrscheinlichkeit unterschiedliche Werte vorliegen.

Ein Paar quantenmechanisch verschränkter Teilchen stellt also ein gemeinsames Geheimnis dar, in das ein Einbruch nur mit einer gewissen Wahrscheinlichkeit erfolgreich durchgeführt werden kann. Wie gut die Wahrscheinlichkeit ist (*der schlechteste Fall für den Betrüger ist* $1/2$), hängt von der Art der Messung ab; Messungen an genügend vielen Paaren lassen aber jeden Betrugsversuch auffliegen.

Das Doppelspalt-Experiment

Betrachten wir die Anwendung der Prinzipien auf das Doppelspalt-Experiment, das uns ein Beispiel für ambivalentes Verhalten liefert. Liefert ihre Anwendung das beobachtete Resultat? Gehen wir ins Detail.

Die Elektronen können das Ziel durch Spalt 1 oder Spalt 2 erreichen. Die beiden Optionen werden durch die Wellenfunktionen Ψ_1 und Ψ_2 beschrieben. Da wir nicht messen, welchen Weg ein konkretes Teilchen nehmen wird, ist die Wellenfunktion nach dem Superpositionsprinzip $\Psi = 1/\sqrt{2}(\Psi_1 + \Psi_2)$. Die statistische Wahrscheinlichkeit, ein Teilchen am Ort x des Messschirms zu beobachten, ist durch

$$w(x) = \overline{\Psi(x)}\Psi(x)$$

gegeben. Daraus ist auch ein gewisser statistischer Rückschluss möglich, welchen Weg das Teilchen nun genommen hat.

Machen wir nun das gleiche Gedankenexperiment wie im vorhergehenden Beispiel. Alice versieht die Elektronen mit bestimmten Eigenschaften und sendet diese durch den Doppelspalt an Bob, der den Ort und die Zusatzeigenschaft misst. Dieser Informationsaustausch soll geheim bleiben.

Nun mischt sich wieder Eve ein. Die Feststellung, welches Teilchen welchen Weg nimmt, kann Eve nur am Doppelspalt selbst messen, indem sie z. B. den Durchgang durch Spalt 1 misst (*konkret: Spalt 1 wird geschlossen und Ereignisse/Eigenschaften registriert*).[1] Wird nichts gemessen, ist das Teilchen wohl durch Spalt 2 gelaufen, wird etwas gemessen, erzeugt Eve ein Ersatzteilchen mit den gemessenen Eigenschaften und sendet dieses so weiter an Bob, als wäre ungestört es durch Spalt 1 gelaufen.

---

[1] Eve liest in diesem Fall natürlich nur die Hälfte der ausgetauschten Informationen mit, aber es geht auch weniger um einen erfolgreichen Einbruch in eine Kommunikation als in die Demonstration der Wirkung der Superposition.

Bezüglich der einzelnen Teilchen entdeckt Bob zunächst nichts Außergewöhnliches: eine Messung deutet entweder auf einen Durchgang durch Spalt 2 (*der tatsächlich erfolgt ist*) oder Spalt 1 (*das gefälschte Teilchen simuliert genau diesen Fall*) hin.

Die Statistik über alle Teilchen stimmt aber nun nicht mehr, wie wir bereits wissen. Anstelle der Statistik aus Abb. 2.5 (S. 13) findet Bob nun die aus Abb. 2.4. Aus Sicht unserer Theorie werden die eintreffenden Teilchen bei Eves Lauschangriff nun entweder durch die Wellenfunktion Ψ_1 oder durch Ψ_2 beschrieben, keines aber durch Ψ. Im Fall des Teilchens 1 ist das klar, da Eve es in dieser Form erzeugt. Durch die Messung von Eve wird für das Originalteilchen Spalt 1 blockiert, d. h. es steht nur Spalt 2 für den Durchgang zur Verfügung. Aufgrund der geänderten Messanordnung gilt nun auch für Teilchen 2 eine reine Wellenfunktion.

Der Unterschied bei der Auswertung der Wellenfunktionen im gestörten und ungestörten Fall ist durch den Ausdruck

$$\Delta w(x) = \frac{1}{2}\left(\overline{\Psi_1(x)}\Psi_2(x) + \overline{\Psi_2(x)}\Psi_1(x)\right)$$

gegeben. Dieser Ausdruck verschwindet aber nicht, denn die Ortsfunktionen sind kontinuierlich und überlappen auf dem Beobachtungsschirm teilweise.

Wir können dies sogar versuchsweise konkretisieren. Die klassische elektromagnetische Feldtheorie liefert als Lösung der Wellengleichung die Funktion $\Psi(q,t) = N\mathrm{e}^{\mathrm{i}(pq-Et)/\hbar}$. Unterstellen wir, dass diese Funktion auch das Verhalten der Elektronen in der folgenden Form korrekt beschreibt:

a) Das von der Elektronenquelle kommenden Teilchen wird durch eine ebene Welle beschrieben, d. h. alle Wellenkämme liegen parallel zur Ebene des Doppelspaltes.
b) Die beiden Spalten des Doppelspaltes sind jeweils Ausgangspunkt einer Kugelwelle, d. h. die Wellenkämme breiten sich kreisförmig von den Spalten aus (Abb. 3.2).

Sei nun wie in Abb. 3.2 d der Abstand der Spalten, R die Entfernung zwischen Spalten und Beobachtungsschirm und φ der Ablenkungswinkel zur Einfallsrich-

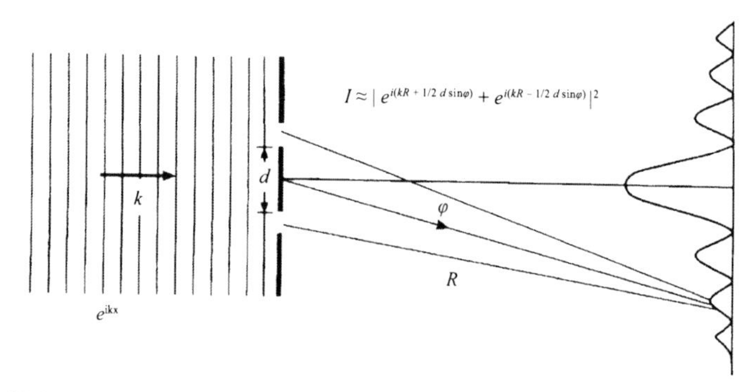

Abb. 3.2 Wellenbild am Doppelspalt, nach Literaturbeispielen (verändert)

tung. Die Ortswahrscheinlichkeit nach Axiom b) ist unter dieser Annahme

$$w(\varphi) \approx \left| e^{ik(R+1/2d\,\sin(\varphi))} + e^{ik(R+1/2d\,\sin(\varphi))} \right| .$$

Werten wir diesen Ausdruck für verschiedene Winkel aus, erhalten wir genau die beobachtete Intensitätskurve. Ist ein Spalt abgedeckt, geht natürlich nur eine Kugelwelle von dem nicht abgedeckten Spalt aus, und wir erhalten die in diesem Fall beobachtete Glockenkurve. Für diesen Experimentalfall liefert das angenommene Wellenfunktionsbild somit korrekte Aussagen, was aber grundsätzlich nicht weiter verwunderlich sein sollte, denn es handelt sich um ein bereits in der Elektrodynamik und der Optik bewährtes Modell, garantiert also Konsistenz beim Übergang zu einem klassischen Experimentalfall.

Fazit aus alldem: Bob wird durch eine geänderte Trefferstatistik bemerken, dass die Nachricht von Eve abgehört wurde (*Alice bekommt von alledem natürlich nichts mit*). Damit haben wir auch diesen Fall geklärt.

Wir haben das beobachtbare Phänomen nun zwar mathematisch in den Griff bekommen, in Bezug auf die physikalischen Verständnisprobleme im Gegensatz zum ersten Beispiel aber keinen Fortschritt erreicht, denn wir haben hier keinesfalls erklärt, wieso die Elektronen, die sich wie konkrete Teilchen bei der Messung verhalten, unterwegs via den ganzen Raum erfüllende Wellenfunktion verborgene alternative Wege „spüren" und zumindest statistisch beobachtbar in ihre Bewegung integrieren.

Es fehlt denn auch nicht an weiter führenden Modellen, wie dies quasi-klassisch doch noch „erklärt" werden könnte. Ein Beispiel ist das Multi-Universen-Modell, das zeitgleiche Paralleluniversen postuliert, in denen alle denkbaren Wege der Elektronen durchlaufen werden. Die beobachtete Statistik ist nach diesem Modell nichts weiter als eine Interferenzerscheinung mit den Paralleluniversen.

Ohne noch weiter auf solche Modelle einzugehen, sei festgestellt, dass in der Regel das logisch-plausible Verständnisproblem nur verschoben und ein neuer mystischer Schauplatz eröffnet wird, der unter Umständen bei etwas Nachdenken noch unverständlicher ist. Physikalisch besitzen solche Modell die gleiche Gültigkeit wie das Standardmodell, sofern sie in allen Fällen zu den gleichen Schlussfolgerungen kommen, werden als mathematisch komplexere Modelle jedoch nur dann relevant, wenn sich aus ihnen auch experimentelle Voraussagen herleiten und bestätigen lassen, die von der Standardtheorie nicht getragen werden.

3.2.4 Eigenwerte und Eigenfunktionen

Die folgende Diskussion untersucht die Axiomatik etwas genauer, aber aus physikalischer Sicht. Sei f eine physikalische Größe, die für ein einzelnes Teilchen nur die diskreten Zustände $f_1, f_2, \ldots$ annehmen kann. Unter Bezug auf Bezeichnungen der linearen Algebra heißen die zulässigen Werte für f Eigenwerte.[1] Für jeden Zustand existiert eine Eigenfunktion Ψ_k, die mit dem Operator $\boldsymbol{f}$ die Gleichung

$$f_k = \int \overline{\Psi_k} \boldsymbol{f} \Psi_k \mathrm{d}q$$

erfüllt. Jeden gemischten Systemzustand können wir durch eine Linearkombination der Eigenfunktionen darstellen, d. h. $\Psi = \sum a_k \Psi_k$ mit gewissen komplexen Koeffizienten a_k. Aus der Normierungsbedingung erhalten wir

$$\int \overline{\Psi} \Psi \mathrm{d}q = \sum_i \sum_k \overline{a}_i a_k \int \overline{\Psi}_i \Psi_k \mathrm{d}q = 1 \, .$$

Da die Axiome keine weiteren Bedingungen an die Linearkombination stellen und die Koeffizienten komplex sein dürfen, physikalische Größen aber reelle Zahlen sind, folgt daraus unmittelbar die Orthogonalität der Eigenfunktionen und die Normierungsbedingungen für die Koeffizienten:

$$\sum \overline{a}_k * a_k = 1$$
$$\int \overline{\Psi}_i \Psi_k \mathrm{d}q = \delta_{ik} \, .$$

In einem System, das durch die Wellenfunktion Ψ beschrieben wird, werden wir im Mittel (!) den physikalischen Wert

$$\begin{aligned} \hat{f} &= \int \overline{\Psi} \boldsymbol{f} \Psi \mathrm{d}q \\ &= \sum_{i,k} \overline{a}_i a_k \int \overline{\Psi}_i \boldsymbol{f} \Psi_k \mathrm{d}q \end{aligned}$$

messen. Bei Auflösung der Einzelmessungen darf sich der Erwartungswert aber nur aus den Eigenwerten zusammensetzen, d. h. es folgt

$$\hat{f} = \sum f_k |a_k|^2$$

sowie

$$\boldsymbol{f}(a * \Psi_1 + b * \Psi_2) = a * \boldsymbol{f} \Psi_1 + b * \boldsymbol{f} \Psi_2 \, .$$

Bei einer Einzelmessung wird der Eigenwert f_k mit der statistischen Wahrscheinlichkeit $|a_k|^2$ gemessen. Außerdem ist der Operator $\boldsymbol{f}$ ein linearer Operator, d. h. bei einer Anwendung auf eine Eigenfunktion wird diese lediglich mit einem Faktor – dem Eigenwert – multipliziert. Ist die genaue Form des Operators bekannt, so erhalten wir seine Eigenwerte und Eigenfunktionen durch die Lösung der Glei-

[1] Die Begriffe Eigenwert und Eigenvektor (oder Eigenfunktion) stammen tatsächlich aus der linearen Algebra in dem Sinn, dass diese Werte einer linearen Abbildung eigen sind, also charakteristisch für das System bzw. gewissermaßen Eigentum des Systems. Diese deutsche Formulierung aus dem 19. Jahrhundert ist so in die englische Bezeichnungswelt übernommen worden, aber aufgrund des gewandelten Sprachverständnisses selbst für Deutsche nicht so unmittelbar nachempfindbar.

chung/des Gleichungssystems

$$f\Psi = f\Psi \ .$$

Wie der Operator f für eine physikalische Größe genau aussieht, lässt sich durch physikalische Überlegungen ermitteln.

In den Integralen dürfen wir aus Symmetriegründen die Wellenfunktionen vertauschen, ohne dass sich am Ergebnis etwas ändern darf. Daraus lassen sich weitere Schlussfolgerungen über die Eigenschaften von Operatoren und Eigenfunktionen ziehen:[1]

1. Sind die Funktionen Eigenfunktionen des Operators oder eine Superposition davon, so führt der Austausch der Funktionen durch ihr jeweiliges konjugiert komplexes Gegenstück zu einem Austausch des Operators durch seine konjugiert komplexe Form, d. h. es gilt

$$\int \overline{\Psi}(f\Psi)\mathrm{d}q = \int \Psi(\overline{f}\,\overline{\Psi})\mathrm{d}q \ .$$

2. Betrachten wir Axiom c) in allgemeinerer Weise und identifizieren mit Ψ die Wellenfunktion des Systems und mit Φ die Wellenfunktion der Messsonde, so ist liefert das Integral den Erwartungswert für die Größe f bei Einsatz dieser speziellen Messsonde (*der Operator f hat natürlich in diesem Fall ebenfalls eine spezielle Form, der eine solche Kombination von Funktionen erfordert*). Das (*reelle*) Ergebnis darf sich natürlich nicht ändern, wenn man gewissermaßen die Rollen von Sonde und Objekt austauscht. Dabei wird der Operator in die sogenannte transponierte Form überführt, d. h.

$$\int \Phi(f\Psi)\mathrm{d}q = \int \Psi(f^T\Phi)\mathrm{d}q \ .$$

Aus diesen Überlegungen folgt die Beziehung $\overline{f} = f^T$ oder $\overline{f}^T = f$, d. h. der konjugiert komplexe Operator stimmt mit dem Transponierten überein. Operatoren dieses Typs werden in der linearen Algebra hermitesch genannt.

Lassen wir formal auch komplexe Eigenwerte zu,[2] dann gehört der Operator $\overline{f}$ zum konjugiert komplexen Eigenwert. Tauschen wir auch hier die Reihenfolge der Funktionen aus, ohne den Eigenwert zu ändern, so finden wir

$$\int \overline{\Psi}(f\Psi)\mathrm{d}q = \int \Psi(f^+\overline{\Psi})\mathrm{d}q$$

$$\int \Phi(f\Psi)\mathrm{d}q = \int \Psi(\overline{f^T}\Phi)\mathrm{d}q$$

$$\Rightarrow f^+ = \overline{f^T} \ .$$

[1] Die folgenden Absätze sind mit einigen Begriffen der linearen Algebra gespickt. Sie erlauben Ihnen die Identifikation der mathematischen Theorieteile und definieren den Bewegungsrahmen der Quantenmechanik innerhalb der Mathematik.

[2] Das ist eine rein formale Betrachtungsweise, denn im „Ernstfall" benötigen wir dann auch eine physikalische Größe mit einem komplexen Messwert, und da hört der Spaß dann in der Regel auf.

f^+ ist der zu f adjungierte Operator, der nur im Fall einer reellen Größe mit dem konjugiert komplexen Operator identisch ist. Hermitesche Operatoren heißen deshalb auch *selbstadjungiert*. Im Umkehrschluss besitzen selbstadjungierte Operatoren nur reelle Eigenwerte. Da keine physikalischen Größen mit imaginären oder komplexen Messwerten existieren, müssen Operatoren für messbare Größen daher selbstadjungiert sein.[1]

Nun besitzt ein physikalisches Objekt in der Regel mehrere Eigenschaften, deren Kenntnis erwünscht ist. Bei der Messung können zwei Fälle eintreten:

a) Die Werte f_k und g_k sind gleichzeitig messbar, d. h. die Messoperationen können zum gleichen Zeitpunkt unabhängig voneinander durchgeführt werden. Zu diesen Werten gehören die Operatoren $\boldsymbol{f}$ und $\boldsymbol{g}$, und wir können die Eigenwerte und die Operatoren zu einer Summe zusammenfassen, d. h.

$$(\boldsymbol{f} + \boldsymbol{g})\Psi = (f_k + g_k)\Psi \ .$$

Die Lösung dieser Gleichung als Eigenwertproblem ist offenbar dann möglich, wenn die Wellenfunktion in ein Produkt von Funktionen zerfällt, die jeweils Eigenfunktionen eines der Operatoren sind (oder wenn die Eigenfunktionen zu $\boldsymbol{f}$ gleichzeitig auch Eigenfunktionen zu $\boldsymbol{g}$ sind).

b) Die Werte f_k und g_k sind nur nacheinander messbar, d. h. die Messoperationen können nicht zum gleichen Zeitpunkt unabhängig voneinander durchgeführt werden. Wir messen dann beispielsweise

$$\boldsymbol{f}\,\boldsymbol{g}\,\Psi_k = f_k g_k \Psi_k \ .$$

Die beiden Messwerte sind aber nur dann tatsächlich gleichzeitig in dem Sinn, dass beide Messwerte zusammen den Zustand des Teilchens beschreiben, messbar, wenn die Reihenfolge der Messungen keine Rolle spielt, also für den Kommutator der Operatoren

$$\{\boldsymbol{f}, \boldsymbol{g}\} = \boldsymbol{f}\,\boldsymbol{g} - \boldsymbol{g}\,\boldsymbol{f} = 0$$

gilt. Damit sind wir mathematisch beim Unschärfeprinzip angekommen. Ist der Kommutator $\{\boldsymbol{f}, \boldsymbol{g}\} = (\boldsymbol{f}\,\boldsymbol{g} - \boldsymbol{g}\,\boldsymbol{f})$ der Operatoren nicht Null – und hiervon kann man sich oft wesentlich leichter überzeugen als durch eine Analyse der Wellenfunktionen für ein spezielles System – so sind die beiden physikalischen Werte nicht gleichzeitig sinnvoll messbar.

Zeigen umgekehrt experimentelle Ergebnisse die Unmöglichkeit der gleichzeitigen Messbarkeit, so muss auch die Konstruktion der jeweiligen Operatoren zu einem nichtverschwindenden Kommutator führen.

[1] Das gilt nur für Messungen, nicht für Wirkungen. In Operatoren, die Wirkungen vermitteln, sind komplexe Größen auch im Ergebnis durchaus zulässig.

Aufgabe. Zeigen Sie, dass $(\boldsymbol{f}\,\boldsymbol{g})^T = \boldsymbol{g}^T \boldsymbol{f}^T$ und $(\boldsymbol{f}\,\boldsymbol{g})^+ = \boldsymbol{g}^+ \boldsymbol{f}^+$ gilt. Sie können die Überlegungen, die zur Herleitung der Beziehungen bei den Einzeloperatoren geführt haben, dazu schrittweise auf das Produkt anwenden.

Ist $\{\boldsymbol{f}, \boldsymbol{g}\} = \boldsymbol{k} \neq \boldsymbol{0}$, so gilt $\boldsymbol{k}^T = -\overline{\boldsymbol{k}}$. Weisen Sie auch dies nach.

Man kann aus nicht kommutierenden Operatoren durch

$$s = \frac{1}{2}(\boldsymbol{f}\,\boldsymbol{g} + \boldsymbol{g}\,\boldsymbol{f}), \quad \boldsymbol{t} = i(\boldsymbol{f}\,\boldsymbol{g} - \boldsymbol{g}\,\boldsymbol{f})$$

zwei hermitesche Operatoren mit festem Eigenwert- und Eigenfunktionspektrum konstruieren. Weisen Sie auch dies nach.

3.3 Formalisierung der Theorie

In diesem Kapitel führen wir die formalen Beschreibungsgrößen für die speziellen Untersuchungen in den weiteren Teilen des Buches ein. Mathematisch bleiben wir dabei äußerst knapp. Das Kapitel ist daher in Teilen eher als Leitfaden zu betrachten, welche Kapitel in den mathematischen Lehrbüchern für eine Vertiefung der Theorie heranzuziehen sind. Wer sich für tiefere Details nicht so sehr interessiert, sollte aber auch mit dem hier gebotenen Stoff weiterkommen.[1]

3.3.1 Der Hilbert-Raum – unitäre Räume

Ein quantenmechanisches Objekt (*oder besser die Einschränkung eines physikalischen Objektes auf eine bestimmte Eigenschaften*) ist ein Element eines Hilbert-Raums. Ein Hilbert-Raum $H(V, q)$ ist ein Vektorraum V über $\mathbb{C}$ mit einer positiv definiten quadratischen Form $q : V \times V \to \mathbb{C}$, auch Skalarprodukt genannt:

$$k = \vec{v}^T \boldsymbol{Q} \vec{v} = (v_1, v_2, \ldots v_n) \begin{pmatrix} q_{11} & \cdots & q_{1n} \\ \cdots & \cdots & \cdots \\ q_{n1} & \cdots & q_{nn} \end{pmatrix} \begin{pmatrix} v_1 \\ \cdots \\ v_n \end{pmatrix} .$$

Bei einer Einschränkung dieser Definition auf Vektorräume über $\mathbb{R}$ ist das Skalarprodukt in der kanonischen Einheitsbasis durch $q = \vec{x}^T \vec{x} = \sum x_i x_i \geq 0$ gegeben (*mit Null nur für* $\vec{x} = 0$). In Vektorräumen über $\mathbb{C}$ sind Modifikationen notwendig, da sonst auch $q(\vec{x}) < 0$ möglich wäre.

Von Dirac wurde eine spezielle Notation in die Quantenmechanik eingeführt, die den Umgang mit den Größen erleichtert. Ein Element eines Hilbert-Raumes wird durch $|\boldsymbol{x}\rangle$ bezeichnet, ein Element des dualen Raumes (*also konjugiert-komplex transponierten Raumes*) durch $\langle\boldsymbol{x}|$, das Skalarprodukt durch $\langle\boldsymbol{x}|\boldsymbol{y}\rangle$. Aufgrund der

[1] In einer ersten Fassung des Manuskriptes hat mir die Aufnahme „mathematischer Trivialitäten" die Bemerkung „er wolle wohl Seiten schinden" eines Gutachters aus der Physik eingebracht. Der Umfang ist kritikgemäß stark geschrumpft. Die Physikergilde möge es mir aber bitte nachsehen, dass einige Trivialitäten im Interesse anderer Lesergruppen immer noch vorhanden sind.

speziellen Verwendung von Klammern – englisch *bracket* – heißen Elemente des Typs $|\boldsymbol{x}\rangle$ auch *ket*, solche des Typs $\langle\boldsymbol{x}|$ *bra*.

Das Skalarprodukt als positiv definite quadratische Form über $\mathbb{C}$ wird in dieser Notation mit folgenden Eigenschaften definiert:

i. $\langle \boldsymbol{x} + \boldsymbol{x}'|\boldsymbol{y}\rangle = \langle \boldsymbol{x}|\boldsymbol{y}\rangle + \langle \boldsymbol{x}'|\boldsymbol{y}\rangle$ (Linearität, ebenso für $\boldsymbol{y}$)
ii. $\langle c\boldsymbol{x}|\boldsymbol{y}\rangle = c\langle \boldsymbol{x}|\boldsymbol{y}\rangle$ (Linearität)
iii. $\langle \boldsymbol{x}|\boldsymbol{x}\rangle \geq 0 \in \mathbb{R}$ für $\boldsymbol{x} \neq \boldsymbol{0}$ (positiv definit)
iv. $\langle \boldsymbol{x}|\boldsymbol{y}\rangle = \overline{\langle \boldsymbol{y}|\boldsymbol{x}\rangle}$ (Schlussfolgerung aus den Eigenschaften von $\mathbb{C}$)

Gegenüber $\mathbb{R}$ als Grundkörper ist lediglich Axiom iv. hinzugekommen. Das Skalarprodukt verleiht dem Hilbert-Raum eine Norm und eine Metrik:

$$\| \boldsymbol{x} \| = \sqrt{\langle \boldsymbol{x}|\boldsymbol{x}\rangle}$$
$$\mathrm{d}(\boldsymbol{x}, \boldsymbol{y}) = \|\boldsymbol{x} - \boldsymbol{y}\| \,.$$

Eine Norm oder ein Betrag ist eine Abbildung eines mathematischen Objektes auf die Menge $\mathbb{R}_0^+$, definiert also eine Objektgröße, eine Metrik definiert Abstände zwischen Elementen. Diese Begriffsbildung ist sehr allgemein und umfasst auch die im letzten Kapitel entwickelte Wellenmechanik. In einem Vektorraum $\mathbb{C}^n$ mit der kanonischen Basis ist das Skalarprodukt durch

$$\langle x|y\rangle = \sum \overline{x_k} y_k$$

gegeben. Auch die Eigenfunktionen von Integraloperatoren, wie wir sie im wellenmechanischen Modell diskutiert haben, bilden Hilbert-Räume mit einem durch ein Integral definierten Skalarprodukt. Die Dimension solcher Räume ist aber in der Regel nicht mehr endlich. In der Quanteninformatik benötigt man das Wellenfunktionsbild aber eher selten, weshalb man sich in der neueren Literatur meist auf die Dirac-Notation und die Terminologie der linearen Algebra zurückzieht und es dem Leser überlässt, im Bedarfsfall zu bemerken, dass die Wellenmechanik implizit mit drinsteckt, und mit dieser Kenntnis die eigentliche Form des unscheinbaren Ausdrucks $|a\rangle$ zu ermitteln.

Beschränken wir uns daher ohne Beschränkung der Allgemeinheit einstweilen auf die Mathematik endlicher Hilbert-Räume. Sei $\boldsymbol{B} = (\boldsymbol{b}_1\boldsymbol{b}_2\ldots\boldsymbol{b}_n)$ eine beliebige Basis von V (*und* $\boldsymbol{B}$ *die Koordinatenmatrix der Transformation von der kanonischen Basis auf die neue Basis, d. h. die spaltenweise Anordnung der Basisvektoren in einer Matrix*) und $\boldsymbol{x} = \sum x_i \boldsymbol{b}_i$, $\boldsymbol{y} = \sum y_k \boldsymbol{b}_k$ zwei beliebige Vektoren. Das Skalarprodukt in der neuen Basis ist durch

$$\langle \boldsymbol{x}|\boldsymbol{y}\rangle = \sum_{i,k} \overline{x_i} y_k \langle \boldsymbol{b}_i|\boldsymbol{b}_k\rangle = \sum_{i,k} \overline{x_i} y_k g_{ik}$$

gegeben. Vertauschen von $\vec{x}$, $\vec{y}$ und Anwendung von Axiom iv liefert die Beziehung

$$g_{ik} = \overline{g_{ki}} \Leftrightarrow \overline{\boldsymbol{G}}^T = \boldsymbol{G} \,.$$

Matrizen mit dieser Eigenschaft heißen hermitesch.[1]

[1] Nach dem französischen Mathematiker Charles Hermite, 1822–1901.

Ein Basiswechsel oder Endomorphismus des Raumes ist in der Regel nur dann (*physikalisch*) sinnvoll, wenn Norm und Metrik bei dieser Operation invariant blei-ben, d. h. $\langle \boldsymbol{B}^T \boldsymbol{x} | \boldsymbol{B}\boldsymbol{x} \rangle = \langle \boldsymbol{x} | \boldsymbol{x} \rangle$ gilt. Die rechte Seite der Gleichung ist eine Summe von Quadraten, und die Gleichung ist für beliebiges $\boldsymbol{x}$ nur dann zu erfüllen, wenn dies auch für die linke Seite gilt. Die Spaltenvektoren von $\boldsymbol{B}$ müssen daher die Bedingung

$$\sum_k \overline{b_{ki}} b_{kj} = \delta_{ij} \Leftrightarrow \overline{\boldsymbol{B}}^T = B^{-1}$$

erfüllen. Matrizen mit orthonormalen komplexen Spaltenvektoren heißen *unitär*.

Aufgabe. Weisen Sie die Beziehung $\overline{\boldsymbol{B}}^T = B^{-1}$ durch direkte Rechnung nach.

Basiswechsel oder Endomorphismen entsprechen nach unserer bisherigen physikalischen Argumentation Wechseln von Bezugssystemen, beispielsweise Erzeugungs- und Messbezugssystemen, und zwar ohne dass wir eine Messung durchführen würden. Als physikalische Zwischenerkenntnis können wir daher festhalten, dass Wirkungen auf quantenmechanische Systeme durch unitäre Transformationen beschrieben werden. Sie verändern Mischungsfaktoren von Eigenfunktionen eines Bezugssystems und sind reversibel, repräsentieren also die typischen Eigenschaften einer Wirkung.

Ist nun $\boldsymbol{A}$ ein Endomorphismus auf V (*der direkt in der Matrixdarstellung gegeben sei*), so existiert ein eindeutiger adjungierter Endomorphismus $\boldsymbol{A}^+$, so dass $\langle \boldsymbol{x} | \boldsymbol{A}\boldsymbol{y} \rangle = \langle \boldsymbol{A}^+ \boldsymbol{x} | \boldsymbol{y} \rangle$. Mit Hilfe der vorhergehenden Beziehungen finden wir

$$\langle \boldsymbol{x} | \boldsymbol{A}\boldsymbol{y} \rangle = \overline{\boldsymbol{x}}^T (\boldsymbol{A}\boldsymbol{y}) = (\overline{\boldsymbol{x}}^T \boldsymbol{A})\boldsymbol{y} = \langle \overline{\boldsymbol{A}}^T \boldsymbol{x} | \boldsymbol{y} \rangle$$

also $\boldsymbol{A}^+ = \overline{\boldsymbol{A}^T}$ bzw. $\boldsymbol{A}^+ = \boldsymbol{A}$, wenn $\boldsymbol{A}$ eine hermitesche Matrix ist. $\boldsymbol{A}$ heißt in diesem Fall selbstadjungiert.

Endomorphismen vermitteln eindeutige Abbildungen des Typs $\boldsymbol{y} = \boldsymbol{A}\boldsymbol{x}$. Bringen wir nun die Messung einer Eigenschaft ins Spiel, d. h. $\boldsymbol{A}$ sei die Koordinatenmatrix des Messsystems in irgendeinem gegebenen Bezugssystem (*in der Regel dem kanonischen System*). Für die Praxis interessant sind diejenigen Vektoren, für die der Endomorphismus auf die Abbildung $\boldsymbol{A}\boldsymbol{x} = c\boldsymbol{x}$ mit einer Konstanten c hinausläuft, sowie die Konstanten c selbst. Die Vektoren mit dieser Eigenschaft heißen *Eigenvektoren* der Abbildung $\boldsymbol{A}$ und bilden eine orthogonale Basis des Raumes, die jeweiligen (*nicht notwendig verschiedenen*) Konstanten *Eigenwerte*. Mit den Eigenwerten wissen wir auch, welche Messwerte bei einer (Einzel)Messung auftreten können, und wenn der Zustand eines Systems als Linearkombination der Eigenvektoren bekannt ist, kann auch die Wahrscheinlichkeit für das Messen eines bestimmten Eigenwerts angegeben werden.

Für Endomorphismen mit hermitescher Matrix gilt der wichtige Spektralsatz: hermitesche Matrizen besitzen nur reelle Eigenwerte. Wir wollen dies kurz zeigen. Die Eigenwertgleichung

$$\boldsymbol{A}\boldsymbol{x} = \lambda \boldsymbol{x}$$

mit nicht-singulärem $\boldsymbol{A}$ der Dimension n ist nur dann lösbar, wenn die Determinante

$$\det(\boldsymbol{A} - \lambda \boldsymbol{E}) = 0$$

Null ist. Die Determinante definiert aber ein Polynom n-ten Grades in λ über $\mathbb{C}$, das aufgrund der algebraischen Abgeschlossenheit von $\mathbb{C}$ genau n (nicht notwendigerweise verschiedene) Nullstellen besitzt. Aus der Selbstadjungtion $\langle \boldsymbol{A}\boldsymbol{x} | \boldsymbol{y} \rangle = \langle \boldsymbol{x} | \boldsymbol{A}\boldsymbol{y} \rangle$ folgt nun mittels ii) und iv):

$$\lambda \langle \boldsymbol{x} | \boldsymbol{x} \rangle = \langle \boldsymbol{A}\boldsymbol{x} | \boldsymbol{x} \rangle = \langle \boldsymbol{x} | \boldsymbol{A}\boldsymbol{x} \rangle = \overline{\lambda} \langle \boldsymbol{x} | \boldsymbol{x} \rangle$$

d. h. ein Eigenwert λ ist notwendigerweise reell.

Halten wir als physikalische Schlussfolgerung aus dieser Erkenntnis fest: da physikalische Messwerte reelle Zahlen sind, werden die möglichen Messergebnisse an einem quantenmechanischen Objekt durch die Eigenwerte eines selbstadjungierten Endomorphismus oder Operators repräsentiert.

Aufgabe. Arbeiten Sie die Gemeinsamkeiten/Unterschiede hermitescher, selbstadjungierter und unitärer Matrizen/Abbildungen noch einmal heraus.

3.3.2 *Quantenmechanische Objekte*

Wir wenden nun diese auf sehr knappe Art präsentierte Mathematik auf die Physik an.

3.3.2.1 Eigenfunktion und Superposition

Quantenmechanische Objekte werden in einem Hilbert-Raum durch Zustandsvektoren $|\boldsymbol{x}\rangle$ repräsentiert. Betrachten wir beispielsweise ein Photon als quantenmechanischen Träger der Lichtenergie. In der klassischen Physik wird elektromagnetische Strahlung durch eine Wellenfunktion beschrieben, wie wir sie bereits zur Beschreibung von Elektronen verwendet haben (Seite 31 ff.). Die Quantenmechanik besagt nun nichts anderes, als dass auch diese Strahlung nicht kontinuierlich ist, sondern jeweils gequantelt in kleinsten Paketen existiert, die jeweils die Energie $E = h * \nu = h * 1/\lambda$ transportieren mit ν, λ als Frequenz bzw. Wellenlänge der Strahlung.[1] Mathematisch gesehen besteht die Beschreibung eines Photons aus einem Richtungsvektor, der die Bewegungsrichtung angibt (im Beispiel die Z-Richtung), und einem Feldvektor, der senkrecht auf dem Richtungsvektor steht und oszilliert:

$$\vec{E}(z,t) = \begin{pmatrix} E_x \\ E_y \end{pmatrix} e^{i(kz - \omega t)}\ .$$ [2]

[1] Die Beziehung geht auf Max Planck zurück.

[2] ω übernimmt hier traditionell die Rolle von ν in der Planckschen Gleichung. Der Betrag des Feldstärkevektors ist für das einzelne Photon aufgrund der Quantisierungsbedingung eine universelle Konstante.

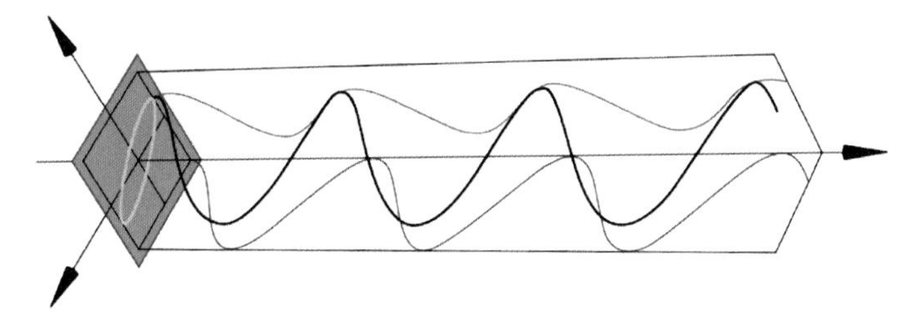

Abb. 3.3 Elliptische Polarisation (aus wikipedia)

Je nach Art der Komponenten E_x, E_y beschreibt der Feldstärkevektor unterschiedliche Figuren im Raum. Sind die Komponenten rein reell, so schwingt der Feldstärkevektor in einer Ebene, ist eine der Komponenten imaginär, beschreibt der Feldstärkevektor eine elliptische Bahn um den Richtungsvektor (Abb. 3.3).

Die Art der Schwingung des Feldstärkevektors wird als Polarisation bezeichnet und wird als eine der messbaren Eigenschaften eines Photons durch einen zweidimensionalen Hilbert-Raum beschrieben, der weder vom Ort noch von der Zeit abhängig ist. Sie kann durch eine Linearkombination zweier beliebiger orthogonaler Basisvektoren dargestellt werden. Wählen wir als (willkürliche) orthogonale Basis die senkrechte und die waagerechte Polarisation[1] mit den Zuständen

$$|0\rangle = \begin{pmatrix} 1 \\ 0 \end{pmatrix} , \quad |1\rangle = \begin{pmatrix} 0 \\ 1 \end{pmatrix} ,$$

so wird eine 45°- oder $\pi/4$-Polarisation in dieser Basis durch

$$|\pi/4\rangle = \frac{1}{\sqrt{2}}(|0\rangle + |1\rangle) , \quad |-\pi/4\rangle = \frac{1}{\sqrt{2}}(|0\rangle - |1\rangle)$$

dargestellt, eine zirkulare Polarisation durch

$$|z+\rangle = \frac{1}{\sqrt{2}}(|0\rangle + \mathrm{i}|1\rangle) , \quad |z-\rangle = \frac{1}{\sqrt{2}}(|0\rangle - \mathrm{i}|1\rangle) .$$

Betrachten wir die $\pi/4$- oder die zirkularen Vektoren als Eigenfunktionen entsprechender Polarisatoren/Photodetektoren, so lassen sie sich als Superpositionen von Eigenfunktionen des h/v-Detektors darstellen. Eine zum Detektor passende Linearkombination der h/v-Vektoren ist ein reines System in Bezug auf den Detektor, ein einzelner Basisvektor aus dem h/v-System aber ein gemischtes System.

Wie wir bereits angemerkt haben, wird eine Wirkung auf ein quantenmechanisches System durch eine unitäre Transformation beschrieben:

$$|\psi'\rangle = \boldsymbol{U}|\psi\rangle .$$

[1] Der Feldstärkevektor schwingt somit entweder in einer senkrechten oder einer waagrechten Ebene um eine waagrechte Achse, die dem Richtungsvektor entspricht.

Betrachten wir als Beispiel eine Drehung der Polarisationsebene um den Winkel $\pi/4$. Die Eigenfunktionen des h/v-Systems gehen dabei in die des $\pm\pi/4$-System über und umgekehrt. Die Transformation, die dies bewerkstelligt, ist

$$\boldsymbol{U} = \frac{1}{\sqrt{2}} \begin{pmatrix} 1 & 1 \\ 1 & -1 \end{pmatrix} .$$

Sie wird uns später bei der Diskussion der Quantencomputer als sogenannte Hadamard-Operation noch einmal begegnen. Der Bezug zwischen einer beliebigen unitären Transformation und einer konkreten physikalischen Operation ist allerdings meist nur sehr mühsam herzustellen. Die experimentellen Absichten lassen sich durch eine Transformation meist recht einfach verdeutlichen, während selbst einfache Transformationen experimentell oft nur durch eine ganze Reihe von Zwischenschritten realisiert werden können, wie wir noch sehen werden. Der Sprachgebrauch reduziert sich daher oft auf die Bemerkung „das System wird der unitären Transformation … unterworfen", und man lässt die Physik Physik sein. Zu den experimentell zu berücksichtigenden Gegebenheiten gehört in vielen Fällen im Übrigen auch der hier unterschlagene Wellenfunktionsanteil $\exp(i(k * z - \omega * t))$. Vielfach gilt nämlich $\boldsymbol{U} = \boldsymbol{U}(\omega)$ bzw. entsprechende funktionale Zusammenhänge bei anderen quantenmechanischen Objekten.

3.3.2.2 Überlagerung und Verschränkung

Wir werden im weiteren Verlauf unserer Untersuchungen je nach experimentellem Ziel immer wieder zwischen verschiedenen Repräsentationen unserer quantenmechanischen Systeme wechseln. Je nach Entwicklungsprozess des Systems sind die Darstellungen nicht äquivalent, und der Übersichtlichkeit halber werden Gesamtsystemzustände in einigen Fällen auf die wechselwirkenden Protagonisten gekürzt, was aber nicht bedeutet, dass die vernachlässigten Zustandsteile von der Wechselwirkung nicht betroffen wären. So kurz dieses Kapitel auch ist, für das Verständnis einiger Darstellungen ist es wesentlich. Arbeiten Sie es deshalb sorgfältig durch.

Voneinander unabhängige Objekte existieren in ihrem eigenen Hilbert-Raum, und der Gesamtzustand eines Systems aus mehreren Objekten wird durch das direkte Produkt oder Tensorprodukt dieser Räume repräsentiert, für zwei Teilchen beispielsweise durch

$$V_1, V_2 \to V = V_1 \otimes V_2$$

$$|\boldsymbol{x}_1, \boldsymbol{x}_2\rangle = |\boldsymbol{x}_1\rangle \otimes |\boldsymbol{x}_2\rangle = \begin{pmatrix} x_{11} * \overline{x_2} \\ \dots \\ x_{1n} * \overline{x_2} \end{pmatrix} = \begin{pmatrix} x_{11}x_{21} \\ \dots \\ x_{1n}x_{2n} \end{pmatrix} = \left(X_{(i)(k)}\right)$$

$$n_1 = \dim(V_1), n_2 = \dim(V_2) \to \dim(V) = n_1 * n_2 .$$

Formal entstehen durch das direkte Produkt mehrkomponentige Größen (Tensoren), indem jede Komponente des einen Vektorraumelementes mit jeder Komponente des anderen unter Beibehaltung der Indizes multipliziert wird. Aus Vektoren mit einem Index werden so im obigen Beispiel tensorielle Vektoren mit zwei Indizes, über die die Komponenten ihre Individualität beibehalten. Je nach Ziel einer Untersuchung kann man Rechnungen in diesem Tensorraum durchführen oder alternativ an dessen Stelle einen neuen einheitlichen Raum für das Gesamtsystem definieren.[1] Für zwei Photonen mit vertikaler oder horizontaler Polarisation sehen die äquivalenten Darstellungen folgendermaßen aus:

$$|0\rangle = |00\rangle = \begin{pmatrix} 1 \\ 0 \end{pmatrix} \otimes \begin{pmatrix} 1 \\ 0 \end{pmatrix} = \begin{pmatrix} 1 \\ 0 \\ 0 \\ 0 \end{pmatrix}$$

$$|1\rangle = |01\rangle = \begin{pmatrix} 1 \\ 0 \end{pmatrix} \otimes \begin{pmatrix} 0 \\ 1 \end{pmatrix} = \begin{pmatrix} 0 \\ 1 \\ 0 \\ 0 \end{pmatrix}$$

$$|2\rangle = |10\rangle = \begin{pmatrix} 0 \\ 1 \end{pmatrix} \otimes \begin{pmatrix} 1 \\ 0 \end{pmatrix} = \begin{pmatrix} 0 \\ 0 \\ 1 \\ 0 \end{pmatrix}$$

$$|3\rangle = |11\rangle = \begin{pmatrix} 0 \\ 1 \end{pmatrix} \otimes \begin{pmatrix} 0 \\ 1 \end{pmatrix} = \begin{pmatrix} 0 \\ 0 \\ 0 \\ 1 \end{pmatrix} .$$

Die jeweils links und rechts außen liegende Beschreibung differenziert nicht mehr zwischen den Teilchen. Will man auf die Zustände der einzelnen Teilchen schließen, benötigt man die jeweils in den Innentermen angegebene Repräsentation. Überlagerungen können wieder durch beliebige Linearkombinationen dargestellt werden, Wirkungen vermitteln Übergänge zwischen verschiedenen Zuständen. Allerdings ist es nicht ganz gleichgültig, in welcher Repräsentation man Wirkungen beschreibt, weshalb wir noch einen Augenblick bei der Tensornotation verweilen.

Aufgabe. In den weiteren Kapiteln des Buches gehören Rechnungen zur Lösung von Aufgaben, weshalb es bereits hier anbietet, die Umwandlung von Tensorprodukten in einen gewöhnlichen Vektorraum durch eine Software zu realisieren. Bei der Verknüpfung eines Raumes der Dimension m mit einem der Dimension n können die Komponenten des neuen Vektors durch

$$v_{(i-1)*m+k}^{(n+m)} = u_i^{(n)} * w_k^{(m)}$$

[1] Die Schreibweise mit den geklammerten Indizes im letzten Ausdruck der zweiten Zeile soll verdeutlichen, dass dieser Tensor wenig mit dem Matrixbegriff zu tun hat.

berechnet werden. Durch Rekursion können Tensorprodukte mit beliebig vielen Teilräumen miteinander verknüpft werden. Implementieren Sie eine solche Funktion unter Verwendung von Templatetechniken in C++.[1]

Um Tensoren genauer untersuchen zu können, hat Einstein eine Schreibweise eingeführt, die die Terme halbwegs übersichtlich hält. Einen Vektor in einem beliebigen Basissystem stellt man nach dieser Konvention in der rechts als letzte Form angegebenen Weise dar:

$$\vec{v} = (v_1, v_2, \ldots v_n) * (\vec{e}_1, \vec{e}_2, \ldots \vec{e}_n) = \sum_{k=1}^{n} v_k * \vec{e}_k = v^k \vec{e}_k \ .$$

Die Indizes von Zeilen (kontravariante Indizes) rücken an die Stelle von Exponenten, die Spaltenindizes (kovariante Indizes) bleiben, wo sie sind, und über gleiche ko- und kontravariante Indizes ist zu summieren, wobei das Summenzeichen kurzerhand eingespart wird. Ein beliebiger Zustand eines Tensorraums wird in dieser Notation durch

$$\sum z_l |l\rangle = x^i y^k \vec{e}_i \otimes \vec{f}_k = x^i y^k \vec{g}_{ik}$$

angegeben, und eine Basistransformation der Räume erfolgt durch

$$\vec{g}'_{ik} = A^l_i B^m_k \vec{e}_l \otimes \vec{f}_m = T^{lm}_{ik} \vec{g}_{lm} \ , \quad T = A \otimes B = \begin{pmatrix} a_{11} * B & \ldots & a_{1n} * B \\ \ldots & \ldots & \ldots \\ a_{n1} * B & \ldots & a_{nn} * B \end{pmatrix} .$$

Der Tensor T mit vier Indizes pro Element, die sich nach dem angegebenen Schema aus den Indizes der Einzelmatrizen ergeben, ist das direkte Produkt der Matrizen A und B. Damit können wir nun auch beliebige Superpositionszustände der einzelnen Teilchen im Gesamtsystem berechnen:

Aufgabe. Wie in der vorhergehenden Aufgabe können auch Tensorprodukte von Matrizen in normale Matrizen überführt werden, wobei die Indexbeziehungen durch

$$v^{(n+m,n+m)}_{(i-1)*m+k,(j-1)*m+l} = u^{(n,n)}_{i,j} * w^{(m,m)}_{k,l}$$

beschrieben werden. Implementieren Sie dies mit der gleichen Technik wie oben. Rekursionen können dabei durch Makros, die einander aufrufen, realisiert werden.[2]

---

[1] Templatetechniken sind Compilezeitoperationen, d. h. alles wird während der Programmübersetzung festgelegt und Sie können nicht später zur Laufzeit durch interaktive Eingabe wahllos Räume miteinander verknüpfen. Alternativ können Sie dies natürlich durch normale Objektorientierung realisieren, doch wird diese Variabilität hier nicht benötigt. Templatetechniken sind eleganter und führen auch zu effizienterem Code. Eine Einführung finden Sie im letzten Kapitel des Buches. Vergleichen Sie aber auch die nächste Fußnote.

[2] Leider sind voll rekursive Makros noch ein Bestandteil von C++, weshalb eine entsprechende Anzahl einzelner Makros notwendig sind. Siehe z. B. Gilbert Brands, Das C++ Kompendium, 2. Aufl. im Kapitel „Objektfabriken", oder A. Alexandrescu, Modern C++ Design.

Aufgabe. Das Bezugssystem von Teilchen 1 sei eine 45°-Polarisation anstelle der oben verwendeten orthogonalen Polarisation. Stellen Sie die neue Basis durch die alte Basis $|0\rangle \ldots |3\rangle$ dar. Berechnen Sie den Übergangstensor.[1]

Betrachten wir nun das Gesamtsystem und darin die Wirkungsmatrix

$$A = \begin{pmatrix} 1\,0\,0\,0 \\ 0\,0\,0\,1 \\ 1\,0\,0\,0 \\ 0\,0\,0\,1 \end{pmatrix} .$$

Angewandt auf die Zustände $|0\rangle \ldots |3\rangle$ sorgt sie dafür, dass nach der Wirkung nur noch die Zustände $|00\rangle$ und $|11\rangle$ zulässig sind, die beiden Teilchen also verschränkt sind. Wie man anhand der Definition des direkten Produkts nachweisen kann, ist diese Matrix *nicht* durch ein direktes Produkt zweier Matrizen zu erzeugen. Die Teilchen sind nämlich *nicht* unabhängig voneinander, sondern die Wirkung auf Teilchen 1 darf nur ausgeführt werden, wenn Teilchen 2 einen bestimmten Zustand einnimmt. Gleichwohl ist diese Matrix unitär und daher zulässig.[2]

Aufgabe. Weisen Sie nach, dass sie diese Matrix nicht durch das Produkt zweier Matrizen erzeugen können.

Entsprechend lassen sich Zustände wie

$$\psi = \frac{1}{\sqrt{2}}(|00\rangle + |11\rangle)$$

nicht mehr in Tensorprodukte $|v\rangle \otimes |w\rangle$ zerlegen, sondern sind nur in einem Gesamtraum zu beschreiben. Wir können damit den wichtigen Begriff der Verschränkung nochmals präzisieren:

- Teilchen sind individuell oder unverschränkt, wenn sich ihr Zustandsraum durch ein Tensorprodukt unabhängiger Räume beschreiben lässt. Die Teilchen können sich dabei in reinen Zuständen oder beliebigen Superpositionen befinden. Die Messung eines Teilchens hat keinen Einfluss auf das Ergebnis einer Messung an anderen Teilchen.
- Teilchen sind **verschränkt**, wenn sich ihr Zustandsraum **nicht** durch ein Tensorprodukt unabhängiger Räume beschreiben lässt. Eine Messung an einem Teilchen erlaubt Aussagen über die Messergebnisse an anderen Teilchen.
- Unitäre Transformationen, die in Tensorprodukte einzelner Matrizen zerlegbar sind, wirken jeweils auf einzelne Teilchen und heißen **lokale** Transformationen. Solche Transformationen führen weder zu Verschränkungen noch heben sie solche auf (beeinflussen aber die Aussagen über die Messergebnisse).

[1] Falls notwendig, können Sie die Basissystem und Notationen für eine durchschaubarere Darstellung auch geeignet anpassen.

[2] Was natürlich nicht heißt, dass man so etwas auch ohne weiteres experimentell realisieren kann.

- Unitäre Transformationen, die **nicht** in Tensorprodukte zerlegbar sind, erzeugen **verschränkte** Systeme (sofern sie es noch nicht sind). Die Verschränkung kann mit der inversen Transformation wieder aufgehoben werden.

Ergänzung 1. In der Praxis wird oft von einer weiterer Abstraktion Gebrauch gemacht: in $|\psi\rangle = \sum c_{ik}|ik\rangle$ gilt in unserem Verschränkungsbeispiel stets $c_{ik} \sim \delta_{ik}$, und daher kann die Dimension des Zustandsraumes erniedrigt werden. Das Gesamtsystem kann in diesem Fall durch

$$|A\rangle = |00\rangle = \begin{pmatrix} 1 \\ 0 \end{pmatrix}, \quad |B\rangle = |11\rangle = \begin{pmatrix} 0 \\ 1 \end{pmatrix}$$

in einem eigenen Hilbert-Raum beschrieben, der kein Tensorprodukt anderer Räume ist. Eine Dimensionserniedrigung macht natürlich nur dann Sinn, wenn keine weiteren unitären Transformationen zu erwarten sind, die diese spezielle Verschränkung wieder aufheben.

Ergänzung 2. Umgekehrt wird in der Literatur ein System oft weiter in tensorieller Notation

$$|a\rangle \otimes |b\rangle \otimes \ldots \otimes |u\rangle$$

notiert, obwohl es sich um ein verschränktes System handelt, für das diese Individualität gar nicht existiert. Der Leser sollte sich in solchen Fällen fragen, welche Zielrichtung der Autor damit verfolgt, da für bestimmte Fragestellungen dieses Vorgehen durchaus sinnvoll ist.

In Umkehrung der Zusammenfassung eines Tensorprodukts zu einem einheitlichen Raum kann man auch die Frage stellen, mit welcher Wahrscheinlichkeit ein bestimmtes Bit einen bestimmten Messwert liefert, wenn man es einzeln misst. Da die Indexbeziehungen eindeutig sind, lässt sich der Zustandsraum eines einzelnen Bits aus dem Tensorprodukt wieder rekonstruieren, wozu allerdings zwei Schritte benötigt werden. Zunächst wird über alle Indizes, die eine bestimmte Komponente des gesuchten Teilraums enthalten, summiert, d. h. je nach Fragestellung

$$u'^{(n)}_i = \sum_{k=1}^{m} v^{(n+m)}_{(i-1)*m+k}, \quad i = 1 \ldots n$$
$$w'^{(m)}_k = \sum_{i=1}^{n} v^{(n+m)}_{(i-1)*m+k}, \quad k = 1 \ldots m\,.$$

Diese Vektoren sind allerdings noch nicht normiert, da die Komponenten des Komplementärraumes noch nicht berücksichtigt sind. Diese erfolgt im zweiten Schritt

$$u^{(m)} = \frac{u'^{(m)}}{\| u'^{(m)} \|}\,.$$

Hieraus lassen sich nun die Wahrscheinlichkeiten für bestimmte Messwerte ermitteln (siehe nächstes Teilkapitel).

Aufgabe. Setzen Sie auch dies in eine Funktion um. In der Praxis sind meist Lösungen für zweidimensionale Räume gefragt, was die Auswertung vereinfacht, da sich der Index des Teilraumvektors, zu dem eine Komponente des Gesamtvektors addiert werden muss, daraus bestimmt, ob das entsprechende Bit im Index des Gesamtvektors gesetzt ist oder nicht.

Sind die Teilchen nicht verschränkt, so erhält man über diese Zerlegung die Wahrscheinlichkeiten für sämtliche Einzelmessungen. Beachten Sie aber, dass diese Zerlegungen im Fall verschränkter Systeme jeweils nur für die Messung an einem einzelnen Teilchen gelten! Infolge der Verschränkung des Systems werden die Messwahrscheinlichkeiten der anderen Teilchen durch die erste Messung beeinflusst. Für die Ermittlung von deren Messwertwahrscheinlichkeiten – ob nun virtuell in einer Simulation oder real – sind in den Summen sämtliche Summanden mit Termen des gemessenen Teilchens, die nicht dem Messergebnis entsprechen, zu streichen, um die korrekten Messwahrscheinlichkeiten zu ermitteln. Bei größeren Systemen ist dieses Verfahren iterativ fortzusetzen.

Aufgabe. Erweitern Sie die Berechnung um die Berücksichtigung solcher Zwischenmesswerte. Testen Sie die Funktionen an verschränkten und unabhängigen Systemen mit unterschiedlichen Superpositionen reiner Zustände.

3.3.2.3 Messung

Gemäß der mathematischen Theorie wird eine messbare Größe durch einen selbstadjungierten linearen Operator repräsentiert:

$$\boldsymbol{A}\,|\boldsymbol{a}_i\rangle = a_i\,|\boldsymbol{a}_i\rangle \ .$$

Die Eigenvektoren eines Operators sind orthogonal, die Eigenwerte reelle Werte. Eigenwerte heißen entartet oder ausgeartet, wenn mindestens zwei linear unabhängige Eigenvektoren für zum gleichen Eigenwert existieren, sonst heißen sie nichtausgeartet.[1] Die Größe heißt vollständig, wenn die Eigenvektoren eine Basis des kompletten Zustandsraums aufspannen.

Wie bereits verschiedentlich erwähnt, kann die spezielle Gestalt eines Operators oft aus physikalischen Überlegungen gewonnen und Eigenwerte und Eigenvektoren dann mit mathematischen Mitteln berechnet werden. Für unser Beispiel der polarisierten Photonen haben wir aber bereits Eigenfunktionen gefunden und können hier den umgekehrten Weg beschreiten, d. h. die Operatorgestalt aus den Eigenfunktionen ableiten. Wie man schnell nachrechnet, wird der jeweilige Operator $\boldsymbol{A}$ für die

[1] Entartete Eigenwerte erfordern in der Regel eine etwas aufwändigere Behandlung, treten in der Quanteninformatik jedoch recht selten auf, so dass wir auf eine intensivere Behandlung verzichten.

drei Orthonormalsysteme durch eine der Matrizen

$$\begin{pmatrix} 1 & 0 \\ 0 & -1 \end{pmatrix} \quad \text{für } (|0\rangle|1\rangle)$$
$$\begin{pmatrix} 0 & 1 \\ 1 & 0 \end{pmatrix} \quad \text{für } (|\pi/4\rangle|-\pi/4\rangle)$$
$$\begin{pmatrix} 0 & -\mathrm{i} \\ \mathrm{i} & 0 \end{pmatrix} \quad \text{für } (|z+\rangle|z-\rangle)$$

repräsentiert, die Eigenwerte sind jeweils $+1$ und -1.

Einen systematischen Zugang zum Messoperator erhalten wir auf folgendem Weg: sei $(|\boldsymbol{a}_1\rangle, \ldots |\boldsymbol{a}_n\rangle)$ eine normierte orthogonale Basis eines Hilbert-Raums zu einer messbaren Größe a *(d. h. ein Eigenvektorsystem für die Messgröße unter bestimmten äußeren Bedingungen)* und $|\psi\rangle = \sum c_i |\boldsymbol{a}_k\rangle$ eine beliebiger normierter Zustand. Wie man durch Ausmultiplizieren unmittelbar sieht, gilt

$$|\psi\rangle = \sum |\boldsymbol{a}_k\rangle\langle \boldsymbol{a}_k|\psi\rangle \ .$$

Die Terme auf der rechten Seite lassen sich zu verschiedenen Aussagen zusammenfassen:[1]

a) Der Operator $|\boldsymbol{a}_k\rangle\langle \boldsymbol{a}_k|$ beschreibt die selektive Messung des Zustands $|\boldsymbol{a}_k\rangle$ mit dem Eigenwert a_k. Er hat den nicht-entarteten Eigenwert 1, wenn a_k gemessen wird, für von a_k verschiedene Messwerte den im Allgemeinen entarteten Eigenwert 0.
b) Die Wahrscheinlichkeit, den Eigenwert a_k zu messen, ist durch $p = \| \langle \boldsymbol{a}_k|\psi\rangle \|^2$ gegeben.
c) Der Operator für die messbare Größe wird durch $\boldsymbol{A} = \sum a_k |\boldsymbol{a}_k\rangle\langle \boldsymbol{a}_k|$ dargestellt.

Aufgabe. Berechnen Sie die Messfilteroperatoren a) und wenden Sie sie auf die verschiedenen Zustandsvektoren an. Berechnen Sie jeweils die Wahrscheinlichkeiten für ein Messergebnis. Berechnen Sie die Operatoren $\boldsymbol{A}$ und vergleichen Sie mit den zuvor hergeleiteten Matrizen.

Aufgabe. Simulieren Sie Messungen, d. h. berechnen Sie Zustandsräume mit den im letzten Teilkapitel angegebenen Methoden und wählen Sie mit Hilfe eines Zufallszahlengenerators und der Gewichte jedes Messwerts einen Messwert aus. Prüfen Sie, ob bei größeren Systemen die Auswertung des Gesamtsystems und die Auswertung von Teilzerlegungen des Raums (Invertieren des Tensorprodukts) die gleichen statistischen Ergebnisse liefern.

[1] Diese Methodik, die Grundform auf eine mehr oder weniger triviale Art zu erweitern und die Einzelteile zu physikalischen Operatoren zusammen zufassen, wird uns noch häufiger begegnen.

3.3.2.4 Zusammenfassung

Fassen wir alles noch mal zusammen.

- Quantenmechanische Objekte sind Elemente eines Hilbert-Raumes, der je nach physikalischer Größe ein einfacher Vektorraum oder auch ein komplexer Funktionenraum sein kann. Wir nennen sie Wellenfunktionen oder Zustandsvektoren, wobei wir diese Begriffe synonym verwenden werden.
- Messungen sind selbstadjungierte Matrizen oder Operatoren auf einem Hilbert-Raum (*im Falle von Funktionenräumen auch selbstadjungierte Differential- oder Integraloperatoren*).
  Sie dienen einerseits zur Festlegung einer Basis des Hilbert-Raums (*der Eigenvektoren oder Eigenfunktionen des Operators*), wobei die möglichen Messwerte der physikalischen Größe durch die Eigenwerte des Operators festgelegt werden. Andererseits dienen sie bei beliebigen gegebenen Wellenfunktionen zur Ermittlung der Wahrscheinlichkeit, mit der ein bestimmter Eigenwert des Operators gemessen wird (*Bildung des durch den Operator vermittelten Skalarprodukts*).
  Bei der Messung eines bestimmten Eigenwertes kollabiert die zuvor möglicherweise unbestimmte Wellenfunktion auf die zugehörige Eigenfunktion des Operators.[1]
- Wechselwirkungen werden durch unitäre Matrizen beschrieben. Hierbei werden Wellenfunktionen in einen anderen Zustand transformiert, ohne dass jedoch ein Kollabieren auf irgendeinen Eigenwert eines Operators stattfindet.
  Eine Messung kann nach Anwendung einer Wechselwirkung ein anderes Wahrscheinlichkeitsspektrum besitzen.

3.3.3 Dichte-Operator

3.3.3.1 Die Dichtematrix

Die Beschreibung eines quantenmechanischen Systems mittels der Wellenfunktion ist hinsichtlich der Verfolgung von Wirkungen etwas umständlich und hängt zudem von der verwendeten Basis ab, was zu häufigen Umrechnungen zwingt. John von Neumann[2] hat daher alternativ zur Beschreibung des Zustands durch die Wellenfunktion den Dichteoperator eingeführt, der durch

$$\rho = |\psi\rangle\langle\psi|$$

[1] Das heißt, das gemessene Teilchen wird nach der Messung, sofern es noch existiert, nun durch die Eigenfunktion des Operators beschrieben.

[2] Eigentlich János von Neumann zu Margitta, österreichisch-ungarischer Mathematiker, der aber nach Emigration in die USA etwas an seinem Namen gefeilt hat.

definiert ist und die Form einer Matrix besitzt. Die Dichtematrix enthält wie die Beschreibung durch die Wellenfunktion selbst alle Informationen, die über den Zustand eines quantenmechanischen Systems zugänglich sind, besitzt aber technisch eine Reihe von Vorteilen und stellt sogar eine Verallgemeinerung des Wellenfunktionsmodells dar. Mit ihr lassen sich beispielsweise auch gemischte Zustände recht einfach beschreiben.

Eine alternative Formulierung ergibt sind, werden die möglichen Zustände des Systems durch die normierten Funktionen $\psi_i \ldots \psi_n$ beschrieben werden, wobei der Zustand ψ_i mit der Wahrscheinlichkeit p_i vorliegt, so ist der Dichteoperator in diesem Fall durch

$$\boldsymbol{\rho} = \sum p_i |\psi_i\rangle\langle\psi_i|$$

definiert. Dabei müssen die Funktionen nicht notwendigerweise auch orthogonal sein. Ein System kann ja beispielsweise auch aus horizontal und zirkular polarisierten Photonen konstruiert worden sein, und die Dichtematrix wird direkt aus diesen Wellenfunktionen gebildet, wobei natürlich in der Praxis irgendeine feste Basis zugrunde gelegt wird.

Beachten Sie die Unterschiede in den beiden Darstellungsformen!

- Im ersten Ausdruck wird die Wellenfunktion in der bislang verwendeten Form beschrieben, d. h. die Mischfaktoren sind Bestandteil der Wellenfunktion selbst und somit noch keine Wahrscheinlichkeiten. Erst wenn die Wellenfunktion vollständig bekannt ist, wird die Dichtematrix daraus gebildet.
- Im zweiten Ausdruck werden die Wellenfunktionen zunächst in irgendeiner reinen Form vorgegeben und ihre Teildichtematrizen berechnet und diese anschließend mit den Wahrscheinlichkeiten ihres Auftretens in der Gesamtwellenfunktion zur Gesamtdichte addiert. Die Gesamtwellenfunktion selbst wird nicht gebildet.

Das Ergebnis beider Darstellungsarten ist allerdings das gleiche, wie Sie sich selbst überzeugen können:

Aufgabe. Weisen Sie nach, dass bei beiden Vorgehensweisen die gleichen Dichtematrizen entstehen, da lediglich die Reihenfolge der Operationen eine andere ist. Wählen Sie als Beispiel ein System mit einem Photon, das mit $w = 1/3$ eine horizontale und $w = 2/3$ eine $+45°$-Polarisation aufweist. Als reine Zustände betrachtet wäre in diesem Fall $\langle\psi_1|\psi_2\rangle \neq 0$, wobei Sie natürlich beide Funktionen in einer Bezugsbasis darstellen und die zweidimensionalen Vektorformen müssen.

Die Dichtematrix ist nun nicht etwas grundsätzlich Anderes oder Neues, wie wir im Folgenden zeigen werden, sondern ein besonderer Operator ähnlich dem bereits diskutierten Messoperator. Durch Multiplikation $\boldsymbol{\rho}|\psi_k\rangle$ mit einem Satz orthonormaler Basisvektoren und Summation lässt sie sich in das normale Bild einer Wellenfunktion in dieser Basis überführen, wie leicht nachzurechnen ist. Trotzdem hat diese Darstellung, wie gleich gezeigt wird, einige Überraschungen parat.

3.3.3.2 Invarianten: die Spur der Dichtematrix[1]

Die Summe der Diagonalelemente einer Matrix wird Spur genannt

$$\text{Spur}\,(A) = \sum_{k=1}^{n} a_{kk} \ .$$

Wie man aus den Multiplikationsregeln für die Matrizenmultiplikation leicht ablesen kann, ist die Spur invariant bei Vertauschung der Reihenfolge der Matrizen, d. h.

$$\text{Spur}\,(A * B) = \text{Spur}\,(B * A) \ .$$

Aufgabe. Weisen Sie dies zur Übung mittels der Formeln für die Matrizenmultiplikation nach. Begründen Sie außerdem: ist U eine unitäre Matrix, so folgt

$$\text{Spur}\,(U^{+}AU) = \text{Spur}\,(A) \ .$$

Spuren von Matrizen sind somit auch invariant bei Wechsel der Basis.

Da die Summe über die Wahrscheinlichkeiten für die Messung aller möglichen Messwerte den Wert 1 ergibt, folgt für die Dichtematrix

$$\text{Spur}\left(\sum p_k |\psi_k\rangle\langle\psi_k|\right) = \text{Spur}\left(\sum p_k \langle\psi_k|\psi_k\rangle\right) = \sum p_k = 1 \ .$$

Umgekehrt kann jede unitäre Matrix mit positiv definiten Diagonalelementen und Spur 1 als eine Dichtematrix über einem Hilbert-Raum betrachtet werden, die auf eine nicht näher beschriebene Art und Weise aus einem System von Wellenfunktionen generiert wurde.

Nun folgt aus $\sum x_k = 1$, dass $\sum x_k^2 = 1$ nur dann gilt, wenn alle Summanden bis auf einen verschwinden (sonst ist $\sum x_k^2 < 1$). Sind also nur die Dichtematrix und nicht die Wellenfunktionen selbst gegeben, so lassen sich reine und gemischte Zustände folgendermaßen unterscheiden:

$$\rho^2 = \rho \Leftrightarrow \text{Spur}\,(\rho^2) = 1 \Leftrightarrow \text{reiner Zustand}$$
$$\rho^2 \neq \rho \Leftrightarrow \text{Spur}\,(\rho^2) < 1 \Leftrightarrow \text{gemischer Zustand} \ .$$

Dass der Dichteoperator ein System vollständig beschreibt, zeigt folgendes Beispiel: vergleichen wir ein Photon, das jeweils mit der Wahrscheinlichkeit $1/2$ eine vertikale oder eine horizontale Polarisation aufweist, mit einem, das jeweils zu $1/2$ eine

[1] In diesem und zum Teil auch in den folgenden Kapiteln untersuchen wir die Eigenschaften der Dichtematrix aus mathematischer Sicht. Die Grundlagen für die verwendeten Begriffe vertiefen Sie bitte in einem Lehrbuch der linearen Algebra, z. B. Falko Lorentz, Lineare Algebra I/II.

$\pi/4$- bzw. eine $\pi/4$-Polarisation besitzt, so folgt:

$$\frac{1}{2}(|0\rangle\langle 0| + |1\rangle\langle 1|) = \frac{1}{2}\begin{pmatrix} 1 & 0 \\ 0 & 1 \end{pmatrix}$$
$$= \frac{1}{2}(|\pi/4\rangle\langle\pi/4| + |-\pi/4\rangle\langle-\pi/4|) \,.$$

Zwischen den beiden Zuständen, die auf unterschiedliche Art und Weise erzeugt wurden, kann aufgrund der Dichtematrix nicht unterschieden werden, oder anders ausgedrückt, man kann durch eine Messung nicht entscheiden, aus welchem Erzeugungsprozess ein Photon stammt.

Aufgabe. Ein Photon, das mit der Wahrscheinlichkeit $3/4$ eine vertikale und mit $1/4$ eine $\pi/4$-Polarisation aufweist, wird beispielsweise durch die Dichtematrix

$$\boldsymbol{\rho} = \frac{3}{4}|0\rangle\langle 0| + \frac{1}{4}\left(\frac{1}{2}(|0\rangle + |1\rangle)(\langle 0| + \langle 1|)\right) = \begin{pmatrix} \frac{7}{8} & \frac{1}{8} \\ \frac{1}{8} & \frac{1}{8} \end{pmatrix}$$

beschrieben (siehe Aufgabe im letzten Teilkapitel). Hierbei sind die kanonischen Basisvektoren für die Berechnung der Matrix verwendet worden. Nehmen Sie nun alternativ die Wellenfunktionen $|\pi/4\rangle$, $|-\pi/4\rangle$ als Basis und weisen Sie rechnerisch[1]die weitgehende Invarianz der Dichtematrix bei Wechsel des Bezugssystems nach.[2]

Als linearer Operator kann $\boldsymbol{\rho}$ durch eine unitäre Matrix $\boldsymbol{U}$ diagonalisiert werden, d. h. es existiert eine Matrix $\boldsymbol{U}$ mit

$$\boldsymbol{\rho}' = \boldsymbol{U}^+\boldsymbol{\rho}\boldsymbol{U} \;, \quad \rho_{ik} = 0 \quad \text{für } i \neq k \;.$$

Die Diagonalelemente von $\boldsymbol{\rho}'$ sind die Eigenwerte des Dichteoperators. Für das Beispiel der letzten Aufgabe finden wir für die Eigenwerte und Eigenvektoren

$$\rho'_{11,22} = \frac{1}{2} \pm \frac{1}{8}\sqrt{10}, \vec{v}^{\,T}_{1,2} = c * \left(3 \pm \sqrt{10}, 1\right) \,.$$

Für eine gegebene Dichtematrix sind dies die reinen Wellenfunktionen und ihre Eigenwerte, die zu diesem Zustand gehören. Ob man damit in der Praxis etwas anstellen kann, ist wieder eine andere Frage.

---

[1] Nehmen Sie für die Lösung dieser Aufgabe zweckmäßigerweise ein Computeralgebra-Programm in Anspruch. Im Internet sind kostenlose Programme verfügbar, die mit diesen einfachen, aber händisch aufwändigen Aufgaben klarkommen.

[2] Je nach Konstruktion der Wellenfunktion können einzelne Elemente der Dichtematrix schon einmal ihre Position mit einem anderen symmetrisch dazu angeordneten Element tauschen (z. B. können im Rechenbeispiel die Diagonalelemente ihre Position tauschen). Dies hängt damit zusammen, dass mit dem Bezugssystemwechsel konstruktionsbedingt auch ein Anschauungswechsel vorgenommen wurde, was oft nicht leicht zu durchschauen ist.

3.3.3.3 Messungen und Wirkungen im Dichtebild

Wie wird nun der Dichteoperator anstelle der Wellenfunktion eingesetzt? Wir müssen dazu nur untersuchen, wie Messungen und Transformationen auf $\boldsymbol{\rho}$ operieren, und die Ergebnisse mit den bekannten Aussagen vergleichen.

Ist $\boldsymbol{A}_{\boldsymbol{a}_k} = |\boldsymbol{a}_k\rangle\langle\boldsymbol{a}_k|$ der Messoperator für den (nicht entarteten) Eigenwert a_k, dann ist

$$p_k = \text{Spur}\,(\boldsymbol{A}_{\boldsymbol{a}_k}\boldsymbol{\rho})$$

die Wahrscheinlichkeit, den Eigenwert tatsächlich zu messen. Um dies zu sehen, setzen wir $|\psi_i\rangle = \sum c_{ik}|a_k\rangle$ in die Dichtematrix ein. Eine kurze Umformung liefert

$$\begin{aligned}
\boldsymbol{A} &= |a_k\rangle\langle a_k| * \sum p_i|\psi_i\rangle\langle\psi_i| \\
&= |a_k\rangle\langle a_k| * \sum p_i \left(\sum \overline{c_{ij}}|a_k\rangle\right)\left(\sum c_{il}\langle a_l|\right) \\
&= \sum p_i c_{ik} \sum \overline{c_{ij}}|a_k\rangle\langle a_j| \\
\text{Spur}\,(A) &= \sum p_i \left|c_{ik}{}^2\right| .
\end{aligned}$$

Setzen wir beispielsweise $|\boldsymbol{a}_{1,2}\rangle = 1/\sqrt{2}(|0\rangle \pm |1\rangle)$, messen also in Bezug auf die Eigenfunktionen der $\pi/4$-Polarisation, und führen die Messung am System aus der Aufgabe des letzten Teilkapitels aus, so erhalten wir die beiden Eigenwerte mit den Wahrscheinlichkeiten $5/8$ und $3/8$.

Aufgabe. Prüfen Sie diese und die folgenden Aussagen zur Übung durch eigene Rechnung nach.

Verallgemeinern wir dies vom Messoperator für den Eigenwert a_k auf den Operator $\boldsymbol{A}$ für die physikalische Größe selbst, so ist

$$\langle a\rangle = \text{Spur}\,(\boldsymbol{A\rho})$$

der mittlere (statistische) Messwert für die Größe. Auf das eben behandelte Beispiel angewandt, liefert die Dichtematrix den mittleren Messwert $(1/4)\pi/4$.

Auch über den Systemzustand *nach* einer Messung lässt sich eine Aussage machen. Nach Messung der Größe k wird das System durch die Dichtematrix

$$\boldsymbol{\rho}_k = \frac{\boldsymbol{A}_{\boldsymbol{a}_k}\boldsymbol{\rho}\boldsymbol{A}_{\boldsymbol{a}_k}}{\text{Spur}\,(\boldsymbol{A}_{\boldsymbol{a}_k}\boldsymbol{\rho})}$$

beschrieben. Wieder auf das Beispiel angewandt, sind dies die Dichtematrizen

$$\rho_1 = \frac{1}{2}\begin{pmatrix} 1 & 1 \\ 1 & 1 \end{pmatrix}, \quad \rho_2 = \frac{1}{2}\begin{pmatrix} 1 & -1 \\ -1 & 1 \end{pmatrix}$$

die man auch direkt aus den Eigenfunktionen der $\pm\pi/4$-Polarisation errechnen kann. Die neue Dichtematrix gilt für den Fall, dass der Messwert k ermittelt wurde und nicht einer der anderen möglichen Messwerte und das System hinterher noch zur weiteren Arbeit zur Verfügung steht, d. h. weitere Messungen durchgeführt werden können.[1]

Verwechseln Sie hierbei Messung nicht mit Wirkung. Eine Wirkung wird durch $|\psi'\rangle = \boldsymbol{U}|\psi\rangle$ mit einer unitären Matrix $\boldsymbol{U}$ beschrieben. Aus der Definition der Dichtematrix erhält man damit unmittelbar die Beziehung

$$\boldsymbol{\rho}' = \boldsymbol{U}\boldsymbol{\rho}\boldsymbol{U}^{+}$$

für die Änderung der Dichtematrix unter einer unitären Transformation. Dies sieht zwar formal recht ähnlich aus wie die Dichtebeschreibung nach einer Messung, setzt jedoch nicht die Dekohärenz des Systems auf einen bestimmten Zustand voraus.

3.3.3.4 Partielle Spur

Bei Mehrteilchensystemen tritt häufig der Fall auf, dass eine Messung nur lokal an einem Teil des Systems durchgeführt werden kann und der Rest des Systems ignoriert werden muss. Wir haben diesen Fall bereits oben bei Einführung des direkten Produkts von Hilbert-Räumen untersucht. Zur Gewinnung von Aussagen ist die Dichtematrix auf den untersuchbaren Teil zu kontrahieren, indem über den Rest des Systems gewissermaßen ein Mittelwert gebildet wird.

Der Dichteoperator des Gesamtsystems operiert auf $H = \bigotimes_{i=1}^{n} H_i$ und ist durch

$$\rho = \sum_{j=1}^{m} p_j \bigotimes_{i=1}^{n} |\psi_{i,j}\rangle\langle\psi_{i,j}|$$

gegeben. Bei der Kontraktion auf die Teilräume $(1\ldots k)$ muss die Spur auch hier invariant bleiben, d. h. wir haben eine Teilspur über die restlichen Räume zu bilden. Die Spur erhält man aber gerade durch (*s. o.*)

$$\mathrm{Spur}\,(\rho) = \sum_{j=1}^{m} p_j \prod_{i=1}^{n} \langle\psi_{i,j}|\psi_{i,j}\rangle\ .$$

Die gesuchte Teilspur wird somit durch

$$\rho_r = \sum_{j=1}^{m} p_j \prod_{i=k+1}^{n} \langle\psi_{i,j}|\psi_{i,j}\rangle \bigotimes_{l=1}^{k} |\psi_{l,j}\rangle\langle\psi_{l,j}|$$

[1] Letzteres gilt bei weitem nicht für alles Systeme. Photonen werden beim Messprozess in vielen Fällen vernichtet, d. h. mit Erhalt des Signals ist nichts mehr für eine weitere Messung vorhanden.

gegeben. Betrachten wir als Beispiel dazu ein System $H = H_0 \otimes H_1$ mit den Basen $\{|0_0\rangle, |1_0\rangle\}$, $\{|0_1\rangle, |1_1\rangle\}$. $\{|0_1 0_0\rangle, |0_1 1_0\rangle, |1_1 0_0\rangle, |1_1 1_0\rangle\}$ ist also eine orthonormale Basis von H. In diesem Raum sei die Dichtematrix

$$\begin{aligned}\rho &= \frac{1}{2}(|0_1 0_0\rangle - |1_1 1_0\rangle)(\langle 0_1 0_0| - \langle 1_1 1_0|)\\ &= \frac{1}{2}(|0_1 0_0\rangle\langle 0_1 0_0| - |0_1 0_0\rangle\langle 1_1 1_0| - |1_1 1_0\rangle\langle 0_1 0_0| + |1_1 1_0\rangle\langle 1_1 1_0|)\\ &= \begin{pmatrix} 1 & 0 & 0 & -1\\ 0 & 0 & 0 & 0\\ 0 & 0 & 0 & 0\\ -1 & 0 & 0 & 1\end{pmatrix}\end{aligned}$$

gegeben, wobei sich der letzte Ausdruck auf die kanonische Basisdarstellung von H bezieht. Wie unschwer zu erkennen ist, beschreibt diese Dichtematrix zwei verschränkte Photonen mit $\pi/4$-Polarisation. Wir gehen damit sogar über die Voraussetzungen hinaus, denn eine Verschränkung lässt sich ja nicht mehr mit einem direkten Produkt von Räumen beschreiben.

Summieren wir in diesem Raum über Teilchen 0, so erhalten wir unter Berücksichtigung der Orthogonalität der Wellenfunktionen

$$\begin{aligned}\rho_1 &= \frac{1}{2}\mathrm{Spur}_0(|0_1 0_0\rangle\langle 0_1 0_0| - |0_1 0_0\rangle\langle 1_1 1_0| - |1_1 1_0\rangle\langle 0_1 0_0| + |1_1 1_0\rangle\langle 1_1 1_0|)\\ &= \langle 0_0|0_0\rangle|0_1\rangle\langle 0_1| - \langle 0_0|1_0\rangle|0_1\rangle\langle 1_1| - \langle 1_0|0_1\rangle|1_1\rangle\langle 0_1| + \langle 1_0|1_1\rangle|1_1\rangle\langle 1_1|\\ &= \frac{1}{2}\begin{pmatrix} 1 & 0\\ 0 & 1\end{pmatrix}.\end{aligned}$$

Die reduzierte Dichtematrix beschreibt also ein einzelnes Teilchen mit $\pi/4$ – Polarisation, wie erwartet.

Aufgabe. Messen wir nun für dieses Teilchen den Messwert $+1$, so wird bei einer entsprechenden Messung am anderen Teilchen aufgrund der Verschränkung ebenfalls $+1$ gemessen, wie wir aus dem Wellenfunktionsbild wissen. Arbeiten Sie diesen Sachverhalt im Dichtebild anhand der Beschreibung eines Systems nach Messung und Bilden der partiellen Spur für das zweite Teilchen auf und geben Sie die Dichtematrix des zweiten Teilchens nach Messung von $+1$ für das erste Teilchen an.

3.3.4 Anwendung der Theorie auf polarisierte Photonen

Als Beispiel für den Einfluss einer Messung auf den weiteren Systemzustand betrachten wir ein vertikal polarisiertes Photon. Der Zustand des Photons wird nun durch die Wellenfunktion $|\uparrow\rangle$ beschrieben. Wie wir später noch sehen werden, existieren Lichtquellen, die in der Lage sind, Photonen mit genau dieser Eigenschaft zu erzeugen. Unser Messdetektor liefere beim Eintreffen eines Photons unabhängig von dessen Polarisationsrichtung ein Signal der Stärke 1. Eine Messung nur mit Photonenquelle und Detektor liefert also immer ein Signal, eine Messung mit einem Filter horizontaler Polarisation zwischen Quelle und Photodetektor natürlich kein Signal, da bei Anwendung des Messoperators

$$|\rightarrow\rangle\langle\rightarrow|(|\uparrow\rangle\langle\uparrow|) = |\rightarrow\rangle\langle\uparrow|\langle\rightarrow|\uparrow\rangle = 0$$

gilt. Der Filter kann, wie später erläutert, aus einem phasenempfindlichen Spiegel bestehen, der nur senkrecht polarisierte Photonen passieren lässt.

Wir ändern den experimentellen Aufbau nun so, dass zwischen dem vertikalen und dem horizontalen Filter ein Polarisationsfilter mit $\pi/4$-Richtung installiert wird. Messen wir mit dem Photodetektor zunächst hinter dem neuen Filter und wenden den dazugehörenden Messoperator an, so folgt nach Transformation der Wellenfunktion in die Basis der Messung

$$|\nearrow\rangle\langle\nearrow|(|\uparrow\rangle\langle\uparrow|) = \begin{pmatrix} 1/2 & 1/2 \\ 1/2 & 1/2 \end{pmatrix} * \begin{pmatrix} 1 & 0 \\ 0 & 0 \end{pmatrix} = \begin{pmatrix} 1/2 & 1/2 \\ 0 & 0 \end{pmatrix}$$
$$\Rightarrow \mathrm{Spur}\,(\boldsymbol{A}\boldsymbol{\rho}) = 1/2$$

d. h. das System erzeugt bei einer Messung mit einem Photodetektor mit der Wahrscheinlichkeit $1/2$ ein Signal. Formal haben wir dabei vorausgesetzt, dass der Polarisationsfilter eine virtuelle Messung am System durchführt und einen neuen Systemzustand erzeugt. Falls ein einzelnes Photon hinter dem Filter erscheint und mit dem Photodetektor nachgewiesen werden kann, befindet es sich folglich im Zustand $|\nearrow\rangle$.[1]

Wir verzichten nun auf den expliziten Nachweis eines Photons mit dem Photodetektor. Wir gehen davon aus, dass ein Photon nun eine $\pi/4$-Polarisation aufweist und sich die Anzahl der Photonen halbiert hat.[2] Dieses Photon wird durch den zweiten Filter mit horizontaler Polarisation gesandt. Für diese nun folgende Messung mit horizontalem Filter folgt nun mit der Dichtefunktion nach dem ersten Messvorgang

$$(|\rightarrow\rangle\langle\rightarrow|) * \boldsymbol{\rho}' = 2 * \begin{pmatrix} 0 & 0 \\ 1 & 0 \end{pmatrix} * \begin{pmatrix} 1/2 & 0 \\ 1/2 & 0 \end{pmatrix} * \begin{pmatrix} 1/2 & 1/2 \\ 1/2 & 1/2 \end{pmatrix}$$
$$= \begin{pmatrix} 0 & 0 \\ 1/2 & 1/2 \end{pmatrix} \Rightarrow \mathrm{Spur}\,() = 1/2\,.$$

Im Unterschied zur ersten Messung mit dem horizontalen Polarisationsfilter, die immer den Wert Null liefert, führt nun $1/4$ der erzeugten Photonen zu einem Signal, da die beiden Wahrscheinlichkeiten zu multiplizieren sind – ein Ergebnis, das experimentell genau in dieser Form eintritt.

---

[1] Überzeugen Sie sich, dass bei unseren Voraussetzungen über Photonenquelle und Detektor eine andere Interpretation ausscheidet.

[2] Wahlweise können Sie auch von einem Zustand ausgehen, in dem ein Photon eine $\pi/4$-Polarisation aufweist oder nicht vorhanden ist. Ich bezweifle allerdings, dass diese Vorstellung hilfreicher ist.

Wir haben damit auch nachgewiesen, dass ein Polarisationsfilter tatsächlich eine Messung an einem polarisierten Teilchen vornimmt und dessen Zustand verändert und nicht etwa nur einen bestimmten Teil der Teilchen ausfiltert, deren Eigenschaften aber unangetastet lässt, denn sonst hätten wir in der letzten Messung weiterhin den Wert Null erhalten. Der Verzicht auf die Erzeugung eines Messergebnisses durch Fortlassen des Photodetektors ändert nichts an dieser Tatsache. Interessant wird dies im Fall von verschränkten Teilchen, wie wir später sehen werden.

Am gleichen System müssen wir uns aber auch Wirkungen und deren Unterschied zu Messungen verdeutlichen. Außer Polarisationsfiltern, die nur Photonen mit einer bestimmten Polarisation durchlassen und den Polarisationszustand hinter dem Filter eindeutig festlegen, existieren als optische Bausteine auch Phasenschieber, die den Polarisationsvektor um einen bestimmten Betrag drehen, und zwar unabhängig von der Richtung. Ein 45°-Phasenschieber würde alle entstehenden Photonen um diesen Betrag drehen, und wir würden nun mit der Wahrscheinlichkeit $w = 1/2$ ein Signal erhalten, wenn wir den zweiten Polarisator im obigen Bild durch einen Phasenschieber ersetzen. Außerdem könnten wir das ursprüngliche Bild durch einen inversen Phasenschieber wiederherstellen oder das Signal durch einen weiteren auf $w = 1$ verstärken. Wirkungen sind im Gegensatz zu Messungen reversibel.

Aufgabe. Wirkungen werden durch unitäre Matrizen beschrieben. Gegeben Sie die unitären Transformationen für Phasenschieber an und untersuchen Sie die Messaussagen mathematisch. Machen Sie sich den prinzipiellen Unterschied zwischen Polarisationsfiltern und Phasenschiebern klar.

Damit hier nicht nur trockene Theorie präsentiert wird, ein kleines Anwendungsbeispiel aus der Biologie. Abbildung 3.4 zeigt das mikroskopische Bild einer Milbe im polarisierten Licht bei gekreuzten Polfiltern. Die Muskelfasern wirken selbst als

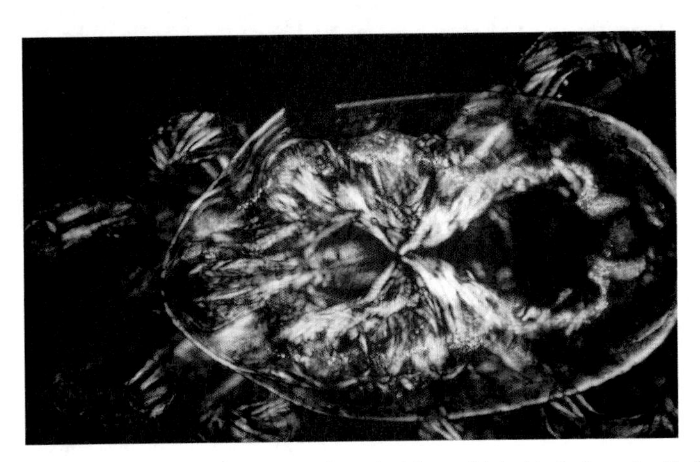

Abb. 3.4 Muskulatur einer Milbe im polarisierten Licht (Aufnahme des Verfassers)

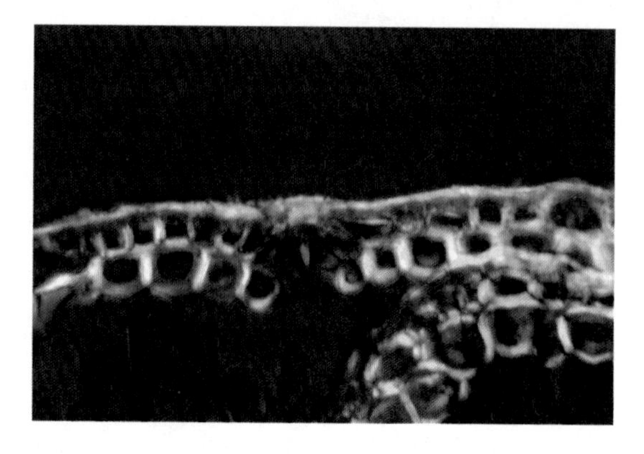

Abb. 3.5 Spaltöffnung einer Kiefernadel (Aufnahme des Verfassers)

Polarisationsfilter und heben die 90°-Polarisation in ihrem Verlauf auf. Ihr Verlauf und ihr innerer Aufbau sind daher im polarisierten Licht gut zu studieren.

Die Aussagekraft lässt sich noch erheblich steigern, wenn zusätzlich ein Phasenschieber verwendet wird. Abbildung 3.5 gibt die Spaltöffnung einer Kiefernnadel wieder. Aus dem Hell-Dunkelbild ist nun ein farbiges Bild geworden. Phasenschieber sind in ihrer Wirkung stark wellenlängenabhängig, was zunächst dazu führt, dass bei Verwendung weißen Lichtes kein dunkler Hintergrund mehr zu erzeugen ist. Kleinere Unterschiede im Polarisationsvermögen des Objektes führen nun dazu, dass Licht bestimmter Wellenlängen gelöscht und das Objekt farbig angezeigt wird. Dies erlaubt feinere Aussagen über die Objektstruktur.

3.4 Schrödinger-Gleichung und Unschärferelation

Das bislang entwickelte Instrumentarium zur Beschreibung quantenmechanischer Prozesse sieht zwar recht einfach aus, gibt aber noch wenig Hinweise, wie komplexere unitäre Transformationen eigentlich zu bewerkstelligen sind. Die zeitlichen Aspekte werden noch unzureichend berücksichtigt, und auch der Unschärfebegriff ist bislang nur gestreift worden (siehe Seite 36). In diesem Kapitel vertiefen wir deshalb die wellenmechanische Beschreibung eines quantenmechanischen Systems.

Es ist leider nicht möglich, die Themen in aller Ausführlichkeit abzuhandeln, so dass Sie wie bei der Mathematik eine Reihe von Stichworten wieder als Führer durch Lehrbücher der Physik ansehen müssen. Da die hier behandelte Thematik aber nur an wenigen Stellen in diesem Buch tatsächlich gebraucht wird, können Sie dieses Kapitel vorläufig auch übergehen.

3.4.1 Die Schrödinger-Gleichung(en)

Bislang haben wir uns auf ein statisches Bild beschränkt. Zwar ändern Wechselwirkungen (unitäre Transformationen) den zeitlichen Zustand eines Systems, aber dies ist nur eine summarische Beschreibung, die nichts über die Vorgänge im Detail offenbart, und auch die Dekohärenz eines Systems, d. h. die unkontrollierte Veränderung der Wellenfunktion, durch Wechselwirkungen mit der Umgebung bleibt ein summarischer Vorgang. Wir wollen dieses Bild jetzt dynamisieren, wozu wir wieder auf das wellenmechanische Bild und die klassische Physik zurückgreifen.[1]

Die Wellenfunktion legt den Zustand eines Systems vollständig fest (*zumindest bis zur nächsten Messung einer Eigenschaft*). Das muss natürlich auch für zukünftige Zeitpunkte gelten, d. h. die Änderung der Wellenfunktion mit der Zeit wird durch die Wellenfunktion selbst beschrieben. Allgemein lässt sich dies durch die Gleichung

$$\mathrm{i}\frac{\partial \Psi}{\partial t} = \boldsymbol{L}\Psi$$

mit einem linearen hermiteschen Operator $\boldsymbol{L}$ ausdrücken.

Aufgabe. Weisen Sie nach, dass $\boldsymbol{L}$ ein hermitescher Operator ist. Verwenden Sie dazu, dass

$$\frac{\mathrm{d}}{\mathrm{d}t}\int |\Psi|^2\,\mathrm{d}q = 0$$

ist. Die imaginäre Größe i spielt dabei eine wesentliche Rolle.

Um die physikalische Größe hinter dem Operator $\boldsymbol{L}$ zu ermitteln, wird das Korrespondenzprinzip angewendet. Quantenmechanische Teilchen wie ein Elektron lassen sich quasiklassisch durch Wellenfunktionen beschreiben, auf die man wiederum die Axiome der klassischen Mechanik anwenden kann.[2] Dies führt zu der Beziehung

$$\mathrm{i}\hbar\frac{\partial \Psi}{\partial t} = -\frac{\partial S}{\partial t}\Psi = \boldsymbol{H}\Psi\ , \quad \hbar = 1{,}054 * 10^{-27}\,\mathrm{erg} * \mathrm{s}$$

mit dem Hamilton-Operator $\boldsymbol{H}$, der in der Quantenmechanik die Hamilton-Funktion der klassischen Mechanik ersetzt und die Energie des Systems beschreibt. Ist das System abgeschlossen, so ändert sich die Wellenfunktion nicht mit der Zeit und die Energie wird zur Erhaltungsgröße, d. h. es existieren Eigenwerte und Eigenfunktionen für die Gleichung

$$\boldsymbol{H}\Psi_k = E_k\Psi_k\ .$$

Die Eigenfunktionen zerfallen dabei überdies in einen nur von der Zeit abhängigen und einen nur vom Ort abhängigen Teil

$$\Psi_k = e^{-\mathrm{i}/\hbar * E_k * t}\,\psi_k(q)\ .$$

Wenn wir die Form des Hamilton-Operators kennen, lassen sich Eigenwerte und Eigenfunktionen als Lösung der Gleichung $\boldsymbol{H}\psi = E\psi$ ermitteln. Der Hamilton-

---

[1] Gerade für die Beziehung unitäre Transformation – Physik ist die Dynamik sehr wichtig. Ohne das dynamische Bild wird man vielfach mehr oder weniger außerhalb der Physik gefangen bleiben.

[2] Zur Wellenfunktionsbeschreibung siehe Seite 31 ff., zur Theorie z. B. L. D. Landau, E. M. Lifschitz, Theoretische Physik Bd. 1 und Bd. 3.

Operator kann dabei nach unseren bisherigen Erkenntnissen bei ortsabhängigen Eigenschaften der Quantenteilchen ein Differentialoperator sein, der ein Differentialgleichungssystem mit der Wellenfunktion als Lösung definiert, bei nicht ortsabhängigen Teilchen eine unitäre Matrix, deren Eigenwerte und Eigenvektoren zu bestimmen sind.

Die beiden Gleichungen werden als zeitabhängige bzw. zeitunabhängige Schrödinger-Gleichung bezeichnet (*nach ihrem Entdecker Erwin Schrödinger*) und sind die Grundlage für die meisten quantenmechanischen Berechnungen. Sie können zwar mit Hilfe des Korrespondenzprinzips an einem quasiklassischen System hergeleitet werden, jedoch tut dies der Allgemeingültigkeit der Überlegungen keinen Abbruch, da die Energie eines Systems eine eindeutige charakteristische Größe ist. Aus dem gleichen Grund beschreiben die Eigenfunktionen des vollständigen Hamilton-Operators ein System bereits vollständig, d. h. sie können auch zur Auswertung beliebiger anderer Größen verwendet werden.

3.4.2 Klassifikation von Operatoren

Mit der Kenntnis der expliziten Form des Hamilton-Operators können wir zwar die Energieniveaus und Eigenfunktionen eines Systems bestimmen, aber das Messen von Eigenschaften funktioniert in quantenmechanischen Systemen ja anders als in klassischen: definierte Teilchenbahnen existieren nicht, und bestimmte Eigenschaften sind grundsätzlich nicht gleichzeitig messbar. Wir haben schon Kriterien für die gleichzeitige Messbarkeit verschiedener Größen erarbeitet (siehe Seite 36 ff.) und wiederholen dies nun speziell für Messungen in Verbindung mit dem Hamilton-Operator.

In der Quanteninformatik ist vielfach das zeitliche Verhalten einer Größe interessant. Wir untersuchen daher die Ableitung einer beliebigen Größe nach der Zeit:

$$\dot{f} = \frac{\mathrm{d}}{\mathrm{d}t} \int \Psi \boldsymbol{f} \Psi \mathrm{d}q \ .$$

Nach Ausführen der Differentiation unter dem Integral und Einsetzen der zeitabhängigen Schrödinger-Gleichung erhalten wir

$$\dot{\boldsymbol{f}} = \frac{\partial \boldsymbol{f}}{\partial t} + \frac{\mathrm{i}}{\hbar}(\boldsymbol{H}\boldsymbol{f} - \boldsymbol{f}\boldsymbol{H}) \ .$$

Hängt der Operator der Größe f selbst nicht explizit von der Zeit ab, so wird die zeitliche Änderung von f nur durch den Kommutator mit dem Hamilton-Operator beschrieben. Anders ausgedrückt, Operatoren, die mit dem Hamilton-Operator kommutieren und nicht von der Zeit abhängen, sind ebenfalls Erhaltungsgrößen.[1]

[1] Und natürlich sollten wir erwarten, hier auch klassische Erhaltungsgrößen wiederzufinden bzw. Operatorkonstruktionen zu überprüfen.

Eine wichtige Anwendung erhalten wir, wenn f der Dichteoperator ist. Die zeitliche Entwicklung der Dichtematrix wird, da die Gesamtdichte natürlich zeitlich konstant und das totale Differential damit Null ist, durch

$$\hbar\left(\frac{\partial \mathrm{i}\rho}{\partial t}\right) = [H, \rho]$$

beschrieben. Wenn die Matrixdarstellung des Hamilton-Operators bekannt ist, kann daher auch die zeitliche Entwicklung der Dichtematrix beschrieben werden.

Das zeitliche Verhalten einer messbaren Größe ist mit einer zeitlichen Veränderung der Wellenfunktion gekoppelt. Da die Eigenfunktionen des Hamilton-Operators das System bereits vollständig beschreiben, können die Wellenfunktion für eine beliebige Größe f als Linearkombination nach den Eigenfunktionen von H entwickelt werden. Für den mittleren Beobachtungswert folgt daraus unter Einsetzen der Wellenfunktionsgleichung

$$\begin{aligned} f &= \sum_{i,k} \overline{c_i} c_k f_{ik}(t) \\ f_{ik}(t) &= \int \overline{\Psi_i} \boldsymbol{f} \Psi_k \mathrm{d}q = f_{ik} e^{\mathrm{i}\omega_{ik} t} \\ \omega_{ik} &= \frac{E_i - E_k}{\hbar} \ . \end{aligned}$$

Die Größe ω wird als Übergangsfrequenz zwischen den Zuständen bezeichnet, $f_{i,k}$ ist der zeitunabhängige Teil des Zustandsintegrals. Für die zeitliche Änderung der Größe f findet man

$$\dot{f}_{ik} = (i/\hbar)(E_i - E_k) f_{ik} \ .$$

Aus diesen Beziehungen lässt sich entnehmen, dass $\boldsymbol{f}$ wiederum ein hermitescher Operator ist. Die Matrixelemente f_{kk} sind reell und geben den Mittelwert der Größe f im Zustand Ψ_k an. Außerdem erhalten wir damit einen ersten direkten Zugriff auf die Dynamik quantenmechanischer Systeme. In Feldern, die Energieportionen in der Größe von $\hbar\omega$ bereitstellen oder aufnehmen können, kann das System zwischen verschiedenen Energieniveaus wechseln. Damit rückt die physikalische Realisierung von unitären Transformationen nun erstmals ins Blickfeld.

Schränken wir nun das Bild auf Erhaltungsgrößen ein. Ist f ebenfalls eine diskrete Größe, so werden deren Eigenfunktionen ebenfalls durch Linearkombinationen der Hamilton-Eigenfunktionen beschrieben (*wie wechseln ja lediglich in eine andere Basis des gleichen Raumes*), und wir können die dazugehörenden Eigenwerte bestimmen. Ausgehend von der Eigenwert-Gleichung $\boldsymbol{F}\Phi = f\Phi$ für den Operator $\boldsymbol{f}$ setzen wir $\Phi = \sum c_k \Psi_k$, multiplizieren die Gleichung mit Ψ_i und integrieren und erhalten unter Berücksichtigung der Orthogonalität von Eigenfunktionen das lineare Gleichungssystem

$$\sum_k (f_{ik} - f\delta_{ik}) c_k = 0 \ , \quad i = 1 \ldots n \ .$$

Die Lösungen sind die Eigenwerte und Eigenvektoren der Größe f, vorausgesetzt, wir kennen die Matrixdarstellung des Operators $\boldsymbol{f}$.

3.4.3 Operatorformen und Unschärferelation

Um die konkrete Form der Operatoren herzuleiten, können die gleichen Prinzipien wie in der klassischen Mechanik angewandt werden. Ist der Raum beispielsweise homogen, so ist der Impuls eine Erhaltungsgröße und invariant gegenüber kleinen Verschiebungen des Systems im Raum. Die Anwendung des Lagrange-Prinzips der klassischen Mechanik liefert daraus unter Berücksichtigung des Ansatzes für die Wellenfunktion unmittelbar den Impulsoperator

$$\boldsymbol{p} = -\mathrm{i}\hbar\vec{\nabla} \; .$$

Damit haben wir auch schon eine Bedingung, die der Hamilton-Operator erfüllen muss. Da beide Größen – Impuls und Energie – Erhaltungsgrößen sind, muss er nämlich mit dem Impulsoperator kommutieren, d. h.

$$\left(\sum \boldsymbol{p_k}\right) \boldsymbol{H} - \boldsymbol{H}(\sum \boldsymbol{p_k}) = 0 \; .$$

Rein phänomenologisch haben wir bereits festgestellt, dass Impuls und Ort nicht gleichzeitig gemessen werden können. Wir können das nun genauer formulieren. Der Mittelwert des Ortsvektors $\vec{r}$ wird gemäß Definition der Wellenfunktion durch $\hat{\vec{r}} = \int \overline{\Psi} \boldsymbol{r} \Psi \mathrm{d}q$ gegeben, wobei für den Operator $\boldsymbol{r} = \vec{r}$ gilt. Untersuchen wir die Vertauschbarkeit von $\boldsymbol{r}$ und $\boldsymbol{p}$, so finden wir

$$\boldsymbol{p}_i x_k - x_k \boldsymbol{p}_i = -i\hbar\delta_{ik}$$

wobei die Indizes die verschiedenen Raumkoordinaten bezeichnen. Es ist also möglich, den Impuls in X-Richtung gleichzeitig mit der zur Bewegungsrichtung senkrechten Ortskoordinate Y zu bestimmen, nicht aber Bewegung und Ort in der gleichen Koordinate.

Quantifizieren wir die erreichbare Genauigkeit: da der Impuls für ein freies Teilchen auch in der Quantenmechanik eine kontinuierliche Größe ist, hat die Wellenfunktion die Gestalt $\psi = u(r) * \mathrm{e}^{\mathrm{i} p_0 r/\hbar}$, wobei $u(r)$ eine Funktion ist, die nur in dem vom Teilchen besetzten Raumgebiet $\Delta x \; \Delta y \; \Delta z$ von Null verschieden ist.

$$a(p) = \int \psi(r) * \overline{\psi_p(r)} \mathrm{d}V = \int \overline{u(r)} u(r) \mathrm{e}^{\mathrm{i}(p-p_0)r/\hbar} \mathrm{d}V$$

ist dann die Wahrscheinlichkeit, den Impuls p anstelle von p_0 zu messen. Damit ein solches Integral merklich von Null verschieden ist, dürfen die Perioden des oszillierenden Faktors im Vergleich zu den Grenzen, in denen $u(r)$ von Null verschieden ist, nicht klein sein, woraus folgt

$$(p - p_0) * \Delta x/\hbar \leq 1 \Leftrightarrow \Delta p * \Delta x \approx \hbar \; .$$

Dies ist die sogenannte Unschärferelation, die von Werner Heisenberg entdeckt wurde. Sie gibt die beste erreichbare Genauigkeit bei gleichzeitiger Messung von Impuls und Ort an, oder anders ausgedrückt, misst man erst den Impuls und dann den Ort, kann man davon ausgehen, dass Messungen in der anderen Reihenfolge mindestens um die durch diese Grenze definierten Wert abweichen würden. Je genauer eine Messung auf mikroskopischer Ebene ist, desto weniger hat die Messung des korrespondierenden Wertes mit dem Ausgangszustand zu tun.[1]

Gleichzeitig ist durch die Konstante $\hbar$ auch wieder der Übergang zur klassischen Physik gegeben, denn bei größer werdenden Dimensionen verschwindet der Fehler aufgrund der Kleinheit von $\hbar \approx 1{,}055 * 10^{-34}$ Js bald wieder im Messfehler. Die Relation wird auch bei anderen nicht miteinander vertauschbaren Operatoren gefunden: stets ist das Produkt der Unsicherheiten zweier Größen x und y in der Größenordnung von $\hbar$.

$$x = x_g \pm \Delta x \; , \quad y = y_g \pm \Delta y \Rightarrow \Delta x * \Delta y \geq \hbar \; .$$

Ermitteln wir abschließend die Gestalt des Hamilton-Operators selbst. Mit Hilfe des Korrespondenzprinzips finden wir

$$\begin{aligned} \boldsymbol{H} &= \sum \frac{1}{2m_k}(\boldsymbol{p}_x^2 + \boldsymbol{P}_y^2 + \boldsymbol{p}_z^2) + U(\vec{r}_1, \ldots \vec{r}_n) \\ &= -\frac{\hbar^2}{2} \sum \frac{\Delta}{m_k} + U(\vec{r}_1, \ldots \vec{r}_n) \end{aligned}$$

wobei $\Delta = \sum \partial^2/\partial x_k^2$ der Laplace-Operator ist. Damit haben wir nun auch explizit wieder einen Massebegriff für einzelne Teilchen in unser System eingefügt.

[1] Zur Beachtung: die Unschärferelation gibt nur den Grenzwert für die erreichbare Genauigkeit an. Abhängig vom Messprozess kann die tatsächlich Unschärfe auch erheblich darüber liegen bzw. auch formal miteinander vereinbarbare Größen können sich aufgrund des Messprozesses ausschließen. Bei diesen Effekten handelt es sich nicht um eine physikalische, sondern eine technische Komplikation. Die Schrödinger-Gleichung wird meist für reine Systeme ohne Berücksichtigung des Messsystems aufgestellt und gelöst. Für die exakte Ermittlung der Grenzgrößen ist aber der vollständige Systemzustand notwendig, also Objekt- und Messsystem. Abgesehen von der damit steigenden Komplexität spezialisieren sich dadurch aber auch die Fragestellungen. Meist werden diese Effekte daher durch Abschätzungen und Messwertstatistiken berücksichtigt.

3.4.4 Die Übertragung auf die Praxis

Bei der Untersuchung realer Probleme stellt sich schnell heraus, dass die Aufgabe, die Schrödinger-Gleichung in der zeitabhängigen oder zeitunabhängigen Form zu lösen (*und damit auch Lösungen für andere Phänomene zu erhalten*), alles andere als trivial ist und nur in einigen wenigen Fällen eine geschlossene mathematische Lösung liefert. Zudem ist sie in der oben dargestellten Form unvollständig, da sie nur Systeme von Teilchen beschreibt, aber nicht deren Wechselwirkung mit elektromagnetischen Feldern (Photonen) enthält. Berücksichtigt man auch diese, so wird der vollständige Hamilton-Operator durch

$$\boldsymbol{H} = \sum \frac{1}{2m_i}\left(\boldsymbol{p}_i - \frac{e_i}{c}\boldsymbol{A}_i\right)^2 + \frac{1}{2}\sum_{i \neq j} \frac{e_i e_j}{4\pi(\boldsymbol{r}_i - \boldsymbol{r}_j)}$$

mit dem Vektorpotential

$$\boldsymbol{A}_i = \boldsymbol{A}(\boldsymbol{r}_i, t)\ , \quad \boldsymbol{E} = \frac{-1}{c}\frac{\partial \boldsymbol{A}}{\partial t}\ , \quad \boldsymbol{B} = \operatorname{rot} \boldsymbol{A}$$

gegeben.[1]

Wenn geschlossene Lösungen nicht zu erhalten sind, kann man sich auf zwei Arten behelfen:

a) Man verwendet bekannte Wellenfunktionen für einfachere Systeme als Näherungen, oder
b) man lässt einen Computer eine nummerische Näherung ermitteln.

Hinter der Vorgehensweise a) verbirgt sich eine Mischung aus mathematischer und physikalischer Vorgehensweise. Diejenigen Teile des Hamilton-Operators, die nicht zu der Näherungslösung passen, werden herausgetrennt und als „Störung" interpretiert, deren Einfluss zu untersuchen ist. In der Regel können die Störungsteile in eine Taylorreihe entwickelt werden, von der aufgrund der physikalischen Gegebenheiten nur bestimmte Glieder berücksichtigt werden müssen. Für diese so vereinfachte Beschreibung lässt sich dann möglicherweise eine mathematische Lösung ermitteln. Oftmals landet man aber auch auf diesem Weg bei Termen, deren Auswertung einem Computer überlassen werden muss.[2]

Berechnungen auf Computern sind aber, genau wie Messungen auch, nicht absolut korrekt, sondern immer nur innerhalb eines gewissen Rahmens, und die Rechenzeiten steigen mit zunehmender Teilchenanzahl und Berücksichtigung weiterer

[1] Die Ergänzungen folgen aus der klassischen Elektrodynamik, siehe z. B. L. D. Landau, E. M. Lifschitz, Theoretische Physik Bd. II.

[2] Dies gilt ebenfalls für sehr viele Probleme der klassischen Physik, weshalb der Computer heute bei der Ermittlung von Lösungen kaum noch wegzudenken ist und man auch bereit ist, sehr schnell zu ihm zu greifen. Ist da nicht mit Blick auf das, was die Vor-Computer-Generationen mit viel mathematischem Verständnis und noch mehr persönlichem Fleiß bereits erreicht haben, ein wenig Hochachtung angebracht?

Terme aus den Reihenentwicklungen in der Regel sehr stark an.[1] Inzwischen sind diese Techniken aber so ausgereift, dass man sehr viele Probleme der Physik, der Chemie und anderer Ingenieurwissenschaften zunächst dem Computer überlässt, um den experimentellen Aufwand auf erfolgversprechende Lösungen zu beschränken.

3.5 Drehimpuls und Spin

Der Drehimpuls eines Systems gehört in der klassischen Mechanik bekanntlich ebenfalls zu den Erhaltungsgrößen. Er tritt uns im Wesentlichen in zwei groben Formen in Erscheinung: als Drehimpuls eines Systems einander umkreisender Körper sowie als Eigendrehimpuls eines massiven Körpers. Beides begegnet uns in der Quantenmechanik wieder, aber mit neuen Eigenschaften.

3.5.1 Der Drehimpuls

Untersuchen wir zunächst den Drehimpuls eines Systems einander umkreisender quantenmechanischer Teilchen. Da viele dieser Teilchen eine elektrische Ladung aufweisen und nach der klassischen Feldtheorie bei Kreisbewegungen daher Energie in Form elektromagnetischer Strahlung abgeben müssten, dies aber in Systemen, die zu klein für eine klassische Beschreibung sind, nicht tun, können wir a priori von einem diskreten Spektrum erlaubter Zustände ausgehen.

Um das mathematisch zu untersuchen, konstruieren wir den Drehimpulsoperator unter Nutzung des Korrespondenzprinzips und postulieren:

$$\hbar \boldsymbol{l} = \vec{r} \times \boldsymbol{p} = -\mathrm{i}\hbar(\vec{r} \times \vec{\nabla}) \ .$$

Aufgabe. Als Erhaltungsgröße ist er mit dem Hamilton-Operator vertauschbar, wie eine direkte Rechnung zeigt

$$(\sum \boldsymbol{l}_i)\boldsymbol{H} - \boldsymbol{H}(\sum \boldsymbol{l}_i) = 0 \ .$$

Außerdem findet man durch elementare Rechnung mit folgenden Vertauschungsregeln mit dem Impulsoperator, dem Ortsoperator sowie zwischen den Kompo-

[1] Bei Computerberechnungen im Raum $\boldsymbol{R}$ oder darüber gelten bereits die elementaren Grundregeln der Mathematik, das Assoziativ- und das Distributivgesetz, nicht, so dass man für Rechnungen mit Zahlen eigentlich eine grundsätzlich andere Mathematik benötigt. Man begnügt sich zwangsweise mit einer „hinreichend genauen Näherung“, wobei die Kontrolle des „hinreichend genau“ oft komplizierter ist als die Basismathematik. Eine praktische Aufarbeitung aus der Programmiersicht findet sich z. B. in Gilbert Brands, Das C++ Kompendium.

nenten des Drehimpulsoperators selbst und zwischen Betrag und Drehimpulskomponente

$$\{\boldsymbol{l}_i, x_k\} = i\, e_{ikl} x_l$$
$$\{\boldsymbol{l}_i, \boldsymbol{p}_k\} = i\, e_{ikl} \boldsymbol{p}_l$$
$$\{\boldsymbol{L}_i, \boldsymbol{L}_k\} = i\, \boldsymbol{L}_l\,, \quad (i,k,l) \in \{(x,y,z),(y,z,x),(z,x,y)\}$$
$$\{\boldsymbol{K}^2, L_k\} = 0 \quad \text{mit} \quad \boldsymbol{K}^2 = (\boldsymbol{L}_x^2 + \boldsymbol{L}_y^2 + \boldsymbol{L}_z^2)\,.$$

Dabei ist $e_{i,k,l}$ der antisymmetrische Einheitstensor 3. Stufe, d. h. es ist $e_{123} = 1$ und alle weiteren von Null verschiedenen Elemente entstehen durch Permutation der Indizes $\{123\}$, wobei eine gerade Anzahl von Vertauschungen den Wert 1 indiziert, eine ungerade den Wert (-1). $\boldsymbol{L} = \sum \boldsymbol{l}$ ist der Gesamtdrehimpuls des Systems als Summe aller Einzeldrehimpulse.

Der Drehimpulsoperator ist weder mit dem Orts- noch dem Impulsoperator verträglich und insbesondere sagen die Vertauschungsrelationen aus, dass nicht alle drei Komponenten des Drehimpulses gleichzeitig definierte Werte aufweisen können, wohl aber das Betragsquadrat und eine beliebige Komponente. Praktisch bedeutet dies, dass man sich bei Messungen stets auf eine bestimmte Komponente beziehen muss (*per Konvention wird hierfür die z-Komponente verwendet*), die anderen Komponenten jedoch für Wirkungen ausgenutzt werden können, die sich der Messkomponente via Erhaltung des Betragsquadrats mitteilen. Wir werden dies in den praktischen Kapiteln dieses Buches noch genauer untersuchen.

Die Eigenwerte der Operatoren lassen sich mit Hilfe der Vertauschungsrelationen relativ einfach gewinnen. O. B. d. A. können die zulässigen diskreten Werte des Spektrums der z-Komponente als ganze Zahlen vorausgesetzt werden. Zunächst erhält man aus $\boldsymbol{K}^2 - \boldsymbol{L}_z^2 = \boldsymbol{L}_x^2 + \boldsymbol{L}_y^2$ die Beschränkung

$$-\sqrt{K^2} \le L_z \le \sqrt{K^2}$$

d. h. bei gegebenem Betrag K sind die zulässigen Werte für eine Komponente nach oben und unten durch den maximalen Wert L_z der z-Komponente begrenzt. Sei nun ψ_M Eigenfunktion von $\boldsymbol{L}_z$ zum Eigenwert $M \in \left[-\sqrt{K^2}, \sqrt{K^2}\right]$ und $\boldsymbol{L}_\pm = \boldsymbol{L}_x \pm i\boldsymbol{L}_y$. Wie man leicht nachrechnet, gilt

$$\boldsymbol{L}_z \boldsymbol{L}_\pm \psi_M = (M \pm 1)\boldsymbol{L}_\pm \psi_M$$

d. h. durch den Operator $\boldsymbol{L}_\pm$ wird aus einer Eigenfunktion zum Wert M die Eigenfunktion des nächsthöheren oder kleineren Eigenwertes, also $\boldsymbol{L}_\pm \psi_M = \psi_{M\pm 1}$. Angewandt auf den maximalen Wert ist $\boldsymbol{L}_+ \psi_L = 0$, und aus

$$\boldsymbol{L}_- \boldsymbol{L}_+ \psi_L = (\boldsymbol{K}^2 - \boldsymbol{L}_z^2 - \boldsymbol{L}_z)\psi_L = 0$$

folgt schließlich

$$K^2 = L(L+1)\,, \quad L \in \mathbb{N}$$

für den Eigenwert des Betragsquadrats des Drehimpulses bei gegebenem L. L wieder durchläuft alle natürlichen Zahlen einschließlich der Null, und für einen gegebenen Wert von L kann eine Komponente des Drehimpulses alle Werte M im Bereich $-L \leq M \leq L$ annehmen, d. h. das Energieniveau zum Drehimpuls L ist $2L + 1$-fach entartet.[1]

3.5.2 Der Spin

Experimentelle Studien zum Verhalten von Materie in Magnetfeldern zeigen, dass auch der Eigendrehimpuls eines starren Körpers sein Gegenstück in der Quantenmechanik besitzt, den sogenannten Spin eines Teilchens. Wie der Drehimpuls kann der Spin nur diskrete Werte annehmen, die sich um Eins unterscheiden. Experimentell zeigt sich jedoch, dass im Gegensatz zum Drehimpuls der Spin nicht immer verschwindet. Wird beispielsweise ein Atomstrahl von Silberatomen durch ein starkes Magnetfeld gesandt, so werden (nur) zwei Orte für eintreffende Atome beobachtet, die beide nur mit einer nicht verschwindenden Spinkomponente vereinbar sind (Abb. 3.6).

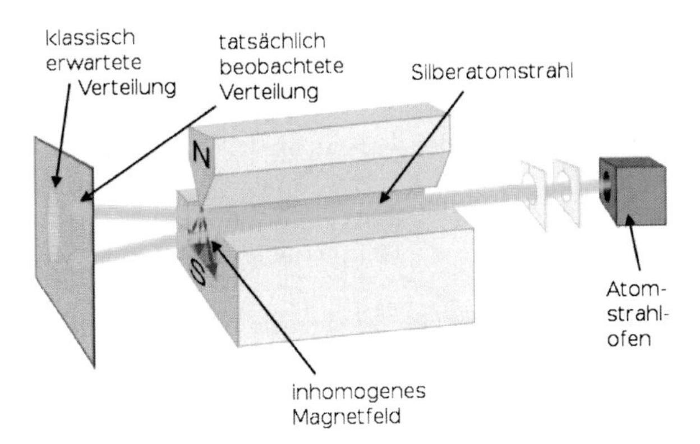

Abb. 3.6 Stern-Gerlach-Experiment (aus: wikipedia)

Die Spin-Eigenwertgleichung

$$s_z \psi = \sigma \psi$$

hat somit die möglichen Eigenwerte $\sigma = 0, \pm 1/2\hbar, \pm 1\hbar, \pm 3/2\hbar, \ldots$, d. h. der Spin kann halb- und ganzzahlige Werte annehmen, im Gegensatz zum Drehmipuls, für den nur ganzzahlige Werte zulässig sind.

---

[1] Die Entartung gilt natürlich nur unter isotropen Bedingungen. In anisotropen Feldern oder unter Berücksichtigung weiterer Quantenzustände spalten die Energieniveaus auf.

Entsprechend dem Korrespondenzprinzip statten wir den Spin mit den gleichen Eigenschaften wie den Drehimpuls aus, d. h. für die Vertauschungsrelationen und den Eigenwert des Betrags gilt

$$\begin{aligned} \{s_y, s_z\} &= \mathrm{i} s_x \ , \ \text{usw.} \\ s^2 \psi &= s(s+1)\hbar\psi \ . \end{aligned}$$

Die Spinfunktion beschreibt einen inneren Teilchenzustand besitzt damit keine Ortskoordinate, wenn auch die Spineigenschaft natürlich lokal an ein bestimmtes Teilchen gebunden ist. Das hat zwei Auswirkungen:

a) Die Spinoperatoren vertauschen mit sämtlichen anderen bislang untersuchten Operatoren. Wenn der Spin die eigentlich interessante Größe ist, erhält man dadurch ein breites Spektrum an Manipulationsmöglichkeiten an quantenmechanischen Systemen.
b) Für die Beschreibung der Systeme genügen die relativ einfachen Mittel der linearen Algebra; eine Lösung von Differentialgleichungen zur Beschreibung eines Systems ist nicht notwendig.

Bevor wir nun in die Spinarithmetik einsteigen, sind noch ein paar Vorbemerkungen angebracht. Nach den derzeitigen physikalischen Modellen existieren quantenmechanische Teilchen mit folgenden Spins:

1. Spin 0 weisen einige teilweise noch hypothetische Teilchen der Elementarteilchenphysik auf, die in der normalen Praxis nicht auftreten.
2. Spin 1/2 besitzen alle „normalen“ Elementarteilchen wie Elektronen, Protonen und Neutronen (sowie auch die meisten, für die normale Praxis uninteressanten Teilchen der Elementarteilchenphysik).
3. Spin 1 besitzen Photonen als wichtige normale Größen sowie wieder eine Reihe exotischer Teilchen.
4. Spin 2 wird für einige exotische Teilchen der Elementarteilchenphysik postuliert.

Systeme von Elementarteilchen, die quantenmechanisch als einzelnes Teilchen zu beschreiben sind wie Atome, Atomkerne und einige weitere, besitzen einen Gesamtspin, der sich aus den Einzelspins additiv zusammensetzt. In der Regel ist das die betragskleinste Summe, d. h. 0 oder 1/2. In der Quanteninformatik sind (nur) Teilchen mit dem Spin 1/2 interessant. Die Bedeutung liegt darin, dass die Spin-Energieniveaus dieser Teilchen in Magnetfeldern aufspalten und relativ leicht manipulierbar sind.

Angemerkt sei auch, dass der Photonenspin im Zusammenhang mit den hier untersuchten Phänomenen keine Rolle spielt. Er kommt lediglich ins Spiel, wenn man die Struktur der hier summarisch untersuchten Wechselwirkungen zwischen Teilchen und Feldern genauer untersucht; in diese Tiefen werden wir jedoch nicht hinabsteigen.

Für Teilchen mit dem Spin 1/2 sind die Wellenfunktionen für die beiden Zustände durch

$$\psi_1 = \begin{pmatrix} 1 \\ 0 \end{pmatrix}, \quad \psi_2 = \begin{pmatrix} 0 \\ 1 \end{pmatrix}$$

gegeben, die Operatoren für die verschiedenen Raumkomponenten durch die Pauli-Matrizen (*nach dem Physiker Wolfgang Pauli*)

$$s_x = \frac{1}{2}\begin{pmatrix} 0 & 1 \\ 1 & 0 \end{pmatrix}, \quad s_y = \frac{1}{2}\begin{pmatrix} 0 & -i \\ i & 0 \end{pmatrix}, \quad s_z = \frac{1}{2}\begin{pmatrix} 1 & 0 \\ 0 & -1 \end{pmatrix}$$

$$s_+ = s_x + is_y = \begin{pmatrix} 0 & 1 \\ 0 & 0 \end{pmatrix}, \quad s_- = \begin{pmatrix} 0 & 0 \\ 1 & 0 \end{pmatrix}.$$

Aufgabe. Verifizieren Sie, dass die Vertauschungsrelationen hierdurch erfüllt werden.

Bei Experimenten mit mehreren Teilchen mit dem Spin 1/2 entstehen natürlich auch in der Quanteninformatik formal Systeme mit höherem Spin. Diese besitzen jedoch entartete Niveaus, wie folgender Vergleich eines Teilchens mit dem Spin 1 mit einem System mit dem Gesamtspin 1 zeigt:

$$\begin{aligned} s = 1: &\quad \sigma_z = -1\,, \quad 0\,, \quad 1 \\ s = 1/2: &\quad \sigma_z = -1/2 - 1/2\,, \quad (-1/2 + 1/2\,, \quad +1/2 - 1/2)\,, \quad 1/2 + 1/2\,. \end{aligned}$$

Die Entartung wird durch Lokalisierung auf verschiedene Teilchen wieder aufgehoben, wir können aber durch Kombination nur Spinsysteme erzeugen, deren Zustandsanzahl eine Potenz von 2 ist.

Wechselwirkungen oder unitäre Transformationen entsprechen Drehungen des Koordinatensystems, weshalb wir uns die Drehungen um die einzelnen Raumachsen im Spinfall genauer ansehen wollen. Zunächst folgt aus Betrag und Eigenwert, dass der Spinvektor für ein Teilchen mit Spin 1/2 nicht in Richtung des Magnetfeldes ausgerichtet ist, sondern gekippt ist und sich folglich formal um die Feldachse dreht (Abb. 3.7). Wir beginnen daher mit Drehungen um die eigentliche Vorzugsrichtung z, was vielleicht zunächst etwas befremdlich wirkt. Wir werden aber noch sehen, welche praktischen Konsequenzen daraus entstehen.

Eine Drehung um die Z-Achse wird durch den Operator $(1 + is_z\delta\phi)$ beschrieben. Er vermittelt die Änderung $\delta\psi = i\sigma\psi\delta\phi$ der Wellenfunktion, d. h. diese hat die Gestalt $\psi(\sigma)' = \psi(\sigma)e^{i\sigma\phi}$. Für $\sigma = 1/2$ folgt daraus, dass bei einer vollen Drehung die Wellenfunktion ihr Vorzeichen umkehrt. Der unitäre Drehoperator besitzt somit die Gestalt

$$R_z(\phi) = \begin{pmatrix} e^{i\phi/2} & 0 \\ 0 & e^{-i\phi/2} \end{pmatrix}.$$

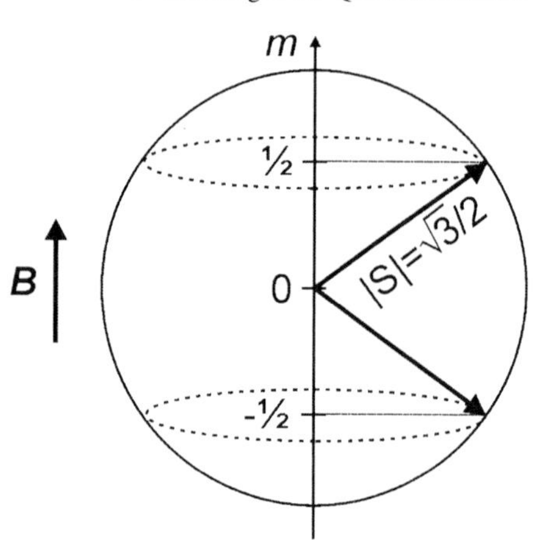

Abb. 3.7 Spinvektor bei Spin = 1/2

Für die Drehungen um die beiden anderen Raumrichtungen findet man mit Hilfe der Pauli-Operatoren die unitären Operatoren

$$R_x(\phi) = \begin{pmatrix} \cos(\phi/2) & \sin(\phi/2) \\ -\sin(\phi/2) & \cos(\phi/2) \end{pmatrix}$$
$$R_y(\phi) = \begin{pmatrix} \cos(\phi/2) & \mathrm{i}\sin(\phi/2) \\ \mathrm{i}\sin(\phi/2) & \cos(\phi/2) \end{pmatrix} .$$

Drehungen um die Z-Achse führen somit zu einer Phasenverschiebung der Wellenfunktion, ändern aber nichts am Eigenwert, den eine Messung anzeigt. Drehungen um die anderen Raumrichtungen führen zu Mischzuständen der beiden Eigenfunktionen. Eine Kombination aller drei Operatoren führt zu

$$R(\phi, \theta, \psi) = \begin{pmatrix} \cos(\theta/2)\mathrm{e}^{\mathrm{i}/2(\phi+\psi)} & \mathrm{i}\sin(\theta/2)\mathrm{e}^{-\mathrm{i}/2(\phi-\psi)} \\ \mathrm{i}\sin(\theta/2)\mathrm{e}^{\mathrm{i}/2(\phi-\psi)} & \cos(\theta/2)\mathrm{e}^{-\mathrm{i}/2(\phi+\psi)} \end{pmatrix} .$$

Jede unitäre Transformation an Spins lässt sich durch eine solche Matrix darstellen. Mit anderen Worten: um eine beliebige Wirkung an einem Quantensystem zu erzeugen, müssen wir nur eine geeignete Kombination von Drehungen finden.

3.5.3 Unitäre Spintransformationen in der Praxis

Da der Spin von Elektronen und Atomkernen mit dem magnetischen Moment

$$\vec{\mu} = \mu \frac{s}{\sigma}$$

verbunden ist (μ *ist eine teilchen- und umgebungsabhängige Konstante*), lassen sich die Drehungen durch Einstrahlen eines veränderlichen Magnetfeldes realisieren.

Den exakten Zusammenhang liefert uns die zeitabhängige Schrödinger-Gleichung. Die Energie eines magnetischen Dipols im klassischen Fall wird durch $E = -\vec{\mu}\vec{H}$ beschrieben. Mit den Pauli-Operatoren für die einzelnen Spinkomponenten erhält man daraus die Differentialgleichung

$$\mathrm{i}\hbar\frac{\partial\psi}{\partial t} = -\mu\left(\begin{pmatrix}0&1\\1&0\end{pmatrix}H_x + \begin{pmatrix}0&-\mathrm{i}\\\mathrm{i}&0\end{pmatrix}H_y + \begin{pmatrix}1&0\\0&-1\end{pmatrix}H_z\right)\psi\ .$$

Für ein statisches Magnetfeld besitzt diese die Lösung

$$\psi(t) = \begin{pmatrix}c_1\mathrm{e}^{\mathrm{i}\mu H_z t/\hbar}\\c_2\mathrm{e}^{-\mathrm{i}\mu H_z t/\hbar}\end{pmatrix}\ .$$

$E_1 = \mu H_z$ und $E_2 = -\mu H_z$ sind die (*absoluten*) Energieniveaus der beiden Spineigenwerte, die mit einer Frequenz $\omega_k = E_k/\hbar$ verknüpft sind. Klappt der Spin um, so ist dies mit der Aussendung oder der Absorption eines Photons mit der Energie $(E_1 - E_2) = 2\mu H = \hbar\omega$ verbunden.

Diesem statischen Feld überlagern wir nun senkrecht dazu ein kleines, mit der Resonanzfrequenz ω schwingendes Feld in Y-Richtung (*dabei ist es egal, ob wir diese Richtung X oder Y nennen; später können wir natürlich versuchen, durch Einstrahlung von Feldern in zwei zum statischen Feld und untereinander senkrechten Richtungen bestimmte Wirkungen zu erzielen*):

$$\vec{H} = \begin{pmatrix}0\\H_y\cos(\omega t)\\H_z\end{pmatrix}\ .$$

Die Schrödinger-Gleichung erhält hierdurch die Form

$$\begin{aligned}\mathrm{i}\hbar\frac{\partial c_1(t)}{\partial t} &= -\mu H_z c_1(t) + \mathrm{i}\mu H_y c_2(t)\cos(\omega t)\\ \mathrm{i}\hbar\frac{\partial c_2(t)}{\partial t} &= \mu H_z c_2(t) - \mathrm{i}\mu H_y c_1(t)\cos(\omega t)\end{aligned}$$

mit der Lösung

$$\begin{aligned}c_1(t) &= \left(c_{10}\cos\left(\frac{\mu H_y}{2\hbar}t\right) + c_{20}\sin\left(\frac{\mu H_y}{2\hbar}t\right)\right)\mathrm{e}^{\mathrm{i}E_1 t/\hbar}\\ c_2(t) &= \left(c_{20}\cos\left(\frac{\mu H_y}{2\hbar}t\right) - c_{10}\sin\left(\frac{\mu H_y}{2\hbar}t\right)\right)\mathrm{e}^{-\mathrm{i}E_2 t/\hbar}\ .\end{aligned}$$

Beginnen wir mit reinen Zuständen und strahlen wir das veränderliche Feld pulsförmig ein, so ist jeweils nach der Zeit $t = \pi\hbar/\mu H_y$ die entgegengesetzte Spinausrichtung im Z-Feld erreicht, allerdings mit einer Phasenverschiebung

$$\begin{aligned}|0\rangle &\to -\mathrm{e}^{-\mathrm{i}\pi H_z/H_y}|1\rangle\\ |1\rangle &\to \mathrm{e}^{\mathrm{i}\pi H_z/H_y}|0\rangle\ .\end{aligned}$$

Wähle wir das Verhältnis der Feldkomponenten so, dass eine gerade Zahl entsteht ($H_z/h_y = 2k$), so erhält die erste Transformation ein negatives Vorzeichen, die zweite ein positives. Wir benötigen also 4 Drehungen, um den Ausgangszustand wieder zu erreichen:

$$|0\rangle \to -|1\rangle \to -|0\rangle \to |1\rangle \to |0\rangle \; .$$

Phasenverschiebungen dieser Art bedeuten unterschiedliche Positionen zur Z-Achse nach einer Operation, wobei die Wahrscheinlichkeit für die Spinwerte bei einer Messung nicht geändert wird. Werden jedoch weitere Wirkungen auf das System angewandt, spielt diese Phasenverschiebung schon eine Rolle und sollte daher korrigiert werden. Dies kann durch Rotationen um die Z-Achse durch Veränderung des statischen Magnetfeldes für einen kleinen Zeitraum erfolgen.

So weit zu Wirkungen von außen auf ein System. Da Spins mit einem magnetischen Moment verbunden sind, können diese bei genügend kleinen Abständen aber auch untereinander wechselwirken. Betrachten wir daher abschließend ein System mit zwei Spins, so kann dieses in den Zuständen $|00\rangle$, $|10\rangle$, $|01\rangle$, $|11\rangle$ vorliegen. Die mit den Spins verbundenen magnetischen Dipolmomente führen zu einem Energieterm, der durch den Hamilton-Operator (*hier für die z-Komponente*)

$$H_c = \hbar\omega_{ij} s_z^{(i)} \otimes s_z^{(j)}$$

beschrieben wird. Die Kopplungskonstante ω_{ij} hängt vom Abstand der Spins voneinander ab. Lässt man die Spins eine bestimmte Zeit miteinander wechselwirken, folgt daraus eine wechselseitige Phasenverschiebung, die von den jeweiligen Eigenwerten beeinflusst wird. Es ist offensichtlich, dass das Problem darin liegt, eine zeitlich kontrollierte Wechselwirkung der Spins untereinander herzustellen, und wir werden uns dies genauer im Zusammenhang mit Realisierungsmodellen ansehen.

3.5.4 Zeitliche Stabilität von Zuständen

Welche Untersuchungen mit Quantensystemen durchgeführt werden können, hängt davon ab, wie stabile solche Systeme sind. Führt man eine Vielzahl unitärer Transformationen durch, so muss man auch einigermaßen sicher sein, dass das Messergebnis Resultat der Transformationen des Startzustandes ist und sich das System nicht im Lauf der Operationen in einen anderen unerwünschten Zustand aus irgendwelchen Gründen verabschiedet hat.

Zustandsänderungen entstehen zum Einen durch eine nicht vollständig vermeidbare Wechselwirkung mit der Umgebung. Durch geeignete Eichmessungen lassen sich diese Effekte messen und optimieren. Darüber hinaus können System aber auch spontan zerfallen, wie beispielsweise der radioaktive Zerfall instabiler Atomkerne in stabilere Elemente. Die Gesetzmäßigkeiten dahinter gehen über den Rahmen dieses Buches hinaus, sind aber für die Beurteilung, welches Realisierungspotential Quantencomputing und anderes überhaupt besitzen, recht wichtig. Wir reißen das Thema daher hier, wenn auch nur recht rudimentär, trotzdem an. Der Anfang mag etwas befremden, führt aber zur Klassifizierung von Quantensystemen in recht wichtige Teilchenklassen.

Während in der klassischen Physik in einem Mehrteilchensystem jedes Teilchen zu einem beliebigen Zeitpunkt eindeutig identifizierbar ist, gilt dies für die Quantenmechanik nicht. Misst man den Ort eines Teilchens zu einem Zeitpunkt t_0, so ist aufgrund des Unschärfeprinzips sein Aufenthaltsort zu einem späteren Zeitpunkt völlig unbestimmt, und bei einer Messung zum Zeitpunkt t_1 ist dann unmöglich zu sagen, ob das gleiche Teilchen gemessen wurde oder ein anderes.

Mathematisch formuliert: ist $\psi(q_1, q_2)$ eine Wellenfunktion eines Systems zweier Teilchen, so kann sich bei einem Austausch der Teilchen die Wellenfunktion allenfalls um einen Phasenfaktor ändern, da dieser bei einer Messung im Produkt $\overline{\psi(q_1, q_2)}\psi(q_1, q_2)$ keine Änderung verursacht. Da nach zweimaligem Tausch das Urbild wieder vorhanden sein muss, folgt bei einer Vertauschung

$$\psi(q_1, q_2) = \pm\psi(q_2, q_1) .$$

Die Wellenfunktion muss also symmetrisch oder antisymmetrisch bezüglich Vertauschungen sein. Teilchen, die durch eine symmetrische Wellenfunktion beschrieben werden, werden Bosonen genannt, solche, die eine antisymmetrischen Wellenfunktion aufweisen, Fermionen.

Wie sich in der relativistischen Quantenmechanik und experimentell zeigen lässt, sind Teilchen mit halbzahligen Spin Fermionen, solche mit ganzzahligen Spin Bosonen.[1] Aggregate wie Atome können aufgrund ihrer Spinsumme in die eine oder andere Gruppe fallen, was beispielsweise zu auffälligen physikalischen Unterschieden zwischen den beiden Heliumisotopen ^{3}He und ^{4}He führt. Fermion- oder Bosonzuordnung ist also eine reine Spineigenschaft.

Was unterscheidet Fermionen und Bosonen nun physikalisch? Sind $p_1, p_2 \dots p_n$ die Nummern der Zustände, in denen sich die Teilchen $q_1, \dots q_n$ aufhalten können, wobei gleiche Nummern = gleiche Zustände zulässig sind, so lässt sich die Boson-Wellenfunktionen als Summe der Teilchenfunktionen formulieren:

$$\psi(q_1, \dots q_n) = \frac{1}{\sqrt{n!}} \sum \psi_{p_k}(q_k) .$$

Das mathematische Verhalten einer Fermion-Wellenfunktion wird durch eine Determinante der Teilchenfunktionen beschrieben

$$\psi(q_1, \dots q_n) = \frac{1}{\sqrt{n!}} \begin{vmatrix} \psi_{p_1}(q_1) & \dots & \psi_{p_1}(q_n) \\ & \dots & \\ \psi_{p_n}(q_1) & \dots & \psi_{p_n}(q_n) \end{vmatrix} .$$

Hieraus folgt tatsächlich ein wichtiges physikalisches Unterscheidungsprinzip zwischen Bosonen und Fermionen. Sind zwei Wellenfunktionsindizes gleich, so ver-

---

[1] Z. B. Franz Mandl, Graham Shaw, Quantenfeldtheorie, AULA-Verlag Wiesbaden.

schwindet die Determinante. Zwei Fermionen können daher nicht die gleichen Zustände besitzen. Die Besetzungszahlen von Fermion-Zuständen sind daher 0 oder 1. Für Bosonen gilt dies nicht. Diese dürfen in beliebiger Anzahl den gleichen Zustand besetzen.

Experimentell haben wir es bei Photonen mit Bosonen zu tun, die ein kontinuierliches Energiespektrum aufweisen. Beliebig viele Photonen dürfen mit der gleichen Energie nebeneinander auftreten. Ähnlich verhält es sich bei Cooper-Paaren von Elektronen, die in Supraleitern für den Stromtransport verantwortlich sind: zwei Elektronen vereinigen sich hier zu einem Quantenteilchen mit ganzzahligem Spin, und beliebig viele dürfen gleichzeitig auftreten. Die Teilchen selbst sind in der Regel in den interessierenden Systemen stabil und werden nur durch Wechselwirkungen mit der Umgebung aus dem Verkehr gezogen, und messtechnisch interessante Größe in solchen Systemen ist meist, ob ein Teilchen in einem bestimmten Zustand vorhanden ist oder nicht (Besetzungszahlmessung). Die Nutzbarkeit von Bosonensystemen hängt somit überwiegend von den Umgebungsbedingungen ab (und davon, wie gut es gelingt, Wechselwirkungsoperationen zu realisieren).

Anders sieht es bei einzelnen Elektronen oder Elektronen in Atomen/Ionen aus, bei denen der Spin halbzahlig ist und als Messgröße verwendet wird. Der Spin kann in einem Magnetfeld verschiedene Energiezustände besetzen, und mit Hilfe von Photonen (oder allgemeiner Bosonen) kann der Spin in einen bestimmten Zustand gebracht oder gemessen werden, in welchem er sich befindet (Zustandsmessung). Die Dynamik dieser Prozesse wird in der Quantenfeldtheorie untersucht und führt vereinfacht zu folgenden Feststellungen:[1]

a) Wird ein Photonenpuls mit der Energie $\Delta E = E_{\text{up}} - E_{\text{down}}$ für eine bestimmte Zeit eingestrahlt, so wird der Spin vom *down*- in den *up*-Zustand angehoben (Anregung).
b) Mit einem ähnlichen Puls kann ein *up*-Zustand veranlasst werden, in den *down*-Zustand unter Aussendung eines messbaren Photon zu wechseln (Messung).
c) Der *up*-Zustand geht statistisch nach einer Zeit $t \sim 1/\Delta E$ unter Aussendung eines Photon in den *down*-Zustand über (Zerfall).

Effekt c) sorgt also dafür, dass die Verbesserung der Umgebungsbedingungen nur begrenzte Wirkung zeigt.

Glücklicherweise lässt sich die Fermioneneigenschaft aber auch stabilisierend einsetzen. Der Zerfall von einem Zustand höherer Energie in einen niedrigeren betrifft unter geeigneten Bedingungen nicht nur den Spin eines Elektrons, sondern auch die Ortsfunktion und den damit verbundenen Drehimpuls. Spin und Bahn sind aber voneinander unabhängige Teile der Wellenfunktion, die durch eigene Impulsfolgen aktiviert werden müssen. Es ist nun möglich, ein Quantensystem durch Pulsfolgen a) oder b) in einem Zustand zu manövrieren, aus dem ein Zerfall nach c) nicht mehr so ohne weiteres möglich ist. Die folgende Anregungssequenz verdeut-

[1] „Photon" bezeichnet im Folgenden ein allgemeines elektromagnetisches Strahlungsquantum und nicht unbedingt sichtbares Licht.

licht das

$$A(\uparrow\downarrow) \stackrel{E_1}{\to} A(\uparrow)B(\downarrow) \stackrel{E_2}{\to} A(\uparrow)B(\uparrow) \,.$$

Aus dem Grundzustand mit antiparallelen Spins wird zunächst ein angeregter Zustand mit antiparallelen Spins erzeugt und aus diesem wiederum ein angeregter Zustand mit parallelen Spins. Der kann aber nicht so ohne weiteres zerfallen, da dann mit $A(\uparrow\uparrow)$ ein Zustand mit zwei gleichen Elektronen entstehen müsste, was durch das Fermionenprinzip ausgeschlossen ist. Aufgrund der Unabhängigkeit von Ort und Spin ist ein solcher Zerfall nur als Mehrphotonenereignis möglich, und die Wahrscheinlichkeit hierfür ist deutlich geringer als der Zerfall durch Einphotonenereignisse.

Dies ist natürlich eine stark vereinfachte Darstellung der Verhältnisse, und wir werden bei der Realisierung von Quantencomputern nochmals darauf zurückkommen. Dieses Prinzip erlaubt es aber nun, Quantenzustände durch Wirkung auf den Spin auf bestimmten Ortszuständen zu „parken", wenn auch zu einem nicht unbeträchtlichen Preis, was die Komplexität der Operationen angeht. Grundsätzlich sind Quantensysteme aber nicht beliebig stabilisierbar.

3.6 Lokalität und Klonen

Dieses Kapitel enthält allgemein Antworten auf die Frage, warum die Quanteninformatik überhaupt funktioniert. Spezielle Antworten werden auch in den jeweiligen anderen Kapiteln geben, was dem Leser eine gewisse Freiheit in der Lesereihenfolge verschafft.

3.6.1 Das EPR-Problem und die Bell-Gleichung

3.6.1.1 Ist die Theorie unvollständig?

Selbst große Physiker quälen manchmal Zweifel, ob eine physikalische Theorie denn nun wirklich Realitätscharakter besitzt. So meldete Albert Einstein zusammen mit Boris Podolski und Nathan Rosen 1935 ernste Zweifel an der Quantenmechanik an. Dies geschah in Form eines Gedankenexperiments, dass allerdings erst sehr viel später in die Realität umgesetzt werden konnte.[1]

Die Kritik richtete sich gegen zwei scheinbare Verletzungen physikalischer Prinzipien durch die Quantenmechanik, dem Prinzip der Lokalität und dem Prinzip der beschränkten Geschwindigkeit der Informationsübertragung (*letzteres wurde von*

[1] Je nach Interpret werden diese Zweifel auch als feinsinnige und notwendige Konsistenzprüfung deklariert, die Zweiflern das Zweifeln verübeln sollte. Was nun stimmt, ist eigentlich ziemlich gleichgültig, da die Ergebnisse die Quantenmechanik als Theorie glänzend bestätigt haben und darüber hinaus praktischen Anwendungswert besitzen.

Einstein ja selbst im Rahmen seiner Relativitätstheorie postuliert). Das ursprüngliche Gedankenexperiment argumentiert folgendermaßen:

Erzeugt werden zwei Teilchen, die bezüglich Ort und Impuls verschränkt sind. Beide Eigenschaften besitzen gemäß der Unschärferelation nicht gleichzeitig bestimmte Werte (*richtiger: es können nicht beide Größen gleichzeitig gemessen werden*). Nach Erzeugung der Teilchen entscheidet ein Zufallsgenerator, an welchem Teilchen welche Eigenschaft gemessen wird. Wird beispielsweise an Teilchen 1 der Ort gemessen, liegt aufgrund der Verschränkung der Ort von Teilchen 2, bezogen auf den Messzeitpunkt, fest, wird der Impuls von Teilchen 1 gemessen, so gilt dies auch für den Impuls von Teilchen 2. Entsprechende Messungen an Teilchen 2 können also mit der Wahrscheinlichkeit $w = 1$ vorhergesagt werden.

Da Teilchen 1 bei entsprechendem Versuchsaufbau keine Möglichkeit hat, Teilchen 2 vor dessen Messung mitzuteilen, welche Größe bei ihm gemessen wurde, müssen beide Größen physikalische Realitäten der Teilchen darstellen. Die Unvereinbarkeit der gleichzeitigen Messung der Größen stellt dann eine Unvollständigkeit der quantenmechanischen Theorie dar, und die physikalische Realität wird durch weitere „versteckte" Variable beschrieben, die in der Theorie nicht berücksichtigt wurden.

Das Problem ist in dieser ursprünglichen Darstellung – Ort und Impuls als Bezugsvariable – etwas unübersichtlich und schwer experimentell zu verifizieren. Eine experimentelle Antwort existiert erst seit 1967 durch Messungen an polarisierten Photonen.

3.6.1.2 2-Photonen-Experiment

Wir produzieren verschränkte Photonen im Zustand

$$\psi = \frac{1}{\sqrt{2}}(|\uparrow_1\rangle|\rightarrow_2\rangle - |\uparrow_2\rangle|\rightarrow_1\rangle) .$$

Bei der Messung mit einem beliebig orientierten Polarisator ergibt die Messung an Photon 1 mit der Wahrscheinlichkeit $w = 1/2$ ein Signal. Außerdem wissen wir (*und können das auch experimentell bestätigen*), dass eine Messung an Photon 2 mit einem exakt um 90° gedrehten Polarisator das gleiche Ergebnis liefert.

Wir können das Experiment folgendermaßen deuten: beim Verlassen der Quelle sind die Photonen noch völlig unpolarisiert, da jede beliebige Polarisatorrichtung das gleiche Messergebnis liefert. Passiert Photon 1 den Polarisator, „entscheidet" es sich für oder gegen die augenblickliche Polarisation. Passiert es den Filter, ist es genau in der Filterebene polarisiert, und dies gilt auch für Photon 2, das im gleichen Moment seinen unpolarisierten Zustand verlässt und den orthogonalen (*oder wie auch immer die Verschränkungsvorschrift lautet*) Polarisationszustand annimmt.

Ist diese Interpretation korrekt? Genau dagegen wenden sich die Einwände von Einstein & Co. Um zu einer Entscheidung zu kommen, ist das Experiment unter zwei Gesichtspunkten zu untersuchen: a) was sagt die quantenmechanische Theorie (*das haben wir gerade untersucht*)? b) was sagt eine klassisch unterlegte Theorie? Nun, letztere würde behaupten, die Photonen seien bereits zum Zeitpunkt der Entstehung in einer bestimmten Weise polarisiert gewesen, die nur noch durch den Polarisator nachgewiesen wird. Da das Experiment statistischer Natur ist (*wir messen ja nur die Wahrscheinlichkeiten eines Ereignisses am Detektor*) und die experimentellen Möglichkeiten alles andere als optimal sind,[1] lässt sich das an diesem einfachen Experiment nicht einwandfrei widerlegen. Wir müssen also den Versuchsaufbau so verändern, dass aus beiden Anschauungen unterschiedliche statistische Voraussagen resultieren. Dann kann ein Experiment die Entscheidung liefern.

Abweichend lassen wir nun für den zweiten Polarisator 2 außer dem Winkel α des ersten weitere Richtungen β und γ zu. Bei Einstellung des Polarisators in einer dieser zusätzlichen Richtungen erhält das Ergebnis der zweiten Messung wieder einen statistischen Charakter, den wir näher untersuchen wollen. Gehen wir zunächst von verborgenen Variablen aus, so muss ein Photonenpaar, oder besser jedes einzelne Photon, für jede beliebige Richtung, also auch für die drei gewählten, Informationen besitzen, wie es sich am Polarisator zu verhalten hat. Das ergibt folgende Zustandskombinationen für ein positives Signal (*es genügt aufgrund der Verschränkung, nur das 1. Photon zu betrachten; das 2. Photon hat den komplementären Zustand*):

$$\begin{aligned}
p_1 &: \alpha_+\beta_+\gamma_+ \\
p_2 &: \alpha_-\beta_+\gamma_+ \\
p_3 &: \alpha_+\beta_-\gamma_+ \\
p_4 &: \alpha_+\beta_+\gamma_- \\
p_5 &: \alpha_-\beta_-\gamma_+ \\
p_6 &: \alpha_-\beta_+\gamma_- \\
p_7 &: \alpha_+\beta_-\gamma_- \\
p_8 &: \alpha_-\beta_-\gamma_- \quad .
\end{aligned}$$

Dabei ist X_+ ein Photon, das bei Messung der Richtung X immer ein Signal ergibt, X_- ein Photon, das nie ein Signal ergibt. Die Zustände besitzen die Wahrscheinlichkeiten p_k, die jedoch nicht bekannt sind. Wir führen nun drei Häufigkeitsmessungen durch:

$$P(\alpha_+, \beta_+) \ , \quad P(\alpha_+, \gamma_+) \ , \quad P(\beta_+, \gamma_+) \ .$$

Dabei bedeutet $P(A_+, B_+)$ die Häufigkeit des Ereignisses, dass Photon 2 ein positives Signal bei Einstellung der Richtung B ergibt, sofern Photon 1 zuvor ein positives Signal mit Richtung A ergeben hat. Wir finden:

$$\begin{aligned}
P(\alpha_+, \beta_+) &= p_3 + p_7 \\
P(\alpha_+, \gamma_+) &= p_4 + p_7 \\
P(\beta_+, \gamma_+) &= p_4 + p_6
\end{aligned}$$

[1] Wir müssten einzelne Photonenpaare mit einer bekannten Rate erzeugen und dann auch tatsächlich jedes Ereignis störungsfrei messen. Wie in Kapitel 4 im experimentellen Teil erläutert wird, ist man weit von diesen Bedingungen entfernt.

$$P(\alpha_+, \beta_+) + P(\beta_+, \gamma_+) = p_3 + p_7 + p_4 + p_6$$
$$\geq p_4 + p_7 = P(\alpha_+, \gamma_+) .$$

Dies ist die Bell-Ungleichung, oder besser eine der Bell-Ungleichungen, denn wir haben für jeden experimentellen Fall eine solche Ungleichung erneut zu ermitteln. Sie folgt aus $p_k \geq 0$ für alle Wahrscheinlichkeiten, und das Grundschema, nach dem sie aufgestellt wird, ist immer von dieser Art. Sie besitzt genau dann Gültigkeit, wenn das von Einstein & Co. Geforderte Lokalitätsprinzip gilt, also jedes Teilchen durch einen festen Satz von Zustandsgrößen beschrieben wird, der nur im Rahmen der Quantenmechanik nicht bekannt oder messbar ist. Messen wir nun genau diese Statistik, ist die Quantenmechanik als unvollständige Theorie entlarvt, denn die bei einem einzelnen Teilchen nicht komplett ermittelbaren Zustandsvariablen haben sich indirekt entlarvt.

Die Quantenmechanik liefert aber nun eine dazu nicht passende Aussage. Dazu berechnen wir die aus dieser Theorie folgenden Wahrscheinlichkeiten für die verschiedenen Messungen und setzen sie in die Bell-Ungleichung ein. Der Projektionsoperator in Richtung α hat die Form

$$\boldsymbol{P} = \cos(\alpha)^2 | \uparrow\rangle\langle\uparrow | + \sin(\alpha)^2 | \rightarrow\rangle\langle\rightarrow | .$$

Die Messwertwahrscheinlichkeiten sind damit (*für das erste Photon wird die Signalwahrscheinlichkeit auf 1 normiert*):

$$P(\alpha_+, \beta_+) = 1/2\cos(\beta)^2$$
$$P(\alpha_+, \gamma_+) = 1/2\cos(\gamma)^2$$
$$P(\beta_+, \gamma_+) = 1/2\cos(\beta - \gamma)^2 .$$

Wählen wir nun beispielsweise $\beta = 60°$, $\gamma = 10°$ und setzen die daraus resultierenden Werte in die Bellsche Ungleichung ein, so erhalten wir $0{,}25 + 0{,}41 \geq 0{,}97$, was selbst bei sehr rudimentären mathematischen Kenntnissen als deutlicher Verstoß betrachtet werden muss. Anders ausgedrückt: es existieren Richtungen, in denen die quantenmechanisch berechneten Wert die Bell-Ungleichung verletzen.

Was sagt das Experiment? In experimentellen Aufbauten wurden Photonen in entgegengesetzte Richtungen versandt und die Messungen dann innerhalb eines so kurzen Zeitfensters durchgeführt, dass bis zum Vorliegen des Ergebnisses kein Informationsaustausch zwischen den Photonen hätte stattfinden können. Die Messrichtungen wurden dabei sowohl statisch vorgegeben als auch durch polarisationsunabhängige Strahlenteiler kurz vor der Messung zufällig ausgewählt.[1]

In diesem Sinn durchgeführte Messungen haben immer wieder die quantenmechanische Voraussage bestätigt und Verletzungen der Bell-Ungleichung nachgewiesen. Verborgene Variable oder eine Lokalisierung von Eigenschaften – Grundlagen der Bell-Ungleichungen – existieren also nicht und die Quantenmechanik beschreibt ihre Systeme tatsächlich vollständig. Wir müssen also akzeptieren, dass auf

[1] Zu experimentellen Details – Strahlenteiler, Detektoren, Photonenquellen – siehe Kapitel 4.

quantenmechanischer Ebene Systeme existieren, in denen Wirkungen spontan unabhängig von der physikalischen Ausdehnung des Systems an jedem Ort eintreten, obwohl experimentell nur lokal, d. h. an einem Teil des Systems, operiert werden kann.

3.6.1.3 3-Spin-Experiment

Die Experimente mussten sich trotz ihrer Eindeutigkeit immer noch einiges an Kritik gefallen lassen. Zunächst existieren noch keine brauchbaren Photonenquellen, die zuverlässig Photonenpaare erzeugen. Die meisten Quellen erzeugen gleich mehrere Paare, und wenn die Intensität so weit herabgedrückt wird, dass überwiegend einzelne Paare erzeugt werden, ist die Leerrate, also Messfenster ohne Photonenpaare recht groß. Die Detektoren haben eine recht hohe Dunkelzählrate, also Signale, ohne dass Photonen eingetroffen wären, und es ist strittig, welchen Anteil an eintreffenden Photonen sie erfassen. Diese die Messstatistik überlagernden experimentellen Statistiken liefern Zweiflern genügend Stoff zum zweifeln (*oder Puristen genügend Gründe zum pur sein*). Kann man die statistische Aussage nicht durch eine direkte Aussage ersetzen, die sich eindeutig vom experimentellen Rauschen abhebt?

Wir betrachten ein quantenmechanisch verschränktes System aus drei Elektronen

$$\psi = \frac{1}{\sqrt{2}}(|1_1\rangle \otimes |1_2\rangle \otimes |1_3\rangle - |0_1\rangle \otimes |0_2\rangle \otimes |0_3\rangle) \ .$$

Das Basissystem sei wie üblich in Z-Richtung orientiert. Die Elektronen werden separiert und Einzelmessungen unterworfen, wobei wieder eine hinreichend große Entfernung zwischen den Messorten unterstellt sei, so dass keine Nachricht von einem Messergebnis an einem Ort zu einem anderen vor dem Ende der dortigen Messung gelangen kann. Wird in Z-Richtung gemessen, liefern alle drei Messungen den Wert 1 oder -1.[1] Was passiert aber, wenn nicht in Z-, sondern in X- oder Y-Richtung gemessen wird?

Dazu entscheiden die Messeinrichtungen per Zufallsgenerator unmittelbar vor der Messung, welche Richtung gemessen werden soll. Möglich sind also die Messungen (*wir können X und Y beliebig festlegen. Entscheidend ist die Orthogonalität zur Z-Richtung und die Eindeutigkeit der Zuordnung an den Messorten*):

$$\begin{aligned}
\sigma_A &= \sigma_{x,1}\sigma_{x,2}\sigma_{x,3} \\
\sigma_B &= \sigma_{x,1}\sigma_{y,2}\sigma_{y,3} \\
\sigma_C &= \sigma_{y,1}\sigma_{x,2}\sigma_{y,3} \\
\sigma_D &= \sigma_{y,1}\sigma_{y,2}\sigma_{y,3} \ .
\end{aligned}$$

[1] In einem realen Experiment muss natürlich wie immer von einer Störung dieser Statistik aufgrund einer teilweisen Aufhebung der Verschränkung durch die Umwelt ausgegangen werden. Aber das lässt sich durch diese Messung erfassen und dient dazu, den Störungsanteil aus den folgenden Messungen zu eliminieren.

Da die Verschränkung in Z-Richtung erfolgt ist, sind die Messungen in anderen Richtungen Zufallswerte, d. h. klassisch sollte an allen drei Messorten zufällig das Ergebnis $+1$ oder -1 herauskommen. Werden nach Abschluss der Messungen die Ergebnisse ausgetauscht und die Messwerte miteinander multipliziert, sollte zufällig $+1$ oder -1 herauskommen. Die Aussage der Bell-Ungleichung (*als Prinzip verstanden*) lautet also

$$p(m_1 * m_2 * m_3 = 1) = 1/2 \, .$$

Wenden wir die Messoperatoren aber auf die verschränkten Eigenfunktion an, so folgt aufgrund der Eigenfunktionen der Einzeloperatoren

$$\begin{aligned} \sigma_{x,1}\sigma_{x,2}\sigma_{x,3}\psi &= (-1)(-1)(-1)\psi = -\psi \\ \sigma_{x,1}\sigma_{y,2}\sigma_{y,3}\psi &= (-1) * i * i * \psi = \psi \, . \end{aligned}$$

Das Ergebnis sollte also -1 sein, wenn an allen drei Orten in der gleichen Richtung gemessen wurde, und $+1$, wenn an einem Ort eine abweichende Richtung gewählt wurde, d. h. statt der Bell-Statistik gilt

$$p(m_a * m_b * m_c = (-1)^{a\|b\|c}) = 1 \, .$$

Die scharfen Aussagen haben qualitativ ein deutlich anderes Gewicht als die statistischen Aussagen im 2-Photonen-Fall. Ideale Messbedingungen vorausgesetzt genügt nämlich nun eine der Bell-Statistik genügende Messung, um die Quantenmechanik zu Fall zu bringen. Natürlich existieren keine idealen Messbedingungen, aber unter Berücksichtigung der experimentellen Ungenauigkeiten wird die quantenmechanische Aussage experimentell nun viel zuverlässiger als im ersten Fall bestätigt, d. h. das klassische Bild erweist sich wiederum als unzutreffend.[1]

Versteckte Variable sind mit der quantenmechanischen Aussage mathematisch nicht vereinbar. Versteckte Variable würden bedeuten, dass die Spinwerte bei der Erzeugung bereits eindeutig festliegen. Das Ergebnis mit nur zwei übereinstimmenden Richtungen wäre dann durch

$$s_{x,1}s_{y,2}s_{y,3} = s_{y,1}s_{x,2}s_{y,3} = s_{y,1}s_{y,2}s_{x,3} = +1$$

zu beschreiben mit festen Zahlenwerten $s_{\omega,i} = \pm 1$. Allerdings müsste dann, wie eine kurze Rechnung zeigt, auch $s_{x,1}s_{x,2}s_{x,3} = 1$ gelten, im Gegensatz zur quantenmechanischen Voraussage. Unsere Interpretation des 2-Photonen-Experiments, dass die Photonen bis zum Zeitpunkt der ersten Messung als unpolarisiert zu betrachten sind und der Zustand des Paares tatsächlich erst durch eine Messung festgelegt wird, ist also auch mathematisch konsistent.

[1] Experimentell wurde zunächst mit drei verschränkten Kernspins in einem Molekül gearbeitet. Kernspinverschränkungen sind jedoch mit einigen Problemen behaftet (*siehe Kapitel 6*). Weitere Experimente arbeiten daher wieder mit verschränkten Photonentripeln, die aus zwei Photonenpaaren produziert wurden, siehe A. Zeilinger et al., Phys. Rev. Lett. 82 (1999), 1345–1349.

3.6.1.4 Praktische Auswirkungen

Neben der Bestätigung der Quantenmechanik als Theorie haben die Experimente durchaus auch praktische Anwendungen in der Quanteninformatik, indem man Systeme alternativ zur Messung der informationstragenden Eigenschaften auch Bell-Messungen unterwirft.

Im Klartext bedeutet dies, dass man neben dem interessierenden Eigenwert zufallsgeneriert auch andere Größen misst, die mit dem interessierenden Wert nicht verträglich sind und in dieser Messung natürlich die interessierende Information zerstören, und darüber eine weitere Bell-Statistik generiert.

Hintergrund dieses Vorgehens ist die Möglichkeit, dass der Quantenzustand, aus dem man den interessanten Messwert extrahiert, möglicherweise gar nicht in der Weise präpariert ist, die man unterstellt. Beispielsweise könnte eine unterkannte Partei bereits eine Messung durchgeführt haben und liefert dem Beobachter nun eine Fälschung des ursprünglichen Systems, die aufgrund des No-Cloning-Theorems (s. u.) aber keine exakte Kopie des ursprünglichen Systems darstellt. Bleibt der Beobachter aber nun bei der ursprünglichen Messung, so erkennt er möglicherweise aufgrund der experimentellen Rahmenbedingungen den Betrug nicht (oder nicht sicher genug) und der Fälsche kann genug Informationen aus dem Vorgang extrahieren, um das ganze Verfahren obsolet zu machen.

Um unter solchen Bedingungen Einbrüche doch sicher erkennen zu können, baut man die zweite Bell-Messung so auf, dass die erwartete Quantenstatistik nur dann gemessen wird, wenn das System den vereinbarten Zustand besitzt. Ist das nicht der Fall, wird also die Quantenstatistik nicht erfüllt, liegt eine Manipulation vor. Die Kunst dieser Prüfmethode liegt nun darin, die Fälschungsmöglichkeiten zu analysieren und die Bell-Messung so einzurichten, dass die Verletzungen der Statistik signifikant sind.

3.6.2 *Verschränkung und lokale Wirkung*

Wie experimentell festgestellt, ist die Verschränkung zweier Teilchen eine globale Eigenschaft, weil (*wenn*) die Wellenfunktionen der verschränkten Zuständ keine Ortskomponenten aufweisen. Wenn die Teilchen räumlich voneinander getrennt werden, hat eine Wirkung auf das System zwangsweise lokalen Charakter, denn die verschränkten Eigenschaften sind gleichwohl an die einzelnen Teilchen gebunden.

Um dies zu verdeutlichen, stellen wir uns ein verschränktes System zweier voneinander entfernter Teilchen vor:

$$|\psi_1\rangle = \frac{1}{\sqrt{2}}(|0_B 0_A\rangle + |1_B 1_A\rangle) = \frac{1}{\sqrt{2}}\begin{pmatrix} 1 \\ 0 \\ 0 \\ 1 \end{pmatrix} .$$

Am Ort des Teilchens A können nur lokale Wirkungen hervorgerufen werden, also Wirkungen, die ein einzelnes Teilchen betreffen, oder unter Berücksichtigung der

Verschränkung anders ausgedrückt, die die Teilchen einzeln betreffen. Mathematisch sind die Wirkungen durch unitäre Transformationen zu beschreiben. Wirkungen der beschriebenen Form können also nur direkte Produkte unitärer Transformationen der einzelnen Teilchen sein. Beispielsweise wird durch die Transformation

$$\boldsymbol{U_A} = \begin{pmatrix} 0 & 1 \\ -1 & 0 \end{pmatrix} \otimes \begin{pmatrix} 1 & 0 \\ 0 & 1 \end{pmatrix} = \begin{pmatrix} 0 & 0 & 1 & 0 \\ 0 & 0 & 0 & 1 \\ -1 & 0 & 0 & 0 \\ 0 & -1 & 0 & 0 \end{pmatrix}$$

am Ort A, die natürlich nur auf das lokale Teilchen A wirken kann (*die Transformation für das Teilchen B ist die Identität*) das System in den Quantenzustand

$$|\psi_2\rangle = \frac{1}{\sqrt{2}}(|0_B 1_A\rangle - |1_B 0_A\rangle) = \frac{1}{\sqrt{2}} \begin{pmatrix} 0 \\ 1 \\ -1 \\ 0 \end{pmatrix} .$$

Am Ort B kann man dies durch die äquivalente Transformation

$$\boldsymbol{U_B} = \begin{pmatrix} 1 & 0 \\ 0 & 1 \end{pmatrix} \otimes \begin{pmatrix} 0 & -1 \\ 1 & 0 \end{pmatrix} = \begin{pmatrix} 0 & -1 & 0 & 0 \\ 1 & 0 & 0 & 0 \\ 0 & 0 & 0 & -1 \\ 0 & 0 & 1 & 0 \end{pmatrix}$$

erreichen, und auch hier ist die Wirkung lokal, d. h. der Transformationsanteil für das entfernte Teilchen die Identität.

Beide Transformationen werden also lokal an nur einem der Teilchen durchgeführt, lassen aber die Verschränkung unangetastet. Sollen die Teilchen beispielsweise in den bestimmten Zustand

$$|\psi_3\rangle = |0_B 0_A\rangle$$

überführt werden, so ist dazu die Transformation

$$\boldsymbol{U_{AB}} = \begin{pmatrix} 1 & 0 & 0 & 1 \\ 0 & 1 & 1 & 0 \\ 0 & -1 & 1 & 0 \\ -1 & 0 & 0 & 1 \end{pmatrix}$$

notwendig, die, wie man unschwer nachweist, nicht mehr als direktes Produkt lokaler Transformationen darzustellen ist. Die Teilchen müssten also zusammengebracht werden, um diese Transformation zu erreichen.

Allgemein interpretiert lassen sich durch gezielte lokale Wirkungen die Verschränkungszustände modifizieren, so dass spätere Messungen andere Zustandskombinationen aufweisen. Lassen sich damit auch zunächst nur an einem Ort vorhandene Zustände auf den anderen Ort übertragen? Wir werden dem in Kapitel 5 nachgehen.

Das Problem ist dabei natürlich: wie lassen sich experimentell solche Wirkungen erzeugen? Wie bemerkt, darf am Wirkungsort keinerlei Information über das verschränkte System offenbart werden, wobei es nicht genügt, dass der Experimentator die Informationen einfach ignoriert. Ein Beispiel für ein derartiges Experiment ist ein Phasenschieber für polarisiertes Licht, der die Polarisationsebene unabhängig von der absoluten Polarisationsart um einen bestimmten Winkel dreht.

3.6.3 Das „No Cloning"-Theorem

Das „No-Cloning"-Theorem besagt, dass es nicht möglich ist, zu einem bestehenden Teilchen ein weiteres mit exakt den gleichen Eigenschafen zu erzeugen. „Exakt" bedeutet, dass beide Teilchen bei der Messung beliebiger Eigenschaften das gleiche Messergebnis liefern.

Dass dies nicht möglich ist, folgt aus dem Unschärfeprinzip. Wir können das in mehreren Stufen schlussfolgern. Wissen wir über das Teilchen nichts, müssten wir zunächst eine Messung durchführen. Natürlich könnten wir Teilchen mit den gemessenen Eigenschaften produzieren, jedoch hätte unser Bezugsteilchen aufgrund der Messung bereits andere Eigenschaften, d. h. wir hätten nicht mehr zwei Teilchen vor uns, die das gleiche Messergebnis liefern.

Daran ändert sich nichts, wenn wir über das Teilchen bereits eine Reihe von Informationen besitzen (*beispielsweise aus dem Erzeugungsprozess*). Grundsätzlich ist die Messung aller Eigenschaften ja nicht gleichzeitig möglich, d. h. über eine Reihe von Eigenschaften können wir nur Vermutungen anstellen. Unsere Kopien würden zwar in den sicher bekannten Eigenschaften die gleichen Messergebnisse liefern, nicht aber in den unsicheren.

Das können wir mit Hilfe der Wellenfunktion sogar noch feiner begründen: haben wir beispielsweise ein Teilchen vor uns, dass durch den Zustand $(c_1|a\rangle + c_2|b\rangle)$ beschrieben wird, so ist es natürlich kein grundsätzliches Problem, ein weiteres Teilchen zu erzeugen, das ebenfalls durch diese Wellenfunktion beschrieben wird. „Klonen" bedeutet allerdings, dass bei Einzelmessungen beide Teilchen das gleiche Ergebnis, z. B. $|a\rangle$; liefern, aber das ist nach dem Wellenfunktionsprinzip ja nur noch eine statistische Angelegenheit, die nicht in Erfüllung treten muss.

Wenn das Klonen aufgrund eines der Grundprinzipien der Quantentheorie nicht möglich ist, sollte dies auch in einer mathematischen Beziehung zum Ausdruck kommen. Nehmen wir also an, wir hätten zwei Teilchen in den Zuständen $|a\rangle, |b\rangle$ vor uns, die zu klonieren wären. Für die beiden Zustände gelte[1]

$$0 < \langle a|b\rangle < 1 \ .$$

Für die Erstellung der Kopien stehen uns zwei „leere" Teilchen $|0\rangle, |0\rangle$ sowie vermittelnde Teilchen $|\psi_0\rangle, |\psi_0\rangle$, die die Eigenschaften der zu kopierenden Teilchen

[1] Wir müssen natürlich Eigenschaften betrachten, die mehr als einen Eigenwert aufweisen. Das Klonieren muss mit beliebigen Eigenwerten funktionieren.

auf die unbestimmten Teilchen übertragen, zur Verfügung. Mathematisch besteht die Übertragung der Eigenschaft in einer unitären Transformation

$$\begin{aligned} \boldsymbol{U}|\psi_0\rangle|a\rangle|0\rangle &= |\psi_a\rangle|a\rangle|a\rangle \\ \boldsymbol{U}|\psi_0\rangle|b\rangle|0\rangle &= |\psi_b\rangle|b\rangle|b\rangle \ . \end{aligned}$$

Diese lässt die Zustände der zu klonenden Teilchen unangetastet, überträgt diese aber auf die leeren Teilchen. Damit das Transformationsspiel aufgeht, ändern auch die Überträgerteilchen ihre Zustände, was aber nicht weiter interessiert, da sie danach ausgedient haben.

Aus den linken Seiten dieser Wellengleichungen erhalten wir aufgrund der Unitarität des Kopieroperators $\boldsymbol{U}$

$$\begin{aligned} &\langle 0|\langle a|\langle\psi_0|\boldsymbol{U}^+\boldsymbol{U}|\psi_0\rangle|b\rangle|0\rangle \\ &\quad = \langle 0|\langle a|\langle\psi_0|\psi_0\rangle|b\rangle|0\rangle = \langle a|b\rangle \ . \end{aligned}$$

Benutzen wir statt der Unitarität aber die rechten Seiten der Wellengleichungen, so erhalten wir

$$\begin{aligned} &\langle 0|\langle a|\langle\psi_0|\boldsymbol{U}^+\boldsymbol{U}|\psi_0\rangle|b\rangle|0\rangle \\ &\quad = \langle a|\langle a|\langle\psi_a|\psi_b\rangle|b\rangle|b\rangle = \langle a|b\rangle^2\langle\psi_a|\psi_b\rangle \ . \end{aligned}$$

Aus beiden folgt

$$\langle a|b\rangle\langle\psi_a|\psi_b\rangle = 1 \ .$$

Das Ergebnis ist wegen $0 < \langle a|b\rangle < 1$ aber gar nicht möglich. Ein unitäre Transformation $\boldsymbol{U}$ mit den gewünschten Eigenschaften existiert daher nicht, oder anders ausgedrückt, eine exakte Kopie ist aber nicht möglich.

Die Betonung muss dabei aber auf dem Wort „exakt" liegen. Wenn nur eine bestimmte Eigenschaft reproduziert werden soll, wobei die Kopie durchaus unter bekannten Bedingungen auch falsche Ergebnisse liefern darf und bei der Auswertung des Originals auf Messungen verzichtet wird, mit der die Erstellung der Teilkopie nachgewiesen werden können,[1] so ist dies kein Problem.

3.7 Entropie und Information

Die Begriffe Entropie und Information treten in vielen thematischen Zusammenhängen von der Thermodynamik über die Informatik bis hin zur Kosmologie auf, wobei der Leser beim Wechsel von einem zum nächsten Bereich genau darauf achten muss, was damit nun genau gemeint ist. Wir führen hier kurz in das Thema ein, weil die Begriffe in vielen Beiträgen zur Quanteninformatik auftreten, werden jedoch selbst nur begrenzt davon Gebrauch machen. Der Grund hierfür ist, dass der Entropiebegriff (wie einige andere Begriffe) eine sehr hohe Abstraktionsstufe definieren, die

[1] Auch eine Teilkopie erfordert natürlich irgendeine Wechselwirkung des Originals $|a\rangle$ mit einem Leerzustand $|0\rangle$, die am Original nicht spurlos vorbeigeht und mit einer geeigneten Bellschen Messung nachgewiesen werden kann.

für den Leser meist sehr imposant aussieht, aber leider auch dem Nutzer nicht selten die Sicht auf wichtige Details verstellt. Ein Großteil der Hackerszene lebt von der Unsichtbarkeit der unteren Ebenen, und wir werden in der Quantenkryptografie Beispiele dazu aufzeigen.[1]

3.7.1 Klassische Entropie und Information

In die Informatik haben die Begriffe über Untersuchungen zur Nachrichtenübertragung über verrauschte Kanäle gehalten. Ziel solcher Untersuchungen ist die Frage, wie Nachrichten strukturiert sein müssen, damit sie auf der Empfangsseite korrekt gelesen werden können.[2] Dabei hat es sich herausgestellt, dass die mathematischen Konzepte auch in der statistischen Physik verwendet werden, was schließlich auch zu einer Gleichheit der Begriffe geführt hat.

Für die klassische Berechnung der Entropie benötigt man den Phasen- oder Zustandsraum $\Omega = (s_1, s_2, \dots s_n)$ des Systems nebst den Wahrscheinlichkeiten $p_1, p_2, \dots p_n$, dass sich das System in dem betreffenden Zustand befindet. Sind beispielsweise 8 Bit zu besetzen, dann hat der Phasenraum 256 verschiedene Zustände. Die Entropie in der Informationstheorie nach Shannon wird durch den Ausdruck

$$S = -\sum_{k=1}^{256} p_k \log_2(p_k)$$

angegeben, wobei hier über die Wahrscheinlichkeiten der Zustände summiert wird. Ist nur die Wahrscheinlichkeit w bekannt, mit der ein Bit den Wert 1 aufweist, lautet der entsprechende Ausdruck

$$S = -\sum_{k=1}^{8} w_k \log_2(w_k) \, , \quad \sum_{k=1}^{8} w_k = 1 \, .$$

Beides ist natürlich nicht äquivalent, denn der erste Ausdruck kann maximal den Wert 8 annehmen, der zweite den Wert 3. Der Maximalwert wird genau dann angenommen, wenn $p_1 = p_2 = \dots = p_n = 1/n$ gilt, also alle Zustände gleich wahrscheinlich sind (Abb. 3.8).

Anwendung auf die Informationsübertragung

Wir gehen von unserem ersten Informationsraum aus, der 256 verschiedene Zustände x besitzt. Wir können also 256 verschiedene Informationen (und hier tritt dieser Begriff an die Seite des Entropiebegriffs) damit kodieren.

---

[1] Eine interessante Studie dazu ist das Buch „Chaos und Anti-Chaos" von Ian Stewart und Jack Cohen.

[2] Z. B. Robert Ash, Information Theory, Interscience Publishers 1965.

Abb. 3.8 Entropiefunktion für 2 Zustände

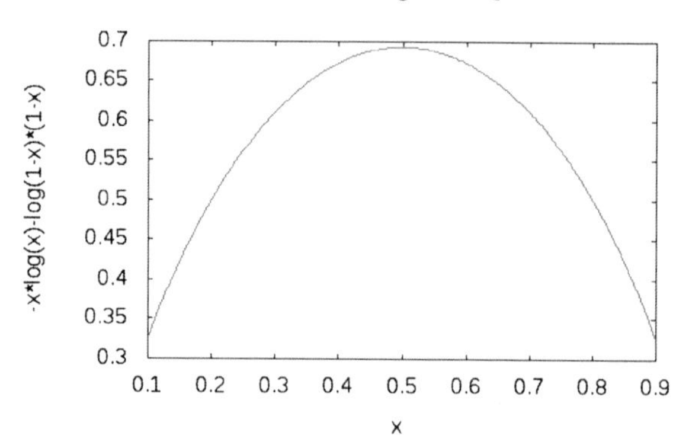

Übertragen wir die Information über einen Übertragungskanal an einen Empfänger, der ein Signal y dekodiert, so besteht der Informationsgehalt dessen, was er als nächstes dekodiert, aus zwei Termen:

$$I(x|y) = -\sum_{x=0}^{255} p(x)\log_2 p(x) + \sum_{x=0}^{255} p(x) \sum_{y=0}^{255} p(x|y)\log_2 p(x|y) .$$

Der erste Term ist die Entropie oder die Unsicherheit über den Wert des nächsten gesendeten Zeichens in Bit, der zweite Term beschreibt die Unsicherheit, ob es sich bei einem empfangenen Zeichen überhaupt um das gesendete handelt oder auf der Übertragungsstrecke ein Fehler aufgetreten ist.

Arbeitet der Übertragungskanal fehlerfrei ($p(x|y) = 1$) und jedes Zeichen gleich wahrscheinlich, so verschwindet der zweite Term und wir erhalten $I(x|y) = 8$, d. h. die in 8 Bit kodierte Information kann auch als solche empfangen werden. Bei einem verrauschten Kanal mit ($p(x = y) = 0{,}9$) und gleichmäßig verteilten 1-Bit-Fehlern erhalten wir $I(x|y) \approx 7{,}78$, d. h. anstelle der 256 möglichen Informationen können bestenfalls 219 kodiert werden, wenn der Empfänger das empfangen soll, was der Sender übertragen will. Ob und wie das realisiert werden kann, ist Gegenstand der Kodierungstheorie.

Anwendung auf die Dekodierung von Informationen

Gehen wir nun davon aus, dass keine Gleichverteilung der Zustände vorliegt. Dies ist beispielsweise in Texten wie diesem der Fall, in dem weder Buchstaben noch Worte in gleichmäßiger Verteilung auftreten. Zwei Fragestellungen, die ebenfalls mittels des Entropiebegriffs beantwortbar sind, sind beispielsweise

- Eine Nachricht aus N möglichen (sehr langen) Nachrichten wurde empfangen. Wie viel Information muss der Empfänger einsetzen, um die Nachricht eindeutig zu identifizieren?
- Eine Nachricht wurde bruchstückhaft empfangen. Wie müssen die Bruchstücke beschaffen sein, um eine Rekonstruktion zu ermöglichen?

Ohne dass wir nun auf Details eingehen, bemerkt der Leser vermutlich sehr schnell, dass für die Beantwortung dieser Fragen zunächst ziemlich komplexe Wahrscheinlichkeitsmodelle zu entwickeln sind und die Antwort in einer Zahl besteht, die noch nichts über die weitere Vorgehensweise aussagt.

Ähnliche Situationen liegen bei Verschlüsselungsproblemen vor, wenn durch verfügbare Informationen die Unsicherheit in den Schlüsseln oder Klartexten vermindert wird. Auch hier ist die Antwort ein Zahlenwert oder eine Relation, die vorzugsweise theoretisch interessant ist.

3.7.2 Entropie und Information in der Quantentheorie

Die Ausdrücke für die Entropie können in der Quanteninformatik nicht direkt übernommen werden. Die Berechnung der Entropie nach den Formeln setzt nämlich voraus, dass man sich auf einen Zustandsraum Ω festgelegt hat, in dem die Messungen vorgenommen werden können, deren Wahrscheinlichkeiten bestimmbar sind. Bei unseren Untersuchungen zur Dichtematrix haben wir aber festgestellt, dass eine bestimmte Dichtmatrix auf unterschiedliche Arten erzeugt wird. Es ist also möglich, zwei Zustandsräume Ω_1, Ω_2 zu definieren und mit geeigneter Wahrscheinlichkeitsverteilung der Zustände $S(\Omega_1) \neq S(\Omega_2)$ und $\rho(\Omega_1) = \rho(\Omega_2)$ zu erhalten.

Betrachten wir das etwas ausführlicher: sei ρ die Dichtematrix eines gegebenen Systems und A eine physikalische Messgröße mit den Eigenwerten a_k und den zugehörenden Messoperatoren $P_k = |a_k\rangle\langle a_k|$. Die Wahrscheinlichkeiten für einen Messwert k ist $p_k = \text{Spur}\,(P_k \rho)$, und $S_M(\rho, A)$, berechnet nach der oben angegebenen Summenformel, ist die Entropie für den Messprozess. Diese hängt davon ab, welche Messbasis wir für die Messung verwenden.

Als quantenmechanische Entropie $S(\rho)$ des Systems definieren wir nun die Entropie der bestmöglichen Messbasis, also derjenigen Messbasis, die die eindeutigsten Ergebnisse und damit die geringstmögliche Entropie liefert. Für jede Messung gilt daher

$$S(\rho) \leq S_M(\rho, A) \ .$$

Für die Berechnung der quantenmechanische Entropie eines Systems darf nur die Dichtematrix selbst, nicht aber irgendeine Basis herangezogen werden, was nach John von Neumann folgendermaßen zu folgender Definition führt:

$$S(\rho) = -\text{Spur}\,(\rho \log_2(\rho)) \ .$$

Überzeugen wir uns zunächst davon, dass dieser Ausdruck existiert. Entwickelt man den Logarithmus in eine Tailor-Reihe, so erhält man

$$\log_2(\rho) = \frac{1}{\ln(2)} \sum_{k=1}^{\infty} (-1)^{k+1} \frac{(\rho - \boldsymbol{I})^k}{k} \ .$$

Bekanntlich ist die Reihe konvergent, wenn $\| \rho - \boldsymbol{I} \| < 1$ gilt. Anhand der Definition der Dichtematrix überzeugt man sich leicht davon, dass dies der Fall ist.

Wie wir nachgewiesen haben, ist die Spur eine Invariante unter unitären Transformationen, d. h. $\text{Spur}(\rho) = \text{Spur}(\boldsymbol{U}\rho\boldsymbol{U}^+)$. Aufgrund der allgemeinen Eigenschaften der Dichtematrix existiert eine unitäre Transformation, die die Dichtematrix diagonalisiert, d. h.

$$\boldsymbol{U}\rho\boldsymbol{U}^+ = \Delta(\vec{\lambda})$$

wobei $\Delta(\vec{\lambda})$ eine Diagonalmatrix mit den Eigenwerten von ρ ist. Damit erhalten wir nun

$$\begin{aligned} S(\rho) &= -\text{Spur}\,(\Delta(\vec{\lambda}) \log_2(\Delta(\vec{\lambda}))) \\ &= -\sum_{k=1}^{n} \lambda_k \log_2(\lambda_k)\,. \end{aligned}$$

Nach Lösung des Eigenwertproblems einer Dichtematrix ist die quantenmechanische Entropie somit durch einen ähnlichen Ausdruck wie die klassische auswertbar.

Überzeugen wir uns nun am Beispiel des verschränkten Systems

$$\psi = \frac{1}{\sqrt{2}}(|0_0 0_1\rangle - |1_0 1_1\rangle)$$

davon, dass diese Definition zu sinnvollen Aussagen führt. Die Dichtematrix dieses Systems

$$\rho(\psi) = \frac{1}{2}\begin{pmatrix} 1 & 0 & 0 & -1 \\ 0 & 0 & 0 & 0 \\ 0 & 0 & 0 & 0 \\ -1 & 0 & 0 & 1 \end{pmatrix}$$

besitzt den Eigenwert $(+1)$, und damit ist $S(\rho) = 0$. Das Ergebnis ist schlüssig, denn die Wellenfunktion beschreibt einen reinen Zustand, d. h. es existiert keine Unsicherheit über den Quantenzustand.

Das gilt natürlich nicht für eine Messung, die nicht die Basis des reinen Zustands verwendet. Messen wir den Zustand in der Basis $|0_0 0_1\rangle\langle 0_0 0_1|$ bzw. $|1_0 1_1\rangle\langle 1_0 1_1|$, so erhalten wir diese Messwerte jeweils mit der Wahrscheinlichkeit $p = 1/2$, d. h. die Entropie der Messung in diesem speziellen System ist $S_M(\rho, A) = 1$, womit wir auch die Ungleichung $S(\rho) \leq S_M(\rho, A)$ an diesem Beispiel erfüllt haben.

Die Entropie führt aber auch noch zu weiteren Aussagen. Führen wir Teiluntersuchungen am Teilchen 0 durch, indem wir eine partielle Spur über Teilchen 1 berechnen, so besitzt die reduzierte Dichtematrix die Form

$$\rho_0 = \text{Spur}_1(\rho) = \frac{1}{2}\begin{pmatrix} 1 & 0 \\ 0 & 1 \end{pmatrix}.$$

Daraus folgt aber unmittelbar $S(\rho_0) = 1$, d. h. durch Ignorieren eines Teils des Quantensystems ist die Quantenentropie gestiegen! Das ist ein reiner Quanteneffekt, der hier durch die Verschränkung der beiden Teilchen bewirkt wird und Sinn macht. Die partielle Spur entfernt nämlich die Verschränkungsinformation aus der Dichtematrix, und obwohl wir das Teilchen 1 nun in einer geeigneten Basis wieder als reinen Zustand messen können, ist die Unsicherheit über das zweite Teilchen maximal. Der Informationsverlust wird somit in der Entropie der Dichtematrix festgehalten. Im klassischen Fall ist eine solche Erhöhung der Entropie durch Fortlassen eines Teils des Systems nicht möglich.

Kapitel 4
Lichtquanten und Verschlüsselung

4.1 Klassische Verschlüsselungsverfahren und Motivation

Bevor wir uns mit der Quantenkryptografie auseinandersetzen, sei ein kurzer Blick auf die bestehenden Verschlüsselungsverfahren und die Motivation, diese durch eine Quantenkryptografie zu erweitern, erlaubt.

Die derzeitige Verschlüsselungstechnik verfügt über folgende mathematische Verfahren:[1]

a) **Hashverfahren** erzeugen aus beliebig langen Eingabestrings Ausgabestrings fester Länge. Dabei ist einfach, zu einem gegebenen Eingabestring den Ausgabestring zu berechnen, jedoch technisch unmöglich, zu einem gegebenen Ausgabestring einen Eingabestring zu finden. Hashalgorithmen werden aus diesen Gründen auch Kompressions- oder Einwegverfahren genannt.
   Eine Besonderheit der Hashfunktionen ist, dass sie im Standardeinsatz *ohne* geheimen Schlüssel arbeiten. Obwohl diese Rahmenbedingungen bei einem Außenstehenden die Frage aufkommen lässt, was man denn mit solchen Methoden überhaupt anfangen kann, gehören Hashfunktionen zu den meistgenutzten Arbeitstieren in der Verschlüsselungstechnik
b) **Symmetrische Verschlüsselungsalgorithmen** verschlüsseln Eingangsstrings mit Hilfe eines geheimen Schlüssels, der auch für die Entschlüsselung genutzt werden kann. Alle Beteiligten an einem Nachrichtenaustausch müssen daher über diesen Schlüssel verfügen. Der verschlüsselte String ist (mindestens) genauso lang wie der Klartext.
   Die Basisalgorithmen werden in der Regel in einen weiteren Funktionskontext, sogenannte Verschlüsselungsprotokolle, eingebunden, um die Verschlüsselungsqualität und die Verwaltung zu verbessern.
c) **Asymmetrische Verschlüsselungsalgorithmen** verschlüsseln und entschlüsseln Nachrichten mit verschiedenen Schlüsseln, wobei einer der Schlüssel öffentlich bekannt ist, der andere geheim gehalten wird. Die Schlüssel können nur

[1] Bezüglich der Details einzelner Verfahren und ihrer erkannten Schwachpunkte siehe z. B. Gilbert Brands, Verschlüsselungsalgorithmen.

G. Brands, *Einführung in die Quanteninformatik*.
DOI 10.1007/978-3-642-20647-4_4, © Springer 2011

während der Konstruktion vom Eigentümer auf einfache Art erzeugt werden; eine Berechnung eines Schlüssels aus dem anderen ist nach Abschluss der Erzeugung nicht möglich.

Die Verfahren werden selten für sich alleine angewandt, sondern meist in Verbundverfahren eingesetzt, die etwa folgenden Maximalfunktionalität gewährleisten:

- Der Versender einer Nachricht generiert zunächst einen zufälligen Sitzungsschlüssel, mit dem die Nachricht verschlüsselt wird. Zufallszahlengeneratoren, die sichere Schlüssel hierfür bereitstellen können, arbeiten mit Hashfunktionen.
- Der Versender verschlüsselt die Nachricht mit einem symmetrischen Verfahren, da diese sehr schnell und somit für große Datenmengen geeignet sind.
- Der Versender verschlüsselt den Sitzungsschlüssel mit dem öffentlichen Schlüssel eines asymmetrischen Verfahrens des Empfängers. Nur der Empfänger kann diesen Schlüssel und damit die Nachricht wieder entschlüsseln.
- Der Versender erzeugt einen Hashwert der Nachricht. Dieser ist charakteristisch für die Nachricht, kann aber von jedem Inhaber der Nachricht leicht ebenfalls berechnet werden.
- Der Versender verschlüsselt den Hashwert mit seinem privaten Schlüssel eines asymmetrischen Verfahrens. Jeder, der im Besitz der öffentlichen Schlüssel ist, kann diesen Wert entschlüsseln und mit dem Hashwert, den er selbst berechnet vergleichen. Da niemand diesen Wert fälschen kann, ist dies der Beweis, dass die Nachricht vom Versender stammt. Dieser Nachweis wird auch Signatur genannt.

Von den verschiedenen Verfahren existiert jeweils eine Vielzahl von Varianten, und gegen jede der Varianten wiederum eine Reihe von allgemeinen und speziellen Angriffsverfahren, die wiederum unterteilt werden können in mathematische und physikalische Angriffsverfahren. Wenn man sich an bestimmte, durch den jeweiligen Einsatz definierte Rahmenbedingungen hält, werden die heutigen Verschlüsselungsmöglichkeiten aber insgesamt als sicher eingestuft, wobei der asymmetrische Verschlüsselungsteil meist die höchste Sicherheit besitzt.

Was jedoch die gesamte Entwicklung mathematischer und physikalischer Angriffsmethoden bislang nicht vermocht hat, nämlich die wichtigsten Teile der aktuellen Verschlüsselungstechnik grundsätzlich in Frage zu stellen, hat eine hypothetische Maschine geschafft: der Quantencomputer. Es gibt ihn zwar (*noch*) nicht, wenn er jedoch technisch nutzbar gebaut werden kann, gilt nach heutiger Vorstellung, dass

- die asymmetrischen Verfahren gebrochen werden können, d. h. die privaten Schlüssel zu einem beliebigen gegebenen öffentlichen Schlüsselsatz können in technisch sinnvoller Zeit ermittelt werden[1];
- die symmetrischen Verfahren und die Hashalgorithmen von diesem Bruch nicht betroffen sind, da ihre Algorithmen nicht mit Quantenalgorithmen harmonieren, d. h. diese Verfahren sind weiterhin einsetzbar.

Die asymmetrischen Verfahren sind aber heute Dreh- und Angelpunkt vieler Verfahren, so dass diese Aussicht für einige Hektik im Lager der ganz vorsichtigen gesorgt

[1] Ob das tatsächlich für alle asymmetrischen Verfahren gilt, ist allerdings noch nicht klar.

hat. Ein Gerät, das noch nicht existiert und auf dessen Existenz selbst nach Ansicht der größten Optimisten noch sehr lange gewartet werden muss, ist also der Auslöser für die im Folgenden beschriebenen Aktivitäten.

4.2 Arbeitsweise der Quantenkryptograhie

4.2.1 Photonen und Polarisation

In der Praxis werden bislang ausschließlich Photonensysteme für die Realisierung quantenkryptografischer Protokolle genutzt. Wir fassen hier noch einmal die wesentlichen Beschreibungsmittel und Fakten zusammen.

Bereits relativ früh – im Jahr 1886 und damit vor der Formulierung der Quantenmechanik – belegten Experimente, dass Licht, in der klassischen Physik als elektromagnetisches Feld behandelt, keine kontinuierliche Größe ist, sondern „gequantelt" in kleinsten Einheiten auftritt. Heinrich Hertz beobachtete, dass die kinetische Energie von Elektronen, die durch Lichteinwirkung aus einer Metalloberfläche herausgelöst werden (*fotoelektrischer Effekt, Abb. 4.1*), nur von der Wellenlänge des Lichtes, nicht aber von der Lichtmenge abhängt. Das ist mit einem homogenen elektrischen Feld nicht vereinbar, wohl aber mit Lichtquanten – Photonen –, wie Einstein 1905 nachwies.

Photonen sind die einzigen quantenmechanischen Objekte, die sich im Vakuum mit Lichtgeschwindigkeit (*299.792.458 m/s*) fortbewegen. In Medien liegt die gemessene Lichtgeschwindigkeit aufgrund der Wechselwirkungen mit den Atomen des Mediums unter dem Vakuumwert (*Luft: 299.710 km/s, Wasser: 225.000 km/s, optisch dichte Gläser: 160.000 km/s*), wobei man in speziellen Experimentalanordnungen sogar mit dem Fahrrad in Konkurrenz zum Licht treten kann. Trotz dieses Bremseffekts und der damit verbundenen Wechselwirkungen bleiben die Eigenschaften der Photonen aber erstaunlich stabil.

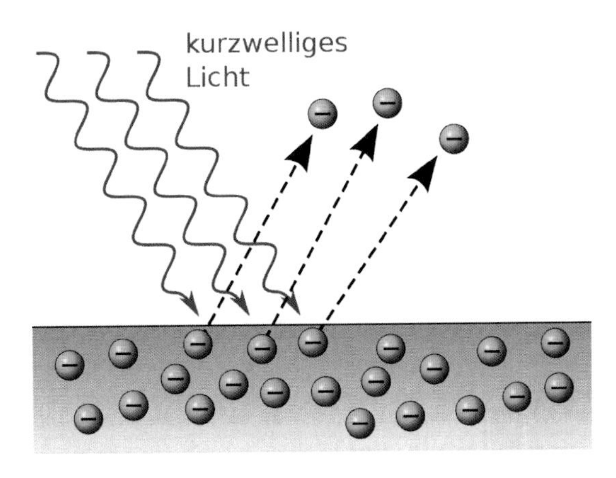

Abb. 4.1 Photoelektrischer Effekt: nur Photonen bestimmter Wellenlängen sind in der Lage, Elektronen aus dem Metall zu schlagen (aus: wikipedia)

Nach der speziellen Relativitätstheorie ist Lichtgeschwindigkeit die Grenzgeschwindigkeit für die Signalübertragung zwischen zwei Orten und die Ruhemasse von Photonen damit zwangsweise Null.[1] Ihre Energie ist nur von der Frequenz der Strahlung abhängig

$$E = h\nu \ .$$

Die Energie von Photonen ist daher über die Frequenz kontinuierlich einstellbar, für eine gegebene Frequenz gibt aber dieser Ausdruck die kleinste in einem Schritt transportierbare Energiemenge an.

Photonen besitzen den Spin 1, sind also Bosonen, d. h. außer der Quantelung bei extrem kleinen Strahlungsenergien gibt es keine Einschränkungen bezüglich Zusammenfassung vieler Photonen zur klassischen elektromagnetischen Beschreibung des Lichts.[2] Der Photonenspin gehört jedoch im Gegensatz zum Elektronen- oder Kernspin nicht zu den direkt praktisch nutzbaren Eigenschaften und tritt in den weiteren Betrachtungen nicht auf.

Eine besondere Eigenschaft des Lichts, auf die wir bereits hingewiesen haben, ist die Polarisation, d. h. die Schwingungseigenschaft des elektrischen bzw. des magnetischen Feldvektors. Klassisch wird Licht durch die Wellenfunktion

$$\psi = \vec{A} \exp(\mathrm{i}\vec{k}\vec{r} - \mathrm{i}\omega t)$$

mit einem komplexen Amplitudenvektor $\vec{A}$ beschrieben, wobei die reelle Komponente der Wellenfunktion mit dem elektrischen Feldvektor identifiziert wird. Wie wir bereits gesehen haben, kann die Beschreibung auf einzelne Photonen übertragen werden, und je nach Beschaffenheit der Komponenten der Wellenfunktion kann die Polarisation kann in zwei Grenzformen auftreten:[3]

(1) Zirkulare Polarisation, d. h. der Feldvektor dreht sich kreisförmig um die Ausbreitungsrichtung. Die Bewegung kann links- oder rechtsläufig sein.
(2) Lineare Polarisation, d. h. der Feldvektor schwingt in einer Ebene, in der auch der Ausbreitungsvektor verläuft. Die Ebene kann mit einer festgelegten Bezugsebene einen beliebigen Winkel einschließen.

Wie nun das Ergebnis einer Messung ausfällt, hängt vom Erzeugungs- und vom Messprozess ab. Wir betrachten dazu einige auch in den folgenden Anwendungen verwendeten Erzeugungsprozesse, die Photonen mit folgenden Eigenschaften er-

[1] Lichtstrahlen (und damit auch die Photonen als Träger) besitzen einen Impuls, wie experimentell festgestellt werden kann. Dieser müsste bei endlicher Ruhemasse bei Lichtgeschwindigkeit unendlich groß werden, womit nur der Schluss $m = 0$ übrigbleibt. Der Impuls wird durch die Feldeigenschaften erzeugt.

[2] Ein ganzzahliger Spin von Photonen folgt unmittelbar aus Experimenten der Elementarteilchenphysik. Bei der Wechselwirkung von Kernteilchen wie Protonen ($s = 1/2$) mit hochenergetischen Photonen entstehen kurzzeitig hochangeregte Zustände der Kernmaterie mit einem anderen Spin ($s = 3/2$). Da der Gesamt-Spin eine Erhaltungsgröße ist, müssen Photonen den Spin 1 aufweisen.

[3] Siehe z. B. Max Born, Optik, Kap. 1.

zeugen können:

(1) $|\uparrow\rangle$ ... senkrechte Polarisation
(2) $|\rightarrow\rangle$ ... waagerechte Polarisation
(3) $|\nearrow\rangle$ ... $\pi/4$-Polarisation
(4) $|\searrow\rangle$ ... $-\pi/4$-Polarisation
(5) $|\Rightarrow\rangle$ ... rechtszirkulare Polarisation
(6) $|\Leftarrow\rangle$ ... linkszirkulare Polarisation

Entsprechend lassen sich Messprozesse für die verschiedenen Polarisationsarten konstruieren. Bei den Kombinationen (1)/(2), (3)/(4), (5)/(6) der Polarisationsebenen von Polarisator (*Erzeugungsprozess*) und Analysator (*Messprozess*) findet bekanntlich eine Auslöschung statt, d. h. hinter dem Analysator wird kein Licht mehr registriert. Gleiche Polarisator- und Analysatorausrichtung lassen die Photonen ungehindert durch, Zwischenstellungen zwischen den beiden Extremen mindern die Intensität nach

$$I(P, A) = I(P) * \cos(\sphericalangle(P, A)) .$$

Ein Photon besitzt einen Zustand in einem Hilbert-Raum der Dimension 2. Als orthogonale Basen für die Zustandsbeschreibung können die Eigenvektorpaare (1)/(2), (3)/(4) oder (5)/(6) verwendet werden. Sind Polarisator und Analysator parallel zu den Basisvektoren ausgerichtet, erhält man je nach Kombination die Eigenwerte 1 oder 0 für eine Messung. Sind Polarisator und Analysator nach verschiedenen Basissystemen ausgerichtet, so lassen sich die Eigenfunktionen des Analysators als Superposition der Eigenfunktionen des Polarisators ausdrücken. Wie wir bereits in Kap. 3.3 in den Beispielen festgestellt haben, gilt für die Basistransformationen:

$$\begin{aligned}
|\nearrow\rangle &= \frac{1}{\sqrt{2}}(|\uparrow\rangle + |\rightarrow\rangle) = \frac{1+\mathrm{i}}{2}|\Leftarrow\rangle + \frac{1-\mathrm{i}}{2}|\Rightarrow\rangle \\
|\searrow\rangle &= \frac{1}{\sqrt{2}}(|\uparrow\rangle - |\rightarrow\rangle) = \frac{1-\mathrm{i}}{2}|\Leftarrow\rangle + \frac{1+\mathrm{i}}{2}|\Rightarrow\rangle \\
|\uparrow\rangle &= \frac{1}{\sqrt{2}}(|\nearrow\rangle + |\searrow\rangle) = \frac{1}{\sqrt{2}}(|\Leftarrow\rangle + |\Rightarrow\rangle) \\
|\rightarrow\rangle &= \frac{1}{\sqrt{2}}(|\nearrow\rangle - |\searrow\rangle) = \frac{1}{\sqrt{2}}(|\Leftarrow\rangle - |\Rightarrow\rangle) \\
|\Rightarrow\rangle &= \frac{1}{\sqrt{2}}(|\uparrow\rangle - \mathrm{i}|\rightarrow\rangle) = \frac{1-\mathrm{i}}{2}|\nearrow\rangle + \frac{1+\mathrm{i}}{2}|\searrow\rangle \\
|\Leftarrow\rangle &= \frac{1}{\sqrt{2}}(|\uparrow\rangle + \mathrm{i}|\rightarrow\rangle) = \frac{1+\mathrm{i}}{2}|\nearrow\rangle + \frac{1-\mathrm{i}}{2}|\searrow\rangle .
\end{aligned}$$

Wir legen uns für die folgenden Überlegungen auf die Vektoren $|\uparrow\rangle, |\rightarrow\rangle$ mit ihren entsprechenden dualen (*konjugiert komplexen*) Gegenstücken $\langle\uparrow|, \langle\rightarrow|$ als Basissystem fest. Sofern Klarheit besteht, werden wir auch die Bezeichnungen $|0\rangle, |1\rangle$ verwenden. Der Messoperator für die linkszirkulare Polarisation wird in diesem Basissystem beispielsweise durch

$$|\Leftarrow\rangle\langle\Leftarrow| = \frac{1}{\sqrt{2}}\begin{pmatrix}1\\ i\end{pmatrix} \times \frac{1}{\sqrt{2}}\begin{pmatrix}1\\ -i\end{pmatrix} = \frac{1}{2}\begin{pmatrix}1 & -i\\ i & 1\end{pmatrix}$$

dargestellt; eine Messung der senkrechten Polarisation an einem Photon mit $\pi/4$-Polarisation hat den Erwartungswert:

$$\hat{a} = \|\langle\uparrow \mid \nearrow\rangle\|^2 + \|\langle\rightarrow \mid \nearrow\rangle\|^2 = \left\|(1,0) * \frac{1}{\sqrt{2}}\begin{pmatrix}1\\ 1\end{pmatrix}\right\|^2 = \frac{1}{2} .$$

Aufgabe. Auf den gleichen Erwartungswert stoßen wir, wenn eine Messung waagerechter Polarisation auf ein zirkular polarisiertes Photon angewandt wird. Untersuchen Sie diesen Fall.

Welches Ergebnis liefert die Anwendung des oben angegebenen Messoperators auf einen $\pi/4$-Zustand?

Der Erwartungswert $1/2$ ist natürlich im quantenmechanischen Sinn als Mittelwert über viele Messungen zu interpretieren. Bei der Messung einzelner Photonen erhält man natürlich nicht – wie bei dem klassischen Experiment – eine nur halb so große Intensität am Detektor, sondern entweder Vollausschlag (1) oder Null.

4.2.2 Quantenkryptografie

Man darf „Quantenkryptographie" nun nicht so verstehen, dass mit Hilfe der Quantenmechanik direkt eine Nachricht verschlüsselt wird. Das funktioniert nicht, da

- reine Zustände prinzipiell eindeutige Informationen übertragen können, wenn der Empfänger in der Basis des reinen Systems misst. Wenn ein Beobachter das Verfahren kennt, kann er das aber auch und ist dadurch sogar in der Lage eine exakte Kopie zu erzeugen (*reine Zustände sind die einzigen Quantensysteme, für die dies funktioniert*).
- gemischte Zustände zwar nicht fälschbar sind (*No-Cloning-Theorem*), aber keine eindeutigen Informationen zu transportieren vermögen.

Die letzte Bemerkung liefert uns aber einen Arbeitsansatz für die Entwicklung einer Quantenkryptografie. Eine Messung an einem gemischten System liefert uns ja einen Zufallswert, oder genauer: einen der im Messsystem möglichen Eigenwerte nach dem Zufallsprinzip. Zufall ist aber gerade das, was wir für die Konstruktion von Schlüsseln benötigen.

Wenn Sender und Empfänger Messungen an einem Quantensystem durchführen, wobei die Messmethoden nach dem Zufallsprinzip aus einem vereinbarten Pool ausgewählt werden, und die Messungen korreliert werden können, also festgestellt werden kann, wann beide mit einer Methode gemessen haben, die bei beiden das gleiche Ergebnis liefert, so sind sie im Besitz eines auf dem Zufallsprinzip basierenden gemeinsamen Information. Gelingt es darüber hinaus, den Abgleich korrelierbarer Messungen durchzuführen, ohne dass dabei der Messwert selbst verraten wird, sind beide sogar im Besitz eines gemeinsamen Geheimnisses.

Genau dies ist aber auch das Ziel der Operation. Ausgangspunkt für die Untersuchung war ja die Gefährdung der Schlüsselvereinbarung mittels asymmetrischer Verschlüsselungsalgorithmen durch den Quantencomputer, und mit der öffentlichen Vereinbarung eines geheimen Schlüssels unter Einsatz von Quantenmessungen haben wir das Ziel erreicht. Halten wir also als letzten Rahmenpunkt für das Verfahren fest: für den Abgleich der Messergebnisse ist eine Kommunikation zwischen Sender und Empfänger notwendig, die unverschlüsselt über einen klassischen Übertragungskanal geführt wird.

Die prinzipielle Sicherheit eines solchen quantenkryptografischen Schlüsselvereinbarungssystems garantiert uns das No-Cloning-Theorem. Nehmen wir an, jemand versucht, die Schlüsselvereinbarung zu belauschen, so läuft das bei einem Quantensystem immer auf eine Messung hinaus, die zusätzlich zu den Messungen von Sender und Empfänger durchgeführt wird. Grundsätzlich ist es nicht mehr möglich, den ursprünglichen Quantenzustand nach der Messung wieder herzustellen; der Lauscher kann nur einen Zustand generieren, von dem er vermutet, dass er dem ursprünglichen Zustand möglichst nahe kommt. Das wiederum führt dazu, dass sich nicht mehr sämtliche Messergebnisse bei Sender und Empfänger korrelieren lassen; es werden Abweichungen auftreten, so dass sie nicht zu einem gemeinsamen Geheimnis gelangen.

Dieses Prinzip ist nicht nur die Gewähr für eine sichere Schlüsselvereinbarung, es zeigt auch den deutlichen Unterschied zwischen klassischen und Quantensystemen auf:

- Bei klassischen Verschlüsselungssystemen ein (passiver) Lauscher nicht zu bemerken. Zum Erreichen bestimmter Sicherheitsanforderungen kann man daher die Verschlüsselungsmathematik nur so lange verkomplizieren, bis man sich sicher fühlt.
- Bei Quantenverschlüsselungssystemen fällt ein (grundsätzlich nicht passiver) Lauscher durch eine hohe Fehlerrate während der Verhandlungen auf. Man muss also nicht hoffen, dass man nicht belauscht wurde, man weiß es.

Sind die Schlüssel ausgehandelt und geprüft, so wird die Nachricht selbst auf klassische Art verschlüsselt und übertragen. Die Verschlüsselung erfolgt dabei entweder nach dem One-Time-Pad-Verfahren, bei dem die Nachricht einfach mit dem Schlüssel durch XOR verknüpft wird, oder mit einem symmetrischen Verschlüsselungsverfahren wie AES, das nach heutigem Dafürhalten auch in zukünftigen Quantencomputerszenarien mathematisch sicher ist. In der Regel wird die zweite Methode verwendet, da bei der ersten der Schlüssel die gleiche Länge wie die Nachricht aufweisen muss, wozu die Quantenschlüsselaushandlung in der Praxis einfach zu langsam ist.

Für die Beschreibung von Verfahren verwenden wir als Akteure wieder die Protagonisten Alice, Bob und Eve. Teile der Schlüsselaushandlungskommunikation müssen zwangsweise öffentlich über einen klassischen Kanal geführt werden, und wir unterstellen, dass Eve diese Inhalte lesen, aber nicht manipulieren kann.[1] Außerdem gehen wir davon aus, dass Eve ihren beiden Kontrahenten technisch überlegen ist, also über ein besseres Equipment als Alice und Bob verfügt und darüber hinaus auch über alle bekannten Quantenverfahren verfügt. Unter diesen Voraussetzungen sind Verfahren auszuarbeiten und deren Sicherheit im oben diskutierten Sinn nachzuweisen.

4.3 Protokolle für die Schlüsselerzeugung

Wir behandeln in diesem Kapitel die Aushandlung von Schlüsseln aus theoretischer Sicht für verschiedene Protokollversionen. Neben dem ungestörten Fall betrachten wir einen einfachen, mit heutigen Mitteln möglichen Angriff von Eve.

4.3.1 1-Photonen-4-Zustände-Protokoll

4.3.1.1 Das Basisprotokoll im ungestörten Fall

Das einfachste Protokoll arbeitet mit einzelnen polarisierten Photonen und ist als BB84-Protokoll bekannt. Betrachten wir zunächst den ungestörten Fall, d. h. Eve verzichtet auf Eingriffe in den Quantenkanal, kann aber die normale Kommunikation abhören.

Alice sendet getaktet einzelne Photonen in einem der 4 möglichen Polarisationszustände (h, v, $\pi/4$, $-\pi/4$) an Bob, wobei ihr der jeweilige Zustand eines Photons bekannt ist, die Polarisarionsrichtung aber zufallsgesteuert gewechselt wird. Bob misst den Photonenzustand entweder in horizontaler oder $\pi/4$-Position, wobei er die Richtungen ebenfalls zufällig auswählt. Als Ergebnis können wir aufgrund unserer Vorab-Untersuchungen festhalten:

i. Misst Bob in horizontaler Position, wenn Alice ein Photon mit horizontaler oder vertikaler Position erzeugt hat, so erhält Bob jeweils eine eindeutige 1 oder eine eindeutige 0, die mit dem Alice bekannten Zustand übereinstimmt.
   Gleiches gilt, wenn beide $\pi/4$-Verfahren verwenden.
ii. Verwendet einer der Partner ein horizontales Verfahren, der andere ein $\pi/4$-Verfahren, so ist das Messergebnis zufällig 0 oder 1. Nur die Hälfte aller Messungen von Bob wird mit dem übereinstimmen, was Alice gesendet hat. Werden n solche Photonen gesendet und empfangen, so liegt die Wahrscheinlichkeit, dass Bob das gleiche Ergebnis wie Alice hat, bei $w = 2^{-n}$.

[1] Man kann diese Nebenbedingung natürlich aufheben. Allerdings verlangt das weitere Maßnahmen, denen wir hier aber nicht nachgehen wollen.

Nach Austausch hinreichend vieler Photonen – soll ein Schlüssel von n Bit vereinbart werden, bei dessen Vereinbarung statistisch gesehen jede 2. Messung in der falschen Art erfolgt, so sind dazu mindestens $2n$ Qbit auszutauschen – werden die Polarisator- und Analysatoreinstellungen abgeglichen. Dazu sendet Bob im Klartext (*eine Verschlüsselung ist ja noch nicht möglich*) die Liste der von ihm verwendeten Messrichtungen über eine konventionelle Datenverbindung an Alice. Alice wiederum markiert in der Liste derjenigen Messungen, die mit ihrem Erzeugungsprozess kompatibel sind, und sendet die Liste an Bob zurück:

```
Bob:      - - / - / / - - / -     ....
Alice:    + . . + + + . . + .     ....
```

Beide Listen werden im Klartext übertragen und können von Eve mitgelesen werden. Nicht zueinander kompatible Messungen werden aus den Listen entfernt. Wenn alles korrekt verlaufen ist, stimmen die 1-Qbits (*horizontale bzw.* $\pi/4$*-Polarisation*) und die 0-Qbits (*vertikale bzw.* $-\pi/4$*-Polarisation*) von Alice und Bob überein.

Eve kennt zwar die Positionen dieser Qbits, nicht aber den jeweiligen Wert, da ja nur die Hauptrichtungen, nicht aber die Messergebnisse ausgetauscht wurden. Alice und Bob verfügen also nun über eine nur ihnen bekannte Zufallszahl, die sie in einem Verschlüsselungsverfahren verwenden können.

Der aufmerksame Leser wird die Unterscheidung zwischen Bit und Qbit (= Quanten-Bit) bemerkt haben. Damit soll zwischen klassischen Bits, die stets einen festen Wert besitzen, und Quantenbits, deren Wert unbestimmt ist und erst im Rahmen einer Messung auf eine der Möglichkeiten festgelegt wird, unterschieden werden. In diesem einfachen Fall entstehen aus den Qbits an den kompatiblen Messpositionen Bits, die beiden Partnern gemeinsam sind. Der Unterschied tritt bei nicht kompatiblen Messrichtungen zu Tage: die Qbits können bei der Messung zu zwei verschiedenen Bitwerten führen.

4.3.1.2 Angriff auf den Quantenkanal

Betrachten wir nun das klassische Bild eines Lauschangriffs durch Eve, d. h. wir beschränken uns auf die derzeit verfügbare Technik.[1] Um den Schlüssel zu erhalten, muss Eve auf dem Quantenkanal lauschen, was, wie wir inzwischen wissen, passiv nicht funktioniert. Der Polarisationszustand der Photonen – der einzige quantenmechanische Vorgang neben der normalen Kommunikation – muss von ihr ebenfalls gemessen werden, womit das Photon aber „verbraucht" ist. Für die Weiterleitung der Information an Bob muss sie daher ein neues Photon mit den korrekten Eigenschaften erzeugen.

Als Messprinzip stehen ihr die gleichen Verfahren wie Bob zur Verfügung, d. h. wie Bob wird Eve im Mittel jedes zweite Photon mit der falschen Methode messen und dabei nur bei jeder zweiten Messung zufällig dasselbe Bit wie Alice erhalten.

---

[1] Diese Angriffsart wird als inkohärentes Lauschen (incoherent eavesdropping) bezeichnet. Hiermit wird ausgedrückt, dass der Lauscher die Qbits direkt angreift und nicht versucht, durch Wechselwirkungen mit eigenen Qbits Informationen zu erlangen.

Für Bob wird sie gemäß ihrem Messergebnis ein Photon in passendem Polarisationszustand des von ihr verwendeten Messsystems erzeugen, was wiederum zu falschen Ergebnissen bei Bob führt, wenn deren Messsystem von dem Eves abweicht.

Sehen wir uns die Statistik genauer an. Folgende Kombinationen von Hauptmessachsen sind möglich:

```
Alice          |  |  |  |  /  /  /  /
Eve            |  /  |  /  |  /  |  /
Bob            |  |  /  /  |  |  /  /
-----------------------------------
Auswertung:    +  +  -  -  -  -  +  +
```

Ausgewertet wird von Alice und Bob nach wie vor die Hälfte aller übertragenen Photonen. Von den 4 ausgewerteten Messungen sind 2 korrekt, weil alle drei Teilnehmer die gleiche Richtung gewählt haben. Eve hat also das richtige Ergebnis ermittelt und an Bob ein Photon mit dem richtigen Zustand versandt, das dieser ebenfalls korrekt registriert. Für die restlichen zwei Fälle, in denen Eve falsch misst und folgerichtig auch ein Photon mit der falschen Polarisation an Bob sendet, erhalten wir folgende Statistik:

```
Alice:            1              Erzeugung            |
Eve:           1      0          Messung/Erzeugung    /
Bob:        1    0  1    0       Messung              |
```

Nur jede zweite Messung liefert (*zufällig*) ein korrektes Ergebnis bei Bob, d. h. von 4 Messungen besitzen im Mittel nur 3 das richtige Ergebnis. Bei einem Eingriff von Eve liegt die Fehlerquote damit bei 25 %, wobei wir natürlich noch ein Verfahren konstruieren müssen, dass es erlaubt, die Anzahl der Fehler festzustellen.

Gelingt es umgekehrt, sämtliche Fehler zu beseitigen, so ist Eve trotzdem nicht im Besitz des kompletten Schlüssels. Gehen wir davon aus, dass die nicht übereinstimmenden 25 % der Messergebnisse zwischen Alice und Bob aussortiert werden, so kann Eve bei $2/3$ der Messungen sicher sein, den gleichen Zustand wie Alice und Bob zu besitzen, bei dem restlichen Drittel der verbleibenden Messungen ist aber gemäß der oben angegebenen Statistik jedes zweite Bit falsch, wobei sie aber nicht weiß, welche Bits korrekt sind. Dieses unbekannte Dritteln muss sie durch Probieren ermitteln, wobei der Aufwand allerdings bei geschicktem Aufbau des Suchprogramms in der Nähe des halben Suchraums liegt (siehe unten).

Das letzte Ergebnis stimmt positiv, denn Alice und Bob können anhand der Fehlerrate erkennen, wann ein Lauschangriff durchgeführt wird, und durch die Vereinbarung entsprechend vieler Schlüsselbits Eve sicherheitstechnisch doch davonlaufen. Vereinbaren sie beispielsweise ca. 770 Bits, so bedeutet dies für Eve selbst bei optimierten Suchprogrammen eine Unsicherheit von 128 Bit im Gesamtschlüssel, was schon wieder den heute eingesetzten Schlüsselbreiten für symmetrische Verfahren entspricht.

Aufgabe. Eves Strategie kann im Übrigen nur so aussehen wie Bobs Strategie. Würde sie beispielsweise mit nur einer Messrichtung operieren, so könnten Alice und Bob dies durch eine statistische Auswertung feststellen. Prüfen Sie, ob Eve sich durch eine solche Strategie einen Vorteil versprechen könnte. Stellen Sie fest, wie Alice und Bob diese Angriffsstrategie von einer Zufallsstrategie bei der Auswahl der Messrichtungen unterscheiden könnte.

4.3.2 1-Photonen-6-Zustände-Protokoll

Das zweite Protokoll ist lediglich eine Erweiterung des ersten, bei dem zusätzlich die zirkulare Polarisation als weitere Messrichtung hinzugenommen wird. Hierdurch verschieben sich im Wesentlichen nur die prozentualen Gewichte. Wir fassen uns daher etwas kürzer und überlassen die detaillierte Auswertung dem Leser.

Wie wir aus den Einführungen wissen, wird auch hier bei jeder nicht mit der Polarisationsbasis übereinstimmenden Messung nur mit $w = 1/2$ der korrekte Wert ermittelt.

Aufgabe. Berechnen sie die Fehlerwahrscheinlichkeiten und vergleichen sie *anschließend* mit den folgenden Auswertungen.

- Im ungestörten Fall sind nun $2/3$ der Messungen unbrauchbar, weil die Erzeugungs- und Messrichtungen nicht harmonieren. Der Aufwand für die Vereinbarung eines Schlüssels steigt damit um den Faktor 1,5.
- Mischt Eve sich ein, so misst sie statistisch bei drei zwischen Alice und Bob als verträglich bezeichneten Richtungen nur einmal ebenfalls korrekt, aber nun zweimal falsch, was jeweils mit der Wahrscheinlichkeit $w = 1/2$ zu einem falschen Messwert bei Bob führt, d. h. die Fehlerrate liegt nun bei

$$w = 1 - (1 + 1/2 + 1/2)/3 = 1/3 .$$

  Eves Einbuch ist somit noch besser erkennbar, da die Fehlerquote um den Faktor 1,32 steigt.
- Beseitigen Alice und Bob nun wieder die nicht übereinstimmenden Messergebnisse, so kennt Eve von drei Bits nun wieder eines genau, weil sie die gleiche Messung wie die beiden anderen verwendet hat, die beiden übrigen Bits stimmen aber nur mit $w = 1/2$ mit Alices und Bobs Ergebnis überein. Zusammengefasst besitzt sie somit 66 % korrekte Schlüsselbits bzw. 33 % des Schlüssels.
- Auch hier liegt die einzige systematisch sinnvolle Strategie von Eve in der Kopie von Bobs Strategie. Alle anderen Strategien können von Alice und Bob statistisch erkannt werden, und sie können die Eve bekannten Bit aus dem weiteren Verfahren eliminieren.

4.3.3 Die Ermittlung der fehlenden Schlüsselbits

Zu Eves Kenntnis des Schlüssels bzw. der korrekten Schlüsselbits in Höhe der angegebenen Prozentzahlen sind noch einige Bemerkungen angebracht. Eve weiß zwar aus dem (noch zu diskutierenden) Schlüsselabgleich, welche Bits des Gesamtschlüssels sie genau kennt und welche sie nur vermuten kann, und sie weiß, dass vom letzten Teil statistisch die Hälfte der Bits den richtigen Wert aufweisen, aber sie weiß nicht, welche das sind. Vorausgesetzt, das Abgleichsverfahren zwischen Alice und Bob ist nicht fehlerhaft konstruiert, sodass es ihr weitere Informationen liefert, kann sie die Fehler nur durch systematisches Probieren beseitigen.

Formal liegt ihre Unsicherheit über den tatsächlichen Schlüssel damit in der Größenordnung der unsicheren Bits, also $n/3$ im Fall des ersten und $2n/3$ im Fall des zweiten Protokolls, aber aufgrund der Statistik kann die den Angriffsalgorithmus so gestalten, dass sie pro Versuch nur rund die Hälfte aller Bits verändert.

Der folgende Algorithmus enthält auf einem Feld b der Länge n Zahlen zwischen 1 und m und gibt der Reihe nach sämtliche mögliche Indexkombinationen für n Indizes aus.

```
bool positions(vector <int> b,int n,int m){
    for (int i=n+1;i<m;i++){
        b[n]++;
        if(__check_key(b)) return true;
        if(n>0)
            if(positions(b,n-1,b[n])) return true;
    }
    return false;
}
```

Die Methode `_check_key` ändert die angegeben Bitwerte im Schlüssel, prüft auf Korrektheit und setzt bei Misserfolg die Bits wieder zurück. Der Algorithmus wird sinngemäß mit

```
// N = Anzahl der zu überprüfenden Bits
vector<int> b;
for (int i=0;i<N/2;i++) b.push_back(i);
if (positions(b,N/2,N)) return SUCCESS;
```

aufgerufen. Da natürlich nicht genau $N/2$ Bits falsch sein müssen, muss auf diese Weise der Schlüssel nicht gefunden werden, d. h. anschließend sind auch $N/2 \pm k$ zu modifizierende Positionen zu prüfen, wobei die Wahrscheinlichkeit durch die Binomialverteilung

$$w(k,N) = 2^{-N} \binom{N}{N/2+k}, \quad k = 0,1,2,\ldots$$

beschrieben wird (Abb. 4.2). Der tatsächlich von Eve zu leistende mittlere Aufwand wird also irgendwo zwischen $O(2^{N/2}\ldots 2^{N})$ liegen (Abb. 4.3), wobei die Wahrscheinlichkeit für größere Abweichungen aber schnell abnimmt.

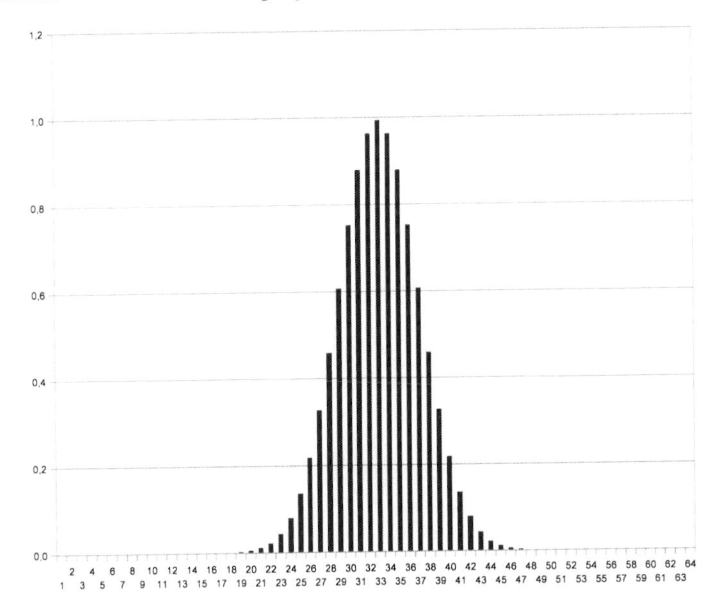

Abb. 4.2 Binomialverteilung für 64 Bits

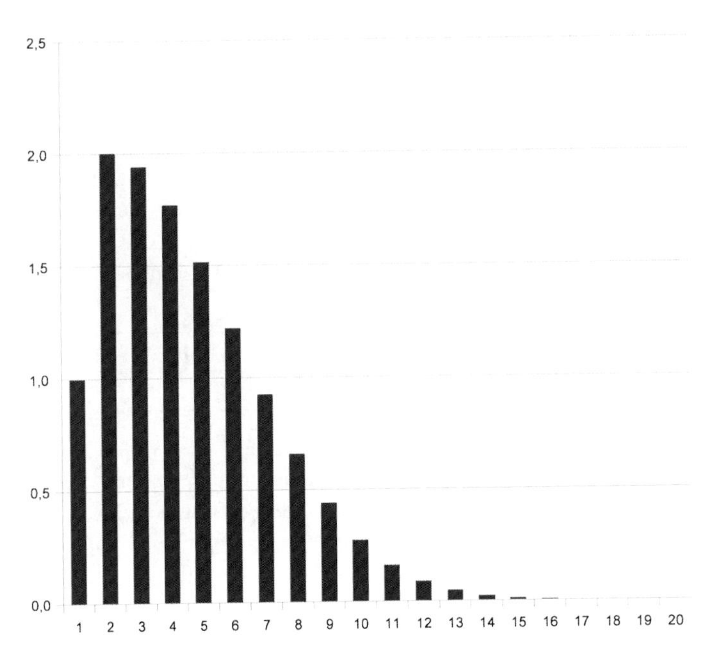

Abb. 4.3 rel. Häufigkeiten für $|k + 1|$

Aufgabe. Verifizieren Sie, dass dieser Algorithmus tatsächlich alle Möglichkeiten, n von m Bitpositionen zu indizieren, aufruft. Ermitteln Sie den Speicherbedarf bei der Rekursion (*es muss jeweils eine Kopie des Feldes erzeugt werden*). Wie viele Kopien werden insgesamt benötigt? Implementieren Sie die Methode __check_key(b) für einen Test zur Ermittlung des Schlüssels für ein beliebiges Verschlüsselungsverfahren (z. B. AES, DES) bei einer vorgegebenen Anzahl von unsicheren Bits und führen Sie Laufzeitmessungen durch.

4.3.4 2-Photonen-2-Zustände-Protokoll

Das Standardprotokoll

Alternativ zum 1-Photonen-Generator ist auch ein 2-Photonen-Generator mit verschränkten Photonen konstruierbar. Dazu wird eine Quelle benötigt, die verschränkte Zustände der Photonen erzeugt und eine selektive Trennung der Photonen zum Versand an Bob und an Alice ermöglicht. Misst Alice ein bestimmtes Ergebnis, so weiß sie aufgrund der Verschränkung, dass Bob mit der gleichen Analysatoreinstellung ein ganz bestimmtes Ergebnis gemessen haben muss – unabhängig von der Art der tatsächlichen Polarisation.

Konkretisieren wir die Messvorschrift.[1] Die Wellenfunktion sei (in jeder beliebigen Basis) durch

$$\psi = \frac{1}{\sqrt{2}}(|\uparrow\rightarrow\rangle - |\rightarrow\uparrow\rangle)$$

gegeben, d. h. gleichgültig, wie Alice und Bob ihre Messrichtungen wählen, sobald sie zueinander senkrecht sind, messen beide ein Signal. Alice und Bob einigen sich daher zunächst willkürlich auf zwei Hauptmessrichtungen, die wir aber nun aus später zu diskutierenden Gründen anders als bei den 1-Photonen-Protokollen orientieren:

	Alice	**Bob**
$\mathbf{M}_1$	0°	0°
$\mathbf{M}_2$	22,5°	22,5°

Misst nun einer der beiden ein Signal, der andere nicht, so kann diese Kombination als Schlüsselbit verwendet werden.[2] Zur Überprüfung der Quellenfunktion ist zudem zu messen, ob die Wahrscheinlichkeit für ein positives Signal $w(S = 1) = 1/2$ beträgt.

---

[1] Die folgende Diskussion folgt einem vom A. Ekert vorgeschlagenen Protokoll, dass in der Literatur unter der Bezeichnung E91 zu finden ist. Weiter werden hier Elemente der Protokolle BB92 und BBM92 berücksichtigt.

[2] Wie wir im experimentellen Teil noch sehen werden, werden die jeweils orthogonalen Signale mitgemessen, d. h. die Detektoren 0°/90°, 90°/0°, 22,5°/112,5° und 112,5°/22,5° ergeben nur bei einem Doppelsignal ein Schlüsselbit. Bei der vereinfachten Messung würden sich sonst zu viele natürliche Fehler einschleichen.

Eve als Geber verschränkter Photonen

Eine Modifikation eines Verfahrens mit verschränkten Photonen gegenüber den 1-Photonen-Verfahren besteht darin, dass die Quellenfunktion von einer dritten Partei – nennen wir sie John – übernommen wird und Alice und Bob Empfänger je eines von Johns Photonenpaaren sind. Damit ließe sich beispielsweise die Entfernung zwischen Alice und Bob vergrößern, indem in der Mitte zwischen beiden John als „Geber" fungiert.[1]

Nehmen wir nun an, Eve hätte John überzeugt, ihr diese Rolle zu überlassen. Nehmen wir darüber hinaus an, Eve sei in der Lage, die Verschränkung so zu steuern, dass sie die Polarisierung der Photonen kennt, also die reinen Zustände

$$|\uparrow\,\rightarrow\rangle,\ |\rightarrow\,\uparrow\rangle,\ |\uparrow_+\rightarrow_+\rangle,\ |\rightarrow_+\uparrow_+\rangle$$

für die Messoperatoren von Alice und Bob erzeugen kann (oder zumindest zwei orthogonale) und das erste Photon jeweils Alice zukommen lässt. Sofern Alice und Bob den zu dem jeweiligen reinen Zustand passenden Messoperator verwenden, kennt Eve ebenfalls die Schlüsselbits. Messen Alice und Bob die beiden Polarisierungen mit dem anderen Messoperator, so liegt die Signalwahrscheinlichkeit bei

Eve	**Alice/Bob**	$w(S_A) = 1$
$|\uparrow\,\rightarrow\rangle$	$|\uparrow_+\rightarrow_+\rangle$	**85,30 %**
$|\uparrow\rangle$	$|\uparrow_+\rightarrow_+\rangle$	**14,70 %**

Sendet Eve die vier möglichen Zustände in statistischer Verteilung, so wäre die Wahrscheinlichkeit für eine Signalmessung bei Alice und Bob immer noch bei $w = 1/2$, d. h. sie würden den Angriff nicht bemerken. Außerdem liegt die Wahrscheinlichkeit, dass Eve den korrekten Wert errät, ebenfalls bei 85 %, d. h. sie kann mit geeigneten Algorithmen hoffen, den kompletten Schlüssel relativ schnell zu berechnen.

Ist das ein Bruch der Quantenverschlüsselung? Zunächst könnten Alice und Bob auf andere Messoperatoren ausweichen, da gerade die 22,5°-Version den hohen Einbruchswert erlaubt. Die Rückkehr zur 45°-Richtung bzw. die Hinzunahme von zirkularer Polarisation erniedrigt Eves Erfolgsquote wieder auf die bekannten Werte, wobei nun allerdings Alice und Bob vom Angriff nichts mitbekommen würden und daher immer von Eves maximalem Erfolg ausgehen müssten.

Alice und Bob stehen allerdings auch noch andere Informationsquellen zur Verfügung. Die Photonenquellen emittieren nicht bei jedem Messtakt genau ein Photonenpaar, sondern besitzen eine gewisse Bandbreite für Leersignale und Mehrfachsignale, die für den ursprünglichen Signalgeber John bekannt ist. Doppelpho-

[1] Die Reichweiten der Photonenübermittlung auf der Erde sind beschränkt, wie wir noch sehen werden, jedoch ist es durchaus möglich, Photonen zwischen einer Erdstation und einem Satelliten auszutauschen. Das beschriebene Szenarium ist somit praktisch nicht ganz uninteressant, da sich die Reichweite der Schlüsselvereinbarungsprotokolle durch eine 2-Photonentechnik theoretisch um den Faktor 50–100 vergrößern lassen könnte.

tonenpaare führen bei John als ursprünglicher Quelle bei Alice in der Hälfte aller Fälle zu Signalen auf beiden zueinander orthogonalen Detektoren; bei von Eve versendeten reinen Zuständen passiert dies allerdings nicht, sondern es sollte folgende Statistik zu beobachten sein:

	$W(\uparrow,\uparrow)$	$W(\uparrow,\rightarrow)$	$W(\rightarrow,\rightarrow)$
John	25,00 %	50,00 %	25,00 %
Eve	50,00 %	0,00 %	50,00 %

Auch wenn diese statistische Betrachtung sehr grob ist – Alice und Bob würden den Eingriff von Eve an weiteren Charakteristika ihrer Messungen bemerken.

Aufgabe. Weisen Sie mit Hilfe der Dichtematrizenrechnung nach, dass Eve die verschränkten Zustände direkt erzeugen muss und es nicht genügt, vor die Quelle Polarisationsfilter mit den entsprechenden Richtungen zu setzen. Diese Filter führen zwar zu einer orthogonalen Polarisation, heben aber die Verschränkung auf, da es sich um Messungen handelt. Konkret, wird ein Photonenpaar durch einen Polarisator auf den Zustand $|\uparrow\ \rightarrow\rangle$ gefixt, liegt in Wirklichkeit der Zustand $|\uparrow\rangle|\rightarrow\rangle$ vor (siehe auch nächste Aufgabe).

Angriff mit unverschränkten Photonen

Wenn Eve nicht über eine Technik zur Erzeugung reiner Zustände bei verschränkten Photonen verfügt, könnte sie versuchen, Alice und Bob unverschränkte Photonen zu übersenden und so die 1-Photonen-Protokolle zu simulieren.

Aufgabe. Rechnen Sie die Mess- und Erfolgsergebnisse für die Fälle durch, dass $|\uparrow\ \rightarrow\rangle,\ldots$ nun in der unverschränkten Form $|\uparrow\rangle|\rightarrow\rangle,\ldots$ von Eve verwendet wird. Weisen Sie nach, dass Alice und Bob nun wieder eine veränderte Messstatistik vorfinden werden.

Alice und Bob können darüber hinaus aber durch eine Bell-Messung direkt ermitteln, ob ihre Photonen verschränkt sind oder nicht. Hier kommen nun unsere eigentümlichen Messrichtungen ins Spiel, die auf folgendes Messsystem erweitert werden

	Alice	**Bob**
$\mathbf{M}_1$	0°	0°
$\mathbf{M}_2$	22,5°	22,5°
$\mathbf{M}_3$	45°	−22,5°

Wie zuvor können ihre Messungen für die Vereinbarung von Schlüsselbits verwendet werden, wenn sie die gleichen Messrichtungen verwenden. Dies sind zwei von den neun möglichen Kombinationen, d. h. für die Schlüsselvereinbarung stehen nur

22,5 % aller Messungen zur Verfügung. Dies ist der Preis, mit dem Alice und Bob den Vorteil eines weit entfernten Gebers bezahlen.

Messungen, in denen die Messrichtungen von Alice und Bob um 45° differieren, werden ebenfalls verworfen, da hier die Wahrscheinlichkeit einer Übereinstimmung bei $w = 1/2$ liegt. Für die Differenzen $\delta = \pm 22{,}5°$ und $\delta = 67{,}5°$ liegen die Verhältnisse jedoch anders. Der Erwartungswert, dass Alice und Bob bei einer gegebenen Wahl von Messoperatoren bei verschränkten Photonen das gleiche Ergebnis messen, ist

$$\begin{aligned} E(M_a, M_b) &= P(1,1) + P(0,0) - P(1,0) - P(0,1) \\ &= w_a(1) * w_b(1|1) + \dots \\ &= 2 * 1/2 * \cos(\sphericalangle(M_a, M_b))^2 - 2 * 1/2 * \sin(\sphericalangle(M_a, M_b))^2 \\ &= \cos(2\sphericalangle(M_a, M_b)) \,. \end{aligned}$$

Über alle Messoperatoren summiert ergibt dies

$$\begin{aligned} S &= |E(M_{A,1}, M_{B,2})| + |E(M_{A,2}, M_{B,1})| + |E(M_{A,3}, M_{B,2})| + |E(M_{A,3}, M_{B,3})| \\ &= 2 * \sqrt{2} \,. \end{aligned}$$

Sind die Photonen allerdings nicht verschränkt, so reagiert jedes Photon einzeln und anstelle der gekoppelten Terme $w_a(1) * w_b(1|1)$ sind nun $w_a(1) * w_b(1)$ einzusetzen, was bei gegebenen Polarisierungen φ_a, φ_b der Photonen auf

$$E(M_a, M_b) = \cos(\sphericalangle(M_a, \varphi_a)) * \cos(\sphericalangle(M_b, \varphi_b))$$

führt. Da Eve beliebige Polarisierungen im Verlauf ihres Angriffs wählen kann, gelangen wir zu der Abschätzung

$$\begin{aligned} S &= \sum\nolimits_{\varphi_a, \varphi_b} p(\varphi_a, \varphi_b) \, |E(M_a, M_b)| \\ &= \sum_{\varphi_a, \varphi_b} p(\varphi_a, \varphi_b) \sqrt{2} \, |\cos(2(\varphi_a - \varphi_b))| \\ &\le \sqrt{2} * \sum_{\varphi_a, \varphi_b} p(\varphi_a, \varphi_b) \\ &\le \sqrt{2} \,. \end{aligned}$$

Egal, wie Eve ihre Polarisierungen wählt, sie schafft es nicht, unbemerkt zu bleiben, sofern sie unverschränkte Photonenpaare an Alice und Bob versendet.

Zusammenfassung

2-Photonen-Protokolle mit verschränkten Photonen bieten die Möglichkeit, durch Wahl einer von Alice und Bob unabhängigen Photonenquelle die Entfernung zwischen den beiden durch Wahl anderer Übertragungswege zu vergrößern (Genaueres im experimentellen Teil). Dabei ist es nicht notwendig, der Quelle zu vertrauen, da für beide theoretisch möglichen Angriffswege Statistiken existieren, die den Angreifer verraten. Im Gegenzug sinkt allerdings die Effektivität des Verfahrens um mehr als die Hälfte, da mehr Aufwand in die Statistiken gesteckt werden muss.

4.4 Fortgeschrittene Angriffsmethoden

Die bislang untersuchte Angriffsmethode von Eve ist die denkbar einfachste, und sie eröffnet Alice und Bob die Möglichkeit, immer genügend viele geheime Bits sammeln zu können, um Eve zu entkommen. Wir untersuchen nun, ob sich bei Einsatz komplexerer, heute noch nicht verfügbarer Angriffsmethoden daran etwas ändert, und nehmen dabei auch die im dritten Kapitel entwickelte Theorie, die bislang eigentlich unnötig war, mit ins Boot.

4.4.1 Angriff mit Quantencomputern

Kann Eve ihre Chancen auf einen erfolgreichen Angriff verbessern, wenn sie über einen Quantencomputer verfügt, also nicht konventionelle Angriffsmittel einsetzen kann? Das No-Cloning-Theorem verbietet zwar grundsätzlich eine vollständige Kopie eines Quantenzustands, aber vielleicht kommt sie ja trotzdem in Besitz von genügend vielen Bits. Da der Quantencomputer Auslöser zur Entwicklung der Quantenkryptografie ist und einige exotische Eigenschaften aufweist, lohnt es sich, einen genaueren Blick darauf zu werfen.[1]

Wir untersuchen hier das einfachste Protokoll. Voraussetzungsgemäß versendet Alice Photonen in einem der Zustände

$$\psi_1 = |0\rangle\,, \quad \psi_2 = |1\rangle\,, \quad \psi_3 = \frac{1}{\sqrt{2}}(|0\rangle + |1\rangle)\,, \quad \psi_4 = \frac{1}{\sqrt{2}}(|0\rangle - |1\rangle)$$

und Bob misst mit einem der Operatoren

$$A_1 = |0\rangle\langle 0|\,, \quad A_2 = \frac{1}{2}|\psi_3\rangle\langle\psi_3|\,.$$

Vor der Messung passiert das Photon Eves Quantencomputer, in dem es mit einem weiteren Photon im Ausgangszustand $|0\rangle$ verschränkt wird. Anstelle der vorhergehenden Zustandsfunktion wird das System nach der Paarung in Eves Quantencom-

[1] Methoden dieser Art werden als kohärenter Lauschangriff (coherent eavesdropping) bezeichnet. Das belauschte Qbit wird nicht direkt angegriffen, sondern mit eigenen Qbits zur Wechselwirkung gebracht.

puter zunächst durch

$$\varphi_1 = |00\rangle\,, \quad \varphi_2 = |10\rangle\,,$$
$$\varphi_3 = \frac{1}{\sqrt{2}}(|00\rangle + |10\rangle)\,, \quad \varphi_4 = \frac{1}{\sqrt{2}}(|00\rangle - |10\rangle)$$

und der Messoperator durch

$$B_1 = |00\rangle\langle 00|\,, \quad B_2 = \frac{1}{2}|\varphi_3\rangle\langle\varphi_3|$$

beschrieben. Alices Photon verlässt anschließend den Quantencomputer wieder und wird von Bob in der bekannten Weise gemessen. Da sonst noch nichts passiert ist, erhält Bob wieder die bekannte Messstatistik, Eve erfährt aber noch nichts, da ihr Photon immer noch den Anfangszustand $|0\rangle$ aufweist.

Nun wendet Eve während der Passage von Alice Photon einen Trick an, der ihr auf einem Quantencomputer zur Verfügung steht: sie verschränkt ihr Photon mit dem für Bob bestimmten Photon, in dem sie eine unitäre CNOT-Operation durchführt. Was sich genau dahinter verbirgt, werden wir im Detail im Kapitel über Quantencomputer untersuchen, als Ergebnis produziert sie aber (theoretisch) die Übergänge

$$|00\rangle \rightarrow |00\rangle\,, \quad |01\rangle \rightarrow |01\rangle\,, \quad |10\rangle \rightarrow |11\rangle\,, \quad |11\rangle \rightarrow |10\rangle\,.$$

Ihr Photon (vereinbarungsgemäß das zweite) wird somit genau dann in den entgegengesetzten Zustand versetzt, wenn Alices Photon ebenfalls den Zustand $|1\rangle$ aufweist, und da ihr Photon immer den Grundzustand $|0\rangle$ aufweist, wir das Gesamtsystem nun durch

$$\varphi_1' = |00\rangle\,, \quad \varphi_2' = |11\rangle\,,$$
$$\varphi_3' = \frac{1}{\sqrt{2}}(|00\rangle + |11\rangle)\,, \quad \varphi_4' = \frac{1}{\sqrt{2}}(|00\rangle - |11\rangle)$$

beschrieben. Eve kann nun durch eine Messung ebenfalls Informationen erhalten, wobei sie

- konstant den Messoperator A_1 verwendet, was ihr 50 % der Bits verraten sollte, ohne dass sie in der Statistik auffällt, oder,
- sofern sie über die notwendige Technik verfügt, ihr Photon zwischenspeichert, bis sie weiß, wie Alice und Bob gemessen haben, und dann in den Besitz des vollständigen Schlüssels gelangt.

Da die zweite Option mit dem No-Cloning-Theorem kollidiert, kann das zwangsweise so nicht funktionieren. In der Tat: mit den neuen Zuständen erhalten wir über die Berechnung der entsprechenden Dichtematrizen nun die Messwahrscheinlichkeiten

$$\begin{aligned}
\text{Spur}\,(B_1\rho_1) &= 1\,, & \text{Spur}\,(B_1\rho_2) &= 0\,,\\
\text{Spur}\,(B_1\rho_3) &= 1/2\,, & \text{Spur}\,(B_1\rho_4) &= 1/2\,,\\
\text{Spur}\,(B_2\rho_1) &= 1/2\,, & \text{Spur}\,(B_1\rho_2) &= 1/2\,,\\
\text{Spur}\,(B_2\rho_3) &= 1/4\,, & \text{Spur}\,(B_2\rho_4) &= 1/4\,.
\end{aligned}$$

Die erste Zeile entspricht der Erwartung: sofern Eve und Bob den Operator B_1 verwenden und dieser zu dem von Alice versandten Photon passt, erhält Bob die gleiche Messstatistik wie bei Abwesenheit von Eve, und Eve kann im Gegenzug die Informationen von Bob mitlesen. Sie gelangt somit wie im klassischen Fall in den Besitz von 50 % der Schlüsselbits.

Bei der zweiten und der dritten Zeile herrscht ebenfalls noch keine Unklarheit, da Messoperator und Zustand nicht kompatibel sind, also verworfen werden, und die verworfenen Bits weiterhin mit der Wahrscheinlichkeit $1/2$ den Wert 0 oder 1 aufweisen.

Was aber bedeutet die vierte Zeile? Beschränken wir dazu die Messung auf das, was Bob sieht, d. h. wir werten die reduzierten Dichtematrizen für Bobs Photon aus. Hier finden wir vor der Transformation

$$\begin{aligned}
\rho_{\text{Bob}} &= 1/2(|00\rangle \pm |10\rangle)(\langle 00| \pm \langle 10|)\\
&= 1/2(|00\rangle\langle 00| \pm |00\rangle\langle 10| \pm |10\rangle\langle 00| + |10\rangle\langle 10|)\\
&= 1/2\langle 0|0\rangle(|0\rangle\langle 0| \pm |0\rangle\langle 1| \pm |1\rangle\langle 0| + |1\rangle\langle 1|)\\
&= \frac{1}{2}\begin{pmatrix} 1 & \pm 1\\ \pm 1 & 1\end{pmatrix}.
\end{aligned}$$

Bob sieht erwartungsgemäß den korrekten Zustand von Alices Photon (*und Eve noch nichts*). Nach der CNOT-Verschränkung gilt aber

$$\begin{aligned}
\rho'_{\text{Bob}} &= 1/2(|00\rangle \pm |11\rangle)(\langle 00| \pm \langle 11|)\\
&= 1/2(|00\rangle\langle 00| \pm |00\rangle\langle 11| \pm |11\rangle\langle 00| + |11\rangle\langle 11|)\\
&= 1/2(\langle 0|0\rangle|0\rangle\langle 0| \pm \langle 0|1\rangle|0\rangle\langle 1| \pm \langle 1|0\rangle|1\rangle\langle 0| + \langle 1|1\rangle|1\rangle\langle 1|)\\
&= 1/2(|0\rangle\langle 0\rangle + |1\rangle\langle 1\rangle)\\
&= \frac{1}{2}\begin{pmatrix} 1 & 0\\ 0 & 1\end{pmatrix}.
\end{aligned}$$

Das Ergebnis ist überraschend, denn es sagt nichts anderes aus, als dass Bob bei einer $\pi/4$-Messung nun den Zustand jedes von Alice abgesandten $\pi/4$-Photons mit der Wahrscheinlichkeit $w = 1/2$ falsch misst! Selbst Photonen mit der Polarisation $-\pi/4$, die Bob bei einer $\pi/4$-Messung gar nicht sehen dürfte, erzeugen nun in der Hälfte aller Fälle ein Signal, und umgekehrt sind $\pi/4$-Photonen bei einer $\pi/4$-Messung nur in der Hälfte aller Fälle sichtbar.

Eves auf den ersten Blick so brillante Strategie geht also nicht auf! Sie verursacht Bitfehler beim Datenabgleich zwischen Alice und Bob in Höhe von 25 % wie zuvor, fällt also wieder auf. Bei gleichzeitiger Messung mit Bob kann sie dabei wieder

50 % der Bits mitlesen. Einen Vorteil kann sie sich lediglich versprechen, wenn sie über eine Speichermöglichkeit für ihre Photonen verfügt und erst misst, wenn sie weiß, wie Bob gemessen hat. Verwenden Alice und Bob eines der Ein-Photonen-Protokolle und eliminieren trotz der auffallend hohen Fehlerrate lediglich die Fehler, so ist sie im Besitz des vollständigen Schlüssels. Allerdings hat diesen Bruch der Verschlüsselung dann nicht die Quantentheorie zu verantworten, sondern die falsche Reaktion von Alice und Bob.

Ursache für dieses Ergebnis ist die durch ihre Operation hervorgerufene Verschränkung der Photonen. Während sich der Systemzustand vor der CNOT-Operation noch als Produkt zweier unabhängiger Hilbert-Räume interpretieren lässt, gilt das danach nicht mehr. Messungen in einem Raum gehen dann so lange gut, wie die Basis der Transformation mit der Messbasis übereinstimmt; weichen die Basen voneinander ab, ist der durch den Übergang $\varphi \rightarrow \varphi'$ vermittelte Eindruck, man würde an den Eigenschaften von Alices Photon gar nichts ändern und Bob müsste folglich die gleichen Messergebnisse erhalten, völlig falsch.

4.4.2 *Angriff mit einem Quantenkopierer (Kloner)*

4.4.2.1 Untergrenze der Sicherheit

Der im letzten Abschnitt analysierte Angriff mit einem Quantencomputer muss nicht das beste Ergebnis sein, was Eve erreichen kann. Wir stellen uns hier die Frage nach der Untergrenze des Fehlers, also dem theoretisch bestmöglichen Ergebnis für Eve.[1]

Wir betrachten dazu zwei Zustände $|s_1\rangle, |s_2\rangle$ mit $\langle s_1|s_2\rangle \neq 0$, die gemessen werden können/sollen (*dies wären die beiden Messrichtungen 0 und $\pi/4$ in unseren bisherigen Betrachtungen*). Ein Quantenkloner = Quantencomputer mit dem nicht näher spezifizierten Zustand $|Q\rangle$ führt mit dem zu kopierenden Teilchen die unitären Transformationen

$$|s_i\rangle_a|Q\rangle \rightarrow |\Psi_i\rangle = |s_i\rangle_a|s_i\rangle_b|Q_i\rangle + |\Phi_i\rangle$$

aus. Hierbei ist $|s_i\rangle_b$ die erzeugte exakte Kopie, $|Q_i\rangle$ der (unbekannte) Zustand des Kloners nach der Kopie. Beachten Sie, dass wir hier das Ergebnis des Kopiervorgangs als Produkt zweier Hilbert-Räume formuliert haben und nicht mehr als Verschränkung $|s_{i,a}s_{i,b}\rangle$, d. h.

- Teilchen a besitzt immer noch den Zustand, den es hatte, *bevor* die Kopie erzeugt wurde, liefert also die gleichen Messwerte mit den gleichen Wahrscheinlichkeiten.
- Teilchen b liefert ebenfalls die gleichen Messwerte mit den gleichen Wahrscheinlichkeiten.

[1] Die folgende Abschätzung folgt M. Hillery, V. Buzek, Quantum copying, Phys. Rev. A 56(2), 1212 (1997).

- Teilchen a und Teilchen b liefern aber *nicht* zwingend den gleichen Messwert bei einer Messung mit nicht verschwindenden Wahrscheinlichkeiten für unterschiedliche Messwerte.

Dass wir mit einer Verschränkungslösung nicht sehr weit kommen, haben wir im letzten Abschnitt ja schon gesehen. Bezogen auf unser erstes 1-Photonen-Protokoll sollte dieser Ansatz Eve aber auch ein Mitlesen des halben Schlüssels erlauben, wenn sie die gleiche Messrichtung verwendet wie Bob, bzw. des kompletten Schlüssels, wenn sie eine Speichervorrichtung besitzt und abwarten kann, bis sie weiß, wie sie zu messen hat.

Da eine exakte Kopie außer im Fall orthogonaler Zustände nicht möglich ist, muss der erste, eine exakte Kopie beschreibende Term auf der rechten Seite durch einen Fehlerterm $|\Phi_i\rangle$ ergänzt werden. Um irgendeine Form der Verschränkung von Alices Photon mit Eves Kopiervorrichtung und dem kopierten Photon kommen wir nicht herum, nur dass die Verschränkung dieses Mal so wenig wie möglich mit der Kopie selbst erfolgen soll. Der Fehlerterm beschreibt somit den nicht vermeidbaren Verschränkungsanteil in erster Näherung als „Störung" eines idealisierten Produkts unabhängiger Wellenfunktionen.

Ziel der weiteren Untersuchungen ist es, eine Untergrenze für die Fehler $\|\Phi_i\|$ in Abhängigkeit von $z = \langle s_1|s_2\rangle$ zu ermitteln, wozu natürlich eine optimale Konstruktion von $|Q\rangle$ notwendig ist, die wir aber als gegeben voraussetzen. Wenn wir den Messoperator $P_i = ({}_a|s_i\rangle\langle s_i|_a \otimes {}_b|s_i\rangle\langle s_i|_b)$ für Original und Kopie auf die Wellenfunktion anwenden, folgt, da $|\Phi\rangle$ nicht von den Teilchen abhängt

$$P_i|\Psi_i\rangle = |\Gamma_i\rangle = |s_i\rangle_a|s_i\rangle_b|Q_i\rangle \ .$$

Lösen wir die Wellenfunktion nach dem Fehlerterm auf, so folgt daraus die Orthogonalität von ungestörter Näherung und Störung selbst

$$|\Phi_i\rangle = (I - P_i)|\Psi_i\rangle \Rightarrow \langle\Gamma_i|\Phi_i\rangle = 0 \ ,$$

so dass für die Beträge

$$\|Q_i\|^2 + \|\Phi_i\|^2 = 1$$

folgt. Die Optimierung einer Kopie läuft also darauf hinaus, $\|Q_i\|$ nach der Transformation so groß wie möglich bleiben zu lassen, damit $\|\Phi_i\|$ einen möglichst kleinen Wert annimmt.

Um zu einer Abschätzung der bestmöglichen Werte zu gelangen, berechnen wir die Entwicklung des Mischungsterms $z = \langle s_1|s_2\rangle$. Da sich bei einer unitären Transformation insgesamt nichts ändert, können wir die Terme vor und nach der Transformation gleichsetzen und erhalten[1]

$$z = z^2\langle Q_1|Q_2\rangle + \langle\Gamma_1|\Phi_2\rangle + \langle\Phi_1|\Gamma_2\rangle + \langle\Phi_1|\Phi_2\rangle \ .$$

[1] Unter Verwendung der Normierungsbedingung $\langle Q|Q\rangle = 1$. Aufgrund der Kopie des Zustands tritt der Mischterm z im Ergebnis quadratisch auf.

Die Terme auf der rechten Seite gilt es nun nacheinander abzuschätzen. Wir beginnen mit $\langle \Gamma_1|\Phi_2\rangle$ bzw. $\langle \Phi_1|\Gamma_2\rangle$ und verwenden die schwarzsche Ungleichung

$$|\langle \Gamma_1|\Phi_2\rangle| \leq \|\Gamma_1\|\|\Phi_2\|$$

die eine Einzelabschätzung von Termen ermöglicht. $|\Gamma_1\rangle$ spalten wir mit Hilfe des Projektionsoperators in zwei zueinander orthogonale Terme auf:

$$|\Gamma_1\rangle = P_2|\Gamma_1\rangle + (I - P_2)|\Gamma_1\rangle = P_2|\Gamma_1\rangle + |\Gamma_1'\rangle \,.$$

Mit der Definition von $|\Gamma_1\rangle$ und der des Projektionsoperators erhalten wir mit dem Mischterm $\eta_{ij} = \langle Q_i|Q_j\rangle$ für den Fehlerterm

$$\|\Gamma_1'\| = \sqrt{\eta_{11}(1 - |z|^4)} \,.$$

Aufgrund der Normierungsbedingungen und des Verschwinden des Fehlerterms bei Anwendung des zum Zustand gehörenden Projektionsoperators ($P_2|\Phi_2\rangle = 0$) erhalten wir nun für $\langle \Gamma_1|\Phi_2\rangle$ unter Berücksichtigung der schwarzschen Ungleichung

$$|\langle \Gamma_i|\Phi_k\rangle| = |\langle \Gamma_i|\Phi_k'\rangle| \leq \sqrt{1 - \eta_{ii}} * \sqrt{\eta_{kk}(1 - z^4)}$$

woraus für die Abschätzung der Entwicklung von $\langle s_1|s_2\rangle$ während des Kopierens die Ungleichung

$$|z| \leq |z|^2|\eta_{12}| + \sqrt{(1 - \eta_{11})(1 - \eta_{22})} + \sqrt{1 - |z|^4}$$
$$* \left(\sqrt{\eta_{11}(1 - \eta_{22})} + \sqrt{\eta_{22}(1 - \eta_{11})}\right)$$

folgt. Bei gegebenem $z = \langle s_1|s_2\rangle$ beschränkt diese Ungleichung die möglichen Werte von $\|\eta_{ik}\|$, wobei wir diese durch abermalige Anwendung der schwarzschen Ungleichung $\|\eta_{12}\| \leq \|Q_1\|\|Q_2\| = \sqrt{\eta_{11}\eta_{22}}$ nochmals vereinfachen können.

Diese Abschätzung lässt sich so umformen, dass an die Stelle der wenig interessierenden Kopiererterme $\|Q_i\|$ die eigentlich interessanten Fehlerterme $\|\Phi_i\|$ treten. Mit $\|\Phi_i\| = \sqrt{1 - \eta_{ii}}$ erhalten wir schließlich

$$|z| \leq |z|^2 + \|\Phi_1\| + \|\Phi_2\| + \|\Phi_1\| * \|\Phi_2\| \,.$$

Nun ist $F = \|\Phi_1\| + \|\Phi_2\|$ der Gesamtkopierfehler beim Kopieren der beiden Zustände. Lösen wir die letzte Gleichung nach $\|\Phi_2\|$ auf, so erhalten wir für den Gesamtfehler

$$F \geq \frac{|z|(1 - |z|) + \|\Phi_1\|^2}{1 + \|\Phi_1\|} \,.$$

Man rechnet nun leicht nach, dass diese Funktion für $z = 1/2$ als Fehler $F \geq 0{,}24$ liefert. Wir bestätigen damit ein weiteres Mal die bereits erhaltenen Ergebnisse. Egal, wie Eve die Sache anfasst, die Untergrenze des Fehlers liegt bei 25 %.

4.4.2.2 Universeller optimaler Kloner

Während der einfache Quantencomputeransatz ein sehr selektives Kopierergebnis zur Folge hatte – reine Zustände in Bezug auf die Basis der CNOT-Operation wurden exakt kopiert, Zwischenzustände nicht – können wir auch nach einer Methode fahnden, die alle Zustände gleich gut kopiert. Zumindest ist dann die Fehlerstatistik von Alice und Bob nicht so auffällig.

Wir untersuchen diese Frage im Modell der Dichtematrizen.[1] Das Originalsystem habe die Dichtematrix $\rho_{o,\text{inp}}$ am Eingang des Kopierers, am Ausgang des Kopieres steht es in der Form $\rho_{o,\text{out}}$ zur Verfügung, zusätzlich wird die Kopie $\rho_{c,\text{out}}$ erzeugt. Als optimalen Kopierer definieren wir eine Einheit mit folgenden Eigenschaften *(die Schreibweise ist etwas verkürzt; die Eingangszustände der Kopie sind hier nicht berücksichtigt)*:

a) Beide Ausgaben des Kopierers, also kopiertes Original und die Kopie selbst, sind identisch,

$$\rho_{o,\text{out}} = \rho_{c,\text{out}} \,.$$

b) Die Ergebnisqualität ist unabhängig vom konkreten Eingangszustand, d. h. der Abstand zwischen den Ein- und Ausgangsdichtematrizen ist von der Eingangsmatrix unabhängig

$$d(\rho_{o,\text{inp}}, \rho_{o,\text{out}}) = \text{const} \,.$$

c) Die Differenz zwischen Ein- und Ausgang ist minimal, d. h. gesucht wird die unitäre Transformationen, für die der Abstand

$$d_{\text{id}}(\rho_{o,\text{inp}}, \rho_{o,\text{out}}) = \min(d_U(\rho_{o,\text{inp}}, \rho_{o,\text{out}}))$$

minimal wird.

Vereinfacht betrachtet ist das nichts weiter als ein Gleichungssystem zur Bestimmung der optimalen unitären Transformation U des Kopierers, für das nun Lösungen für bestimmte Modelle $\rho_{o,\text{inp}}$ entwickelt werden können. Für praktische Berechnungen ist zunächst eine geeignete Metrik – ein Abstandsmaß für die Dichtematrizen – auszuwählen, wobei sich die Bures-Norm trotz einiger Probleme als geeignet erwiesen hat[2]

$$d_b^2(\rho_1, \rho_2) = 2\left(1 - \text{Spur}\left(\sqrt{\sqrt{\rho_1}\rho_2\sqrt{\rho_1}}\right)\right) \,.$$

Gegeben sei nun ein Qbit in einem beliebigen Zustand $\Psi_o = a|0\rangle_o + b|1\rangle_o$ Der Kopierer besteht aus einem Qbit, auf dem die Kopie erzeugt wird, sowie einem zweiten, die Kopiereinheit repräsentieren Bit, dessen Endzustand beliebig ist. Beide

[1] V. Buzek, M. Hillery, Lecture Notes in Computer Science 1509, 235, 1999.

[2] Der Ausdruck unter der Spur wird auch für die Unterscheidung reiner und verschränkter Zustande verwendet. Grundsätzlich sind natürlich alle Metriken geeignet; die Auswahl einer bestimmten Metrik hat nur rechentechnische Gründe.

Qbits sind miteinander verschränkt, und das Ziel der Kopieroperation ist, unter Auflösung dieser Verschränkung das Kopie-Qbit mit dem Originalbit zu verschränken, ohne dass das Original-Qbit mehr von seinem Zustand einbüßt, als die Theorie als Bestwert angibt Eine unitäre Transformation, die die Bedingungen eines universellen Kopierers erfüllt, ist

$$|0\rangle_o|Q\rangle_c = \sqrt{\frac{2}{3}}|00\rangle_{o,c}|q_1\rangle_c + \sqrt{\frac{1}{3}}(|01\rangle_{o,c} + |10\rangle_{oc})/\sqrt{2}|q_2\rangle_c$$
$$|1\rangle_o|Q\rangle_c = \sqrt{\frac{2}{3}}|11\rangle_{o,c}|q_2\rangle_c + \sqrt{\frac{1}{3}}(|01\rangle_{o,c} + |10\rangle_{oc})/\sqrt{2}|q_1\rangle_c .$$

Mit ihr erhält man die Dichtematrizen

$$\rho_{x,\text{out}} = \frac{5}{6}|\Psi_{\text{inp}}\rangle\langle\Psi_{\text{inp}}| + \frac{1}{6}|\Psi_{\perp\,\text{inp}}\rangle\langle\Psi_{\perp\,\text{inp}}| .$$

Die Gesamtdichtematrix am Ausgang des Kopierers besteht somit zu 5/6 aus dem gewünschten Zustand und zu 1/6 aus dem falschen, d. h. wir können, wie im ersten Teilabschnitt beschrieben, mit ca. 83 % Wahrscheinlichkeit ein korrektes Ergebnis bei einer Messung erwarten.

Um dieses Ergebnis zu erhalten, muss der Quantenkopierer den Eingangszustand

$$|Q\rangle_{\text{inp}} = \frac{1}{\sqrt{6}}(2 * |00\rangle + |01\rangle + |11\rangle)$$

aufweisen, wobei das erste Bit die spätere Kopie ist, das zweite Bit das Kopiererbit. Die Operationen, mit denen sich derartige Zustände erzeugen lassen, werden wir erst später im Kap. 6 im Detail vorstellen, so dass hier nur die Ergebnisse angegeben seien.

$$|Q\rangle = R_{z,1}(\theta_3) \circ CNOT_{2,1} \circ R_{z,2}(\theta_2) \circ CNOT_{1,2} \circ R_{z,1}(\theta_1)|0\rangle_1|0\rangle_2$$

mit

$$\cos(2\theta_1) = \frac{1}{\sqrt{5}}, \quad \cos(2\theta_2) = \frac{\sqrt{5}}{3}, \quad \cos(2\theta_3) = \frac{2}{\sqrt{5}} .$$

Die prinzipielle Wirkung der Operation CNOT haben wir bereits beim ersten Kopierversuch vorgestellt, R_z beschreibt eine Drehung des Systems um die Z-Achse. Etwas überschaubarer lassen sich die Operationen in einem Diagramm darstellen, wobei $\circ$ die Kontrollgröße in der CNOT-Operation ist, $\oplus$ die XOR-Operation zwischen Kontrollgröße und kontrollierter Größe, was in einer Bitrepräsentation dem Schaltvorgang entspricht, und $\rightarrow$ der unveränderten Fortschreibung des Zustands.

$$\begin{bmatrix} \rightarrow & R(\theta_3) & \oplus & \rightarrow & \circ & R(\theta_1) & \rightarrow \\ \rightarrow & \rightarrow & \circ & R(\theta_2) & \oplus & \rightarrow & \rightarrow \end{bmatrix} .$$

Die unitäre Kopiertransformation lässt sich unter diesen Voraussetzungen durch vier CNOT-Operationen ausführen:

$$|\Psi\rangle_{o,1,2} = CNOT_{2,o} \circ CNOT_{1,o} \circ CNOT_{o,2} \circ CNOT_{o,1}|\Psi_o\rangle|Q\rangle$$

was als Diagramm folgendermaßen dargestellt werden kann.

$$\begin{matrix} o \\ 1=c: \\ 2 \end{matrix} \begin{bmatrix} \rightarrow & \oplus & \oplus & \circ & \circ & \rightarrow \\ \rightarrow & \rightarrow & \circ & \rightarrow & \oplus & \rightarrow \\ \rightarrow & \circ & \rightarrow & \oplus & \rightarrow & \rightarrow \end{bmatrix}.$$

Verwechseln Sie diese Darstellungen aber auf keinen Fall mit binären Schaltplänen! Es handelt sich lediglich um leicht verständliche Darstellungen von unitären Transformationsmatrizen, und das Ergebnis der Aktionen ist alles andere als ein binärer Vorgang. Wir werden das in aller Ausführlichkeit in Kap. 6 diskutieren.

4.4.3 Zusammenfassung der Szenarien

Analysieren Alice und Bob ihr 1-Photon-4-Zustände-Protokolle, so können sie nun auf folgende Fehlerbilder stoßen:

a) Die Fehlerrate liegt bei 25 % und ist auf alle Messungen gleichmäßig verteilt. Eve fängt offenbar die Photonen an Bob ab und ersetzt sie durch eigene, die die Fehler erzeugen. Sie erfährt hierdurch 50 % der Schlüsselbits direkt und muss die anderen durch Simulation ermitteln.
b) Die Fehlerrate liegt wieder bei 25 %, beschränkt sich nun aber auf zwei bestimmte Zustände. Eve verfügt offenbar über einen einfachen Quantencomputer und verschränkt eigenen Photonen mit Alices Photonen. Wieder erfährt sie 50 % der Schlüsselbits direkt, kann aber die Erfolgsquote auf 100 % steigern, wenn sie zusätzlich über eine Speichertechnologie verfügt.[1]
c) Die Fehlerrate liegt bei ca. 16,5 %. Eve verfügt über einen zum universellen Quantenkopierer erweiterten Quantencomputer. Ihre eigenen Messungen sind nun aber auch mit einem Fehler von 16,5 % behaftet, d. h. von den zwischen Alice und Bob vereinbarten Schlüsselbits *nach* Beseitigung der Fehler verfügt Eve über ca. 42 % der Schlüsselbits im Normalfall und 83 % bei Besitz einer Speichertechnologie.

Der optimale Quantenkopierer erlaubt also eine annähernde Aufteilung der Mindestgesamtfehlerrate von 25 %, die sich ja als universell für alle Verfahren erwiesen hat, zwischen Alice/Bob und Eve. Verwenden Alice und Bob das 6-Zustände-

[1] Die Existenz einer Speichertechnologie ist nicht exotischer als der Kopierer selbst. Dabei muss man gar nicht an Techniken denken, die Photonen extrem abbremsen. Die Quantenteleportation, von der das nächste Hauptkapitel handelt, verwendet dazu einfach langlebige andere Quantenzustände, auf denen der Photonenzustand „geparkt“ wird.

Protokoll, so ändern sich lediglich die prozentualen Aufteilungen. Auch beim 2-Photonen-Protokoll stoßen wir wieder auf diese Zusammenhänge, da Eve ja nur mit einem der Photonen eine Verschränkung durchführt und damit die ursprüngliche Verschränkung teilweise aufhebt. Die Untersuchungen haben also auch für diesen Fall Gültigkeit.

In der populärwissenschaftlichen Literatur tauchen mit einiger Regelmäßigkeit Meldungen auf, dass das No-Cloning-Theorem umgangen worden sei, was Auswirkungen auf die Quantenkryptografie habe. Beispielsweise könnte man versuchen, einen Teleporter zu bauen, der im Ausgang nicht das Teilchen im Eingang repliziert, sondern gleich zwei Teilchen erzeugt, also einen indirekten Kopierer. Man kann sich damit aber nicht um die grundsätzliche Unmöglichkeit des Kopierens herumdrücken, und die Umgehung des No-Cloning-Theorems liegt in der Regel darin, dass die Auswertungsverfahren von Alice und Bob diese Möglichkeit nicht korrekt berücksichtigen und Eve deshalb die Gewinnung größerer Informationen erlauben, wie es ja auch schon beim einfachen Quantencomputer bei bloßer Beseitigung der abweichenden Bits der Fall wäre. Da Quantenkopierer für Photonen bereits in Experimenten realisiert werden konnten, kommt man nicht daran vorbei, solche Techniken beim Entwurf von Quantenverschlüsselungsverfahren zu berücksichtigen, auch wenn sie noch weit von jeder Anwendungstechnologie entfernt sind.

4.5 Fehlerkorrektur

4.5.1 Allgemeine Vorgehensweise

Vollständig geheime Bitfolgen

Alices und Bobs Ziel ist es, einen String von Schlüsselbits aus den ausgetauschten Qbits zu generieren. Im Weiteren werden wir unterstellen, dass Eve die Verhandlungen für diese Schlüsselvereinbarung, die unverschlüsselt über einen normalen Datenkanal durchgeführt werden, ebenfalls mithören kann, aber keine Möglichkeiten besitzt, die Kommunikation zwischen Alice und Bob zu manipulieren.

Die Extraktion einer Bob und Alice genau bekannten Bitfolge ist auch bei einem aktiven Lauschangriff von Eve in den meisten Fällen kein grundsätzliches Problem, wie wir sehen werden, das Problem liegt aber in einer *nur* Bob und Alice bekannten Bitfolge. Warum das so sein muss, demonstrieren wir an einem Beispiel.

Eine Verschlüsselungsmethode ist das sogenannte **One-Time-Pad**, bei dem der ermittelte Schlüssel mit der Nachricht durch die XOR-Operation verknüpft wird. Die Entschlüsselung auf der Gegenseite erfolgt auf die gleiche Art. Theoretisch ist diese Verschlüsselungsmethode absolut sicher, wenn die Schlüsselbitfolge reinen Zufallscharakter besitzt. Verwendet man die vereinbarten Schlüsselbits in dieser Weise, ist das Gesamtverfahren von keinem klassischen Verfahren mehr abhängig und somit sicher.

Sobald Eve jedoch mutmaßlich einen Teil des Schlüssels ebenfalls besitzt, muss auf diese Methode verzichtet werden, und zwar aus nichtmathematischen Gründen. Nehmen wir an, Eve verfügt aufgrund eines Lauschangriffs über eine nennenswerten Teil des Schlüssels. Der vorstehende Absatz kann nach Überblendung des bekannten Schlüsselteils über das Chiffrat beispielsweise das folgende Aussehen annehmen:[1]

```
lJne :er!c!lüsselun[sa[tLliy&i4t v,scso xf4gVQz}One-T,Vv
Pkx, PEipd%dw; erm tt*xt!‘5chlüsA^l mKt dem Nacjrc!X urch
die XO5-OderLtion !,rknüpft >wid\  YieoEvscQ@üsswrFg,auf
de+^reUGnseitHherfolz^ auMXdi!.8<eiche[Dgs
Tw}ret=schiftfdmesk @Jch&üs$euxgbmePhd7 D!sSl0t
[ihheruwBn7VIie Sch%üsVml"}t]olvM reieen uus|llscharakter
b1sitzW.uSWJald #(+ Zedoch muxmaßlQI. eiXTeiJ
dL1ch~üsJeSs~be}iRt2 pusp rf/plehMAMetDo"S(verzichtt
w^rben,Xu#d zwarf ^s ^cht9aFhe6agbschen]Grü/dena
```

Das Bild ist natürlich etwas geschönt, um die Druckfähigkeit des Textes zu erhalten, aber das Prinzip wird schon deutlich, denn einzelne Textteile des Originals finden sich in diesem „Chiffrat“ wieder. Eve hat zwar keine Chance, die fehlenden Teile zu entschlüsseln, aber das braucht sie in der Regel auch nicht! Verschlüsselung und Angriff spielen sich in der Praxis nämlich nie in einem luftleeren Raum ab. Eve wird Gründe haben, gerade Alice und Bob anzugreifen, und sie wird eine ganze Menge über die beiden wissen: welche Informationen zwischen den beiden ausgetauscht werden, welche Sprache (Formatierung) sie dabei verwenden, welche Dialekte beide sprechen, welches das aktuelle Thema ist und vieles mehr. Die entschlüsselten Teile der Nachricht genügen Eve unter Umständen bereits, um die gewünschte Information zu erhalten, d. h. sich den Rest zu denken zu können und diese Einschätzung mit anderen Informationen abzusichern oder zu verwerfen.

Die Notwendigkeit, eine Eve völlig unbekannte Bitfolge zu generieren, hat zur Folge, dass die aus den Qbits generierten Primärschlüsselbits nicht direkt verwendet werden dürfen, da Alice und Bob nicht wissen, welche Bits Eve direkt bekannt sind. Die Primärbits müssen daher in für Eve nicht nachvollziehbarer Weise in Sekundärschlüsselbits umgewandelt werden müssen. Hier existieren mehrere Möglichkeiten, wie wir sehen werden.

[1] Dies ist nicht exakt der Absatz „Eine Verschlüsselungsmethode ...“. Sie können aber ziemlich sicher erkennen, was fehlt und was hinzugekommen ist. Wahrnehmungspsychologisch wird das Lesen des teilverschlüsselten Textes vom Gehirn unterstützt: Afugrnud enier Sduite an enier Elingshcen Unvirestiät ist es eagl, in wlehcer Rienhnelfoge die Bcuhtsbaen in eniem Wrot sethen, das enizg wcihitge dbaei ist, dsas der estre und lzete Bcuhtsbae am rcihgiten Paltz snid. Der Rset knan ttolaer Bölsdinn sien, und man knasn es torztedm onhe Porbelme lseen. Das ghet dseahlb, wiel wir nchit Bcuhtsbae für Bcuhtsbae enizlen lseen, snodren Wröetr als Gnaezs. Smtimt's?

Messung der Verfahrensqualität

Zur Feststellung, welche Qbits für die Schlüsselaushandlung verwendet werden können und ob es Hinweise auf einen Lauschangriff von Eve gibt, tauschen Alice und Bob folgende Informationen aus (Legende siehe folgende Erklärung):

	1	*2*	*3*	*4*	*5*	*6*	*7*	*8*	*9*	*10*	*11*	*12*	*13*	*13*
Ali	0	D2	/	|	K1	0	0	|	/	D1	K3	|	|	/
Bob	/	/	0	|	|	/	D1	0	D2	/	/	K1	/	/

a) Alice und Bob kennen die Verteilung der n-Photonenemission der verwendeten Quelle sowohl absolut als auch bezüglich spezieller Polarisationsrichtungen, sowie die Messcharakteristika ihres Equipments. Sie besitzen darüber hinaus auch Vorstellungen über die Qualität des Übertragungskanals.
Sie können nun zunächst alle Messungen ohne Signal (0) und mit Doppel- oder Mehrfachsignal (Dn, wobei die Ziffer die Art des Doppelsignals, z. B. im gleichen Detektor, in verschiedenen Detektoren usw., angibt) ausfiltern und überprüfen, ob diese Statistik mit ihren Erwartungen übereinstimmt. Einige Profile dieser Auswertung haben wie bereits diskutiert, weitere werden im experimentellen Teil folgen.
Für die Schlüsselaushandlung verwendet werden in der Regel nur 1-Photonen-Signale. Die Erzeugungsrate brauchbarer Signale kann erheblich unter der Primärtaktrate liegen.
b) Alice und Bob sondern im zweiten Schritt alle unbrauchbaren Messungen aus. Dies sind Messungen, die unterschiedliche Orientierungen aufweisen (|/) oder – sofern im Messsatz vorhanden – Kontrollmessungen (Kn, wobei die Ziffer die Art der Kontrollmessung angibt) auf ungeeignete Zustände beim Kommunikationspartner stoßen.
Hierdurch scheiden statistisch 50 % der Qbits sowie ein von der Art der Kontrollen weiterer Anteil von ca. 25 % aus.
c) Aus der verbleibenden Qbit-Menge werden 10–20 % zufällig ausgewählt und die Messungen direkt verglichen. Alice und Bob gewinnen so eine Abschätzung der Gesamtfehlerrate.
Sofern Kontrollmessungen durchgeführt werden, werden auch diese nun ausgewertet.

Durch die vielfachen Kontrollen bleibt nur ein kleiner Teil der ausgetauschten Qbits für die Schlüsselaushandlung übrig, und auch diese sind noch mit Fehlern behaftet, so dass weiterer Verlust auftritt. Signal-, Kontroll- und Fehlerratenmessung erlauben es Alice und Bob, einen Lauschangriff von Eve zu erkennen bzw. zumindest die Obergrenze der von Eve erlauschten Informationen abzuschätzen. Außerdem kann damit die Parameterauswahl für das folgende Abgleichsverfahren eingestellt werden.

Methodische Vorgehensweise

Für die Aushandlung der Schlüsselbits zwischen Alice und Bob existiert eine größere Anzahl von Algorithmen und Protokollen, von denen wir hier einige ohne Anspruch auf Vollständigkeit diskutieren. Im Allgemeinen muss dabei vorausgesetzt werden, dass Eve Kenntnisse über den Bitstring besitzt.

Szenarien dieser Art – Alice und Bob verfügen über einen teilweise übereinstimmenden Bitstring – sind auch aus der klassischen Informatik bekannt: ein Bitquelle (z. B. ein Satellit) versendet zufällige Bits mit einem hohen Rauschpegel, die von Alice und Bob gemessen werden, die aus diesen Messergebnissen einen gemeinsamen Bitstring konstruieren sollen. Eve kann in diesem Modell den Bitstring natürlich ebenfalls messen, ggf. sogar in besserer Qualität als Alice und Bob selbst. Trotzdem können Alice und Bob am Ende einer öffentlich geführten Kommunikation über einen Bitstring verfügen, über den Eve so gut wie keine Kenntnisse besitzt.

Für diese Modelle gibt es ausführliche Untersuchungen insbesondere von Ueli Maurer[1], denen wir hier jedoch nur teilweise folgen werden. Anstelle des in der Praxis recht unanschaulichen Entropiebegriffs, der Eves Kenntnisstand in vielen theoretischen Abhandlungen beschreibt, werden wir hier vorzugsweise mit der Wahrscheinlichkeit, mit der Eve bei bestimmten Bits über den korrekten Wert verfügt, direkt operieren. Wie sich herausstellt, sind die klassischen Modelle nur bedingt auf die Quantenkryptografie zu übertragen, da je nach Angriffsmodell eine Klassenbildung der Bits möglich ist.

4.5.2 *Der klassische Ansatz: Verwerfen der Messinformationen*

Betrachten wir zunächst den rein klassischen Fall. Alice und Bob haben durch eine Kontrolle festgestellt, dass Eve die Schlüsselvereinbarung aktiv belauscht. Hierzu müssen sie nur über eine Reihe ausgetauschter Qbits sämtliche Informationen austauschen und ggf. je nach Verfahren einige Bell-Messungen durchführen. Für die klassische Vorgehensweise tauschen Alice und Bob über die restlichen Qbits, aus denen der Geheimschlüssel extrahiert werden soll, keinerlei Informationen mehr aus. Keiner der drei Beteiligten weiß somit, in welcher Basis ein bestimmtes Qbit gemessen wurde.

> **Aufgabe**. Bei einem 4-Zustandsprotokoll mit komplettem Mitlesen durch Eve (= Messen des Qbits von Alice und Generierung eines Ersatz-Qbits für Bob) besitzt die Wahrscheinlichkeit, dass zwei Qbits den gleichen Messwert bei Alice und Bob geliefert haben, den Wert $w = 5/8$. Ist dies der Fall, so verfügt Eve ebenfalls mit der Wahrscheinlichkeit $5/8$ über den übereinstimmenden Wert. Weisen Sie dies nach. Untersuchen Sie auch das 6-Zustandsprotokoll.

[1] Z.B. Ueli Maurer, IEEE Transac. Inf. Theory 39, 733, 1993.

Der erste Schritt besteht nun darin, die Wahrscheinlichkeit von Übereinstimmungen zu erhöhen, wobei Eves Erkenntnisgewinn nicht höher sein sollte als der von Alice und Bob. Dieser Teil wird Advantage Distillation genannt.

4.5.2.1 Advantage Distillation

Alice wählt dazu ein zufälliges Bit aus und bildet mit einer vereinbarten Anzahl von Qbits den String

$$Y = C^n \oplus X^n = (C \oplus X_1, C \oplus X_2, \dots C \oplus X_n) \ .$$

Bob berechnet in Kenntnis der Positionen der verwendeten Qbits

$$C' = Y \oplus X^n = (Y_1 \oplus X_1, \dots Y_n \oplus X_n)$$

und akzeptiert den String dann und nur dann, wenn C' an allen Positionen den gleichen Wert besitzt. Die Wahrscheinlichkeit hierfür liegt bei

$$p = w_0^n + (1 - w_0)^n \ .$$

Der erste Term beschreibt die Wahrscheinlichkeit, dass die Strings bei Alice und Bob übereinstimmen und beide nun über das gleiche Bit C verfügen, der zweite Term den Fall, dass Alice und Bob genau entgegengesetzte Informationen gesammelt haben und Bob hierdurch das zu C inverse Bit extrahiert hat. Die Wahrscheinlichkeit für ein korrekt extrahiertes Bit ist

$$w_1(C = C') = \frac{w_0^n}{w_0^n + (1 - w_0)^n} \ .$$

Das Verfahren wird nun iterativ fortgesetzt, bis die Wahrscheinlichkeit, dass Alice und Bob über einen identischen Bitstring verfügen, eine vorgegebene Grenze unterschreitet.

> **Aufgabe**. Spielen Sie das Modell mit der Ausgangswahrscheinlichkeit $w_0 = 5/8$ und $n = 4$ einmal durch und untersuchen Sie die Fehlerwahrscheinlichkeit quantitativ. Setzen Sie die Anzahl der auszuwertenden Qbits in eine Relation mit der Restfehlerwahrscheinlichkeit.

Untersuchen wir das zusätzlich zu der Aufgabe an einem konkreten, aber etwas abgewandelten Beispiel, in dem ein Qbit die Rolle des zufälligen Bits C übernimmt. Alice und Bob gruppieren ihre Bits zu Zweierpaketen. Alice überträgt für jedes Paket die Parität, und Bob quittiert Alice jedes Paket als „gut", wenn er die gleiche Parität ermittelt. Es ergibt sich folgendes Bilanzbild:

- Mit der Häufigkeit w_0^2 sind zwei korrekte Bits ausgewählt worden, so dass Bob dieses Paket akzeptiert.

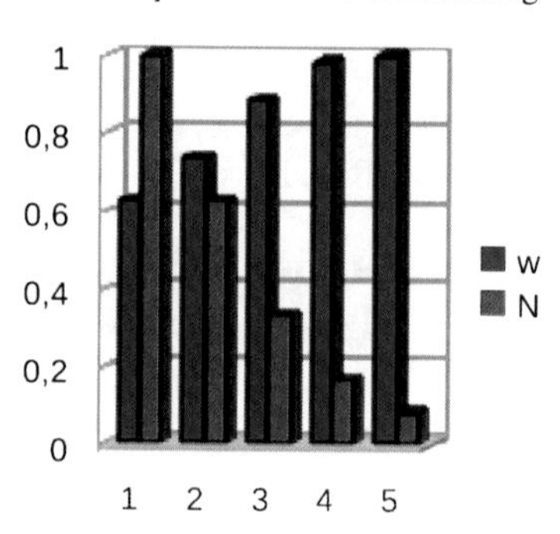

Abb. 4.4 Übereinstimmungswahrscheinlichkeit w und Anteil der Aussortierung N

- Mit der Häufigkeit $(1 - w_0)^2$ sind zwei falsche Bits ausgewählt worden, so dass sich eine korrekte Parität ergibt und Bob auch dieses Paket akzeptiert.
- Mit der Häufigkeit $2 * w_0 * (1 - w_0)$ sind ein korrektes und ein fehlerhaftes Bit gepaart worden, und Bob lehnt dieses Paar ab.

In einem Schritt werden somit

$$\delta N_0 = N_0 * 2 * w_0 * (1 - w_0)$$

Pakete aussortiert. Von jedem akzeptierten Paket wird jeweils ein Bit verworfen und das zweite im weiteren Einigungsprozess weiterverwendet. Die verbleibenden Bits und deren Übereinstimmungswahrscheinlichkeit im nächsten Schritt sind durch

$$N_{i+1} = \frac{1}{2}(N_i - \delta N_i)$$
$$w_{i+1} = \frac{w_i^2}{w_i^2 + (1 - w_i)^2}$$

gegeben. Das Verfahren wird wiederholt (Kaskade), bis die Bitfehlerwahrscheinlichkeit auf einen akzeptablen Wert gefallen ist. Abbildung 4.4 gibt einen Überblick über die Entwicklung in einem Schritt des Verfahrens. Der Restfehler geht quadratisch gegen Null, so dass nach wenigen Runden ein brauchbarer Wert erreicht sein sollte. Der Verlust geht ebenfalls quadratisch gegen Null. Da bei jedem Schritt die Anzahl der Bits in der nächsten Runde halbiert wird, ist der Verlust allerdings erheblich.

Kumulieren wir die Daten aus Abb. 4.4, so sind in 5 Runden pro Bit ca. 85 Rohbits einzusetzen. Die Übereinstimmungswahrscheinlichkeit liegt dann allerdings bei 99,97 %. Eine Runde weniger erfordert etwas mehr als die Hälfte an Rohbits bei etwas mehr als 98 % Übereinstimmung.

4.5.2.2 Eves „Advantage“

Aufgrund der Kommunikation zwischen Alice und Bob weiß Eve, welche Pakete akzeptiert wurden und welches Bit jeweils in der nächsten Runde weiterverwendet wird, und nur diese muss sie im Weiteren beachten. Da keinerlei zusätzliche Informationen aus dem Quantenalgorithmus verwendet werden, hat sie

- mit der Wahrscheinlichkeit w_0^2 den gleichen Paketinhalt wie Bob und besitzt nun das gleiche Bit für die nächste Runde (das allerdings nicht mit dem von Alice übereinstimmen muss),
- mit $(1 - w_0)^2$ ein komplett inverses Paket zu dem von Bob und damit auch ein falsches Bit sowie
- in der Hälfte der verbleibenden Fällen zufällig ein korrektes Bit für die nächste Runde ausgewählt und weiß somit nichts über diese Bits.

Fassen wir alles zusammen, so folgt für die mittlere Wahrscheinlichkeit, über ein korrektes Bit zu verfügen

$$w_{i+1} = w_i^2 + \left(1 - w_i^2 - (1 - w_i)^2\right)/2 = w_i \ .$$

Eve gewinnt also anscheinend keine neuen Informationen. Allerdings sollte man Eve eine etwas intelligentere Vorgehensweise zubilligen. Sie kann nämlich eine individuelle Klassifizierung der Bits vornehmen. Sämtliche Bits, bei denen sie unterschiedliche Paritäten ermittelt hat, werden der Klasse $K_{1/2}$ zugeordnet. Jedes Bit ist mit der Wahrscheinlichkeit $w = 1/2$ korrekt und Eves Unsicherheit ist somit maximal. Der Anteil dieser Klasse an den gesamten Bits beträgt

$$q_{1/2} = 1 - \left(w_0^2 + (1 - w_0)^2\right) \ .$$

Bei den anderen Bits, die aus übereinstimmenden Paritätspaaren gewonnen wurden, liegt ihre Sicherheit, über das gleiche Bit wie Bob zu verfügen, allerdings nun bei

$$p_{EB} = \frac{w_0^2}{w_0^2 + (1 - w_0)^2} \ .$$

Unter den angenommenen Voraussetzungen – Übereinstimungswahrscheinlichkeit 5/8 – liegen Eves Kenntnisse nach dem ersten Schritt nun bei

Klasse	**Partitions-größe**	**Übereinstimmung**
$K_{1/2}$	0,47	0,5
K_1	0,53	0,73

Über einige Bits weiß sie also besser Bescheid als vorher, während bei anderen die Kenntnis sinkt.

Das Klassenbildungsverfahren lässt sich in den nächsten Schritten fortsetzen. Qualitativ können wir hierbei folgende Entwicklung erwarten:

Klasse Bit 1	Klasse Bit 2	Parität	Neue Klasse
K_1	K_1	OK	$K_2 > K_1$
K_1	K_1	FALSCH	$K_{1/2}$
K_1	$K_{1/2}$	OK	$K_1 > K_{\text{neu}} > K_{1/2}$
K_1	$K_{1/2}$	FALSCH	$K_{1/2}$
$K_{1/2}$	$K_{1/2}$	—	$K_{1/2}$

- Bei falschen Paritäten erfolgt eine Rückstufung auf $K_{1/2}$, da jeweils unklar ist, welches Bit die Ursache war.
- Bits der Klasse K_1 können bei korrekter Parität an Sicherheit zunehmen,
- gemischte Klassen führen bei korrekter Parität zu neuen Mittelklassen.

Gehen wir einmal davon aus, dass nur die Bits in der ersten Zeile der Tabelle weiterentwickelt und alle anderen Ereignisse der Klasse $K_{1/2}$ zugeordnet werden, so erhalten wir die in Abb. 4.5 dargestellten Ergebnisse.

Alice und Bob können zwar nach fünf Iterationen davon ausgehen, dass mehr als 99 % ihrer Bits bereits identisch sind, aber Eve kennt davon $1/4$ mit nahezu 100 %-iger Genauigkeit und weiß auch, um welche es sich handelt! Alice und Bob müssen daher ca. 50 % mehr Bits im ersten Durchlauf aushandeln, als sie später als Verschlüsselungssicherheit einsetzen wollen, denn im weiteren Verfahren gehen noch einige weitere Bits verloren.

Anmerkung. Erstaunlicherweise wird diese Möglichkeit der Klassenbildung in der Literatur in der Regel unterschlagen und man begnügt sich mit der mittleren Wahrscheinlichkeit oder – noch abstrakter – mit der Entropie.[1] Das ist umso erstaunlicher, als diese Form der Klassenbildung Standard sowohl in der linearen Kryptoanalyse

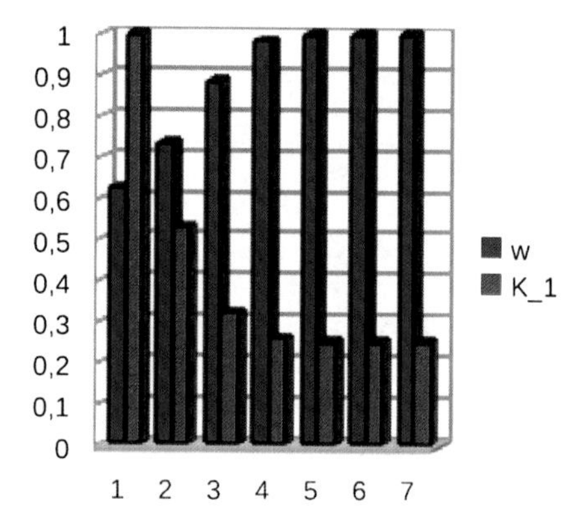

Abb. 4.5 Wahrscheinlichkkeit, den korrekten Wert zu besitzen (*linker Teilbalken*), und Anteil an der Gesamtmenge der Bits (*rechter Teilbalken*)

[1] Wir haben im Kapitel über den Entropiebegriff bereits auf das Problem zu hoher Abstraktionsebenen hingewiesen.

als auch in der differentiellen Kryptoanalyse ist. Physikalische Verfahren wie Strom-Zeit-Analyse oder Laufzeitanalyse greifen ebenfalls auf diese Techniken zurück.

Insgesamt ändert das zwar wenig am Endergebnis, dass Alice und Bob einen Vorteil über Eve gewinnen, aber die tatsächlichen Kenntnisse von Eve werden hierdurch doch reichlich unterbewertet.

4.5.2.3 Information Reconciliation

Die Bitstrings weisen nach Abschluss dieses Verfahrens (möglicherweise) immer noch Unterschiede aus. Für eine Verwendung als Schlüssel in einem Verschlüsselungsverfahren muss die Übereinstimmung allerdings absolut sein. Zur Eliminierung der Restfehler können Alice und Bob nun etwas gezielter vorgehen. Wir untersuchen zwei Methoden:

a) Alice und Bob wählen genügend lange Bitstrings aus und tauschen deren Hashwerte aus. Stimmen diese nicht überein, können sie eine Fehlerkorrektur durch systematisches Austauschen von Bits vornehmen. Sind N Bits vereinbart, so ist die Anzahl der zu untersuchenden Möglichkeiten bei maximal k Fehlern

$$Z = \sum_{i=1}^{k} \binom{n}{i} .$$

k ist damit in der Praxis etwa auf den Bereich 3–4 zu beschränken, um den Rechenaufwand akzeptabel zu halten. Kann auf diese Weise keine Übereinstimmung erreicht werden, wird ein anderer Bitstring ausgewählt oder gegebenenfalls der Destillationsschritt wiederholt.
Die Voraussetzung für dieses Verfahren ist, dass im Destillationsschritt ein so großer Vorteil erarbeitet wurde, dass Eve nicht in der Lage ist, durch entsprechend höheren Rechenaufwand ebenfalls die Korrekturen durchzuführen.
Nehmen wir unsere obigen Rechnungen zu Hilfe, so könnten Hashwerte über 192 Bit gezogen werden, was für Eve nach 5 Iterationen eine Unsicherheit von ca. 140 Bit bedeuten würde. Da die Übereinstimmungswahrscheinlichkeit für Alice und Bob dann aber schon bei 99,9 % liegt, wären die meisten Versuche bereits erfolgreich, die meisten Fehlversuche könnten mit einer Suche nach einem Fehler bereits korrigiert werden.

b) Die Hashfunktionen liefern sehr viele Informationen über die Bitstringfolge, außerdem ist die Suche nach Fehlern relativ aufwändig. In einem alternativen Verfahren wählen Alice und Bob zufällige größere Teilstrings aus und vergleichen deren Paritäten.
Bei gleicher Parität liegt höchstens eine gerade Anzahl von Fehlern vor. Alice und Bob wählen weitere Folgen aus, die mit den bereits untersuchten überlappen. Mit einiger Wahrscheinlichkeit werden Fehler so getrennt und fallen durch abweichende Paritäten auf.
Bei abweichender Parität wird die Folge geteilt und die Hälften verglichen. Der Fehler kann so lokalisiert und ggf. sogar korrigiert werden; sinnvoller ist es je-

doch, einen fehlerhaften String unterhalb einer vorgegebenen Länge komplett zu verwerfen.

Die Methode setzt voraus, dass die Doppelfehlerwahrscheinlichkeit in einem String bereits relativ klein ist. Eve kann unter den hier betrachteten Bedingungen keine oder allenfalls unwesentliche neue Informationen gewinnen, sofern nach Ausfiltern eines korrekten Teilstrings so viele Bits verworfen werden, wie für Paritäten, an denen der String beteiligt war, berechnet wurden.[1]

Aufgabe. Untersuchen Sie Methode b) einmal quantitativ unter Annahme bestimmter Restfehlerwahrscheinlichkeiten und Stringlängen.

Anmerkung. Methode a) wird in der Literatur eigenartigerweise vielfach als ungeeignet angesehen, da die Anzahl der notwendigen Versuche als zu hoch erachtet wird. Unsere Zahlen sprechen eine andere Sprache: bei ca. 45.000 Rohbits hätte man nach den ersten beiden Schritten in 4 Iterationen ca. 1000 gereinigte Bits vereinbart, wobei ca. 25.000 Korrekturrechnungen notwendig wären. Für heutige Rechner kein Problem, wobei man den Rechenaufwand durch verdoppeln der Rohbitanzahl auch auf 1 % drücken könnte. Von den 1000 Bits sind Eve allerdings 250 bekannt.

Bevorzugt wird in der Literatur oft Methode b), die jedoch problematischer ist, da aufgrund des hohen Anteils an Eve bekannten Bits über die Paritäten Buch geführt und weitere Bits gestrichen werden müssen. Außerdem ist die Sicherheit, über einen identischen String zu verfügen, geringer als bei Methode a).

4.5.2.4 Privacy Amplification

Der letzte Schritt hat Alice und Bob zwar übereinstimmende Bitfolgen beschert, aber Eve ist immer noch im Besitz von 25 % der Bits. Der letzte Schritt besteht in der Beseitigung dieses Restrisikos und ist denkbar einfach: Alice und Bob erzeugen mit einer Hashfunktion aus N vereinbarten Bits $n < N$ sichere, d. h. Eve vollständig unbekannte Bits. Mit diesen kann nun eine verschlüsselte Kommunikation geführt werden.

Die Qualität dieses und ggf. auch des vorhergehenden Schrittes sowie die Anzahl der dabei erneut verloren gehenden Bits hängt von der Qualität der verwendeten Hashfunktionen ab. Diese Diskussion gehört jedoch in ein Buch über klassische Verschlüsselungsverfahren.

4.5.2.5 Fazit

Wie die Diskussion zeigt, ist eine Vereinbarung eines geheimen Schlüssels ohne weiteres möglich, selbst wenn der Lauscher über erhebliche Informationen verfügt.

---

[1] Jede Parität liefert natürlich formal neue Informationen über den Bitstring. Die Überlappung und Teilung der Strings muss daher natürlich schon so erfolgen, dass der Inhalt bestimmter Bits dabei nicht verraten wird.

Wir haben für die Schlüsselvereinbarung jedoch die zur Verfügung stehenden Quanteninformationen gar nicht verwendet. Rein formal wäre daher die Verwendung von quantenphysikalischen Methoden gar nicht notwendig; klassische verrauschte Kanäle, die bei jedem Empfänger den gesendeten Bitwert nur mit einer gewissen Wahrscheinlichkeit korrekt auslesen lassen, würden dafür ausreichen.

Die quantenkryptografischen Protokolle bringen aber doch einige wesentliche Verbesserungen:

a) Die Anwesenheit von Eve kann mit hoher Sicherheit festgestellt werden, ebenso lässt sich im Falle eines Lauschangriffs abschätzen, welche Informationen sie gewonnen haben könnte. Ist die Qbit-Aushandlung unbeobachtet geblieben, kann auf effektivere Maßnahmen der Schlüsselaushandlung zurückgegriffen werden.
b) Die Quantenmechanik liefert exakte Wahrscheinlichkeitsgrenzen für die Bitsicherheit. Sie garantiert, dass Eve nicht doch über Zusatzinformationen verfügt, die durch einen „Angstfaktor" in den einzelnen Vereinbarungsstufen berücksichtigt werden müssen. Allerdings sind dabei auch weitere Nebenbedingungen zu berücksichtigen, wie das nächste Kapitel zeigt.

4.5.3 Nutzung von Informationen aus Quantenverfahren

Die klassische Vorgehensweise ist zwar ein sicheres Fallback-Verfahren, führt jedoch zu einem hohen Aufwand des Schlüsselabgleichs, da keinerlei Informationen aus dem Messvorgang verwendet wurden. Lediglich die zufällige Übereinstimmung der Messrichtungen, sorgt dafür, dass die Übereinstimmungswahrscheinlichkeit gleicher Bits oberhalb von $1/2$ liegt und ein Erfolg möglich ist.

Entfernen Alice und Bob durch Austausch der Messinformationen sämtliche Bits, die nur mit $w = 1/2$ den gleichen Wert aufweisen, beginnt das Abgleichsverfahren natürlich unter wesentlich besseren Bedingungen – allerdings auch für Eve, wie wir feststellen werden.

4.5.3.1 Kaskadierende 2/1-Bitextraktion

Wir untersuchen im ersten Beispiel das oben diskutierte Paritätsverfahren. Untersucht werden nur Qbits, bei denen Alice und Bob kompatible Messrichtungen verwendet haben, wobei diese Information auch Eve bekannt ist. Alle anderen Bits haben Alice und Bob aus dem Verfahren entfernt. Ihre Ausgangswahrscheinlichkeit für übereinstimmende Bits ist als besser als vorher – Eves Situation allerdings auch. Ansonsten ändere sich am diskutierten Abgleichsverfahren nichts. Eve ist allerdings nun in der Situation, durch geschicktes Ausnutzen der zusätzlichen Informationen weitere Vorteile zu gewinnen.

Eve und der Quantenkopierer

Bei Einsatz eines optimalen universellen Quantenkopierers gilt für die Wahrscheinlichkeiten, dass Eve und Bob über den gleichen Bitwert wie Alice verfügen

$$p_{AE} = p_{AB} = 0{,}835 .$$

Wir können somit die gleichen Betrachtungen anstellen wie beim klassischen Verfahren, was zu der Schlussfolgerung führt, dass Eve nach der Destillation über $2/3$ aller vereinbarten Bits verfügt und ihr nur $1/3$ unbekannt ist. Die Destillation erfordert aufgrund der höheren Übereinstimmungsrate auch weniger Iterationsschritte.

Aufgabe. Es sei Ihnen überlassen, die restlichen Schritte – Information Reconciliation und Privacy Amplification – entsprechend aufzuarbeiten und festzustellen, wie viele Rohbits vereinbart werden müssen, um 128 sichere Bits zu erhalten.

Aufgabe. Der Einsatz eines Quantenkopierers führt bei Rückgriff auf das klassische Verfahren dazu, dass die Wahrscheinlichkeit, dass Alice und Bob über ein gleiches Bit verfügen, deutlich geringer ist als die Wahrscheinlichkeit, dass Eve und Bob ein gleiches Bit besitzen. Rechnen Sie auch diese Möglichkeit quantitativ durch.

Idealer (fehlerfreier) klassischer Angriff

Bei einem klassischen Lauschangriff liegt von vornherein eine Partitionsbildung vor, da Eve bei Bits, die sie mit der gleichen Messrichtung wie Bob gemessen hat, vermutlich auch den gleichen Wert besitzt, über Bits mit abweichenden Messrichtungen aber keine Kenntnisse hat. Wir untersuchen nun, wie sich Eves Kenntnisse im Partitionsfall entwickeln, wobei wir für die Partitionsgrößen den Buchstaben w, verwenden, für die Wahrscheinlichkeit, dass Bits einer Partition mit denen von Bob übereinstimmen, den Buchstaben p.[1] Partitionen können von Eve in jeder Größenordnung interpretiert werden, Wahrscheinlichkeiten aber nur bis zur maximalen Anfangsunsicherheit, d. h. die Betrachtungsintervalle sind

$$0 < w \leq 1 , \quad p_0 \leq p \leq 1 \quad \text{mit} \quad p_0 \geq 1/2 .$$

Nehmen wir zunächst an, dass Eve ihr Equipment so positionieren kann, dass Bob immer den von ihr gewünschten Wert misst, wenn beide die gleiche Messbasis ver-

[1] Die Zuordnung zwischen Eve und Bob ist willkürlich. Wir könnten auch argumentieren, dass Eve in der Basis gemessen hat, in der Alice das Photon erzeugt hat, und eine Korrelation zwischen Alice und Eve herstellen. Wenn für die Übereinstimmungen mit Alice oder Bob jeweils die Wahrscheinlichkeiten p_A und p_B gelten, wird bei $p_A > p_B$ eine Zuordnung von Eve zu Alice durchgeführt, im anderen Fall zu Bob. Eve kann jeweils die beste Option statistisch für sich nutzen.

wenden, d. h. $p = 1$.[1] Bei einem Anteil von w mit Bobs Messbasis übereinstimmend gemessener Bits entwickelt sich ihre Statistik in der Abgleichsrunde folgendermaßen:

a) Bei einem Anteil von w^2 Paketen verfügt Eve bei beiden Bits über den gleichen Wert wie Bob. Nehmen wir an, die Wahrscheinlichkeit, dass Eve auch den Wert gemessen hat, den Alice besitzt, sei q. Dann werden $2 * q * (1 - q)$ Pakete verworfen (Einfachfehler), der Rest enthält noch einige Doppelfehler.
b) Bei einem Anteil von $(1 - w)^2$ Paketen werden Paare gebildet, bei denen Eve über keine Kenntnis des korrekten Wertes verfügt, da sie in einer anderen Basis gemessen hat.
Aus statistischen Gründen wird von diesen die Hälfte von Bob akzeptiert, jedoch ist wiederum die Hälfte davon auf Doppelfehler zurückzuführen und wird bei einer Fortsetzung des Einigungsverfahrens von Alice und Bob ausgeschlossen.
c) Bei einem Anteil von $2 * w * (1 - w)$ Paketen werden Paare gebildet, bei denen Eve ein Bit genauso gemessen hat wie Alice und Bob und damit auch Bobs Wert kennt. Das andere Bit kann sie aufgrund der Paritätsübertragung rekonstruieren. Die Hälfte dieser Paare wird aus statistischen Gründen von Bob akzeptiert, und Eve kann auch diese Bits ihrer guten Partition zurechnen.

Zählen wir die von Bob akzeptierten Pakete zusammen und unterteilen sie wieder in eine Partitionen, bei der Eve Kenntnis von Bobs Bit besitzt, und eine Restpartition maximaler Unsicherheit bei Eve, so finden wir für die Entwicklung der „guten“ Partition unter Vernachlässigung von Fehlern:

$$w' = \frac{w^2 * (1 - 2 * q * (1 - q)) + w * (1 - w)}{w^2 * (1 - 2 * q * (1 - q)) + w * (1 - w) + \frac{1}{2}(1 - w)^2} .$$

Die Fehlerwahrscheinlichkeit zwischen den Messungen von Eve und Alice wirkt sich dabei nur bei der Anzahl der akzeptierten Pakete des Typs a) aus, spielt aber bei den anderen Pakettypen keine Rolle.

Werten wir diese Funktion aus, so stellen wir fest: Eves Kenntnisse nehmen zu! Wie stark, zeigt Abb. 4.6. Der Grund liegt darin, dass der vermeintliche „Verschleierungsfaktor“ Parität genau das Gegenteil bewirkt und Eve über die Partitionsbildung Kenntnis über bislang unbekannte Bits verschafft.

Aufgabe. Prüfen Sie mit Hilfe eines Tabellenkalkulationsprogramms, dass selbst kleine Werte von q an dieser Gewinnsituation von Eve nichts ändern.

Anmerkung. Unterstellen wir eine fehlerfreie Messung der Ereignisse, können Alice und Bob Eve offensichtlich gar nicht entkommen, da Eve ihr bekannte Bits

[1] Der Fall ist nicht auszuschließen. Eve kann beispielsweise direkt in der Nähe von Bob ihre Lauschtechnik installieren, so dass von ihr mit einer bestimmten Polarisation abgesandte Bits auch mit diesem Wert von Bob gemessen werden, wenn er die gleiche Messbasis verwendet. Das sagt natürlich noch nichts darüber aus, wie gut die Werte mit denen von Alice übereinstimmen, aber darauf kommt es auch gar nicht an, wie die folgenden Ausführungen zeigen.

dazu verwenden kann, Informationen über unbekannte Bits zu gewinnen. Auch dazu findet man in der Literatur nur relative wenige Bemerkungen in der Art „so ganz ist das klassische Modell nicht übertragbar“. Fluch der Abstraktion? Möglicherweise.

Schlussfolgerungen

Fehlerfreiheit ist natürlich in der Realität kaum gegeben. Die natürlichen Fehler liegen, wie wir in den Ausführungen zur Praxis noch sehen werden, in der Größenordnung von 5 % und mehr, was das letzte Modell wieder etwas in Richtung des klassischen Modells zurückführt.

In Summe ist allerdings festzustellen, dass es offensichtlich keinen Königsweg gibt. Unterstellen wir Eve den Besitz eines optimalen Quantenkopierers, kommen Alice und Bob schneller zum Ziel, wenn sie die Informationen über die Messungen verwenden; greift Eve hingegen auf klassische Weise an, kann sich gerade diese Vorgehensweise als kontraproduktiv erweisen und der Rückgriff auf das klassische Verfahren führt zum Erfolg.

4.5.3.2 n/m-Blockextraktion

In der Literatur werden weitere Protokolle zur Advantage Distillation diskutiert. Wir stellen hier einige kurz vor.

Dieses zweite Protokoll ist eine Verallgemeinerung des ersten. Es arbeitet mit einem höheren Schwund an Bits, liefert Eve jedoch im Gegenzug weniger Informationen. Wiederum wird ein Paritätsabgleich durchgeführt, wobei nun jedoch mehr als zwei Bit verwendet werden und auch mindestens zwei Bit bei Übereinstimmung gestrichen werden.

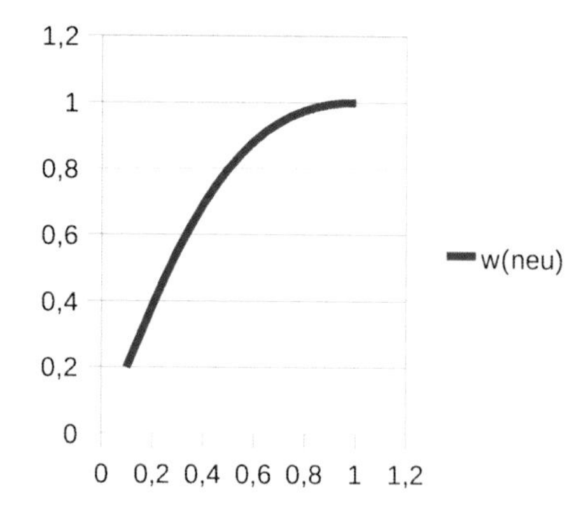

Abb. 4.6 Zunahme der Partition korrekt geschätzter Bits bei Eve als Funktion der alten Partitionsgröße bei Annahme von $q = 1$

Das Aushandlungsprotokoll

Zunächst wird anhand der ermittelten Fehlerquote eine Blocklänge vereinbart, die zweckmäßigerweise so bemessen sein sollte, dass pro Block mit hoher Wahrscheinlichkeit nicht mehr als drei Fehler auftreten. Ist p die Wahrscheinlichkeit für ein fehlerhaftes Bit, so wird die Wahrscheinlichkeit für k fehlerhafte Bits in insgesamt n Bits durch den Binomialausdruck

$$W_k = \binom{n}{k} p^k (1-p)^{n-k}$$

angegeben (Fehlerwahrscheinlichkeit für k fehlerhafte Bits * Anzahl der Möglichkeiten, k Fehler im String anzuordnen). n wird nun so bemessen, dass

$$p^4 * (1-p)^{n-4} * 100 \ll 1$$

gilt, also nicht mehr als Dreifachfehler zu erwarten sind. Ist beispielsweise $p = 0{,}06$ und $n = 8$, so sind 61 % der Blöcke fehlerfrei, 31,1 % weisen einen Fehler auf und 7 % zwei Fehler; den Rest von weniger als 1 % teilen sich noch höhere Fehlerraten.

Wie im vorhergehenden Verfahren wird für jeden Block die Parität

$$B_p = \left(\sum_{i=1}^{n} b_i\right) \bmod 2$$

berechnet und an den Partner übertragen. Blöcke mit abweichenden Paritäten werden verworfen, womit nun alle Blöcke mit ungeraden Fehleranzahlen eliminiert sind. Der Anteil an akzeptierten Blöcken wird durch

$$Q = \sum_{k=0}^{n/2} W_{2k} \approx (1-p)^n + \frac{n*(n-1)}{2} p^2 * (1-p)^{n-2}$$

angegeben, im Beispielfall also etwa 68 % der geprüften Blöcke. Davon sind

$$P = \frac{(1-p)^n}{Q}$$

Pakete fehlerfrei (in unserem Zahlenbeispiel 89 %), alle anderen weisen Doppelfehler auf.[1] Aus den Paketen wählen Alice und Bob nun jeweils m Bits für die Fortsetzung des Verfahrens aus. Die Fehlerwahrscheinlichkeiten für k abweichende Bits in den fehlerhaften Paketen werden durch die hypergeometrische Verteilung

$$q_k = \frac{\binom{n-2}{m-k} * \binom{2}{k}}{\binom{n}{m}}, \quad 0 \le k \le 2$$

---

[1] Formal sind natürlich auch Vierfachfehler usw. möglich, aber die Wahrscheinlichkeiten sind aufgrund der gewählten Rahmenbedingungen so klein, dass man diesen Fall getrost vernachlässigen kann.

beschrieben, was in unserem Beispielfall zu $q_0 = q_2 = 0{,}214, q_1 = 0{,}572$ führt. In Paketen mit Doppelfehlern liegt die Wahrscheinlichkeit, eine fehlerfreie Auswahl zu treffen, somit nur bei 21 %.

Wie im vorhergehenden Protokoll wird die Auswahl iterativ fortgesetzt, bis eine ausreichende Übereinstimmung zum Einstieg in den Feinabgleich vorhanden ist. Dazu kann man die verbliebenen Bits vor der Zusammenstellung neuer Pakete gründlich mischen und die Rechnungen mit geänderten Wahrscheinlichkeiten wiederholen.

Alternativ können die aus den Paketen ausgewählten Bits auch zusammen in ein neues Paket gesteckt werden. Bezeichnen wir mit

$$f_0 = P + (1 - P) * q_0 \,, \quad f_{1/2} = (1 - P) * q_{1/2}$$

die Anteile korrekter bzw. mit Einfach- oder Doppelfehler behafteten m-Bitpakete und betrachten den Fall $n = 2m$, so wird ein Anteil von

$$2 f_0 f_1 + 2 f_1 f_2$$

der daraus gebildeten neuen n-Bitpakete verworfen, von den verbleibenden

$$f_0^2 + f_1^2 + f_2^2$$

sind f_0^2 fehlerfrei. In unserer Beispielrechnung werden 11,8 % der neuen Pakete aufgrund ungerader Fehler verworfen, während 99,6 % der neuen m-Pakete nun fehlerfrei sein sollten, der Rest nun Doppel- und zu einem verschwindenden Anteil auch Vierfachfehler enthält.

Aufgabe. Untersuchen Sie, ob sich aus den verschiedenen Vorgehensweisen Unterschiede in der Geschwindigkeit der Destillation ergeben.

Angriff mit einem Quantenkopierer

Greift Eve mit einem Quantenkopierer an, verfügt also bei jedem Bit mit der gleichen Wahrscheinlichkeit über den korrekten Wert, so wird sie von den zwischen Alice und Bob vereinbarten Pakten einen Anteil von

$$w_s = \sum_{k=0}^{(n-1)/2} W_{2k+1}$$

mit einer anderen Parität ausgewertet haben und somit über keine Information über diese Bits verfügen. Bei einem Anteil Q der Pakten hat sie den gleichen Paritätswert gefunden, allerdings davon nur P fehlerfrei, der Rest mit möglichen Mehrfachfehlern, deren Wahrscheinlichkeiten ebenfalls nach den Formeln berechnet werden können, nach denen Alices und Bobs Entwicklung berechnet wurde.

Falls die Pakete für die nächste Runde zusammenbleiben, kann sich Eve nun ebenfalls wieder durch Partitionierung, allerdings diesmal ihrer m-Bitpakete, einen Vorteil erarbeiten. Um bei unserem Zahlenbeispiel zu bleiben, hat sie zwar 32 % der

Pakete mit einer anderen Parität berechnet und muss weiterhin ihre Anfangswahrscheinlichkeiten verwenden, bei den restlichen Paketen kann sie aber mit etwa 85 % Wahrscheinlichkeit sicher sein, die gleichen Werte wie Bob zu besitzen.

Die weitere Entwicklung hängt davon ab, welche Strategie Alice und Bob verfolgen. Bei einer erneuten Paketierung kann sie in unserem Modell bei einem Anteil von Q^2 Paketen damit rechnen, dass zwei ihrer guten Pakete zu einem neuen n-Bitpaket kombiniert werden. Von diesen wird wieder ein Teil beim Abgleich verschwinden, der Rest in der Sicherheit aber wieder zunehmen. Bei den anderen Paarungen kann Eve aber zumindest die in der ersten Runde erarbeiteten Wahrscheinlichkeiten festhalten.

Aufgabe. Untersuchen Sie für verschiedene Paketierungen die Möglichkeiten der Partitionsbildung über mehrere Stufen hinweg mittels Ihres entsprechend modifizierten Simulationsprogramms. Entwickeln Sie dazu zunächst entsprechende Formeln zur Berechnung der Wahrscheinlichkeitsentwicklung von Stufe zu Stufe.[1]

Klassischer Lauschangriff

Eve arbeitet in diesem Angriffsmodell wieder von vornherein mit Partitionen. Nehmen wir der Einfachheit halber an, Eve verfüge über eine Partition der Größe w mit der Übereinstimmungswahrscheinlichkeit $p = 1$. Werden die Bits dieser Partition in den weiteren Runden portiert, behält sie zunächst ihr Kenntnisse bei, und da vorzugsweise Bits aus der Partition der ihr unbekannten Bits eliminiert werden, wächst der Anteil ihr bekannter Bits an. Im Idealfall sind ihr 50 % der Bits zu Anfang bekannt, zum Schluss 66,6 %.

Wenn bei der Zusammenstellung der n-Bitpakete genau ein ihr unbekanntes Bit mit Bits der ihr bekannten Partition kombiniert wird und dieses anschließend im m-Bitpaket auftaucht, hat sie wieder ein unbekanntes in ein bekanntes Bit umgewandelt. Die statistische Wahrscheinlichkeit hierfür liegt bei[2]

$$f = m * w^{n-1} * (1 - w) .$$

Mit unseren bisherigen Zahlenbeispielen trifft dies auf ca. 7 % der Pakete zu, d. h. bei ca. 2 % der Bits hat sie neue Kenntnisse gewonnen. Alice und Bob müssen daher auch hier mit einer relativen Zunahme der Kenntnisse von Eve rechnen und entsprechend mehr Bits vereinbaren.

[1] Die Berechnung der Wahrscheinlichkeitsentwicklungen in einem Rechenschritt ist relativ einfach, deren Zusammenfassung über mehrere Schritte hinweg auf rein theoretischer Basis allerdings eine recht unübersichtliche Angelegenheit. Eine einfache Statistik über viele Simulationsläufe zeigt dann auch, ob Sie mit Ihren Formeln richtig liegen. Sie müssen bei den einzelnen Bits allerdings auch noch ein wenig Buchführung betreiben, um Bits gleicher Auswertungsklassen am Ende zusammenführen zu können. Die Aufgabe ist also insgesamt etwas anspruchsvoller, als sie sich zunächst anhört.

[2] Wahrscheinlichkeit für diese Bitkombination multipliziert mit der Wahrscheinlichkeit, bei m Bits genau ein bestimmtes aus n Bits auszuwählen.

Abb. 4.7 p' in Abhängigkeit von p im 8/4-Paketierungsmodell

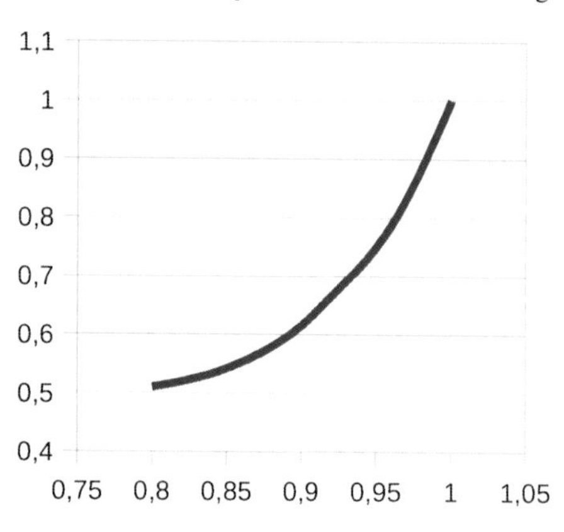

Kann sich Eve nur mit einer Wahrscheinlichkeit $p < 1$ der Richtigkeit ihrer Bits sicher sein, so wird die Sicherheit der korrekten Ermittlung eines weiteren Bits durch eine korrekte Vorhersage der Bitfolge sowie alle möglichen Doppelfehler bestimmt, d. h.

$$p' = \sum_{i=0}^{n/2-1} \binom{n-1}{2i} p^{n-(2i+1)}(1-p)^{2i} .$$

Abbildung 4.7 stellt die Verhältnisse in unserem Standardmodell dar. Eve kann bei einer Fehlerwahrscheinlichkeit von 10 % ihre Kenntnisse über zusätzliche Bits nur noch unwesentlich erweitern.

Aufgabe. Führen Sie auch hier Simulationen für verschiedene Paketierungsmodelle durch.

4.5.3.3 $n/m/1$-Alphabet

In den bisherigen Protokollen sind die Bits des Rohdatenstrings auch im Schlüsselbitstring nach Beseitigung der Fehler verwendet worden, was Eve die Beibehaltung von Kenntnissen aus dem Lauschprozess erlaubt und zum Teil sogar zu einer Ausweitung ihrer Kenntnisse geführt hat. In diesem Protokoll werden die Rohdatenbits nicht weiterverwendet, sondern zur Vereinbarung neuer Bits eingesetzt.

Wie im vorhergehenden Protokoll testen Alice und Bob die Parität von n-Bitpaketen und wählen aus Paketen gleicher Parität wiederum m Bits aus. Anstelle des kompletten m-Bitpaketes verwenden sie allerdings nun ausschließlich die Parität dieses Blocks. Dies führt auf eine Fehlerwahrscheinlichkeit von

$$p' = (1 - P) * q_1$$

da nun auch Doppelfehler in einem m-Bitpaket zur korrekten Parität führen. Das Verfahren kann iterativ fortgesetzt werden, wenn $p' < p$ erfüllt ist.

Aufgabe. Untersuchen Sie, welche Paketierungen für unterschiedliche Fehlerwahrscheinlichkeiten in Frage kommen. Kontrollieren Sie Ihre Rahmenbedingungen mit Hilfe Ihres Simulationsprogramms.

Eves Möglichkeiten, Kenntnisse über den ausgehandelten Bitstring zu erlangen, sind begrenzt. Bis zur Vereinbarung der m-Bitpakete entwickelt sich die Situation zunächst wie bei der n/m-Paketierung. In jedem Paket genügt jedoch bereits ein Eve unbekanntes Bit, um auch die Parität für sie unbekannt zu machen. Alice und Bob haben mit diesem Protokoll daher die Möglichkeit, an Eve vorbei ein Geheimnis zu vereinbaren.

Aufgabe. Rechnen Sie Eves Chancen für Ihre Rahmenbedingungen aus der letzten Aufgabe durch.

Auch wenn dieses Protokoll effektiver aussieht als die vorhergehenden – genau betrachtet trifft dies nur zum Teil zu. Wir können hier zwar eine Eve vollständig unbekannte Bitfolge ohne Umwege vereinbaren, aber der Vorteil wird durch die Reduktion $n \to 1$ statt $n \to m$ aufgefressen. Ein kleiner verbleibender Vorteil liegt in der Nutzung von m-Bitpaketen mit Doppelfehlern, die zu übereinstimmendem Ergebnisbit führen.

4.5.3.4 $k * m/m/m'$-Alphabete

Das Aushandlungsprotokoll

Auch dieses Protokoll dient zur direkten Vereinbarung eines Eve unbekannten Bitstrings, deren Bits nicht dem Primärstring entstammen. Alice und Bob einigen sich zunächst auf eine Blockgröße m und eine Redundanzgröße k. Mit m Bits lassen sich 2^m Werte kodieren. Alice wählt nun einen Wert s per Zufall aus und berechnet die Codierungen

$$s_l \equiv w_l + s (\bmod 2^m) , \quad 1 \leq l \leq k .$$

Nehmen wir an, ein Wort w_l umfasst drei Bits, so können die Alphabetzeichen dem Intervall $[0, 7]$ entstammen. Bei einer Redundanzgröße k von Vier sendet Alice beispielsweise

```
Codeblock        0 3 1 5
Schlüsselwert          4
an Bob           4 0 5 2
```

Bob subtrahiert nun seinerseits die Rohdaten seiner Worte von den erhaltenen Werten.

$$s_l - w_l \equiv s (\bmod 2^m) .$$

Besitzt er die gleichen Codeworte wie Alice, so erhält er

```
erhalten       4 0 5 2
Codeblock      0 3 1 5
Differenz      4 4 4 4
```

Erhält er in einer vereinbarten Anzahl von Fällen den gleichen Wert, so signalisiert er Alice, dass dieser Block „gut“ war und er das Alphabetzeichen akzeptiert.

Bei einer Übereinstimmungswahrscheinlichkeit p ist die Wahrscheinlichkeit übereinstimmender Worte p^m, und bei $(2/p^m)$ Versuchen sollte Bob zweimal das gleiche Alphabetzeichen ermittelt haben. Bei einer Fehlerrate von 10 % und $m = 4$ sollte $k = 3$ genügen, um Übereinstimmungen zu erzeugen, während zwei gleiche falsche Worte mit sehr viel geringerer Rate entstehen (und bei einem Auftreten entsprechend leicht zu eliminieren wären).

Angriffe von Eve

Wir gehen hier nur qualitativ auf Eves Möglichkeiten ein. Wenn die Kenntnisse von Eve und Bob nicht allzu weit voneinander abweichen, wird Eve mit einiger Wahrscheinlichkeit das korrekte Codewort ermittelt haben, wenn sie zweimal das gleiche Ergebnis erhält. Darüber hinaus kann sie auch rechnerisch die wahrscheinlichsten Alternativwerte prüfen, ob sich daraus Übereinstimmungen konstruieren lassen. Mit einigem Geschick lässt sich das durch Tabellenzugriffe in Echtzeit erledigen.

Die Leckrate dieses Protokolls ist somit viel zu groß, als dass man es in Betracht ziehen sollte.

4.5.4 Authentifizierung der Verbindung

Bislang haben wir Eve die beiden Übertragungskanäle nur „belauschen“ lassen, wenn auch das Lauschen auf dem Quantenkanal zwangsweise mit aktiven Maßnahmen verbunden ist. Da im praktischen Einsatz der Quantenkanal mit dem klassischen mehr oder weniger identisch ist, ist die Annahme, dass Eve den Quantenkanal nahezu nach Belieben manipulieren kann, den klassischen aber nicht, ein wenig widersprüchlich.

Wenn Eve schon recht weitgehende Manipulationsmöglichkeiten besitzt, kann sie auch versuchen, eine wesentlich aktivere Rolle zu übernehmen: gelingt es ihr, sich gegenüber Alice als Bob und gegenüber Bob als Alice auszugeben und mit beiden jeweils einen geheimen Schlüssel vereinbaren, so wird die weitere Kommunikation über sie geführt, wobei sie jeweils die Daten unverschlüsselt und so alles mitbekommt.[1] Sowohl der Quantenkanal als auch der normale Kommunikationskanal werden jeweils zwischen Alice und Eve bzw. Bob und Eve eingerichtet und nicht zwischen Bob und Alice. Unsere bisher diskutierten Verfahren erlauben es Bob und Alice nicht, einen solchen Einbruch zu bemerken, da die beiden Schlüsselaushandlungen formal völlig fehlerfrei durchgeführt werden. Wir müssen also zusätzliche Maßnahmen ergreifen, d. h. schon während der Vereinbarung der Schlüssel müssen Bob und Alice sicherstellen, auch miteinander zu kommunizieren, d. h. sie müssen sich gegenseitig authentifizieren. Erst dann haben wir die Situation vorliegen, die bislang unterstellt wurde.

[1] Diese Rolle wird als „man-in-the-middle“ (in diesem Fall vielleicht eher „woman-in-the-middle“) bezeichnet.

Manipulationsfreier Zusatzkanal

Zwischen Alice und Bon wird ein zusätzlicher klassischer Übertragungskanal eingerichtet, der nur eine sehr geringe Kapazität aufweisen muss, aber dafür nicht manipulierbar ist. In Frage kommen beispielsweise Telefon- oder Handy-Netze.[1] Eve kann die auf dem Hilfskanal ausgetauschten Daten nicht manipulieren, d. h. die Daten gelangen in der Form zu Alice, in der Bob sie absendet, und umgekehrt. Der Kanal steht zum Zeitpunkt der Schlüsselvereinbarung zur Verfügung. Ob Eve die Daten auf diesem Kanal lesen kann, spielt keine Rolle.

Alice bildet einen Hashwert über ihren Schlüssel und sendet diesen (*oder zumindest einen Teil davon*) an Bob. Ist Eve in der Mittelposition und hat mit jedem einen Schlüssel vereinbart, so passt dieser Hashwert nicht zu dem, den Bob mit ihrem Schlüssel berechnet, und die Authentifizierung ist fehlgeschlagen.

Neben dem Problem, einen tatsächlich manipulationssicheren Kanal zu öffnen, liegt das Problem hier aber auch darin, dass die Authentifizierung *nach* der Schlüsselvereinbarung erfolgt. Erfolgt die Vereinbarung nach einem 1-Photonen-Protokoll und ist Eve in beiden Richtungen der Geber, kann sie mit ein wenig Geschick dafür sorgen, dass in beide Richtungen der gleiche Schlüssel ausgehandelt wird, womit die Authentifizierung fehlgeschlagen wäre, wenn Alice und Bob dies nicht bemerken.

Aufgabe. Entwerfen Sie ein Kommunikationsmodell, dass Eve erlaubt, mit Alice und Bob den gleichen Schlüssel auszuhandeln. Schätzen Sie die dabei entstehende Fehlerrate ab und geben Sie Kriterien an, wann Alice und Bob misstrauisch werden sollten.

Vorher vereinbarte Geheimnisse (Pre Shared Secret)

Zwischen Bob und Alice sind vorab TAN-Listen oder zumindest ein initiales Geheimnis vereinbart. Für die Datenübertragung wird der vorhandene, nun als manipulierbar verdächtigte Datenkanal verwendet.

Alice und Bob müssen die Geheimnisse nun so in ihren Datenaustausch integrieren, dass Eve bei einem Betrug auffällt (eine nachträgliche Verwendung würde wieder auf das vorhergehende Problem führen). Dies ist leichter, als es zunächst scheint: da sowohl Alice als auch Bob im Rahmen ihrer Kommunikation Messrichtungen oder Paritätswerte austauschen, können sie jeweils unbemerkt von Eve das Geheimmuster einer TAN einfließen lassen. Die hiermit ausgetauschten Bits werden normal von der Gegenseite im Rahmen der allgemeinen Fehlerrate akzeptiert oder zurückgewiesen, so dass in der Kommunikation für Eve keine Auffälligkeiten

[1] ...die möglicherweise auf die gleiche Art abgesichert werden, die Grund für Alice und Bob waren, auf die Quantenverschlüsselung umzusteigen. Wie manipulierbar ist also ein manipulationsfreier Kanal, wenn fortgeschrittene Techniken unterstellt werden? Gewissermaßen dreht man sich hier etwas im Kreis.

entstehen. Im letztendlich vereinbarten Bitstring werden sie aber gestrichen. Da Eve dies nicht nachvollziehen kann (die Positionen sind ja nur Alice und Bob bekannt), kann sie keinen gültigen Schlüssel vereinbaren. Ihr Einbruch in das Kommunikationssystem fällt somit auf.

Aufgabe. Definieren Sie ein Protokoll, das nach diesem Modell arbeitet. Die Kodierung eines geheimen Schlüssels kann beispielsweise durch bestimmte Messrichtungen erfolgen, die Alice an bestimmten Positionen vorgibt und die Bob ablehnt. Die Positionen sollten aus dem Schlüssel selbst berechnet werden, z. B. mit Hilfe von Hashfunktionen (das letzte Byte einer iterierten Hashfunktion kann beispielsweise den Abstand zum nächsten Keybit definieren).

Das Protokoll soll sowohl Bob gegenüber Alice authentifizieren als auch Alice gegenüber Bob. Untersuchen Sie auch, mit welcher Wahrscheinlichkeit eine solche Authentifizierung zufällig ein korrektes Ergebnis ergeben kann und mit welcher Wahrscheinlichkeit Eve die Existenz eines solchen Protokolls erkennen kann.

Das Problem ist der Austausch der TAN-Listen zwischen Bob und Alice. Er muss auf einem absolut vertraulichen Weg erfolgen, beispielsweise durch einen Kurier. Abgesehen von dem Problem, einen Teil der Kommunikation wieder nur bedingt kontrollieren zu können (*es sei denn, Bob und Alice begegnen einander persönlich zum Austausch der TAN*), ist dieses Verfahren mit einem hohen Aufwand verbunden.

Initiales Geheimnis

Der Aufwand einer TAN-Liste, die nach Verwendung aller Nummern neu vereinbart werden muss, kann auf ein initiales gemeinsames Geheimnis reduziert werden, das bei der ersten Kontaktaufnahme in der eben beschriebenen Weise überprüft wird. Bei der Schlüsselvereinbarung werden mindestens zwei Schlüssel vereinbart, von denen einer für die anschließende Kommunikation verwendet, die anderen als neue TAN zwischengespeichert wird.

Werden k zusätzliche Schlüssel vereinbart, ist das Verfahren auch sicher gegen eine entsprechende Anzahl von Denial of Service-Angriffen durch Eve. Wesentlich ist, dass jeder Schlüssel nur einmalig verwendet wird, auch wenn der Aushandlungsversuch abbricht, wie folgende Überlegung zeigt:

a) Alice führt mit Bob die Aushandlung der Qbits bis zum Destillationsschritt aus. Zu diesem Zeitpunkt unterbricht Eve die Leitung und erzwingt eine Wiederholung des kompletten Vorgangs.
b) Alice führt mit Bob die Aushandlung der Qbits mit dem gleichen Geheimnis bis zum Destillationsschritt aus. Zu diesem Zeitpunkt unterbricht Eve erneut die Leitung.
c) Eve vergleicht die beiden Aushandlungen. Die identischen Teile enthalten den Schlüssel.

d) Eve gibt sich gegenüber Alice als Bob aus und reagiert auf die erneut wiederholten Teile wie Bob. Alice meint nun, Bob vor sich zu haben, kommuniziert aber mit Eve. Gegenüber Bob kann Eve den gleichen Trick versuchen.

Bei diesem Angriff sind verschiedene Modifikationen möglich, die Eve die Sache vielleicht etwas schwerer machen, aber Alice und Bob das Erkennen des Angriffs sehr schwer machen. Schlüssel dürfen als Abwehr gehen solche Replay-Attacken nur einmalig verwendet werden.

Anmerkung. Individuell zwischen zwei Partnern vereinbarte Geheimnisse machen die Quantenkryptografie eigentlich überflüssig, da die Vereinbarung von Sitzungsschlüsseln auch zum Standard heutiger Verfahren gehört. Alice sendet Bob dazu eine Zufallszahl, die dieser mit seinem Geheimnis zu

$$\text{key} = \text{Hash}(\text{rnd} + \text{secret})$$

verknüpft und als Schlüssel für ein symmetrisches Verfahren verwendet. Der Schlüssel ist ein sogenannter Message Authentication Code (MAC) und kann von Eve nicht gefälscht werden.

Subtilere Angriffsmethoden von Eve

Man muss sich darüber im Klaren sein, dass „Manipulationsfreiheit" zunächst lediglich bedeutet, dass keine Manipulation möglich ist, ohne dass dies mit einiger Wahrscheinlichkeit von Alice und Bob anhand der Fehlerrate bemerkt wird. Eve kann jedoch bei einer öffentlich geführten Schlüsselaushandlung sehr viel subtiler vorgehen, indem sie Bob und Alice schleichend an höhere Fehlerraten zu gewöhnt.

Dazu verzichtet sie beispielsweise zunächst auf einen Zugriff auf den Quantenkanal, modifiziert aber bei der Fehlerkorrektur die Nachrichten zwischen Bob und Alice. In Phase I – der Feststellung der Fehlerrate – werden einige Bits umgedreht, so dass Bob und Alice eine höhere Fehlerrate beobachten, als tatsächlich aufgetreten ist. Durch Umdrehen einiger Paritäten in Phase II erscheinen zusätzliche, angeblich nicht übereinstimmende Blöcke, in Phase III mehr Blöcke mit Doppelfehlern usw. Eve muss lediglich darauf achten, dass

1. die Statistik mit einem einbruchsfreien System kompatibel ist (das sollte ich gelingen, da ihr die quantenmechanischen Hintergründe bekannt sind) und
2. die Anfangsfehlerrate einen Angriff unwahrscheinlich macht.

Vorsichtig angefasst werden Alice und Bob keinen Verdacht schöpfen und nach dem Standardverfahren Schlüssel aushandeln.

Über einen längeren Zeitraum hinweg erhöht Eve langsam die Fehlerrate, was im günstigsten Fall bei Bob und Alice zu einer entsprechenden Korrektur der zulässigen Fehlergrenze aufgrund von „Alterungseffekten" des Equipments führt, aber nicht zu einem Einbruchsverdacht, da die Ergebnisse keine signifikanten Sprünge in der Fehlerrate aufweisen. Bei Erreichen einer zuvor ermittelten Schwelle schaltet Eve die Manipulation des klassischen Kanals ab und manipuliert nunmehr den Quantenkanal, der daraufhin tatsächliche Fehlerraten in der vorgespiegelten Höhe aufweist und Eve Informationen über den Schlüssel liefert.

4.5.5 Simulation von Szenarien

Um zu genaueren Aussagen zu kommen, welche Kenntnisse Eve nach Abschluss eines Abgleichverfahrens zwischen Alice und Bob unter bestimmten Lauschmöglichkeiten und Lauschstrategien besitzt, bietet sich eine Simulation an. Solche Simulationen können in zweifacher Hinsicht verwendet werden: Alice und Bob können sich in einem realen Anwendungsfall mit bekannten Parametern den schlimmsten Angriffsfall ausrechnen und entscheiden, ob weitere Absicherungsmaßnahmen notwendig sind, und potentielle Angreifer können vor der Entwicklung und dem ggf. riskanten Einsatz ihrer Technik abschätzen, welchen Gewinn sie erwarten dürfen.

Wir entwickeln im Folgenden ein kleines Rahmenwerk für solche Simulationen, das Sie nach Bedarf weiter ausbauen können. Ich werde die Ideen hier nur bis zu einem Punkt ausbreiten, von dem aus Sie selbst in Simulationen hineingehen können, aber kein fertiges Universalprogramm liefern.[1]

Softwaremäßig gehen wir von vier ineinander geschachtelten Objekten aus, die folgendermaßen initialisiert werden:

1. Ein Geberobjekt Trent (implementiert durch eine Klasse dieses Namens) erzeugt Photonen nach einem vorgegebenen Mechanismus und liefert diese an das Empfängerobjekt Alice aus.
2. Alice notiert die von Trent erhaltenen Photonen nach einem vorgegebenen Modell in einem Container und gibt Trents Originaldaten an das Angreiferobjekt Eve weiter. Alices gespeicherte Daten stimmen in Abhängigkeit vom Modell nur teilweise mit Trents Originaldaten überein.
3. Eve manipuliert Trents Originaldaten gemäß ihrer Angriffsstrategie und gibt dieses Ergebnis an das Empfängerobjekt Bob weiter, der die Daten ebenfalls modellorientiert in einem Container ablegt.

Im Anschluss an die Initialisierung führen Alice und Bob einen Abgleich ihrer Daten ab, wobei Frage und Antwort jeweils über das Objekt Eve abgewickelt wird. Eve kann diesen Dialog gemäß allgemeiner Vereinbarung nicht manipulieren, sondern nur für jedes im Abgleichsprozess verbleibende Bit die individuelle Wahrscheinlichkeit notieren, mit der dieses mit Alices und Bobs Werten übereinstimmt. Nach Abschluss eines Programmdurchlaufs sind zwei weitere Schritte möglich:

a) Durch weitere Simulationen kann überprüft werden, ob die Wahrscheinlicheitsaussagen von Eve korrekt sind. Da in weiteren Simulationsläufen die Positio-

[1] Ein „Universalprogramm" ist ohnehin beim nächsten technischen Fortschritt mit einiger Sicherheit nicht mehr ganz so universal.

nen der Bits in den unterschiedlichen Wahrscheinlichkeitsklassen andere sind, müssen die Daten zunächst aufbereitet werden (Sortierung nach Wahrscheinlichkeitsklassen, ggf. Sortierung in Wahrscheinlichkeitsintervalle).

b) Durch systematische Variation von Eves Bits unter Berücksichtigung der Wahrscheinlichkeiten kann versucht werden, den exakten Schlüssel zu ermitteln. Der mittlere Aufwand dabei sollte dem Produkt der Bitwahrscheinlichkeiten entsprechen.

Beide Schritte sind jedoch nicht mehr Bestandteil dieser Betrachtungen und seien Ihnen überlassen.

Die Parameter, nach denen die Objekte ihre Aufgaben erfüllen, werden zweckmäßigerweise in einer Konstantenliste gesammelt, was folgendermaßen aussehen kann:

```
struct QCParameter {

  enum {
    states =           2,      // Anzahl der verschiedenen Photonenzustände
    entangled =        0,      // verschränkte (1) - nicht verschränkte
                               // (0) Photonen

    // Erzeugungsstatistik (Trent)}
    number   =  100000,        // Anzahl der zu erzeugenen Photonen
    poisson  =       0,        // Erzeugung nach Poisson-Statistik
                               //(0=Einzelphotonen, 1=Poisson)}

    lambda   =      80,        // Poisson-Parameter * 100

    // Messstatistik Alice
    multi_alice =    0,        // Mehrfachsignal (in 0,1%-Schritten)
    loss_alice  =    0,        // Verlust von Photonen (in 0,1%-Schritten)
    ...
    // Messstatistik Eve
    ...
    clone      =     0,        // Messung von Eve durch optimales Klonen
    mirror     =  1000,        // Filtereffektivität von Photonen (in %)
    resend     =  1000,        // Neuerzeugung gefilterter Photonen (in %)
    epr_level  =     0,        // Abzweigung von Photonen (in %)
    epr_type   =     0,        // Art des Entdeckungsverfahrens

    // Distillationsverfahren
    clear_dir  =     1,        // Messrichtungsabgleich
    par_bits   =     2,        // Anzahl der Bits im Paritätsverfahren
    dist_no    =     3,        // Anzahl der Destillationsschritte
    ...
    };
};
```

Werden weitere Parameter oder Werte notwendig, kann diese Liste leicht erweitert werden. Da eine geänderte Konstantenliste jedoch nur durch Neuübersetzung des Programms Einfluss auf eine Rechnung nehmen kann, in einem Programmlauf jedoch auch eine systematische Variation bestimmter Parameter wünschenswert ist, wird die Konstantenliste nicht direkt an die Arbeitsobjekte übergeben, sondern in einem Objekt in veränderbaren ganzzahligen Attributen gespeichert (Datentyp Parset in den weiteren Ausführungen).

Die ersten Parameter werden von Trent benötigt, um die Photonen nach einem vorgegebenen Schema erzeugen zu können. Die Klasse ist sehr einfach konstruiert:

```
class Trent {
  public:
    Trent();
    void run(Parset* ps);

  private:
    Alice* alice;
};
```

Nach Konfiguration des Parameterobjektes `'ps'` wird die Simulation durch Aufruf der Methode `'run'` gestartet. Sofern die Photonenanzahl einer Poisson-Statistik folgen soll, wird ein Feld mit den Wahrscheinlichkeitssummen steigender Anzahlen gefüllt. Mittels einer Zufallszahl wird dann eine konkrete Anzahl für eine Erzeugung (Variable `'v'`) ausgewählt und mittels einer weiteren Zufallszahl die Polarisationsrichtung (Variable `'d'`), die die Photonen besitzen sollen.

```
void Trent::run(Parset* ps) {
    alice = new Alice(ps);

    states=ps->states;
    fill(poisson,poisson+5,0.0);
    if (ps->poisson == 0) {
        poisson[1]=1.0;
    } else {
        double l = static_cast<double>(ps->lambda)/100.0;
        double f = 1.0;
        poisson[0] = exp(-l);
        for (int i=1;i<9;i++) {
            f = f * i;
            poisson[i] = pow(l,i) / f * poisson[0] + poisson[i-1];
        }
        poisson[9]=1.0;
    }

    for (int i=0; i<ps->number;i++) {
        int d,v;
        create_photon(d,v);
        alice->push_back(d,v);
    }

    alice->run();
    delete alice;
}
```

Die Variable `'d'` gibt das für die Messung verwendete Basissystem an (z. B. 0 oder 1 für ein 4-Zustände-Protokoll), die Variable `'v'` ist positiv oder negativ, je nach ausgewählter Polarisation in der Basis.

Die in der Methode verwendeten Felder und Funktionen können lokal im Modul `'Trent'` implementiert werden und besitzen den folgenden Code:

```
static double poisson[10];
static int states;

int random(double* feld) {
  double r = static_cast<double>(rand()) / static_cast<double>(RAND_MAX);
  int i;
  for (i=0;i<10;i++) {
    if (r<feld[i]) {
      break;
    }
  }
  i*=sign(rand()-RAND_MAX/2);
```

```
    return static_cast<int>(i);
  }

  void create_photon(int& d, int& v) {
    v=random(poisson);
    d=rand()%states;
  }
```

Das Codebeispiel gilt für Protokolle mit unverschränkten Photonen. Verschränkte Photonen erfordern im Mehrphotonenfall eine andere Vorgehensweise.

Für die anderen Objekte ist die Vererbungshierarchie

```
class Alice ...
class Bob: public Alice ...
class Eve: public Bob ...
```

vorgesehen.[1] Die Klasse `'Alice'` besitzt die Schnittstelle

```
class Alice {
public:
    Alice();
    Alice(Parset* p);
    virtual ~Alice();

    virtual void push_back(int d, int v, bool next=true);
    virtual void run();
protected:
    Alice* attr;

    virtual void start_test() {};
    virtual bool test_corrupted(bool corrupt) {
        return true;
    };
    virtual bool test_direction(char d) {
        return false;
    };
    virtual bool test_parity(bool p) {
        return false;
    }

    vector<int> dir;
    vector<int> val;

    Parset* ps;
};
```

Die Klassen `'Bob'` und `'Eve'` sehen hinsichtlich der Methoden genauso aus. In ihnen werden die virtuell deklarierten Methoden überschrieben. In den Containern werden gemessene Richtungen (`'dir'`) und Anzahlen (`'val'`) gespeichert. Lediglich `'Eve'` verfügt über den zusätzlichen Container

```
vector<double> prob;
```

in dem sie die Wahrscheinlichkeiten für ein korrektes Bit speichert. Ausgabefunktionen sind hier bewusst ausgelassen worden; Sie können sie in Ihrer Implementierung an den gewünschten Stellen unterbringen (und die Ausgabe fallweise ebenfalls durch Parameter in der Liste steuern). Da die meisten Analysen der Daten voraussichtlich mit einer Tabellenkalkulation durchgeführt werden können, empfiehlt sich

[1] Eine Vererbung ist nicht zwingend notwendig, bietet sich aber an, da alle Klassen über den gleichen Basisattributsatz verfügen und auch die Ausgabefunktionen wiederverwendet werden können.

die Ausgabe in eine Textdatei im CSV-Format, das ein Einlesen in gängige Tabellenkalkulationsprogramme erlaubt. Sollten komplexere Analysen notwendig werden, können Sie nach Bedarf die Ausgabeformate erweitern oder Auswertungsfunktionen in die Klassen einbauen.

In der Aufnahmephase werden die Eigenschaften der physikalischen Systeme simuliert, was hier zunächst für Alice dargestellt ist:

```
void Alice::push_back(int d, int v, bool next) {
    attr->push_back(d,v);

    if (ps->entangled) {
        for (int i=0;i<abs(v);i++)
            v-=(check_random(ps->loss_alice)*sign(v));
        if (check_random(ps->multi_alice)) {
            dir.push_back(ps->states);
            val.push_back(1);
            return;
        }
    } else {
        if (v!=0) {
            v=sign(v);
        } else {
            v=sign(rand()-RAND_MAX/2);
        }
    }
    dir.push_back(d);
    val.push_back(v);
}
```

Sofern Alice die Photonen nicht selbst erzeugt, sondern ebenfalls empfängt (Trent ist die Quelle verschränkter Photonen), wird über eine Zufallszahl die Dämpfung des Lichtleiters simuliert, d. h. die empfangene Anzahl der Photonen wird unter Beachtung des Vorzeichens vermindert. Ebenfalls zufallsgesteuert werden Fehlmessungen durch Abspeichern eines ungültigen Wertes für die Basis generiert. Ist Alice selbst Quelle der Photonen, speichert sie nur die von Trent erhaltenen Daten ab.

In den Methoden von Eve und Bob ist mehr Aufwand zu treiben. Eve spaltet zunächst die empfangene Photonenanzahl in zwei Teile auf, womit wir Strategien mit halbdurchlässigen Spiegeln simulieren können. Der nichtgemessene Anteil wird an Bob weitergeleitet.

```
void Eve::push_back(int d, int v, bool next) {
    int dd = rand()%ps->states;
    int vb(0),ve(0);
    for (int i=0;i<abs(v);i++)
        if (check_random(ps->mirror))  ve++;
        else                           vb++;
    ve*=sign(v);  vb*=sign(v);
    attr->push_back(d,vb);
```

Eve simuliert wie Alice im Spezialfall verschränkter Photonen Verluste und Fehlmessungen. Außerdem wählt sie ihre Messbasis per Zufallszahl aus und generiert für den Fall, dass die Messbasis nicht mit der übertragenen übereinstimmt, auch die Richtung in der Basis. Bei Mehrphotonenereignissen führt die Wahl der falschen Basis mit einiger Wahrscheinlichkeit zu einer Fehlmessung.

```
int dd = rand()%ps->states;
for (int i=0;i<abs(ve);i++)
    ve-=(check_random(ps->loss_eve)*sign(ve));

if (ps->entangled) {
    ...
} else {
    if (dd!=d && ve!=0) {
        int cnt=0;
        for (int i=0;i<abs(ve);i++)
            cnt+=(sign(rand()-RAND_MAX/2)>0);
        if (cnt>1) {
            dd=ps->states;
            ve=sign(rand()-RAND_MAX/2);
        } else {
            ve=ve*sign(rand()-RAND_MAX/2);
        }
    }

    if (check_random(ps->multi_eve) && abs(ve)<=1) {
        dd=ps->states;
        ve=sign(rand()-RAND_MAX/2);
    }
}
```

Eve kann nun abschließend die neuen Photonen für Bob erzeugen, für die sie die von ihr für die Messung gewählte Basis und die gemessene Richtung verwendet. Falls sie dies macht, darf sie allerdings keine ungültigen Messungen notieren, sondern muss sich für einen Zustand entscheiden, den sie Bob mitteilen kann. Der Erzeugungsprozess entspricht dem von Trent und greift auf die dort verwendeten Methoden zurück:

```
    if (check_random(ps->resend)) {
        int dn,vn;
        create_photon(dn,vn);
        if (dd==ps->states || ve==0) {
            dd=dn;
            ve=vn;
        } else if (ve!=0) {
            vn=abs(vn)*sign(ve);
        }
        attr->push_back(dd,vn,false);
    }
    dir.push_back(dd);
    val.push_back(ve);
    prob.push_back(0.5);
}
```

Bobs Aufzeichnungsfunktion entspricht der Eves, bedarf aus technischen Gründen aber einer Weichenstellung. Eve leitet einen Teil der empfangenen Photonen weiter und erzeugt selbst ergänzende Zusatzphotonen. Die Methoden erlauben keine Vermischung der beiden Photonengruppen, sondern diese sind in zwei Methodenaufrufen zu übertragen, was über den Methodenparameter `'next'` geregelt wird. Bob vergleicht diese Photonen mit den bereits aufgezeichneten, was dazu führen kann, dass weitere Messungen ungültig werden.

```
void Bob::push_back(int d, int v, bool next) {
    ...
    if (next) {
        if (dd!=d && v!=0) {
            int cnt=0;
            for (int i=0;i<abs(v);i++)
                cnt+=(sign(rand()-RAND_MAX/2)>0);
            if (cnt>1) {
                dd=ps->states;
            } else {
                v=v*sign(rand()-RAND_MAX/2);
            }
        }
        if (check_random(ps->multi_bob)) {
            if (abs(v)>0)          dd=ps->states;
            else                   v=sign(rand()-RAND_MAX/2);

        }
        dir.push_back(dd); val.push_back(v);
    } else {
    ...
}
```

Der komplette Zusammenbau von Bobs Methode durch Übernahme der entsprechenden Teile von Eve sei Ihnen überlassen. Damit ist die Verteilung der Photonen abgeschlossen. Der schon recht umfangreiche Code enthält nicht alle im theoretischen Teil diskutierte Strategien, so dass noch genügend Raum für Erweiterungen vorhanden ist.[1]

Für das folgende Abgleichsverfahren werden die im protected-Bereich der Klasse `'Alice'` angelegten Methoden benötigt. `'Bob'` (und `'Eve'`) benötigen die zusätzlichen Attribute

```
vector<int>::iterator test_it_1;
vector<int>::iterator test_it_2;
```

die durch die Methode `'start_test'` an den Anfang der Container gesetzt werden

[1] Zum Einlesen auf Ihr System können Sie einen Scanner und eine OCR-Software verwenden. Sollen weitere Fälle berücksichtigt werden, empfiehlt sich eine weitere Modularisierung durch spezielle Methoden anstelle einer weiteren Aufbohrung des Codes.

```
void Bob::start_test(){
    test_it_1=dir.begin();
    test_it_2=val.begin();
}
```

Der Sinn wird bei der Betrachtung des Abgleichs ungültiger Messungen klar:

```
void Alice::clear_corrupted(Alice& b){
    vector<int>::iterator it;
    b.start_test();
    for(it=dir.begin();it!=dir.end();it++)
        if(b.test_corrupted(*it==ps->states))
            *it1=ps->states;
}

bool Eve::test_corrupted(bool corrupt){
    if((corrupt==attr->test_corrupted(corrupt))){
        *test_it_1=ps->states;
    }
    test_it_1++;
    return corrupt;
}

bool Bob::test_corrupted(bool corrupt){
    if(corrupt)
        *test_it_1=ps->states;
    corrupt=*test_it_1==ps->states;
    test_it_1++;
    test_it_2++;
    return corrupt;
}
```

In den Methoden von Alice wird mit einer Schleife gearbeitet, die bei jedem Durchlauf die Methoden von Eve/Bob aufruft. Die Schleifenvariablen müssen deshalb dort als Klassenattribute angelegt werden.

Aufgabe. In der gleichen Weise kann ein Abgleich der Messrichtungen erfolgen, was Ihnen überlassen sei. Achten Sie dabei darauf, dass Eve die Wahrscheinlichkeiten für ihre Photonen anpasst, sofern sie die gleiche Basis wie Alice und Bob verwendet UND mindestens ein Photon gemessen hat. Hat sie kein Photon gemessen, was bei halbdurchlässigen Spiegeln der Fall sein kann, bleibt ihre Wahrscheinlichkeit auf dem Wert $1/2$ stehen.

Kontrollieren Sie an dieser Stelle nochmals Eves Aufzeichnungsfunktion auf Widerspruchsfreiheit, insbesondere, wenn Sie Code für weitere Strategien hinzugefügt haben. Eve darf nicht dazu verleitet werden, hier hohe Wahrscheinlichkeitswerte einzusetzen, wenn sie nicht über gültige Messwerte verfügt.

Am Ende dieser ersten Abgleichsphase bleiben alle Photonen im Spiel, deren Einträge im Container `'dir'` nicht den Wert `'ps->states'` aufweisen. Alice und Bob verwenden für die anschließende Paritätsabgleichsphase nur noch die Vorzeichen der Daten im Container `'val'`, Eve zusätzlich die Wahrscheinlichkeiten im Container `'prob'`. Die Absolutwerte der Photonenzahlen können wie der Verlauf der ersten beiden Abgleichschritte für eine Fehlerstatistik verwendet werden, die es Alice und Bob erlauben kann, Eves Angriffsstrategie zu erkennen. Diesbezügliche Auswertungen seien Ihnen überlassen.

Die Implementierung der folgenden Paritätsauswertung sei ebenfalls Ihnen überlassen, wobei Sie unterschiedliche Strategien ausprobieren können. Für eine Überprüfung aufeinander folgender Bits, die beide gestrichen werden, wenn die Paritäten von Alice und Bob nicht übereinstimmen könnte Eves Methode so aussehen:

```
bool Eve::test_parity(bool parity){
    vector<int>::iterator it1,it2,jt1,jt2;
    vector<double>::iterator p1,p2;
    for(it1=test_it_1;*it1==ps->states;it1++);
    it2=it1; it2++;
    while(*it2!=ps->states) it2++;
    jt1=advance(test_it2,distance(test_it1,it1));
    jt2=advance(test_it2,distance(test_it1,it2));
    p1=advance(test_it3,distance(test_it1,it1));
    p2=advance(test_it3,distance(test_it1,it2));
    bool p=sign(*jt1)==sign(*jt2);
    bool b;
    if((b=bob.test_parity(parity))){
        ...
    } else {
        *it1=*it2=ps->states;
    }
    test_it_1=it2; test_it_1++;
    test_it_2=jt2; test_it_2++;
    test_it_3=p2;  test_it_3++;
    return b;
}
```

Die Positionierung ist etwas aufwändig, wobei in Alices Methode noch zusätzliche Prüfungen auftreten, weil das Ende der Container nicht überschritten werden darf. Der Aufwand kann umgangen werden, indem in den Containern ungültige Daten jeweils gelöscht werden (in der vorgestellten Version bleiben alle Daten bis zum Schluss des Verfahrens gespeichert). Im Gegenzug stehen aber nicht mehr alle Daten für bestimmte statistische Auswertungen zur Verfügung bzw. müssen rekonstruiert werden.

Nicht im Code enthalten ist Eves Anpassung der Messung und der Wahrscheinlichkeit im Falle gültiger Paritäten. Die Vorgehensweise ist im theoretischen Teil ausführlich beschrieben.

4.6 Erzeugungsstatistik polarisierter Photonen

Bevor wir auf die praktischen Realisierungsmöglichkeiten eingehen, werfen wir noch einen Blick auf den Erzeugungsprozess und seine Statistik. Wir haben ja schon im letzten Abschnitt anklingen lassen, dass auch hier ein Kampfplatz für die Parteien besteht, der in der Gesamtbewertung berücksichtigt werden muss.

4.6.1 Statistik des Erzeugungsprozesses

Wenn im vorhergehenden kryptologisch-theoretischen Teil von einzelnen Photonen die Rede ist, so ist diese Formulierung ernst zu nehmen, d. h. es sind Quellen zu konstruieren, die (mehr oder weniger) einzelne Photonen erzeugen können. Der Grund ist relativ schnell zu finden: werden mehrere Photonen erzeugt, so besteht für den Angreifer Eve die Möglichkeit, mittels eines Strahlenteilers einen Teil der Photonen abzuzweigen und zu analysieren, ohne dass die in Kapitel über Lauschangriffe diskutierten Effekte zu beobachten wären. Wir werden uns hiermit im Abschnitt über Detektoren noch eingehender beschäftigen.

Die Photonen müssen nicht nur eine bestimmte Polarisation aufweisen, sondern auch eine bestimmte Wellenlänge besitzen. Hierfür gibt es zwei Gründe:

a) Die optischen Eigenschaften der Systemkomponenten sind in der Regel auf eine bestimmte Wellenlänge ausgelegt. Größere Abweichungen führen gegebenenfalls zu einem nicht mehr beherrschbaren Systemverhalten (vergleiche z. B. Abb. 3.4f auf Seite 57).
b) Bei der geringen Signalstärke eines einzelnen Photons ist mit einem hohen Rauschpegel zu rechnen, d. h. durch Umgebungseinflüsse können zusätzlich erzeugte oder eingefangene Photonen Signale auslösen. Ein engbandiger Frequenzbereich minimiert diese Umwelteinflüsse.

Die Polarisation kann durch herkömmliche Techniken, also Polarisatoren, oder durch Prozesse, die direkt Photonen einer bestimmten Polarisierung erzeugen, herbeigeführt werden. Im ersten Fall ist zu berücksichtigen, dass Polarisatoren Verluste verursachen. Bei beiden Erzeugungsprozessen ist Wert darauf zu legen, dass in den meisten Fällen tatsächlich nur ein einzelnes Photon für die Kommunikation eingesetzt wird.

Das Erzeugen einzelner Photons ist in der Regel auf die Anregung einzelner Atome in einem verdünnten Gas oder in einem sonstigen Körper mit entsprechend geringer Verteilung an anregbaren Atomen zurückzuführen (*bei der Paarerzeugung von Photonen spielen andere Prozesse eine Rolle, die jedoch ebenfalls der hier diskutierten Statistik gehorchen*). Dabei werden meist mehrere Photonen erzeugt, deren Zahl anschließend durch die enge spektrale Filterung idealerweise auf eines reduziert wird.

Sollen im Mittel m Photonen in einem Anregungsprozess erzeugt werden, so wird die Verteilung der tatsächlichen Anzahl k der emittierten Photonen statistisch

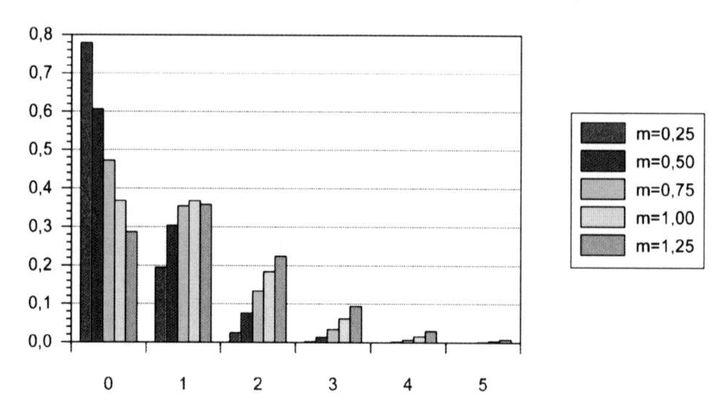

Abb. 4.8 Häufigkeit von n-Photonenprozessen für verschiedene Mittelwerte erzeugter Photonen

durch die Poisson-Verteilung

$$F(k) = \frac{m^k}{k!} e^{-m}$$

beschrieben, d. h. es muss generell mit Mehrphotonenemissionen auf der Kommunikationsstrecke gerechnet werden.

Alternativ können auch sehr große Photonenanzahlen erzeugt werden, beispielsweise beim Einsatz von Halbleiterlasern, die den Vorteil guter Verfügbarkeit und guter spektraler Durchstimmbarkeit aufweisen. Nach Polarisation des Strahl wird die Zahl durch einen starken Filter sowie die enge spektrale Filterung ebenfalls auf idealerweise eines erniedrigt. Auch hierbei ist mit Mehrphotonenemissionen zu rechnen, die der gleichen Statistik gehorchen.

Abbildung 4.8 zeigt die Häufigkeit von n-Photonenprozessen bei verschiedenen Mittelwerten m erzeugter Photonen pro Emissionszyklus, Abb. 4.9 die re-

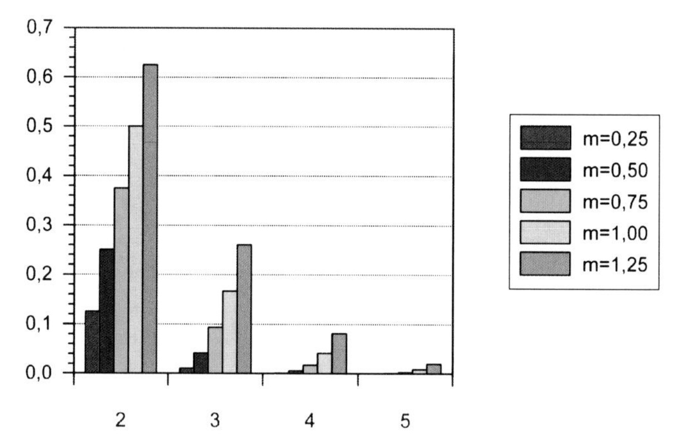

Abb. 4.9 Relative Häufigkeit von Mehrphotonenprozessen in Bezug auf einen 1-Photonenprozess

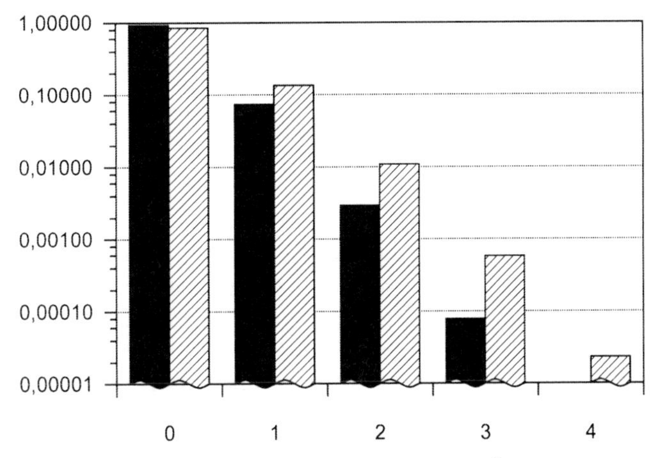

Abb. 4.10 Mess-Statistik für mittlere Photonenzahl $m = 0{,}4$ und Übertragungseffizienz $\eta = 0{,}2$ bzw. $\eta = 0{,}4$. Beachten Sie den logarithmischen Maßstab in diesem Diagramm!

lative Häufigkeit der Erzeugung von mehr als einem Photon bezogen auf die 1-Photonenemission.

Die Diagramme zeigen, dass bereits ab einer mittleren Photonenzahl von $m = 0{,}5$ Photonen pro Erzeugungsprozess der Anteil von 2-Photonenprozessen und höheren recht hoch ist, während bei $2/3$ aller Versuche gar kein Signal zu beobachten ist. Um die von Eve gegebenenfalls nutzbaren Mehrphotonenprozesse zu unterdrücken, muss also bei äußerst geringen Emissionsraten im Bereich $0{,}25 \leq m \leq 0{,}50$ gearbeitet werden, was dazu führt, dass im Mittel nur bei jedem vierten Emissionszyklus tatsächlich ein nutzbares Signal erzeugt wird.

Alice kann diese Erzeugungsstatistik ihres Generators direkt messen, bei Bob ist zusätzlich der Verlust durch das Übertragungssystem zu berücksichtigen, d. h. er wird eine wesentlich geringere Anzahl an Signalen registrieren als Alice. Durch den Verlust ändert sich an der Statistik allerdings nichts Wesentliches. Die bei Bob gemessene Photonenzahl wird unter Berücksichtigung der Übertragungseffizienz η durch modifizierte die Poisson-Verteilung

$$P = \frac{(m\eta)^k}{k!} e^{-m\eta}$$

beschrieben. Abbildung 4.10 zeigt die Messstatistik für zwei verschiedene Effizienzgrade an. Wie am logarithmischen Maßstab erkannt werden kann, steigt die Verlustrate stark an, d. h. nur wenige Emissionen erzeugen tatsächlich ein Signal im Detektor. Der Anteil an Mehrphotonenprozessen bleibt aber trotzdem relativ hoch.

Alice und Bob können sich nun auf eine Erzeugungsrate einigen, die in der für die Schlüsselaushandlung zur Verfügung stehenden Zeit hinreichend viele Photonen erzeugt. Bei geringerer Übertragungseffizienz kann Alice die Rate erhöhen, was allerdings auch zu mehr von Eve nutzbaren Mehrphotonenprozessen führt. Wir untersuchen dies für verschiedene Fälle genauer:

4.6.2 Angriff mit einfachem Strahlenteiler

Eve schaltet einen Strahlenteiler in das Übertragungssystem ein, der mit relativ hoher Wahrscheinlichkeit eines der Photonen aus Mehrphotonenprozessen auf einen eigenen Detektor umleitet, den Rest – insbesondere 1-Photonen-Ereignisse – aber in der Regel zu Bob durchlässt. Das fehlende Photon wird durch Eve nicht wiederhergestellt, d. h. bei der späteren Fehlerkorrektur wird keine durch Eve hervorgerufene Auffälligkeit zu beobachten sein.

Welchen Gewinn erhält Eve bei dieser Aktion und wie äußert sich das in einer von Alice und Bob gemachten Statistik? Nehmen wir an, Eve verwendet einen Strahlenteiler, der ein Photon mit $w = 1/4$ an Bob weiterleitet. Die mittlere Emissionsrate betrage $m = 0{,}25$, d. h. die 2-Photonenereignisse machen etwa 10 % der 1-Photonenereignisse bei Alice aus. Bezogen auf 10.000 Emissionsereignisse misst Alice (*wir beschränken uns auf 1- und 2-Photonenereignisse*) 9100 1-Photonenemissionen und 900 2-Photonenemissionen bei der Eichung ihrer Geräte.

Die Bilanz von Eves Eingriff: von den 1-Photonenereignissen gelangen nur noch 2275 an Bob. Da die Durchgangswahrscheinlichkeit von 1/4 für jedes Photon einzeln gilt, sind nur noch 56 der 2-Photonenereignisse auch bei Bob als 2-Photonenprozesse registrier bar. Mit der gleichen Überlegung folgert man, dass 506 der 2-Photonenereignisse für Bob komplett unsichtbar bleiben (*die Rückhaltewahrscheinlichkeit ist ¾ für jedes Photon*). Die verbleibenden 338 2-Photonenemissionen werden jedoch nun zu 1-Photonenereignissen bei Bob, während das zweite Photon von Eve ausgewertet werden kann.

Die Bilanz für Alice und Bob: von den von Alice produzierten 10.000 Ereignissen sind (*ohne Berücksichtigung der normalen Verluste*) noch 2669 bei Bob zu beobachten, davon 56 2-Photonenereignisse.

Die Bilanz für Eve: von den von Alice produzierten Ereignissen hat sie 7669 beobachten können. Jedoch nur 338 der von Alice produzierten Photonen haben gleichzeitig zu Ereignissen bei Bob und ihr geführt. Bezogen auf Bobs Messungen hat sie in 12,7 % der Fälle ebenfalls ein Signal erhalten, aber da sie im Mittel nur jede zweite Messung in der gleichen Messrichtung wie Bob vollzogen hat, reduziert sich ihre Kenntnis am Schlüssel auf 6,3 %. Allerdings können Alice und Bob diesen Angriff in der Fehlerstatistik **nicht** erkennen, da Eve keine an Bob gesandten Photonen gemessen hat.

Ein Widerspruch zu der Behauptung, dass sich Lauschangriffe grundsätzlich verraten? Ja und nein, denn Alice und Bob können eine weitere Statistik aufstellen. Mit Alices Eichdaten ermittelt Bob anhand seiner Messdaten eine Effizienz von $\eta = 0{,}27$ und daraus mittels ein Soll-Verhältnis $\chi = 0{,}068$ von 2-Photonenereignissen zu 1-Photonenereignissen (Tab. 4.1, Abb. 4.11). Das aufgrund des Eingriffs von Eve experimentell ermittelte Verhältnis beträgt jedoch nur $\chi' = 0{,}021$, d. h. er hat nur

Tabelle 4.1 Sollstatistik bei Abwesenheit von Eve und entsprechender Leitungsdämpfung, Statistik bei Anwesenheit von Eve

Ereignis	*Alice*	*Bob(soll)*	*Bob (Eve)*
1 Photon	9100	2700	2700
2 Photon	900	180	56

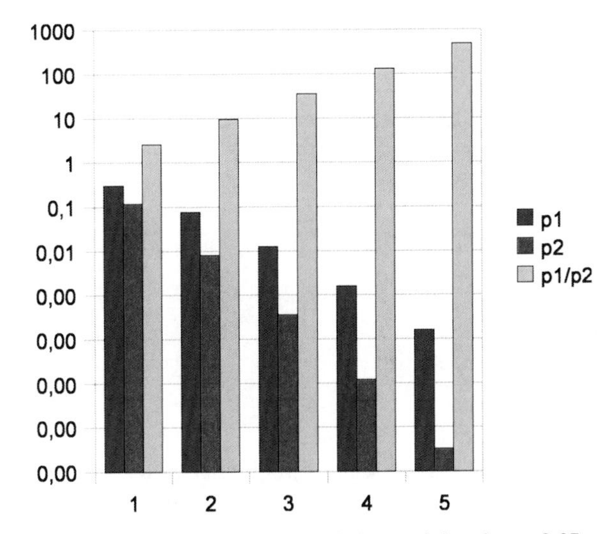

Abb. 4.11 Verhältnis von Mehrphotonenprozessen bei $m = 0{,}5$ und $\eta = 0{,}27$

2/3 der erwarteten 2-Photonenereignisse registriert. Hinreichend viele Messungen vorausgesetzt, ist dieser Unterschied signifikant genug, um Eves Einbruch zu bemerken. Im Unterschied zu den bisherigen Auffälligkeiten von Eves Angriffen ist die statistische Abweichung jedoch diesmal nicht auf quantenmechanische Effekte zurückzuführen.

4.6.3 Einfaches System mit Gedächtnis

Eve kann die Effizienz ihres Angriffs steigern, indem sie ihre Photonen nicht direkt misst, sondern sie zwischenspeichert und mit der Messung wartet, bis Bob und Alice die korrekten Messeinstellungen offenbart haben. Sie kann dann die Photonen mit der korrekten Polarisatoreinstellung messen und erhält so im obigen Beispiel sämtliche 12,7 % der Schlüsselbits.

Die Speicherung des Photons ist kein grundsätzliches Problem. Zum Einen wird an der Verlangsamung von Licht gearbeitet, ob dies aber bis zur echten „Speicherung" in den hier erforderlichen Zeitmaßstäben gelingt, ist eine noch sehr offene

Frage. Zum Anderen könnte der Zustand eines Photons durch Teleportation zwischenzeitlich auf ein anderes Teilchensystem übertragen werden, wobei das Teleportersystem so ausgelegt sein muss, dass die erforderliche Zeit zwischen Eintreffen des Photons und der Bekanntgabe von Bobs Messung überbrückt werden kann. Anschließend wird von Eve ein Photon aus dem Teleportersystem im gleichen Zustand wie das alte erneut erzeugt und nun mit den korrekten Einstellungen gemessen.

Teleportation wäre auch eine der Optionen für ein Weitverkehrs-Quantennetz. Interessanterweise ist die Speicherung von Quanteninformation beziehungsweise deren zeitweilige Stabilisierung auch eine Voraussetzung für den erfolgreichen Bau von Quantencomputern, so dass wir mit den angesprochenen Möglichkeiten keine exotischen Forschungs- und Anwendungsthemen angeschnitten haben. Wir beschäftigen uns im nächsten Kapitel eingehender mit diesem Thema.

Eve könnte mit einer zukünftigen Technologie also durchaus nahezu alle aufgefangenen Photonen korrekt einem Schlüsselbit zuordnen, was je nach Emissionsrate von Alice zu einer Kenntnis von 10–20 % des Schlüssels führt.

4.6.4 Selektive Strahlenteiler

Installiert Eve einen selektiven Strahlenteiler im System, so muss dieser eine relativ hohe Eliminationsrate für 1-Photonen-Ereignisse besitzen, denn durchgelassene einzelne Photonen erzeugen gültige Signale bei Bob, ohne dass Eve Hinweise auf den Schlüssel bekommt. Mehrphotonenprozesse sollten hingegen mit hoher Wahrscheinlichkeit ein einzelnes Photon für Eve ausfiltern und die restlichen durchlassen.

Dieser Angriff darf nun in einer Messstatistik nicht auffallen, wobei wir unterstellen müssen, dass Alice und Bob mehr oder weniger plausible Vorstellungen von der Qualität des Übertragungssystems besitzen. Die Effizienz des Übertragungssystems darf sich durch den Angriff nicht so stark verändern, dass Bob und Alice misstrauisch werden, und die statistischen Werte für die n-Photonenereignisse müssen im vorgegebenen theoretischen Rahmen bleiben. Mit diesen Überlegungen können wir nun die Anforderungen an das Angriffssystem von Eve formulieren:

a) Ein Angriff ist Eve nur möglich, wenn die Übertragungseffizienz relativ gering ist, also ein größerer Verlust während der Übertragung stattfindet, und Alice und Bob dies akzeptieren. Dieser natürliche Verlust steht Eve für den Ausgleich der durch ihre eigenen Messungen verursachten Verluste zur Verfügung. Eve muss sich dazu so in das System einklinken, dass ihre Effizienz nahe bei 1 liegt und sie jedes von Alice beobachtbare Ereignis ausnutzen kann.
b) Eve muss alle 1-Photonen-Ereignisse ausfiltern, d. h. ihr Strahlenteiler muss einen recht großen Anteil der Primärereignisse ausfiltern. Damit dies nicht durch eine weiter verminderte Effizienz auffällt, muss Eve für die Übertragungsstrecke zu Bob unbemerkt ein Übertragungssystem mit hoher Effizienz zur Verfügung stellen, so dass bei Bob nahezu alle Signale, die Eve durchlässt, registrieren kann.

Formal kann man sich die Vorgehensweise anhand von Abb. 4.10 klarmachen. Durch die Erhöhung der Systemeffizienz nimmt die Anzahl der 0-Photonen-Ereignisse ab. Durch Ausfiltern der 1-Photonen-Ereignisse lässt sich die ursprüngliche Rate wieder erreichen, während 2-Photonen- und höhere Ereignisse durch Ausfiltern jeweils eines Photons für die Messung durch Eve um einen Grad in der Signalstärke erniedrigt werden und an die vorhergehende Position rücken.

c) Die Ausfilterung jeweils eines Photons aus jedem Ereignis lässt sich zwar die Gesamtmessrate wiederherstellen, bei einer genaueren Analyse der n-Photonenstatistik würde Bob jedoch keinen Parameter η ermitteln können, der zusammen mit dem bekannten Paramater m die Messdatenverteilung hinreichend genau erklären könnte. Eves Angriff würde/könnte also unter diesen Bedingungen immer noch auffallen.
Eve kann dies nur ausgleichen, wenn sie bei höheren Prozessen zusätzliche Photonen ausfiltert, ihre Strahlenteiler also so konstruiert, dass die Anzahl der ausgefilterten Photonen eine Funktion von n wird.

Vergleicht man die Poisson-Formeln für den ungestörten und den gestörten Fall, so zeigt sich, dass Eve bei einer Übertragungseffizienz von

$$\eta < \sqrt{m/3 - m^2/4}$$

theoretisch die Möglichkeit hat, die Poisson-Statistik bei Bob durch eine selektive Filtertechnik vollständig wieder herzustellen und hierdurch den kompletten Schlüssel mitzulesen.

Aufgabe. Weisen Sie mit Hilfe einer Tabellenkalkulation nach, dass Eve unter dieser Bedingung tatsächlich rechnerisch die Möglichkeit hat, die Ereignisstatistik entsprechend zu reproduzieren.

Umgekehrt ergibt sich für Bob und Alice aus dieser Formel auch die einzustellende Generatoreffizienz, wenn solche Angriffe statistisch erkannt werden sollen. Grob gesagt: je geringer die Übertragungseffizienz ist, desto geringer muss die Generatoreffizienz eingestellt werden (und desto geringer ist in der Folge allerdings auch die Erzeugungsrate nutzbarer Schlüsselbits).

4.6.5 Hardware ./. Software

Zeit für eine Zwischenbilanz. Nachdem wir in den ersten Teilen des Kapitels in der Hauptsache Quanteneffekte untersucht haben, haben wir nun auch Nichtquanteneffekte identifiziert, die Einfluss auf die Vertraulichkeit der Kommunikation haben. Unsere Untersuchungen zeigen, dass ein vollständiger unerkannter Bruch der Schlüsselaushandlung zwischen Alice und Bob unter folgenden Bedingungen möglich ist:

- Bob und Alice müssen die Effizienzungleichung verletzen, um Eve einen Angriff zu ermöglichen.
- Eve muss über eine effizientere Übertragungsalternative (*beispielsweise Teleportation*) verfügen und den Übertragungsweg unbemerkt austauschen.
- Eve muss n-Photonenprozesse gezielt manipulieren.
- Eve muss Photonen wechselwirkungsfrei zwischenspeichern.

Sind einzelne dieser Rahmenbedingungen nicht erfüllt, so kann Eve natürlich auch auf Teile ihrer Messung verzichten und beispielsweise auch eine gewissen Anzahl von 1-Photonen-Ereignissen zu Bob gelangen lassen. Sie erhält hierdurch weniger Informationen, bleibt aber möglicherweise unentdeckt.[1]

Insgesamt ist hierzu allerdings eine Reihe von Technologien notwendig, die heute nicht zur Verfügung stehen und deren Verfügbarkeit derzeit auch nicht abschätzbar ist. Hinzu kommen weitere praktische Hürden in Form von einzuhaltenden Messfenstern und Bandbreiten der Laserfrequenzen (*s. u.*).

Wir kommen hier an einen Punkt, den ich schon früher angesprochen habe: die Ablösung des „Kampfes der Algorithmen“ durch den „Kampf der Hardware“. Alice und Bob können natürlich ihr Equipment mit der gleichen Technik wie Eve ausrüsten und alle Mehrphotonenprozesse ausfiltern. Eve hätte dann keine Angriffsmöglichkeit mehr, gleichzeitig könnte die Kapazität des Quantenkanals um den Faktor 4–5 erhöht werden, da auf wesentlich höhere Primärraten gewechselt werden kann, die praktisch keine Leerereignisse mehr enthalten. Während korrekt eingesetzte Softwaretechniken es auch dem normalen Bürger erlauben, milliardenschwere staatliche Spitzelagenturen an der Nase herumzuführen, dürfte die Wahrung einer Parität bei Hardwarekosten aber deutlich schwieriger sein.

Als Fazit müssen wir notieren, dass Bob und Alice nicht auf eine zusätzliche Statistik der Photonenanzahlen und eine Einstellung wesentlicher Systemparameter anhand dieser Statistik verzichten können, wenn ein kritischer Einbruch von Eve erkannt werden soll.

4.7 Primäre Photonenquellen: Laserdioden

4.7.1 Anforderungen

Einzelne Photonen oder einzelne verschränkte Photonenpaare, wie sie für die Quantenverschlüsselung benötigt werden, besitzen eine sehr geringe Energie. Nach der bekannten planckschen Formel berechnet man beispielsweise für sichtbares gelbes

[1] Über das sich hieraus ergebende Kombinationsspektrum an quantenmechanischen und klassischen Teilangriffen kann sich jeder selbst Gedanken machen. Es dürfte aber klar sein, dass es für Alice und Bob schwierig wird, Eves Informationsmenge abzuschätzen, und sie tunlichst ein größeres Sicherheitspolster an vereinbarten Bits einplanen sollten.

Licht

$$E = \frac{h * c}{\lambda} = \frac{6{,}6 * 10^{-34}\,\mathrm{Js} * 3 * 10^{9}\,\mathrm{m/s}}{5} * 10^{-7}\,\mathrm{m} \approx 4 * 10^{-18}\,\mathrm{J}\,.$$

Das ist selbst für ausgesprochene Energiesparfanatiker äußerst wenig und macht die Messung sehr empfindlich gegenüber Umgebungseinflüssen. Photonen aus der Umgebung können im Detektor Signale hervorrufen, die nichts mit den ausgesandten Photonen zu tun haben, die Photonen selbst können an kleinen Störungen ihrer Umgebung scheitern und das Ziel nicht erreichen. Um positive Fehlmessungen weitestgehend zu verhindern und Signale exakt zuordnen zu können, müssen die Photonen neben der Polarisierung

- eine sehr scharfbandige Frequenz besitzen und
- in exakt definierten Zeitfenstern erzeugt werden.

Außerdem muss die Erzeugungsrate hoch genug sein, um in akzeptabler Zeit zu Schlüsselvereinbarungen zu kommen, und die Frequenz in einem geeigneten Bereich liegen.

Halbleiterlaserdioden sind in der Lage, diese Bedingungen sehr weitgehend zu erfüllen. Mit ihnen lassen sich Photonen im roten Spektralbereich oder im nahen Infrarot erzeugen, die bereits einen engen Frequenzbereich umfassen. Die Photonen werden in sehr kurzen Impulsen freigesetzt und erlauben hohe Erzeugungsraten, außerdem weise sie bei geeigneter Konstruktion der Diode bereits eine definierte Polarisation auf. Verschiedene Materialien erlauben zudem die Abdeckung größerer Wellenlängenbereiche, so dass ein Anpassung an das weitere Equipment oder auch Mehrkanalübertragungen möglich sind. Technisch eingesetzt werden derzeit:

```
InGaAsP:  Infrarotbereich bis 1500 nm (Nachrichtentechnik)
GaAlAs:   Rot-IR 730nm-830nm (CD, Laserdrucker)
InGaAlP:  630nm-670nm (Laserpointer)
ZnSe/GaN: blauer Spektralbereich
```

Die Lichtpulse der Laserdioden erreichen oft recht hohe Leistungen. Aus einem Puls muss daher durch weitere Maßnahmen ein Photon für die Schlüsselvereinbarung ausgefiltert werden, was letztendlich zu der weiter oben diskutierten Erzeugungsstatistik führt. Im Rahmen dieser Technik können Polarisation und Frequenz nochmals nachgebessert werden. Die hohe Leistung der Dioden ist andererseits auch ein Segen, denn sie erlaubt den Einsatz der Laserdioden als Anregungseinheit für weitere Arten von Photonenerzeugern, die beispielsweise dann verschränkte Photonen liefern können.

4.7.2 Grundlagen der Halbleitertechnik

Wir können und wollen hier natürlich keine erschöpfende Halbleiterchemie und -Physik betreiben, aber auch für den mehr an der reinen Kryptologie interessierten

Abb. 4.12 Zonenschmelze von Silizium. Die Schmelzzone wandert so langsam über den Stab, dass sich beim Auskühlen die Siliziumatome in ihrem natürlichen Kristallgitter abscheiden, während Verunreinigungen in der Schmelze verbleiben (aus: wikipedia)

dürfte ein wenig Hintergrundwissen vorteilhaft sein, zumal die Hardwaretechnik, wie wir herausgefunden haben, eine wesentlich größere Rolle spielt als in anderen kryptologischen Bereichen.

Halbleiterelemente, aus denen die Laserdioden bestehen, sind eigentlich elektrische Nichtleiter oder allenfalls sehr schlechte Leiter. Erst durch eine „ Dotierung", also eine Verunreinigung mit weiteren Elementen werden sie elektrische Leiter. Hierbei unterscheidet man p- und n-Dotierungen.

Im ersten Schritt der Produktion wird hochreines Ausgangsmaterial hergestellt, beispielsweise *GaAlAs*. Die Reinigung ist ein hochkomplexer Vorgang, bei dem vorgereinigtes Material einem Zonenschmelzverfahren unterworfen wird, an dessen Ende ein hochreiner Einkristall steht (Abb. 4.12), oder sich die Elemente in einem Sublimationsverfahren auf einem Starterkristall abscheiden.[1] Das nun hochreine Material wird nun wieder gezielt verunreinigt, wobei p-Dotierung bedeutet, dass einer hochreinen *GaAlAs*-Legierung eine geringe Menge eines weiteren Elementes zugemischt wird, dessen Atome in das Kristallgitter problemlos anstelle von Gallium oder Aluminium eingebaut werden können, die aber einen *Elektronenunterschuss* aufweisen, also weniger Elektronen besitzen als das Halbleiterelement. Da Gallium und Aluminium in der 3. Hauptgruppe des Periodensystems der chemischen Elemente stehen, stellen sie 3 Elektronen für chemische Bindungen zur Verfügung, Arsen als Element der 5. Hauptgruppe 5 Elektronen.[2] Für eine p-Dotierung eignen sich also beispielsweise Metalle der 2. Hauptgruppe oder einer entsprechenden Nebengruppe wie der Zink-Gruppe. Entsprechend bedeutet n-Dotierung, dass

[1] Hierbei werden gasförmige Verbindungen des Halbleitermaterials erzeugt, die sich an einem heißen Kristall wieder zersetzen und das so gereinigte Material am Kristall zurücklassen. Die Reinigung ist deshalb so aufwändig, weil bereits geringe Verunreinigungen genau die Effekte der gezielten Verunreinigung vorwegnehmen und das Material unbrauchbar machen.

[2] Ich hoffe, der Leser erinnert sich noch in hinreichendem Maß an den schulischen Chemieunterricht, der für das Verständnis dieser Ausführungen genügen sollte.

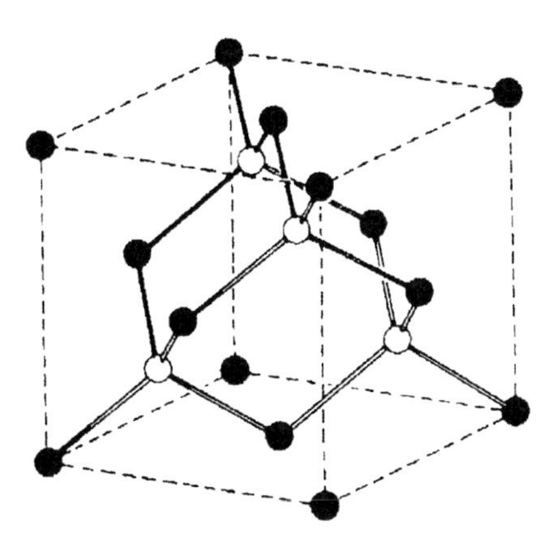
Abb. 4.13 Kristallgitterstruktur von GaAs

Atome mit einem Elektronen-Überschuss zugemischt werden, beispielsweise Silizium mit 4 statt 3 Valenzelektronen. Die Atome der Dotierungselemente besetzen nun einzelne Positionen im Kristallgitter, die ansonsten von Gallium oder Aluminium eingenommen worden wären (Abb. 4.13). Das stöchiometrische Verhältnis bleibt dabei erhalten, d. h. die Mischung wird beispielsweise durch $Ga_{1-x}Zn_xAlAs$ beschrieben.

Um die Auswirkungen dieser Verunreinigungen zu verstehen, betrachten wir zunächst reine Stoffe, die in der Schulphysik und -Chemie aufgrund ihrer Leitfähigkeit für elektrischen Strom grob in die Kategorien Isolatoren und Metalle unterteilt werden, wobei der Begriff „Halbleiter" (*nicht nur*) auf eine gewisse Zwischenstellung hindeutet.[1] Die Leitfähigkeit hängt wiederum von der Art der chemischen Bindung ab. Wie wir in der Einführung der Quantenmechanik bemerkt haben, können Elektronen in Atomen nur bestimmte Energieniveaus besetzten. Mit jedem Energieniveau ist auch eine Ortsfunktion (*Orbitalfunktion*) verbunden, die angibt, wo sich ein Elektron vorzugsweise aufhält. Die Elektronen eines Niveaus, im Normalzustand gerade so viele, dass die positive Ladung des Kerns durch sie neutralisiert wird, besetzten nacheinander die unteren Niveaus, wobei sich auf einem Niveau maximal zwei Elektronen aufhalten können.

Um die Eigenschaften von Orbitalen bei den nächstkomplizierteren Strukturen, den Molekülen, zu ermitteln, geht man oft so vor, die Atome eines Moleküls langsam einander zu nähern und zu berechnen, wie sich die Atomorbitale zu Molekülorbitalen transformieren. Auch diese werden dann schrittweise mit den vorhandenen Elektronen gefüllt. Bereits bei Molekülen beobachtet man, dass eine Reihe von Molekülorbitalen in der Nähe der Kerne bzw. dazwischen lokalisiert bleiben, andere über größere Teile des Moleküls verteilt sind. Elektronen, die sich in solchen „verschmierten" Orbitalen aufhalten, sind oft weniger fest an das Molekül gebunden und können sich oft von einem Ende des Moleküls zum anderen bewegen und da-

[1] Man kann die Differenzierung auch an einer Fülle weiterer Eigenschaften festmachen, wie Schmelz- und Siedepunkte, Wärmeleitfähigkeit, usw., die hier aber keine Rolle spielen.

durch bestimmte chemische Prozesse ermöglichen, die in diesem Fall als Messung für eine solche (auch berechenbare) Delokalisation dienen.

Dieser Trend – Aufspaltung in lokalisierte und nicht-lokalisierte Orbitale – setzt sich bei größeren Strukturen wie Kristallen fort, wobei die in einzelnen Molekülen noch gut definierten und energiemäßig unterscheidbaren Orbitale in solchen ausgedehnten Strukturen enger zusammenrücken und messtechnisch ihre Individualität verlieren – gewissermaßen ein fließender Übergang zwischen der Quantenwelt und der makroskopischen klassischen Welt. Lokalisierte Orbitale in solchen Gebilden fasst man unter dem Begriff „Valenzband" zusammen, diejenigen, die sich über den gesamten Kristall erstrecken, als „Leitungsband". Leitungsbänder besitzen dabei im Mittel höhere Energien als die Valenzbänder.

Mit dem Auffüllen dieser Bänder mit Elektronen beginnt nun die Unterscheidung zwischen Nichtleitern und Metallen. Abbildung 4.14 gibt uns einen Überblick über die verschiedenen Kombinationen:

a) Es sind nicht genügend Elektronen vorhanden, um das komplette Valenzband zu füllen (es heißt zwar „Band", aber es handelt sich trotzdem immer noch um eine endliche Anzahl einzelner Orbitale, die jeweils maximal zwei Elektronen aufnehmen können). Da die Orbitale energetisch nahe beieinander liegen, können Elektronen relativ leicht in andere lokalisierte Orbitale wechseln. Sind diese zwischen anderen Atomkernen lokalisiert, resultiert ein Ladungsfluss. Wir haben ein Metall vor uns (Abb. 4.14 oben links).
b) Valenzband und Leitungsband überlappen, wobei das Valenzband formal vollständig besetzt ist. Auch hier können die Elektronen jedoch leicht in das Leitungsband wechseln und sich bewegen (Abb. 4.14 oben rechts).

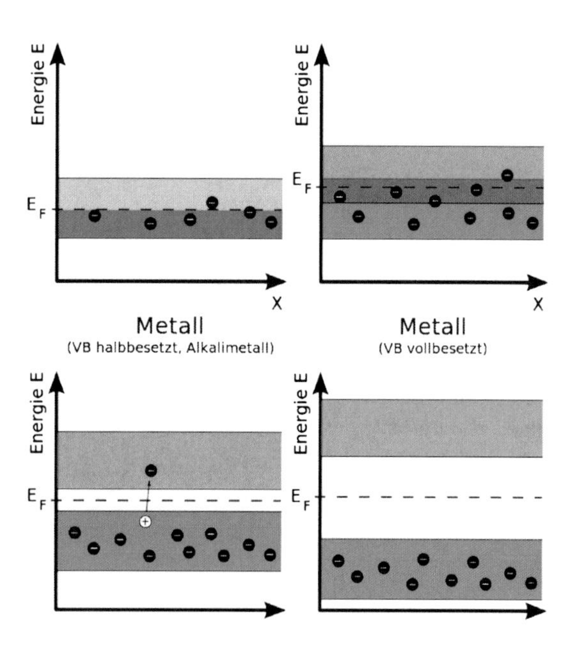

Abb. 4.14 Elektronen in Valenz und Leitungsbändern. *Untere Reihe*: Halbleiter (*links*) und Isolator (*rechts*)

c) Valenzband und Leitungsband sind vollständig voneinander getrennt, die Lücke ist jedoch klein. Bereits geringe Energien aus der Umwelt genügen, diesen „Halbleiter" zu einem Leiter zu machen.
d) Die Bänder sind durch eine große Lücke getrennt, so dass es weitgehend unmöglich ist, Elektronen in das Leitungsband zu transferieren. Das Material ist ein Isolator.

„Halbleiter" sind in diesem Sinne eigentlich Isolatoren, da sie keine Elektronen im Leitungsband besitzen, jedoch ist der Energieunterschied zwischen den Bändern bei vielen Halbleitern relativ gering, so dass häufig schon kleinere Spannungen genügen, einen messbaren Strom zu erzeugen. Außerdem ist ihr Valenzband vollständig gefüllt und enthält keine Reserveplätze für weitere Elektronen. Alles in allem sind sie aber als elektrische Bauelemente in hochreinem Zustand völlig ungeeignet.

Die vollständige Füllung des Valenzbandes und der geringe Abstand der Bänder kann durch die bereits angesprochene Dotierung (*Verunreinigung*) mit anderen chemischen Elementen ausgenutzt werden, einen relativ guten Leiter, allerdings mit besonderen Eigenschaften, zu erhalten. Die zusätzlichen Elektronen in *n*-dotierte Halbleitern können nur im Leitungsband untergebracht werden, da das Valenzband vollständig gefüllt ist. Ihre potentielle Energie ist in der Regel relativ hoch. Da die Elektronen sich im Valenzband frei bewegen können, werden die Halbleiter dadurch zu Leitern, deren Leitfähigkeit von der Stärke der Dotierung abhängt.

p-dotierte Halbleiter besitzen dagegen Lücken im Valenzband, das damit unterbesetzt ist, d. h. es kann weitere Elektronen aufnehmen. Zwar sind die Elektronen als Ladungsträger des elektrischen Stromes im Valenzband normalerweise unbeweglich, wenn jedoch Lücken in der Nähe vorhanden sind, können sie nach unter dem Einfluss eines elektrischen Feldes in die Lücke hineinspringen (Fall a)). Hierdurch bewegt sich die Elektronenlücke, und da ein normales Gitteratom nun eine höhere Ladung aufweist als die Elektronenwolke in den nahen Valenzorbitalen, bewegt sich formal eine positive Ladung durch den Kristall. Es entsteht also auch hier eine relativ gute Leitfähigkeit, wobei die potentielle Energie der Löcher relativ niedrig ist.

Kombiniert man nun *n*- und *p*-dotierte Halbleiter zu einem Sandwich und legt an die *n*-Schicht eine negative, an die *p*-Schicht eine positive Ladung an, so entsteht in der *n*-Schicht ein Elektronenüberschuss, in der *n*-Schicht ein Unterschuss. An der Grenzfläche zwischen den beiden Schichten können Elektronen von der *n*-Schicht in die *p*-Schicht übertreten, so dass insgesamt ein Strom fließt. Da das Leitungsband eine höhere Energie aufweist als das Valenzband, wird dabei Energie frei. Legt man die Spannung umgekehrt an, so werden Elektronen aus der *n*-Schicht entfernt und Lücken in der *p*-Schicht ausgefüllt. Es entsteht ein über beide Schichten vollständig gefülltes Valenzband und ein leeres Leitungsband, so dass kein Strom durch die Grenzfläche fließen kann.

Damit ist das Funktionsschema einer Diode, die Strom nur in einer Richtung leitet, bereits fertig. Das zweite wichtige Halbleiterbauelement, der Transistor, besteht aus drei Schichten (*n-p-n oder p-n-p*), wobei die mittlere Schicht so dünn ausgelegt wird, dass bei angelegter Leitungsspannung (*n-p-n-Transistor: negative Spannung an eine n-Schicht, positive Spannung an die zweite n-Schicht und die p-Schicht*) die Mehrzahl der Elektronen die mittlere Schicht einfach überspringt, bei angelegter Sperrspannung (*n-Schichten wie vor, negative Spannung an p-Schicht*) aber ein Übertritt verhindert wird.

Wie wir dem Modell entnehmen, wird bei einem Stromfluss durch das Springen der Elektronen vom Leitungsband in die Lücken des Valenzbandes Energie frei, die in Form von Photonen erzeugt wird und irgendwie abgeführt werden muss. Hier gibt es zwei Extrema:

a) Die Bandlücke ist relativ klein und die Photonen werden vom Material in Form von Gitterschwingungen absorbiert. Als Folge heizen sich die Elemente auf und müssen gekühlt werden.
b) Die Bandlücke ist so groß, dass die Photonen nicht vom Gitter in Gitterschwingungen umgewandelt werden können und als Licht emittiert werden.[1]

Diese zweite Art der „Energieentsorgung" ist nun für uns besonders interessant.

4.7.3 Photo- und Laserdioden

Für eine Laserdiode werden Materialien ausgewählt, die einen möglichst großen Unterschied zwischen dem Leitungsband des n-Leiters und dem Valenzband des p-Leiters besitzen, so dass übertretende Elektronen ihre Energie nahezu ausschließlich in Form von Photonen abgeben müssen. Um eine Abstrahlung zu ermöglichen, wird durch eine weitere Änderung der Zusammensetzung eine sehr dünne Übergangsschicht zwischen den beiden Schichten konstruiert *(ca. 1 μm)*, die einen geringeren Energieabstand zwischen den Bändern besitzt als die beiden angrenzenden p- und n-Leiter und so konstruiert ist, dass sowohl die Elektronen aus dem n-Leiter als auch die Löcher aus dem p-Leiter in diese Übergangsschicht eindringen können, ohne Energie abgeben oder aufnehmen zu müssen. Ein weiteres Vordringen der Elektronen oder Löcher in die jeweils anderen Bereiche ist allerdings aus energetischen Gründen nicht möglich (Abb. 4.15).

Der Ladungsausgleich zwischen den Bändern muss also in der Übergangsschicht stattfinden, und der Energieausgleich erfolgt fast ausschließlich durch Emission

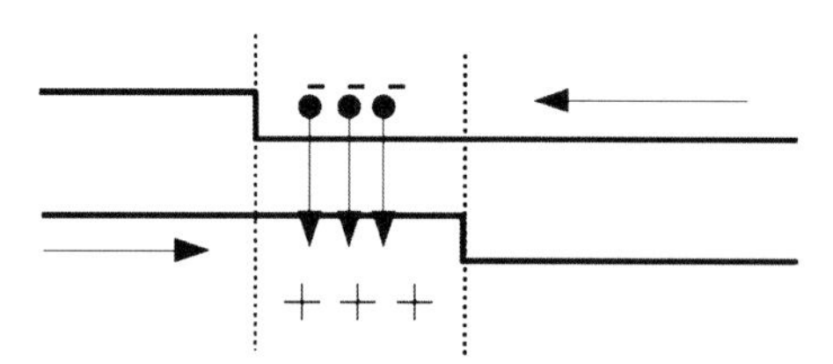

Abb. 4.15 Potentialverlauf schematisch

[1] Die Absorption ist ebenfalls ein Quanteneffekt. Es können nur bestimmte Quantengrößen absorbiert werden.

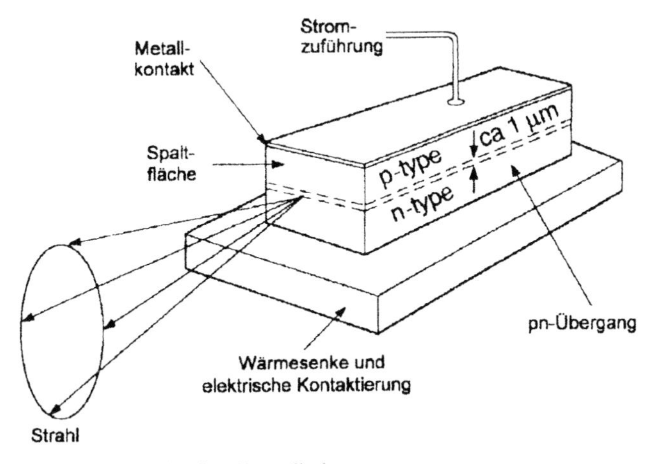

Abb. 4.16 Konstruktionsprinzip einer Laserdiode

von Photonen. Konstruktionsbedingt ist die Übergangsschicht teilweise transparent, besitzt aber einen recht hohen Brechungsindex. Bei einer Konstruktion wie in Abb. 4.16 tritt als Resultat ein sehr heller Lichtstrahl aus einer extrem kleinen Fläche aus, ohne dass sich das Material übermäßig aufheizt.

Konstruktiv wird eine solche Photodiode aber erst zur Laserdiode, wenn der Strahlungsprozess ist nicht spontan, sondern wie bei jedem Laser auf induzierte Emission zurückzuführen ist. Dazu werden im einfachsten Fall außer der Austrittsfläche alle anderen Seitenflächen verspiegelt, so dass viele emittierte Photonen zunächst in der Rekombinationsschicht gefangen sind.

Bei Anlegen einer Spannung führt nicht jedes eintreffende Elektron zu einer Photonenemission, sondern es baut sich zunächst ein Ladungsüberschuss auf, bis sich ein Elektron „spontan" entschließt, unter Aussenden eines Photons auf das untere Energieniveau zu fallen. Dieses im Übergangsbereich befindliches Photon regt nun einen kaskadenartigen Übergang vieler anderer Elektronen und damit eine starke Emission an. Die Verspiegelung der Seitenflächen sorgt dafür, so dass die wenigen spontan emittierten Photonen wieder in den Übergangsbereich gespiegelt werden und dort weitere Emissionen anregen (*Resonatorprinzip*). Durch diese Resonatorverstärkung – die auslösenden Photonen laufen in der Übergangsschicht hin und her – werden gleich drei Effekte bewirkt:

a) Es wird eine gleichmäßige starke Emission in Form eines scharfen und hochenergetischen Pulses erzeugt, da durch die induzierte Rekombination für einen schnellen Zusammenbruch des Ladungsüberschusses sorgt.[1]
b) Die Wellenlänge der emittierten Strahlung wird durch Interferenzvorgänge während der Spiegelung gefiltert, da vor- und zurücklaufenden Lichtwellen sich ge-

[1] Durch entsprechende Konstruktion und Stromversorgung kann natürlich auch dafür gesorgt werden, dass die Emission im Dauerbetrieb erfolgt und die beiden unter b) und c) beschriebenen Effekte nur in geringem Umfang eintreten.

genseitig verstärken bzw. sich auslöschen. Durch die Resonatorgeometrie kann so Einfluss auf die Wellenlänge und die Scharfbandigkeit der Strahlung Einfluss genommen werden.

c) Während spontan emittierte Photonen keinerlei Polarisationseigenschaften aufweisen, sorgt der Resonator durch ähnliche Prozesse wie bei der Frequenzfilterung dafür, dass eine lineare, zur Schicht parallele Polarisation entsteht.

Die Geometrie des austretenden Strahls ist in der Regel eine bauweisenbedingte Ellipse (*Abb. 4.16, typisch ca. 10°/30°*). Durch ein einfaches Linsensystem kann leicht ein streng gebündelter Strahl erzeugt werden.

Durch Modifikation der Konstruktion und der Betriebsweise lassen sich die Laserdioden jedoch nicht nur zur Erzeugung von Photonen nutzen, sondern auch zu deren Nachweis. Die Grenzschicht wird hierzu im Betrieb nur so weit aufgeladen, dass zwar ein Ladungsüberschuss besteht, aber gerade noch keine Spontanemission auftritt. Tritt nun ein Photon von außen durch die Grenzschicht ein, löst es eine Kaskade aus. Jedoch ist hier die Aufrechterhaltung der Kaskade als Dauersignal unerwünscht. Deshalb sind alle Grenzschichten hochtransparent, so dass die induziert emittierten Photonen sofort aus der Diode austreten und die induzierte Emission zusammenbricht. Je nach Zielsetzung kann man den Effekt in zwei Weisen ausnutzen:

a) Durch Messen des Stroms, der durch die induzierte Emission ausgelöst wird, werden eintreffende Photonen detektiert. Konstruktiv lässt sich erreichen, dass das Signal über einen gewissen Bereich Auskunft über die Anzahl der Photonen gibt.
b) Ein eintretendes Photon führt zu vielen austretenden Photonen an der anderen Seite der Diode, so dass eine optische Verstärkung eintritt (*Restlichtverstärker*).

4.7.4 Erzeugen kurzer Impulse

Ladungsdichte n und Photonenemission P in der Emissionsschicht lassen sich durch folgende Differentialgleichungen beschreiben:

$$\frac{\mathrm{d}n}{\mathrm{d}t} = j(t) - c * n - g(n) * P$$
$$\frac{\mathrm{d}P}{\mathrm{d}t} = \beta * n + d * g(n) * P - f * P$$

Dabei bedeutet j den von außen angelegten Ladestrom, $c * n$ den durch spontane Vorgänge verursachte Ladungsausgleich und $g(n) * P$ den durch Anregung erzeugten Ausgleich. Bei der Photonenemission kommen im letzten Glied noch Verluste durch Absorption und ähnliches in Ansatz. Man kann damit nun auf verschieden Arten kurze Pulse erzeugen:

a) Verstärkungsschaltung. Die Emission wird ausschließlich über den Ladestrom j geregelt. Hohe Ladeströme führen schnell zu hinreichend vielen Spontanemissionen ($c * n$), was nachfolgend eine Kaskade auslöst. Ist $g(n)$ hinreichend groß, wird durch Abschalten des Stroms auch schnell wieder ein leerer Zustand erreicht. Mit diesem einfachen Verfahren sind Frequenzen bis in den GHz-Bereich realisierbar.

Da das System zunächst überladen wird, ist die erste induzierte Kaskade besonders intensiv und neutralisiert mehr Ladungen, als ein kontinuierlicher Strom liefert. Die Photonenemission weist daher ein Einschwingverhalten mit einem höheren Überschwingen zu Beginn auf.

b) Güte-Schalten. Die Emission wird durch Steuerung von j und $g(n)$ gesteuert. Dazu werden zu Beginn die Resonatoraußenflächen durchlässig geschaltet, was beispielsweise durch ein dielektrisches Medium, dessen Polarisation sich elektrisch einstellen lässt, bewirkt werden kann. Speziell werden alle parallel zur Schicht polarisierten Photonen (*das sind alle induzierten*) an den Außenflächen entlassen. Hierdurch wird das System stark überladen.

   Zur Erzeugung des Pulses wird der polarisationsabhängige Spiegel wieder eingeschaltet. Durch die starke Überladung wird ein sehr starker Impuls erzeugt, der bei gleichzeitigem Abschalten des Ladestroms sehr kurz ist.

c) Modenkopplung. Wie oben beschrieben, bauen sich im Resonator durch Interferenz nur bestimmte Schwingungen (*Moden*) auf, von denen normalerweise nur die stärkste ausgekoppelt und verwendet wird.

   Man kann jedoch die Moden ihrerseits wieder in Interferenz bringen, so dass sie sich verstärken oder auslöschen. Hierdurch lassen sich sehr schmalbandige und intensive Impulse erzeugen.

4.8 1-Photonen-Emitter

Laserdioden erzeugen starke Signale, die für die Verwendung in der Quantenverschlüsselung abgeschwächt werden müssen. Dies geschieht üblicherweise durch starke Filter, und dabei kommt es zwangsweise zu vielen Leer- und Mehrphotonenereignissen, die einerseits die Effizienz der Schlüsselvereinbarung verringern, andererseits Angriffsmöglichkeiten eröffnen, wie wir gesehen haben. Es ist daher der nächste logische Schritt, nach Emittern zu suchen, die tatsächlich nur ein Photon emittieren.

Herkömmliche Laser arbeiten mit gasförmigen Verbindungen. Der Trick ist der gleiche wie bei den Halbleiterlasern: die Elektronen in den Atomen oder Molekülen werden auf höhere Orbitale angeregt, von denen sie unter Aussendung eines Photons wieder auf das untere Niveau zurückfallen. Wie bei den Halbleiterlasern kann das in einem Resonator zu einer Kaskade induziert werden. Da die Atome in einem Gas weitgehend unabhängig voneinander sind, sind die so erzeugten Laserstrahlen sehr engbandig. Würde es nun gelingen, ein Atom alleine zur Emission zu bringen, hätte man einen 1-Photonen-Emitter.

Das Problem dabei ist, mit einzelnen Atomen zu operieren. Die Gasphase scheidet dabei aus. Die Halbleitertechnik erlaubt es jedoch, nahezu auf Atomniveau zu

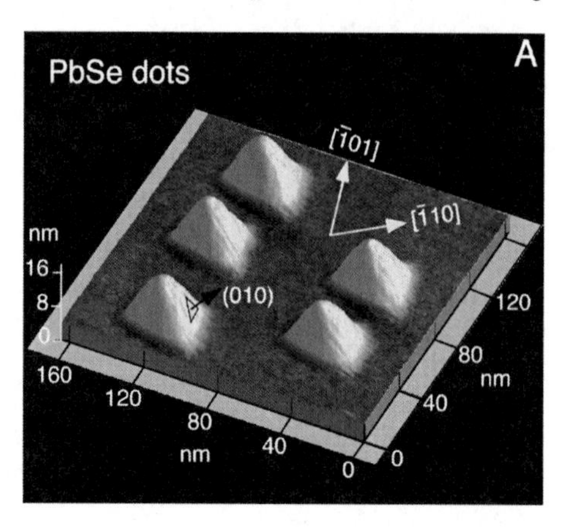

Abb. 4.17 Quantenpunkte, aus G. Springholz (Universität Linz), V. Holy, M. Pinczolits and G. Bauer, Science 282 (1998), p. 734 (mit freundl. Genehmigung der Autoren)

operieren. Im Nanometerbereich lassen sich Ansammlungen von wenigen bis wenigen hundert Atomen, sogenannte Quantenpunkte, erzeugen (Abb. 4.17).

Solche Quantenpunkte sind zwar keine einzelnen Atome, verhalten sich aber wie solche, d. h. sie sind auf wenige Nanometer lokalisiert und besitzen, da sie nur relativ wenige Atome enthalten, keine Bänder, sondern spektral getrennte Orbitale, in denen sich die Elektronen aufhalten können. Man spricht hier auch von künstlichen Atomen, und präparativ lässt sich durchaus so etwas wie ein Periodensystem künstlicher Elemente dieser Art erzeugen.

Mit Quantenpunkten lassen sich als Fortführung der Laserdiodentechnologie Quantenpunkt-Laserdioden aufbauen (Abb. 4.18, 4.19). Hierzu wählt man ein Grundmaterial mit einer großen Bandlücke. Das Quantenpunktmaterial wird so ausgewählt, dass Grund- und Anregungsorbitale jeweils in den Bändern liegen.[1] Die Quantenpunkte werden in die Rekombinationsschicht präpariert. Bei Anlegen der Spannung findet die Rekombination nun nicht in der Übergangsschicht statt, sondern die Quantenpunkte fangen die Ladungen ein: in einem der unteren besetzten Niveaus wird eine Lücke erzeugt, in einem der oberen Niveaus wird ein Elektron hineingepumpt. Durch spontanen oder angeregten Zerfall dieses Zustandes – Springen des Elektrons vom angeregten Zustand in das erzeugte Loch – wird ein Photon emittiert.

Die Quantenpunktinseln bestehen aus Materialien wie *GaInAs*, *InAsN*, *InAsP* u. a. Durch die inneren Mechanismen steigt die Photonenausbeute gegenüber der Wärmeentwicklung, so dass diese Bausteine äußerst langlebig sind.[2]

---

[1] Zwischen den Orbitalen in Atomen oder Molekülen sind nicht alle Übergänge gleich wahrscheinlich. Spontan finden nur Übergänge zwischen bestimmten Zuständen statt, und das „parken" von Elektronen auf miteinander nicht „verträglichen" Orbitalen erlaubt die Erzeugung langlebiger angeregter Zustände. Siehe auch Seite 173 f.

[2] Hochenergie-Leuchtdioden, die zunehmend als Ersatz für Glüh- oder Leuchtstofflampen eingesetzt werden, basieren auf diesen Technologien. Die Quantenmechanik erhält damit fast unbemerkt Eintritt in den normalen bürgerlichen Haushalt.

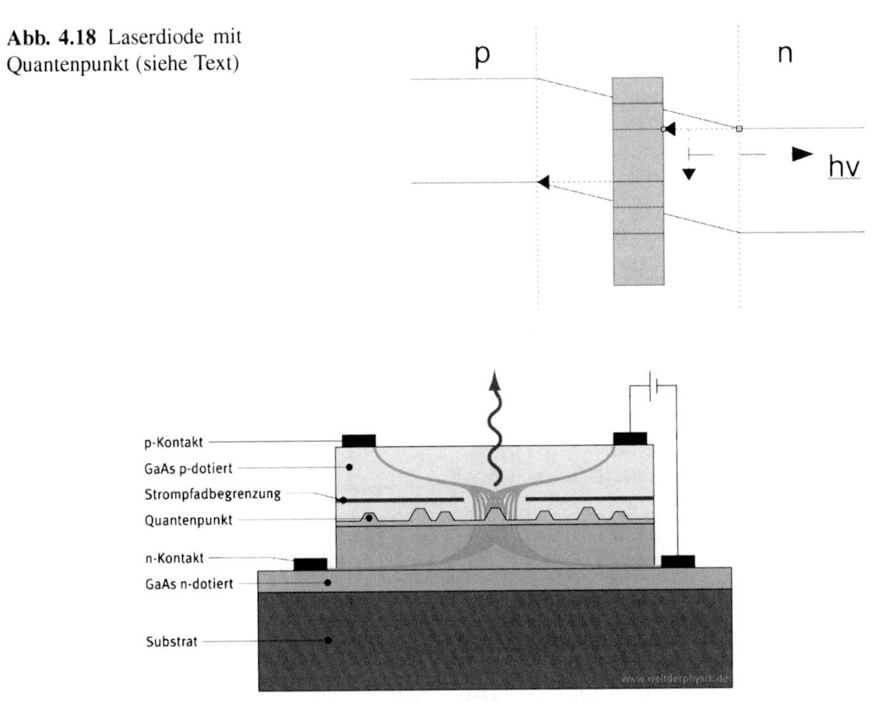

Abb. 4.18 Laserdiode mit Quantenpunkt (siehe Text)

Abb. 4.19 QuantenpunktLaserdioden, mit freundl. Genehmigung aus: www.WeltderPhysik.de

Produktionstechnisch sind die Quantenpunkte jeweils leicht unterschiedlich. Sie besitzen unterschiedliche Umgebungen und enthalten unterschiedliche Anzahlen von Atomen. Schließt man durch Gitterschwingungen erzeugte Unschärfen durch tiefe Betriebstemperaturen aus, so lassen sich die Quantenpunktspektren voneinander trennen. Ersetzt man nun die Anregungsspannung durch einen normalen Laserstrahl, der genau auf einen Quantenpunkt eingestellt ist und ein Elektron in einen angeregten Zustand portiert, so hat man damit eine Photonenquelle konstruiert, die nur Leer- oder 1-Photonenereignisse generiert (Abb. 4.20).[1]

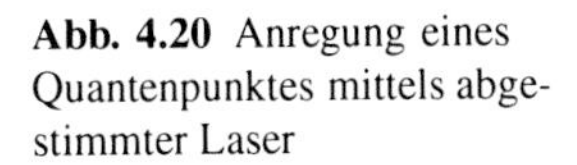

Abb. 4.20 Anregung eines Quantenpunktes mittels abgestimmter Laser

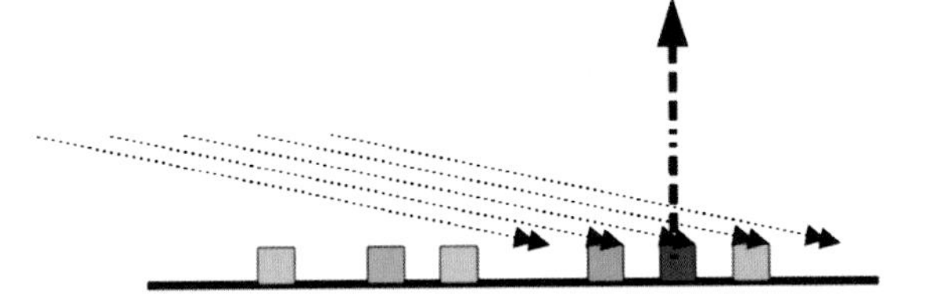

[1] Wie das nächste Kapitel zeigt, werden pro Quantenpunkt 1–2 Photonen erzeugt, von denen sich jedoch ebenfalls eines wieder ausfiltern lässt.

4.9 Erzeugen verschränkter Photonenpaare

4.9.1 Induzierte Konversion

Beim Durchgang durch optisch anisotrope Kristalle spaltet der Lichtvektor unter bestimmten Bedingungen in zwei unterschiedlich polarisierte Strahlen auf. Am längsten bekannt ist dieses Phänomen sicher beim Kalkspat ($CaCO_3$, *Kalziumkarbonat, Abb. 4.21*), dessen Kristalle zwei verschobene Bilder eines Objektes liefern.

Abb. 4.21 Doppelbrechung eines Kalzit-Kristalls (aus: wikipedia)

Dies ist darauf zurückzuführen, dass für Photonen unterschiedlicher Polarisierung unterschiedliche Brechungsindizes gelten und das normale Licht in zwei polarisierte Anteile zerlegt wird, sich ansonsten aber nichts ändert, wie Abb. 4.21 zu entnehmen ist. Bei Bestrahlung mit sehr hohen Lichtintensitäten, wie man sie heute problemlos, monochromatisch und gut fokussiert mit Lasern erreichen kann, lassen sich an anisotropen Kristallen mit sehr hohen Dielektrizitätskonstanten weitere Effekte beobachten, wie etwa die Emission zweier Photonen mit besonderen Eigenschaften (Abb. 4.22).

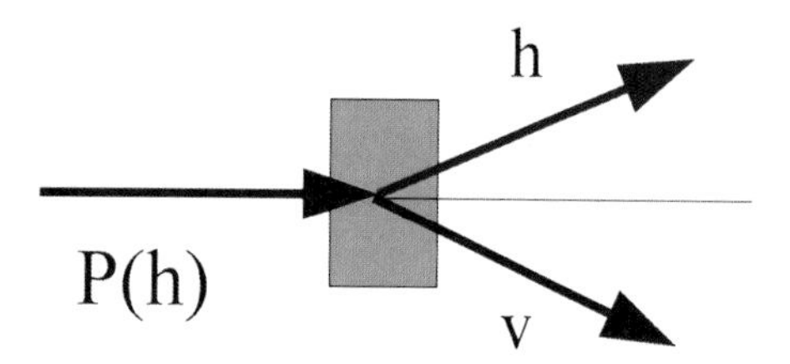

Abb. 4.22 Photonenpaaremission

Ein einlaufendes Photon der Polarisation h erzeugt hier zwei Photonen, von denen eines die Polarisation h, das andere die dazu orthogonale Polarisation v aufweist. Da außer der Strahlenaufspaltung nichts geschieht, muss aufgrund der Erhaltungssätze für Energie und Impuls gelten:

$$\omega_P = \omega_h + \omega_v$$
$$\vec{k_P} = \vec{k_h} + \vec{k_v} \ .$$

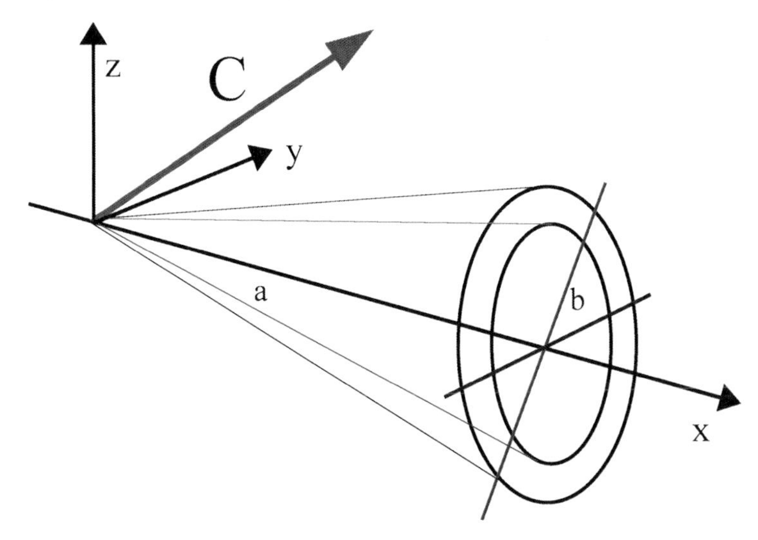

Abb. 4.23 Koordinatensystem, Einzelheiten siehe Text

Dieser Effekt wird „parametric downconversion“ genannt. Er existiert in verschiedenen Versionen. Um die Zusammenhänge aufzuzeigen, betrachten wir einen in X-Richtung verlaufenden Pumpstrahl (*Abb. 4.23*), der auf einen Kristall fällt, dessen optische Achse C in der XZ-Ebene liegt und die mit der X-Richtung den Winkel Θ einschließt. Als e-Strahl bezeichnen wir einen Lichtstrahl, dessen Polarisationsebene parallel zur CX-Ebene ist, als o-Strahl einen Strahl, dessen Polarisationsrichtung senkrecht auf C und X steht. Strahlenaufteilungen können in die Klassen

```
Typ Ia:   e -> o,o
Typ Ib:   o -> e,e
Typ II:   e -> e,o
```

eingeteilt werden, wobei für unsere Zwecke Typ II der geeignete ist, da er zwei Photonen mit unterschiedlichen Polarisationen liefert (*Abb. 4.23 gilt für Typ I-Aufteilungen, Typ II siehe weiter unten*).

Die beiden Ergebnisstrahlen können in Wellenlänge und relativer Richtungsabweichung vom Pumpstrahl differieren, müssen aber die Erhaltungssätze erfüllen. Für bestimmte Wellenlängenverhältnisse liegen die Richtungen auf zwei Konen um die Ausbreitungsrichtung, die gleiche (*Abb. 4.23*) oder voneinander abweichende Achsen besitzen können (*die Mittelgerade ist dann nicht die Pumpstrahlrichtung, Abb. 4.24 und Abb. 4.25*). Aufgrund der Impulserhaltung sind Photonenpaare aber immer auf den Schnittpunkten der Konenmäntel mit einer Ebene, die die Pumprichtung enthält, zu finden.

Man kann nun im Detail untersuchen, wie sich die Polarisation der Ergebnisphotonen in Abhängigkeit vom Öffnungswinkel a des Konus und vom Drehwinkel b (*Azimut*) aus der XY-Ebene ändert. Eine weitere Variable ist der Winkel zwischen der optischen Achse des Kristalls und der Pumprichtung des Laserstrahls. Je nach

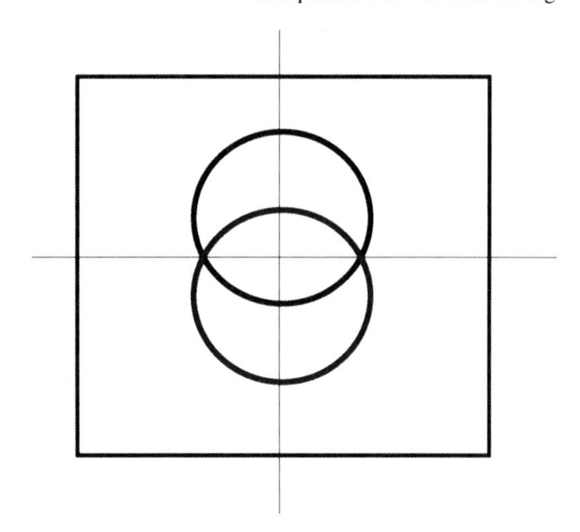

Abb. 4.24 Querschnitt durch die Emissionskonen

Winkel erhält man recht komplizierte Polarisations- und Intensitätsverhältnisse der beiden Ergebnisstrahlen.[1] Entsprechend dem experimentellen Ziel lässt sich so eine Vielzahl von Photonenpaaren mit bestimmten Polarisationsverhältnissen gewinnen. Bei kleinen Winkeln a, d. h. in der Nähe der X-Achse, ist ein e-Strahl mit einer h-Polarisation verbunden, ein o-Strahl mit der dazu senkrechten v-Polarisierung. In diesem Bereich sind die uns interessierenden optischen Effekte zu suchen, wobei wir uns auf Typ II-Aufspaltungen beschränken.

Das Ziel ist nun, über diesen Effekt in Bezug auf die Polarisation verschränkte Photonen zu gewinnen. Dazu ist zunächst die Forderung

$$\omega_h = \omega_v = \frac{1}{2}\omega_P$$

zu erfüllen (*warum? Siehe dazu auch die Aufgabe weiter unten*). Photonen anderer Frequenzen sind zu verwerfen. Die Wellenvektoren der beiden ausgehenden Photonen schließen unter diesen Bedingungen betragsmäßig gleiche vorzeichenverschiedene Winkel mit dem eingehenden Wellenvektor ein. Auf einer Fläche hinter dem Kristall in einer statistischen Messung erhält man dann folgendes Messbild:[2]

Bei diesem Erscheinungsbild liegt die optische Achse des Kristalls in der Waagrechten. Ein einzelnes Photonenpaar erzeugt simultane Signale an den korrespondierenden Schnittpunkten der Kreise mit einer Geraden durch das Zentrum (*die Emissionskonen können in ungünstigen Fällen auch vollständig getrennt sein. Derartige Materialien sind nicht brauchbar. Im vollsymmetrischen Fall wie in Abb. 4.23 würde man nur einen Kreis erhalten, auf dem beide Ereignisse liegen*). Die Größe der Konen ändert sich in Abhängigkeit vom Winkel zwischen einfallendem Photon

[1] Siehe z. B. A. Migdal, J. Opt. Soc. Am. B 14 (1997), 1093–1098.

[2] Die Winkel sind auf den Austrittswinkel des normalen Strahls zu beziehen. In der Praxis wird der Kristall so geschliffen, dass Brechungseffekte nicht berücksichtigt werden müssen. Ich vereinfache die Argumentation deshalb in diesem Sinn.

und optischer Achse des Kristalls, so dass bei geeigneter Auswahl der Materialien dieses Bild zu erhalten ist.

Interessant sind nun genau die Schnittpunkte der beiden Emissionskreise. Tauchen hier Signale auf, so ist nicht zu entscheiden, welches Photon an welchem der Punkte austritt, d. h. die Zustände h und v sind nun verschränkt,

$$\psi = \frac{1}{\sqrt{2}}(|\uparrow\rightarrow\rangle + |\rightarrow\uparrow\rangle)$$

und die Verschränkung kann nur durch eine Messung aufgehoben werden (*aufgrund der Frequenzgleichheit ist die Polarisation aber die einzige Eigenschaft, in der sich die Photonen unterscheiden*).

Eine praktische Versuchsanordnung zur Erzeugung verschränkter Photonen besteht also aus folgenden Komponenten:[1]

Ein fokussierter Strahl eines Argon-Ionenlaser der Wellenlänge $\lambda_P = 351{,}1$ nm wird unter einem Winkel von $\theta_P = 49{,}6°$ zur optischen Kristallachse auf einen Bariumboratkristall ($\beta - Ba_2(B_3O_6)_2$) gelenkt, der Photonen der Wellenlänge $\lambda_h = 702$ nm unter einem Winkel von $\theta_h \approx 6°$ emittiert. Hinter dem Kristall wird eine dünne Platte eines dielektrischen Spiegelmaterials so aufgestellt, dass Wellen mit der Länge des einfallenden Lasers total aus dem optischen System reflektiert, Wellen der emittierten Photonen aber ungehindert durchgelassen werden. Mittels Blenden werden alle Strahlen außerhalb der Überschneidungspunkte ausgefiltert, mittels Interferenzfiltern alle Wellenlängen außerhalb des Bereichs der halben Laserwellenlänge ausgefiltert.

Aufgabe. Die Emission findet nicht nur bei der halben Wellenlänge statt, und die Emissionskonen sind eine Funktion der Wellenlänge. Bei $\lambda = 725$ nm findet man näherungsweise

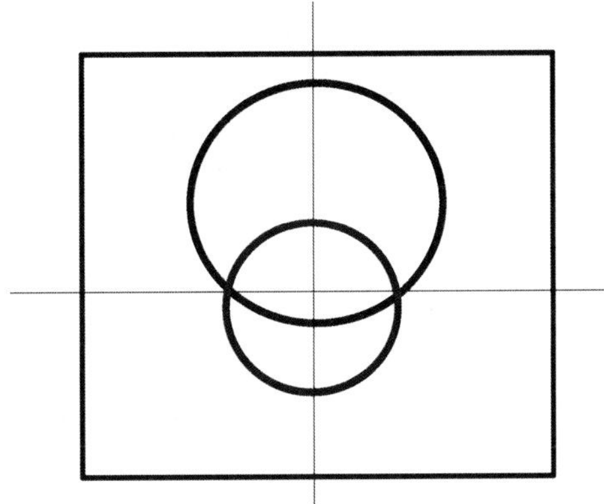

Abb. 4.25 Emissionskonen bei ungleicher Energieaufteilung auf beide Photonen

[1] Ein Beispiel für einen Typ I-Kristall ist Lithiumjodat $LiJO_3$, dessen optische Achse um 35,3° gegen den Pumpstrahl geneigt ist.

An den Schnittpunkten der beiden Konen ist die Polarisation eines austretenden Photons natürlich wieder eine Zufallsgröße. Die Zustände sind jedoch nicht verschränkt, da die Ortsanteile der Wellenfunktion unterschiedlich sind (*die Photonen bewegen sich je nach Polarisation in verschiedene Richtungen*). Begründen Sie das wellenmechanisch.

Welche Eigenschaften können wir von dieser Quelle erwarten? Die Emission ist ein spontaner, relativ seltener Effekt, der nicht nur Photonen in der gewünschten Richtung und mit der gewünschten Wellenlänge emittiert. Beim Ausgleich dieser Leerereignisse durch höhere Laserleistungen muss wieder mit Mehrphotonenereignissen gerechnet werden, d. h. wir erhalten wieder die Statistik der Laserdioden als 1-Photonen-Quellen durch Abschwächung.

Wie man sich leicht überlegt, sind bei dieser Quelle Ereignisse mit einem verschränkten Paar uneingeschränkt, bei zwei verschränkten Paaren aber nur die Hälfte der Ereignisse brauchbar. Werden zwei Photonenpaare emittiert, sind zwar jeweils zwei Photonen miteinander verschränkt, aber beide Paare voneinander unabhängig, d. h. bei der Messung können zwei Detektoren ansprechen.

Der Betrieb der Quelle kann synchron oder kontinuierlich ausgelegt werden. Beim kontinuierlichen Betrieb wird der Kristall dauerbestrahlt, wobei die Parameter so justiert werden, dass in hinreichend kurzen Zeitabständen Photonenpaare erzeugt werden, nicht trennbare Mehrfachpaare jedoch selten auftreten. Alice und Bob müssen in dieser Betriebsart die Signalzeitpunkte mit hoher Genauigkeit speichern, um gleichzeitige Ereignisse und damit ein Photonenpaar identifizieren zu können. Beim Synchronbetrieb wird innerhalb vorgegebener Zeitfenster mit einem Laserpuls gearbeitet, was messtechnisch für Alice und Bob etwas einfacher ist, aber meist auch eine höhere Fehlerrate aufweist.

Aufgabe. Die Polarisation der Photonen hängt von der Orientierung der optischen Achse des Kristalls ab, hat also ein Bezugssystem. Weisen Sie nach, dass es bei einer Zustandsverschränkung unerheblich ist, welche Orientierung die Messsysteme von Alice und Bob zu der Quellengeometrie haben (sie müssen natürlich untereinander auf feste Basen bezogen sein).

Aufgabe. Wenn Eve als Geber auftritt, kann sie die Photonenpaare auch an anderen, einander gegenüber liegenden Stellen der Konen abgreifen. Die Polarisationen sind dann miteinander korreliert, die Zustände aber nicht mehr verschränkt. Eve kann gegenüber Alice und Bob durch statistischen Wechsel der ausgesandten Photonenpaare eine Verschränkung simulieren. Welchen Gewinn kann Eve aus diesem Angriff erzielen? Können Alice und Bob den Angriff erkennen? Betrachten Sie ein normales 0°–45°-Messsystem. Vergleichen Sie (anschließend) mit den Anmerkungen im 2-Photonen-Protokoll.

4.9.2 Quantenpunkt-Laserdioden und Verschränkung

In Abb. 4.18 auf Seite 167 haben wir die Funktionsweise eines Quantenpunktes vorgestellt, die auf der Bildung eines Exzitonenzustands durch die Umgebung und dem spontanen Übergang in den Grundzustand, begleitet von der Emission eines Photons, beruht.[1] Den angeregten Zustand betrachten wir nun etwas genauer:

Die Wellenfunktion $\Psi = |nlms\rangle$ von Elektronen in Atomen (und Molekülen) wird durch vier Quantenzahlen beschrieben:

- der Hauptquantenzahl $n = 1, 2, 3, \ldots$
- der Drehimpulsquantenzahl $l = 0, 1, \ldots, n-1$
- der magnetischen Quantenzahl $m = -l, -l+1, \ldots, 0, \ldots l$
- der Spinquantenzahl $s = \pm 1/2$.

Die Hauptregel bei der Besetzung von Orbitalen mit Elektronen lautet, dass sämtliche Elektronen sich in mindestens einer Quantenzahl unterscheiden müssen. Anders interpretiert: in einem Orbital können sich genau zwei Elektronen aufhalten, die sich durch die Spinquantenzahl unterscheiden.

Bezogen auf den Exzitonenzustand in einem Quantenpunkt können somit zwei Elektronen/Loch-Paare entstehen, wenn die Aufladung des Systems schneller als die spontane Emission erfolgt. Ein Quantenpunkt kann somit auch zwei Photonen gleichzeitig emittieren, und da der Polarisationszustand des Photons mit dem Spin des Elektrons gekoppelt ist, ist die Polarisation der beiden Photonen miteinander korreliert, d. h. wenn die Polarisation eines Photons gemessen wird, ist das Messergebnis des anderen ebenfalls bekannt.

Das hört sich wie Verschränkung an, ist es aber noch nicht ganz, denn die Übergänge der beiden Elektronen unterscheiden sich je nach Polarisation weit genug energetisch, um sich trennen zu lassen (Abb. 4.26, links). Die beiden Elektronen besitzen unterschiedliche Energieniveaus, die wiederum je nach Polarisation in zwei

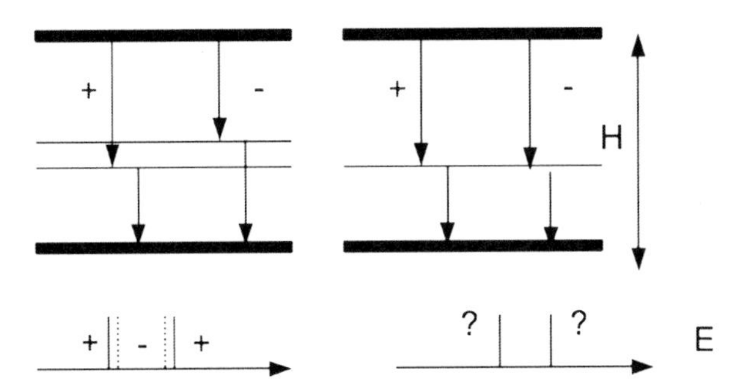

Abb. 4.26 Korrelierte (*links*) und verschränkte (*rechts*) Übergänge

[1] Exziton ist die Bezeichnung für ein Elektronenloch auf einem unteren Niveau und einem Überschusselektron in einem oberen Niveau in einem Halbleiter.

Linien aufspalten.[1] Die Photonen sind zwar polarisationskorreliert, aber für die Feststellung der Polarisationsrichtung muss die Polarisation gar nicht gemessen werden.

Durch verschieden experimentelle Variationen ist es inzwischen aber auch gelungen, diese Energieaufspaltung zu beseitigen. Die Photonen unterscheiden sich zwar weiterhin in der Wellenlänge, aber unabhängig von der jeweiligen Polarisation. Damit ist eine echte Verschränkung erreicht.

Eine verschränkte Photonenquelle dieses Typs erzeugt Leer-, 1-Photonen- oder Doppelphotonenereignisse, aber keine mehrfachen Paare wie die Konversionsmethoden. Der synchrone Betrieb ist bei diesen Bausteinen ebenfalls einfacher als bei Konversionserzeugern. Zwar sind immer noch niedrige Temperaturen notwendig, doch liegen diese inzwischen bei ca. 70 K, also annähernd im Industriestandard mit Flüssiggasen erreichbaren Temperaturbereich.

Aufgabe. Nehmen wir an, Eve besitze auch hier die Geberposition. Kann Eve bei dieser Technik ähnlich wie bei der Konversion versuchen, gezielt bestimmte Paare zu erzeugen, um einen Teil der Schlüsselaushandlung auszuspähen?

Aufgabe. Im Gegensatz zur Konversion, die Photonen mit orthogonaler Polarisation erzeugt, werden in Quantenpunkt-Lasern meist Photonen mit gleicher Polarisation erzeugt. Müssen Alice und Bob ihre Messsysteme nun auch in Bezug auf die Quelle ausrichten oder ist dies weiterhin nicht notwendig?

4.10 Komponenten des optischen Erzeugungssystems

Wir beschränken die Diskussion des Erzeugungssystems auf herkömmliche Laserdioden. Bei Verwendung von 1-Photonenquellen oder Quellen für verschränkte Systeme entfallen einige Systemteile, wobei der Leser sicher in der Lage ist, die notwendigen Komponenten selbst zu identifizieren. Der größte Teil der optischen Komponenten wird später im Detektor wiederverwendet.

4.10.1 Komplettsystem

Laserdioden erzeugen im Idealfall bereits polarisiertes Licht, aber eine Diode kann nur Licht einer Sorte produzieren. Um die 4–6 Zustände für das Schlüsselvereinbarungsprotokoll zu erhalten, müssen also mehrere Laser miteinander gekoppelt werden. Abbildung 4.27 zeigt einen typischen Systemaufbau für ein 4-Zustands-Modell.

[1] Die Primäraufspaltung erlaubt die Nutzung der Quantenpunkt-Laserdioden als 1-Photonen-Quellen, denn ein Übergang ist auf jeden Fall ein 1-Photonen-Ereignis, und der zweite Übergang lässt sich durch einen scharfbandigen Filter ausblenden.

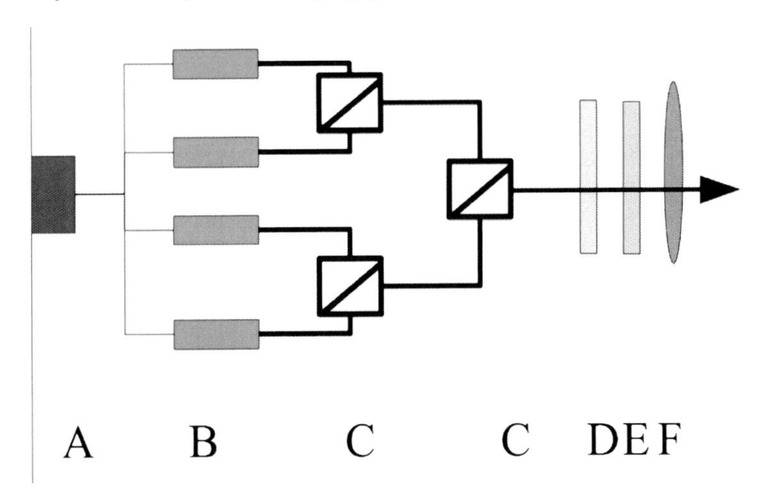

Abb. 4.27 Photonenerzeugung, A. Impuls- und Auswahlelektronik, B: orientierte Laser mit polarisiertem Output, C: nicht polarisierende Strahlenaddierer, D: Interferenzfilter, E: Abschwächer, F: optisches Fokussiersystem

Eine Steuerelektronik A wählt zufällig einen der vier Laser B aus und erzeugt hochgenaue Impulse, z. B. 1 ns-Impulse im Abstand von 100 ns. Die Laser sind typischerweise Far-IR-Laser (*1550 nm*) und so ausgerichtet, dass die polarisierten Ausgangsstrahlen exakt alle 4 möglichen Polarisationsrichtungen abdecken. Da nur die Resonatorstrahlung, nicht aber die spontane Strahlung polarisiert ist, werden die Strahlen zusätzlich durch einen entsprechend ausgerichteten Polarisationsfilter geleitet (im Bild nicht enthalten).

Die Impulse werden über nicht-polarisierende Strahlenteiler C vereinigt und passieren dann einen engbandigen Interferenzfilter D (*0,1 nm Bandbreite*), einen Abschwächer E, der pro Puls 0,1–0,4 Photonen durchlässt, und ein optisches Fokussiersystem. Die optischen und elektronischen Komponenten müssen so abgeglichen werden, dass aus der Emissionsstatistik des Ausgangssignals nicht ermittelt werden kann, welche der Dioden angesteuert wurde (beispielsweise durch zusätzliche Abschwächer zum Ausgleich unterschiedlicher Diodenkennwerte). Die Pulsfrequenz liegt in der Größenordnung 10–100 MHz.

Auf der Empfangsseite werden in der Regel Photodioden als Detektoren eingesetzt. Aufgrund der notwendigen hohen Verstärkung weisen diese eine relativ hohe Anzahl an Dunkelereignissen durch Spontanemission auf, so dass ein eingehendes Photon nur dann sicher identifiziert werden kann, wenn der Empfänger hochgenau mit dem Sender synchronisiert ist (*siehe unten*).

Zur Synchronisation wird ein weiterer gepulster Laser eingesetzt (*nicht eingezeichnet*), der nicht abgeschwächte Impulse bei 770 nm über das gleiche System überträgt.

Aufgabe. Mittels 1-Photonen-Generatoren können Zufallszahlengeneratoren gebaut werden, die ebenfalls nach quantenmechanischen Prinzipien funktionieren.

Derartige Geräte sind bereits im Handel erhältlich. Geben Sie ein mögliches Funktionsprinzip und eine Anwendungsvorschrift an.

Aufgabe. Anstelle normaler Laserdioden sollen 1-Photonen-Quantenpunktdioden verwendet werden. Geben Sie ein Schaltschema bei Verwendung dieser Komponenten an. Denken Sie daran, dass Laserdioden nur aus dem Resonatorteil heraus eine Polarisation der Photonen bereitstellen.

Aufgabe. Geben Sie ebenfalls ein Schaltschema für einen 2-Photonengenerator mit verschränkten Photonen an.

4.10.2 Strahlenvereinigung

Die Vereinigung von Strahlen erfolgt mittels symmetrischer Prismen (Abb. 4.28), in das die Strahlen an gegenüber liegenden Flächen ein- und an der dritten Fläche gemeinsam austreten. Um Reflexionsverluste so gering wie möglich zu halten, sollten die Strahlen mit Winkeln in der Nähe von 90° auf die Durchtrittsflächen auftreffen.

Bei Verwendung normaler Laserdioden sind Verluste durch Reflexion relativ unkritisch, da die Strahlen ohnehin abgeschwächt werden. Bei Verwendung von 1-Photonensignalen müssen die Flächen jedoch vergütet werden. Dies erfolgt durch Bedampfen oder Beschichten der Oberflächen mit geeigneten Materialien, die einen Brechungsindex von $n_v = \sqrt{n_a * n_p}$ (a: *außen*, p: *Prisma*) und eine Dicke von $\lambda/4$ aufweisen.

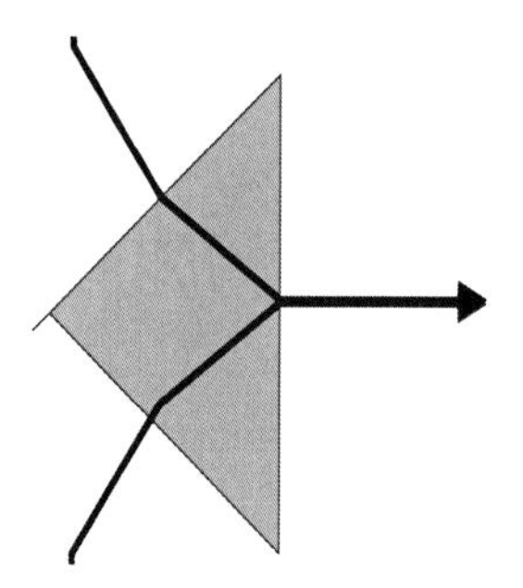

Abb. 4.28 Strahlenvereinigung

4.10.3 Interferenzfilter

Interferenzfilter bestehen aus mehreren Schichten optischer Medien, an deren Grenzflächen Teilreflexion der Lichtstrahlen stattfindet (*Abb. 4.29; es ist im Bild nur eine Schicht dargestellt*).

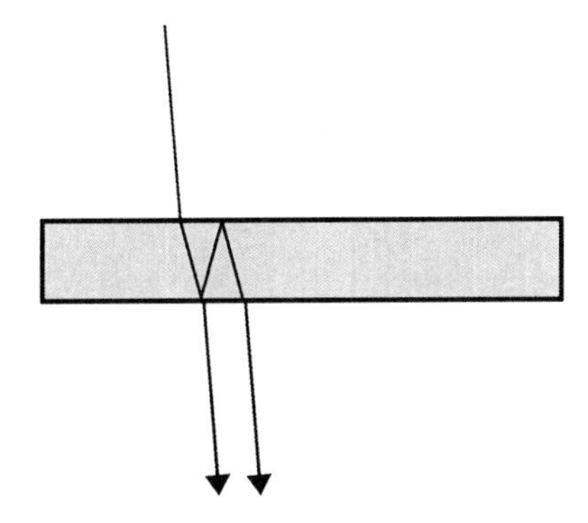

Abb. 4.29 Prinzip eines Interferometers

Bei den austretenden eng benachbarten Strahlenbündeln verstärken sich Wellenzüge bestimmter Wellenlängen, andere löschen sich aus, wodurch eine Filterwirkung entsteht. Die durchgelassenen Wellenlängen hängen vom Eintrittswinkel und der Schichtdicke ab, die Schärfe kann durch die Anzahl der Schichten beeinflusst werden. Für quantenkryptografische Anwendungen werden Filter mit einer Bandbreite von 0,1 nm (*bei 1550 nm Wellenlänge*) eingesetzt. Im Gegensatz zu Farbstofffiltern heizen sich Interferenzfilter kaum auf.

Die Bauweise kann stark variieren zwischen mechanisch relativ aufwändigen durchstimmbaren Konstruktionen aus Spiegeln und Prismen, Schichtplatten und Gitterplatten bzw. Gitterspiegeln. Moderne Filter bestehen aus auf einen dünnen Glasträger aufgedampften Schichten.

Aufgabe. Können/müssen Interenzfilter auch bei 1-Photonen-Emittern eingesetzt werden? Berücksichtigen Sie bei Ihrer Antwort das Doppelspalt-Experiment in den Eingangskapiteln.

4.10.4 Abschwächer

Für die Abschwächung von Licht auf 1-Photonen-Niveau werden teilverspiegelte Flächen mit entsprechend geringem Durchlassgrad eingesetzt. Die Verspiegelung wird in der Regel durch Bedampfen einer Glasoberfläche Metallen wie Gold, Aluminium, Silber und anderen erzeugt. Hierzu wird das Glas in einer Hochvakuumanlage den Dämpfen des hocherhitzten Bedampfungsmetalls ausgesetzt. Die aufgedampften Schichten sind in der Regel sehr homogen, die Eigenschaften gut einstellbar.

Farbstoffabschwächer werden nicht eingesetzt, da sie nicht die hohe Reproduzierbarkeit von Spiegeln erreichen und in der Regel die Eigenschaften der durchgelassenen Photonen verändern.

4.10.5 Polarisatoren/Analysatoren

Zur Erzeugung oder Filterung polarisierten Lichts mit einer bestimmten Schwingungsebene dienen optisch anisotrope Kristalle. Einfallende Strahlen werden dabei

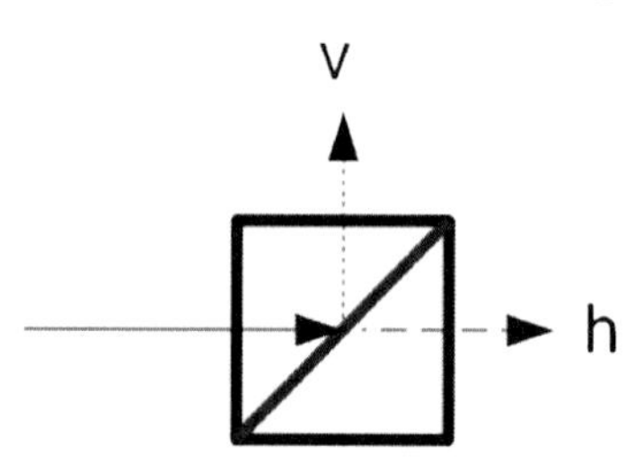

Abb. 4.30 Aufspaltung durch Spiegelung an einer Grenzfläche

in zwei zueinander senkrecht polarisierte Anteile zerlegt. Details werden wir weiter unten im Abschnitt über Detektoren beschreiben.

Neben den permanent doppelbrechenden Materialien existieren auch solche, die ihre Eigenschaften unter dem Einfluss elektrischer Felder ändern. Diese können als Polarisationsschalter eingesetzt werden. Wir werden bei den Detektoren auch hierauf genauer darauf eingehen.

In der Fotografie oder der Mikroskopie verwendete Polarisationsfilter bestehen aus organischen Polymeren mit streng ausgerichteten Polymerketten. Einfallende Lichtwellen werden entsprechend der Ausrichtung ihrer Schwingungsebene in Bezug auf die Kettenausrichtung unterschiedlich stark absorbiert. Die Filterwirkung ist weniger scharf und außerdem immer mit Absorption verbunden, so dass sich solche Filter kaum für den Einsatz in der Quantenkryptografie eignen.

Bei der Reflexion an Grenzflächen tritt ebenfalls eine Polarisierung bzw. eine Aufspaltung in verschieden polarisierte Strahlen auf.

In der Praxis wird in der Regel eine Kombination aus optisch anisotropen Kristallen und einer Reflexion an Grenzflächen eingesetzt, weil dies die effektive Entfernung des unerwünschten Anteils aus dem Lichtstrahl erlaubt.

4.10.6 Phasenschieber und Rotatoren

Polarisierte Lichtstrahlen können auf zwei Arten beeinflusst werden, ohne den eigentlichen Polarisationszustand anzugreifen:

a) Die Polarisationsrichtung kann um einen bestimmten Winkel gedreht werden. Die ursprüngliche Ausrichtung spielt dabei keine Rolle.
b) Die Phasen der Wellenkomponenten werden verschoben, so dass ein Wechsel zwischen linearer und zirkularer Polarisation stattfindet.

Drehungen

der Polarisationsebenen werden von vielen organischen Substanzen mit asymmetrischem molekularem Aufbau bewirkt. Der Drehwinkel hängt von der Konzentration des Stoffes und der Länge des optischen Weges ab. Technisch wird dieser Effekt für Analysezwecke genutzt (*beispielsweise Messung des Zuckergehaltes von Most; heute aber meist durch Brechungsmessungen ersetzt*). In der Mikroskopie lässt sich eine Reihe von Zellbestandteilen und Substanzen ebenfalls an ihrer Fähigkeit, die Polarisationsebene zu drehen, identifizieren und untersuchen (Abb. 3.4 auf S. 57). Im Gegensatz zu doppelbrechenden mineralischen Kristallen ändert sich am beobachtbaren Bild nichts, wenn die Richtung der einfallenden polarisierten Strahlen geändert wird.

Neben Verbindungen statischen Dreheigenschaften existieren auch Materialien, die unter dem Einfluss magnetischer Felder ihre Eigenschaften ändern. Terbium-Gallium-Granat, ein Oxid mit der chemischen Summenformel $Tb_3Ga_5O_{12}$, eignet sich beispielsweise, durch Ein- oder Ausschalten eines magnetischen Feldes schaltbare 0-$\pi/4$-Drehungen zu realisieren. Ohne äußeres Magnetfeld wird der Lichtstrahl ungehindert durchgelassen, mit eingeschaltetem Magnetfeld erfolgt eine Drehung (Abb. 4.31). Solche Schalter werden Faraday-Rotatoren genannt und sind für Anwendungen in der Quantenkryptografie interessant.

Bei optisch aktiven Materialien ist zwischen solchen zu unterscheiden, die bei einer Spiegelung hinter dem Filter und damit zweimaligem Durchgang durch das Medium die Drehung aufheben oder verstärken. Bei Drehungen, die durch Anisotropien oder Störungen im Aufbau hervorgerufen werden, erfolgt beim zweiten Durchgang in der Regel eine Aufhebung des Effektes (*siehe Kapitel Übertragungswege*).

Faraday-Rotatoren gehören zum zweiten Typ, bei dem die Drehung im zweiten Durchgang verdoppelt wird. Neben der gezielten Durchführung einer Drehung werden sie auch als optische Isolatoren eingesetzt. Hierbei wird ein polarisierter Lichtstrahl zunächst durch einen Polarisationsfilter gesandt und anschließend um $\pi/4$ gedreht. Findet hinter dem Isolator eine Reflexion statt, so wird der Strahl ein

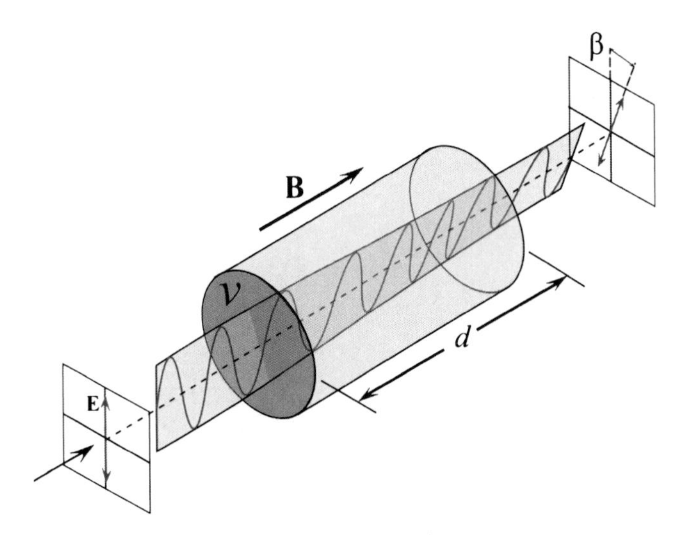

Abb. 4.31 Faraday-Effekt im Magnetfeld B (aus: wikipedia)

weiteres Mal gedreht und trifft senkrecht auf den Polarisator, der nun als Sperrfilter wirkt. Reflektierte Photonen können so nicht in das Arbeitssystem zurückkehren.

Phasenschieber

werden aus doppelbrechenden Kristallen gefertigt. Der Lichteintritt erfolgt senkrecht zur optischen Achse, so dass keine Brechung auftritt und die beiden Strahlen sich nicht trennen können, aber mit unterschiedlichen Geschwindigkeiten durch das Material laufen. Die Dicke der Kristalle wird so bemessen, dass die Verzögerung der beiden Strahlen gegeneinander ein bestimmter Bruchteil der Wellenlänge ist (λ4- *und* $\lambda/2$-*Plättchen*). Die Verschiebung bezieht sich auf eine Wellenlänge und gilt nicht für andere, was bei den monochromatischen Bedingungen der in der Quantenkryptografie aber keine Rolle spielt.

Technisch wird der Effekt zum Unterscheiden von Materialen oder zur Sichtbarmachung von Spannungen in Festkörpern ausgenutzt. Die Drehung der Polarisationsebene hängt hier in der Regel stark von der Wellenlänge ab, ist aber als Intensitätsänderung schlecht zu analysieren. Die Phasenplatten führen zu einer sehr empfindlichen und gut analysierbaren Farbaufspaltung.

Anstelle der Kristallplatten lassen sich in einfacheren Phasenschiebern auch gerichtete Polymerfolien einsetzen. Hochpräzise Phasenschieber erhält man auch durch Beschichtung von Spiegeln mit aktivem Material. Da der Strahl zweimal durch das Material fällt, ist eine geringere Schichtdicke notwendig.

Die Erzeugung zirkularer Polarisation aus einer linearen Polarisation ist auch mittels eines Glasprismas möglich (Fresnel Rhomboeder, *Abb. 4.32*), in dem hintereinander zwei gegenläufige Totalreflexionen stattfinden (*Eintritts- und Austrittsrichtung des Lichtstrahls sind also gleich*). Bei einer Eintrittspolarisation von $\pi/4$ zur Reflexionsebene tritt zirkular polarisiertes Licht aus.

Mittels der Phasenschieber sind auch Systeme mit drei orthogonalen Polarisationszuständen konstruierbar. Hierzu wird das System in Abb. 4.27 durch zwei weitere Laserdioden ergänzt, deren linear polarisierte Photonen in zirkular polarisiertes Licht mit Links- oder Rechtsorientierung überführt und über Strahlenaddierer mit den anderen vier Strahlen vereinigt werden.

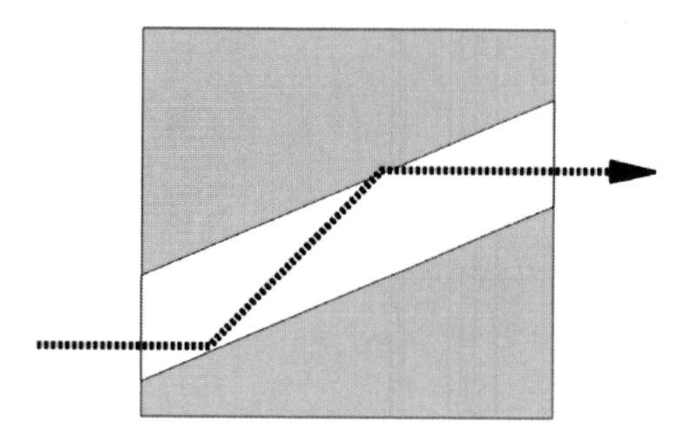

Abb. 4.32 Fresnel-Rhomboeder

4.10.7 Systemeichung

Um vollständig zufällige Schlüsselbits zu erhalten, müssen die Photonenquellen so abgeglichen werden, dass sämtliche Polarisierungsrichtungen die gleiche Emissionsstatistik aufweisen. Unterschiedliche mittlere Emissionsraten würden dazu führen, dass 0- und 1-Bit nicht mehr gleichhäufig auftreten.

Besäße beispielsweise einer der Photonenkanäle eine mittlere Erzeugungsrate von $m = 0{,}4$, der korrespondierende aber nur eine Rate von $m' = 0{,}2$, so würden von diesem Bit ca. 1,6-fach so viele brauchbare Ereignisse produziert wie von seinem Gegenstück (Abb. 4.33). Ähnliche Verhältnisse bestehen bei den Mehrphotonenereignissen. Bei einem Angriff von Eve unter Ausnutzung von Mehrphotonenereignissen könnte diese die Asymmetrie statistisch ebenfalls erkennen und ausnutzen.

Bei Einsatz von Laserdioden kann dies durch sorgfältige Auswahl der Bausteine und ggf. Korrekturabschwächern erreicht werden. Bei 1-Photonenquellen ist dies u. U. nicht zu erreichen, so dass mit einer Photonenquelle und einer Einstellung der Polarisation mittels Faraday-Rotatoren gearbeitet werden muss.

Bei 2-Photonenquellen mit verschränkten Photonen entfällt das Problem.

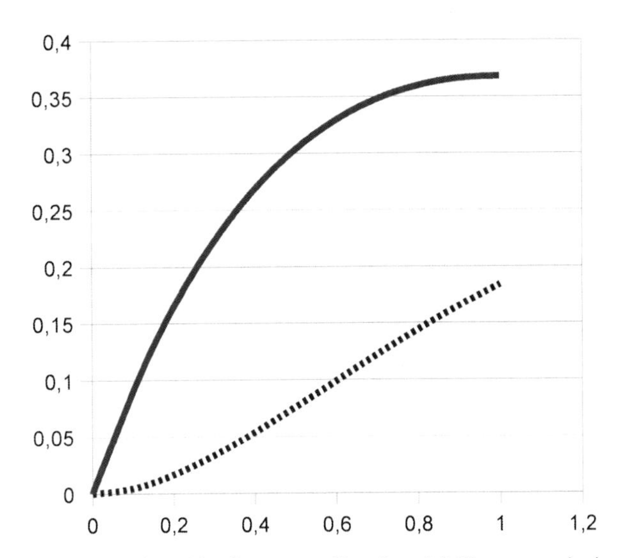

Abb. 4.33 1-Photonenereignisse (*durchgezogene Kurve*) und 2-Photonenereignisse (*gestrichelte Kurve*) in Abhängigkeit von der Erzeugungsrate

4.11 Übertragung polarisierter Photonen

4.11.1 Luftübertragung

Bei unverbauter Sichtlinie zwischen Sender und Empfänger können Photonen auf dem Luftweg ausgetauscht werden. Da gut konstruierte Photonenquellen (*z. B. Laser*) bereits eng gebündelte Lichtstrahlen aussenden, können durch zusätzliche optische Systeme die Strahlen so weit fokussiert werden, dass die Verluste gering bleiben. Im Infrarotbereich ist auch der Störungseinfluss der Atmosphäre auf optische Photonen relativ gering. Experimentelle Übertragungen unter guten Bedingungen (*Gebirge in 2000–3000 m Höhe, relativ wenig Industrieeinfluss*) sind mit Hilfe von 18 cm-Spiegelteleskopen für die Fokussierung über Strecken von ca. 10 km erfolgreich durchgeführt worden. Im Flachlandbereich mit stärkerer Belastung der Atmosphäre durch Feinstäube oder Feuchtigkeit müssen natürlich stärkere Abstriche gemacht werden, ebenso bei ungünstigen Wetterlagen.

Die Luftübertragung hat den Vorteil, dass gegenüber anderen Übertragungsmedien die Polarisation weitgehend konstant bleibt. Brechung, Reflexion, Inhomogenitäten usw. können, wie wir noch sehen werden, den Polarisationszustand verändern, so dass die Fehlerrate sehr hoch wird.

Der Nachteil der Luftübertragung ist ein relativ großer Anteil an Untergrundrauschen. Der Übertragungskanal kann in der Regel nicht von der Umgebung isoliert werden, so dass zufällig aus der Umgebung eingestrahlte Photonen ebenfalls Signale im Detektorsystem auslösen können. Der Anteil der Störstrahlung ist zudem zeitabhängig (*Tag-Nacht-Unterschied, aber auch zeitlich kleinere Skalen für Sonne/Bedeckung, Turbulenzen, usw.*) und variiert typischerweise über mehrere Größenordnungen.

Ein Beispiel:[1] eine Dunkelmessung (*Photonenquelle ausgeschaltet,* $m = 0$) ergibt bei 10^6 Messungen 400 auswertbare Ereignisse. Eine Schlüsselvereinbarung (*Photonenquelle aktiviert*) liefert unter diesen Bedingungen 100–2000 Bits (*d. h. die Polarisationsrichtungen von Bob und Alice sind bereits abgeglichen*). Die Fehlerquote bei optimierter Systemeinstellung liegt zwischen 3–7 % am Tag und 1–3 % in der Nacht.

Die terrestrische Luft-Kopplung zweier Stationen ist lediglich als Nachweis zu betrachten, dass eine solche Kopplung realisierbar ist. In den wenigsten Fällen dürften sich aufgrund der Erdtopologie und der Erdkrümmung Entfernungen ergeben, die mit der Lichtleiterkopplung konkurrieren könnten (*nicht überall stehen hinreichend hohe Berge zur Verfügung, und außerdem müsste man hinaufklettern und die Gerätschaften unter ziemlich unwirtlichen Bedingungen dauerhaft stabil installieren*). Interessanter ist eine andere Variante, bei der man Schwierigkeiten mit dem Verlegen von Kabeln bekommen würde: der Kopplung zwischen Erdstation und Sa-

[1] R. J. Hughes et al., New Journal of Physics 4 (2002) 43.1–43.14.

telliten. Aus Kostengründen liegen derartige Studien als theoretische Untersuchungen vor.[1]

Aufgrund der einzuhaltenden Photonenstatistik und Signalintensität kann eine Signaldämpfung in der Größenordnung von 35 dB in Kauf genommen werden. In dieser Dämpfung sind zwei Größen zu berücksichtigen: neben der Signalabschwächung aufgrund des Durchgangs durch die Atmosphäre tritt das Problem der geometrischen Abschwächung aufgrund der Satellitenbahn auf. Niedrigorbitale Satelliten sind nicht erdsynchron, d. h. ihre Position gegenüber der Erdstation ist nicht konstant. Das System muss daher dauernd nachgeführt werden, und neben der absoluten Entfernung, die das Messfenster nochmals gegenüber dem Sichtbarkeitsfenster verkleinert (*Satelliten über dem Horizont können schon angesprochen werden, für den Quantenschlüsselaustausch ist aber eine Position in Zenitnähe notwendig*), müssen auch kleiner Abweichungen der optischen Achsen in Kauf genommen werden. Mit zunehmender Entfernung wird dieses Problem natürlich größer.

Unter Berücksichtigung typischer Systemeigenschaften kommt die Studie zu dem Schluss, dass mit 10 cm-Teleskopen Satellitenhöhen bis ca. 1100 km erreichbar sind, mit 30 cm-Teleskopen ca. 3000 km. Dies dürfte außer den erdsynchronen Satelliten in 36.000 km Höhe nahezu alle Anwendungen abdecken. Bei einer Impulsrate von 100 MHz und einer Photonendichte von 0,1/Impuls sind ca. 450–4500 Primärbits/Sekunde, nach Fehlerkorrektur und Auswahlverfahren etwa 240 Schlüsselbits/Sekunde erreichbar. Das Gewicht des Satellitenequipments sollte sich bei Verwendung von Standardkomponenten auf ca. 2 kg beschränken lassen.

Bei einer Luftkopplung der Stationen für den Schlüsselaustausch darf wohl ohne Einschränkung angenommen werden, dass ein Einbruch in ein solches System schon aus geometrischen Gründen nicht möglich ist. Die Sichtlinie und die Positionsangaben sind sehr einfach zu kontrollieren, und ein Angreifer dürfte außer bei direkter Manipulation der Endgeräte keine Chance haben, ein Abhörgerät in den Strahlengang zu integrieren. Im Gegenzug steht der Kanal für den Schlüsselaustausch im Vergleich zu der Datenübertragung auf herkömmlichem Weg (*Kabel oder Funksignal*) nur eingeschränkt und mit geringer Kapazität zur Verfügung, ist also nur in Verbindung mit einem etablierten symmetrischen Verschlüsselungsverfahren einsetzbar.

4.11.2 Lichtwellenleiter

Lichtwellenleiter existieren in mehreren Bauformen:

a) **Stufenindexfasern**. Der homogene Glasfaserkern wird von Kern mit kleinerem Brechungsindex umgeben. Lichtstrahlen werden am Mantel in den Kern zurück

[1] Allein der Transport des Equipments in die Erdumlaufbahn schlägt mit mehr als 100.000 Euro pro Kilogramm zu Buche – von den Entwicklungskosten einmal abgesehen. Siehe: J. G. Rarity et al., New Journal of Physics 4 (2002), 82.1–82.21.

reflektiert und können ihn daher nicht verlassen. Der mögliche Biegeradius der Kabel hängt von den Unterschieden in den Brechungsindizes ab.
Da Reflexionen Auswirkungen auf die Polarisation haben, ist diese Leiterart nicht geeignet. Außerdem ergeben sich Laufzeitunterschiede zwischen oft und selten reflektierten Strahlen, was zu starken Verlusten (5–8 dB/km) und Minderung der Bandbreite führt.

b) **Gradientenindexfasern**. Der Brechungsindex ändert sich in diesem Lichtwellenleitern kontinuierlich vom Kern bis zum Mantel. Hierdurch werden die Lichtstrahlen nicht mehr reflektiert, sondern wieder in Richtung Kern gebrochen.
Das Leitungsverhalten dieser Lichtwellenleiter ist bereits erheblich besser als das der Stufenindexfaser (Dämpfung um 2,5 dB/km), aber für quantenkryptografische Zwecke ebenfalls noch wenig geeignet.

c) **Monomodenfasern**. Der Aufbau entspricht den Stufenindexfasern, jedoch ist der Querschnitt stark verkleinert
(von ca. 200 μm bei a) über 50 μm bei b) auf 5–9 μm). Bei der normalen Stufenindexfaser führen die Reflexionen unterschiedlich eintretender Lichtstrahlen zu Interferenzen, so dass am Ende der Faser nur noch bestimmte Austrittsrichtungen vorhanden sind, sogenannte Moden. Monomodenfasern sind nun so bemessen, dass nur noch die zentrale Mode in der Faser Platz hat. Somit können weder ein starker Verlust noch größere systematische Einwirkungen auf das Signal eintreten. Dieser Lichtwellenleiter ist daher für quantenkryptografische Zwecke geeignet.

Im Mehrkanalbetrieb kann durch einen solchen Lichtwellenleiter neben dem Quantensignal auch das Taktsignal für die Synchronisation und anschließend die klassische Kommunikation zur Schlüsselaushandlung erfolgen.

Die Dämpfung in den Monomodenfasern ist Wellenlängenabhängig und liegt heute etwa bei 2–3 dB/km bei 850 nm und 0,1–0,2 dB/km bei 1500 nm, d. h. von 100 Photonen erreichen nach 1 km noch 95–98 den Ausgang. Das ist zwar ein extrem gutes Dämpfungsverhalten – Koaxialkabel besitzen eine Dämpfung von ca. 17 dB/km! – jedoch erreicht die 50 km-Marke nur noch jedes dritte bis vierte Photon, die 100 km-Marke nur eines von 100.

In der Praxis entstehen weitere Verluste durch

- Materialfehler wie Schwankungen des Durchmessers, Fehler im kristallinen Aufbau, Verunreinigungen usw.
- Verbindungsstellen zwischen Fasern,
- Verlegungsfehler wie zu enge Radien in Kurven,
- Umwelteinflüsse wie eindringende Feuchtigkeit u. a.

Neben Verlusten können diese Fehler auch Einfluss auf die Polarisation der Photonen haben (reinen Monomodenfasern ändern die Polarisation nicht). Technisch ist der sinnvollen Länge der Übertragungsstrecke bei Verwendung von Lichtwellenleitern aus diesen Gründen in der Größenordnung von etwa 100 km eine Grenze gesetzt.

4.11.3 Selbstkompensierende Systeme

Die Idee hinter einem selbstkompensierenden System ist relativ einfach: wird ein Lichtstrahl nach passieren durch den Lichtwellenleiter gespiegelt und passiert den Leiter ein zweites Mal in entgegengesetzter Richtung, so passiert er auch die Störungen ein weiteres Mal. Bei einem linear polarisierten Lichtstrahl bewirken die Störungen, dass am Ende des Lichtwellenleiters ein irgendwie elliptisch polarisierter Strahl austritt. Kann die Spiegelung so ausgeführt werden, dass sich die Störungen beim zweiten Durchlauf kompensieren und wieder einen linear polarisierten Lichtstrahl ergeben?

Die Wirkung eines Lichtwellenleiters auf einen polarisierten Lichtstrahl, der im Eigenraum des Lichtwellenleiters notiert ist, wird durch die Matrix

$$\boldsymbol{L} = \begin{pmatrix} e^{iX} & 0 \\ 0 & e^{iY} \end{pmatrix}$$

beschrieben.[1] Die beiden Diagonalelemente beschreiben die Phasen- und Amplitudenänderungen beim Durchgang durch den Lichtwellenleiter. Die Darstellung des Lichtvektors in den Basissystemen außerhalb des Lichtwellenleiters erhalten wir durch Multiplikation mit unitären Matrizen. In Hin- und Rückrichtung wird jeweils die Transformation

$$\boldsymbol{T} = \boldsymbol{VLU} \ , \quad \boldsymbol{T_R} = \boldsymbol{U_R L V_R}$$

durchgeführt, wobei die Vorwärts- und Rückwärts-Richtung über

$$u_{ik}^R = u_{ki} * (-1)^{1-\delta_{ik}}$$

zusammenhängen, d. h. die Matrizen für die Rückrichtung entstehen durch Transposition und Negation der Nichtdiagonalelemente.[2]

Der Lichtstrahl wird nach dem Durchgang durch den Lichtwellenleiter aber nicht einfach gespiegelt, sondern die Phase wird um $\pi/2$ gedreht (*faradayscher Spiegel*), indem der Strahl zunächst durch eine $\pi/4$-Platte läuft, dann reflektiert wird und beim erneuten Durchlauf durch die $\pi/4$-Platte den endgültigen Zustand erhält:[3]

$$\boldsymbol{F} = \frac{1}{2}\begin{pmatrix} 1 & 1 \\ -1 & 1 \end{pmatrix}\begin{pmatrix} 1 & 0 \\ 0 & -1 \end{pmatrix}\begin{pmatrix} 1 & -1 \\ 1 & 1 \end{pmatrix} = \begin{pmatrix} 0 & -1 \\ -1 & 0 \end{pmatrix} .$$

Insgesamt kommt der Lichtstrahl im Zustand $\boldsymbol{M} = \boldsymbol{U_R L V_R F V L U}$ wieder am Ausgangspunkt an. Wie man leicht nachrechnet, gilt $\boldsymbol{V_R F V} = \boldsymbol{F}$, und die Trans-

---

[1] Wir unterstellen, dass der Lichtwellenleiter bevorzugte Richtungen besitzt, in denen eine bestimmte Polarisation erhalten bleibt.

[2] Die Beziehung erhält man, wenn man z durch $-z$ ersetzt (*Richtungsumkehr*). Da sich dabei die Händigkeit des Koordinatensystems aber nicht ändern darf, muss auch x durch $-x$ ersetzt werden.

[3] Siehe letzte Fußnote.

formation vereinfacht sich zu

$$M = e^{i(X+Y)} F \ .$$

Vereinfacht ausgedrückt: ein beliebig polarisierter Lichtstrahl ist nach dem Rundweg durch das System um den Winkel $\pi/2$ gedreht. Etwaige Transformationen einer linearen Polarisation in irgendeinen elliptischen Zustand auf dem Hinweg sind nach dem Rückweg wieder ausgeglichen. Mit anderen Worten, wir haben genau das gesuchte selbstkompensierende System vor uns.

Nun gilt es, ein Kodierungssystem dafür zu entwickeln. Nach wie vor muss das System einzelne Photonen transportieren, nun aber von Alice zu Bob und von Bob wieder zurück zu Alice. Bob darf das von Alice gesandte Photon also nicht messen, da er sonst den Zustand zerstört und der Kompensierungsprozess aufgehoben wäre (*da der Strahl in irgendeinem gestörten Zustand eintrifft, kann Bob unter Umständen sogar gar nichts sinnvolles messen*).

Bob und Alice können aber unabhängig voneinander dem Photon eine zusätzliche Drehung (*Phasenverschiebung*) aufprägen:

a) Alice erzeugt Photonen mit vertikaler Polarisation und sendet dies an Bob
b) Bob dreht die Polarisationsebene zusätzlich zur faradayschen Spiegelung zufällig um einen der Winkel $-\pi/4$, 0, $\pi/4$ oder $\pi/2$ und sendet das Photon zurück an Alice.
c) Alice dreht die Ebene nochmals zufällig um einen der Winkel 0 oder $\pi/4$.
d) Alice misst die Polarisation in horizontaler und vertikaler Richtung, wobei einer der Detektoren ein Signal ergeben muss.
e) Alice und Bob stimmen auf dem öffentlichen Kanal ab, wann sie gleichzeitig gerade oder ungerade ganzzahlige Vielfache von $\pi/4$ verwendet haben.
f) Alice liest den Schlüssel aus seinen Messungen ab, Bob ermittelt ihn auf der Grundlage der von ihr verwendeten Winkel.

Verwenden Bob und Alice jeweils unterschiedliche Drehmoden, so ist der Drehwinkel bei der Messung $\pi/4$ oder $-\pi/4$, d. h. jeder der beiden Detektoren spricht mit der Wahrscheinlichkeit $1/2$ an und das Ergebnis ist zu verwerfen.

Verwenden beide eine gerade Anzahl, so ist das Ergebnis in Abhängigkeit von Bob 0 oder 1. Verwenden beide eine ungerade Anzahl, so tritt dieser Fall ebenfalls ein, je nach Richtung der Drehung durch Bob. Da Alice jeweils nur einen Drehwert einstellen kann, Bob aber zwei, hängt das Ergebnis ausschließlich von Bob ab, der die von Alice gemessen Bitfolge daher ebenfalls kennt.

Eve kann bei einem Angriff die mit gerader Anzahl erzeugten Polarisationen korrekt mitlesen. Bei ungerader Anzahl würde sie wieder 25 % Fehler verursachen, d. h. wir haben die vertrauten Ergebnisse erhalten.

Experimentelle Anordnung. Für die schnell wechselnde Beeinflussung eines polarisierten Lichtstrahls stehen elektrooptische aktive Kristalle wie Lithiumniobat ($LiNbO_3$) zur Verfügung. Diese erzeugen allerdings eine feldabhängige Phasenverschiebung und keine Drehung der Polarisationsebene. Die experimentelle Anordnung sieht daher etwas komplizierter aus (*Abb. 4.34*):

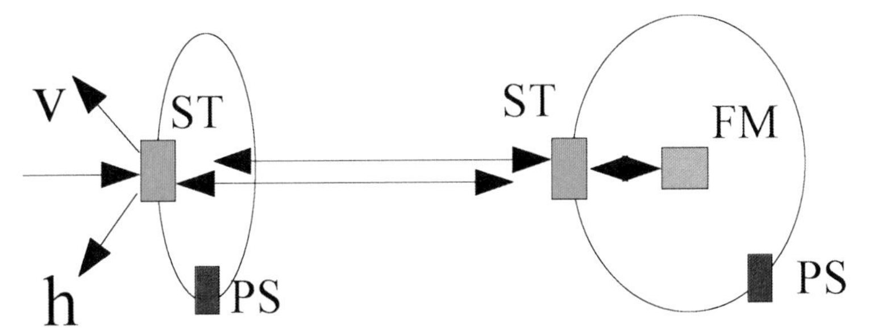

Abb. 4.34 Modulationseinrichtung. h, v: Detektoren für Polarisationsrichtung; ST: polarisationsabhängiger Strahlenteiler; PS: elektrooptischer Phasenschieber; FM: faradayscher Spiegel

Ein durch $\psi_0 = \binom{a_h}{a_v}$ beschriebener polarisierter Laserimpuls (*ca. 50 ps Dauer, von links kommender Pfeil*) wird durch einen Strahlenteiler in einen horizontalen und einen vertikalen Anteil zerlegt ($\psi_0 = \psi_{0h} + \psi_{0v}$). ψ_{0h} wird unmittelbar an Bob versandt, während ψ_{0v} zunächst eine optische Verzögerungsschleife ($\tau \approx$ *30 ns, linke Ellipse*) durchläuft. Hierbei kann Alice dem Strahl eine Phasenverschiebung aufprägen. Danach wird auch dieser Strahl an Bob gesandt. Beide Strahlen sind zeitlich voneinander ausreichend getrennt, um individuell bearbeitet werden zu können.

Beide Strahlen erreichen Bob in irgendeinem elliptisch polarisierten Zustand ψ_1 bzw. ψ_2. Ein Strahlenteiler teilt sie wieder in einen horizontalen und einen vertikalen Anteil auf ($\psi_a = \psi_{ah} + \psi_{av}$). ψ_{ah} durchläuft einen optischen Verzögerungsweg zum Phasenschieber (*PS, längerer Teil der Ellipse*), ψ_{av} wird zunächst zum faradayschen Spiegel gesandt, der reflektierte Strahl, nun ebenfalls h-polarisiert vom Strahlenteiler im gegenläufigen Sinn in die Verzögerungsschleife geschickt (*kürzerer Teil der Ellipse*). Die Verzögerungen sind so ausgelegt, dass beide Strahlen gleichzeitig im Phasenschieber eintreffen. Der noch nicht gespiegelte Teilstrahl wird vom Strahlenteiler nun ebenfalls zum Spiegel gesandt und erhält dort eine v-Polarisierung. Beide Strahlen treffen nun gleichzeitig wieder am Strahlenteiler ein und werden zu Alice zurückgesandt. Der zurückgesandte Strahl trifft bei Alice mit einer um $\pi/2$ gedrehten Polarisationsrichtung und einer von Bob eingestellten Phasenverschiebung ein.

Der erste zurückkehrende Strahl wird nun aufgrund der geänderten Polarisationsrichtung vom Strahlenteiler zunächst in die Verzögerungsschleife gesandt, in der Alice seinerseits eine Phasenverschiebung hinzufügen kann. Er trifft nach Durchlaufen der Verzögerung wieder auf den zweiten Strahl, der den Strahlteiler ungehindert passiert. Die wiedervereinigten Strahlen werden nun analysiert. Mathematisch wird der Strahl durch

$$\psi_3 = c \begin{pmatrix} a_v e^{i(\varphi_{Av} + \varphi_{Bv})} \\ a_h e^{i(\varphi_{Ah} + \varphi_{Bh})} \end{pmatrix}$$

beschrieben. Durch entsprechende Festlegung der Phasenverschiebungen von Bob und Alice wird die gewünschte Messstatistik erreicht.

Wie man leicht nachvollzieht, ist der Aufbau so konstruiert, dass nicht nur die Störungen durch den Lichtwellenleiter kompensiert werden, sondern auch alle vom Messsystem verursachten Effekte in einer einfachen Konstanten zusammengefasst werden können. Der Aufbau kann daher auch mit Standardbauteilen mit größeren Toleranzen realisiert werden. Die Fehlerrate bleibt relativ niedrig (*ca. 1 % bei 10 km, 4.5 % bei 20 km Entfernung realisierbar*), allerdings wird die erreichbare Entfernung zwischen Bob und Alice halbiert, da die Photonen den Lichtwellenleiter zweimal und zusätzlich relativ aufwändige optische Systeme passieren müssen.

4.12 Detektion polarisierter Photonen

4.12.1 Messanordnung

Aufgrund der hohen Rate an 0-Ereignissen (*kein Photon wurde produziert oder erreicht den Detektor*) und möglichen Störereignissen (*Photonen aus der Umgebung erreichen den Detektor, Mehrphotonenereignisse, Rauschen des Detektors*) ist es nicht sinnvoll, nur eine Polarisationsrichtung zu messen und davon auszugehen, dass das Signal einer korrespondierenden $\pi/2$-Messung den dazu passenden Gegenwert aufweist. Eine typische Messanordnung ist genau invers zur Erzeugungseinrichtung in Abb. 4.27 auf Seite 175 aufzubauen, d. h. es werden alle vier (oder sechs) Polarisationsrichtungen gleichzeitig gemessen und ein gültiges Signal ist wird dann registriert, wenn genau ein Photodetektor innerhalb des Messfensters anspricht.

In Umkehrung des Strahlenverlaufs durchlaufen die Photonen zunächst zur Ausfilterung von Umgebungsstörungen wieder einen schmalbandigen Interferenzfilter D, der mit dem Sender exakt abgeglichen ist (*der Abschwächer E fehlt natürlich auf der Empfängerseite*). Ein nicht polarisationsabhängiger Strahlenteiler C (rechts) verteilt die eintreffenden Photonen mit einer Wahrscheinlichkeit von $1/2$ zufällig auf eine von zwei Messanordnungen, wobei eine eine h/v-Messung, die andere eine $\pi/4/-\pi/4$-Messung durchführt. In jeder Messanordnung werden durch polarisationsabhängige Strahlenteiler C (links) Photonen eines Orthogonalsystems in die beiden Richtungen aufgespalten. Im h/v-Messzweig leitet der Strahlenteiler somit h-Photonen auf einen Detektor und v-Photonen auf den anderen. $\pi/4$- bzw. $-\pi/4$-Photonen werden statistisch mit der Wahrscheinlichkeit $1/2$ auf einen der Detektoren geleitet.

Die mit dem System gemessene Primär-Schlüsselbitrate K beträgt

$$K = R\mu T L\eta/2$$

mit

R .. Pulsfrequenz
m .. Photonen/Impuls
T .. Transmissionsrate
L .. Verluste durch sonstige Fehler
η .. Effizienz des Detektorsystems.

Der Faktor $1/2$ resultiert aus dem Protokoll, da ja nur jedes zweite Photon für die Schlüsselvereinbarung verwendet werden kann.

Da meist $m \approx 0{,}2$ ist, löst nur ein Bruchteil der Synchronimpulse ein echtes Signal im Detektorsystem aus. Die Messung wird daher mit einer mehr oder weniger großen Fehlerrate behaftet sein, wobei die Dunkelzählrate – Signale, die der Detektor ohne ein eintreffendes Photon aufweist – den größten Anteil aufweist (*daneben können auch Photonen auf ihrem Weg durch das Übertragungssystem in einen anderen Zustand überführt worden sein*). Vor der Verwendung muss das System daher geeicht werden.

a) Sender und Empfänger werden synchronisiert. Hierzu werden Synchronimpulse mit einer anderen Wellenlänge verwendet, ggf. wird die Intensität der Messphotonen für diesen Vorgang erhöht, um eindeutige Signale zu erhalten. Die Synchronisation wird so eingerichtet, dass der Empfänger nur innerhalb eines Zeitfensters von einigen Nanosekunden Signale akzeptiert, Signale außerhalb dieses Zeitfensters aber verwirft.
b) Bei abgeschaltetem Sender wird mit laufender Synchronisation die Dunkelzählrate bestimmt.
c) Bei Dauersendung von Photonen einer Polarisation werden die Richtungen abgeglichen.
d) Bei exakter Ausrichtung auf eine Polarisationsrichtung dürfen keine Photonen auf anderen Detektoren erscheinen (*Fehler müssen durch die Dunkelzählrate sowie durch eventuelle Polarisationsumkehr im Übertragungssystem plausibel erklärbar sein*).
   Bei Drehung des Systems um Einheiten von $\pi/4$ muss jeweils ein anderer Detektor angesprochen werden. Die Zählraten müssen jeweils übereinstimmen; Abweichungen weisen auf Fehljustierungen oder Fehler der Detektorbausteine hin. Asymmetrien sind aber zu vermeiden, da sie Eve Hinweise auf bestimmte Schlüsselbits liefern können.
   In gleicher Weise werden die vier Sender durchgetestet und auf identische Emissionsraten eingestellt.

Ein Teil der Eichung kann an Sender und Empfänger im Labor durchgeführt werden, Dunkelzählraten und Transmitterasymmetrien müssen aber am Gesamtsystem kontrolliert werden. Zumindest in dieser Phase ist das Übertragungssystem genau zu kontrollieren, um Eve nicht bereits zu diesem Zeitpunkt eine Möglichkeit zu eröffnen, später nutzbare Manipulationen vorzunehmen.

Um einen Einbruch von Eve durch statistische Messungen detektieren zu können, sollte die Gesamtfehlerrate der primären Schlüsselbits unter 7 % liegen, die Bitererzeugungsrate zur Vermeidung von Mehrphotonenereignissen in der Größenordnung von $0{,}1/\mathit{Impuls}$. Pro Detektor sind Dunkelzählraten von weniger als $100/\mathit{Sekunde}$ erreichbar. Bei 100 MHz Impulsfrequenz sollte die Zählrate unter Berücksichtigung der Effizienz typischer Detektoreinheiten $\eta \approx 0{,}3$ dann oberhalb $1{,}3 * 10^{-5}/\mathit{Impuls}$ liegen, was einen Verlust von ca. 40 dB im Übertragungssystem zulässt.

4.12.2 Photodetektor

Für die Detektoren werden üblicherweise Halbleiterdioden verwendet, die in einem passenden Spektralbereich fotoaktiv sind. Für den uns interessierenden Bereich sind dies Gallium-Indium-Arsenid-Fotodioden, die in einem Spektralbereich von 700–2500 nm einsetzbar sind.

Für den Nachweis einzelner Photonen ist eine hohe Verstärkung notwendig, wobei sich das Signal nur knapp vom Detektorrauschen abhebt (*zur Erinnerung: Photodioden sind mehr oder weniger modifizierte Laserdioden, bei denen die Rückkopplung von Spontanemissionen unterdrückt wird. Die Spontanemissionen stellen das Rauschen der Photodioden dar*). Zur Reduktion des Rauschens werden die Detektoren üblicherweise bei tiefen Temperaturen eingesetzt (110–200 K; *Spontanemissionen können durch Gitterschwingungen = Wärmeschwingungen ausgelöst werden*). Unterhalb von 200 K müssen aufwändige Kühlungen (*Flüssiggas*) eingesetzt werden, darüber sind auch elektrotermische Kühlverfahren verfügbar, die für einen praktischen Einsatz besser geeignet sind.[1]

Um auch bei einzelnen Photonen noch eine hinreichende Signalausbeute zu erhalten (*die tatsächliche Ausbeute ist ein Streitpunkt in der Technik und wird von einigen recht niedrig angesetzt*), werden die Detektoren zu den Zeitpunkten, an denen Photonen erwartet werden, zusätzlich sensibilisiert. Dazu werden Spannungspulse erzeugt, die in der Größenordnung der Durchschlagsspannung liegen und die Sensoren vorionisieren. Ein eintreffendes Photon findet gewissermaßen ein angeregtes System vor, das nur darauf wartet, entladen zu werden.

4.12.3 Neutrale Strahlenteiler

Als neutrale Strahlenteiler bezeichnet man optische Geräte, die einen Lichtstrahl in zwei Teilstrahlen zerlegen, wobei das Intensitätsverhältnis vollständig unabhängig von der Polarisation des einfallenden Strahls ist. Einfache Strahlenteiler bestehen aus einer dünnen Glasplatte, die mit einem Metall (*beispielsweise Aluminium*) bedampft ist oder alternativ einen dünnen Film eines Dielektrikums trägt (*beispielsweise organische Polymere*). Die Beschichtungsstärke wird so eingestellt, dass bei der gewünschten Wellenlänge und einem Einfallswinkel von 45° zur Oberfläche die beiden Teilstrahlen gleiche Intensitäten aufweisen.

Alternativ können Prismenkonstruktionen, in denen zwei Dreikantprismen mit einem geeigneten Harz (*beispielsweise Kanadabalsam*) zusammengekittet werden (*Abb. 4.35*).

Auch hier wird Kitmaterial und Kitdicke so gewählt, dass eine Halbierung der Intensität stattfindet. Für Präzisionsgeräte ist diese Bauart vorzuziehen, da die Licht-

[1] Hier ergäbe sich für Eve eine Möglichkeit, durch aufwändigere Technik wesentlich empfindlichere Messungen durchführen zu können, was ggf. für bestimmte Täuschungstechniken eingesetzt werden kann.

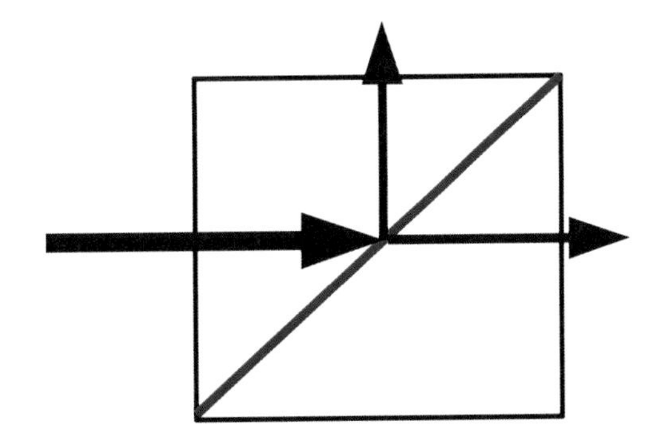

Abb. 4.35 Verkittete Dreikantprismen als Strahlenteiler

strahlen senkrecht auf die Grenzflächen des Trägermediums fallen und damit weniger Störungen unterliegen.

Daneben existieren weitere Techniken, beispielsweise auf Halbleiterbasis. Die Konstruktionsparameter sind genau berechenbar und die Produktionsbedingen gut steuerbar, so dass hochgenaue Strahlenteiler aus Standardproduktionen zur Verfügung stehen.

Für quantenkryptographische Anwendungen sind die Strahlenteiler durch Zählungen einzelner Photonen zu eichen.

4.12.4 Polarisierende Strahlenteiler

Polarisierende Strahlenteiler sind ähnlich konstruiert wie neutrale Strahlenteiler, jedoch kommt hier ein anisotropes Trägermedium zum Einsatz. Beim Nicol-Prisma sind dies zwei verkittete verzerrte Dreikantprismen aus anisotropen Materialen wie Calcit (*Abb. 4.36*).

Die optische Achse des Kristalls wird so ausgerichtet, dass an der geneigten Eingangsfläche ein h-Strahl maximal, ein v-Strahl minimal gebrochen wird (*eine Reflexion darf hier noch nicht stattfinden*). Die Verkittung wird so eingestellt, dass ein Strahl totalreflektiert wird, während der andere durch den Kristall durchgeht.

Ähnlich ist ein Wollastone-Prisma konstruiert, dass aus zwei Kristallen besteht, deren Achsen gegeneinander gedreht sind.

Der einfallende Strahl trifft senkrecht auf das Prisma und läuft ungebrochen bis zur Grenzfläche. Dort erfolgt im Idealfall eine gleichmäßige Aufspaltung beider Polarisationsrichtungen. Der Vorteil dieser Konstruktion liegt darin, dass beide Strah-

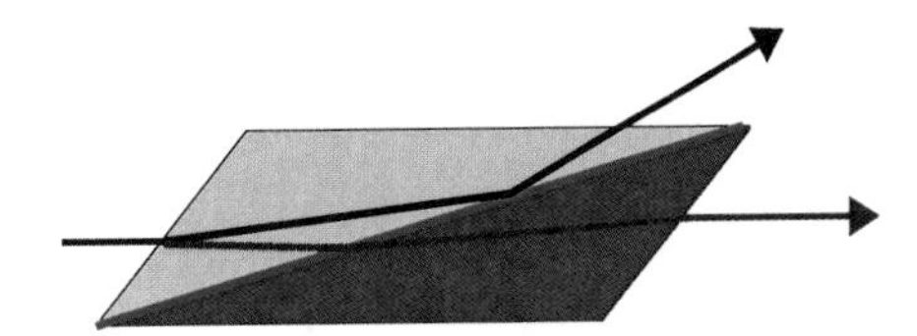

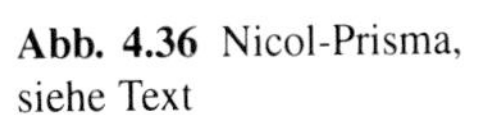

Abb. 4.36 Nicol-Prisma, siehe Text

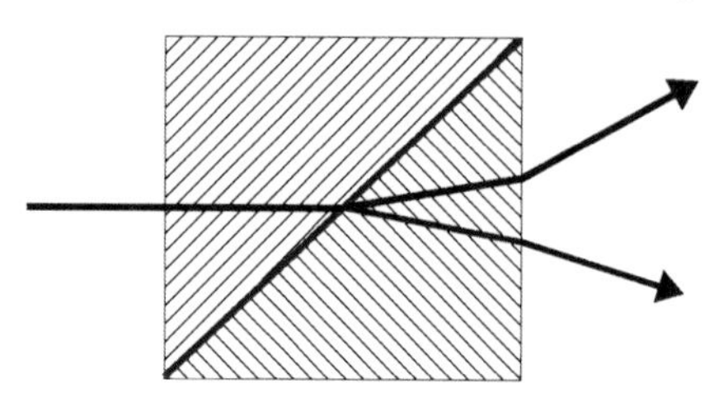

Abb. 4.37 Wollastone-Prisma, siehe Text

len einen ähnlichen geometrischen Weg zurückgelegt haben, also keine Intensitätsabweichungen aufgrund der Geometrie aufweisen.

4.13 Realisierte Angriffe

Wir haben bei der Diskussion der Protokolle für die Schlüsselvereinbarung festgestellt, dass Eve in den Besitz einer nicht unerheblichen Menge an Schlüsselbits gelangen kann, wobei wir eine Reihe aus theoretischer Sicht idealisierter Angriffsmöglichkeiten unterstellt haben. Wie aber sehen die Angriffsmöglichkeiten mit den bereits heute verfügbaren Mitteln aus?

4.13.1 Trojaner

Alles, was wir bislang diskutiert haben, besitzt mehr oder weniger den Anstrich labormäßigen Umsetzung der Theorie. Dieses Bild stimmt nicht ganz. Quantenkryptografisches Equipment ist kommerziell „von der Stange“ bereits seit einiger Zeit erhältlich, d. h. so, wie man heute eine RSA-Verschlüsselungssoftware kaufen kann, kann man auch eine Quantenverschlüsselungshardware erstehen. Die drei in diesem Kapitel beschriebenen Angriffsmethoden wurden an solcher Standardhardware erprobt und verwenden ebenfalls nur normale käufliche Komponenten.

Viele der kommerziellen Geräte arbeiten nach folgendem Prinzip, das wir in den Darstellungen der Angriffsmethoden als Basis verwenden:[1]

- Bob sendet einen Synchronimpuls an Alice,
- Alice wählt eine Phasenverschiebung aus $(0, \pi/2, \pi, 3\pi/2)$ und aktiviert nach Erhalt des Synchronpulses ihren variablen Phasenschieber (Lithiumniobat) für ein kleines Zeitintervall,
- Bob sendet einen Messimpuls aus,
- Alice leitet den Impuls durch den Phasenschieber, skaliert den Ausgang auf 1-Photonenstärke herunter und sendet das Photon an Bob zurück,

[1] Dies weicht etwas von dem oben im Geräteteil beschriebenen Aufbau ab, was aber sowohl für die Ausführbarkeit der Angriffe als auch für die Gegenmaßnahmen unerheblich ist.

- Bob wählt eine Basis aus, schaltet sein optisches System ein und misst das von Alice kommende Signal.

Der Messung der Schlüsselbits ist eine Abgleichsphase vorgeschaltet, in der beide ihre Geräte einstellen. Bob kann aus der Laufzeitdifferenz des abgehenden und zurückkommenden Synchronimpulses das Zeitfenster für das Einschalten seines optischen Messsystems auswählen und es durch Messen der Photonenanzahlen in jeder Basis und jeder Richtung sein System so abgleichen, dass keine Verzerrung der Signalhäufigkeiten eintritt. Alice kann ihre Dämpfung so optimieren, dass Einzelphotonenereignisse mit hinreichender Dichte bei Bob auftreten.

Die erste Angriffsstrategie von Eve besteht darin, Systemschwächen von Alices System bei Bobs Impulsen zu nutzen oder selbst zusätzliche Signale einzuspeisen, die ihr ein Mithören der Phasenschiebereinstellungen erlaubt, ohne jedoch die Schlüsselphotonen selbst anzugreifen. Ihr oder Bobs Impuls stellt somit einen Trojaner dar, der ihr den Zustand des Schlüsselphotons verrät. Der Angriff kann auf mehrere Arten erfolgen:

a) **Reflexionsmessung.** Optische Systeme sind nie völlig ideal, sondern reflektieren einen Teil der einfallenden Strahlen. Eve kann nun darauf setzen, dass ein Teil von Bobs Messimpuls hinter dem Phasenmodulator reflektiert wird und der reflektierte Strahl folglich die Phaseninformation trägt.
Besitzt der reflektierte Strahl eine andere Laufzeit als das durchgelassene Schlüsselphoton, kann Eve ihn ohne Probleme mit einem schnell zuschaltbaren Spiegel ausfiltern und messen, ohne dass dies Alice und Bob bemerken würden. Eve hat als zusätzliche Option die Möglichkeit, Bobs Impuls verstärken, um eine hinreichend starke Reflexionen zu erzeugen, bzw. eine Impuls mit einer anderen Frequenz zu senden, der eine andere Phasenmodulation erfährt und ihr eine bessere Messung erlaubt.
Solche Reflexionen können natürlich auch in der normalen Schlüsselaushandlung zwischen Alice und Bob stören. Eine Gegenmaßnahme besteht in einer zusätzlichen optischen Schleife in Alices Equipment, die dafür sorgt, dass reflektierte Stahlen nicht innerhalb des Messfensters bei Bob ankommen. Dieses Prinzip ermöglicht aber auch Eves Angriff.
Um Eves Angriff zu unterbinden, muss Alice ihr optisches System zusätzlich noch mit einem schnellen zuschaltbaren Spiegel versehen, der nach Austreten des Signalphotons den Ausgang sperrt und den reflektierten Strahl blockiert. In Idealfall wird der Spiegel für ein kurzes Zeitfenster, in dem das Schlüsselphoton Alices Gerät verlässt, durchlässig geschaltet, bleibt aber ansonsten in dem Intervall, in dem der Phasenmodulator aktiv ist, in Sperrrichtung aktiviert.
Experimentell konnte das Funktionieren dieser Angriffsmethode erfolgreich demonstriert werden (Abb. 4.38).[1] Ihre Verhinderung setzt den zuschaltbaren Spiegel in Alices Ausgang sowie entsprechende Software zur Steuerung voraus.

[1] N. Gisin et al., arXiv-quant/ph, 0506063v2 (2005).

b) **Frequenzverschiebung.** Eve kann gleichzeitig mit Bob ein Signal mit einer anderen Wellenlänge senden, die Bobs Messung nicht stört (von dessen Interferenzfilter gelöscht wird) und ihr eine unabhängige Messung erlaubt.
Angriffe dieser Art werden durch hinreichend scharfbandige Interferometer im Ausgang von Alices Gerät unterbunden, die gemäß unserer allgemeinen Gerätebeschreibung zur Standardausrüstung gehört.
c) **Intensitätsmodulation.** Eve könnte Bobs Impuls verstärken, wodurch mehr als ein Photon von Alice emittiert wird, wenn sie ihre Dämpfung nicht nachregelt. Die erhöhte Mehrphotonenemission erlaubt ihr den Einsatz eines halbdurchlässigen Spiegels, der ihr Messsignale liefert. Das Angriffsprinzip haben wir oben bereits untersucht. Sie ändert hierdurch aber Bobs Statistik. Eine Alternative ist eine zusätzliche
d) **Zeitverschiebung.** Alices Zeitfenster für die Aktivierung des Phasenschiebers und des Sperrspiegels ist aus technischen Gründen in der Regel deutlich größer als Bobs Aktivierung seiner Messeinrichtung (s. Zeitverschiebungsangriffe). Sendet Eve einen eigenen Messimpuls vor oder nach Bobs Messimpuls während der Anschaltzeit von Alices Phasenmodulator und filtert die damit erzeugten Photonen aus, kann sie eine Messung parallel zu Bob vornehmen.
Es konnte gezeigt werden, dass auch diese Methoden realisierbar sind. Alice kann einen derartigen Angriff erkennen, wenn sie die Signalintensität von Bobs Messsignal ermittelt (also wieder zusätzliche Hard- und Softwareware).

Die Angriffe sind zwar erkennbar, jedoch nur mit zusätzlichem Aufwand, der in Alices Gerät zu treiben ist. Eve hat als zusätzliche Option noch die Möglichkeit, Alices Gegenmaßnahmen durch einen Trojaner im klassischen Sinn zu unterlaufen, nämlich durch eine Software, die die Eigenschaften von Alices Gerät so modifiziert, dass einer der Angriffe möglich wird (beispielsweise durch Deaktivierung des

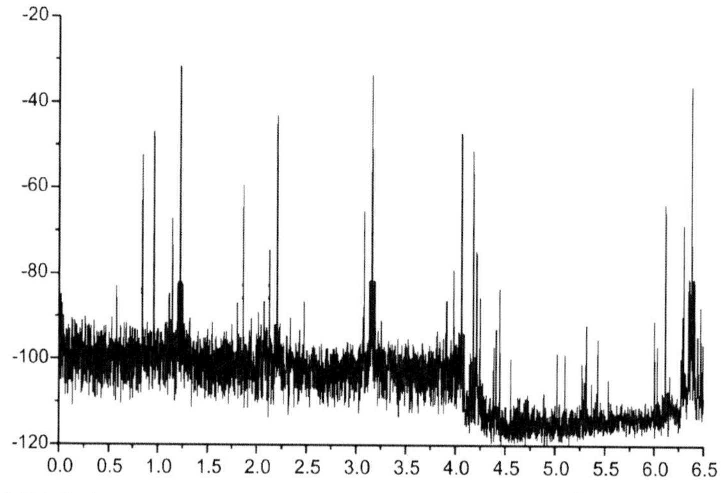

Abb. 4.38 Reflexionsmessung, nach Literaturangaben, modifiziert. Bei Änderung der Phasenmodulation ändert sich die Polarisation bestimmter Banden

Sperrspiegels). Die Wahrscheinlichkeit für Softwareupdates solcher Geräte ist vorläufig aufgrund der ständigen neuen Erkenntnisse relativ hoch, was Eve die Möglichkeit eröffnet, irgendwo einen Virus oder Trojaner zu platzieren.[1]

4.13.2 Zeitverschiebungsangriffe

Interessanterweise existieren weitere effiziente Angriffsmethoden auf die Quantenschlüsselvereinbarung, bei denen Eve keinerlei messenden Einfluss auf das Quantensignal selbst nimmt und folglich auch über keine Messwerte verfügt. Eve nutzt lediglich aus, das es nahezu unmöglich ist, Messgeräte für Quanteneffekte mit absolut identischen Eigenschaften herzustellen.

So erreichen beispielsweise die Detektoren für Einzelphotonen ihre maximale Empfindlichkeit nach dem Einschalten oft nach unterschiedlichen Zeiten (Abb. 4.39; hierin liegt auch einer der Gründe für das gerätebedingt große Zeitfenster, das Eve einen zusätzlichen eigenen Messimpuls erlauben kann). Normalerweise werden diese Effekte im Rahmen des Geräteabgleichs berücksichtigt, in dem Bob seine Messparameter so einjustiert, dass er kein Ungleichgewicht bei der Messung von 0- bzw. 1-Bits erhält. Dies ist beispielsweise dann der Fall, wenn die Laufzeiten der Photonen so bemessen werden, dass sie zwischen den beiden Maxima eintreffen.

Eves Angriff besteht nun einfach darin, durch eine variable Weglänge die Laufzeiten zu verändern. Verkürzt sie den Weg, so steigt in unserem Beispiel die Wahrscheinlichkeit, dass ein horizontal polarisiertes Photon ein Signal auslöst, während

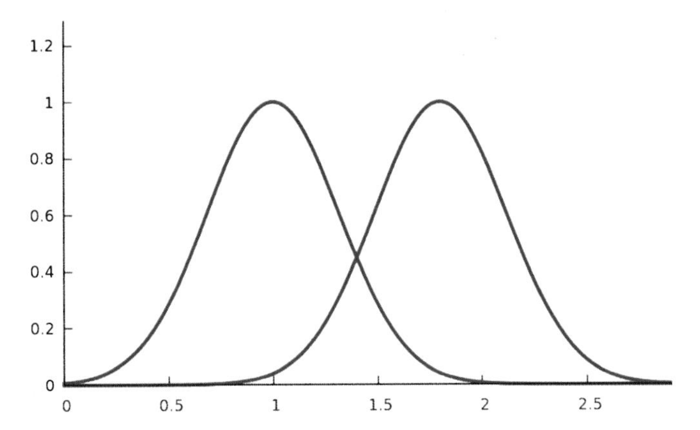

Abb. 4.39 Detektorempfindlichkeiten für horizontal (*links*) und vertikal (*rechts*) polarisierte Photonen als Funktion der Zeit ab Synchronpuls

[1] Der Angriff auf iranische Atomzentrifugen über einen speziellen Virus, der auf einer sehr niedrigen Ebene die Zentrifugensteuerung manipuliert, zeigt, dass solche Angriffsmodelle nicht pure Theorie sind.

vertikal polarisierte Photonen häufiger nicht gesehen werden und zu einem Leersignal führen. In einem praktischen Versuch wurden folgende Messwerte gefunden:[1]

Basis	Polarisation	Verzögerung *A*		Verzögerung *B*	
		P0	*P1*	*P0*	*P1*
Basis 1	0	**336**	*139*	**979**	*31*
	1	*65*	**2557**	*41*	**260**
Basis 2	0	**333**	*120*	**1022**	*37*
	1	*59*	**2634**	*35*	**279**

In der Tabelle sind Bobs Zählwerte bei ca. 10^7 Messvorgängen festgehalten, wenn er die gleiche Basis verwendet wie Alice. Neben einer nicht unbeträchtlichen Anzahl an Fehlmessungen, in denen er den falsche Wert ermittelt hat (kursiv), fällt die starke Asymmetrie für die Detektion von 0- und 1-Ereignissen für die verschiedenen Laufzeiten auf.

Vorausgesetzt, Eve kennt diese Unterschiede, kann sie nun ein Verzögerungsschema auswählen, das in der Statistik von Alice und Bob insgesamt gleich viele 0- und 1-Bits erzeugt. Bei eingeschalteter Verzögerung A misst Bob vorzugsweise Photonen des Zustands 1, bei Verzögerung B solche des Zustands 0, während die gegenteiligen Photonen verloren gehen. Andere Gerätschaften können auch dazu führen, dass in den Basen unterschiedliche Messwerte bevorzugt werden.

Die notwendigen Kenntnisse, welche Verzögerung zu welcher Statistik bei Bon führt, kann sie erlangen, in dem sie während des Abgleichs zwischen Alice und Bob einzelne Bits von Alice ausblendet und durch ihr bekannte Bits mit ihr bekannter Verzögerung ersetzt. Da während der Abgleichsphase meist sämtliche Informationen zwischen Alice und Bob ausgetauscht werden, kann sie aus Bobs Messungen ihrer Photonen die Unterschiede ableiten. Des Weiteren muss sie ggf. die Breite der Synchronimpulse verändern, um das Zeitverhalten der Steuerungen reproduzierbar zu machen, was aber auch durch Standardmittel erreichbar ist.

In der Abgleichsphase der Qbits zwischen Alice und Bob kennt Eve nun *ohne Messung* die Wahrscheinlichkeit jedes Qbits mit einer Wahrscheinlichkeit $> 1/2$. Sie kann dann mit den oben beschriebenen Methoden versuchen, beim Abgleich Anschluss zu halten und den Schlüssel mit vertretbarem Aufwand zu erraten.

Für Alice und Bob bestehen folgende Möglichkeiten, diesen Angriff zu entdecken:

1. Sie können die Fehlmessungsstatistik und die Leermessungsstatistik beobachten, die sich durch Eves Angriff verändern. Beides muss jedoch keine kritische Größenordnung erreichen.
2. Sie können die Feinstatistik der 0- und 1-Bits beobachten, sofern sich die Verzögerungen unterschiedlich auf die Messungen in den verschiedenen Basen aus-

[1] Yi Zhao et al. ArXiv::quant-ph 0704.3253v2 (2008).

wirken. Auch diese Statistik muss jedoch nicht zu einer eindeutigen Aussage führen.

3. Alice kann während der Schlüsselaushandlung längere Testsequenzen mit einem konstanten Modulationszustand erzeugen. Da Eves Auswahl der Verzögerungsstrecken von einer statistischen Verteilung der Phasenmodulation ausgeht, fallen längere konstante Sequenzen durch eine ungewöhnliche Statistik auf.
4. Bob kann Zeitmessungen der Photonenlaufzeiten durchführen und versuchen, die von Eve verursachten Schwankungen zu entdecken. Dazu kann er selbst Verzögerungen einbauen und das Signalverhalten gegen eine erwartete Statistik prüfen.

4.13.3 Phasenverschiebungsangriffe

Bei der Sendung von Synchron- und Messimpuls muss Bob das Verhalten von Alices Phasenmodulator berücksichtigen. Für den Aufbau der gewünschten Phasenverschiebung benötigt diese eine gewisse Zeit (Abb. 4.40), und Bobs Messimpuls darf erst nach Abschluss dieser Phase eintreffen, d. h. zum Zeitpunkt t_0. Trifft der Messimpuls bereits früher ein, z. B. zum Zeitpunkt t_1, so ist die tatsächlich erfolgte Phasenmodulation eine andere als von Alice beabsichtigt. Anstelle der Phasenverschiebungen $\{0, \pi/2, \pi, 3\pi/2\}$ erhält Bob die effektiven Phasenverschiebungen $\{0, \varphi_1, \varphi_1 + \varphi_2, \varphi_1 + \varphi_2 + \varphi_3\}$, wobei φ_k die Phasendifferenz zwischen zwei benachbarten Phasen darstellt, die je nach Zeitverschiebung nicht für alle Differenzen gleich sein muss.

Dies erlaubt Eve nun einen effektiven Einbruch in die Schlüsselaushandlung.[1] Hierzu triggert Eve auf den Synchronpuls Bobs und sendet einen eigenen Messimpuls, wobei sie durch Einstellung von t_1 die effektiven Phasenverschiebungen

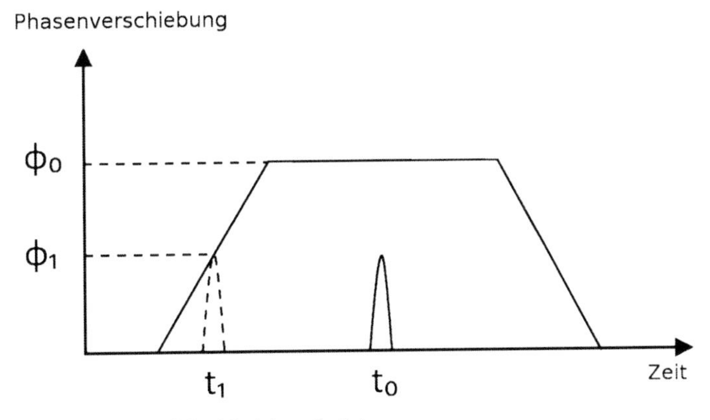

Abb. 4.40 Zeitlicher Verlauf der Modulatorfunktion

[1] Feihu Xu et al., arXiv:Quant-ph 1005.2376v1 (2010).

beeinflussen kann. Unterstellen wir, dass bei allen Phasenverschiebungen die Flankensteigungen annähernd gleich sind, finden wir je nach Größe von t_1 deutliche Unterschiede zwischen den φ_k.

Eve wählt nun die Zeitverzögerung so, dass in einer Messung jeweils ein bestimmter Zustand möglichst sicher von den anderen zu unterscheiden ist. Die von ihr untersuchten Zustände sind allerdings nur zwei, nämlich

$$|0_0\rangle \Leftrightarrow \{|0_1\rangle\,,\ |1_0\rangle\,,\ |1_1\rangle\}$$
$$|1_1\rangle \Leftrightarrow \{|0_0\rangle\,,\ |0_1\rangle\,,\ |1_0\rangle\}$$

wozu sie mittels ihres eigenen Phasenmodulators einen Messimpuls mit der Phasenverschiebung $\varphi_1 + \varphi_2$ bzw. φ_1 einstellt und Alices Antwort darauf misst. Spricht der Detektor A an, der im Fall von Alices Wahl der Basis für den Zustand $|0_0\rangle$ ansprechen muss, sendet Eve auf Bobs Impuls hin ein Photon der Polarisation $|0_0\rangle$ an ihn; hat der Detektor nichts registriert (sondern ggf. der andere), so ist entweder kein Signal von Alice gekommen oder Alice hat mit einiger Wahrscheinlichkeit eine andere Polarisation ausgewählt, und Eve sendet nichts an Bob. Wählt Eve anstelle von $\varphi_1 + \varphi_2$ die Phasenverschiebung φ_1, kann sie auf die gleiche Weise den Zustand $|1_1\rangle$ von den anderen diskriminieren und ein Photon der reinen Polarisation $|1_1\rangle$ an Bob senden.

Stimmt Eves Detektorwahl nicht mit der Polarisationsauswahl von Alice überein, kommt es wie im Standardfall zu Messfehlern, die aber nun von den Phasenwinkeln abhängen. Geht man von einer annähernden Gleichheit der Phasenverschiebungen aus, so ist der mittlere Bitfehler

$$q_{\text{bit}} = \frac{\sin^2(\varphi/2)}{\sin^2(\varphi) + 2\sin^2(\varphi/2)}\,.$$

Wertet man diese Beziehungen aus, so zeigt sich, dass Eve nur einen Fehler von knapp unter 20 % anstelle der von der Theorie geforderten 25 % erzeugt. 20 % wird aber in vielen Szenarien noch als hinreichend sicher betrachtet, um einen geheimen Schlüssel vereinbaren zu können.

Es konnte an einem kommerziell erhältlichen Quantenverschlüsselungssystem gezeigt werden, dass dieser Angriff tatsächlich funktioniert. Das vorgestellte Beispiel ergab die in Tab. 4.2 dargestellten Detektorereignisse.

Tabelle 4.2 Detektorereignisse bei 10^7 Messungen (vereinfacht)

State	ϕ_A	ϕ_E	Base 0 D1	Base 0 D2	Base 1 D1	Base 1 D2
0_1	0°	0°	617	168910	24841	156007
0_2	90°	21,1°	5843	167206	8557	170786
1_1	180°	37,8°	18096	153962	1239	176091
1_2	270°	52,7°	33260	135616	3530	173428

Eve kann diesen Angriff mit relativ einfachen Mitteln realisieren. Da Alice und Bob das Zeitverhalten ihres Equipments ohnehin einstellen müssen, kann Eve sogar Bobs Messimpuls verwenden, indem sie eine optische Schleife variabler Länge verwendet. Beim Abgleich von Alices und Bobs Geräten durchläuft der Messimpuls im Gegensatz zum Synchronimpuls einen zusätzlichen Lichtleiter, dessen Laufzeit in der Geräteeinstellung berücksichtigt wird. Für die Phasenverschiebungen wird der Lichtimpuls auf eine kürzere Strecke geleitet, die die von Eve gewünschte Phasenverschiebung bewirkt. Der Rest ist mit Standardbausteinen zu erreichen.

Natürlich kann auch dieser Angriff entdeckt bzw. abgeblockt werden:

a) Da Eve Bob nur bei für sie erfolgreichen Messungen mit einem Photon bedient, ist die Dunkelrate bei diesem Angriff höher als ohne Anwesenheit von Eve.
b) Alice kann Messungen der Zeitdifferenz zwischen Synchron- und Messimpuls durchführen, wodurch Eves Anwesenheit sofort auffällt.
c) Alice und Bob erhalten zwar bei entsprechendem Verhalten von Eve ein statistisches Verhältnis von 0- und 1-Bits von 1 : 1, jedoch nicht, wenn sie die Messungen mit den verwendeten Basen korrelieren. Da Eve nur zwei Zustände für Bob erzeugt, sind wesentlich mehr 0_0-Zustände als 1_0-Zustände gemessen worden, entsprechendes gilt für 1_1-Zustände gegenüber 0_1-Zuständen.
d) Alice kann ihren Ausgang erst nach komplettem Aktivieren des Phasenmodulators freigeben und vor dem Ausschalten wieder sperren, so dass Photonen, die die Flanken nutzen wollen, gesperrt werden.

4.14 Die Zukunft der Quantenkryptografie

Darf sich der Berichterstatter ein Urteil über die Quantenkryptografie erlauben? Bewertungen von Techniken können naturgemäß nur auf der Basis bekannter Technologien stattfinden, und Mutmaßungen, die heute recht plausibel erscheinen, können sich morgen aufgrund einer neuen technischen oder wissenschaftlichen Entwicklung als falsch erweisen. Ein Urteil kann also nur eine Momentaufnahme sein. Die fällt aus Sicht des Autors, also meiner, allerdings wenig günstig aus.[1] Fassen wir unsere Erkenntnisse zusammen.

---

[1] Wie weit Zukunftsprognosen danebenliegen können, zeigen Energieprognosen aus den 70er und 80er Jahren des letzten Jahrtausends. Der derzeitige Energieverbrauch des vereinigten Deutschland, heute als zu hoch eingestuft, liegt fast eine Größenordnung unter diesen Prognosen. Die Verfügbarkeit der Kernfusion als Heilmittel für den riesigen Energiebedarf, damals noch mit 30 Jahren Entwicklungszeit auf das heutige Datum prognostiziert, ist heute mindestens auf das Jahr 2050 verschoben, also nochmals 40–50 Jahre in die Zukunft (und eigentlich will sie aufgrund gewisser Nebeneffekte politisch niemand mehr haben). Wer sich die Entwicklung der Klimaprognosen in den letzten 50 Jahren anschaut, muss konstatieren, dass offenbar mindestens 50 % der berücksichtigten Daten nicht aus Wetterdaten, sondern aus den Meinungen politischer Parteien bestehen. Die Beispiele lassen sich fortsetzen.

- Quantenkryptografie verlangt eine direkte Kopplung der Partner untereinander durch einen Lichtwellenleiter. Das beschränkt ihre Verwendbarkeit auf eine bestimmte Nutzerschicht, die sich solche Direktverbindungen leisten kann.
- Quantenkryptografie besitzt (derzeit) nur eine geringe terrestrische Reichweite, was ihre Nutzbarkeit einschränkt.
- Überlegungen, die beiden genannten Beschränkungen zu überwinden, führen gedanklich zu Quantenrepeatern (siehe nächstes Kapitel), die mittels räumlich getrennter verschränkter Systeme die Wiederherstellung eines Quantenzustands an einem anderen Ort erlauben. Jedoch:
  - Derartige Geräte existieren derzeit nicht bzw. man dreht sich bei der Distanzfrage im Kreise, da für größere Entfernungen bislang ebenfalls nur Photonen in Frage kommen.
  - Würde eine solche Technik existieren, müsste man den Betreibern der Repeatersysteme vertrauen, nicht in die Rolle von Eve schlüpfen zu wollen.
- Die Modelle für die klassische Schlüsselaushandlung basieren auf einem authentifizierten und nicht manipulierbaren Kanal zwischen Alice und Bob. Wenn Eve aber schon den Quantenkanal manipulieren kann, wieso nicht auch den klassischen?
- Die Schlüsselaushandlung schließt keine Authentifizierung ein, d. h. Alice und Bob können nicht sicher sein, mit wem sie kommunizieren. Zur Authentifizierung müssen sie (bislang) auf klassische Modelle (z. B. Challenge-Response-Verfahren mit zuvor vereinbarten geheimen Schlüsseln) zurückgreifen. Diese sind jedoch auch heute schon in der Lage, geheime Schlüssel zu vereinbaren, d. h. eine Quantenverschlüsselung ist überflüssig.
- Die Quantenverschlüsselung ist nach unseren Untersuchungen bei einem erfolgreichen Lauschangriff nicht sicher. Eve kann durch statistische Einzelphotonverfolgung der Abgleichsverhandlung mehr oder weniger große Kenntnisse über den Schlüssel erhalten.
- Die apparative Praxis weicht in ihrem Verhalten teilweise deutlich vom idealen theoretischen Verhalten ab und eröffnet Eve bereits heute Einbruchsmöglichkeiten mit technischen Mitteln, wie sie in den Quantenverschlüsselungsgeräten ebenfalls eingesetzt werden. Hierdurch ist ein erheblicher Aufwand für die Absicherungsmaßnahmen zu treiben, der eine hohe Qualifikation des Betriebspersonals erfordert. Außerdem ist die Quantenkryptografie aufgrund des apparativen Aufwands extrem teuer verglichen mit klassischen Verfahren.
- Last-not-least zieht Quantenkryptografie ihre Einsatzberechtigung aus der Existenz funktionierender Quantencomputer und der damit einhergehenden Gefährdung klassischer Verschlüsselungstechniken. Die Erfüllung dieser Voraussetzungen ist heute nicht gegeben; selbst die (theoretische) Erfüllbarkeit kann nach meiner Ansicht derzeit nicht garantiert werden (siehe Kapitel Quantencomputer).

Quantenkryptografie scheint somit derzeit weder notwendig, noch bringt ihr Einsatz Vorteile gegenüber heutigen abgespeckten Methoden, die auf die (kritischen) asymmetrischen Verschlüsselungsverfahren verzichten. Nach Redaktionsschluss flatterte darüber hinaus noch eine leider nicht mehr analysierbare Meldung hinein[1], dass eine amerikanische Hackergroup Verschlüsselungen mit einem kommerziellen Quantenkryptografiesystem gebrochen hat, wobei offenbar Methoden verwendet wurden, die wir auch hier als kritisch diskutiert haben.

Bei nüchterner Betrachtung kommt man unter Berücksichtigung aller Gesichtspunkte daher nur schwer an der Feststellung vorbei, dass bei der Darstellung der Quantenverschlüsselung in den Medien gemogelt wird. Man muss in diesem Zusammenhang allerdings konzedieren, dass ohne eine kräftige Portion Kosmetik heute für vieles, was in den Bereich „Grundlagenforschung" – und dazu darf man die Quantenkryptografie durchaus zählen – fällt und nicht nach fünf Monaten Gewinn abwirft, kein Geld zu bekommen ist. Mogeln und überzogener Zweckoptimismus gehört daher zum Geschäft.

Nach meiner Einschätzung – die natürlich insbesondere nicht von denen geteilt werden muss, die mit Startup-Unternehmen in diesem Bereich tätig sind oder sich gerade mühsam neue Forschungsgelder beschafft haben – ist die Quantenkryptografie ein interessantes Forschungsgebiet, dass sicher das eine oder andere Nebenprodukt abwirft, aber insgesamt auf absehbare Zeit keine Bedeutung für die tägliche Praxis erlangt.[2]

[1] Wissenschaftsmagazin des Deutschlandfunks über neue Verbreitungswege wissenschaftlicher Erkenntnisse mit Diskussion dieses Beitrags.

[2] Keiner weiß natürlich, was in 100 Jahren Sache ist, und gerne wird bei solchen Gelegenheiten darauf verwiesen, dass ein Zeitgenosse aus dem Jahr 1900 wohl sehr erstaunt wäre, wenn er in die heutige Zeit versetzt wird, und daraus geschlossen, dass wir ähnlich erstaunt sein müssten, wenn wir 2110 wach werden. Dem muss man allerdings entgegen halten, dass ein Zeitgenosse aus dem Jahr 1400 deutlich weniger erstaunt wäre, wenn er im Jahr 1900 aufwachen würde. Warten wir's ab.

Kapitel 5
Teleportation

5.1 Nur Science Fiction?

Teleportation, StarTrek-Fans eher bekannt unter dem Begriff „beamen", ist der Transfer eines quantenmechanischen Teilchens von Alice zu Bob. Dabei wird aber nicht das Teilchen selbst transportiert, sondern nur die Information, die das Teilchen trägt, und zwar auf *klassische* Weise. Diese Information wird von Bob ausgenutzt, um am Zielort ein Teilchen mit dem gleichen Zustand zu erzeugen.

Das Bild, das uns die StarTrek-Filme zu diesem Vorgang liefern – Commander Spock und Captain Kirk verschwinden an einem Ort und tauchen an einem anderen in der gleichen Haltung wieder auf – ist in Vielem schon einigermaßen korrekt: ein quantenmechanisches Teilchen verschwindet an einem Ort, was wir in unserer Terminologie als Messvorgang interpretieren können, und ein entsprechendes Teilchen entsteht an einem anderen Ort, was im weitesten Sinn ebenfalls durch so etwas wie eine Messung realisiert wird. Unterstützt wird dies im Film von einer wirbelnden Masse, die am Ort des Verschwindens und des Entstehens benötigt wird, damit alles seine Richtigkeit hat, während die Übertragung dazwischen mit irgendeiner Art von normaler Übertragungstechnik erfolgt.[1]

Abgesehen von der Frage, ob die in Science Fiction Filmen verwendeten Techniken theoretisch überhaupt eine Aussicht auf Realisierung haben – was hat ein solches Thema in einem Buch über Quanteninformatik verloren?

Die Antwort gibt das letzte Kapitel und eine weitere das folgende. Wie wir gesehen haben, bestehen bei der Quantenkryptografie starke Beschränkungen der Entfernung, weil das quantenmechanische Teilchen „Photon" direkt zwischen den Kommunikationspartnern ausgetauscht werden muss. Die Teleportation hebt das Problem auf. Statt des quantenmechanischen Photons überträgt Alice klassische

[1] Die Feinheiten wie Ausnutzung der Subraumstrahlung und Rekalibrierungsnotwendigkeiten der Tachyonenemission lassen wir der Einfachheit halber mal außen vor. Wer es genauer wissen will, lese bei Gr'Ugh, Subraum- und Wurmlochphysik, Vulkanscher Wissenschaftsratszentralverlag, Sternzeit 2333.5 nach.

G. Brands, *Einführung in die Quanteninformatik*.
DOI 10.1007/978-3-642-20647-4_5, © Springer 2011

Informationen zu Bob, was über beliebige Entfernungen erfolgen kann. Bob nutzt diese zur Erzeugung von Alices Photon und führt nun seine Quantenmessung durch.

Damit wäre eine wesentliche Beschränkung der Nutzbarkeit der Quantenkryptografie aufgehoben – Grund genug, sich mit einer solchen Technik zu beschäftigen. Und da wir zunächst einmal nur ein Teilchen teleportieren wollen und nicht direkt die halbe Crew der Enterprise, möglicherweise auch nicht ohne Aussicht auf Erfolg.

5.2 Funktionsprinzip der Teleportation

Alice ist im Besitz eines quantenmechanischen Teilchens, dessen Zustand durch die Wellenfunktion

$$|\psi\rangle = a * |\psi_1\rangle + b * |\psi_2\rangle$$

beschrieben werde. Wie Sie an der Wellenfunktion erkennen können: Alice weiß, welche Eigenschaft letztendlich gemessen werden soll und hat Vorstellungen vom Zustand des Teilchens, kennt aber *nicht* das Ergebnis einer Messung! Wenn sie nun irgendwelche Messungen durchführt und die Messergebnisse an Bob überträgt, muss das von Bob am Zielort erzeugte Teilchen den gleichen wellenmechanischen Zustand aufweisen, den das Teilchen am Quellort ***vor*** der Messung gehabt hat, also nicht $|\psi_1\rangle$ oder $|\psi_2\rangle$, sondern wieder obige Wellenfunktion.

Es genügt also nicht, einen Teilchenzustand zu messen und das Messergebnis zu übertragen, da dieses nur eine Projektion auf eine bestimmte Basis ist (und obendrein Eve alles verraten würde; die darf durch die Teleportation keine nutzbaren Kenntnisse erhalten, was wir auch noch berücksichtigen müssen). Im Gegenteil: der Vorgang der Teleportation darf offenbar gar nicht mit einem Messvorgang an dem Teilchen verbunden sein, der irgendetwas mit der Messung der interessierenden Eigenschaft zu tun hat. Überspitzt ausgedrückt: Alice erhält ein Quantenteilchen, über dessen Zustand sie nichts weiß, macht Messungen, die ihr keine Informationen liefern, und Bob produziert mit den Informationen von Alice ein Teilchen im gleichen Zustand, ohne dass er dadurch Kenntnis darüber erlangt, was er genau produziert hat.

Ist dieser gedankliche Vorgang eigentlich mit dem No-Cloning-Theorem vereinbar? Die Herstellung eines zweiten Teilchens als exakte Kopie des ersten ist ja nicht möglich. Eine Teleportation in der gerade angedachten Weise, d. h. ein Erzeugen eines Teilchens durch Bob mit den exakten Eigenschaften des ersten, setzt aber voraus, dass zuvor das erste Teilchen (*oder besser der Zustand des Teilchens*) von Alice zerstört wird. Es wird also gewissermaßen kein Teilchen kopiert, sondern es wird irgendwo vernichtet und entsteht an einem anderen Ort neu, und zu keinem Zeitpunkt sind zwei Exemplare des Teilchens gleichzeitig existent. Damit unterliegt die Teleportation nicht der Beschränkung durch das No-Cloning-Theorem und ist grundsätzlich möglich.

Wie sollen Informationen erzeugt und übertragen werden, von denen niemand weiß, wie sie bedeuten, und wie soll Bob daraus etwas produzieren, ohne dass er mitbekommt, was da geschieht? Das folgende Modell hat solche Eigenschaften:

a) Wie im ersten Satz angesprochen sind Alice und Bob nicht bar jeglicher Kenntnis, was da zu transportieren ist. Ihr Transportmittel und ihre Manipulationen müssen natürlich auf das Transportgut abgestimmt sein, um Schäden = Messungen zu vermeiden und außerdem genau die klassische Information zu erzeugen, die für die nachfolgende Rekonstruktion notwendig und hinreichend ist.
   Ihr Transportgut ist ein Quantenteilchen, das einen gemischten Zustand in Bezug auf bestimmte Zustandsvariable besitzt, wobei die Mischungskoeffizienten aber unbekannt sind. Die Anzahl der zu übertragenden Koeffizienten pro Zustandsvariable muss bekannt sein.
b) Alice und Bob teilen sich zusätzlich einen Satz verschränkter Teilchen, deren genauer Zustand bezüglich bestimmter Variabler ebenfalls unbekannt ist. Nennen wir diesen Teilchensatz *Teleportersatz* und nehmen der Einfachheit halber zunächst an, dass es sich um zwei Teilchen handelt, von denen jeder eines besitzt. Misst einer der beiden sein Teilchen, kennt er aufgrund der Verschränkung auch das Messergebnis, das der Partner erhalten würde.
c) Alice verschränkt das zu teleportierende Teilchen mit ihrem lokalen Teleporterteilchen (*die Möglichkeit, die Systeme zu mischen und wechselwirken zu lassen, muss natürlich gegeben sein*). Es liegt bei ihr nun ein Mehrteilchensystem mit unbestimmten Eigenschaften vor (*man erinnere sich: eine Wechselwirkung, auch eine formal nur ein Teilsystem betreffende, lässt kein Teil eines verschränkten Systems unangetastet*).
d) An dem gemischten System führt Alice einige Messungen durch, die die Wellenfunktion ihres Teils des Gesamtsystems auf bestimmte Werte kollabieren lassen. Die Messungen liefern jedoch nur Zustände des Gesamtsystems; durch die zuvor erfolgte Mischung ist kein Messwert einem bestimmten Teilchen zuzuordnen, speziell erhält sie keine Information über den Zustand zu teleportierende Teilchen (*und auch nichts über den Verschränkungszustand des Teleportersatzes*).
   Die Anzahl der Messungen hängt von der Anzahl der unbekannten Zustandsparameter des zu teleportierenden Teilchens und des Teleportersystems ab.
   Die Messwerte werden an Bob über einen klassischen Kommunikationskanal transportiert. Durch die Messungen sind die Zustände von Alices Teilchen – dem teleportierenden Teilchen und ihrem Anteil des Teleportersatzes – vernichtet.
e) Bob führt an seinem Teleporterteilchen nun bestimmte Wechselwirkungen (keine Messungen!) durch, wobei die Art der Wechselwirkungen durch die übermittelten Messdaten vorgegeben ist. Als Ergebnis der Wechselwirkungen nimmt sein Teleporterteilchen genau die Eigenschaften der zu teleportierenden Teilchens an oder erzeugt ein solches Teilchen, also einen gemischten Zustand mit unbekannten Mischungskoeffizienten.[1] Dieses kann er nun messen oder an den Endempfänger ausliefern.

---

[1] Teleportersatz und zu teleportierendes Teilchen können verschieden sein, beispielsweise Atome und Photonen. Bob kann durch seine Wechselwirkungen sein Atom veranlassen, ein Photon mit den ursprünglichen Eigenschaften auszusenden. In diesem Sinn ist hier der Begriff „Erzeugung“ zu verstehen.

Würde dieses Verfahren im Rahmen der Quantenkryptografie eingesetzt, hätte Eve keine Chance, irgendeine Information zu erlangen: das zwischen Alice und Bob ausgetauschte Teilchen wird gar nicht übertragen, kann also auch gar nicht in irgendeiner Form von Eve beeinflusst werden, und die klassischen Informationen nützen ihr nichts, da diese durch die Verschränkung des Teleporterteilchensatzes geschützt sind und dieser auf Alice und Bob beschränkt ist.

5.3 Ein einfaches Protokoll für die Teleportation

5.3.1 Die Theorie

Eine Teleportation kann unter verschiedenen Randbedingungen erfolgen. Die Aufgabe kann darin bestehen, ein Teilchen an einen anderen Ort zu übertragen oder gleich ein ganzes System aus zwei oder mehr Teilchen zu transportieren, ein verschränktes Teilchenpaar an zwei verschiedene Empfänger auszuliefern oder auch dieses Übertragungsmodell wieder zu verallgemeinern. Weiterhin könnte man Sicherheiten fordern, die erkennen lassen, wann ein Transport nicht funktioniert hat, und anderes mehr. Wir beginnen mit dem einfachsten Fall: ein einzelnes zu transportierendes Teilchen.

Zur Vorbereitung der Teleportation eines Teilchens erzeugt Alice ein verschränktes Teilchenpaar:

$$\psi_0 = \frac{1}{\sqrt{2}}(|01\rangle - |10\rangle) \in H_2 \otimes H_3 .$$

Eines der Teilchen wird an Bob versandt, das andere behält sie selbst. Nun erhält sie von ihrem Auftraggeber ein zu teleportierendes Teilchen im unbekannten Zustand

$$\varphi = a|0\rangle + b|1\rangle \in H_1$$

das zu übertragen ist. Konkret bedeutet dies, dass das bei Bob befindliche Teilen in diesen Zustand zu überführen ist, wobei die Zustände der lokal bei Alice befindlichen zwei Teilchen durch einen Messvorgang in bekannte reine Zustände überführt werden.[1]

Das Teilchen wird Alices Teilchen aus dem Teilchenpaar hinzugefügt, d. h. der Gesamtzustand des Systems aus drei Teilchen ist nun

$$\Phi = \varphi = (a|0\rangle + b|1\rangle) * \left(\frac{|01\rangle - |10\rangle}{\sqrt{2}}\right) * \psi_0 \in H_1 \otimes H_2 \otimes H_3 .$$

Nun sind von diesem Gesamtsystem die Anteile aus $H_1 \otimes H_2$ lokal bei Alice, das H_3 zuzuordnende Teilchen ist bei Bob. Wir können die Zusammenfassung der Teilchen

[1] Man könnte auch etwas lockerer „indem die Teilchen ... durch einen Messvorgang beseitigt werden" formulieren.

statt nach Verschränkung auch nach Lokalität der Teilchen machen und erhalten mit der Basis

$$
\begin{aligned}
|\Psi_A\rangle &= \frac{|10\rangle - |01\rangle}{\sqrt{2}} \\
|\Psi_B\rangle &= \frac{|10\rangle + |01\rangle}{\sqrt{2}} \\
|\Psi_C\rangle &= \frac{|00\rangle - |11\rangle}{\sqrt{2}} \\
|\Psi_D\rangle &= \frac{|00\rangle + |11\rangle}{\sqrt{2}}
\end{aligned}
$$

die äquivalente Darstellung

$$
\begin{aligned}
|\Phi\rangle = \frac{1}{2}\big(&|\Psi_A\rangle(-a|0\rangle - b|1\rangle) \\
&+ |\Psi_B\rangle(-a|0\rangle + b|1\rangle) \\
&+ |\Psi_C\rangle(a|1\rangle + b|0\rangle) \\
&+ |\Psi_D\rangle(a|1\rangle - b|0\rangle)\big) .
\end{aligned}
$$

Aufgabe. Weisen Sie die Äquivalenz der Ausdrücke explizit nach.

Durch den Basiswechsel haben wir die zu teleportierenden unbekannten Eigenschaften formal vom Teilchenraum H_1 auf den Teilchenraum H_3 verschoben, d. h. von Alice an Bob. Es ist wichtig, zu bemerken, dass dies eine rein formale mathematische Angelegenheit ist, die wir so aufgrund der Verschränkung der drei Teilchen formulieren dürfen. In Wirklichkeit ist ja noch gar nichts Physikalisches mit dem System gemacht worden. Um die Eigenschaften tatsächlich auf das Teilchen am Empfangsort zu übertragen, müssen Alice und Bob natürlich etwas tun, und diese mathematische Vorbereitung dient lediglich dazu, die geeigneten physikalischen Operationen auszuwählen.

Die physikalischen Operationen von Alice bestehen aus zwei Maßnahmen: einer Wechselwirkung, die die Mehrdeutigkeit in $\Psi_{A..D}$ beseitigt, und einer Messung der Zustände ihrer beiden Teilchen. „Mehrdeutigkeit" ist hier in dem Sinn zu verstehen, dass die Funktionen $\Psi_{A..D}$ zwar ein Orthogonalsystem bilden, aber aufgrund der Verschränkung und Mischung nicht gerade eine Basis für eine Messung. Könnte Alice eine Messung konstruieren, die in der Basis $\Psi_{A..D}$ misst und eindeutig einen der Zustände durch den Messwert festlegt, wäre eine Transformation unnötig. Implizit haben wir schon bei der Formulierung der Wellenfunktionen unterstellt, dass die möglichen Messzustände $|0\rangle$ und $|1\rangle$ für jedes Teilchen sind, und mit diesen wäre zwischen den Funktionen $\Psi_{A..D}$ nicht zu unterscheiden.

Der erste von Alices Schritten besteht somit aus der Anwendung einer unitären Transformation $U : H_1 \otimes H_2 \to H_1 \otimes H_2$ mit der Wirkung

$$\begin{aligned}|\Phi'\rangle = \frac{1}{2}\big(&|00\rangle(-a|0\rangle - b|1\rangle)\\ &+ |01\rangle(-a|0\rangle + b|1\rangle)\\ &+ |10\rangle(a|1\rangle + b|0\rangle)\\ &+ |11\rangle(a|1\rangle - b|0\rangle)\big)\,.\end{aligned}$$

Jedem Messergebnis der beiden Teilchen bei Alice entspricht nun genau einem bestimmten Mischzustand von Bobs Teilchen, der bis auf Vorzeichenkorrekturen dem Zustand des zu transportierenden Teilchens entspricht.

Die Formulierung, „Anwendung einer unitären Transformation auf das lokale System", ist, wie bereits mehrfach erwähnt, eine beliebte Formulierung der Theoretiker, wobei es dem experimentellen Physiker überlassen bleibt, sich etwas auszudenken, was tatsächlich diese Wirkung besitzt. Genauer, aber eben umständlicher und länger, trifft es die Formulierung „eine physikalische Wirkung, die durch die unitäre Transformation … beschrieben werden kann."

Mit der üblichen Formulierung $|00\rangle \simeq (1,0,0,0)^T..|11\rangle \simeq (0,0,0,1)^T$ der Wellenfunktionen in einem einheitlichen Raum findet man für die Transformation die unitäre Matrix:

$$\boldsymbol{U} = \begin{pmatrix} 0 & -1 & 1 & 0 \\ 0 & 1 & 1 & 0 \\ 1 & 0 & 0 & -1 \\ 1 & 0 & 0 & 1 \end{pmatrix}.$$

Wie solche unitären Transformationen in die Praxis umgesetzt werden können, nimmt einen großen Raum des Kapitels über Quantencomputer ein. Wir werden uns daher in diesem Kapitel auf die Angabe der Haupttransformation beschränken und den Rest später behandeln. Vorab können wir jedenfalls feststellen: theoretisch geht's.

Messung	**Transformation**
$\|00\rangle$	$U_{00} = \begin{pmatrix} -1 & 0 \\ 0 & -1 \end{pmatrix}$
$\|01\rangle$	$U_{01} = \begin{pmatrix} 1 & 0 \\ 0 & 1 \end{pmatrix}$
$\|10\rangle$	$U_{10} = \begin{pmatrix} 0 & 1 \\ 1 & 0 \end{pmatrix}$
$\|11\rangle$	$U_{11} = \begin{pmatrix} 0 & 1 \\ -1 & 0 \end{pmatrix}$.

Im zweiten Schritt misst Alice den Zustand des lokalen Systems, d. h. genau einen der Zustände $|00\rangle, |10\rangle, |01\rangle, |11\rangle$. Das Messergebnis wird an Bob über einen klassischen Übertragungskanal gesendet. Dieser muss nun „lediglich" eine der folgenden Transformationen an seinem lokalen System durchführen, um ein Teilchen mit den ursprünglichen Eigenschaften zu erzeugen (wie, überlassen wir wieder den Experimentalphysikern).

Der Zustand ist also tatsächlich übertragen, ohne dass über die Parameter a und b irgendetwas bekannt geworden ist. Die Teilchenverschränkung am Quellort hat die Eigenschaften perfekt abgeschirmt, und durch den Messvorgang wurde die Verschränkung aufgehoben, so dass keine weitere Information mehr zu erhalten ist. Das einzige Teilchen, das nun tatsächlich noch die Gesamtinformation trägt, ist das Teilchen am Empfangsort.

Halten wir als Regel fest: für den Transport eines zweidimensionalen Zustands eines Teilchens benötigen Alice und Bob ein (*maximal*) verschränktes äquivalentes Teilchenpaar. Für die Übertragung werden zwei Bit an Information benötigt.

5.3.2 Das Experiment

Der experimentelle Nachweis einer Teleportation ist alles andere als trivial. Zwar wissen wir, wie verschränkte Photonen zu produzieren sind, aber deren Speicherung ist eine nicht triviale Aufgabe. Wie mit anderen Teilchen umzugehen ist, werden wir

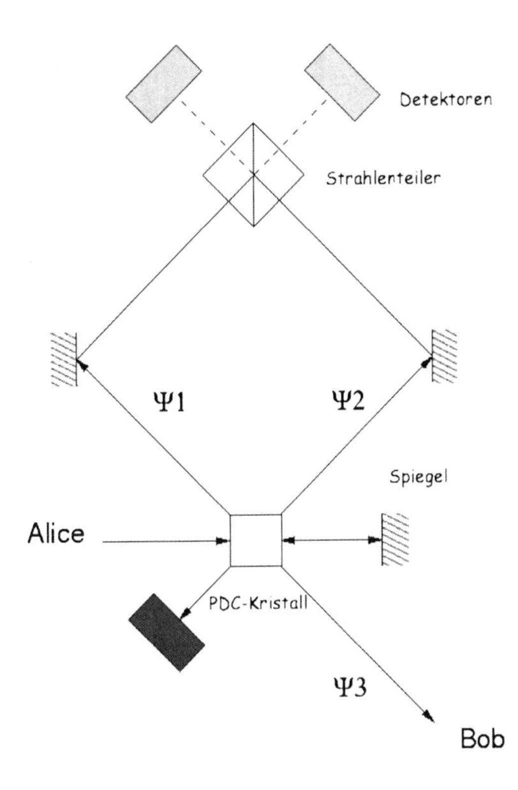

Abb. 5.1 Zeilinger-Experiment, Erläuterung siehe Text (mit freundlicher Genehmigung)

im Kapitel Quantencomputer untersuchen, aber entsprechend unserer Zielsetzung als Ergänzung zur Quantenkryptografie wären diese mit Photonen zur Wechselwirkung zu bringen, was auch Probleme aufwirft.

Es dürfte daher ganz interessant sein, sich das Basisexperiment, das sich der Wiener Physiker Anton Zeilinger ausgedacht hat, einmal anzuschauen (*Abb. 5.1*). Als Teleportersatz und als zu teleportierendes Teilchen werden – man möchte fast schon „natürlich" hinzufügen – Photonen verwendet. Das Experiment verifiziert aber nicht die komplette Teleportation, wie wir sie im theoretischen Teil vorgestellt haben, sondern nur einen Teil davon. Versuchen Sie zunächst einmal, in der folgenden Schilderung des Experiments den Teleportersatz und das teleportierte Teilchen zu identifizieren.

Experimenteller Aufbau

Zur Durchführung sendet Alice zwei kurze Laserpulse durch einen Bariumboratkristall, der in der Lage ist, verschränkte Photonenpaare zu erzeugen. Die Pulse werden hinter dem Kristall durch einen Spiegel reflektiert und laufen erneut durch den Kristall. Die Apparatur ist so dimensioniert, dass die Wellenpakete des ersten reflektierten Impulses und des zweiten Impulses gleichzeitig im Kristall eintreffen. Mit dem zweiten Impuls erhält Bob ein Synchronsignal.

Von den verschiedenen Möglichkeiten der Erzeugung verschränkter Photonenpaare ist diejenige interessant, bei der der rücklaufende erste Impuls gleichzeitig mit dem zweiten Impuls ein Photonenpaar erzeugt. Ein Photon des zweiten Impulses wird mit für Alice unbekannter Polarisation an Bob übertragen (Ψ_3), das zweite bleibt bei Alice (Ψ_2) und wird nun mit einem der Photonen aus dem rücklaufenden Impuls mit einer für Alice ebenfalls unbekannten Polarisation (*das zweite wird durch Absorption aus dem System entfernt*) verschränkt (Ψ_1).

Haben Sie die verschiedenen Photonen identifiziert? Ψ_2 und Ψ_3 sind die Wellenfunktionen der Photonen des Teleportersatzes, die zwischen Alice und Bob aufgeteilt werden, Ψ_1 die des zu teleportierenden Teilchens. Kommen wir nun zur Aufbereitung von Alices Lokalsystem, die mit einer Messung endet.

Die Verschränkung der beiden Photonen besorgt der in der Abbildung oben liegenden Teil des Experiments. Alices unbekanntes Photon und das Teleporterphoton werden gleichzeitig auf einen polarisierenden Strahlenteiler gelenkt. Der Strahlenteiler lässt Photonen mit einer Polarisationsrichtung durch, die anderen reflektiert er, gleichzeitig interferieren die Wellenpakete der beiden Photonen. Hinter dem Strahlenteiler treffen die Photonen auf Detektoren.

Der experimentelle Aufbau wird ergänzt durch einen Polarisator im Strahlenverlauf von Photon 1, der die Einstellung beliebiger Mischzustände und damit auch des messtechnischen Nachweises der Zustandsübertragung an Bob erlaubt, sowie eine Verschiebbarkeit des Reflexionsspiegels hinter dem Kristall, der eine Verschiebung des Zeitpunktes des Eintreffens der Photonen im Strahlenteiler erlaubt.

Theorie zum Experiment

Bariumborat ist ein Typ II-Konverter, erzeugt also gegensätzlich polarisierte Photonenpaare. Durch entsprechende Ausrichtung des Kristalls wird der Verschränkungszustand

$$\Psi_{23} = \frac{1}{\sqrt{2}}(|1_2\rangle|0_3\rangle - |0_2\rangle|1_3\rangle)$$

eingestellt. Das zu teleportierenden Photon wird durch einen Polarisator im Strahlengang in den Zustand

$$\Psi_1 = a|0_1\rangle + b|1_1\rangle$$

versetzt (bezogen auf das Labormesssystem). Durch Überlagerung der Wellenfunktionen erhalten wir den Gesamtzustand

$$\Psi_1\Psi_{23} = \frac{1}{\sqrt{2}}\left(a(|0_1 1_2 0_3\rangle - |0_1 0_2 1_3\rangle) + b(|1_1 1_2 0_3\rangle - |1_1 0_2 1_3\rangle)\right) .$$

Erhält Alice nun bei ihrer Messung ein Ergebnis, dass durch den Zustand

$$\Psi_{12} = \frac{1}{\sqrt{2}}(|1_1\rangle|0_2\rangle - |0_1\rangle|1_2\rangle)$$

beschrieben wird, so ist Photon 3 nach dem Verschränkungsprinzip im Zustand

$$\langle\Psi_{12}|\Psi_1\Psi_{23}\rangle = |\Psi_3\rangle = \frac{1}{2}\left(a|0_3\rangle + b|1_3\rangle\right) .$$

Der Strahlenteiler ist so beschaffen, dass der erwünschte Zustand dann gemessen wird, wenn beide Detektoren ein Signal liefern. Liefert nur einer der Photodetektoren ein Signal, so liegt eine Fehlmessung vor, d. h. es wurden nicht zwei Photonenpaare simultan erzeugt oder Alices Photonen sind in einem Verschränkungszustand, der nicht die gewünschte Eigenschaft von Bobs Photon zur Folge hat.

Aufgabe. Für Alices Photonen 1 und 2 sind 4 maximale Verschränkungszustände möglich. Berechnen Sie den Zustand für Photon 3 für die drei anderen Verschränkungszustände.

In der Wellenfunktion von Photon 3 taucht der Faktor $\frac{1}{2}$ auf, was darauf zurückzuführen ist, dass ein Doppelsignal auch durch die Wellenfunktion

$$\Phi_{12} = \frac{1}{\sqrt{2}}(|1_1\rangle|0_2\rangle + |0_1\rangle|1_2\rangle)$$

ausgelöst wird, aber nur ein Fall tatsächlich die gewünschte Übertragung der Zustandseigenschaften von Teilchen 1 auf Teilchen 3 liefert, wie sie in der Aufgabe nachgerechnet haben.

Die Lösung dieses Problems wird dadurch erreicht, dass die Photonen 1 und 3 bei gleichzeitigem Eintreffen im Strahlenteiler interferieren. Ein Doppelsignal entsteht formal durch

a) das Durchlassen beider Photonen oder
b) die Reflexion beider Photonen.

Beide Fälle sind am Detektor nicht unterscheidbar, d. h. weiß nicht, ob Photon 1 oder Photon 2 am Detektor 1 eintrifft. Die Wellenfunktionen eines durchgelassenen und eines reflektierten Photons unterscheiden sich aber nur durch einen Phasenfaktor voneinander:[1]

$$\varphi_\mathrm{r} = e^{\mathrm{i}\pi} \varphi_\mathrm{d} = -\varphi_\mathrm{d} \,.$$

Nun ist Ψ_{12} eine antisymmetrische Funktion bei Vertauschen der Teilchen, d. h. es gilt $\Psi_{12} = -\Psi_{21}$, die dazu orthogonale Projektion symmetrisch, d. h. $\Phi_{12} = \Phi_{21}$. Setzen wir die Phasenbeziehung ein, so löschen sich die Photonen im Fall Φ_{12} durch Interferenz aus und Alice misst kein Signal. Lediglich der Zustand Ψ_{12} löst ein Doppelsignal bei Alice aus, was sie Bob nun mitteilen kann.

Messung

Zum Nachweis, dass Photon 1 nun tatsächlich im gewünschten Zustand ist, stellt Alice für Photon 1 die Polarisation $+45°$ ein, Bob schickt sein Photon durch einen $+45°/-45°$-Strahlenteiler und misst dahinter die eintreffenden Photonen. Ändert Alice nun den Abstand des Reflektorspiegels hinter dem Kristall, sollte Bob einen fließenden Übergang zwischen folgenden Grenzzuständen messen:

a) Die Photonen treffen gleichzeitig in Alices Strahlenteiler ein und interferieren. Misst Alice ein Doppelereignis, so sollte nur der $+45°$-Detektor bei Bob ein Signal liefern, während sein Konterpart keine Signale mehr detektiert.
b) Die Photonen sind zeitlich getrennt, d. h. das Verschränkungsbild trifft nicht zu und Photon 3 ist lediglich mit Photon 2 verschränkt. Bobs Detektoren sollten beide die gleiche Zählrate aufweisen, wenn Alice ein Doppelsignal misst.

Das experimentelle Ergebnis ist in Abb. 5.2 dargestellt und bestätigt die Theorie. Auch beliebige andere Einstellungen sind stets im Einklang mit den theoretischen Voraussagen.

Fazit

Das Experiment bestätigt die Möglichkeit einer Teleportation, ist allerdings eine vereinfachte Version der Theorie, denn die Teleportation wird ja nur ausgeführt, wenn Photon 3 den gleichen Zustand besitzt wie Photon 1, oder genauer gesagt, der Detektor spricht nur an, wenn dieser Fall eintritt, und unterdrückt alle anderen

[1] Siehe z. B. Max Born, Optik, Springer-Verlag, Kap. 1 § 10.

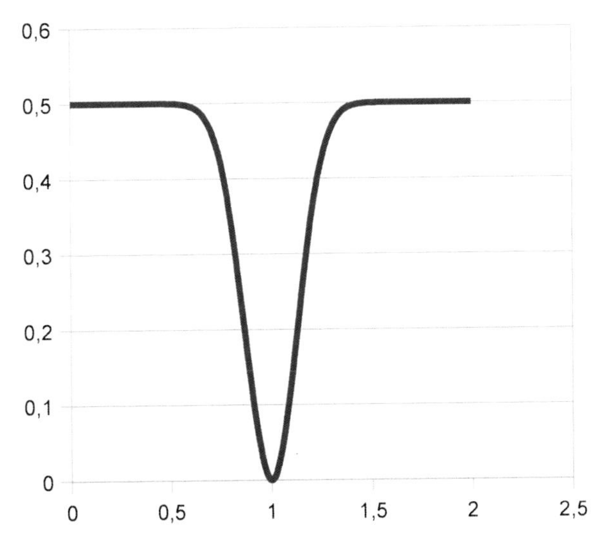

Abb. 5.2 Ereignisse am $-45°$-Detektor

Fälle. Als Konsequenz wird nur $\frac{1}{4}$ aller zu teleportierenden Photonen tatsächlich übertragen, d. h. die Verlustrate in einer realen Szene wäre 75 %.

Sollen alle zu teleportierenden Photonen übertragen werden, so müsste sich Alice eine Messanordnung ausdenken, die auch alle vier Fälle eindeutig misst. Bob müsste im Weiteren in dreien der ihm von Alice mitgeteilten Messergebnisse unitäre Transformationen an seinem Photon ausführen, um den korrekten Zustand einzustellen. Auf beides verzichtet das Experiment.

Es handelt sich bei dem Experiment trotzdem um eine echte Teleportation, da im Realfall weder Alice noch Bob irgendeine Kenntnis über den Zustand des zu teleportierenden Teilchens erhalten. Photon 1 könnte auch aus einer beliebigen anderen Quelle stammen. Der Trick mit dem gegenläufigen Strahl im Konversionskristall dient lediglich dazu, gleichzeitig 1-Photonen-Ereignisse zu produzieren.

5.4 Komplexere Protokolle

5.4.1 Theorie zum Transport von Mehrteilchensystemen

Es ist eigentlich nur eine Fleißaufgabe, komplexere Protokolle zu entwickeln.[1] Um ein n-Teilchen-System zu teleportieren, werden $2n$ maximal verschränkte Teleporterteilchen benötigt, die auf Alice und Bob aufgeteilt werden. Der Begriff „maximale Verschränkung" sei noch einmal kurz erläutert. Ein n-Teilchensystem wird im

[1] Z. B. G.Rigolin, arXiv:quant-ph/0407219, 2005.

allgemeinen Fall durch die Wellenfunktion

$$\Psi = \sum_{k=1}^{2^n} a_k |k\rangle$$

beschrieben, wobei wir k in $|k\rangle$ mit dem n-Bit langen Bitmuster von k identifizieren können. Wenn nichts weiter bekannt ist, müssen Alice und Bob von $a_k \neq 0$ für alle k ausgehen. Folglich müssen ihre jeweiligen Hälften des Teleportersatzes ebenfalls alle Zustände $|k\rangle$ enthalten. Alice und Bob stellen als Teleportersatz ein durch

$$\Phi = c \sum_{k=1}^{2^n} a_k |f_1(k)\rangle \otimes |f_2(k)\rangle$$

beschriebenes System zur Verfügung, wobei ihnen die Koeffizienten $a_k \in \{-1, +1\}$ und die Werte der Funktionen $f_i : \{1..k\} \to \{1..k\}$ natürlich bekannt sind. Da ein System mit $2n$ Teilchen insgesamt 2^{2n} Zustände annehmen kann, existieren 2^{2n} verschiedene Funktionen.

Nach Verschränken der n zu teleportierenden Teilchen mit dem Satz ihrer n Teleporterteilchen misst Alice nun einen der 2^{2n} möglichen Eigenwerte des Systems. Die Messung muss so beschaffen sein, dass alle Zustände eindeutig voneinander getrennt werden können. Für die Übertragung der Information benötigt sie $2n$ Bit, mit denen Bob wiederum die Transformationen für seine Teleporterbits auswählen kann.

Die Fleißarbeit beruht auf der stark ansteigenden Zahl von Zuständen, die zu konstruieren sind. War bei der Teleportation von einem Teilchen noch zwischen vier Zuständen zu unterscheiden, so sind es bei zwei verschränkten Teilchen bereits 16 usw. Die folgenden Tabellen geben eine Übersicht über ein mögliches Konstruktionsschema:

$$|\Phi_1\rangle = 1/2(|0000\rangle + |0101\rangle + |1010\rangle + |1111\rangle)$$
$$|\Phi_2\rangle = 1/2(|0000\rangle + |0101\rangle - |1010\rangle - |1111\rangle)$$
$$|\Phi_3\rangle = 1/2(|0000\rangle - |0101\rangle + |1010\rangle - |1111\rangle)$$
$$|\Phi_4\rangle = 1/2(|0000\rangle - |0101\rangle - |1010\rangle + |1111\rangle)$$
$$|\Phi_5\rangle = 1/2(|0001\rangle + |0100\rangle + |1011\rangle + |1110\rangle)$$
$$|\Phi_6\rangle = 1/2(|0001\rangle + |0100\rangle - |1011\rangle - |1110\rangle)$$
$$|\Phi_7\rangle = 1/2(|0001\rangle - |0100\rangle + |1011\rangle - |1110\rangle)$$
$$|\Phi_8\rangle = 1/2(|0001\rangle - |0100\rangle - |1011\rangle + |1110\rangle)$$
$$|\Phi_9\rangle = 1/2(|0010\rangle + |0111\rangle + |1000\rangle + |1101\rangle)$$
$$|\Phi_{10}\rangle = 1/2(|0010\rangle + |0111\rangle - |1000\rangle - |1101\rangle)$$
$$|\Phi_{11}\rangle = 1/2(|0010\rangle - |0111\rangle + |1000\rangle - |1101\rangle)$$
$$|\Phi_{12}\rangle = 1/2(|0010\rangle - |0111\rangle - |1000\rangle + |1101\rangle)$$

$$
\begin{aligned}
|\Phi_{13}\rangle &= 1/2(|0011\rangle + |0110\rangle + |1001\rangle + |1100\rangle)\\
|\Phi_{14}\rangle &= 1/2(|0011\rangle + |0110\rangle - |1001\rangle - |1100\rangle)\\
|\Phi_{15}\rangle &= 1/2(|0011\rangle - |0110\rangle + |1001\rangle - |1100\rangle)\\
|\Phi_{16}\rangle &= 1/2(|0011\rangle - |0110\rangle - |1001\rangle + |1100\rangle)
\end{aligned}
$$

Wie man sich mit etwas Mühe überzeugt, stellen diese Funktionen einen vollständigen orthogonalen Eigenfunktionssatz dar. Mischt Alice nun die zu teleportierenden Teilchen mit ihrem Teleportersatz, der ohne Beschränkung der Allgemeinheit so produziert sei, dass er im Zustand Φ_1 vorliegt, so wird das Gesamtsystem durch $|\Gamma\rangle = |\Psi\rangle \otimes |\Phi_1\rangle$ mit Zuständen $|AAAABB\rangle$ beschrieben, wobei A die bei Alice befindlichen Teilchen sind, B die Teilchen von Bob. Rein mathematisch können wir das System durch Verschiebung der Koeffizienten von Ψ auf das System von Bob durch

$$
|\Gamma\rangle = 1/4 \sum_{k=1}^{16} |\Phi_k\rangle_A \otimes |\Phi_k\rangle_B
$$

beschreiben. Ist Alice in der Lage, direkt im System der Eigenfunktionen zu messen, so muss Bob an seinem System die Operationen

Messwert	U
1	$\boldsymbol{I}$
2	σ_1^z
3	σ_2^x
4	$\sigma_2^z \sigma_1^z$
5	σ_2^x
6	$\sigma_1^z \sigma_2^x$
7	$\sigma_2^z \sigma_2^x$
8	$\sigma_1^z \sigma_2^z \sigma_2^x$
9	σ_1^x
10	$\sigma_1^z \sigma_1^x$
11	$\sigma_2^x \sigma_1^x$
12	$\sigma_2^z \sigma_1^z \sigma_1^x$
13	$\sigma_2^x \sigma_1^x$
14	$\sigma_1^z \sigma_2^x \sigma_1^x$
15	$\sigma_2^x \sigma_2^x \sigma_1^x$
16	$\sigma_2^z \sigma_1^z \sigma_2^x \sigma_1^x$

durchführen. Hierbei sind mit σ_i^k die Pauli-Matrizen, angewandt auf das Bit i in Richtung k gemeint (siehe Kap. 3.5.2).

$$
\sigma^x = \begin{pmatrix} 0 & 1 \\ 1 & 0 \end{pmatrix}, \quad \sigma^y = \begin{pmatrix} 0 & -i \\ i & 0 \end{pmatrix}, \quad \sigma^z = \begin{pmatrix} 1 & 0 \\ 0 & -1 \end{pmatrix}.
$$

Wie er das nun hinbekommen kann, lassen wir erst einmal außen vor. Ist Alice nicht in der Lage, im System der Eigenfunktionen zu messen, sondern beispielsweise nur im System $|(2k)\rangle$, so verkompliziert sich die Angelegenheit entsprechend nochmals.

Für den allgemeinen Fall ist festzustellen, dass n-Teilchensysteme im Grund nur noch mit den gleichen Techniken zu teleportieren sind, die auf für den Betrieb von Quantencomputern benötigt werden, wobei neben das Problem, die Transformationen auszuführen, auch noch die Aufgabe tritt, einen Teil des Quantencomputers nach Herstellen des Grundzustands an einen anderen Ort zu transportieren.

5.4.2 Experimentelle Nachweise

Das experimentelle Schema wurde 2006 von einer deutsch-chinesischen Arbeitsgruppe auf den Transport beider Teilchen erweitert.[1] Für den Transport werden zwei verschränkte Photonenpaare benötigt, die zusammen mit dem zu teleportierenden Paar in zwei Bariumboratkristallen erzeugt werden. Der Aufbau entspricht mehr oder weniger einer verdoppelten Version von Abb. 5.1, was bedeutet, dass die beiden verschränkten Photonen in zwei Schritten unabhängig voneinander teleportiert werden. Sie können also von zwei unterschiedlichen Orten an unterschiedliche Empfänger versandt werden. Die Verschränkung bleibt dabei, wie experimentell durch verschiedene Polarisationsvarianten nachgewiesen wurde, bestehen.

Die gleichzeitige Erzeugung dreier verschränkter Photonenpaare ist ein relativ seltenes Ereignis, und da bei Erkennen teleportierter Zustände die gleichen Einschränkungen bestehen wie im Urexperiment, also im Durchschnitt nur jedes 16. Ereignis tatsächlich ein Signal auslöst, sind die Messungen entsprechend langwierig. Zum statistisch gesicherten Nachweis, dass das verschränkte Paar tatsächlich korrekt teleportiert wird, waren sechs Tage Messzeit notwendig. Gleichwohl sind solche Experimente von fundamentaler Bedeutung, auch wenn man dies nach langem Genuss der problemlosen Theorie vielleicht nicht sofort bemerkt. Zum Einen kann man das Experiment auch als Verschränkung von sechs Teilchen interpretieren, zum Anderen ist damit der wichtige Nachweis erbracht, das auch verschränkte Teilchen teleportiert werden können, ohne die Verschränkung aufzuheben, und das einzeln. Es handelt sich also um eine glänzende Bestätigung der Theorie, wenn es auch mit praktisch nutzbarer Teleportation nichts zu tun hat.

5.5 Fehlerverminderung

Die Quantenteleportation steht und fällt – wie auch die Quantenkryptografie und der Quantencomputer – mit der Qualität der Verschränkung der Teleporterteilchen. Soll die Teleportation beispielsweise eingesetzt werden, um die Distanz zwischen

[1] A. Goebel et al., arXiv:quant-ph/0609130 2006.

Alice und Bob in der Quantenkryptografie zu vergrößern, so ist eine hohe Verschränkungsqualität der Teleporterteilchen notwendig.

Grundsätzlich stößt man allerdings überall auf das gleiche Problem: Transportwege (bei Photonen, die zwangsweise immer in Bewegung sind) und Aufbewahrungszeiten (bei anderen, lagerbaren Teilchen) führen zu einer exponentiellen Abnahme der Verschränkungsqualität. Wurden die Teilchen beispielsweise im Zustand

$$|\psi\rangle = \frac{1}{\sqrt{2}}(|01\rangle - |10\rangle)$$

erzeugt, so befinden sie sich nach Aufteilung auf Alice und Bob in einem allgemeinen Zustand[1]

$$|\varphi\rangle = a_1|\psi\rangle + a_2|\psi^+\rangle + a_3|\psi^{00+}\rangle + a_4|\psi^{00-}\rangle$$

mit der Dichte $M = |\varphi\rangle\langle\varphi|$, und die Qualität der Verschränkung wird definiert durch

$$F = \langle\psi|M|\psi\rangle$$

definiert. Sie lässt sich durch Eichmessungen ermitteln. Alice und Bob haben damit einen statistischen Wert der Verschränkungsqualität in der Hand, anhand dessen sie entscheiden müssen, ob sie mit den Fehlübertragungen leben können oder Korrekturen durchführen müssen.

Die Idee einer Fehlerverminderung ist relativ einfach, aber mit dem Verlust verschränkter Paare verbunden. Alice und Bob nehmen zwei Paare $|\varphi_1\rangle|\varphi_2\rangle$ und führen eine Reihe unitärer Transformationen so an dem Doppelpaar aus, dass beispielsweise im Term

$$A = |11\rangle_1 \left(\sqrt{p_1}|\psi\rangle_2 + \sqrt{p_2}|\psi^+\rangle_2 + \ldots\right)$$

die Wahrscheinlichkeit p_1 einen großen Wert ($< F$) erhält. Beiden messen die Zustände der Teilchen des Paares 1 und verwerfen alle Ergebnisse, die nicht den Messwert „1“ ergeben. Die Verschränkungsqualität des zweiten Paares ist nun besser als im ursprünglichen Zustand, der Preis dafür ein „verbrauchtes“ weiteres Verschränkungspaar.

Das Verfahren lässt sich gedanklich fortsetzen. Ist die erreichte Qualität noch nicht gut genug, so kann man Paare des ersten Reinigungsschritts nochmals dem gleichen Verfahren unterwerfen. Eine andere Option besteht darin, die nun wieder hinreichend verschränkten Teilchen weiter zu transportieren, um größere Entfernungen für die Teleportation zu erreichen. Formal lassen sich so beliebig gute Verschränkungsgrade oder Entfernungen erreichen, wobei zu berücksichtigen ist, dass der Teilchenverbauch mit jedem weiteren Schritt exponentiell steigt.

Das Problem liegt in der Festlegung geeigneter unitärer Transformationen, wobei zu beachten ist, dass auf die Teilchen eines Verschränkungssatzes nur lokal gewirkt

[1] Der Leser kann sicher ohne weitere Erläuterungen die genaue Form der Funktionen identifizieren. Ich habe diese Basis verwendet, weil die folgenden Gedankengänge damit leichter nachzuvollziehen sind. Natürlich kann auch von einer einfachen Basis, die die Teilchen nicht in Verschränkungszuständen definiert, ausgegangen werden.

werden kann, diese jedoch – auch jeweils lokal – mit den Teilchen des anderen Verschränkungssatzes in Wechselwirkung gebracht werden können.

Das Problem der Fehlererkennung und Fehlerkorrektur besteht ebenfalls im Bereich Quantencomputing. Wir werden dort genauer auf das Thema eingehen. Die Ergebnisse sind auch für die Qualitätssicherung der Teleportersätze nutzbar.

5.6 Speicherung verschränkter Zustände

Das Grundproblem der Teleportation besteht darin, die Teilchen eines verschränkten Systems hinreichend weit voneinander zu entfernen und die Verschränkung bis zu dem Zeitpunkt aufrecht zu erhalten, zu dem die Teleportation stattfinden soll. Eine schnelle und weite Trennung der Teilchen ist im Prinzip nur mit Photonen möglich, eine Speicherung jedoch vorzugsweise mit Atomen oder Ionen. Ein universelles Teleportersystem sollte daher beide Prinzipien nutzen:[1]

- Erzeugen verschränkter Photonenpaare und Versand beider Photonen zu den weit entfernten Speichereinheiten,
- Anregung der Speichereinheiten durch jeweils ein Photon auf einen vom Photonenzustand abhängigen Anregungszustand und dadurch Bildung eines verschränkten Speichersystems mit weit voneinander entfernten Einheiten.

Als „Speichereinheit“ für die verschränkten Zustände kommen beispielsweise einzelne ultrakalte ^{87}Rb-Atome in einer Laserfalle in Frage.[2] Die Atome werden zunächst im Zustand A präpariert (Abb. 5.3). Sodann wird eine Quelle verschränkter Photonen aktiviert, wie Kap. 4 beschrieben. Pro Photon können 50–100 km durch einen Lichtwellenleiter überbrückt werden, so dass die beiden zu verschränkenden Atome einen Abstand von 100–200 km besitzen können. Bei der Absorption eines Photons wird das Atom in Abhängigkeit vom Photonenzustand in einen der Zustände B gehoben. Wird anschließend der Übergang $A \rightarrow C$ angeregt, so zeigt das Ausbleiben von Fluoreszenzstrahlung an, dass beide Atome angeregt wurden und nun verschränkt sind. Zur Stabilisierung werden durch einen Laser die Übergänge $B \rightarrow D$ induziert, wobei die Zustände D einen langzeitstabil sind, d. h. ein Übergang $D \rightarrow A$ ist nicht erlaubt.

Die verschränkten Teilchen können nun mit den beschriebenen Protokollen genutzt werden, um quantenmechanische Informationen zu transportieren. Beispielsweise könnte ein quantenkryptografisches Photon durch ein weiteres Atom bei Alice eingefangen und dies mit dem Teleporteratom verschränkt werden. Nach einer EPR-Messung durch Alice und entsprechenden unitären Transformationen bei Bob könnte das quantenkryptografische Photon durch einen $B \rightarrow A$ Übergang emittiert und für eine Schlüsselvereinbarung genutzt werden.

---

[1] J. H. Shapiro, Architectures for long-distance quantum teleportation, New Journal of Physics 4 (2002) 47.1–47.18.

[2] Das Funktionsprinzip einer Laserfalle wird im folgenden Kapitel 5.7 ausführlich beschrieben.

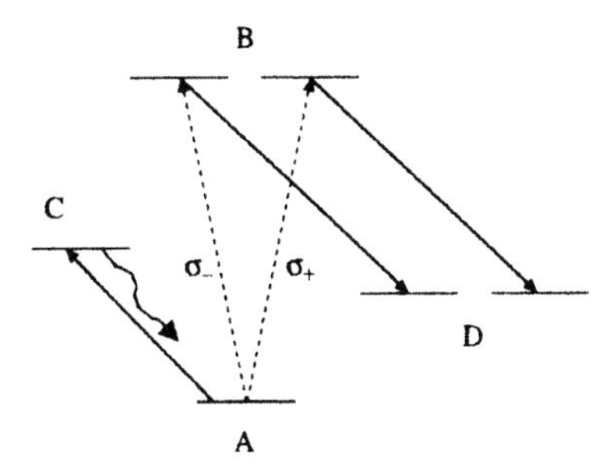

Abb. 5.3 Energieschema eines Rb-Speicheratoms

Erzeugungsraten von verschränkten Teleporterteilchen in der Größenordnung mehrerer hundert Ereignisse pro Sekunde sind möglich. Mit Hilfe der Fluoreszenzstrahlung lassen sich nutzbare Teleporterpaare identifizieren, so dass Alice und Bob hier nicht auf das Prinzip Hoffnung angewiesen sind. Die Nutzbarkeit hängt dann im Weiteren vom Wirkungsquerschnitt des Photoneneinfangs der zu teleportierenden Photonen und der Qualität der unitären Transformationen und der induzierten Emission bei Bob ab.[1]

Rein theoretisch ist damit auch die Möglichkeit eines Quantenrepeaters, bei dem das teleportierte Photon direkt in einen weiteren Teleporter eingespeist und weiter transportiert wird. Damit wären auch größere Entfernungen überbrückbar, wobei die Effizienz allerdings exponentiell mit der Anzahl der Repeaterstationen abnimmt. Abgesehen von der Kompliziertheit der Technik solcher Repeater wäre eine Repeaterstation aber auch ein potentielles Angriffsziel von Eve, die hier ihre Technik relativ unauffällig platzieren könnte.

5.7 Transport ohne verschränktes Teleportersystem

In exotischen Umgebungen sind formale Transportmodelle möglich, die ohne Verschränkung auskommen.[2] Unter „exotischer Umgebung“ sind hier Bose-Einstein-Kondensate gemeint, die sich (nur) in der Nähe des absoluten Nullpunktes realisieren lassen.

Wie wir im Kapitel 3.5.4 auf Seite 72 erläutert haben, lassen sich quantenmechanische Teilchen in Bosonen und Fermionen klassifizieren, wobei die Klassifikation ausschließlich aufgrund des Spins erfolgt. Bosonen besitzen einen ganzzahligen, Fermionen einen nicht ganzzahligen Gesamtspin.

[1] Wang hat allerdings darauf hingewiesen, dass die experimentelle Umsetzung der unitären Transformation ebenfalls qualitätslimitierend sein kann (arXiv:quant/ph 0604.196, 2006/2008). In der Theorie wird die nicht vermeidbare Wechselwirkung mit der Umgebung durch die Transformation in der Regel unterschlagen. Hierdurch ergeben sich aber zwangsweise Fehler in der Rekonstruktion des ursprünglichen Zustands. Die Transformationsumgebung muss daher sorgfältig konstruiert werden, um diese Einflüsse gering zu halten.

[2] A. S. Bradley et al., arXiv:0706.0062v1 [quant-ph], 2007.

Die beiden Teilchenklassen unterscheiden sich dadurch, dass Fermionen stets unterschiedliche Zustände in einem diskreten Zustandsspektrum besetzen müssen, also wohlunterscheidbare Teilchen sind, während Bosonen alle den gleichen Zustand annehmen dürfen und damit ununterscheidbar werden. Ein solches Bosonensystem wird dann nicht mehr durch ein Produkt der Wellenfunktionen der einzelnen Teilchen beschrieben, sondern durch eine einzige Wellenfunktion.

Um eine praktische Vorstellung von den Unterschieden zu bekommen, betrachten wir Elektronen in Atomen. Bei der Lösung der Wellengleichung von Atomen erhält man ein Zustandsspektrum für die Elektronen (Spin $1/2$), dessen Zustände sich durch vier Quantenzahlen beschreiben lassen. Die Elektronen müssen sich in mindestens einer Quantenzahl unterscheiden, was zu unterschiedlichen Energien der Elektronen im Grundzustand, also dem Zustand niedrigster Gesamtenergie, führt. Experimentell kann man daher jeweils den Zustand genau eines bestimmten Elektrons beeinflussen. In einem hypothetischen Atom mit Bosonen können sämtliche Boson-Elektronen im Grundzustand in mehreren oder allen Quantenzahlen übereinstimmen. Boson-Elektronen mit einem gleichen Quantenzahlvektor lassen sich aber nicht mehr experimentell unterscheiden.

In einem etwas größeren Maßstab gilt dies auch für Kristalle mit ihren Valenz- und Leitungsbändern. Bei tiefen Temperaturen können sich zwei Elektronen im Leitungsband zu einem Cooper-Paar verbinden, das aufgrund des nun ganzzahligen Spins zu den Bosonen gehört. Cooper-Paare sind verantwortlich für die Supraleitung: alle Bosonen versammeln sich im tiefsten verteilten Niveau und können sich ungehindert im Kristall bewegen.

Unter normalen Bedingungen sind auch die Zustände (= Energieniveaus) in einem Bosonensystem so besetzt, dass eine Unterscheidung der einzelnen Teilchen möglich ist. Bei Energieentzug, d. h. Kühlen auf die Nähe des absoluten Nullpunkts bei $-273,15\,°\mathrm{C}$, versammeln sich aber sämtliche Bosonen auf dem niedrigsten möglichen Energiezustand und werden nun durch eine einheitliche Wellenfunktion beschrieben. Solche Kondensate wurden beispielsweise für $^{7}\mathrm{Li}$ oder $^{23}\mathrm{Na}$ erzeugt.

Hierzu erzeugt man zunächst einen Dampf von *Atomen* des Elementes, die vorgekühlt in einer magneto-optischen Falle gefangen werden. Bei der Magnetfeldkomponente handelt es sich um ein inhomogenes Feld, das für eine minimale ortsabhängige Aufspaltung von Zuständen sorgt. Durch entsprechend justierte Laserstrahlen werden die Atome daher an bestimmten Orten beim Verlassen des Zentralbereiches der Falle angeregt, wobei aufgrund der Absorption des Photons dessen Impuls auch die Geschwindigkeit des Atoms verringert (Abb. 5.4). Wird der angeregte Zustand durch spontane Emission wieder verlassen, ist die Richtung des emittierten Photons eine andere als die des anregenden, so dass aufgrund der Impulserhaltung ein Abbremsen und damit ein Abkühlen des Atoms möglich ist.

Durch ein weiteres elektromagnetisches Feld lassen sich in einer solchen Falle „Lecks" erzeugen, durch die ein Teilchenstrahl entkommen kann (beispielsweise aufgrund der Schwerkraft, die eine permanente Beschleunigung der Teilchen bewirkt, die wiederum durch die Fallenkühlung neutralisiert wird). Etwas ungenau

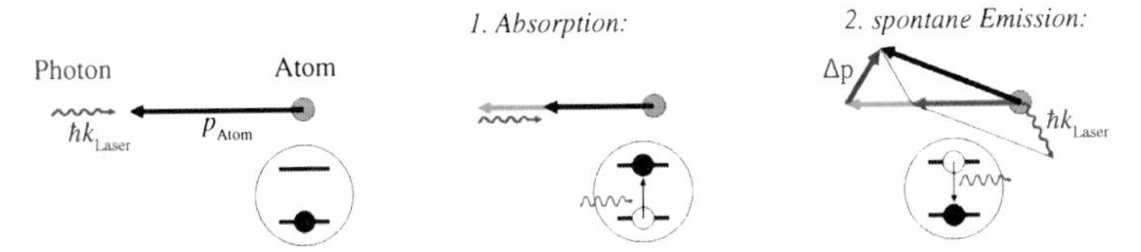

Abb. 5.4 Prinzip der Laserkühlung in einer Falle für eine Raumrichtung. Insgesamt wird der Kühleffekt in sechs Richtungen realisiert

spricht man hierbei auch von einem Atomlaser. Ein solcher Stahl ist das zu teleportierende Teilchen in diesem Modell.[1]

Als Teleportersystem dienen zwei exakt gleiche Bose-Einstein-Kondensate in Fallen mit identischen Eigenschaften. Leitet man nun einen nicht beliebigen Atomlaserstrahl in eine der Fallen ein, so wird dieser unter Aussenden von zusätzlichen Photonen absorbiert, d. h. angebremst und in die Falle aufgenommen.[2] Koppelt man die bei diesem Vorgang erzeugten Photonen in das zweite System ein, so wird der Vorgang umgekehrt und durch induzierte Aufnahme von Energie aus dem Fallenfeld ein Atomlaserstrahl emittiert, der den gleichen Zustand wie der absorbierte besitzt (Abb. 5.5).

Aufgabe. Interpretieren Sie die Richtungspfeile in Abb. 5.5 mit Hilfe der Erläuterungen des Kühleffektes aus Abb. 5.4.

Voraussetzung dafür ist, dass die vom absorbierten Atomlaser emittierte Strahlung $\hat{E}$ von der Fallenstrahlung Ω unterscheidbar ist. Hierzu müssen die Fallenkondensate und der Atomlaser auf leicht unterschiedliche Niveaus eingestellt werden,

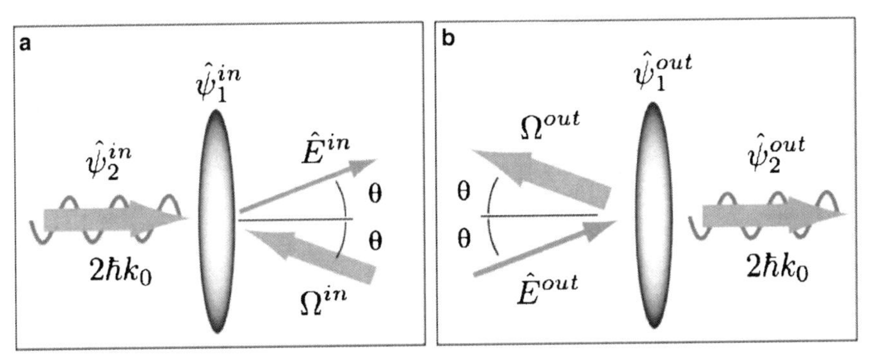

Abb. 5.5 Prinzip der Teleportation mit Bose-Einstein-Kondensaten. **a**) Absorption des Atomlasers, **b**) Emission. Ψ_2 .. Atomlaserstrahl, Ψ_1 .. Kondensat, Ω .. normale Kontrollfelder der Fallen, $\hat{E}$ .. Photonenfeld des Absorptionsvorgangs (mit freundl. Genehmigung der Autoren)

[1] Der Atomlaserstrahl ist ebenfalls ein Bosonkondensat, wird also auch durch eine einzige Wellenfunktion beschrieben (siehe Abbildung).

[2] Der Atomlaser muss natürlich aus den gleichen Atomen bestehen wie die Teleporterfallen.

was durch entsprechende Einstellung der Laserfrequenz realisierbar ist. Während des Bremsvorgangs wird der Atomstrahl auf das Niveau der Falle eingestellt. Die Energiedifferenz wird in Form von Photonen mit deutlich anderer Frequenz abgeführt (Raman-Strahlung).

Der Atomlaserstrahl sowie die beiden Kondensate sind eindeutig quantenmechanische Systeme. Betrachtet man die Photonenemission $\hat{E}$ als klassische Information, die durch ein klassisches Transportsystem auf den zweiten Ort übertragen werden kann, so liegt tatsächlich ein Teleportersystem im Sinn der Definition vor. Da die Kondensate nicht durch Wechselwirkung miteinander verschränkt werden müssen, sondern vor Ort einzeln erzeugt werden können, wird prinzipiell die Entfernungsbeschränkung durch Trennen verschränkter Teilchen durchbrochen.

Die Qualität dieser Teleportation hängt neben der Güte der Informationsübertragung $\hat{E}$ von der Übereinstimmung der beiden Kondensate ab. Abweichungen der Atomanzahlen in den Kondensaten und den Steuerfelder führen zu Fehlern.

Die Verschränkung von Teilchen wird hier durch die Erzeugung zweier Systeme im exakt gleichen Zustand ersetzt – gewissermaßen auch eine Form der Verschränkung, wenn man es genau betrachtet. Zudem ist das teleportierte Teilchen ebenfalls an die Eigenschaften des Bose-Einstein-Kondensats gebunden und entsprechend informationsarm.

Aufgabe. Rein formal könnte man sich vorstellen, $\hat{E}^{\text{in}}$ zu messen und nach klassischer Übertragung der Messinformationen $\hat{E}^{\text{out}}$ wieder zu produzieren. Damit wäre natürlich auch Eve in der Lage, mittels eines passenden Kondensats ebenfalls einen weiteren identischen Atomlaserstrahl zu erzeugen. Resultiert daraus ein Widerspruch zum No-Cloning-Theorem?

5.8 Praktische Auswirkungen

Um das Thema des einleitenden Kapitels aufzugreifen: makroskopische Teleportation ist auf der Grundlage dieser Techniken nicht zu realisieren. Es ist zwar technisch durchaus möglich, einen Apfel in einen Klumpen Schleim zu verwandeln und so den Quantenzustand „Apfel“ zu zerstören, allerdings liefert der dazu passende Mixer leider nicht die erforderlichen 10^{27} Messwerte, mit denen man sich anderenorts an einem inversen Mixer überlegen könnte, wie man eine vergleichbar Portion Schleim wieder in den Apfelzustand versetzt.

Teleportation wird aber häufiger ins Gespräch gebracht, wenn es darum geht, die Unzulänglichkeiten der Quantenkryptografie und des Quantencomputings zu beheben. Bezüglich der Quantenkryptografie haben wir dies bereits angesprochen: man könnte unter Inkaufnahme größerer Verlustraten die möglichen Entfernungen vergrößern, indem man schrittweise verschränkte Paare über weite Entfernungen verteilt. Alice würde nun ein 2-Photonen-Protokoll einsetzen und ein Photon direkt messen, die Information des anderen aber per Teleportation klassisch an Bob übertragen, der nach Rekonstruktion nun die korrespondierende Messung durchführt.

Läuft alles planmäßig, so würde ein Eingriff von Eve in die Verteilung der Teleporterpaare genauso auffallen wie in der direkten Quantenkryptografie, und das Entfernungsproblem wäre erfolgreich überwunden.

Im Quantencomputing ist die Teleportation gleich bei zwei Skalierungsproblemen im Gespräch:

- Bei der Konstruktion von Quanten-CPUs mit hinreichend großer Qbit-Anzahl könnte ein Teleportersystem gewissermaßen den Bus zwischen CPU-Teilen bereitstellen.
- Bei längeren Rechnungen könnten temporär nicht in Transformationen verwendete Quanteninformationen klassisch geparkt werden, um dem Dekohärenzproblem zu entgehen.

Technisch ist eine Überbrückung nennenswerter Entfernungen mit Quantenteilchen derzeit nur mit Photonen möglich, eine kurzfristige Speicherung mit Ionensystemen. Teleportersysteme für Anwendungen in der Quantenkryptografie und für den CPU-Bus im Quantencomputer wären somit in der Praxis mit hoher Wahrscheinlichkeit Hybridsysteme. Das solche System konstruierbar sind, konnten die Physiker zwar nachweisen, aber können sie so weit verbessert werden, dass die Quanteninformationen in solchen Systemen mit hinreichender Effizienz konvertiert werden ($> 50\,\%$)?

Aufgabe. Nehmen wir an, die Effizienz eines Hybridsystems liege bei $80\,\%$, und für eine zuverlässige Qualitätssicherung eines teleportierten Teilchens genügen zwei Teleporterpaare. Ermitteln Sie mit Daten aus dem Kapitel über Quantenkryptografie die Kapazität eines Quantenkanals für eine Verbindung zwischen New York und Berlin. Sie können hierbei von der Nutzung von Satellitenverbindungen auch für die Übertragung der Quanteninformationen ausgehen.

Neben dem Kapazitätsproblem in der Quantenkryptografie stellt sich beim Quantencomputer die Frage, ob einzelne Teilchen oder verschränkte Systeme geparkt werden müssen und wie weit dies nun wieder realisierbar ist. Insgesamt darf man daher feststellen, dass Teleportation derzeit ein reines Forschungsgebiet ist, das noch nicht mit praktischen Anwendungen aufwarten kann.

Kapitel 6
Quantencomputer

6.1 Funktionsweise von Quantenrechnern

Quantencomputer unterscheiden sich grundlegend von heutigen Computern, und wir wollen diese Unterschiede einmal schrittweise herausarbeiten. Vereinfachend wird oft behauptet, Quantencomputer seien in der Lage, viele Rechnungen gleichzeitig durchzuführen, doch das ist so nicht korrekt, sondern klassifiziert eher Clustercomputer, also klassische Multiprozessorsysteme, die (*zumindest zeitweise*) unabhängige Teile einer Gesamtaufgabe gleichzeitig unabhängig voneinander lösen.

Der Wahrheit näher kommt die Aussage, Quantencomputer könnten aus einer Vielzahl von potentiellen Lösungen die korrekte herausfiltern. Das ist etwas grundsätzlich anderes als die gleichzeitige Berechnung vieler Aufgaben. Der Quantencomputer erhält eine Aufgabe mit sämtlichen Lösungen, von denen nach Abschluss des Prozesses idealerweise nur noch eine übrig ist, während der Cluster einen Algorithmus erhält und diesen mit vielen verschiedenen Aufgabenstellungen ausführt (*und natürlich ebenfalls stoppt, wenn er die Lösung ermittelt hat*).

Auch dieses Bild ist aber noch wesentlich zu einfach, so dass wir noch weiter verfeinern müssen. Ein Quantencomputer erhält zu Beginn der Aufgabe eine Superposition aller potentiell als Lösung in Frage kommender Werte, also solcher, die die Aufgabe lösen, sowie auch auszuschließenden falschen Werten. In der Regel besitzen alle Lösungen zu Beginn die gleich Wahrscheinlichkeit, d. h. wird eine Messung durchgeführt, so sind alle Werte gleich wahrscheinlich.

Während ein klassischer Computer nun nacheinander alle Werte ausprobiert und die unpassenden aussondert, verschränkt der Quantencomputer während des Ablaufs des Algorithmus die Superposition der Eingabewerte so mit den Ausgaben, dass die gesuchten Lösungen zu einer Verstärkung der dazu gehörenden Mischfaktoren der Eingabewerte führen.

Bei einer Messung nach Abschluss der Quantenrechnung erhält man einen der Eingabewerte, der nicht unbedingt die Lösung der Aufgabe sein muss, sondern auch ein falscher Wert sein kann. Die korrekten Lösungen treten nur mit einer gewissen statistischen Wahrscheinlichkeit auf, die sich aus dem Rechnungsverlauf ergibt. Zur

G. Brands, *Einführung in die Quanteninformatik*.
DOI 10.1007/978-3-642-20647-4_6,

Kontrolle muss daher ein klassischer Computer das Messergebnis dahingehend prüfen, ob es sich tatsächlich um eine Lösung des Problems handelt. Falls nicht – und das wird bei vielen Messungen der Fall sein – ist die Quantenrechnung (*oft sehr häufig*) zu wiederholen und erneut zu messen und auszuwerten.

Quantencomputer liefern somit (*in der Regel*) keinen eindeutigen Messwert, sondern nur einen Zufallswert, der mit einer gewissen Wahrscheinlichkeit korrekt ist und der ohne ein klassisches System meist nicht überprüft werden kann. Quantencomputer sind also nur in Verbindung mit klassischen Rechnern, die die Vor- und Nachbereitung des Quantenergebnisses übernehmen, realisierbar, und Vorteile gegenüber klassischen Rechnern besitzen Quantencomputern nur dann, wenn die Wahrscheinlichkeit, auf eine Messung mit dem korrekten Ergebnis zu stoßen, größer ist als die Wahrscheinlichkeit, dass ein rein klassisches System beim Durchprobieren aller Wert darauf stößt.[1]

Der Charakter der Quantenrechner hat Implikationen auf die Art der Aufgaben, die man mit ihm erledigen kann. Man kann nämlich nur solche Aufgaben an ihn übertragen, bei denen es um die Sortierung einer Menge von möglichen Werte in „richtig“ oder „falsch“ geht, nicht aber solche, bei denen für einen bekannten Eingabewert ein bestimmter Ausgabewert zu ermitteln ist. „Passende“ Aufgaben sind beispielsweise Faktorisierungen von großen ganzen Zahlen, Routensuchen in Netzwerken, Rucksackprobleme, Schlüsselermittlung von Verschlüsselungsalgorithmen, Inversion von Hashfunktionen, usw.

Weniger gut in das Spektrum passt beispielsweise das Lösen eines (*linearen*) Gleichungssystems oder sonstige Algorithmen, die klassisch direkt oder iterativ eine Problemlösung ermitteln. Das soll allerdings nicht heißen, dass solche Aufgaben nicht auch mit Quantencomputern angegangen werden könnten. Man muss im Prinzip nur den Algorithmus von einer direkten Lösung in einen solchen umwandeln, der alle Eingaben durchtestet. Bei geeigneter Aufarbeitung sollte die korrekte Lösung dann wieder statistisch aus der Menge der zufälligen Messergebnisse herausragen.

Präziser formuliert, müssen Quantenalgorithmen bestimmte Eigenschaften haben, die Algorithmen auf herkömmlichen Computer nicht unbedingt aufweisen: sie müssen umkehrbar oder reversibel sein, d. h. der Algorithmus muss auch von hinten nach vorne ablaufen können und die ursprüngliche Startwertstatistik liefern.

Um einen Eindruck hiervon zu vermitteln, betrachten wir **die** logische Basisoperation, auf der im Grunde die gesamte klassische Computertechnik basiert, die NAND-Operation:

Aufgabe. Verknüpft man logisch zwei binäre Größen miteinander, sind 16 verschiedene Wahrheitstabellen möglich (siehe Wahrheitstabelle für NAND), z. B. für UND, ODER, NICHT, usw. NAND ist ein sogenanntes vollständiges logisches Operatorensystem, d. h. es lassen sich sämtliche 16 Wahrheitstabellen nur

[1] Die Symbiose zwischen Quantenrechnern und klassischen Rechnern geht sogar noch viel weiter. Wie wir noch sehen werden, ist ohne einen klassischen Rechner ein „Programm“ für einen Quantenrechner im Grunde nicht konstruierbar, und für die Ablaufsteuerung des „Quantenprogramms“ wird zwingend ebenfalls ein klassischer Rechner benötigt.

unter Verwendung verschiedener Kombinationen von NAND konstruieren. Führen Sie diese Konstruktion durch!

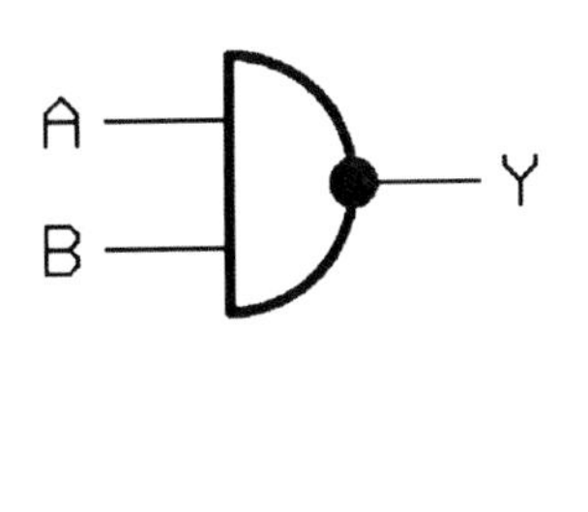

Wahrheitstabelle

A	B	Y = A NAND B
0	0	1
0	1	1
1	0	1
1	1	0

Quantenalgorithmen müssen nun so konstruiert sein, dass B nach einer Quantenoperation aus A und Y wiederherstellbar ist. Wie man leicht sieht, ist dies bei NAND nicht der Fall! Ist $A = 0$ und $Y = 1$, so kann nicht entschieden werden, ob $B = 0$ oder $B = 1$ ist. Quantenalgorithmen müssen zwar auch logische Regeln befolgen, dürfen aber bestimmte klassische Operatoren nicht verwenden. Wie wir noch sehen werden, existieren für Quantencomputer andere Sätze von Operatoren.

Aufgabe. Stellen Sie fest, welche der Ihnen bekannten logischen Operationen reversibel sind.

Hinter der Notwendigkeit der Reversibilität steckt wieder das Mess- und Unbestimmtheitsprinzip. Während der „Rechnung", d. h. Wirkungen auf das Quantensystem, darf kein Vorgang stattfinden, der mit einer Messung gleichzusetzen wäre, da hierdurch die erarbeitete Verschränkung zwischen dem Startwert und dem Ergebnis aufgehoben wird. Wirkungen werden durch (invertierbare und damit reversible) unitäre Transformationen vermittelt, womit wir auf dem theoretischen „ground zero" für Quantenalgorithmen angekommen wären: nur solche Operationen sind zulässig, die sich durch eine unitäre Matrix beschreiben lassen, und ein Quantenalgorithmus besteht damit im Prinzip aus einer ziemlich komplexen unitären Transformation.

Aufgabe. Stellen Sie unitäre Transformationen für die Lösungen der letzten Aufgabe auf.

Ein weiteres Beispiel für eine auf Quantenrechnern in gewisser Hinsicht unmögliche Operation ist die Verzweigung eines klassischen Algorithmus in unterschiedliche Codeteile durch eine *if*-Anweisung. Ob der logische Ausdruck wahr oder falsch ist, ließe sich nur durch eine Messung feststellen (*und das Ergebnis wäre darüber hinaus eine statistische Größe, die von einem Durchlauf zum nächsten den Wert wechseln kann*), aber damit wäre die Rechnung auch schon zu Ende.[1] Ein Quanten-

[1] Rein formal könnte man das Ergebnis natürlich auch als Startpunkt für weitere Quantenrechnungen verwenden. Bevor man solche Gedankenspiele anfängt, wäre aber vielleicht erst mal zu überlegen, ob Probleme existieren, die solche Herangehensweisen rechtfertigen.

computer muss zwar ebenfalls mit solchen Fallunterscheidungen klar kommen, aber nicht durch verschiedene Codes, sondern durch eine simultane Berechnung beider Zweige durch einen entsprechend aufgebauten einheitlichen Quantencode.

6.2 Konsequenzen von Quantencomputern

Um bereits zu Anfang ein heißes Thema anzuschneiden: was hätte es für Konsequenzen, wenn Quantencomputer zur Verfügung stünden?[1]

Was wohl den größten Staub im öffentlichen Interesse aufwirbelt: Offiziell ist der Quantencomputer das Ende für das derzeit am weitesten verbreitete Public-Key-System RSA (*und implizit damit auch für Diffie-Hellman und überhaupt alle derzeitig existierenden Verschlüsselungssysteme mit öffentlichen Schlüsseln*). Wenn man sich auf populärwissenschaftliche Darstellungen beschränkt, könnte man (*fast*) auf die Idee kommen, dies sei der einzige Einsatzzweck von Quantencomputern und seine Realisierung nur noch eine Frage weniger Jahre. Handelt es sich hier um Tatsachen oder nur um Propaganda?

Darüber hinaus dient die potentielle Existenz des Quantencomputers – wir haben es bereits erwähnt – auch als Begründung für verstärkte Anstrengungen im Bereich Quantenkryptografie. Wie wir bereits festgestellt haben, ist die Quantenkryptografie zumindest beim derzeitigen Stand der Ideen jedoch kein Ersatz für heutige public-key-Systeme. Wesentliche Servicemerkmale werden von der Quantenkryptografie nicht erfüllt.

Die Sicherheit von Verschlüsselungssystemen beruht auf der Nichtskalierbarkeit von Angriffsalgorithmen bezüglich der Verfahrensparameter. Damit ist gemeint, dass bei Vergrößerung der Verfahrensparameter der Aufwand für eine Verschlüsselung nur unwesentlich steigt, der Aufwand für einen Angriff jedoch so stark, dass dieser unter realistischen Gesichtspunkten nicht mehr erfolgreich durchgeführt werden kann.

Konkret im Fall des RSA-Algorithmus, der mit großen ganzen Zahlen arbeitet, steigt der Zeitaufwand für eine Verschlüsselung etwa kubisch mit der Anzahl der Bits der Zahl,[2] der Zeitaufwand für die besten bekannten klassischen Algorithmen jedoch exponentiell mit der Bitanzahl. Dieses Zeitverhalten erlaubt es, je nach verfügbarer Rechnertechnik eine Bitanzahl festzulegen, die Verschlüsselungen in akzeptabler Zeit erlauben, für einen erfolgreichen Angriff jedoch statistisch Ressourcen im Bereich des Lebensalters der Erde erfordern.

Betrachtet man im Vergleich dazu den Angriffsalgorithmus auf einem Quantencomputer (*wir werden ihn im Detail diskutieren*), so steigt dessen Zeitbedarf nicht stärker als der für die Verschlüsselung selbst. Selbst durch starke Vergrößerung der

[1] Man könnte die Frage auch so formulieren: Weshalb so ein offenkundiger Hype um eine Technik, die in einer „wozu-brauche-ich-das“-Welt allenfalls ein paar Theoretiker tangieren sollte?

[2] Es existieren auch Algorithmen, die etwas besser sind und mit dem Exponenten 1,4 auskommen. Bei den heute eingesetzten Bitanzahlen sind diese Algorithmen aber in der Regel noch nicht sonderlich effizient implementierbar.

Bitanzahl kann der Verschlüsselungsalgorithmus dem Angriffsalgorithmus daher nicht entkommen – RSA wäre damit in der Tat gebrochen und könnte nicht mehr verwendet werden.

Bei näherem Hinsehen erweist sich das aber als potentielle Mogelpackung! Die gerade beschriebene Skalierbarkeit des Quantenalgorithmus betrifft nur den Algorithmus selbst. Ein erfolgreicher Angriff setzt aber nicht nur einen Algorithmus voraus, sondern auch eine Maschine, auf dem dieser läuft, und diese ist nach unseren bisherigen Erkenntnissen nicht (unbedingt) skalierbar. Quantencomputer erfordern hochdimensionale verschränkte Quantensysteme, und solche Systeme zerfallen durch unvermeidbare Wechselwirkungen mit der Umgebung exponentiell mit der Zeit durch Dekohärenz, wie wir bereits an anderer Stelle festgestellt haben. Letzten Endes sind daher auch Quantencomputer zumindest asymptotisch nicht skalierbar. Hinsichtlich der Gefährdung von RSA & Co. es stellt sich daher zunächst die Frage, ob Bitanzahlen, mit denen man auch Quantencomputern entkommen kann, noch für Verschlüsselungszwecke geeignet sind.

Eine weitere Mogelpackung ist die Verallgemeinerung auf alle public-key-Verfahren. Hinter RSA und Diffie-Hellman lauern noch diverse weitere Verfahren, die mit dem Stichwort „elliptische Kurven" verknüpft sind und von denen nur die bislang einfachste in der Praxis angekommen ist. Zunächst einmal wäre ein praktikabler Angriffsalgorithmus für diese Verfahren zu entwickeln, und danach wäre zu prüfen, ob diese Algorithmen durch größere Bitanzahlen dem Quantenangriff entkommen können, falls dem RSA-Algorithmus dies nicht gelingen sollte. Klassisch sind ECC-Algorithmen mit ca. 160 Bit ähnlich sicher wie RSA mit deutlich über 1024 Bit, was auf einiges an Luft hinweist.

Zusätzlich wird aus der zweiten Mogelpackung auch noch ein Bumerang: Quantenkryptografie wird in Verbindung mit „sicheren" Hashalgorithmen und symmetrischen Verschlüsselungsalgorithmen angeboten. Vom Grundsatz her sind solche Algorithmen aber auch zugänglich für Angriffe mit Quantencomputern, und so lange niemand definitiv beweist, dass ein bestimmter Algorithmus mit Quantenrechnern nicht angreifbar sprich nicht skalierbar ist, ist „sicherer Algorithmus" eher eine Umschreibung für „uns ist dazu noch nichts eingefallen".

Es wird also derzeit ziemlich viel getrommelt, ohne dass wissenschaftlich ein tatsächlicher Grund für den Lärm vorhanden ist. Als Echo fließen hinreichend Forschungsgelder in das Gebiet, was man aus wissenschaftlicher Sicht unter „wirkungsvolle PR-Arbeit und Werbung" verbuchen kann. Wie weit die Quantencomputertechnologie bereits gediehen ist, werden wir in den folgenden Abschnitten diskutieren. Die Konsequenzen für die Realität sollte jeder Leser anschließend für sich selbst ziehen.

6.3 Elemente eines Quantencomputers

6.3.1 Das Qbit und das Qbit-Register

Das Pendant zum Bit auf klassischen Computern ist das Qbit auf Quantencomputern. Wie Bits werden QBits zu Registern gruppiert, so dass beliebige Größen bearbeitet werden können. In der Funktionsweise gibt es jedoch sehr gravierende Unterschiede. Während Bits zu jedem Zeitpunkt einer Rechnung einen genau definierten Wert haben, ist dies bei QBits in der Regel nicht der Fall. Dies kann (*muss aber nicht*) bei der Initialisierung beginnen. Wird jedes Qbit eines Registers mit n QBits mit

$$|\psi_x\rangle = \frac{1}{\sqrt{2}}(|0_x\rangle + |1_x\rangle)$$

initialisiert, so besitzt das Register den Zustand

$$|\Psi\rangle = \left(\frac{1}{\sqrt{2}}\right)^n (|00..00\rangle + |00..01\rangle + \ldots |11..11\rangle) \; .$$

Interpretieren wir jeden Teilzustand als Bitrepräsentation einer Zahl mit n Bit Darstellungsbreite, so enthält das Qbit-Register also alle mit dieser Bitanzahl darstellbaren Zahlen gleichzeitig als Superposition.

Das gilt auch bei einer anderen Wahl für den Zustand eines Bits. Wählt man einen reinen Zustand, d. h. ein Bit ist im Zustand $|0\rangle$ oder $|1\rangle$, so enthält das Register natürlich nicht alle Zahlen, wählt man einen anderen gemischten Zustand, so sind wieder alle Zahlen im Register repräsentiert. Allerdings kann man mit einer Superposition nur ein Bitmuster, aber keine Zahlenverteilung einstellen. Will man beispielsweise im Register $|xx\rangle$ die (*nicht normierte*) Verteilung

$$3|00\rangle + 1|01\rangle + 1|10\rangle + 3|11\rangle$$

einstellen, so bedarf das einer Verschränkung der Bits, die aber erst durch einen Algorithmus erreicht wird.

Das gilt aber nur bis zu einer Messung. Bei einer Messung des Zustands kollabiert das Qbit-Register mit berechenbarer Wahrscheinlichkeit auf einen der möglichen Werte, wobei das Ergebnis nicht durch äußere Bedingungen, sondern durch die Eigenschaften der Quantenmechanik, also statistisch diktiert wird. Mit der gleichmäßigen Initialisierung ist jede darstellbare Zahl gleich wahrscheinlich, mit einer anderen Initialisierung ändern sich natürlich die Wahrscheinlichkeiten, dass bestimmte Qbits in der Messung als gesetzt oder ungesetzt angezeigt werden, d. h. bestimmte Zahlengruppen werden bevorzugt.

Quantenmechanische Algorithmen in Form von unitären Transformationen dienen dazu, die Mischfaktoren zu verändern. Sie wirken auf das Ensemble und führen zu einer Transformation

$$|\Psi\rangle \to |\Psi*\rangle = c_1|00..00\rangle + c_2|00..01\rangle + \ldots c_n|11..11\rangle \; .$$

Die Transformation kann ein einzelnes Qbit betreffen, aber auch Qbits miteinander verschränken, also gleichzeitig auf sie wirken. Einige der Zahlen c_k werden im Laufe der „Rechnung“ größer werden als andere, so dass sich die Statistik der Messungen verändert. Das Ziel ist, die Statistik so einzustellen, dass mit möglichst wenigen Quantenrechnungen – Einstellen der Startwerte, Durchführen des Algorithmus, Messen eines Ergebnisses und Überprüfung des Ergebnisses mit klassischen Methoden – mit hoher Wahrscheinlichkeit eine Lösung des Problems gefunden wird (oder anders ausgedrückt: nur wenige Quantenrechnungen notwendig sind, um eine Lösung zu ermitteln).

Da Verschränkungsoperationen meist alle Qbits betreffen, also auch solche, die nur Hilfsaufgaben erfüllen, können Qbits in der Regel nicht wiederverwendet werden, wenn sie eine temporäre Aufgabe erfüllt haben. Werden beispielsweise zwei Zahlen bitweise addiert, so kann das Übertragsbit in klassischen Rechnungen bei jeder Bitoperation erneut verwendet werden. Bei Quantenoperationen ist der Übertrag eines Bits jedoch ein statistischer Wert, der nicht vernichtet werden darf. Die Implementierung eines Quantenalgorithmus bedarf daher zunächst ausführlicher Planungen, wie viele Qbits während der Operation für temporäre Zwecke benötigt werden.

In bestimmten Fällen lassen sich die temporären Qbits allerdings auch unterstützend nutzen. Wird während des Algorithmusablaufs ein Zustand erreicht, in dem ein Qbit einen bestimmten reinen Zustand aufweisen muss, so darf dieser gemessen werden. Eine Messung eines reinen Zustands ändert die Wellenfunktion nicht, wie wir im einführenden theoretischen Teil des Buches festgestellt haben. Wird das erwartete Ergebnis nicht gemessen, ist das System bereits zerfallen und die Quantenrechnung kann abgebrochen werden. Solche Kontrollmessungen tragen somit zu einer Fehlerkontrolle bei, ob die Rechnung noch in den gewünschten Bahnen läuft. Außerdem lassen sich diese Qbits natürlich im weiteren Verlauf der Rechnung einsetzen, wenn ein Qbit in dem gemessenen reinen Zustand benötigt wird.

6.3.2 *Basis-Operatoren im Quantencomputer*

6.3.2.1 Grundsätzliches

Die technischen Grundlagen klassischer Computer sind ja nun so bekannt, dass sie eigentlich keiner mehr kennt, weil es diejenigen, die es wissen, kaum noch für notwendig halten, sie tatsächlich einmal zu erwähnen. Letztlich handelt es sich um auf der binären Logik basierende Maschinen, und konstruktiv ist ein Satz logischer Operatoren notwendig, mit der die eine unäre (*die Negation NOT*) und sämtliche 16 theoretisch möglichen binären Operationen realisiert werden können. Als hinreichender Operator der Wahl hat sich das NAND-Gatter herausgestellt, mit dem alles realisierbar ist, im Detail aber natürlich ziemlich komplex wird, also spricht man nicht mehr drüber (*vergleiche Aufgabe auf Seite 226*).

Bei der Diskussion von Quantencomputern empfiehlt es sich aber aus mehreren Gründen, ganz von vorne zu beginnen:

1. sie existieren noch nicht,
2. es sind Operationen möglich, die keine klassischen Gegenstücke aufweisen,[1]
3. die Wirkungen sind nicht so wie in klassischen Systemen.

Rechenoperationen auf Quantencomputern werden durch unitäre Transformationen beschrieben. Unitäre Transformationen wiederum sind invertierbar, d. h. ein Rechenschritt, der aus dem Ausgangswert das Ergebnis produziert, muss auch in der Lage sein, aus dem Ergebnis wieder den Ausgangswert zu errechnen, und hieraus resultieren die Unterschiede zum klassischen Computer.

Legen wir zunächst einige Bezeichnungsvereinbarungen fest. In einem Quantenregister

$$|x_n\rangle \otimes |x_{n-1}\rangle \otimes \ldots \otimes |x_0\rangle = |x_n x_{n-1} \ldots x_0\rangle$$

werden wir aufgrund der einfacheren Schreibweise die rechte Form verwenden und die Qbits in Anlehnung an ein Register auf einem klassischen Computer von rechts nach links, beginnend mit Null, nummerieren. Die 2^{n+1} möglichen reinen Zustände eines Quantenregisters können wir so als einfache Zahlen interpretieren (und benötigen bei Simulationen aufgrund der Superposition auch 2^{n+1} Speicherstellen für die Darstellung eines Quantenregisters). Unitäre Operationen bewirken Übergänge zwischen den Zuständen. Wie dies in der linearen Algebra praktisch dargestellt wird, ist auf Seite 37 ff. ausführlich beschrieben.[2]

Wir werden im Weiteren nur in wenigen Fällen auf die Matrixdarstellungen der Transformationen zurückgreifen, sondern eine etwas anschaulichere Darstellungsweise wählen. Es sei aber empfohlen, zumindest für die einfacheren Operationen die Matrixdarstellungen übungshalber zu erstellen. Im Kapitel über Simulationen werden wir ohnehin genauer auf das Thema eingehen müssen.

Ebenfalls aus Gründen der besseren Lesbarkeit werden wir miteinander gekoppelte Transformationen von links nach rechts gruppieren, d. h.

$$OP_1 \to OP_2 \to \ldots \to OP_n \ .$$

Achten Sie aber darauf, dass in der Matrixdarstellung der linearen Algebra die Reihenfolge genau umgekehrt ist:

$$U_{\text{gesamt}} = U_n * U_{n-1} * \ldots * U_1 \ .$$

Kommen wir nun zu den Unterschieden von klassischen und Quantencomputern und betrachten als erstes (so nicht realisierbares) Beispiel die ODER-Operation.

---

[1] Exakter ausgedrückt: für deren Implementierung in der klassischen Technik keine Notwendigkeit besteht.

[2] Man kann unterschiedliche Konventionen für die Vektornotation der Zustände verwenden und gelangt so auch zu unterschiedlichen Darstellungen der unitären Matrizen. Behalten Sie dies im Auge, wenn Sie Literaturangaben interpretieren. Dies gilt insbesondere, wenn Sie unitäre Transformationen für eigene Berechnungen adaptieren.

Wir führen dabei eine Beschreibung durch ein Verdrahtungsdiagramm ein, wie wir es im Folgenden auch zur Beschreibung der quantenmechanischen Operatoren oder Gatter benutzen werden:

$$\mathrm{OR}_{a,b} = \begin{bmatrix} a \rightarrow \otimes \rightarrow a \vee b \\ b \rightarrow \circ \rightarrow \quad b \end{bmatrix} .$$

Das Diagramm ist von links nach rechts zu lesen und entspricht dem Ablauf eines hypothetischen Quantenalgorithmus. In den meisten Darstellungen werden wir die unteren Bits des Quantenregisters oben in den Verdrahtungsschemata anordnen. Das b-Bit geht aus dieser Operation unverändert hervor und wird als Kontrollbit bezeichnet, symbolisiert durch den Operator $\circ$. Das a-Bit wird mit dem Kontrollbit verknüpft und erhält das Ergebnis. Der typische Ablauf eines Quantenalgorithmus ist also

$$a = a \vee b$$

oder im allgemeinen Fall

$$|a\rangle \otimes |b\rangle \rightarrow |f(a,b)\rangle \otimes |b\rangle$$

d. h. einer der Operanden ist Träger des Ergebnisses. Dies resultiert aus den Eigenschaften unitärer Transformationen, die ja nicht einfach einen undefinierten Zustand setzen (*das wäre eine Messung*), sondern nur vorhandene Zustände manipulieren können.

Nun muss die Operation reversibel sein, d. h. a muss aus b und dem Ergebnis wieder rekonstruierbar sein, um eine gültige Quantenoperation darzustellen. Im diesem Beispiel besitzen im Fall $b = 1$ beide Ergebnisbits den Wert 1, es ist jedoch nicht entscheidbar, ob a zuvor ebenfalls bereits diesen Wert besaß oder nicht. Die ODER-Operation kann also in diesem Fall nicht von rechts nach links verlaufen, ist somit nicht durch eine unitäre Transformation darstellbar und gehört mithin (*in dieser Form*) nicht zum Repertoire eines Quantenrechners.

Gleichwohl muss ein Quantenrechner natürlich ebenfalls die binäre Logik beherrschen, nur sind halt bei nicht-reversiblen Vorgängen auf Quantenrechnern zusätzliche Maßnahmen notwendig, die die Reversibilität wieder herstellen. Die ODER-Operation wäre beispielsweise in der Form

$$|0\rangle \otimes |a\rangle \otimes |b\rangle \rightarrow |f(0,a,b)\rangle \otimes |a\rangle \otimes |b\rangle$$

realisierbar. Der Preis ist ein zusätzliches Qbit, das die Information zur Wiederherstellung der Eingangszustände aufnimmt und der klassischen Operation

$$c = a \vee b$$

entspricht.

Aufgabe. Zeichnen Sie für diese Operation mit drei Qbits ein Verdrahtungsschema. Geben Sie die unitäre Matrix an, die diese Operation realisiert.

Diese Realisierung darf allerdings nicht mit der klassischen Operation $c = a \vee b$ gleichgesetzt werden. Dem klassischen Computer ist es nämlich egal, welchen Wert die Variable c vor der Zuweisung des Ergebnisses hat, dem Quantencomputer aber nicht. Auch kann c im klassischen System später an anderer Stelle weiterverwendet werden, das Qbit aber nicht, solange es das Ergebnis enthält.

Verdrahtungsdiagramme sind also zumindest für kleinere Algorithmen ein recht anschauliches Werkzeug, man muss aber genau darauf achten, ob auch eine unitäre Transformation existiert, die das umsetzt. Außerdem zerfällt ein Quantenregister in mehrere logische Einheiten, die aus Anwendungssicht unterschiedliche Variable definieren.

$$|x_n x_{n-1} \ldots x_0\rangle = |y_m(= x_n) \ldots y_0(= x_{n-m})\rangle \otimes \ldots \otimes |z_k(= x_k) \ldots z_0(= x_0)\rangle \ .$$

Anders als in einer klassischen CPU, die Werte in den RAM auslagert, sind sämtliche Variablen im Quantenrechner stets Bestandteil des Quantenregisters, und dem Quanteninformatiker obliegt eine Buchführung, welches Qbit welche Bedeutung besitzt.

Es empfiehlt sich, zwischen Qbits, die Informationen des Endergebnisses enthalten, und solchen, die nur ein temporäres Zwischenergebnis aufnehmen, zu unterscheiden. Würde man letztere Gruppe nach Berechnung des Zwischenergebnisses nicht weiter beachten, stößt man nämlich auf zwei Probleme:

a) Für jedes Zwischenergebnis sind Qbits zu reservieren, da eine Wiederverwendung aufgrund des hierfür erforderlichen reinen Zustands nicht möglich ist. Die Anzahl der in einem Algorithmus benötigten Qbits steigt damit stark an.
b) Die Zwischenergebnisse tragen Informationen, die bei der Messung am Ende der Rechnung zu berücksichtigen sind. Das führt nicht selten zu Interpretationsproblemen.

Um dies zu vermeiden, führt man nach Verwendung des Zwischenergebnisses inverse Operationen durch und löscht das temporäre Bit wieder. Zum Preis einiger zusätzlicher Operationen vermeidet man so Unklarheiten bei der Messung, kann die Bits bei einer weiteren Rechnung erneut verwenden und kann reine Zustände, die von der Theorie gefordert werden, sogar durch eine Zwischenmessung verifizieren. Wird dabei der Sollzustand nicht ermittelt, ist das System kollabiert und die Rechnung kann abgebrochen werden.

Gedanklich ist das Prinzip der inversen Operationen an dieser Stelle sicher etwas rätselhaft und problematisch, denn wie soll etwas Neues herauskommen, wenn man eine Operation wieder umkehrt? Wir werden das Geheimnis noch lösen, aber zunächst einmal zu Operationen, die auf Quantencomputern durchführbar sind.

6.3.2.2 NOT-Operation

Die einfachste Operation ist die Negierung eines Bits:

$$|0\rangle \to |1\rangle$$
$$|1\rangle \to |0\rangle \ .$$

Sie wird vermöge der unitären Transformation

$$|0\rangle = \begin{pmatrix} 1 \\ 0 \end{pmatrix} \ , \quad |1\rangle = \begin{pmatrix} 0 \\ 1 \end{pmatrix} \ , \quad \boldsymbol{U} = \begin{pmatrix} 0 & 1 \\ 1 & 0 \end{pmatrix}$$

bewerkstelligt und in einem dem klassischen Bild nachempfundenen „Verdrahtungsplan“ (*hier in einem 3-Qbit-System*) durch

$$\mathrm{NOT}_a = \begin{bmatrix} a \to a+1 \\ b \to \quad b \\ c \to \quad c \end{bmatrix}$$

dargestellt. Da die NOT-Operation unär ist, d. h. nur auf ein Qbit wirkt, beinhaltet sie keinerlei Wechselwirkungen von Qbits untereinander.

Der Verdrahtungsplan ist zwar recht anschaulich, birgt aber trotzdem einige Interpretationsprobleme in sich, wie wir gleich sehen werden. Das NOT ist nämlich nur dann mit der klassischen Negation zu vergleichen, wenn es auf reine Zustände wirkt, in einem gemischten oder verschränkten Zustand ist die Wirkung komplexer:

$$\mathrm{NOT}_1(a|00\rangle + b|01\rangle + c|10\rangle + d|11\rangle)$$
$$= c|00\rangle + b|01\rangle + a|10\rangle + d|11\rangle \ .$$

Obwohl nur auf ein Qbit eine Wirkung ausgeübt wurde, führt dies zu einer Transposition der Mischungskoeffizienten des gesamten Ensembles. Der Verdrahtungsplan lässt sich also nur dann unmittelbar interpretieren, wenn eine bestimmte Bezugsbasis der Bits unterstellt wird.

6.3.2.3 Controlled-NOT-Operation

Bleiben wir zunächst bei Operationen mit klassischen Gegenstücken. Mit NOT ist zunächst der klassische unäre Operator implementiert, so dass nun Operatoren zu betrachten sind, die auf mindestens zwei Qbits wirken. Hierzu gehören Permutationen eines Bitmusters. Betrachten wir als Beispiel ein 3-Bit-System mit den Zuständen

$$|0\rangle = |000\rangle \ , \quad |1\rangle = |001\rangle \ldots |7\rangle = |111\rangle \ .$$

Eine „Rechenoperation“ überführe das Bit 2 in Abhängigkeit von Bit 1 in den negierten Zustand, d. h.

$$
\begin{aligned}
|01x\rangle &\rightarrow |11x\rangle \\
|11x\rangle &\rightarrow |01x\rangle \\
|00x\rangle &\rightarrow |00x\rangle \\
|10x\rangle &\rightarrow |10x\rangle \ .
\end{aligned}
$$

Alle anderen Zustände bleiben unverändert. Dies entspricht, bezogen auf die Basis $|0\rangle .. |7\rangle$, der Permutation $\pi(2,6)(3,7)$, wird durch das Diagramm

$$
\mathrm{CNOT}_{1,2} = \begin{bmatrix} a \rightarrow \otimes \rightarrow a+b \\ b \rightarrow \circ \rightarrow \quad b \\ c \rightarrow \rightarrow \rightarrow \quad c \end{bmatrix}
$$

symbolisch dargestellt und als Controlled-NOT (CNOT) bezeichnet. Die Bezeichnung mag ein wenig irreführend sein, da sie etwas Neues suggeriert, was aber nicht zutrifft, denn klassisch handelt es sich um ein XOR und ist in der Programmiersprache C mit einem auf Bitebene operierenden Operator durch `a ^= b` auszudrücken. CNOT ist jedoch bezogen auf das Schaltschema intuitiv deutlich eingängiger, weshalb sich diese Bezeichnung eingebürgert hat. Im Index ist das erste Bit das kontrollierende, d. h. sich bei der Operation nicht ändernde Qbit, das zweite das kontrollierte Ergebnisqbit.

Die Permutationen bilden eine Gruppe, die im Falle eines n-Bit Bitschemas auf einer Menge mit 2^n Elementen operiert und durch Matrizen mit $2^n * 2^n$ Elementen repräsentiert werden kann, in diesem Fall durch

$$
\begin{pmatrix} 0 \\ 1 \\ 6 \\ 7 \\ 4 \\ 5 \\ 2 \\ 3 \end{pmatrix} = \begin{pmatrix} 1\,0\,0\,0\,0\,0\,0\,0 \\ 0\,1\,0\,0\,0\,0\,0\,0 \\ 0\,0\,0\,0\,0\,0\,1\,0 \\ 0\,0\,0\,0\,0\,0\,0\,1 \\ 0\,0\,0\,0\,1\,0\,0\,0 \\ 0\,0\,0\,0\,0\,1\,0\,0 \\ 0\,0\,1\,0\,0\,0\,0\,0 \\ 0\,0\,0\,1\,0\,0\,0\,0 \end{pmatrix} * \begin{pmatrix} 0 \\ 1 \\ 2 \\ 3 \\ 4 \\ 5 \\ 6 \\ 7 \end{pmatrix} .
$$

Auch hier hat ein gemischter Zustand einen erheblichen Einfluss auf das Ergebnis, und das Verdrahtungsdiagramm beschreibt die Wirkung nur unter sehr speziellen Bedingungen. Betrachten wir beispielsweise die Operation

$$
\mathrm{CNOT}_{1,0} = \begin{bmatrix} a \rightarrow \circ \rightarrow \quad a \\ b \rightarrow \otimes \rightarrow b+a \end{bmatrix} .
$$

Implizit sind mit ihr die Basen $\{|0\rangle = \binom{1}{0}, |1\rangle = \binom{0}{1}\}$ für die beiden Qbits verknüpft, und sie erzeugt die Übergänge $|00\rangle \to |00\rangle$, $|01\rangle \to |01\rangle$, $|10\rangle \to |11\rangle$ und $|11\rangle \to |10\rangle$.

Verwenden wir anstelle dieser Basen für die beiden Qbits jedoch das Bezugssystem

$$\left\{|0'\rangle = \frac{1}{\sqrt{2}}(|0\rangle + |1\rangle), |1'\rangle = \frac{1}{\sqrt{2}}(|0\rangle - |1\rangle)\right\}$$

und führen die gleichen Übergänge durch, so erhalten wir durch kurze Rechnung in den neuen Basen (*unter Verkürzung der Schreibweise*)

$$\begin{aligned}
0'0' &= (0+1)(0+1) = 00+01+10+11 \to 00+01+11+10 = 0'0' \\
0'1' &= (0+1)(0-1) = 00-01+10-11 \to 00-01+11-10 = 1'1' \\
1'0' &= (0-1)(0+1) = 00+01-10-11 \to 00+01-11-10 = 1'0' \\
1'1' &= (0-1)(0-1) = 00-01-10+11 \to 00-01-11+10 = 0'1' \,.
\end{aligned}$$

Dies entspricht aber der Operation

$$\mathrm{CNOT}_{0,1} = \begin{bmatrix} a \to \otimes \to a+b \\ b \to \circ \to \quad b \end{bmatrix} .$$

Durch den Wechsel des Bezugssystems haben die Qbits ihre Rolle in der Operation vertauscht. Wiederum erweist sich die Quantenoperation als erstaunlich komplex und Versuche, sie auf klassische Art zu präsentieren, als nur mit Vorsicht genießbar.[1]

6.3.2.4 Toffoli-Operation oder CCNOT

Mit NOT und XOR haben wir allerdings noch kein vollständiges logisches System vor uns. Wir benötigen also noch weitere Operatoren, wobei dies aber keine quasiklassischen binären Operatoren sein können, da zu diesen ja nicht-reversible gehören. Was ist aber, wenn wir 3 Qbits durch eine Operation koppeln? Klassisch hätte dies kein direktes Gegenstück, jedoch bestünde in einem 3-Qbit-System natürlich die Möglichkeit, die Wiederherstellungsinformation für die Umkehrung zu sichern, wie wir bereits gesehen haben.

Die einfachste 3-Qbit-Operation ist das Toffoli-Gate oder das Controlled-Controlled-NOT:

$$\mathrm{CCNOT}_{a,b,c} = \begin{bmatrix} a \to \otimes \to a+b*c \\ b \to \circ \to \quad b \\ c \to \circ \to \quad c \end{bmatrix} .$$

Das Bezugsbit a wird nur dann negiert, wenn beide Kontrollbits den Wert 1 besitzen. Wie beim CNOT ist der Ausgangszustand aus dem Ergebnis wieder rekonstruierbar.

[1] Zur Erinnerung: wir haben diesen Effekt bereits bei der Untersuchung der Frage kennengelernt, ob und wie weit die quantenkryptografische Schlüsselaushandlung mittels eines Quantencomputers angreifbar ist.

Dieser auf den ersten Blick unauffällige Operator erweist sich beim näheren Hinsehen zusammen mit dem NOT ein vollständiges System, denn beide zusammen bilden ein Äquivalent zum NAND-Operator in klassischen Systemen, wie sich durch eine Wahrheitstabelle leicht verifizieren lässt:

$$\text{CCNOT}\,(0, \text{NOT}(a), \text{NOT}(b)) = (a.\text{NAND}.b, a, b)\ .$$

Damit lassen sich nun auch sämtliche klassischen logischen Operationen auf Quantenrechnern realisieren. Allerdings zahlen wir für diese Universalität einen Preis: aufgrund der notwendigen Reversibilität benötigen wir ein zusätzliches Qbit, das die Rekonstruktionsinformation für die nicht reversible 2-Bit-NAND-Operation trägt. Wie wir aber schon erläutert haben, lassen sich die Zusatzqbits nach Verwendung des auf ihnen gespeicherten Zwischenergebnisses durch inverse Operationen wieder freistellen.

Aufgabe. Realisieren Sie die ODER-Operation mittels der NAND-Operation. Wie viele Zusatzqbits würden auf einem Quantenrechner benötigt, wenn auf diesem die ODER-Operation in dieser Weise realisiert würde?

Aufgabe. Geben Sie die zum CCNOT-Operator gehörende unitäre Transformationsmatrix für ein 3-Qbit-System an.

Zurück zur CCNOT-Operation. Wie bei NOT und CNOT ist die Wirkung auf gemischte Eingangszustände wieder recht komplex, wobei wir auf den expliziten Nachweis hier verzichten. Außerdem ist der CCNOT-Operator zwar universell, erfordert aber eine Wechselwirkung zwischen drei Qbits. Es stellt sich daher die Frage, ob der Operator elementar ist, d. h. tatsächlich durch eine Dreierwechselwirkung realisiert werden muss, oder nicht und aus einfacheren Operatoren zusammengesetzt werden kann, die nur auf ein oder zwei Qbits wirken. Im Vorgriff sei gesagt, dass er (glücklicherweise) nicht elementar ist, allerdings sind zu seiner Realisierung durch Ein- und Zweibitoperationen Operatoren notwendig, die keine klassischen Gegenstücke besitzen. Wir kommen deshalb etwas später wieder hierauf zurück.

Der CCNOT- oder Toffoli-Operator ist im Übrigen nicht die einzige Möglichkeit, ein vollständiges System zu definieren. Ein anderer Operator, mit dem das ebenfalls gelingt, ist das sogenannte Fredkin-Gate

$$\text{FREDKIN} = \begin{bmatrix} a \rightarrow \otimes \rightarrow a * c + b * (\neg c) \\ b \rightarrow \otimes \rightarrow b * c + a * (\neg c) \\ c \rightarrow \circ \rightarrow \qquad c \end{bmatrix}\ .$$

Da der Toffoli-Operator in der Literatur bei der Konstruktion von Algorithmen jedoch allgemein beliebter zu sein scheint und das Fredkin-Gate etwas unübersichtlich wirkt, vertiefen wir die Diskussion der anderen Möglichkeiten nicht.

Aufgabe. Überlegen Sie, wie mit Hilfe dieses Operators ein vollständiges logisches System erzeugt werden kann. Geben Sie die unitäre Transformation an.

6.3.2.5 Der SWAP- und der cSWAP-Operator

Durch wiederholte Anwendung der CNOT-Operation lassen sich Qbits vertauschen:

$$\mathrm{SWAP} = \begin{bmatrix} a \rightarrow \circ \otimes \circ \rightarrow b \\ b \rightarrow \otimes \circ \otimes \rightarrow a \end{bmatrix}$$

```
(a,b)->(a,a+b)->(a+a+b,a+b)->(a+a+b,a+b+a+a+b)->(b,a)
```

Hierbei handelt es sich um nichts anderes als die wiederholte Anwendung der XOR-Operation, die ja bei zweimaliger Anwendung die Identität ergibt.

Da ein Quantencomputern ohnehin nur in Verbindung mit einem klassischen Computer, der die Operationen steuert, betrieben werden kann, kann dieser auch eine Buchführung übernehmen, welches Qbit welche Bedeutung besitzt. SWAP-Operationen zum Anordnen von Qbits in irgendeiner sinnvollen Reihenfolge sind damit eigentlich überflüssig.

Trotzdem könnte der SWAP-Operator bei der Implementierung eines Quantencomputers eine gewisse Bedeutung erlangen. Um Qbits miteinander wechselwirken zu lassen, sind die dazugehörenden physikalischen Quanteneinheiten in einen engen räumlichen Kontakt zu bringen. In Quantenregistern mit mehreren tausend Qbits kann das ein Problem werden. Alternativ zu einer mechanischen Verschiebung der Quanteneinheiten kann man aber auch die jeweiligen Qbits durch eine Reihe von SWAP-Operationen logisch an den Ort der nächsten Wechselwirkung schieben.

Durch eine einfache Erweiterung lässt sich der Algorithmus auch in eine kontrollierte SWAP-Operation umwandeln, d. h. der Austausch zweier Qbits wird nur dann durchgeführt, wenn ein drittes Qbit die Operation freigibt

$$\mathrm{cSWAP} = \begin{bmatrix} a \rightarrow \circ \otimes \circ \rightarrow a' \\ b \rightarrow \otimes \circ \otimes \rightarrow b' \\ c \rightarrow \rightarrow \circ \rightarrow \rightarrow c \end{bmatrix} .$$

Besitzt Qbit c den Wert 0, wird die CCNOT-Operation, die die zweite CNOT-Operation substituiert hat, nicht ausgeführt und der eingeleitete Austausch durch die zweite CNOT-Operation rückgängig gemacht.

Wie schon bei den vorhergehenden Operatoren sollte man sich auch hier hüten, den Operator allzu klassisch zu interpretieren. Stellen Sie sich eine beliebige Superposition der Zustände dieses 3-Qbit-Systems vor. In Abhängigkeit vom Zustand des Qbits c werden dann die Qbits a und b beispielsweise zu $2/3$ ausgetauscht. Im Rahmen von Superpositionen eine klare Sache, in klassischer Hinsicht recht verwirrend.

6.3.2.6 Der Hadamard-Operator

Hiermit ist das Repertoire der Operationen auf Quantencomputern aber nicht erschöpft, denn unitäre Transformationen erlauben weitere Operationen, die kein Gegenstück auf einem klassischen Computer haben. Dies sind diejenigen Operationen, die ein System von einer Basis in eine andere transformieren bzw. bei Beibehaltung einer Basis für gemischte Zustände sorgen.

Der Hadamard-Operator ist ein 1-Qbit-Operator und wird durch die unitäre Transformation

$$\boldsymbol{H} = \frac{1}{\sqrt{2}} \begin{pmatrix} 1 & 1 \\ 1 & -1 \end{pmatrix}$$

beschrieben, führt also die Basistransformation

$$(|0\rangle, |1\rangle) \rightarrow \frac{1}{\sqrt{2}}(|0\rangle + |1\rangle) , \quad \frac{1}{\sqrt{2}}(|0\rangle - |1\rangle)$$

aus, symbolisch HAD $= [a \rightarrow H \rightarrow \overline{a}]$. Bei Photonen entspricht dies einem Übergang von vertikaler Polarisation zu 45°-Polarisation. Mittels dieses Operators können somit Superpositionen hergestellt werden.

6.3.2.7 Wurzeln aus NOT- und SWAP-Operatoren

Aus den unitären Matrizen von **NOT** und **SWAP** lassen sich Wurzeln ziehen, die zu folgenden Transformationen führen[1]

$$S = \sqrt{\mathrm{NOT}} = \frac{1-\mathrm{i}}{2} \begin{pmatrix} \mathrm{i} & 1 \\ 1 & \mathrm{i} \end{pmatrix} = \frac{1+\mathrm{i}}{2} \begin{pmatrix} 1 & -\mathrm{i} \\ -\mathrm{i} & 1 \end{pmatrix}$$

$$\sqrt{\mathrm{SWAP}} = \begin{pmatrix} 1 & 0 & 0 & 0 \\ 0 & \frac{1+\mathrm{i}}{2} & \frac{1-\mathrm{i}}{2} & 0 \\ 0 & \frac{1-\mathrm{i}}{2} & \frac{1+\mathrm{i}}{2} & 0 \\ 0 & 0 & 0 & 1 \end{pmatrix} .$$

Wie man leicht verifiziert, gilt[2]

$$\boldsymbol{S} * \boldsymbol{S} = \mathbf{NOT} , \quad \boldsymbol{S} * \boldsymbol{S}^{+} = \boldsymbol{I} .$$

Ein Beispiel für eine solche Transformation ist der Übergang eines Photons mit einer linearen Polarisation zu einer zirkularen Polarisation.

[1] Im Kapitel über Simulationen werden wir darauf zu sprechen kommen, wie solche Wurzeln zu ziehen sind.

[2] S^{+} ist der adjungierte Operator, siehe Seite 39

Was zunächst recht exotisch wirkt, löst bei näherer Betrachtung das Problem von 3-Qbit-Operationen. Der Wurzeloperator S eröffnet nämlich eine der Möglichkeiten, CCNOT durch einfachere Operatoren, die auf zwei statt auf drei Qbits wirken, darzustellen. Das Schaltbild enthält allerdings fünf 2-Qbit-Operationen ($3 * S$, $2 *$ CNOT):

$$\begin{bmatrix} a \to \circ \to a \\ b \to \circ \to b \\ c \to \otimes \to c' \end{bmatrix} = \begin{bmatrix} a \to \to \circ \to \circ \ \circ \to a \\ b \to \circ \ \otimes \ \circ \ \otimes \to \to b \\ c \to S \to S^+ \to S \to c' \end{bmatrix} .$$

Für die vier möglichen Zustände a,b folgt aus diesem Schaltschema in der Tat

$$\begin{aligned} a = b = 0: &\quad c' = \boldsymbol{I} * \boldsymbol{I} * \boldsymbol{I} * c = c \\ a = 1, b = 0: &\quad c' = \boldsymbol{S} * \boldsymbol{S}^+ * \boldsymbol{I} * c = c \\ a = 0, b = 1: &\quad c' = \boldsymbol{I} * \boldsymbol{S}^+ * \boldsymbol{S} * c = c \\ a = 1, b = 1: &\quad c' = \boldsymbol{S} * \boldsymbol{I} * \boldsymbol{S} * c = \neg c . \end{aligned}$$

6.3.3 Elementaroperationen: Rotationen und Phasenverschiebungen

Bei den bislang diskutierten Operationen handelt es sich zwar um zulässige unitäre Operationen, die aber in der Regel nicht direkt implementierbar sind. Was technisch umsetzbar ist, hängt natürlich in einem gewissen Umfang vom verwendeten Quantensystem ab; die folgenden Operationen sind jedoch universell realisierbar.

Viele Ansätze zur Realisierung von Quantenrechnern basieren auf Kern- oder Elektronenspinsystemen, wobei Systeme mit $S = 1/2$ bevorzugt werden. Wie wir aus der Einführung wissen, richten sich die Spins in einem Magnetfeld aus, sind aber nicht parallel zum Magnetfeld (Abb. 3.7 auf S. 70), als dessen Richtung per Konvention die Z-Achse gewählt. Durch Einstrahlung von hochfrequenten elektromagnetischen Feldern lassen sich Rotationen um die drei Raumachsen[1]

$$\begin{aligned} R_x(\theta) &= \mathrm{e}^{\mathrm{i}\theta s_1} = \begin{pmatrix} \cos(\theta/2) & \mathrm{i}\sin(\theta/2) \\ \mathrm{i}\sin(\theta/2) & \cos(\theta/2) \end{pmatrix} \\ R_y(\theta) &= \mathrm{e}^{\mathrm{i}\theta s_2} = \begin{pmatrix} \cos(\theta/2) & \sin(\theta/2) \\ -\sin(\theta/2) & \cos(\theta/2) \end{pmatrix} \\ R_z(\theta) &= \mathrm{e}^{\mathrm{i}\theta/2 s_3} = \begin{pmatrix} \mathrm{e}^{\mathrm{i}\theta/2} & 0 \\ 0 & \mathrm{e}^{-\mathrm{i}\theta/2} \end{pmatrix} \end{aligned}$$

---

[1] Es handelt sich hierbei nicht um die klassischen Rotationen, wie sie etwa in der Computergraphik eingesetzt werden, sondern um die mit den Spineigenschaften verbundenen Rotationen (siehe Pauli-Matrizen, Seite 69)

sowie die **Phasenverschiebung**

$$P(\delta) = \begin{pmatrix} e^{i\delta} & 0 \\ 0 & e^{i\delta} \end{pmatrix}$$

realisieren. Wir bezeichnen sie daher als Elementaroperationen und benutzen sie im nächsten Kapitel als Ausgangspunkt, um die anderen Operationen darzustellen.

Zum Verständnis dieser Transformationen erinnere ich nochmals daran, dass nur die Z-Achse als Richtung des Magnetfeldes physikalisch festliegt und die anderen Achsen senkrecht dazu im Laborsystem beliebig vereinbart werden können. Gemessen werden immer die Eigenwerte der Spinausrichtung im Magnetfeld; alles andere ist mathematisches Geplänkel zur Manipulation der Wellenfunktion, an deren Ende eine andere Messwertstatistik steht, das aber keine speziellen Messwerte liefert. Der Leser sollte daher auch hier vermeiden, den Transformationen irgendeine physikalische Realität zuzuordnen, selbst wenn es sich um experimentell durchführbare Manipulationen handelt.

Als Vorabbeispiel für den Umgang mit diesen Elementaroperationen betrachten wir die NOT-Operation, die in der Form

$$\text{NOT} = P(3/2\pi) * R_x(\pi/2)$$

realisiert werden kann. Ohne die Phasenverschiebung erhält man die Transformation

$$\text{NOT}_i = \begin{pmatrix} 0 & i \\ i & 0 \end{pmatrix} .$$

Da Phasenverschiebungen, die alle Zustände gleichmäßig betreffen, in Quantenalgorithmen in der Regel keine Rolle spielen, verzichtet man oft auch auf eine Korrektur und spart hierdurch eine Operation ein.

6.3.4 Zerlegung von Quantenoperatoren

Bei der Entwicklung von Quantenalgorithmen stößt man auf bekannte Phänomene: die CPUs beherrschen nur wenige elementare Befehle, die zur übersichtlichen Darstellung von Algorithmen oft denkbar ungeeignet sind. In höheren Programmiersprachen werden solche Elementarsequenzen oder Assemblerprogramme zu übersichtlicheren Kurzbefehlen zusammengefasst, und in der weitergehenden objektorientierten Programmierung lassen sich selbst längere Programmsequenzen in einer Programmiersprache wieder unter Kurzbefehlen subsummieren. Wir entwickeln hier entsprechende Mechanismen für die Entwicklung von Quantenalgorithmen.

6.3.4.1 Zerlegung unitärer Transformationen

Für die einfache Formulierung von Algorithmen kann es vorteilhaft sein, weitere kompliziertere Operatoren zu definieren, beispielsweise kontrollierte Hadamard-Operatoren oder kontrollierte Phasenoperatoren anstelle des CNOT-Operators, 0- statt 1-kontrollierte Operatoren oder Operatoren wie C^nNOT, die mehr als 2 Kontrollbits verwenden. Der Freiheit des Entwicklers ist dabei eigentlich keine Grenze gesetzt, da ohnehin nur spekuliert werden kann, welche Operatoren zukünftig physikalisch direkt konstruiert werden können. Konsens besteht eigentlich nur darüber, dass eine direkte physikalische Umsetzung mit zunehmender Anzahl der Kontrollbits wohl schwieriger wird.

Um Theorie und Praxis nicht zu weit auseinander driften zu lassen, ist zu untersuchen, wie komplexe Operatoren systematisch aus einfachen konstruiert werden können. Da Elementaroperationen an Qbits auf fast allen Quantensystemen technisch gut beherrscht werden können, gilt es auch zu prüfen, ob die für die Algorithmenimplementation entwickelten Basisoperatoren mit diesen Operationen dargestellt werden können und welchen Aufwand an einfachen Operationen ein bestimmter algorithmischer Schritt erfordert.

Alle 1-Qbit-Operationen werden durch unitäre $2 * 2$-Matrizen vermittelt. Diese besitzen orthonormale Spaltenvektoren, sind also, wie durch Rechnung nachzuweisen ist, von der Form

$$U = \begin{pmatrix} e^{i(\delta+\alpha/2+\beta/2)}\cos(\theta/2) & e^{i(\delta+\alpha/2-\beta/2)}\sin(\theta/2) \\ -e^{i(\delta-\alpha/2+\beta/2)}\sin(\theta/2) & e^{i(\delta-\alpha/2-\beta/2)}\cos(\theta/2) \end{pmatrix} .$$

Solche Matrizen sind wiederum als Produkt von Phasenmatrizen und Drehungen darstellbar, wie man durch eine Rechnung ebenfalls nachweisen kann:

$$U = P(\delta) R_z(\alpha) R_y(\theta) R_z(\beta) .$$

Eine beliebige unitäre Transformation in ein Produkt von Elementartransformationen zu zerlegen erfordert somit das Lösen eines Systems von vier (leider) nichtlinearen Gleichungen. Allerdings kann man in den meisten Fällen durch systematisches Variieren der Winkel in Einheiten von $\pi/2^k$ im Bereich $0..2\pi$ mit einem Erfolg rechnen, wobei man zweckmäßigerweise mit $k = 1$ beginnt. Ein wenig Probieren ersetzt hier in der Regel ein kompliziertes Programm zum Lösen solcher Gleichungssysteme.

Aufgabe. Stellen Sie den Hadamard-Operator als Produkt von Rotationen dar (*Lösung siehe* [1]).

Da wir damit ein Werkzeug in der Hand haben, beliebige 1-Qbit-Operationen zu implementieren, können wir nun darangehen, 2-Qbit-Operationen mit Hilfe maßge-

[1] $H = P(3\pi/2) * R_z(\pi) * R_y(\pi/2)$

schneiderter 1-Qbit-Operationen und möglichst wenigen echten 2-Qbit-Elementaroperationen darstellen.

6.3.4.2 Kontrollierte Phasendrehung

Beginnen wir mit der kontrollierten Phasenverschiebung als erster 2-Qbit-Elementaroperation. Sie besitzt die Transformationsmatrix

$$P_1 = \begin{pmatrix} 1 & 0 & 0 & 0 \\ 0 & 1 & 0 & 0 \\ 0 & 0 & e^{i\delta} & 0 \\ 0 & 0 & 0 & e^{i\delta} \end{pmatrix}$$

die die 2-Qbit-Elementaroperation

$$P_1 * (a|00\rangle + b|01\rangle + c|10\rangle + d|11\rangle) = a|00\rangle + b|01\rangle + e^{i\delta}c|10\rangle + e^{i\delta}d|11\rangle$$

bewirkt. Eine Phasendrehung wird also nur ausgeführt, wenn Qbit 1 den Wert 1 besitzt. Wie eine kurze Rechnung zeigt, kann man anstelle von P_1 auf das Gesamtsystem auch die 1-Qbit-Operation

$$P_2 = \begin{pmatrix} 1 & 0 \\ 0 & e^{i\delta} \end{pmatrix}$$

auf das erste Qbit anwenden, um das gleiche Ergebnis zu erhalten. In dieser Operation kontrolliert sich das Kontrollqbit gewissermaßen selbst. Diese Matrix können wir aber als Produkt von Elementarmatrizen darstellen, und die kontrollierte Phasenverschiebung wird durch die 1-Qbit-Elementaroperationen

$$\begin{bmatrix} \rightarrow & \circ & \rightarrow \\ \rightarrow & P(\delta) & \rightarrow \end{bmatrix} = \begin{bmatrix} \rightarrow & R_z(-\delta) & P(\delta/2) & \rightarrow \\ \rightarrow & \rightarrow & \rightarrow & \rightarrow \end{bmatrix}$$

bewirkt. Phasenverschiebungen in kontrollierten Transformationen können daher als separate Transformationen abgespalten werden und benötigen keine Wechselwirkung der Qbits untereinander.

6.3.4.3 Beliebige durch 1 Qbit kontrollierte Operationen

Um nun beliebige 1-Qbit-kontrollierte Transformation ausführen zu können, setzen wir zunächst voraus, dass die CNOT-Operation realisierbar ist, und versuchen nun, die Transformation unter Verwendung von CNOT zu realisieren.

Die Transformation wird nach Abspaltung einer ggf. vorzusehenden Phasenverschiebung in 1-Qbit-Elementaroperationen mit bekannten Winkeln (α, β, θ) zerlegt (siehe S. 243 f.):

$$W = R_z(\alpha) R_y(\theta) R_z(\beta) .$$

Die Operationen teilen wir nun nochmals in je zwei Teiloperationen auf, durch CNOT separiert werden:

$$W = R_z(\alpha/2) \circ \text{CNOT} \circ R_z(-\alpha/2) \circ R_y(\theta/2) \circ \text{CNOT} \circ R_y(-\theta/2) \circ R_z(\beta/2)$$
$$\circ\ \text{CNOT} \circ R_z(-\beta/2)\ .$$

- Hat das Kontrollbit den Wert 1, d. h. die NOT-Operationen werden ausgeführt, kehren sich die Winkel im jeweiligen rechten Ausdruck um und die halben Winkel addieren sich zum vollen Winkel, d. h. die Operation W wird ausgeführt.
- Hat das Kontrollbit den Wert 0, kompensieren sich die Winkel, und übrig bleibt die Einheitsmatrix.

Mit diesem Ansatz wäre die Operation mit sechs Drehungen und drei CNOT-Operationen implementierbar. Aufgrund der speziellen Eigenschaften der Matrizen lässt sich jedoch noch jeweils eine Operation einsparen, indem man die kompensierenden Drehungen für die Winkel α und β zusammenfasst. Mit einigem Probieren findet man so die Zerlegung

$$\begin{aligned} A &= R_z(\alpha)R_y(\theta/2) \\ B &= R_y(-\theta/2)R_z(-(\alpha+\beta)/2) \\ C &= R_z((\beta-\alpha)/2) \end{aligned}$$

mit der Eigenschaft

$$\begin{aligned} W &= A * (\text{NOT}) * B * (\text{NOT}) * C \\ I &= A * B * C \end{aligned}$$

und eine beliebige 1-Bit-kontrollierte Transformation lässt sich somit durch

$$\begin{bmatrix} \rightarrow & \circ & \rightarrow \\ \rightarrow & W & \rightarrow \end{bmatrix} = \begin{bmatrix} \rightarrow & \rightarrow & \circ & \rightarrow & \circ & \rightarrow & \rightarrow \\ \rightarrow & A & \otimes & B & \otimes & C & \rightarrow \end{bmatrix}$$

zuzüglich einer Phasenverschiebung darstellen, d. h. man benötigt zwei 2-Bit-CNOT-Operationen und je nach Realisierungsmöglichkeit 5 1-Qbit-Elementaroperationen. Zu prüfen bleibt nun, ob die vorausgesetzte CNOT-Operation implementierbar ist.

6.3.4.4 Realisierung der CNOT-Operation

Schauen wir uns dazu die elementaren Drehungen noch einmal an. Bisher haben wir Operationen implementiert, die auf ein Qbit wirken, Operationen auf mehreren Qbits aber unangetastet lassen. Für die einfachste Mehr-Qbit-Operation CNOT benötigen wir jedoch mindestens eine Operation, die zwei Qbits im Sinn einer elementaren Verschränkungsoperation gleichzeitig betrifft.

Betrachten wir dazu die Elementaroperation $R_z(\phi)$ an einem 2-Qbit-System. Bislang haben wir, in tensorieller Schreibweise notiert, die Operation (**1** *kennzeich-*

*net die 2*2-Einheitsmatrix*)

$$R_z(\phi) \otimes 1 * |0\rangle \otimes |x\rangle = \mathrm{e}^{\mathrm{i}\phi/2}|0\rangle \otimes |x\rangle$$
$$R_z(\phi) \otimes 1 * |1\rangle \otimes |x\rangle = \mathrm{e}^{-\mathrm{i}\phi/2}|1\rangle \otimes |x\rangle$$

untersucht. Wirkt diese Operation nacheinander auf beide Qbits, also immer noch auf jeden Teilraum einzeln, so erhalten wir

$$R_{z,a}(\phi) \otimes R_{z,b}(\phi) * |0\rangle \otimes |0\rangle = \mathrm{e}^{\mathrm{i}\phi}|0\rangle \otimes |0\rangle$$
$$R_{z,a}(\phi) \otimes R_{z,b}(\phi) * |0\rangle \otimes |1\rangle = |0\rangle \otimes 1\rangle$$
$$R_{z,a}(\phi) \otimes R_{z,b}(\phi) * |1\rangle \otimes |0\rangle = |1\rangle \otimes |0\rangle$$
$$R_{z,a}(\phi) \otimes R_{z,b}(\phi) * |1\rangle \otimes |1\rangle = \mathrm{e}^{-\mathrm{i}\phi}|1\rangle \otimes |1\rangle \; .$$

Gleichsinnige R_z-Drehungen beider Qbits lassen also die Zustände ungleicher Orientierung unangetastet und beeinflussen nur Zustände gleicher Orientierung. Mit $\phi = \pi/2$ erhalten wir beispielsweise die Übergänge

$$|00\rangle \rightarrow \mathrm{i}|00\rangle \; , \quad |11\rangle \rightarrow -i|11\rangle$$

die durch die unitäre Transformation (*nun wieder im vollständigen System*)

$$U_{R_z \otimes R_z} = \begin{pmatrix} \mathrm{i} & 0 & 0 & 0 \\ 0 & 1 & 0 & 0 \\ 0 & 0 & 1 & 0 \\ 0 & 0 & 0 & -\mathrm{i} \end{pmatrix}$$

beschrieben werden.

Dies ist natürlich noch nicht die gesuchte Drehung, denn wir haben ja beide Teilräume separat gedreht und nicht dem kompletten Raum. Um die Transformation für den Gesamtraum $H_2 \otimes H_2$ zu finden, müssen wir uns daran erinnern, dass Operatoren in einem Tensorprodukt von Räumen natürlich nur als Tensorprodukte der Basisoperatoren der Einzelräume gebildet werden können. Basisoperatoren im Qbit-Raum H_2 sind aber die Einheitsmatrix und die drei Pauli-Matrizen (siehe Seite 69). $R_z(\phi)$ ist, wie die anderen Drehoperatoren auch, eine Linearkombination der Basisoperatoren. Wir zerlegen zunächst $R_z(\phi)$ in seine Basisdarstellung und finden:

$$R_z(\phi) = \mathbf{1}\cos(\phi/2) + \mathrm{i}s_z \sin(\phi/2) \; .$$

Die gesuchte verschränkende Gesamtdrehung ist nun als Summe der Tensorprodukte der Basisoperatoren formulierbar und wird in Tensorschreibweise durch den Operator

$$R_{z\otimes z}(\phi) = \mathbf{1} \otimes \mathbf{1}\cos(\phi/2) + \mathrm{i}s_z \otimes s_z \sin(\phi/2)$$

beschrieben. Bilden wir die Tensorprodukte und setzen wieder $\phi = \pi/2$, so erhalten wir nun die Transformationen

$$\begin{aligned} R_{z\otimes z}(\pi/2)|00\rangle &= \frac{1}{\sqrt{2}}(1+i)|00\rangle \\ R_{z\otimes z}(\pi/2)|01\rangle &= \frac{1}{\sqrt{2}}(1-i)|01\rangle \\ R_{z\otimes z}(\pi/2)|10\rangle &= \frac{1}{\sqrt{2}}(1-i)|10\rangle \\ R_{z\otimes z}(\pi/2)|11\rangle &= \frac{1}{\sqrt{2}}(1+i)|11\rangle \,. \end{aligned}$$

Wie an der Konstruktion zu erkennen ist, ist die Transformation nicht in Form eines einzelnen Tensorprodukts formulierbar und damit tatsächlich eine verschränkende Operation. Es ist klar, dass eine solche Drehung experimentell nur unter Wechselwirkung der Qbits untereinander erfolgen kann, nicht durch Einzeloperationen an den beiden Qbits.

Auf dieser Grundlage kann nun der Versuch gestartet werden, die CNOT-Operation aus Elementaroperationen realisieren und der Verschränkungsdrehung zu realisieren. Hierzu sind Produkte von Matrizen zu suchen, die letztendlich die CNOT-Matrix ergeben oder zumindest etwas ähnliches, mit dem man weiter arbeiten kann.[1]

Sei nun im Weiteren im System $|a_1 b_0\rangle$ Qbit 0 das kontrollierte Qbit und Qbit 1 das Kontrollbit. Führen wir an diesem System die Operationen

$$\begin{matrix} b_0 \\ a_1 \end{matrix} : \begin{bmatrix} \rightarrow & R_y(\pi/2) & R_{z\otimes z}(\pi/2) & R_z(-\pi/2) & R_y(-\pi/2) & \rightarrow \\ \rightarrow & \rightarrow & R_{z\otimes z}(\pi/2) & R_z(-\pi/2) & P(\pi/4) & \rightarrow \end{bmatrix}$$

durch, so erhalten wir als Produkt dieser Operationen die CNOT-Matrix[2]

$$\text{CNOT} = \begin{pmatrix} 1\,0\,0\,0 \\ 0\,1\,0\,0 \\ 0\,0\,0\,1 \\ 0\,0\,1\,0 \end{pmatrix} .$$

Wir benötigen somit für die Realisierung von CNOT sechs Elementaroperationen, wovon eine eine 2-Qbit-Operation ist. Die Phasendrehung beseitigt dabei nur einen imaginären Faktor im Gesamtsystem und wird deshalb in der Regel eingespart.

[1] Z. B. Z. Sazonova, R. Singh, CNOT operator and its similar matrices in quantum computation, arXiv:quant-ph 0110051 (2001).

[2] Denken Sie bei einer rechnerischen Realisierung daran, dass die Matrizen dort in umgekehrter Reihenfolge auftreten!

Dies ist nicht die einzige Möglichkeit, die CNOT-Operation zu realisieren. Beispielsweise erzeugt die Elementarsequenz

$$\begin{matrix} b_0 \\ a_1 \end{matrix} : \begin{bmatrix} \rightarrow & R_z(\pi/2) & R_x(\pi/2) & R_{z\otimes z}(\pi/2) & R_z(\pi/2) & R_x(-\pi/2) & R_z(-\pi/2) & \rightarrow \\ \rightarrow & \rightarrow & \rightarrow & R_{z\otimes z}(\pi/2) & R_z(\pi/2) & \rightarrow & \rightarrow & \rightarrow \end{bmatrix}$$

die CNOT-Operation

$$\text{CNOT}' = e^{i\pi/4} * \begin{pmatrix} 0 & -1 & 0 & 0 \\ -1 & 0 & 0 & 0 \\ 0 & 0 & 1 & 0 \\ 0 & 0 & 0 & 1 \end{pmatrix}$$

die (nach einer zusätzlichen Phasenverschiebung) die Übergänge

$$\begin{aligned} |00\rangle &\rightarrow -|01\rangle \\ |01\rangle &\rightarrow -|00\rangle \\ |10\rangle &\rightarrow |10\rangle \\ |11\rangle &\rightarrow |11\rangle \end{aligned}$$

erzeugt – wie wir sehen, also eine 0-kontrollierte Operation, wobei Qbit 1 weiterhin das kontrollierende und Qbit 0 das kontrollierte Qbit ist. Das negative Vorzeichen kann durch eine kontrollierte Phasenverschiebung repariert werden, sofern dies notwendig ist.

6.3.4.5 Operationen mit mehreren Kontrollbits

Für die Realisierung eines universellen Quantencomputers benötigen wir mindestens die CCNOT-Operation, und wie sich noch zeigen wird, lassen sich einige Algorithmen besonders elegant unter Verwendung noch höher kontrollierter Operationen formulieren. Statt nun auf die Suche zu gehen, wie sich solche Operationen physikalisch realisieren lassen – experimentell ist bereits eine 2-Qbit-Operation eine Herausforderung – kann man auch versuchen, n-Qbit-Operationen rekursiv durch (n-m)-Qbit-Operationen aufzubauen ($n \geq m + 2$). Das hat den Vorteil, dass man letzten Endes mit CNOT als einziger Wechselwirkungsoperation auskommt und trotzdem bei der Entwicklung von Algorithmen nicht darauf achten muss, ob eine verwendete Mehrbitoperation physikalisch in einem Schritt realisierbar ist.

Bei eingehender Untersuchung stellt sich heraus, dass die Realisierung von hochkontrollierten Operationen durch solche mit weniger Kontrollbits verschiedene Strategien verfolgt werden können. Wir beginnen mit der Qbit sparenden Strategie, die solche Operationen ohne zusätzliche temporäre Qbits realisiert.

Die allgemeine Vorgehensweise stellen wir zunächst an einer allgemeinen 3-Bit-Operation CCU (*CCNOT wäre ein Spezialfall*) vor, die mit CNOT und einer kontrollierten nichtklassischen Operation arbeitet.[1] Die Operation U zerlegen wir zunächst in ein Quadrat zweier Operationen, wie wir es bei kontrollierten 1-Qbit-Operationen bereits praktiziert haben:

$$U = V * V \; .$$

Da V ebenfalls eine unitäre Matrix ist, gilt außerdem

$$V^{+} * V = I \; .$$

Die kontrollierte 3-Bit-Operation lässt sich dann folgendermaßen aus 1- und 2-Bit-Operationen zusammensetzen:

$$\begin{bmatrix} \rightarrow \circ \rightarrow \\ \rightarrow \circ \rightarrow \\ \rightarrow U \rightarrow \end{bmatrix} = \begin{bmatrix} \rightarrow \rightarrow \circ \rightarrow \circ \circ \rightarrow \\ \rightarrow \circ \otimes \circ \otimes \rightarrow \rightarrow \\ \rightarrow V \rightarrow V^{+} \rightarrow V \rightarrow \end{bmatrix} .$$

Zum Nachweis spielen wir die möglichen Fälle der Kontrollbitbelegung durch:

a) $c_1 = c_2 = 0$. In diesem Fall passiert nichts, denn keine der kontrollierten Operationen wird ausgeführt.
b) $c_1 = 1, c_2 = 0$. Durch die Invertierung von c_2 im zweiten Schritt wird V^{+} ausgeführt, anschließend V, in Summe also $V^{+} * V = I$. c_2 Ist aufgrund der doppelten Invertierung wieder im ursprünglichen Zustand.
c) $c_1 = 0, c_2 = 1$. c_2 behält seinen Zustand während der gesamten Operation, so dass $V * V^{+} = I$ zur Ausführung kommt.
d) $c_1 = c_2 = 1$. Durch die Invertierung von c_2 unterbleibt V^{+}, ausgeführt wird $V * V = U$.

Eine kontrollierte 3-Bit-Operation lässt sich also durch drei unitäre 2-Bit-Operationen und zwei CNOT-Operationen darstellen. Zählen wir den Aufwand für diese Operationen zusammen, so benötigen wir je nach Zusammenfassungsmöglichkeit 33–63 1-Qbit-Elementaroperationen und 8 2-Qbit-Wechselwirkungsoperationen.

In algebraischer Form lässt sich die Operation auch folgendermaßen formulieren:

$$(c_1 + c_2) * V + (c_1 \otimes c_2) * V^{+} \; .$$

Es werden so viele „Vorwärtstransformationen" durchgeführt, wie Kontrollbits gesetzt sind, anschließend entsprechend dem XOR-Ergebnis zwischen den Kontrollbits „Rückwärtstransformationen".

Erweitern wir dieses algebraische Schema auf 4-Bit-Operationen. Im Grunde handelt es sich hier um eine Standardaufgabe der Kombinatorik. Wir können zunächst drei Vorwärtsoperationen für die drei Kontrollbits durchführen, dann drei Rückwärtstransformationen für die drei möglichen paarweisen XOR-Verknüpfun-

[1] Beim Durchforsten der Literatur findet man schnell einen ganzen Zoo unterschiedlicher Methoden, die teilweise zusätzliche Qbits verwenden, um Operationen einzusparen. Wir beschränken uns hier auf Methoden ohne zusätzlichen Qbit-Verbrauch, die ausschließlich mit CNOT und 1-Qbit-kontrollierten Elementaroperationen auskommen.

gen und abschließend noch eine Vorwärtstransformation mit der XOR-Verknüpfung aller Bits:

$$\begin{aligned}&(c_1 + c_2 + c_3) * V \\ &+ ((c_1 \otimes c_2) + (c_1 \otimes c_3) + (c_2 \otimes c_3)) * V^+ \\ &+ c_1 \otimes c_2 \otimes c_3) * V \ .\end{aligned}$$

Aus der Transformation ist in diesem Fall nicht die zweite, sondern die vierte Wurzel zu ziehen, wobei aufgrund der Unitarität

$$V * V^+ = I \ , \quad V^4 = U$$

gilt. Wie oben verifiziert man, dass nur bei $c_1 = c_2 = c_3 = 1$ die Transformation ausgeführt wird:

- Bei $c_1 = c_2 = c_3 = 0$ passiert trivialerweise nichts.
- Bei $c_1 = 1, c_2 = c_3 = 0$ werden die Operation $c_1 \cdot V$, $(c_1 \cdot c_2) \cdot V^+$, $(c_1 \cdot c_3)\dot{V}^+$ und $((c_1 \cdot c_2) \cdot c_3) \cdot V$ ausgeführt, was sich insgesamt wieder aufhebt.
- ...

Optimal angeordnet erfordert die 4-Bit-Operation 7 unitäre 2-Bit-Operationen und 6 CNOT-Operationen.

Aufgabe. Erstellen Sie ein Verdrahtungsschema für die 4-Bit-Operation. Beachten Sie, dass die CNOT-Rückoperation erst dann vorgenommen wird, wenn höhere Verknüpfungsstufen bearbeitet sind. Das Schema besitzt abwechselnd unitäre und CNOT-Operationen, wobei alternierend V, V^+ verwendet wird. Berechnen Sie die Gesamtanzahl an Elementaroperationen.

Allgemein lässt sich eine $(n+1)$-Bit-Operation durch die Algebra

$$\sum_{k=1}^{n} c_k - \sum_{k_1<k_2}^{n} (c_{k_1} \otimes c_{k_2}) + \sum_{k_1<k_2<k_3}^{n} (c_{k_1} \otimes c_{k_2} \otimes c_{k_3}) + \ldots + (-1)^{n-1}(c_1 \otimes c_2 \otimes \ldots \otimes c_n)$$

beschreiben und erfordert $2^n - 1$ unitäre sowie $2^n - 2$ CNOT-Operationen. Der Aufwand kann weiter steigen, wenn statt der 1-kontrollierten Transformationen 0- oder gemischt-kontrollierte realisiert werden sollen.

Aufgabe. Stellen Sie die notwendigen Operationen für ein C^nNOT zusammen und schätzen Sie den Aufwand ab (Lösung siehe S. 264 ff).

Wie die Lösung der Aufgabe zeigt, ist die Realisierung hochkontrollierter Operationen nach dieser Strategie mit einem kaum noch zu vertretenden Aufwand an Operationen verbunden. Sehr viel günstiger in dieser Hinsicht sieht eine Strategie aus, die die CCNOT-Operation und temporäre Qbits für die Realisierung verwendet:

$$
\mathrm{C_4NOT} = \begin{bmatrix}
a_0 \rightarrow \circ \rightarrow \rightarrow \rightarrow \circ \rightarrow a_0 \\
a_1 \rightarrow \circ \rightarrow \rightarrow \rightarrow \circ \rightarrow a_1 \\
a_2 \rightarrow \rightarrow \circ \rightarrow \circ \rightarrow \rightarrow a_2 \\
a_3 \rightarrow \rightarrow \rightarrow \circ \rightarrow \rightarrow \rightarrow a_3 \\
b \rightarrow \rightarrow \rightarrow \otimes \rightarrow \rightarrow \rightarrow b' \\
0 \rightarrow \otimes \circ \rightarrow \circ \otimes \rightarrow 0 \\
0 \rightarrow \rightarrow \otimes \circ \otimes \rightarrow \rightarrow 0
\end{bmatrix} .
$$

Zu Beginn werden zwei der Kontrollbits auf ein temporäres Qbit verdichtet, das in der Folge jeweils ein weiteres Kontrollbit auf ein weiteres temporäres Qbit verdichtet, bis das kontrollierte Qbit schließlich selbst geschaltet wird. Der Aufwand liegt bei $2n$-3 CCNOT-Operationen und n-2 temporären Qbits.

6.3.5 *Aufwandsbilanz*

Fassen wir abschließend den Aufwand für die Realisierung der wesentlichen in Algorithmen einsetzbaren Quantenoperationen durch Elementaroperationen tabellarisch zusammen:

Operation	**Elementaroperationen**
NOT	2
CNOT	6
C-Phase	2
CCNOT	66
Hadamard	3
SWAP	18
cSWAP	78
cU	18
$\mathrm{C}_n\mathrm{NOT}$	$132 * n - 3$

Die Angaben beziehen sich auf die hier diskutierten Mechanismen; es mag durchaus für den einen oder anderen Operator auch etwas günstigere Darstellungen geben. Der zu treibende Aufwand ist somit schon bei den Grundoperationen recht beträchtlich.

6.4 Arithmetische Operationen

In diesem Abschnitt werden wir Implementationen für arithmetische und einige weitere Rechenoperationen untersuchen. Die Auswahl erhebt weder einen Anspruch auf Vollständigkeit noch einen auf Präsentation des optimalen Algorithmus; mit ein wenig Suche im Internet lassen sich in vielen Fällen weitere Versionen finden, die bestimmte Vorteile für sich reklamieren. Die grundsätzlichen Vorgehensweisen beim Entwurf und die Basis für die nachfolgenden Anwendungen stehen im Vordergrund.

6.4.1 Operationsfolgen und Quantenregister

Eine Funktion auf einem Quantenregister ist eine unitäre Transformation, die auf den Unterräumen der Variablenbereiche den Übergang

$$U : H_n \otimes H_m \rightarrow H_n \otimes H_m$$
$$\boldsymbol{U}\,(|x\rangle \otimes |y\rangle) = |x\rangle \otimes |y + f(x)\rangle$$

vermittelt. Hierbei bezeichnet $|x\rangle$ das Teilregister mit den Eingabedaten, $|y\rangle$ das Ausgaberegister.

Die Transformation $\boldsymbol{U}$ ist in der Regel nicht vollständig bekannt, sondern ihrerseits aus weiteren unitären Transformationen zusammengesetzt

$$\boldsymbol{U} = \boldsymbol{U}_n * \boldsymbol{U}_{n-1} * \ldots * \boldsymbol{U}_1$$

so dass das gesamte Rechenproblem letztendlich schrittweise auf die elementaren Operationen, die wir im letzten Kapitel untersucht haben, heruntergebrochen wird.

Nun sind nicht alle für eine Rechnung benötigten Funktionen in der obigen Form reversibel im quantenmechanischen Sinn und damit auch nicht durch eine unitäre Matrix darstellbar. Zur Herstellung der Reversibilität müssen außer Ein- und Ausgabe weitere Informationen gespeichert werden, die auf klassischen Systemen ignoriert werden, wenn eine Invertierung nicht notwendig ist. Eine Funktion wird also im allgemeinen Fall korrekter durch den folgenden Ausdruck und seine Invertierung definiert

$$\boldsymbol{U}\,(|x\rangle \otimes |y\rangle \otimes |0\rangle) = |x\rangle \otimes |y + f(x)\rangle \otimes |Z\rangle$$
$$U^{-1}\,(|x\rangle \otimes |y + f(x)\rangle \otimes |Z\rangle) = |x\rangle \otimes |y\rangle \otimes |0\rangle\ .$$

Auf Quantensystemen ist eine Invertierung somit immer möglich, auch wenn dies im formal klassischen Sinn nicht notwendig ist.

Allerdings kann dieses Ergebnis so nicht stehen gelassen werden, da die zusätzlich belegten Qbits bei der Messung zu nicht interpretierbaren Ergebnissen führen. Die Funktion ist daher so zu erweitern, dass die Zusatzinformationen wieder gelöscht werden:

$$\boldsymbol{U}_1\boldsymbol{U}_2(|x\rangle \otimes |y\rangle \otimes |0\rangle) = \boldsymbol{U}_1|x\rangle \otimes |y + f(x)\rangle \otimes |Z\rangle = |x\rangle \otimes |y + f(x)\rangle \otimes |0\rangle \,.$$

Die Messung eines Zustands dieses Quantenregisters ist dann wieder eindeutig interpretierbar. Eine Methode, mit der dies immer funktioniert, ist das Kopieren des Ergebnisses in einen leeren Registerbereich und die Invertierung der ersten Operation

$$\begin{aligned}
&\boldsymbol{U}|x\rangle|y\rangle|0\rangle|0\rangle = |x\rangle|y + f(x)\rangle|Z\rangle|0\rangle \\
&\mathbf{CNOT}^n|x\rangle|y + f(x)\rangle|Z\rangle|0\rangle = |x\rangle|y + f(x)\rangle|Z\rangle|y + f(x)\rangle \\
&\boldsymbol{U}^{-1}|x\rangle|y + f(x)\rangle|Z\rangle|y + f(x)\rangle = |x\rangle|y\rangle|0\rangle|y + f(x)\rangle \,.
\end{aligned}$$

Wie man leicht verifiziert, ist auch diese Gesamtoperation wieder umkehrbar: indem man die Schritte komplett wiederholt, ist aus dem Ergebnisbereich auch wieder ein leeres Teilregister und damit der Ausgangszustand erzeugbar.

Diese Art des Löschens der Zwischenergebnisse ist die einfachste und immer funktionierende Methode, aber natürlich auch mit einigem Ressourcenverbrauch an zusätzlichen Registerbits und Elementaroperationen verbunden. Da Ressourcen gerade bei Quantenrechnern (voraussichtlich) ein sehr kostbares Gut sind, werden immer neue Anläufe unternommen, Algorithmen mit möglichst wenigen notwendigen Zusatzinformationen und Abkürzungen zu deren Beseitigung entworfen. Da hierbei naturgemäß recht komplexe Konstruktionen entstehen, werden wir nur bedingt auf solche Optimierungen eingehen.

Nun bestehen komplexere Funktionen aus mehreren einfacheren Teilfunktionen, die jeweils nach einem der Muster ihre Teilergebnisse erzeugen. Wieder freigegebene Registerbereiche könnten zwar im nächsten Schritt wiederverwendet werden, aber insgesamt reichern sich Zwischenergebnisse an, die wiederum das Messergebnis beeinflussen. Interessant ist nur das Ergebnis der Gesamttransformation, weshalb auch nicht mehr benötigte Zwischenergebnisse durch die inverse Transformation wieder gelöscht werden müssen. Dies führt zu Funktionenfolgen wie

$$\begin{aligned}
\boldsymbol{U}|x\rangle|0\rangle|0\rangle &= |x\rangle|y\rangle|0\rangle \\
\boldsymbol{W}|x\rangle|y\rangle|0\rangle &= |x\rangle|y\rangle|z\rangle
\end{aligned}$$

beziehungsweise in allgemeinerer Notation

$$\boldsymbol{U}^{-1}|x\rangle|y\rangle|z\rangle = |x\rangle|0\rangle|z\rangle$$

$$\boldsymbol{U}^{-1}\boldsymbol{W}^{-1}\boldsymbol{V}\ \boldsymbol{W}\ \boldsymbol{U}$$

oder

$$\boldsymbol{U}^{-1}\boldsymbol{W}^{-1}\boldsymbol{U}\ \boldsymbol{V}\ \boldsymbol{U}^{-1}\boldsymbol{W}\ \boldsymbol{U} \,.$$

Das Augenmerk muss dabei darauf gerichtet werden, die Zwischenergebnisse so früh wie möglich zu löschen, um eine Inflation der benötigten Qbits zu vermeiden.

Das Mischen der verschiedenen Funktionen und ihrer Invertierung ist allerdings unangenehm und verhindert auch die Qbit-Inflation nicht so ohne weiteres. Das folgende Schema erlaubt das Löschen nicht mehr benötigter Eingabewerte im Verantwortungsbereich einer einzelnen Funktion:

$$\begin{aligned}
&\boldsymbol{U}\,|x\rangle|0\rangle|0\rangle|0\rangle \to |x\rangle|y\rangle|Z\rangle|0\rangle \\
&\textbf{CNOT}\,|x\rangle|y\rangle|Z\rangle|0\rangle \to |x\rangle|y\rangle|Z\rangle|y\rangle \\
&\boldsymbol{U}^{-1}|x\rangle|y\rangle|Z\rangle|y\rangle \to |x\rangle|0\rangle|0\rangle|y\rangle \\
&\overline{\hspace{15em}} \\
&\boldsymbol{V}^{-1}|x\rangle|0\rangle|0\rangle|y\rangle \to |x\rangle|x\rangle|Z\rangle|y\rangle \\
&\textbf{CNOT}\,|x\rangle|x\rangle|Z\rangle|y\rangle \to |0\rangle|x\rangle|Z\rangle|y\rangle \\
&\boldsymbol{V}\,|0\rangle|x\rangle|Z\rangle|y\rangle \to |0\rangle|0\rangle|0\rangle|y\rangle\ .
\end{aligned}$$

Das Schema setzte voraus, dass die Gesamtfunktion umkehrbar ist, also sowohl aus der Eingabe x die Ausgabe y erzeugt werden kann als auch aus $y\,x$. In der Regel gilt an dieser Stelle sinngemäß

$$\boldsymbol{U} = \boldsymbol{V}$$

was die Implementierung des Löschens etwas erleichtert.[1]

Halten wir als Ergebnis unserer bislang noch abstrakten Überlegungen fest: wenn Operationen unter Berücksichtigung der Reversibilität auf klassische Weise auf Quantencomputern implementiert werden, benötigen wir gegenüber einem klassischen Computer

- mehr Registerbits, um die für die Umkehrung notwendigen Informationen zu speichern,
- gegebenenfalls weitere Registerbits, um Zwischenwerte frühzeitig zu löschen, sowie
- mehr Operationen, um die Umkehrung durchzuführen.

Am Schluss der gesamten Operationsfolge steht nun eine Messung eines bestimmten Registerbereichs. Bislang werden Sie vermutlich noch nicht ausmachen können, wie sich diese Messung vom Ergebnis eines klassischen Computers unterscheidet und wo der Vorteil eines Quantencomputers liegt. Wir wollen diesen Eindruck in diesem Kapitel noch nicht korrigieren, denn die arithmetischen Operationen werden nach rein klassischen Gesichtspunkten konstruiert.

[1] Wenn man nicht sicher ist, lohnt zumindest erst mal ein Ausprobieren dieser Option. Sinngemäß bedeutet hier, dass Registerbereiche und Quelle/Ziel-Zuordnung angepasst werden müssen.

6.4.2 Fourier-Transformation

Die Fourier-Transformation zählt in klassischen Anwendungen eher zu den höheren Spezialtechniken, wird in der Quanteninformatik aufgrund bestimmter Eigenschaften und Anwendungen aber in der Rubrik „Basisoperationen auf Quantencomputern" geführt. Die diskrete Fourier-Transformation ist bekanntlich durch die Abbildungsvorschrift

$$\hat{f}(y) = \frac{1}{\sqrt{n}} \sum_x f(x)\omega^{xy}\,, \qquad \omega = \mathrm{e}^{2\pi \mathrm{i}/n}$$

definiert. Sie wandelt einen Satz von Werten x in einen anderen gleich großen Satz von Werten y um. Die Fourier-Transformierte findet vielfältige Anwendung, beispielsweise in der Bildkompression (*in einer einfacheren Variante*), in der Datenanalyse, in algebraisch/arithmetischen Operationen (*Schönhage-Strassen-Algorithmus*) und vielem mehr und kann unter bestimmten Umständen sehr effektiv durchgeführt werden (*schnelle Fourier-Transformation bzw. superschnelle Fourier-Transformation*).[1]

Um die Anwendung der Fourier-Transformation auf ein Quantenregister zu verstehen, müssen wir uns zunächst wieder die Unterschiede zwischen Quanten- und klassischen Rechnern in Erinnerung rufen. Der klassische Rechner benötigt für die Speicherung der Datensätze entsprechend viele Register, der Quantenrechner ist in der Lage, alle Werte als Superposition in einem Register zu speichern. Eine Quanten-Fourier-Transformation transformiert somit die Superpositionsstruktur eines Registers in eine andere Superpositionsstruktur. Genauer: repräsentiert ein Register $|a\rangle$ eine Zahl $0 \leq a < Q = 2^q$, so überführt die Transformation das Register in

$$|a\rangle \rightarrow \frac{1}{\sqrt{Q}} \sum_{c=0}^{Q-1} |c\rangle \mathrm{e}^{2\pi \mathrm{i} ac/Q}\,.$$

Es ist zu beachten, dass die Summe nicht über die Bits des Registers geführt wird, sondern über die mit dem Register darstellbaren Werte. Das Register selbst besitzt nur $q = \mathrm{ld}(Q)$ Bits.

Zur Durchführung der Fourier-Transformation des Quantenregisters wird nur die Hadamard-Transformation sowie eine kontrollierte Phasentransformation, die die Frequenzen beinhaltet, benötigt

$$P_{jk} = \begin{pmatrix} 1 & 0 & 0 & 0 \\ 0 & 1 & 0 & 0 \\ 0 & 0 & 1 & 0 \\ 0 & 0 & 0 & \exp\left(\frac{i\pi}{2^{k-j}}\right) \end{pmatrix}.$$

[1] Siehe z. B. Gilbert Brands, Das C++ Kompendium, Springer-Verlag.

Hierbei ist j das Kontrollbit und k das kontrollierte Bit, wobei nur der Zustand $|1_j 1_k\rangle$ von der Phasenverschiebung betroffen ist und die anderen Zustände $|0_j 0_k\rangle$, $|1_j 0_k\rangle$, $|0_j 1_k\rangle$ unverändert bleiben. Die Transformation des Registers wird durch

$$|c_0 c_1 \ldots c_{q-1}\rangle = \left(\prod_{\substack{k=q-1 \\ k=k-1}}^{0} \left(\prod_{\substack{i=q-1 \\ i=i-1}}^{k+1} P_{k,i} \right) H_k \right) |a_{q-1} \ldots a_o\rangle$$

bewirkt, was in der Schaltplandarstellung für vier Qbits zu

$$\begin{bmatrix} 0\ H & \circ & \rightarrow & \circ & \rightarrow & \rightarrow & \circ & \rightarrow & \rightarrow & \rightarrow & \rightarrow 3 \\ 1 \rightarrow & P_{3,2} & H & \rightarrow & \circ & \rightarrow & \rightarrow & \circ & \rightarrow & \rightarrow & \rightarrow 2 \\ 2 \rightarrow & \rightarrow & \rightarrow & P_{3,1} & P_{2,1} & H & \rightarrow & \rightarrow & \circ & \rightarrow & \rightarrow 1 \\ 3 \rightarrow & \rightarrow & \rightarrow & \rightarrow & \rightarrow & \rightarrow & P_{3,0} & P_{2,0} & P_{1,0} & H & \rightarrow 0 \end{bmatrix}$$

führt.[1] Um uns zu vergewissern, dass es sich hierbei um eine Fourier-Transformation handelt, untersuchen wir die Wirkung der Gesamttransformationsmatrix auf das Quantenregister

$$|a\rangle = |a_0 a_1 \ldots a_{q-1}\rangle \stackrel{F_t}{\rightarrow} |b\rangle = |b_0 b_1 \ldots b_{q-1}\rangle \, .$$

Durch den Vorfaktor $1/\sqrt{2}$ der Hadamardoperatoren erhalten wir zunächst den Faktor $1/\sqrt{Q}$. Wir müssen uns also nur noch um die Phasen zu kümmern. Die Matrizen P_{ik} bewirken eine Phasenverschiebung, wenn $a_i = b_k = 1$ ist. , aber keinen Wechsel der Bitinhalte. Nur die Matrix H ist in der Lage, das Bit a_i in das Bit b_i zu überführen. Dabei wird für $a_i = b_i = 1$ eine Phasenverschiebung um π bewirkt. Summieren wir alle Phasenverschiebungen bei der Transformation, so erhalten wir

$$\begin{aligned} \sum_{0 \le i < q} \pi a_i b_i + \sum_{0 \le j < k < q} \frac{\pi}{2^{k-j}} a_j b_k &= \sum_{0 \le j \le k < q} \frac{\pi}{2^{k-j}} a_j b_k \\ &= \sum_{0 \le j < k < q} \frac{\pi}{2^{k-j}} a_j c_{q-1-k} = \sum_{0 \le j+k < q} 2\pi \frac{2^j 2^k}{2^q} a_j c_k \\ &= 2\frac{\pi}{Q} \sum_{j=0}^{q-1} 2^j a_j \sum_{k=0}^{q-1} 2^k c_k \, . \end{aligned}$$

Dabei haben wir von $|b\rangle$ auf das Register $|c\rangle$ mit der inversen Bitreihenfolge gewechselt und die Summationsindizes jeweils entsprechend angepasst. Im letzten

[1] In dieser Notation wird die Bedeutungsreihenfolge der Qbits in der Transformation vertauscht. Durch eine andere Reihenfolge der Operationen lässt sich dies vermeiden (siehe S. 307 ff.); alternativ können solche Vertauschungen natürlich auch von der Operationssteuerung berücksichtigt werden, so das SWAP-Operationen in jedem Fall unnötig sind.

ergeben die beiden Summen die Größen $|a\rangle$ und $|c\rangle$, d. h. wir haben den Exponentialterm im allgemeinen Ausdruck erhalten und der Nachweis, dass die Transformationsfolge tatsächlich die gesuchte Quanten-Fourier-Transformation ergibt, ist abgeschlossen.

Die Rücktransformation erfolgt durch umgekehrtes Durchlaufen aller Operationen, wobei die Phasenwinkel mit negativem Vorzeichen eingesetzt werden. Der Aufwand für die Transformation ist quadratisch in der Anzahl der Qbits (siehe folgende Tabelle). Damit ist der Quantenalgorithmus wesentlich effektiver als sein Gegenstück auf einem klassischen Rechner, dessen Zeitbedarf bei $O(n * 2^n)$ liegt.

Qbits	**Operationen**	**Elementaroperationen**
n	n * Had + $n(n-1)/2$ cPH	$n^2 - 2n$

Wie wir noch sehen werden, ist die Fourier-Transformation ein Herzstück einiger Algorithmen und die polynomiale Ordnung der Grund dafür, dass Probleme auf einem Quantencomputer lösbar erscheinen, die klassischen Rechnern exponentiell davonlaufen können.

Technisch lassen sich sogar noch einige Operationen einsparen. Die Phasenverschiebungen P_{ik} werden bei zunehmender Differenz der Bitindizes sehr klein und sind dann experimentell nur mit beschränkter Genauigkeit realisierbar. Um Probleme zu vermeiden, kann man statt der exakten deshalb auch eine näherungsweise Fourier-Transformation F_{rt} durchführen, indem ab einer Indexdifferenz m der Bits auf die Phasenverschiebung verzichtet.[1] Die Wahrscheinlichkeit, trotzdem den korrekten Wert zu messen, besitzt die Untergrenze

$$w(F_t = F_{rt}) \geq \frac{4}{\pi^2}(\cos(\pi/2^m))^{q-m} .$$

Schlimmstenfalls erhöht sich damit die Anzahl der Versuche auf dem Quantenrechner ein wenig, bis man einen das Problem lösenden Messwert gefunden hat.

6.4.3 Additionsalgorithmen

Die Addition und mit ihr die Subtraktion ist gewissermaßen das Herzstück aller weiteren Algorithmen. Neben klassisch orientierten Algorithmen existieren auch spezielle Quantenadditionen, was zu einer Wahlmöglichkeit zwischen Qbit- oder operationenverbrauchenden Algorithmen verhilft. Wir stellen hier mehrere Additionsalgorithmen vor, auch um in die Vorgehensweise bei der Programmierung von Quantencomputern ausführlicher einzuführen.

[1] D. Cheung, arXiv:quant-ph/0403071 (2004).

6.4.3.1 Notationen

Auf einem Quantencomputer kommt ausschließlich der Datentyp INTEGER zum Einsatz, für den das gewohnte Zahlenmodell für ganze Zahlen verwendet wird, wobei negative Zahlen in üblicher Weise im 2er-Komplement notiert werden, also $a' = -a - 1$. Die Variablengröße muss aufgrund der Reversibilität so gewählt werden, dass eine überlauffreie Abwicklung aller Rechnungen gewährleistet ist. Die Reversibilität ist auch der Grund für das Ausscheiden von Fließkommadatentypen, die ja nicht ohne Rundungsverluste betrieben werden können.

Das Vorzeichen einer Zahl wird in dieser Notation durch das höchste Bit angegeben, wobei wir die Qbits wie auf klassischen Systemen von 0 bis $n-1$ nummerieren. Vielfach ist das Auftreten eines negativen Wertes Anlass für weitere Operationen, was im Rahmen eines Quantenalgorithmus einen Einsatz als Kontrollbit für die kompletten Operationen bedeutet, da ja eine Operationenfolge nicht einfach bei Bedarf mit einer IF-Abfrage übersprungen werden kann wie auf klassischen Systemen.

Für einige Rechnungen kann es sinnvoll sein, mit vorzeichenlosen Zahlen zu rechnen. Die temporäre Umwandlung einer negativen Zahl in 2er-Komplementnotation erfolgt mit Hilfe eines zusätzlichen Kontrollbits, auf dem das Vorzeichen gespeichert wird

$$\begin{matrix} d_{n-1} \\ .. \\ h=0 \end{matrix} \begin{bmatrix} \circ & \begin{bmatrix} \text{NOT} \end{bmatrix} & \begin{bmatrix} \text{INC} \end{bmatrix} \\ & & \\ \otimes & \circ & \circ \end{bmatrix} \ldots(+Z)\ldots \begin{bmatrix} \begin{bmatrix} \text{NOT} \end{bmatrix} & \begin{bmatrix} \text{INC} \end{bmatrix} & \circ \\ & & \\ \circ & \circ & \otimes \end{bmatrix} \begin{matrix} d_{n-1} \\ .. \\ h=0 \end{matrix} .$$

Hierbei sind die [NOT]- und [INC]-Operationen durch das Hilfsbit kontrollierte Algorithmen. [NOT] wird als CNOT-Operation auf alle Qbits des Variablen angewandt, der [INC]-Algorithmus wird im Folgenden vorgestellt, wobei jede Operation ein zusätzliches Kontrollbit erhält, d. h. aus jeder C^nU-Operation wird eine $C^{n+1}U$-Operation. Die Anzahl der notwendigen Elementaroperationen wird hierdurch weiter erhöht.

Bei einem solchen Wechsel zwischen verschiedenen Zahlenmodellen sind weitere Nebenbedingungen zu beachten. Erfährt die Zahl während der dazwischen liegenden Transformation eine Änderung, so muss darauf geachtet werden, dass eine Anfangs negative Zahl bei der letzten CNOT-Operation nicht Null ist. In diesem Fall wird nämlich das Kontrollbit nicht gelöscht. Sofern nicht durch den Algorithmus garantiert ist, dass dieser Fall nicht eintreten kann, ist der Gesamtalgorithmus so zu aufzubauen, dass das Ergebnis auf einen freien Bereich kopiert und die Rechnung anschließend wieder invertiert wird.[1]

---

[1] Dies ist keine Einschränkung der Allgemeinheit. Jeder Algorithmus kann natürlich auch in einer Version entworfen werden, die mit vorzeichenbehafteten Zahlen arbeitet. Die Konsequenz wären zusätzliche Kontrollbits während der Rechnung, was den Rechenvorgang unter Umständen wesentlich unübersichtlicher macht. Der gleiche Grund, der bei vorzeichenlosen Zahlen das Löschen des Kontrollbits am Ende verhindert, würde in diesen Algorithmen dafür sorgen, dass eines der

Wie an diesem Verdrahtungsschema zu beobachten ist, werden diese mit komplexer werdenden Operationen zunehmend unübersichtlich. Alternativ werden wir daher auch eine algorithmische Beschreibung verwenden:

```
Function NEG(d,c<-0)
--------------------
C1[d_(n-1)] NOT(c)
C1[c] NOT(d)
C1[c] INC(d)

OUTPUT -> d_const
```

Function NEG^{-1} *(d,c->0)*

```
---------------
```

C1[c] NOT(d)
C1[c] INC(d)
[d$(n-1)$*] NOT(c)*

Um das Schema als Funktion verwenden zu können, werden im Funktionskopf die Übergabevariablen mit Eigenschaften deklariert:

- Mit der Eigenschaft **const**, wenn sie nach dem Algorithmus den gleichen Wert aufweisen wie vorher,
- ohne Eigenschaft, wenn sie im Verlauf des Algorithmus einen anderen Wert annehmen. Zusätzlich können sie
- mit einer Zuweisung `a=c` ausgestattet werden, wenn der Algorithmus die Qbits nicht direkt transformieren kann, sondern ein Hilfsregister dafür benötigt, von dem die Werte anschließend auf die Variable verschoben werden können. In der späteren Praxis ist eine Verschiebung unnötig, da die Steuerung ohne Probleme den Variablen nach einer Transformation neue Plätze auf dem Gesamtregister zuweisen kann. Die Hilfsregister werden mit
- `c<-0` oder `c->0` bezeichnet, weil sie mit einem bestimmten Wert in den Algorithmus hineingehen oder ihn mit einem definierten Wert verlassen.

Im Code-Teil sind zur besseren Übersichtlichkeit Hin- und Löschtransformation in unterschiedlichen Schrifttypen (steil und kursiv) angegeben (*Hin- und Rücktransformation sind hier in zwei verschiedene Funktionsteile aufgetrennt*).

Einzelne Operationen oder Funktionen werden durch `U(var)` oder, falls die Operation nicht sämtliche Qbits des Teilregisters betrifft, durch `U(bit _x)` bezeichnet, wobei Einzelbits (`bit_n`), Listen (`bit_(i,j,k)`) oder Bereiche (`bit_(a..b)`) spezifiziert werden können. Kontrollbits werden in 1-kontrollierte `C1[x]` und 0-kontrollierte `C0[x]` Bits unterschieden, wobei die jeweiligen für die Kontrollen herangezogenen Bits wie bei den Operationen anzugeben sind. Durch eine Null kontrollierte Operation werden mit zwei zusätzlichen NOT-Operationen auf 1-kontrollierte Operationen abgebildet

---

zusätzlichen Kontrollbits nicht automatisch verschwinden würde und wir auch dort den Aufwand einer kompletten Invertierung treiben müssten.

```
NOT(a)
C1[a] U(...)
NOT(a)
```

Ein Kontrollbit im Zusammenhang mit einer Funktion bedeutet, dass jede Einzeltransformation der Funktion zusätzlich mit diesem Kontrollbit versehen wird. Die Anzahl der elementaren Transformationen, die für die Ausführung der Funktion notwendig sind, kann durch zusätzliche Kontrollbits erheblich ansteigen.

Außer den Quantenregistern benötigen einige Funktionen und Operationen noch Parameter, die durch

```
Funktion XXX(a,b){p1, p2, ..}
----------------------------
YY(a){p1}
...
```

angegeben werden. Hierbei handelt es sich um Daten, die von der Operationssteuerung im Rechnungsverlauf berücksichtigt werden, aber keinen Aufwand an Qbits erfordern.

Die Notation dieser Beschreibungsmethode dürfte hinreichend an Programmiersprachen angelehnt sein, um ohne Probleme verständlich zu sein. Die Möglichkeit der eindeutigen Übersetzung in einen Schaltplan oder eine Transformationsmatrix ist damit gegeben.[1]

6.4.3.2 Klassische Addition mit Hilfsregister

Die Addition wird in der Form `a+=b` implementiert, d. h. es wird eine konstante Variable zu einer zweiten, die die Summe aufnimmt, addiert. Da eine Addition vollständig reversibel ist, sind keine Probleme zu erwarten. Soll die Variable b auch erhalten bleiben, d. h. der Algorithmus in der Form `c=a+b` mit drei formalen Operanden durchgeführt werden, dann ist dies durch `(0+=a)+=b` zu realisieren.

Die bitweise Durchführung der Addition besteht aus zwei Teiloperationen:

1. bilden der Qbit-Summe (XOR-*Operation*) der beiden Operandenbits und des Übertragbits aus der vorhergehenden Bitaddition und
2. berechnen des Übertragbits auf die nächste Qbit-Position.

Ein Qbit-Additionsoperator besitzt somit 3 Eingänge und 2 Ausgänge (+ *1 unveränderten Eingang*). Der Übertrag für die nächste Stelle hat zu Beginn jeder Qbit-Operation den Wert 0, d. h. wir müssen eine komplette Variable vorsehen, um alle Überträge zu bearbeiten. Der Algorithmus und zerfällt in folgende Teile:

[1] Im klassischen Sinn sind wir damit gewissermaßen von Schaltplänen und Elementaroperationen auf Bausteinniveau zur Assemblerbeschreibung übergegangen, bewegen uns also immer noch unterhalb eines Niveaus, das sinnvollerweise für die Programmierung von Algorithmen anzuwenden ist.

a) Berechnen des Übertrags für die nächste Position. Die drei Eingänge dürfen hierbei noch nicht verändert werden, da der Übertrag wieder gelöscht werden muss.
b) Aufruf des Algorithmus für die nächsthöhere Bitposition zur Weiterverarbeitung des errechneten Übertrags.
c) Löschen des Übertrags. Da dies erst nach der Rückkehr aus der Rekursion erfolgen kann, muss für jeden Schritt ein Qbit zur Verfügung gestellt werden, insgesamt also eine komplette Registervariable.
d) Berechnen der Qbit-Summe.

Die Schaltschemata formulieren wir auch bei den weiteren Algorithmen in der kürzesten möglichen Form unter Verwendung von Mehr-Qbit-Operationen oder bereits erstellter Algorithmen als Unterfunktion. Eine Zerlegung in elementare Operationen bleibt ähnlich wie in einem klassischen Computer einem nachgeschalteten Compiler überlassen; zudem erhöhen Mehr-Qbit-Operatoren auf dieser Stufe die Übersichtlichkeit des Ganzen.

Schritt a) des Algorithmus lässt sich folgendermaßen realisieren:

$$\begin{bmatrix} a_k & \to & \circ & \circ & \to & \to & a_k \\ b_k & \to & \circ & \to & \circ & \to & b_k \\ c_k & \to & \to & \circ & \circ & \to & c_k \\ 0_{k+1} & \to & \otimes & \otimes & \otimes & \to & (a_k * b_k + a_k * c_k + b_k * c_k)_{k+1} \end{bmatrix} .$$

Das Übertrags-Qbit muss gesetzt werden, wenn mindestens zwei der drei Qbits den Wert 1 aufweisen. Im ersten Schritt ist natürlich noch kein Übertrags-Qbit vorhanden, im letzten Schritt muss kein neues Übertrags-Qbit berechnet werden, so dass diese beiden Schritte etwas einfacher aussehen.

Schritt b) ruft den Algorithmus nun für das Qbit $(k+1)$ auf. Nach der Rückkehr wird a) als Schritt c) erneut durchlaufen, um das Übertrags-Qbit wieder zu löschen.

Schritt d) führt nun abschließend die Addition durch

$$\begin{bmatrix} a_k & \to & \otimes & \otimes & \to & a_k + b_k + c_k \\ b_k & \to & \circ & \to & \to & b_k \\ c_k & \to & \to & \circ & \to & c_k \end{bmatrix} .$$

Auf dem höchsten Qbit ist dies die einzige Operation, die ausgeführt wird. Nach der Ausführung wird in die rufenden Rekursionsstufen zurückgesprungen.

In algorithmischer Notation lautet der Additionsalgorithmus (*mit einer inneren rekursiven Funktion, dem zusätzlichen Hilfsregister* `c` *und der Klammerkennzeichnung* `c_{k+1}` *für berechnete Bitindizes*)

```
Function ADD(a , b_const, c<-0 ->0)
----------------------------------

ADD_INT(a,b,c){0}

Function ADD_INT(a , b_const, c){k}
----------------------------------
```

```
if(k!=n-1)
        C1[a_k,b_k] NOT(c_(k+1))
        C1[a_k,c_k] NOT(c_{k+1))
        C1[b_k,c_k] NOT(c_\{k+1))
        ADD_INT(a,b,c){k+1}
        C1[a_k,b_k] NOT(c_(k+1))
        C1[a_k,c_k] NOT(c_(k+1))
        C1[b_k,c_k] NOT(c_(k+1))
C1[b_k] NOT(a_k)
C1[c_k] NOT(a_k)
```

Die `if`-Konstruktion betrifft hier nicht die Quantenoperationen, sondern die Operationssteuerung, die im höchsten Qbit keinen weiteren Übertrag berechnen muss. Der Gesamtaufwand ist in der unten stehenden Tabelle angegeben.[1] Der Algorithmus ist relativ sparsam mit der Anzahl der Operationen, die linear mit der Anzahl der Qbits steigen, sein Nachteil ist jedoch der hohe Bedarf an Hilfsqbits, da zunächst sämtliche Übertragsbits berechnet werden. Gewissermaßen erst auf dem Rückweg erfolgt das sukzessive Freigeben der Hilfsqbits, gefolgt von der Berechnung der Summenbits.

Qbits	**Operationen**	**Elementaroperationen**
$3 * n$	$2n$ CNOT + $6n$ CCNOT	$408 * n$

Der Algorithmus ersetzt direkt eine Variable durch den Funktionswert. Die zweite Variable (b) kann gegebenenfalls durch die Umkehrfunktion eines davor liegenden Teilalgorithmus gelöscht werden.

Aufgabe. Entwerfen Sie einen Algorithmus zur Addition einer Konstanten, d. h. nach unserer Notation

```
Funktion ADD_CONST(a,<-0 ->0){b}
```

Hierbei ist eine Reihe von Quantenoperationen durch Anweisungen an die Operationssteuerung zu ersetzen.

Aufgabe. Entwerfen Sie einen Algorithmus für die Subtraktion. Dieser durchläuft sämtliche Operationen in umgekehrter Reihenfolge.

[1] Wir werden mit diesen Angaben etwas laxer umgehen, als dies in der Literatur üblich ist, die den Aufwand exakt mit beispielsweise $4 * n^2 + 12 * n - 27$ bezeichnet. Technisch interessant werden Quantencomputer ohnehin erst, wenn n in Größenordnungen von 5000 oder höher liegt. Zahlenmäßig sind dann die letzten beiden Terme allerdings ohnehin schon Makulatur. Im derzeitigen Experimentalstadium ist jede Operation interessant; wir sollten uns hier ab eher dafür interessieren, was Quantencomputer leisten können müssen, wenn sie ihre Zielprognosen erfüllen sollen.

6.4.3.3 Kontrollierte Addition

Die klassische konditionelle Addition

```
if(c)
    a+=b;
```

ist ein auch auf Quantenrechnern durchzuführender Algorithmus, nur muss die Additionsoperation auf jeden Fall ausgeführt werden, wobei die logische Kontrollvariable dabei zu verhindern hat, dass sich an den Ausgangswerten etwas ändert. Bevor wir sie ein in den Algorithmus einfügen, führen wir eine kleine Verbesserung des Algorithmus durch:

Aufgabe. Verifizieren Sie, dass anstelle der oben angegebenen Operationenfolge für die Ermittlung des Übertragsbits auch die einfachere Folge

$$\begin{bmatrix} a_k & \to & \to & \to & \circ & \to & a_k \\ b_k & \to & \circ & \circ & \to & \to & b_k \\ c_k & \to & \circ & \otimes & \circ & \to & c_k \\ 0_{k+1} & \to & \otimes & \to & \otimes & \to & (a_k * b_k + a_k * c_k + b_k * c_k)_{k+1} \end{bmatrix}$$

ausgeführt werden kann, in der eine CCNOT- durch eine CNOT-Operation ersetzt ist. Ermitteln Sie die Einsparung gegenüber der oben angegebenen Version (*beachten Sie, dass dies nur die Operation zum Setzen des Qbits ist, die nach Rückkehr aus der Rekursion wieder rückgängig gemacht werden muss*).

Wie wir sehen, sind wie in der klassischen Programmierung die ersten Ansätze für einen Algorithmus oft noch optimierungsfähig. Die Kontrolle für eine Addition führen wir direkt in einer optimierten Form ein. Für die Berechnung des Übertragsbits oder deren Verhinderung führen wir zunächst eine kleine Uminterpretation der Qbits a und b durch. Dies erlaubt es, mit einer zusätzlichen CNOT-Operation auszukommen:

$$\begin{bmatrix} K & \to & \to & \to & \to & \circ & \to & K \\ a_k & \to & \otimes & \to & \circ & \to & \to & a_k \\ b_k & \to & \to & \otimes & \circ & \to & \to & b_k \\ c_k & \to & \circ & \circ & \otimes & \circ & \to & c_k \\ 0_{k+1} & \to & \to & \to & \to & \otimes & \to & (a_k * b_k + a_k * c_k + b_k * c_k)_{k+1} \end{bmatrix}.$$

Ist höchstens eines der Qbits a, b, c von Null verschieden, so ist der Inhalt von c vor der letzten CCNOT-Operation ebenfalls Null und das Übertragsbit bleibt leer; andernfalls ist der Inhalt Eins, und das Übertragsbit wird in Abhängigkeit vom Kontrollbit K gesetzt. Die Summation kann nach der Rückkehr aus der Rekursion und dem Löschen des Übertragsbits mit zwei CCNOT- anstelle der zwei CNOT-

Operationen durchgeführt werden

$$\begin{bmatrix} a_k & \rightarrow & \otimes & \otimes & \rightarrow & a_k + b_k + c_k \\ b_k & \rightarrow & \circ & \rightarrow & \rightarrow & b_k \\ c_k & \rightarrow & \rightarrow & \circ & \rightarrow & c_k \\ K & \rightarrow & \circ & \circ & \rightarrow & K \end{bmatrix} .$$

Aufgabe. Stellen Sie die Operationen nebst dem Löschen der Übertragsbits in algorithmischer Schreibweise dar.

Ziehen wir Bilanz, so kommen wir zu den folgenden Operationsanzahlen

Addition	**Elementar-operationen**	**Kontroll. Add.**	**Elementar-operationen**
$4n$ CCNOT + $4n$ CNOT	$288 * n$	$6n$ CCNOT + $4n$ CNOT	$420n$

Nach unserer kleinen Optimierung ist eine kontrollierte Addition somit mit fast dem gleichen Aufwand durchführbar wie unser erster Ansatz. Dieser Aufwand fällt immer an, d. h. auch dann, wenn eigentlich gar nichts zu tun ist, weil sich das Kontrollqbit im Zustand 0 befindet.

6.4.3.4 Qbit-sparende Addition

Der hohe Bedarf des Additionsalgorithmus an Hilfsbits lässt natürlich die Frage aufkommen, ob nicht eine andere Realisation möglich ist, bei der Bits eingespart werden, die aber im Gegenzug großzügiger mit der Anzahl der Operationen umgeht. Eine Vorstufe dazu wäre ein Inkrementalgorithmus `a++`.[1] Mit diesem können wir einen alternativen Additionsalgorithmus entwerfen, der mit einem einzigen Qbit für den Übertrag auskommt. Mit dem Inkrementalgorithmus als BlackBox lautet er

$$\begin{bmatrix} a_k & \rightarrow \circ \rightarrow & a_k \\ \begin{bmatrix} b_k \\ b_{k+1} \\ \dots \\ b_n \end{bmatrix} & \rightarrow [\text{INC}] \rightarrow & \begin{bmatrix} b_k \\ b_{k+1} \\ \dots \\ b_n \end{bmatrix} + a_k \end{bmatrix} .$$

Hierbei wird das Bit k des Summanden für ein Inkrementieren der Summe ab dessen Bit k verwendet, was letztlich nur die dabei entstehenden Überträge nach oben durchschiebt, bevor das nächste in die Summe eingehende Bit berücksichtigt wird. Der Aufwand dieses Teils ist linear in der Anzahl der Qbits, so dass es bezüglich des Gesamtaufwands auf den Inkrementalgorithmus ankommt.

---

[1] P. Kaye, arXiv:quant-ph/0408173 (2004).

Ein Inkrementalgorithmus beginnt mit der Addition eines Übertragsbits zum ersten Bit. Hat dieses danach den Wert 1, ist das Übertragsbit zu löschen, was durch eine CNOT-Operation realisiert wird.

Das Ergebnis der Behandlung des Übertragsbits wird nun zum zweiten Bit addiert. Hat das zweite Bit nun den Wert 1, so ist ein gegebenenfalls gesetztes Übertragsbit wieder zu löschen. Da wir invertieren, ist es nur dann gesetzt, wenn es das erste Bit auf den Wert 0 angehoben hat. Wir haben also eine C_0C_1NOT-Operation auszuführen, d. h. das erste Bit erlaubt die Transformation im Zustand 0, das zweite im (*normalen*) Zustand 1.

Diese Überlegung ist auf die weiteren Bits fortzusetzen, und man gelangt so (*leider*) zu immer höher kontrollierten n-Bit-Operatoren. Das Gesamtschema für diesen Inkrementalgorithmus lautet ($\circ$ ist eine 1-kontrollierte Operation, $\times$ eine 0-kontrollierte):

$$\left[\begin{array}{cccccccccccccc}
b_1 & \otimes & \circ & \rightarrow & \times & \rightarrow & \times & \ldots & \rightarrow & \times & \rightarrow & \rightarrow & \times & \\
b_2 & \rightarrow & \rightarrow & \otimes & \circ & \rightarrow & \times & \ldots & \rightarrow & \times & \rightarrow & \rightarrow & \times & \\
b_3 & \rightarrow & \rightarrow & \rightarrow & \rightarrow & \otimes & \circ & \ldots & \rightarrow & \times & \rightarrow & \rightarrow & \times & \\
\ldots & \ldots & \ldots & \ldots & \ldots & \ldots & \ldots & \ldots & \ldots & \ldots & \ldots & \ldots & \ldots & (b+1) \\
b_{n-1} & \rightarrow & \rightarrow & \rightarrow & \rightarrow & \rightarrow & \rightarrow & \ldots & \otimes & \circ & \rightarrow & \rightarrow & \times & \\
b_n & \rightarrow & \rightarrow & \rightarrow & \rightarrow & \rightarrow & \rightarrow & \ldots & \rightarrow & \rightarrow & \otimes & \rightarrow & \rightarrow & \\
1 & \circ & \otimes & \circ & \otimes & \circ & \otimes & \ldots & \circ & \otimes & \circ & \text{NOT} & \otimes & 1
\end{array}\right]$$

oder in algorithmischer Form

```
Function INC(b,c<-1 ->1)
------------------------
for i from 1 to n-1 do
   C1[c] NOT(b_i)
   C0[b_1..b_(i-1)] C1[b_i] NOT(c)
C1[c] NOT(b_n)
NOT(c)
C0[b_1..b_n] NOT(c)
```

Wie man leicht nachvollzieht, bricht das Inkrementieren genau dann ab, wenn ein gesetztes Übertrags-Qbit auf ein 0-Qbit stößt (*der Algorithmus selbst läuft natürlich, wie auf Quantenrechnern obligatorisch, bis zum bitteren Ende durch*). Eine 0-kontrollierte Operation lässt sich dabei durch zwei 1-Qbit-Operationen und eine kontrollierte Operation realisieren: $[\times] = [\text{NOT} \circ \text{NOT}]$. In der letzten Operation wird die kontrollierte Löschoperation des Übertragsbits durch ein festes NOT ersetzt, was allerdings voraussetzt, dass das Register genügen groß ist, um keine Überläufe auftreten zu lassen. Der Gesamtaufwand an Elementaroperationen liegt bei

$$N_{\text{inc}} = n * N_{\text{CNOT}} + \sum_{k=0}^{n-1} N_{C^k\text{NOT}} + \sum_{k=1}^{n-2} 2 * k * N_{\text{NOT}} \, .$$

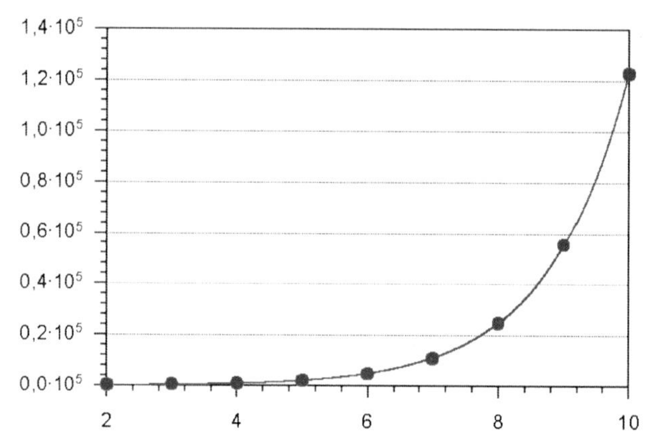

Abb. 6.1 Anzahl der Elementaroperationen für qbit-sparendes Inkrementieren

Um diesen Term auswerten zu können, benötigen wir den Aufwand für durch k Qbits kontrollierte Operationen. Wie wir festgestellt haben, lässt sich eine solche Operation ohne zusätzliche Kontrollbits durch eine Serie von durch ein Qbit kontrollierten Operationen realisieren, wozu die k-te Wurzel der kontrollierten Operation selbst benötigt wird, in diesem Fall also $\sqrt[k]{\mathrm{NOT}}$ (siehe Seite 248 ff.).

Die Gesamtoperation $C^k\mathrm{NOT}$ zerfällt in k verschiedene Gruppen $i = 1..k$ von 1-Qbit-kontrollierten Operationen, wobei die Anzahl der Operationen je Gruppe i durch den Binomialkoeffizienten gegeben ist. Jede Gruppe i enthält die XOR-Verknüpfung von jeweils i Qbits, was durch i CNOT-Operationen zu realisieren ist, sowie noch einmal der gleichen Anzahl für die Inversion. Insgesamt führt das auf

$$N_{C^k\mathrm{NOT}} = \sum_{i=1}^{k} \binom{k}{i} (2 * (i-1) * N_{\mathrm{CNOT}} + N_{cU}) \ .$$

Setzen wir diesen Ausdruck in die erste Summe ein und werten numerisch aus, so erhalten wir die in Abb. 6.1 dargestellten Anzahlen von Elementaroperationen in Abhängigkeit von den Qbits im Register.

Der Aufwand steigt exponentiell mit der Anzahl der Qbits im Register. Sofern es nicht gelingt, hochkontrollierte Operationen direkt durchzuführen, ist der Algorithmus in dieser Form daher uninteressant, da er nach den heutigen Rahmendaten kaum mehr als 32 Qbit bearbeiten kann.

Die Situation lässt sich allerdings durch Optimierung erheblich verbessern. Aber selbst wenn man einige sehr optimistische Überlegungen bezüglich realisierbarer Operationen und deren Kombination anstellt, erfordert das Inkrementieren erfordert einen Aufwand in der Größe von $O(k^2)$ Operationen, und die Addition erfordert damit $O(n^3)$ Operationen. Denkbar sind natürlich auch Mischstrategien, die temporäre Qbits für die Realisierung der hochkontrollierten Operation heranziehen, aber deutlich weniger verbrauchen als die normale Addition und im Gegenzug annähernd linear mit der Anzahl der Qbits im Aufwand sind.

6.4.3.5 Quantenaddition

Die bislang vorgestellten Varianten sind Übertragungen der klassischen Vorgehensweise auf einen Quantencomputer, wobei die notwendige Reversibilität Probleme bereitet und zu einem erhöhten Aufwand an Qbits führt (wahlweise zu recht schnell steigenden Operationenanzahlen).

Es existiert aber auch eine Quantenaddition, die vollständig ohne Übertrags-Qbits auskommt und auf der Fourier-Transformation beruht:[1]

```
Function QADD(a,b_const)
------------------------
FOURIER(a)
for i from n to 1 step -1 do
   for j from i to 1 step -1 do
      C1[b_j] PH[a_i]{i-j+1}
FOURIER^-1(a)
```

Vergleichen wir diese Operation mit der Fourier-Transformation (Seite 255 ff.), so besteht die Quantenaddition aus drei Fourier-Transformationen:

1. Im ersten Schritt werden die Qbits der Größe b in Frequenzinformationen überführt, die in den Qbits von b abgespeichert werden,
2. im zweiten Schritt werden die Qbits der Größe a ebenfalls in Frequenzinformationen überführt, aber nicht auf a abgespeichert, sondern zu den Frequenzinformation in b addiert,
3. im dritten Schritt werden die Frequenzinformationen auf b, die nun der Größe $(a + b)$ entsprechen, in die Summe zurückverwandelt.

Aufgabe. Entwerfen Sie Algorithmen für die kontrollierte Addition sowie für die Addition einer Konstanten. Bei diesem Algorithmus werden die kontrollierten Phasenverschiebungen wieder durch Anweisungen an die Operationssteuerung

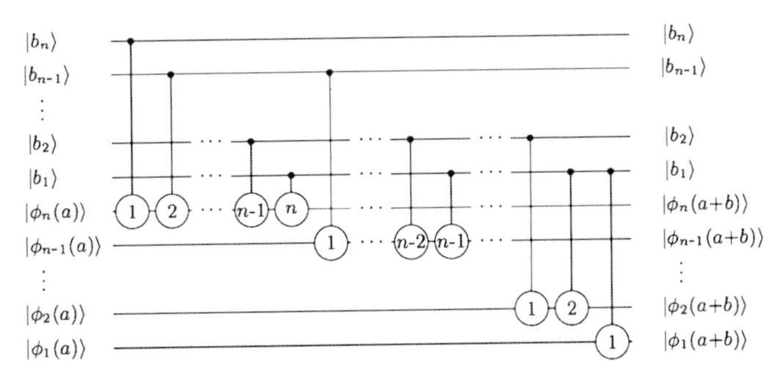

Abb. 6.2 Quantenaddierer mit kontrollierter Phasendrehung, nach Draper aus quant/ph 0008033

---

[1] T. G. Draper, arXiv:quant-ph/000833.

ersetzt, je nach Bitinhalt der Konstanten eine Phasenverschiebung durchzuführen oder nicht.

Ergänzen Sie die Algorithmenliste durch Versionen für die Subtraktion.

Der Aufwand für diese Additionsmethode ist quadratisch in der Anzahl der Qbits. Für die normale und die kontrollierte Addition findet man (*unabhängig davon, ob ein Register oder eine Konstante addiert wird*)

Funktion	***H***	***CPh***	**CCNOT**	**Elem. Op.**
ADD	$2n+2$	$(n+1)(3n+2)/2$	0	$6n^2+16n+10$
CADD	$2n+2$	$(n+1)(3n+2)/2$	$(n+1)(n+2)$	$72n^2+214n+10$

Dies ist schon eine interessante Größenordnung, wenn Qbits durch erhöhten Operationsaufwand bezahlt werden sollen, und wir werden die Quantenaddition in den weiteren Abschnitten für die Aufwandsberechnung einsetzen, denn Qbits scheinen derzeit eher der limitierende Faktor zu sein als Operationen.

Die Entwicklung von Additionsalgorithmen ist damit allerdings noch längst nicht abgeschlossen, auch wenn wir hier mit diesem Algorithmus schließen werden. Inzwischen sieht es so aus, als könne man die Quantenaddition mit annähernd linearem Aufwand ohne nennenswerten Kontroll-Qbit-Verbrauch durchführen.[1] Es fehlt eigentlich nur noch der Quantencomputer selbst.

6.4.3.6 Modulare Addition

Das Additionsergebnis modulo einer Zahl N ergibt sich klassisch aus dem Algorithmus

```
a=a+b
if(a>N)
   a=a-N
```

wobei das Modul N eine Konstante ist und folglich nicht als Quantengröße realisiert werden muss. Als Quantenalgorithmus ist dies sinngemäß durch

```
ADD(a,b)            // a = a + b
SUB_CONST(a){N}     // a = a - N
C1[a_n] ADD(a){N}   // a = a + N, falls a_n = 1
```

zu realisieren, wobei das Problem darin besteht, das Kontrollqbit a_n der kontrollierten Addition wieder zu löschen. Dies lässt sich mit einigen Hilfsqbits erreichen, die wie üblich im Zustand $|0\rangle$ vorinitialisiert sind. Zunächst führen wir die Addition und Subtraktion durch und erhalten hierdurch das Kontrollbit für die kontrollierte Addition

[1] Y. Takahashi et al., arXiv:quanth-ph/0910.2530.

```
Funktion ADD_MOD(a, b_const, c<-0 ->0){N}
-----------------------------------------
ADD(a,b)
SUB_CONST(a){N}     // a~ist nun negativ, falls a+b < N ist
C1[a_n] NOT(c)      // das Vorzeichenbit wird auf ein Hilfsqbit
    kopiert
C1[c] ADD_CONST(a){N} // a ist Positiv, c muss gelöscht werden
```

Bei einer Modulrechnung gilt an dieser Stelle

$$a - b > 0 \Leftrightarrow a + b < N$$

was uns nun durch zwei weitere Additionen die Möglichkeit gibt, das Hilfsqbit wieder zu löschen[1]

```
SUB(a,b)
C0[a_n] NOT(c)
ADD(a,b)
```

Der Gesamtaufwand der modularen Addition liegt somit bei vier Additionen und einer kontrollierten Addition sowie einem zusätzlichen Qbit. Die modulare Subtraktion erhält man, wenn die inversen Operationen in der umgekehrten Reihenfolge durchlaufen werden:

```
Funktion SUB_MOD(a,b_const,c<-0 ->0){modul}
-------------------------------------------
SUB(a,b)
C0[a_(n-1)] NOT(c);
ADD(a,b)
C1[c] SUB_CONST(a){modul}
C1[a_(n-1)] NOT(c)
ADD_CONST(a){modul}
SUB(a,b)
```

Aufgabe. Auch diese Operationen werden wieder in einer kontrollierten Form benötigt. Verifizieren Sie, dass es hierfür notwendig ist, sämtliche Operation, an denen beide Summanden beteiligt sind, durch kontrollierte Versionen zu ersetzen.

Ergänzen Sie auch hier die Algorithmenliste um Versionen, bei denen auch der zweite Summand eine Konstante ist.

Insgesamt erhalten wir folgende Aufwandsabschätzung für die Algorithmen bei Einsatz der Quantenaddition

Algorithmus	**ADD**	**CADD**	**Elem. Op.**
ADD_MOD	4	1	$96n^2 + 278n$
C_ADD_MOD	3	2	$282n^2 + 870n$

[1] S.Beauregard, arXiv:quant-ph/0205095.

Aufgabe. Der Registeraufwand liegt bei $2n + 1$ Qbits. Vergleichen Sie den Aufwand bei Einsatz eines anderen Additionsalgorithmus.

6.4.4 Multiplikation

6.4.4.1 Die klassische Multiplikation

Sind zwei Zahlen mit je n_1 und n_2 Bit zu multiplizieren, so muss das Ergebnisregister $n_1 + n_2$ Bit aufweisen, um das komplette Ergebnis aufnehmen zu können. Da Qbits voraussichtlich ein teures Gut sind, empfiehlt es sich, in Algorithmen mit dynamischen Variablengrößen zu arbeiten, d. h. im Fall der Multiplikation mit Faktoren der Größe n Bit und einer Produktvariablen mit $2n$ Bit.

Für die Multiplikation existieren wie für die Addition verschiedene Algorithmen. Wir konstruieren eine Implementierung in der Form `c=a*b` mit der klassischen Methode mit Schieberegistern und Addition. Das Ergebnisregister muss bei dieser Vorgehensweise bereits zu Beginn des Algorithmus vorgesehen werden, d. h. der Algorithmus produziert

$$U_{\text{mul}}|a\rangle \otimes |b\rangle \otimes |0\rangle = |a\rangle \otimes |b\rangle \otimes |a * b\rangle \ .$$

Im klassischen Algorithmus wird der Faktor b schrittweise zyklisch nach links verschoben und zum Ergebnis addiert, wenn das der Anzahl der Schiebeoperationen entsprechende Bit des Faktors a den Wert 1 aufweist. Die Transformation lässt sich in algorithmischer Form sehr einfach notieren:

```
Function MUL1(c,a_const,b_const, temp<-0 ->0)
----------------------------------------------
for i from 1 to n do
   C1[a_i] ADD(c,2^i *b)
```

Das zyklische Schieben wird durch ein Hilfsregister mit n Qbits im Zustand Null realisiert, von dem die Steuerung in jedem Schritt virtuell ein zusätzliches Qbit an den Anfang des Registers b schiebt. Das Schieben verursacht somit keinerlei Operationsaufwand, jedoch liegt der Qbit-Verbrauch der Multiplikation nun bei $5*n$.

In dieser Form belegt eine Multiplikation sehr viel Raum, da sowohl die Ausgangsdaten als auch das Endprodukt auf dem Quantenregister vorhanden ist. Da die Multiplikation umkehrbar ist, kann einer der Faktoren gelöscht werden. Wir könnten dies mit der auf Seite 252 ff. beschriebenen Standardmethode erledigen, was jedoch weiteren Qbit-Einsatz erfordert. Mit der gleichen Methode wie bei der modularen Addition lässt sich jedoch eine Abkürzung entwickeln, die den kontrollierenden Faktor a bereits während der Multiplikation löscht.

```
Function MUL2(c, a->0, b_const, temp<-0 ->0)
-------------------------------------------
for i from 1 to n do
   C1[a_i] ADD(c,2^i * b)
   SUB(c,2^i * b)
   C0[c_n] NOT(a_i)
   ADD(c,2^i * b)
```

Ist das Qbit `a_i` gesetzt, wird die erste kontrollierter Addition ausgeführt und das verschobene `b` zum Ergebnis addiert. Hierdurch ist das anschließende Subtraktionsergebnis ist nicht negativ. Ein 0-kontrolliertes CNOT bewirkt in diesem Fall das Löschen des Qbits `a_i`. War `a_i` bereits anfangs im Zustand Null, so hat sich daran nichts geändert.

Am Ende dieses Algorithmus ist Register `a` leer, während `c` das Ergebnis beinhaltet. Der Qbit-Einsatz ist der gleiche, jedoch können nun $2 * n$ statt nur n Qbits für weitere Operationen verwendet werden.

Wir kommen somit insgesamt auf einen Aufwand von $4n$ Qbits und folgende Operationsanzahlschätzung:

Algorithmus	**ADD**	**Elem. Op.**
MUL2	3	$90n^3 + 262n^2$
CMUL2	3	$90n^3 + 262n^2$

Die kontrollierte Version ist mit dem gleichen Aufwand durchführbar. Dazu muss nur die erste Zeile angepasst werden:

```
C1[control,a_i] NOT(help)
C1[help] ADD(c,2^i * b,a)
C1[control,a_i] NOT(help)
```

Wir kommen also mit zwei zusätzlichen CCNOT-Operationen und einem weiteren Hilfsqbit aus.

Die CMUL-Operation demonstriert nochmals das Dilemma der Quantenrechnung: der Aufwand ist $O(n^3)$, also beträchtlich. Während ein klassischer Computer, der Multiplikationen ohnehin in $O(n^2)$ oder besser erledigen kann, die Rechenzeit kurzerhand durch Überspringen einspart, muss der Quantenrechner trotzdem alles durchführen.

Ist eine Multiplikation auch ohne Hilfsregister durchführbar? Klassisch lässt sich die Multiplikation auch ohne Zusatzregister ausführen, indem man die Multiplikation bitweise beim höchsten Bit beginnend durchführt:

$$(a_{2n}) = a_n * b_n$$
$$(a_{2n-1}) = a_n * b_{n-1} + a_{n-1} * b_n$$
$$\ldots$$

$$(a_n) = a_n * b_0 + a_{n-1} * b_1 + \ldots + a_0 * b_n$$
$$\ldots$$
$$(a_0) = a_0 * b_0 \,.$$

Die Klammerung (a_k) bedeutet dabei, dass die rechts stehende Summe mit allen Überträgen ab dem Bit k zum Zwischenergebnis addiert wird. Dies lässt sich durch doppelt kontrolliertes Inkrementieren, das wir hier als kontrollierte Addition einer Eins formulieren, umsetzen:[1]

```
for i from 2n downto 1 do
   for j from 1 to min(i,2n-i) do
      for k from j downto 1 do
         C1[a_(n-j),b_(n-k)] ADD_CONST(a_(i-1..2n-1)){1}
         if(i != j)
            C1[a_(n-k),b_(n-j)] ADD_CONST(a_(i-1..2n-1)){1}
```

In dieser Form enthält der Algorithmus allerdings noch einen Fehler: an der mittleren Zeile der Summendarstellung lässt sich erkennen, dass eine Bitposition $k \leq n$ in dem Schritt überschrieben wird, in dem sie auch letztmalig Verwendung findet. Speziell für diesen Schritt müssen wir eine Zwischenspeicherung des Qbit-Inhalts vorsehen:

```
if( n-j = i)
   C1[a_(n-j),b_(n-k)] NOT(temp)
   C1[temp] ADD_CONST(a_(i-1..2n-1)){1}
   C0[a_(n-j)] C1[b_(n-k)] NOT(temp)
```

Ein kontrolliertes Inkrementieren des oberen Registerteils findet nur statt, wenn die Qbits a_k und b_l gesetzt sind. Nach dem Inkrementieren ist das Qbit a_k folglich gelöscht. Die gemischt doppelt kontrollierte NOT-Operation löscht in diesem Fall das Hilfsqbit wieder. Alle anderen Anfangskombinationen führen weder zum kontrollierten Inkrementieren noch zum verfälschen des Hilfsqbits. Insgesamt benötigen wir für diesen Algorithmus somit nur ein zusätzliches Hilfsqbit, da der Inkrementalgorithmus in der Quantenform kein Qbit benötigt. Der Aufwand an Elementaroperationen liegt allerdings in der Größenordnung $O(n^4)$. Wir bezahlen somit die Einsparung von weiteren n Qbits mit einer weiteren Potenz in der Aufwandsberechnung.

6.4.4.2 Divisionsalgorithmus

Die Division lässt sich wie bereits die Subtraktion als Rückwärtsdurchlaufen der gesamten Transformation formulieren. Die Details seien wieder Ihnen als **Aufgabe**

[1] Der reine Inkrementalgorithmus war ja bezüglich des Aufwands alles andere als akzeptabel, so dass wir hier zu dieser Lösung greifen.

überlassen. Zu beachten ist allerdings, dass die Division in der Regel nicht ganzzahlig aufgeht, sondern eine Divisionsrest besitzt. Dieser ist im Register des Dividenden gespeichert:

$$\boldsymbol{U}_{\text{div}} \left(= \boldsymbol{U}_{\text{mul}}^{-1}\right) |0\rangle \otimes |b\rangle \otimes |a * b + r\rangle = |a\rangle \otimes |b\rangle \otimes |r\rangle \ .$$

Eine allgemeine Division kann daher nicht mit einer Löschoperationen verbunden werden.

Nun wird es kaum Probleme geben, die nur ein paar normale Multiplikationen benötigen und einen Quantenrechner zur Lösung erfordern. Wenn die Multiplikation in Problemen auftritt, dann in der Form der modularen Multiplikation. Diese könnte man in klassischer Weise durch eine Multiplikation und eine anschließende Division durchführen.

$$\begin{aligned}
&\boldsymbol{U}_{\text{mul}}|a\rangle|b\rangle|0\rangle|0\rangle|0\rangle = |a\rangle|b\rangle|a * b\rangle|0\rangle|0\rangle \\
&\boldsymbol{U}_{\text{divconst}}(N)|a\rangle|b\rangle|a * b\rangle|0\rangle|0\rangle = |a\rangle|b\rangle|r\rangle|a * b/N\rangle|0\rangle \\
&\text{CNOT}\,|a\rangle|b\rangle|r\rangle|a * b/N\rangle|0\rangle = |a\rangle|b\rangle|r\rangle|a * b/N\rangle|r\rangle \\
&\boldsymbol{U}_{\text{divconst}}^{-1}|a\rangle|b\rangle|r\rangle|a * b/N\rangle|r\rangle = |a\rangle|b\rangle|a * b\rangle|0\rangle|r\rangle \\
&\boldsymbol{U}_{\text{mul}}^{-1}|a\rangle|b\rangle|a * b\rangle|0\rangle|r\rangle = |a\rangle|b\rangle|0\rangle|0\rangle|r\rangle \ .
\end{aligned}$$

Da modulare Operationen unter bestimmten Umständen eindeutige Ergebnisse aufweisen und daher umkehrbar sind, kann zusätzlich einer der Faktoren gelöscht werden, so dass abschließend nicht mehr Qbits belegt sind als zu Beginn der Operation. Allerdings ist diese Vorgehensweise mit einem großen Aufwand an Qbits und Operationen verbunden, und mit Hilfe der modularen Addition geht es auch viel einfacher. Wir werden diese Möglichkeit daher nicht weiter verfolgen.

6.4.4.3 Modulare Multiplikation

Wir betrachten eine modulare Multiplikation unter den speziellen Randbedingungen, dass

- das Modul eine ungerade Zahl ist,
- die Faktoren positive Zahlen sind und
- die oberen beiden Qbits einer Zahl jeweils Null sind.[1]

Die modulare Multiplikation lässt sich dann auf modulare Operationen bei jeder Schiebeoperation zurückführen und benötigt daher kaum mehr als die normale Registerbreite und nur wenige Kontrollbits.

Zunächst wird einer der Faktoren fortlaufend modular verdoppelt, was aufgrund der Nebenbedingungen besonders einfach ist: das höchste Qbit wird formal an den

[1] Falls das nicht der Fall ist, was bei einigen Problemen durchaus der Fall sein kann, muss man andere Algorithmen, die diese Bedingungen herstellen, davor- und invers dahinterschalten.

Anfang des Registers geschoben, was der Operation

```
f = f+2 = 2*f = f << 1
```

entspricht. Diese Änderung der Qbit-Reihenfolge kann vom Steuerprogramm automatisch übernommen werden und benötigt so keinerlei operativen Aufwand. Sodann werden folgende Schritte ausgeführt

```
Funktion MUL2_MOD(a, c<-0 ->0){modul}
-------------------------------------
SHIFT2(a)
SUB(a){modul}
C1[a_(n-1)] NOT(c);
C1[c] ADD(A){modul}
C0[a0] NOT(c)
```

Ist $2 * a < N$, so ist das Ergebnis nach der Subtraktion kleiner als Null, und die bedingte Addition wird ausgeführt. Da $2 * a$ eine gerade Zahl ist, wird das Kontrollqbit im folgenden Schritt wieder gelöscht.

Ist $2 * a < N$, so ist das Ergebnis größer als Null und ungerade, d. h. weder die bedingte Addition noch das bedingte Negieren des Kontrollbits werden durchgeführt. Die modulare Verdopplung erfolgt „in place", und mit der Umkehrung ist man auch im Besitz einer modularen Division durch Zwei.

Um die modulare Multiplikation komplett zu machen, setzen wir die modulare Addition ein:

```
Funktion MUL_MOD(c<-0, a,b, d<-0 ->0){modul}
--------------------------------------------
for i from 1 to n do
    C1[a_i] ADD_MOD(c,b,d){modul}
    MUL2_MOD(b,d){modul}
for i from 1 to n do
    MUL2^{-1}_{MOD}(b,d)modul
```

Wie bei der normalen Multiplikation benötigen wir drei Variablen im Register. Der Rechenaufwand liegt bei $426 * n^3 + 1{,}298 * n^2$ Operationen.

Zumindest wenn das Modul eine Primzahl ist, ist das Ergebnis eindeutig und umkehrbar und einer der Faktoren kann bei der Multiplikation gelöscht werden.[1] Das ist allerdings während des Algorithmus kaum zu realisieren, da bei Modulrechnungen die Relation > nicht definiert ist und somit kein Kriterium zur Verfügung steht, das Ergebnis der kontrollierten modularen Addition zu überprüfen. Es bleibt somit nur die in Kap. 6.4.1 auf S. 252 ff. beschriebene Standardvorgehensweise, die jedoch weitere Quantenregister für die temporären Werte notwendig macht.

Aufgabe. Entwerfen Sie einen Algorithmus für den praktisch wichtigen Fall, dass b eine Konstante ist. Entwerfen Sie ebenfalls Versionen für kontrollierte modulare Additionen oder Subtraktionen. Beachten Sie die Hinweise in Kapitel 6.4.5.

---

[1] Das gilt nicht, wenn n keine Primzahl ist. Beispielsweise gilt $15 * 35 \equiv 0(\text{mod } 21)$.

Im Fall der modularen Multiplikation mit einer Konstanten ist die Löschoperation recht einfach durchführbar. Nehmen wir als Beispiel $a = 13$, $N = 17$ und $k = 7$, so erhalten wir bei der Multiplikation

```
MUL_MOD_CONST(a<-13 ->13,b<-0 ->6){7{,}17}
----------------------------------------
|13> |0>  ->  |13> |6> // a*k ≡ 13 * 7 ≡ 6 (mod 17)
```

Eine inverse Rechnung löscht entweder das Ergebnis 6 oder liefert bei Anwendung auf ein leeres Register

```
IMUL_MOD_CONST(a<-13 ->13,b<-0 ->11){7,17}
------------------------------------------
|13> |0>  ->  |13> |11> // k/a ≡ 7/13 ≡ 11 (mod 17)
```

Da die Konstante zwangsweise die Rolle des kontrollierenden Registers bei der Operation übernimmt, steht sie arithmetisch im Zähler der Moduloperation. Für das Löschen müssen wir jedoch $a/k \equiv a * k^{-1} \equiv 6 (\mathrm{mod}\, 17)$ erzeugen. Das Inverse unserer Konstanten zum Modul können wir jedoch direkt berechnen und erhalten $k^{-1} = 5$.[1] Ein Zwischenergebnis müssen wir unter diesen Umständen jedoch gar nicht mehr berechnen, denn bei Umkehrung der Registerreihenfolge erhalten wir direkt das gewünschte Ergebnis

```
IMUL_MOD_CONST(b<-6 ->6,a<-13 ->0){5,17}
----------------------------------------
|13> |6>  ->  |0> |6> // a*k^{-1} ≡ 13 * 5 ≡ 6 (mod 17)
```

Für eine modulare Multiplikation mit einer Konstanten benötigen wir damit nur weitere $n + 1$ Qbits ($n + 2$ Qbits im kontrollierten Fall), die anschließend sofort wieder zur Verfügung stehen.

6.4.5 Modulare Exponentiation

Klassisch erfolgt eine modulare Exponentiation

$$y \equiv a^x (\mathrm{mod} N)$$

mit dem Algorithmus

```
result=1
for i from 0 to exponent step i=i*2 do
   if((exponent & (1 << i)) <> 0)
      result=result*basis (mod N)
   basis=basis * basis (mod N)
```

[1] Siehe z. B. Gilbert Brands, Verschlüsselungsalgorithmen, Vieweg Verlag.

Der Algorithmus kommt also mit $O(n)$ modularen Multiplikationen zum Ergebnis. Wir implementieren ihn ebenfalls wieder unter speziellen Randbedingungen. Er wird für den Angriff auf die RSA-Verschlüsselung benötigt, und für die einzelnen Größen gilt hier:

- x ist das Ausgangsquantenregister, y ist das mit dem Ergebnis zu füllende Quantenregister und wird mit $|1\rangle$ intialisiert.
- a und N sind Konstante und brauchen daher nicht im Quantenregister angelegt zu werden.

Wir können ihn daher recht einfach realisieren, indem wir im klassischen Algorithmus die Quantenalgorithmen einsetzen. Hierbei kommt eine platzsparende kontrollierte modulare Multiplikation mit einer Konstanten zum Einsatz (siehe Aufgabe im letzten Kapitel).

```
Funktion EXP_MOD(x_const,y<-0,temp<-0 ->0){modul,basis}
-------------------------------------------------------
NOT(y_0)
for i from 0 to n-1 do
   C1[x_i] MULP_MOD_CONST(y,temp){modul,basis}
   basis=basis*basis%modul;
```

Hierbei ist auf einige Besonderheiten zu achten:

- Das Ergebnisregister ist im Standardzustand Null zu übergeben, d. h. es wird ausschließlich eine modulare Exponentiation durchgeführt.
- Die erste Multiplikation muss mit dem Faktor Eins erfolgen. Die NOT-Operation zu Beginn entspricht der klassischen Initialisierung.
- Die hier zu verwendende kontrollierte modulare Multiplikation mit einer Konstanten entspricht NICHT der oben vorgestellten allgemeinen modularen Multiplikation!

Bei der allgemeinen platzsparenden, nicht kontrollierten modularen Multiplikation wechseln nämlich temporäres und Ausgangs-/Ergebnisregister die Rollen (siehe oben):

```
Funktion MULP_MOD_CONST(a->0,temp<-0){modul,faktor}
---------------------------------------------------
   MUL_MOD_CONST(a,temp){modul,faktor}
   faktor = 1/faktor (mod modul)
   IMUL_MOD_CONST(temp,a){modul,faktor}
```

In einer kontrollierten Version geschieht allerdings gar nichts, wenn das Kontrollbit den Zustand Null aufweist! Das Eingangsregister besitzt immer noch den gleichen Wert wie zu Beginn, und das Ergebnisregister weist den Zustand Null auf. Bei der modularen Exponentiation müssen wir jedoch dafür sorgen, dass sich am Zwischenergebnis nichts ändert, wenn ein Kontrollbit des Exponenten Null ist. Dies macht zusätzliche kontrollierte SWAP-Operationen notwendig, so dass wir für die kontrollierte Operation in der Exponentiation schließlich folgenden Algorithmus erhalten:

```
Funktion C1[control] MULP_MOD_CONST(a,temp<-0->0){modul,faktor}
---------------------------------------------------------------
    C1[control] MUL_MOD_CONST(a,temp){modul,faktor}
    faktor = 1/faktor (mod modul)
    C1[control] IMUL_MOD_CONST(temp,a){modul,faktor}
    C1[control] SWAP(a,temp)
```

Wie man nun leicht kontrolliert, tauschen bei `control=1` die Register zunächst ihre Bedeutungen und werden durch die SWAP-Operation wieder in die Ursprungsreihenfolge transformiert, währen bei `control=0` nicht passiert und das vorherige Zwischenergebnis weiterhin zur Verfügung steht.

Unter den gegebenen Nebenbedingungen liegt der Aufwand für die modulare Exponentiation an Registerplätzen bei $3 * n + 2$ Qbits und folgendem Rechenaufwand:

Operation	**Elem. Op.**
ADD _MOD_CONST	$15 * n^2 + 15 * n$
CADD_MOD_CONST	$15 * n^2 + 15 * n$
MUL_MOD_CONST	$15 * n^3 + 15 * n^2$
MULP _MOD_CONST	$30 * n^3 + 30 * n^2$
CMULP_MOD_CONST	$30 * n^3 + 30 * n^2$
EXP_MOD	$30 * n^4 + 30 * n^3$

6.4.6 Zusammenfassung

Wie die Diskussion zeigt, sind alle klassischen Operationen auch auf Quantencomputer zu übertragen. Die erforderliche Reversibilität erfordert jedoch einigen Aufwand an Rechenoperationen und an zusätzlichen Speicherplätzen. Grundsätzlich ist eine Inversion zum Löschen temporär benötigter Speicherplätze notwendig, um später eine eindeutig interpretierbare Messung zu gewährleisten; zusätzlich ist in den meisten Fällen auch ein frühzeitiges Löschen von Zwischenergebnissen durchzuführen, um das knappe Gut Qbits nicht zu verschwenden.

Die prinzipielle Vorgehensweise beim Entwurf von Quantenalgorithmen haben wir wohl hinreichend vorgestellt, wobei die diskutierten Algorithmen zum Teil spezielle Randbedingungen aufweisen und auch nicht unbedingt die effektivsten sind. Die speziellen Randbedingungen insbesondere bei den modularen Operationen nehmen besondere Rücksicht auf die bislang entwickelten Anwendungen für Quantencomputer, von denen wir einige im folgenden Kapitel vorstellen werden. Weitere Standardalgorithmen mögen eine intellektuelle Herausforderung sein, sind aber an dieser Stelle mangels weiterer Einsatzgebiete unnötig.

Bezüglich der Effektivität verhält es bei Quantenalgorithmen ähnlich wie bei klassischen Algorithmen: mit den einfachen Formen stehen Referenzalgorithmen zur Verfügung, die leicht zu verstehen sind und mit denen zu einem späteren Zeitpunkt die korrekten Implementierungen von optimierten Versionen überprüft werden können. Optimierungen fallen wiederum nicht selten selbst in klassischen Programmierungen so komplex aus, dass sie ohne Vorbereitung durch die einfachen Versionen kaum verständlich sind. Die Beschränkung auf die Standardversionen macht daher für die Einarbeitung in die Thematik Sinn.

Optimierungen spielen allerdings voraussichtlich eine große Rolle, sofern Quantenrechner tatsächlich irgendwann zu einer Gefahr für Verschlüsselungsalgorithmen werden sollen. Nach derzeitigen Abschätzungen liegt die Anzahl der auf einem Quantenrechner ausführbaren Operationen bei ca. 10^{13}. Die hier vorgestellten einfachen Algorithmen besitzen die Komplexitätsordnung $O(n^4)$ bezüglich der modularen Exponentiation, was für einen Angriff auf die RSA-Verschlüsselung bedeutet, dass die Angriffsobergrenze bei ca. 2000 Bit liegt, wozu ein Quantenrechner mit ca. 6000 Qbits zu realisieren wäre. Bei einer Verminderung um eine Größenordnung läge die Angriffsgrenze bei ca. 25.000 Bit, d. h. die klassische Verschlüsselungstechnik müsste sich schon etwas mehr strecken.

Aufgabe. Stellen Sie grafisch die Angriffsobergrenze bei Einsatz der modularen Exponentiation in Abhängigkeit vom Aufwand an Operationen und von der Anzahl der realisierbaren Operationen dar.

Mit unseren Algorithmendarstellungen sind wir insgesamt auf einem recht einfachen und überschaubaren Niveau geblieben. Der Vollständigkeit halber sei hier noch vermerkt, dass die Wissenschaft auch hier schon weiter ist und mit QCL bzw. QML funktionale Programmiersprachen nebst Compilern für Quantenalgorithmen entwirft.[1] Die Beschäftigung mit dieser Thematik sei jedoch dem Leser bei Interesse selbst überlassen.

6.5 Problemlösungen mit Quantencomputern

Die in den letzten Kapiteln diskutierten Operationen auf Quantencomputern sind mehr aus klassischer Sicht dargestellt und geben noch keinen Hinweis auf die tatsächliche Arbeitsweise mit einem Quantencomputer, es sei denn, man möchte ihn in klassischer Manier betreiben, d. h. das Quantenregister mit einem definierten Qbit-Muster füllen, den Algorithmus ablaufen lassen und das Ergebnis messen. Wie lösen Quantencomputer Probleme tatsächlich?

Im Gegensatz zum klassischen Rechner, der in seinen Registerbits nur eine Größe speichern kann, ist ein Quantenregister in der Lage, beliebige Überlagerungen von allen möglichen Werten aufzunehmen und jeden dieser Werte bei einer Messung mit einer bestimmten Wahrscheinlichkeit auszugeben. Diese Überlagerung wird auf das Ergebnis einer Quantenrechnung übertragen, die prinzipiell keinerlei Filterungen durch logische Abfragen zulässt. Eine Messung des Ergebnisregisters wird also

[1] Für QML ist im Internet eine spezielle Projektseite eingerichtet.

wiederum einen mehr oder weniger zufälligen Wert aus der Menge aller Ergebnisse liefern. Wie lässt sich daraus ein Informationsgewinn ableiten?

Im Wesentlichen gelangen zwei Vorgehensweisen zum Einsatz. Zunächst kann man so vorgehen wie auf einem klassischen Rechner und den Algorithmus über viele Schritte iterieren lassen, wobei das Ergebnis eines Laufes den Startwert für den nächsten liefert. Der Endzustand wird also dem Startzustand entsprechen und wiederum aus einer Überlagerung verschiedener Eingabewerte und einem Satz sauberer Register für die Zwischenrechnungen bestehen. Der Trick hierbei liegt nun darin, den Quantenalgorithmus so zu konstruieren, dass zwar der Ausgangszustand für fast alle Superpositionswerte wiederhergestellt wird, aber der den Experimentator interessierende Wert eine Störung verursacht, die zur vollständigen Wiederherstellung des Startzustandes zu korrigieren ist.

Eine solche Korrektur führt aufgrund ihrer Selektivität in der Regel zu einer Änderung der Superpositionskoeffizienten und steigert zweckmäßigerweise die Wahrscheinlichkeit, den interessierenden Wert zu messen. Man muss also nur den Algorithmus genügend häufig ausführen, um mit einiger Wahrscheinlichkeit das richtige Ergebnis zu messen, und nach Auswertung des Messergebnisses auf einem klassischen System den Quantenalgorithmus ggf. einige Male wiederholen. Die jeweiligen Wiederholungsanzahlen resultieren aus der mathematischen Struktur des Problems und daraus, wie gut man diese Kenntnisse nutzen kann.

Die zweite Vorgehensweise besteht darin, das Ergebnis einer Quantenrechnung einer Transformation zu unterziehen, die eine Struktur auf den Daten sichtbar macht. Das ist der Fall, wenn die Menge der Eingabewerte größer ist als die Menge der Ergebniswerte, d. h. verschiedene Eingabewerte den gleichen Ausgabewert generieren. Kann man aus einer Messung mit einer relativ hohen Wahrscheinlichkeit eine korrekte Aussage über die Strukturparameter gewinnen, so kann wiederum unter Einsatz eines klassischen Systems das eigentliche Problem gelöst werden.

Die erste Vorgehensweise ist prinzipiell auf viele Probleme anwendbar, da sie kein mathematisches Verständnis des Problems erfordert. Es ist lediglich ein Algorithmus zu implementieren, der für den gesuchten Wert eine leicht verschobene Ausgabe liefert. Bei dieser Vorgehensweise ist der Quantencomputer asymptotisch zwar besser als ein klassischer Computer, der mit der gleichen Methode betrieben wird, jedoch meist schlechter als ein klassischer Algorithmus, der ausgefeilte mathematische Beziehungen

Wir werden in den folgenden Kapiteln zunächst die Theorie vorstellen. Weiter hinten folgt noch ein Kapitel über die Simulation von Quantenalgorithmen auf klassischen Rechnern, das neben den Programmiertechniken auch eine anschauliche Basis bietet, die Theorie einmal in der Praxis nachzuvollziehen.

6.5.1 Suchen in unsortierten Mengen

In diesem Kapitel beschäftigen wir uns mit dem Basisalgorithmus auf Quantencomputern, der Suche nach einer Lösung in einer Menge, für die keine mathematische

Struktur bekannt ist, die für eine Beschleunigung genutzt werden kann. Die Ergebnisse liefern uns den theoretischen Vorteil, den Quantenrechner gegenüber klassischen Rechnern in solchen Fällen aufweisen – allerdings **vor** Berücksichtigung interner problemspezifischer Vorgänge, die den Vorteil auch wieder aufweichen können.

6.5.1.1 Ein Suchalgorithmus auf Quantencomputern

Der Zeitaufwand für Suchvorgänge in Datenbanken liegt im Bereich $O(\log(n))$ für Suchen in sortierten Spalten und beträgt $O(n)$ für Suchen in Spalten ohne Sortierung. Da der Aufbau eines sortierten Index, der bei eine Sortierung mehrerer Spalten einer Tabelle benötigt wird, neben zusätzlichem Speicherplatz auch einen Aufwand von etwa $O(\log(n))$ verursacht, wird man aus Effizienzgründen Spalten, die selten als Schlüssel verwendet werden, nicht mit einem sortierten Index versehen.

L. K. Grover hat nun einen Algorithmus entwickelt, der eine Suche in einer solchen unsortierten Liste schneller als ein klassischer Computer durchführen kann, nämlich mit dem Aufwand $O(\sqrt{n})$.[1] Der Algorithmus ist eine Erweiterung eines zuvor von D. Deutsch entwickelten Algorithmus zur Entscheidung der Frage, ob eine gegebene Funktion $f(x)$ konstant ist oder nicht. Letzten Ende muss hierfür auch der komplette Definitionsraum durchsucht werden. Sieht man ihn als (unsortierte) Liste an, hat man das gleich Problem vorliegen.

Ohne einstweilen auf die internen Details einzugehen, nehmen wir an, dass eine Funktion $f(x)$ existiert, die den Wert 0 annimmt, wenn x keine Lösung des Suchproblems ist, und den Wert 1, wenn x die Suchkriterien erfüllt (*für das Problem von Deutsch können wir die Übereinstimmung mit einen beliebig vorberechneten Wert mit 0, eine Ungleichheit mit 1 annehmen*). Auf dem Quantenrechner wird die Funktion durch irgendeine unitäre Transformation U repräsentiert.

Unser Quantenrechner soll nun zunächst folgende Operation ausführen (Hilfsregister lassen wir der Übersichtlichkeit halber fort):

$$U|x\rangle|y\rangle = |x\rangle|y + f(x)\rangle \ .$$

Das Startregister x enthält zu Beginn alle zulässigen Werte mit gleicher Wahrscheinlichkeit, wobei noch zu überlegen ist, wie diese Überlagerung in der Praxis realisiert werden kann. Die richtige Lösungen (oder die passenden Lösungen) verursachen dann eine kleine Störung im Register y, das wir nach den allgemeinen Vorüberlegungen nun so festlegen, dass eine Reparatur dieses Fehlers möglich ist und diese gleichzeitig zu einer höheren Wahrscheinlichkeit für die Messung des richtigen Wertes führt.

Für y wählen wir den Zustand

$$y = \frac{1}{\sqrt{2}}(|0\rangle - |1\rangle)$$

[1] L. K. Grover, arXiv/quanth-ph 9605043, 1996.

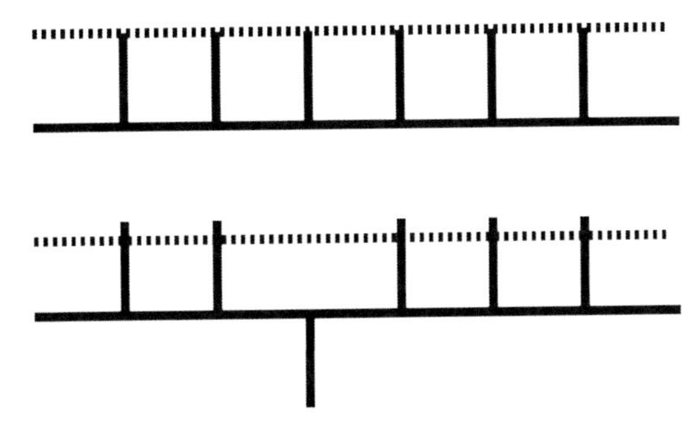

Abb. 6.3 Invertierung des gesuchten Zustandes, Änderung des Mittelwertes der Amplitude (*gestrichelte Linie*)

was auf den gestörten Term

$$U|x\rangle|y\rangle = (-1)^{f(x)}|x\rangle|y\rangle$$

führt, der bis auf die Phasendrehung mit dem Ausgangsterm übereinstimmt. Ist x also eine Lösung des Problems, ändert sich die Phase des Quantenregisters, ansonsten bleibt sie konstant.

Präparieren wir zunächst das Quantenregister, das zunächst den Zustand $|0\rangle \otimes \ldots |0\rangle = N_{ULL}$ aufweisen soll. Alle Qbits des X-Registers werden einzeln der Hadamard-Operation unterworfen, und wir erhalten hierdurch wie gefordert eine Überlagerung aller möglichen X-Werte mit gleicher Amplitude $1/\sqrt{N}$.[1]

Das Y-Register, das nur aus einem Qbit besteht, überführen wir durch eine NOT-Operation in den Zustand 1 und erhalten daraus ebenfalls durch die Hadamard-Operation den gewünschten Startzustand. Damit ist die Registerpräparation abgeschlossen und wir können den Algorithmus anlaufen lassen.

Wenden wir die Transformation U auf diesen Registersatz an, so besitzen die Amplituden immer noch die gleichen Beträge, der Amplitudenmittelwert hat sich aber aufgrund der Invertierung (mindestens) eines Zustands leicht verschoben (Abb. 6.3).

Würden wir nun eine Messung durchführen, so hätten wir noch nichts gewonnen, da der gesuchte Wert immer noch die gleiche Wahrscheinlichkeit aufweist und eine Phasenverschiebung nicht messbar ist. Führen wir als zweite Operation allerdings eine Invertierung D der Amplituden am Amplitudenmittelwert durch (*Abb. 6.4*), so wird die Wahrscheinlichkeit für die Messung des korrekten Wertes zu Lasten der anderen größer.

Jede Amplitude wird hierbei um den Betrag erhöht oder vermindert, um den sie den Mittelwert unter- oder überschreitet, der Amplitudenmittelwert ändert sich hierbei nicht. Die Phasenverschiebung des gesuchten Zustands wird hierbei wieder aufgehoben, so dass alle Amplituden wieder in Phase sind. Gegenüber dem Ausgangszustand hat sich die Amplitude des gesuchten Zustands aber nun um den Faktor $\approx 2/\sqrt{N}$ vergrößert.

---

[1] **Aufgabe**. Verifizieren Sie, dass nach Anwendung der Hadamard-Operation in dieser Weise alle möglichen Messwerte für ein x gleich wahrscheinlich sind.

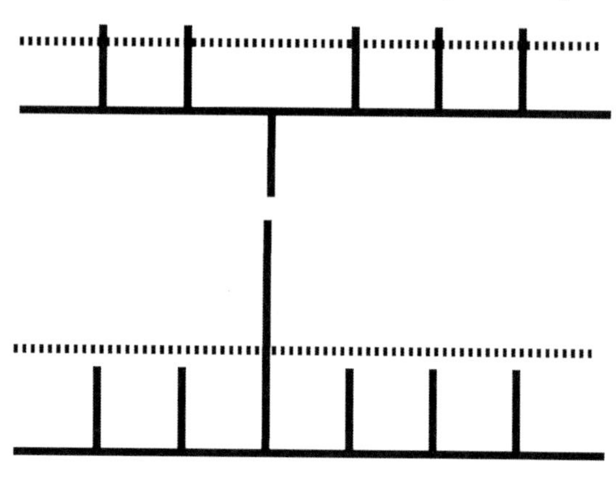

Abb. 6.4 Invertierung am Amplitudenmittelwert

Für eine Messung genügt dies in der Regel immer noch nicht, allerdings ist das Y-Register aufgrund unserer Konstruktion weiterhin im Ausgangszustand. Wir können daher mit dem neuen X-Register in eine Iteration einsteigen. Ist N eine große Zahl, so können wir die relativen Änderungen der nicht interessierenden Zustände in erster Näherung vernachlässigen und schließen, dass ein solcher Algorithmus nach $O(\sqrt{N})$ Schritten mit hoher Wahrscheinlichkeit bei einer Messung den gesuchten Wert liefert. Die Aufwandsreduzierung gegenüber dem klassischen Verfahren beträgt somit

$$O_{\text{klassisch}}(N) \to O_{\text{quanten}}(\sqrt{N}) \; .$$

Überzeugen wir uns zunächst davon, dass die Operation D quantenmechanisch zulässig ist. Ist $\vec{a}$ ein beliebiger Vektor und A der Mittelwert aller Vektorkomponenten, so lässt sich die Spiegelung des Vektors am Mittelwertvektor durch

$$\overline{\vec{a}} = \vec{A} + (\vec{A} - \vec{a}) = -\vec{a} + 2\vec{A}$$

ausdrücken. Entsprechend können wir für die Invertierungsoperation einen Ansatz in der Form $D = -I + 2P$ machen, wobei I die Einheitsmatrix und $P : (P_{ij} = 1/N)$ die Projektionsoperation auf den Amplitudenmittelwert ist. Wenden wir nämlich P auf einen beliebigen Vektor $\vec{a}$ an, so entsteht mit $\vec{A} = P\vec{a}$ ein Vektor, dessen sämtliche Komponenten dem Mittelwert der Komponenten von $\vec{a}$ entsprechen, und $D\vec{a}$ erzeugt tatsächlich die Spiegelung am Amplitudenmittelwert.

Aus der Form von P folgt, wie sich durch Auswertung der Matrizenmultiplikation leicht nachweisen lässt, dass $P^2 = P$ ist, und daraus folgt auch $D^2 = I$, d. h. D ist eine unitäre und damit quantenmechanisch zulässige Operation, womit der Nachweis für die quantenmechanische Zulässigkeit einer Inversion am Mittelwert bereits abgeschlossen ist.

Wir benötigen nun noch eine praktisch durchführbare Implementierung für D. Wenden wir auf das X-Register eine qbitweise Hadamard-Operation an, überführen wir das X-Register wieder in den Zustand N_{ULL} – abgesehen vom Anteil des invertierten Zielwertes. Eine kontrollierte Phasendrehung, die den Zustand N_{ULL} nicht einschließt, dreht dann den invertierten Wert wieder in die richtige Richtung. Eine erneute Hadamard-Transformation stellt dass das X-Register wieder her, nun jedoch mit dem verstärkten Zielwert. Wir machen daher für D den Ansatz

$$D = HRH \;, \quad H = \bigotimes_{k=0}^{n-1} H^{(2)} \;.$$

Aus $D^2 = I$ folgt wegen $H^2 = I$ auch $R^2 = I$, d. h. R unterscheidet sich allenfalls in den Vorzeichen einiger Elemente von der Einheitsmatrix.

Überzeugen wir uns zunächst wieder davon, dass dieser Ansatz zum Ziel führt. Wir setzen $R = -I + S$ mit $s_{ik} = 2\delta_{i1}\delta_{k1}$. R enthält damit nur Diagonalelemente, wobei das erste den Wert (1), alle anderen den Wert (−1) aufweist. Dies entspricht der kontrollierten Phasendrehung, die nur den Zustand 0 unverändert lässt, und wir erhalten damit

$$D = H(-I + S)H = -I + HSH \;.$$

D besitzt damit die geforderte Grundform, und damit wir sicher sein können, damit auch die erwünschte Spiegelung am Mittelwert realisiert zu haben, bleibt nun noch $HSH = 2P$ nachzuweisen. Dazu müssen wir zunächst überlegen, welche Form H für das Gesamtsystem besitzt.

Aufgabe. Verifizieren Sie, dass bei Überführen des Tensorprodukts der Hadamard-Matrizen in eine n-dimensionale Transformationsmatrix die Matrixelemente durch

$$H_{ik} = \frac{1}{\sqrt{N}}(-1)^{\vec{i}\vec{k}} \;, \quad \vec{i}\vec{k} = \sum_{j=0}^{n-1} i_j k_j$$

gegeben sind. Hierbei sind $\vec{i}, \vec{k}$ als Binärdarstellungen der Indizes i, k. Es ergibt sich dadurch eine Vorzeichenumkehr, wenn i und k an den gleichen Stellen den Bitwert (1) aufweisen und insgesamt eine ungerade Zahl an paarweisen Übereinstimmungen vorliegt.

Aufgabe. Weisen Sie mit dem obigen Ansatz für S

$$2P_{ik} = \sum_{j,l} H_{ij} S_{jl} H_{lk} = 2H_{i1} H_{1k} = \frac{2}{N}$$

nach.

Der Ansatz führt also zum Ziel, und es bleibt nun noch zu überlegen, wie R in der Praxis realisiert werden kann. Dazu untersuchen wir die Hadamard-Operation noch einmal genauer. Eine doppelte Anwendung der Hadamard-Operation ergibt wieder den Ausgangszustand: $H \cdot H \cdot |x\rangle = |x\rangle$. Eine eingeschobene NOT-Operation hat eine zustandsabhänge Auswirkung:

$$H \cdot \text{NOT} \cdot H|0\rangle = |0\rangle$$
$$H \cdot \text{NOT} \cdot H|1\rangle = -|1\rangle \ .$$

Wird eine NOT-Operation beim Ausgangszustand $|1\rangle$ eingeschoben, so besitzt der Endzustand eine Phasenverschiebung von π, während der Ausgangszustand $|0\rangle$ unverändert ist. Nun ist $|0\rangle$ unser Startzustand, den wir mit Ausnahme unserer Störung(en) $|1\rangle$ wieder herstellen. Wir müssen also lediglich den gestörten Anteil mit einer Phasendrehung versehen.

Wir können dies mit einer kontrollierten C_{n-1}NOT-Operation realisieren, indem wir die Phase eines beliebigen Bits genau dann drehen, wenn der Zustand N_{ULL} vorliegt. Da wir damit aber genau den falschen Zustand gedreht haben, fügen wir eine weitere unbedingte Drehung hinzu:

$$R = \begin{bmatrix} a_1 & \to & P(\pi/2) & \text{NOT} & \circ & P(\pi/2) & \text{NOT} & \to & a_1 \\ a_2 & \to & \text{NOT} & \to & \circ & \to & \text{NOT} & \to & a_2 \\ & & & & \dots & & & & \\ a_n & \to & \text{NOT} & H & \oplus & H & \text{NOT} & \to & a_n \end{bmatrix} .$$

Beginnen wir die Interpretation dieses Diagramms bei a_1. Das Qbit wird einer $\pi/2$-Drehungen unterworfen, d. h. mit der imaginären Einheit i multipliziert. Durch die zusätzliche NOT-Operation wird das Qbit für die kontrollierte Operation aktiviert, sofern es im Zustand $|0\rangle$ vorliegt. Der Faktor i stört hierbei nicht. Auch alle anderen Qbits werden negiert, so dass die C_{n-1}NOT-Operation zusammen mit den beiden Hadamard-Operationen genau dann a_n invertiert, wenn der Zustand N_{ULL} vorliegt. Durch weitere NOT-Operationen werden die Qbits wieder in den Ausgangszustand versetzt. Bei a_1 führt eine weitere $\pi/2$-Drehung zu einer Multiplikation mit $i^2 = -1$, also eine weiteren Vorzeichenumkehr, die unkontrolliert für alle Zustände durchgeführt wird. In Summe wird sie für den Zustand N_{ULL} durch die kontrollierte Drehung wieder aufgehoben.

Damit ist ein Iterationsschritt des Suchalgorithmus nun komplett und beinhaltet

1. Anwendung der Orakelfunktion auf X- und Y-Register,
2. Anwendung der Hadamard-Operation auf das X-Register,
3. Anwendung der kontrollierten Phasendrehung auf das X-Register und
4. erneute Anwendung der Hadamard-Operation auf das X-Register.

Betrachten wir abschließend die hochkontrollierte C_{n-1}NOT-Operation. In unserer Einsatzprognose haben wir herausgefunden, dass der Algorithmus mit $O(\sqrt{N}) = O(2^{n/2})$ Iterationen eine Lösung finden können sollte. Das schränkt den Einsatzbereich des Algorithmus natürlich stark ein, d. h. n wird eine relativ kleine Zahl und die Anzahl der Qbits nicht der bestimmende Faktor sein. Die hochkontrollierte Operation wird daher problemlos mit zusätzlichen temporären Kontrollbits realisiert werden können, und an unserer Einsatzprognose ändert sich zunächst nichts.

6.5.1.2 Effizienz der Algorithmus

In unseren groben Betrachtungen zur Effizienz des Algorithmus sind wir auf $O(\sqrt{N})$ Iteratationen gekommen. Wir untersuchen das nun etwas genauer unter dem Gesichtspunkt, dass M Werte existieren, die die Suchbedingung erfüllen. Wie viele Iterationen sind dann optimal, um mit hinreichender Wahrscheinlichkeit das gewünschte Messergebnis zu erhalten?

Die Orakelfunktion definiert einen Zustandsraum der Dimension Zwei, für den wir durch Linearkombination aller jeweils zu einem Eigenwert gehörenden Zustände der Registers des Quantencomputers eine Basis definieren können

$$|\alpha\rangle = \frac{1}{\sqrt{N-M}} \sum_{x:f(x)=0} |x\rangle$$

$$|\beta\rangle = \frac{1}{\sqrt{M}} \sum_{x:f(x)=1} |x\rangle \, .$$

Der erste Vektor kann als Superposition aller Systemzustände, die das Orakel nicht erfüllen, der zweite als Superposition aller das Orakel erfüllender Zustände interpretiert werden. Umgekehrt kann der initiale Systemzustand des Quantenrechners als Linearkombination in Zustandsraum der Orakelfunktion beschrieben werden:

$$|x\rangle = \sqrt{\frac{N-M}{N}}|\alpha\rangle + \sqrt{\frac{M}{N}}|\beta\rangle \, .$$

Der Suchalgorithmus führt nun zwei Spiegelungen im Zustandsraum der Orakelfunktion aus: zunächst wird der Faktor von $|\beta\rangle$ invertiert, sodann wird das Ergebnis wiederum an $|x\rangle$ gespiegelt. Die beiden Spiegelungen entsprechen insgesamt einer Drehung von $|x\rangle$ in Richtung $|\beta\rangle$ (siehe Abb. 6.5):

Notieren wir die Darstellung des X-Registers in der Form

$$|x\rangle = \cos(\phi/2)|\alpha\rangle + \sin(\phi/2)|\beta\rangle$$

so ist die Wirkung eines Iterationsschrittes

$$G|x\rangle = \cos(3\phi/2)|\alpha\rangle + \sin(3\phi/2)|\beta\rangle$$

d. h. die Wirkung eines Schrittes des Algorithmus wird im Zustandsraum der Orakelfunktion durch eine einfache Drehung beschrieben

$$G = \begin{pmatrix} \cos\phi & -\sin\phi \\ \sin\phi & \cos\phi \end{pmatrix} \, .$$

In den weiteren Schritten des Algorithmus gilt jeweils das Gleiche, bezogen auf den Zustand zu Beginn des Iterationsschritts. Die Wirkung von k Iterationsschritten, nun

Abb. 6.5 Wirkung eines Iterationsschrittes

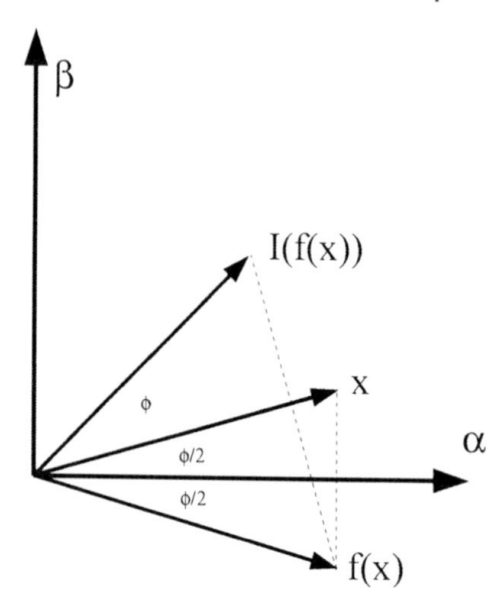

bezogen auf den Anfangszustand, ist somit

$$G^k|x\rangle = \cos\left(\frac{2k+1}{2}\phi\right)|\alpha\rangle + \sin\left(\frac{2k+1}{2}\phi\right)|\beta\rangle \,.$$

Die Anzahl der Iterationen ist also alles andere als gleichgültig, wie dies bei klassischen Iterativen Algorithmen in der Regel gilt. Die optimale Anzahl ergibt sich aus $k\phi + \phi/2 = \pi/2$ und der Näherung $\phi \approx \sin(\phi)$, die für $M \ll N$ zulässig ist, zu

$$k = \left[\frac{\pi}{4}\sqrt{\frac{N}{M}}\right]$$

und eine anschließende Messung liefert mit der Wahrscheinlichkeit

$$w(f(x) = 1) = \sin^2\left(\frac{2k+1}{2}\phi\right)$$

einen der gesuchten Werte.

Verpasst man die optimale Anzahl an Iterationsschritten, so fällt die Wahrscheinlichkeit, eine Lösung zu messen, wieder. Da das Optimum auch davon abhängt, wie viele Lösungen das Suchproblem besitzt, wäre eine Ergänzung, deren Anzahl abzuschätzen, sinnvoll.

Es lässt sich zeigen, dass bei dieser Art der Suche der Algorithmus bereits optimal ist und effizienzmäßig nicht unterboten werden kann. Unter Beibehaltung des Grundprinzips könnten nämlich zwischen den Algorithmusdurchläufen allenfalls noch weitere unitäre Transformationen am Gesamtsystem durchgeführt werden, die aber mit dem Selektionsprozess selbst nichts zu tun haben. Über eine Analyse von Matrixnormen, die wir hier aber nicht präsentieren wollen, lässt sich nachweisen, dass die Wahrscheinlichkeit für die Messung des Zielwertes hierdurch nicht gesteigert werden kann.

6.5.1.3 Zählen der Zustände

Das Problem bei der Berechnung der Anzahl k der Iterationen ist die Größe M der das Orakel erfüllenden Zustände. Unter Umständen existiert auch gar keine Lösung, so dass die Iteration ins Leere läuft; sind mehrere Lösungen vorhanden, die auch alle gefunden werden sollen, ist es natürlich ebenfalls wichtig, erkennen zu können, wann der Algorithmus abgeschlossen ist.

Nun ist die Wirkung eines einzelnen Durchlaufs des Algorithmus eine Phasenverschiebung

$$G|x\rangle = e^{i\phi}|x\rangle \ .$$

Wenn die Phasenverschiebung ϕ abgeschätzt werden kann, lässt sich daraus M ermitteln. Zudem ist die Phasenverschiebung abhängig von der Iterationsrunde und verdoppelt sich in jedem Iterationsschritt. Solche Progressionen treten in der Fourier-Transformation auf. Zeichnen wir die Ergebnisse aufeinander folgender Iterationen auf, so liefert eine anschließende inverse Fourier-Transformation die Phasenverschiebung und damit die Anzahl der Lösungen.[1]

Wenn wir uns in Richtung dieser Idee bewegen wollen, benötigen wir ein Register, dessen Bits Phasenverschiebungen in dieser Progression aufweisen und deren Amplituden identisch sind. Dazu wird das Quantenregister um die Anzahl von Bits, mit der man die Phase ϕ in binärer Darstellung ermitteln möchte, erweitert. Die zusätzlichen Bits werden allerdings nun genauso wie die Suchbits mit 0 initialisiert und anschließend einer Hadamard-Operation unterworfen. Anschließend werden sie einzeln im Suchalgorithmus eingesetzt, wobei das Ergebnis nicht gelöscht wird:

$$\begin{array}{cccccc} t_1 & \rightarrow & \circ & \rightarrow & \rightarrow & \rightarrow & e^{i\phi}t_1 \\ t_2 & \rightarrow & \rightarrow & \circ & \rightarrow & \rightarrow & e^{i2\phi}t_2 \\ t_3 & \rightarrow & \rightarrow & \rightarrow & \circ & \rightarrow & e^{i4\phi}t_3 \\ x & \rightarrow & [G] & [G] & [G] & \rightarrow & x \end{array} \ .$$

Die Phasenverschiebung auf die Zählbits ist wieder rein mathematischer Natur. Da sie jeweils nur einmalig und nicht gemeinsam am Algorithmus teilnehmen, ist der von ihnen aufgespannte Raum ein Tensorprodukt. Unter der Voraussetzung, dass nur relativ wenige Zustände tatsächlich das Orakel erfüllen, besitzen die Testbits gleiche Amplituden und die gewünschten Phasen.

Wird nun auf dem Testregister $t = (t_m t_{m-1} \dots t_2 t_1)$ eine inverse Fourier-Transformation ausgeführt, erhalten wir die Bitdarstellung $\phi = (\phi_1 \phi_2 \dots \phi_m)$ der Phase und können über $\sin^2(\phi/2) = M/2N$ die Anzahl M der Lösungen berech-

[1] Gilles Brassard et al. arXiv/quant-ph 9805082, 1998.

nen. Da ϕ nur mit der Genauigkeit $\varepsilon = 2^{-m}$ bekannt ist, liegt der Fehler bei

$$|\Delta M| < \frac{1}{2^m}\left(\sqrt{2MN} + \frac{N}{2^{m+1}}\right) .$$

Damit könnte man nun zunächst den Algorithmus die Anzahl der Lösungen ermitteln lassen, bevor man im zweiten Schritt – sofern Lösungen vorhanden sind – mit der optimalen Anzahl an Iterationen die Lösungen selbst ermittelt.

6.5.1.4 Die Orakel-Funktion

Bislang ausgeklammert haben wir die konkrete Form der Orakelfunktion $f(x)$, die wir als Blackbox betrachtet haben. Sie hat aber entscheidenden Einfluss auf die Gesamteffizienz des Verfahrens: zwar kommt der Quantensuchalgorithmus in $O(\sqrt{N})$ Iterationen zu einem Ergebnis, aber nur, wenn die Orakelfunktion selbst mit $O(1)$ operiert, denn der eigentlich Gesamtaufwand beträgt ja $O(\sqrt{N} * O(f))$, da die Orakelfunktion bei jeder Iteration auszuführen ist.

Das gilt natürlich auch für eine klassische Suche, nur gilt dort $O_K(N * O(f_K))$. Ein Quantenalgorithmus ist nur dann tatsächlich (theoretisch) effizienter, wenn

$$\log_N\left(\frac{O(f)}{O(f_K)}\right) < \frac{1}{2}$$

erfüllt ist. Um das zu entscheiden, ist somit eine Kenntnis der (besten) klassischen und quantentechnischen Algorithmen für die Orakelfunktionen notwendig. Prinzipiell können wir hier zwei Klassen unterscheiden:

a) Die Testfälle liegen als gespeicherte Liste vor. Als Beispiel kann man die inverse Suche in einem Telefonbuch betrachten: die Datenbank ist in der Regel nach Namen sortiert und liefert so mit klassischen Algorithmen sehr schnell die dazugehörende Telefonnummer. Zu einer Telefonnummer den Namen zu finden ist dagegen aufwändig, da die Nummernliste unsortiert ist. Der Suchalgorithmus liefert im Erfolgsfall den Index der gesuchten Nummer, über den dann im zweiten Schritt auf den Namen zugegriffen werden kann.
b) Die Testfälle lassen sich algorithmisch berechnen. Als Beispiel kann man Verschlüsselungsprobleme betrachten, wobei die Orakelfunktion Auskunft darüber geben soll, ob ein Schlüssel x zu einem gegebenen Klartext/Chiffrat-Paar passt.

Testfall a): Suche in einer Datenbank

Das Register $|x\rangle$ enthält in diesem Fall die Indexinformation der gesuchten Größe $|s\rangle$ in der Datenbank $D = |d_1\rangle \otimes |d_2\rangle \otimes \ldots \otimes |d_N\rangle$, wobei jeder Eintrag aus l Qbits besteht und $N = 2^n$ gilt. Die gesuchte Größe sowie die Datenbank sind Konstante und werden während der Rechnung nicht verändert.

Die Orakelfunktion besteht aus drei Schritten:

1. Laden eines Hilfsregisters $|d\rangle = |0_1 0_2..0_l\rangle$ mit einem Wert aus der Datenbank, der durch das x-Register indiziert wird:
$$|d\rangle \rightarrow |d + d_x\rangle$$
2. Vergleich mit dem Register $|s\rangle$:
$$|y\rangle \rightarrow |y + (|s\rangle == |d + d_x\rangle)\rangle$$
3. Löschen der Operation 1 durch $|d + d_x\rangle \rightarrow |d + d_x + d_x\rangle = |d\rangle$.

Um zu verstehen, was hier geschieht, muss man sich vor Augen halten, dass $|x\rangle$ keinen definierten Indexwert enthält, sondern eine Superposition von Indexwerten. Entsprechend wird $|d\rangle$ nicht mit einem Wert aus der Datenbank geladen, sondern ebenfalls mit einer Superposition von Werten. Die Ladeoperation wird durch folgenden Schaltplan – hier für eine 1-Qbit-Suche – realisiert:

$$\begin{bmatrix} x & \rightarrow & \circ & \times & \rightarrow & x \\ d_1 & \rightarrow & \circ & \rightarrow & \rightarrow & d_1 \\ d_2 & \rightarrow & \rightarrow & \circ & \rightarrow & d_2 \\ 0 & \rightarrow & \oplus & \oplus & \rightarrow & d \end{bmatrix}.$$

Wie man leicht nachvollzieht, ist der Aufwand für diese Orakelfunktion abhängig von der Größe der Datenbank und liegt bei $O(N)$, und zwar genau aufgrund des notwendigen simultanen Zugriffs auf alle Speicherplätze gleichzeitig. Hinzu kommt der immense Aufwand an Qbits, der für die Aufnahme der Datenbank zu treiben ist. Da bei einer klassischen Suche in jedem Suchschritt nur auf ein Element der Datenbank zugegriffen wird, ist der Quantenalgorithmus in Summe dem klassischen letztendlich unterlegen.

Theoretisch lassen sich einige Probleme beseitigen, wenn man eine bestimmte Implementierung eines Quantenrechners voraussetzt. Kann man mit polarisierten Photonen im Register $|d\rangle$ arbeiten, so lässt sich der Zugriff auf die Datenbank mit $O(1)$ durchführen und die Zahl der Quantenbits durch klassische Analoga drastisch reduzieren (Abb. 6.6).

Die Qbits des X-Registers arbeiten hier als optische Schalter, die je nach Zustand das Photon nach links oder rechts ablenken. Über eine Schalterkaskade wird das Photon auf genau eine Speicherstelle der Datenbank geführt, die als klassisches Medium ausgeführt werden kann, das bei einem 0-Bit das Photon unverändert durchlässt, bei einem 1-Bit eine 90°-Drehung bewirkt. Bezahlt wird das allerdings im schlimmsten Fall durch $2 * N - 1$ Quantenschalter, also einen Hardwareaufwand von $O(N)$ gegenüber einer klassischen Lösung.

Ob sich die Realisierung eines Suchalgorithmus in einer unsortierten Menge auf einem Quantencomputer lohnt, hängt somit von der realisierbaren Technik und deren Kosten ab. Beim heutigen Stand der Technik ist für das Beispielproblem eine Lösung mit einer zweiten klassischen, diesmal aber nach den Telefonnummern sortierten Datenbanktabelle deutlich sinnvoller und effizienter.

Testfall b_1): Hashalgorithmen

Hashalgorithmen generieren aus beliebig langen Eingabetexten einen Ausgabetext konstanter Länge, wobei aus der Ausgabe nicht auf die Eingabe geschlossen werden kann. Typischerweise werden im Algorithmus MD5 512 Eingabebits zu 128 Ausgabebits verarbeitet, bei anderen Hashalgorithmen liegen vergleichbare Verhältnisse vor. Zwangsweise müssen hierdurch verschiedene Eingabetexte zum gleichen Ausgabetext führen, wobei die zufällige Kollisionswahrscheinlichkeit allerdings in der Größenordnung $w(\text{Hash}\,(T_1) = \text{Hash}\,(T_2)) < 2^{-90}$ liegt und damit in der Praxis nicht auftritt.

Als Ziel eines Suchalgorithmus könnte man versuchen, eine Kollision absichtlich zu erzeugen:

$$\text{Hash}\,(\text{Text}_1 + B_1) = \text{Hash}\,(\text{Text}_2 + B_2)\ .$$

Text_1 (variable Länge) und B_1 (feste kleine Länge) sind Teile einer Originalnachricht, in der der Fälscher anstelle von Text_1 die Nachricht Text_2 unterbringen will und nun per Suchfunktion nach einem Block B_2 sucht, der den gleichen Hashwert wie für das Original erzeugt.

Nach dem heutigen Stand der Technik lässt sich die Anzahl der zu durchsuchenden Möglichkeiten in B_2 durch Einhalten bestimmter Relationen zwischen den vier Größen so weit erniedrigen, dass für den MD5 Kollisionen in kurzer Zeit mit einem normalen PC zu finden sind.[1] Für die Praxis interessant ist die Frage, wie weit diese Relationen aufgeweicht werden können und ob die Angriffsverfahren auf andere Hashfunktionen erweiterbar sind, und hier könnte man nun den Quantensuchalgorithmus ins Spiel bringen. Wir beschränken uns allerdings auf eine qualitative Diskussion.

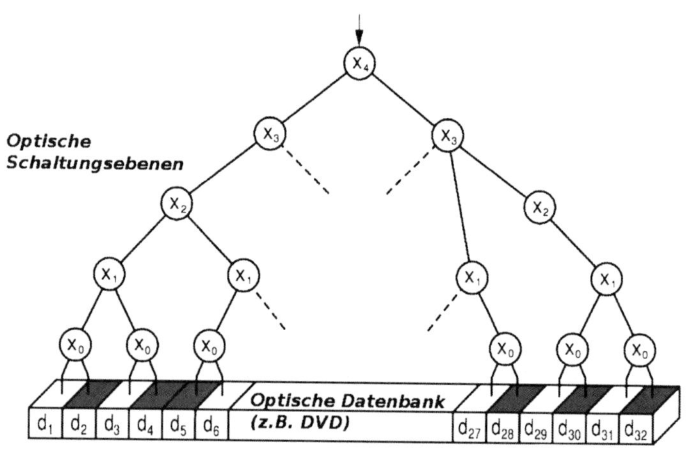

Abb. 6.6 Indexgesteuerter Zugriff auf eine Datenbank mit optischen Quantenschaltern, nach M. A. Nielsen et al., verändert

[1] Siehe z. B. Gilbert Brands, Verschlüsselungsalgorithmen.

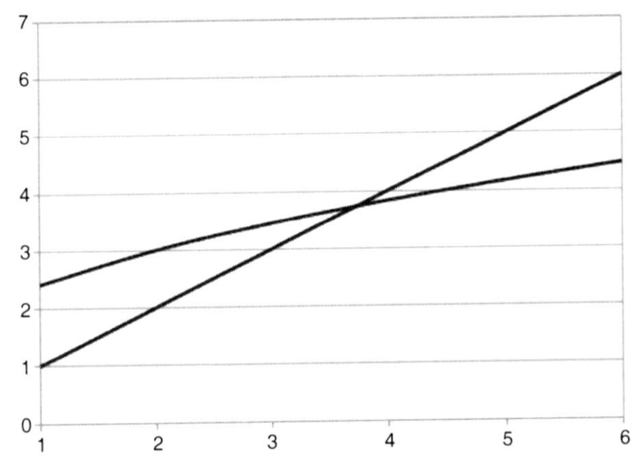

Abb. 6.7 Tatsächlicher Zeitbedarf bei verschiedenen asymptotischen Ordnungen (*flach*: $O(\sqrt{N})$, *steil*: $O(N)$)

Hashalgorithmen älterer Konstruktion verwenden nicht-reversible UND- und ODER-Operationen anstelle von Schlüsseln. Quantenmechanische bedeutet dies, dass Rekonstruktionsqbits in den Algorithmen eingesetzt werden müssen. Wenn wir Optimierungsmöglichkeiten durch geschickte Löschreihenfolge zunächst außen vor lassen, lehrt uns ein Blick auf gängige Algorithmen, dass wir mit 5000–50.000 solcher Rekonstruktionen rechnen müssen, was zwar viel ist, aber ansonsten unabhängig von den weiteren Suchbedingungen. Eine Orakelfunktion ließe sich also mit $O(1)$ realisieren.

Neuere Hashalgorithmen basieren auf der Anwendung symmetrischer Verschlüsselungsverfahren, so dass wir diese Diskussion ein wenig verschieben.

Grundsätzlich könnte ein Quantenalgorithmus zum Erzeugen von Hashkollisionen damit ein Konkurrent zu klassischen Suchverfahren sein, da weniger Suchschritte notwendig sind. Zu berücksichtigen ist allerdings, dass die Komplexitätsordnungen das asymptotische Verhalten beschreiben und damit garantiert ist, dass der Quantenalgorithmus irgendwann den klassischen Algorithmus überholt (Abb. 6.7). Ob das allerdings noch im technisch interessanten oder realisierbaren Bereich liegt oder eine Suche bereits weit links vom Schnittpunkt der realen Zeitkurven aufhört, bleibt zunächst abzuwarten. Außerdem ist es natürlich notwendig, für den zu brechenden Hashalgorithmus abkürzende Relationen wie für den MD5 zu finden; bei einem *brute-force-Angriff* nützt die Reduktion des Suchraumes auf $\sqrt{n}$ Versuche auch nicht viel.

Testfall b_2): symmetrische Verschlüsselungsalgorithmen

Bei DES, AES und anderen symmetrischen Verschlüsselungsalgorithmen besteht die Aufgabe darin, bei einem vorgegebenen Klartext/Chiffrat-Paar den dazu passenden Schlüssel zu ermitteln. Werden sie in moderneren Hashfunktionen eingesetzt, kann die Aufgabe auch darin bestehen, bei bekanntem Schlüssel eine Nachricht per XOR so in zwei Teile aufzuspalten, dass einer den Input und der andere den Output der Verschlüsselungsfunktion darstellt.

Viele, aber nicht alle Algorithmen bestehen aus iterierten Substitutionen und sind voll reversibel, d. h. für eine Entschlüsselung sind alle Schritte rückwärts zu durchlaufen. Der Ersatz eines Zustands durch einen anderen passt natürlich hervorragend auf das quantenmechanische Grundkonzept, so dass Verschlüsselungsalgorithmen grundsätzlich auch als Quantenalgorithmus zu realisieren sein sollten (für die nicht vollreversiblen Teile mancher Algorithmen muss man wie bei den Hashfunktionen zusätzliche Qbits investieren).

Heutige Standardalgorithmen verwenden mindestens 128 Bit lange Schlüssel, da der 64-Bit-Schlüsselraum des DES-Algorithmus mit spezialisierten Maschinen in wenigen Stunden durchsucht werden kann. Unterstellt man, dass Quantenrechner ebenso für das Brechen anderer Algorithmen spezialisiert werden können und bei einem 128-Bit-Schlüssel „nur" 2^{64} Suchvorgänge auf einem Quantenrechner notwendig sind, so dürfte sich die Standardschlüsselgröße auf 256 Bit erhöhen, sobald solche Quantenrechner verfügbar sind.

Fazit

Passen die Bemerkungen über die Testfälle B) zu den allgemeinen Aussagen über die Quantenkryptografie? Immerhin werden dort symmetrische Algorithmen und Hashfunktionen für die Verschlüsselung eingesetzt, weil sie nicht brechbar sind.

Die klassischen Suchfunktionen scheitern bei einer systematischen Rückrechnung an der Vielzahl der Fallunterscheidungen, die im Laufe der Ermittlung der gesuchten Größe zu treffen sind. Es bleibt daher oft nichts anderes, als die systematische Rückrechnung durch ein systematisches Ausprobieren zu ersetzen.

Alternativ kann man den Algorithmen mit anderen Verfahren wie linearer oder differentieller Kryptoanalyse auf den Leib rücken, wobei diese Methoden für jeden Algorithmus maßgeschneidert werden müssen. Die Algorithmen werden gegen solche Angriffsverfahren während der Konstruktion gehärtet, der erfolgreiche Angriff gegen den MD5 nach mehr als 10 Jahren Sicherheit zeigt aber, dass eine Härtung im Laufe der Zeit ihre Wirksamkeit einbüßen kann.

Unterstellt man nun, dass Quantenalgorithmen auch nicht anders vorgehen als klassische Algorithmen und es auch regelmäßig gelingt, rechtzeitig gehärtete Versionen auf den Markt zu bringen, sind die symmetrischen Verfahren tatsächlich als sicher zu betrachten. $O(\sqrt{N})$ ist in diesem Fall das Optimum, was mit Quantenrechnern erreicht werden kann, und das ist keine wirkliche Verbesserung gegenüber $O(n)$ bei klassischen Systemen.

Andererseits hat ein Quantenrechner nun keine wirklichen Probleme, eine Überlagerung sämtlicher Fallunterscheidungen auf seinem Quantenregister zu speichern. Es ist vielleicht noch etwas zu früh, abschließend zu beurteilen, ob sich daraus nicht doch wesentlich effektivere Algorithmen konstruieren lassen.

6.5.2 Der Faktorisierungsalgorithmus von Shor

Das wohl bekannteste und verbreiteteste Verfahren der asymmetrischen Verschlüsselung ist wohl das RSA-Verfahren, das große ganze Zahlen der Form $n = p * q$ als Parameter verwendet, wobei p und q geheim zu haltende Primzahlen sind. Um eine RSA-Verschlüsselung zu brechen, ist eine Faktorisierung der Zahl n notwendig. Der Aufwand der klassischen Verfahren steigt exponentiell mit der Anzahl der Bits von n, weshalb das Verfahren durch die Wahl genügend großer n klassischen Angriffen entkommen kann. Nicht so jedoch Angriffen mit Quantencomputern – oder jedenfalls nicht aus den gleichen Gründen.

6.5.2.1 Der klassische Ansatz

Die einfachste Methode klassische Methode der Faktorisierung ist die Probedivision, bei der die Zahl n nacheinander durch alle Primzahlen $\leq \sqrt{n}$ dividiert wird, bis ein Teiler gefunden ist. Die Methode ist zwar deterministisch, aber da der Aufwand für eine Division ebenfalls mit steigender Größe von n zunimmt, wächst der Zeitaufwand für das Gesamtverfahren exponentiell mit der Ziffernanzahl und ist daher schon bei relativ kleinen Zahlengrößen unbrauchbar. Würden wir die Probedivision schlicht in eine Orakelfunktion umwidmen und den Suchalgorithmus anwenden, wären zwar nur $\sqrt[4]{n}$ notwendig, aber an dem grundsätzlichen Problem wäre noch nichts geändert:

Bereits in der Vor-Computer-Zeit hat es deswegen Versuche gegeben, andere Algorithmen zu konstruieren, die im statistischen Mitteln deutlich weniger als $\sqrt{n}/2$ Versuche benötigen und bei größer werdendem n weniger starke Aufwandsänderungen zeigen, wobei der Durchbruch natürlich erst mit der Verfügbarkeit der Rechner kam, die es ermöglichen, große Zahlenmengen effektiv zu handhaben.

Der derzeit klassisch beste Algorithmus ist das Zahlkörpersieb, gefolgt von Verfahren auf elliptischen Kurven und dem quadratischen Sieb. Alle Faktorisierungsverfahren beruhen auf dem Versuch, Zahlenpaare a, b zu finden, die die Relation

$$a^2 \equiv b^2 (\text{mod}\, n) \Rightarrow a^2 - b^2 \equiv (a+b)(a-b) \equiv 0 (\text{mod}\, n)$$

erfüllen, und die verschiedenen Algorithmen unterscheiden sich eigentlich nur in der Art und Weise, wie solche Zahlenpaare gesucht werden.[1] Ist ein solches Paar gefunden, dann besteht eine relativ gute Chance, dass weder $(a+b)$ noch $(a-b)$ ein Vielfaches von n ist und man einen Faktor gefunden hat.

Allen Verfahren ist gemeinsam, dass die Erfolgsaussichten nur statistischer Natur sind. In einer deterministischen Version, in der der Erfolg garantiert werden kann, sind die Algorithmen aufwändiger als die Probedivision. Im Gegensatz zur Probedivision, bei der im Mittel die Hälfte aller Möglichkeiten tatsächlich durchprobiert

[1] Für eine Einführung in die Verschlüsselungsmathematik und die klassische Faktorisierung lesen Sie z. B. Gilbert Brands, Verschlüsselungsalgorithmen, Vieweg-Verlag.

werden muss, besteht bei diesen Verfahren jedoch eine hohe Wahrscheinlichkeit, bereits wesentlich früher auf eine Lösung zu stoßen.

Grundlage der Verfahren ist, Relationen der Art

$$a_i^2 \equiv c_i (\mathrm{mod}\, n)$$

vorzugeben und die c_i zu Faktorisieren. Hat man genügend faktorisierte Paare gefunden, lässt sich ein Produkt der Form

$$\prod c_i \equiv b^2 (\mathrm{mod}\, n)$$

womit man dann prüfen kann, ob ein Teiler gefunden wurde. Der Hauptaufwand liegt in der Faktorisierung der Zahlen c_i, und würde man dies ohne Überlegung angehen, wären diese Verfahren der reinen Probedivision unterlegen. Kernstücke der verschiedenen Algorithmen sind daher Auswahlverfahren, die aus einer großen Menge von Zahlen die Kandidaten auswählen, bei denen eine hohe Wahrscheinlichkeit für eine Faktorisierbarkeit mit einer eingeschränkten Menge von Faktoren besteht. Die Aufwandsschätzungen sind entsprechend schwierig durchzuführen, sind zum Teil semiempirisch bestimmt und liegen bei

$$O\left(\exp\left[(\mathrm{ld}\, N)^{1/3} (\mathrm{ld}\, \mathrm{ld}\, N)^{2/3}\right]\right)$$

steigen also ebenfalls noch exponentiell mit der Anzahl der Bits. Auf diesem exponentiell steigenden Faktorisierungsaufwand beruht die Sicherheit der asymmetrischen Verschlüsselungsverfahren wie RSA, denn durch Vergrößerung der Zahl ist es relativ einfach, den Angreifern zu entkommen.

6.5.2.2 Die Quantencomputerversion[1]

Die Quantencomputerversion des Faktorisierungsalgorithmus folgt einem ähnlichen Ansatz, wobei von der Fähigkeit der Quantensysteme, durch Überlagerung sämtliche Werte gleichzeitig auszuwerten, Gebrauch gemacht wird. Ausgangspunkt ist ein Satz der Algebra, dass für jede Zahl m mit $\mathrm{ggT}(m, n) = 1$ eine Zahl r existiert, so dass[2]

$$m^r \equiv 1 (\mathrm{mod}\, n)$$

erfüllt ist. Ist r eine gerade Zahl, so lässt sich die Wurzel aus der Potenz ziehen, womit sich wieder wie im klassischen Fall die Möglichkeit eröffnet, einen Faktor von n zu ermitteln:

$$m^r \equiv 1 (\mathrm{mod}\, n) \Rightarrow (m^{r/2} + 1)(m^{r/2} - 1) \equiv 0 (\mathrm{mod}\, n) .$$

---

[1] P. W. Shor, arXiv:quant-ph/9508027, 1996.

[2] Zu einer ausführlichen Diskussion der Mathematik vergleiche Fußnote auf S. 293.

Allerdings ist r eine Größe, die von m abhängt, also einen anderen Wert für einen anderen Wert m' annehmen kann. Ist s die Anzahl der verschiedenen Primfaktoren von n, so liegt die Wahrscheinlichkeit dafür, ein m gewählt zu haben, dass keine Lösung liefert, bei

$$w\left(r \equiv 1(\operatorname{mod} 2) \vee n|(m^{r/2} \pm 1)\right) \approx (1/2)^s .$$

„Keine Lösung" bedeutet, dass r eine ungerade Zahl ist und folglich keine Wurzel gezogen werden kann oder einer der Faktoren ein Vielfaches von n ist. Für die Ableitung dieser Abschätzung müsste man etwas tiefer in die Systematik des Zusammenhangs zwischen n und r hineingreifen, aber sie zeigt, dass man in der Regel nur mit wenigen m experimentieren muss, um zu einer Faktorisierung zu gelangen.

Nun ist r eine unbekannte Größe, und wenn ein Exponent zufällig gewählt wird, ist das Ergebnis in der Regel nicht 1. Allerdings sind die Ergebnisse periodisch

$$\begin{aligned} m^r &\equiv m^{k*r} \equiv 1(\operatorname{mod} n), k \in \mathbb{N} \\ m^a &\equiv m^{a+k*r} \equiv y(\operatorname{mod} n) . \end{aligned}$$

Hier kommt nun der Quantencomputer ins Spiel. Dieser arbeitet nicht mit einzelnen Werten, sondern bei geeigneter Initialisierung mit einer Überlagerung aller Werte, die mit dem Quantenregister darstellbar sind. Führt man nach der Berechnung

$$|x\rangle|m\rangle \rightarrow |x\rangle|y \equiv m^x(\operatorname{mod} n)\rangle$$

mit einem zufällig gewählten m eine Messung des rechten Registers aus, so wird man irgendeinen der möglichen Werte y messen und aufgrund der Verschränkung im linken Registerteil eine Überlagerung aller Exponenten haben, die als Ergebnis gerade y liefern.

Falls y nicht gerade zufällig den Wert 1 aufweist, ist der Wert uninteressant und kann verworfen werden. Bei dem linken Register interessiert nun nicht ein spezieller Wert, sondern der Abstand der überlagerten Werte (Abb. 6.8), der ja gerade der benötigte Wert r ist.

Leider lässt sich der Abstand nicht durch wiederholte Messungen ermitteln, denn auch das linke Register kann nur einmal gemessen werden, und bei einer Wiederholung des Gesamtvorgangs würde man ein anderes y erhalten, so dass die korrespondierenden x-Werte nicht miteinander korreliert werden können.

Wenn man das Problem etwas umformuliert, kann man aber auch nach der Frequenz fragen, mit der die möglichen Messwerte von Null verschieden sind. Die Umformulierung der Fragestellung ist insofern hilfreich, als die Fourier-Transformation gerade solche Fragen nach periodischen Mustern in Daten beantwortet. Unterwerfen wir das x-Register einer Fourier-Transformation, so sollte uns eine Messung nun die gewünschte Antwort liefern können. Deren Ergebnis ist in Abb. 6.9 dargestellt, und wir sehen nun im Detail an, wie dieses Spektrum zustande kommt und wie daraus r zu ermitteln ist.

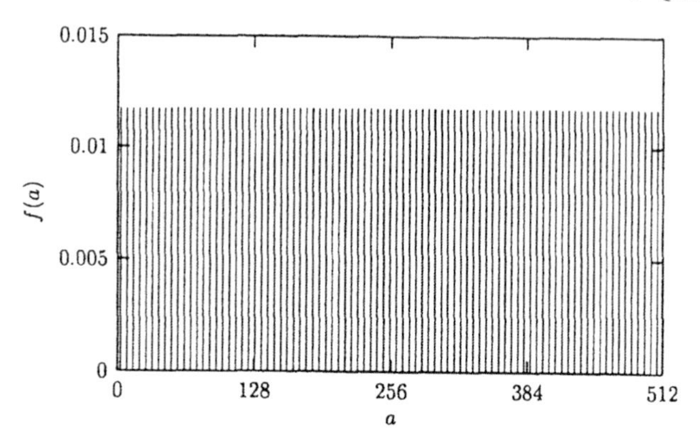

Abb. 6.8 Werte im linken Register nach Messen eines Wertes im rechten. Die möglichen Messwerte sind periodisch von Null verschieden. Nach Literaturbeispielen

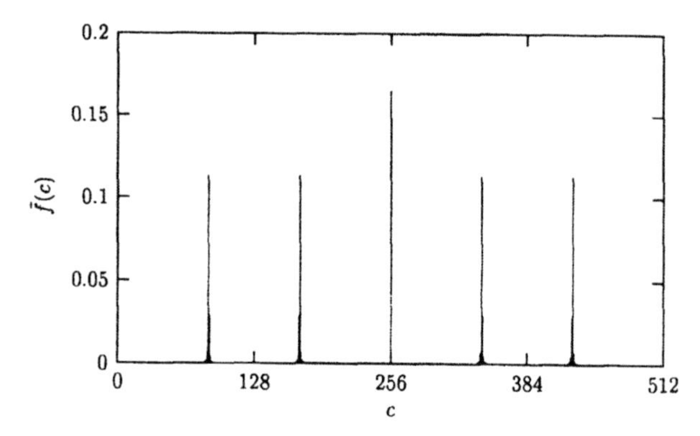

Abb. 6.9 Inhalt des linken Registers aus Abb. 6.8 nach einer Fouriertransformation. Nach Literaturbeispielen

6.5.2.3 Der Quanten-Algorithmus im Detail

Um die modulare Exponentiation ausführen zu können, benötigen wir Register mit der doppelten Anzahl an Qbits, wie die zu faktorisierende Zahl selbst besitzt. Die Registerbreite q ist folglich durch

$$n^2 \leq Q = 2^q < 2n^2$$

gegeben, und wir benötigen zwei Registersätze, die jeweils den Exponenten und ein zufällig gewähltes, aber im Weiteren konstantes m aufnehmen. Die Startpräparation ist folglich

$$|0\rangle|m\rangle = |0_1 0_2 \ldots 0_q\rangle|m_1 m_2 .. m_q\rangle \ .$$

Das linke Quantenregister muss nun noch mit einer Überlagerung aller auf dem Register speicherbaren Werte ausgestattet werden. Da Q wesentlich größer ist als die zu erwartende Periode r, können wir mit sehr vielen Perioden im Register und damit mit einer genauen Messung rechnen (vergleiche Abb. 6.9). Das Füllen mit der Superposition aller Werte übernimmt eine erste Fourier-Transformation des linken Registers[1]

$$|0\rangle|m\rangle \overset{DFT}{\rightarrow} \frac{1}{\sqrt{Q}}\sum_{k=0}^{Q-1}|k\rangle|m\rangle \ .$$

Anschließend wird eine modulare Exponentiation ausgeführt, so dass der Zustand des Quantenrechners nun in

$$\frac{1}{\sqrt{Q}}\sum_{k=0}^{Q-1}|k\rangle|m\rangle \rightarrow \frac{1}{\sqrt{Q}}\sum_{k=0}^{Q-1}|k\rangle|y \equiv m^k (\mathrm{mod}\, n)\rangle$$

überführt wird. Das zweite Register enthält nun alle Überlagerung aller modularen Ergebnisse, und beide Register sind aufgrund der Exponentiation nunmehr verschränkt. Würde nun der rechte Teil des Registersatzes gemessen, so erhielte man irgendeinen Wert $y_l \equiv m^l (\mathrm{mod}\, n)$ mit einem zufälligen $l \leq r$, und aufgrund der Verschränkung wäre die Wellenfunktion des linken Registersatzes nun auf

$$\frac{1}{\sqrt{Q}}\sum_{k=0}^{Q-1}|k\rangle|m\rangle \overset{M(y)}{\rightarrow} \frac{1}{\sqrt{A+1}}\sum_{k=0}^{A}|l + k * r\rangle \ ; \quad A = \left\lceil \frac{Q-l-1}{r} \right\rceil$$

kollabiert. Die Messung des rechten Registersatzes ist jedoch gar nicht notwendig. Stattdessen wird der linke Registersatz einer erneuten Fourier-Transformation unterworfen

$$\frac{1}{\sqrt{Q}}\sum_{k=0}^{Q-1}|k\rangle|y \equiv m^k (\mathrm{mod}\, n)\rangle \overset{DFT}{\rightarrow} \frac{1}{Q}\sum_{y=0}^{Q-1}\sum_{k=0}^{Q-1}|y\rangle e^{2\pi yk/Q}|m^k (\mathrm{mod}\, n)\rangle \ .$$

Wird nun eine Messung des linken Registers durchgeführt, so erhält man den Messwert y mit der Wahrscheinlichkeit

$$w(y) = \frac{1}{Q^2}\langle S(y)|S(y)\rangle \ , \quad S(y) = \sum_{k=0}^{Q-1} e^{2\pi yk/Q}|m^k (\mathrm{mod}\, n)\rangle \ .$$

Diesen Ausdruck gilt es nun genauer auszuwerten. Qualitativ haben wir mit der zweiten Fourier-Transformation alle gleichartigen Ergebnisse des zweiten Registers mit den Werten auf dem ersten verschränkt. Gleichartige Ergebnisse liegen aber mit

[1] In der Literatur wird an dieser Stelle die Fourier-Transformation für die Initialisierung verwendet. Ich folge diesem Schema, um keine unnötige Verwirrung zu stiften. Wenn Sie aber genau hinschauen, ist das Ergebnis das gleiche wie bei der einfacheren Hadamard-Operation des Suchalgorithmus, da die kontrollierten Phasendrehungen wegen des ausgewählten Grundzustands erst einmal nicht ausgeführt werden. Bei einer Realisierung ließen sich hier ein paar Operationen einsparen.

der Periode r oder Vielfachen davon auseinander, d. h. Messwerte y, die in einer bestimmten Relation zu r und Q stehen, sollten mit höherer Wahrscheinlichkeit gemessen werden und eine Berechnung von r erlauben.

Da alle Q Zustände eines Registerteils zueinander orthogonal sind, müssen wir für die genaue Berechnung der Wahrscheinlichkeiten die Phasensumme auswerten. Für alle gleichartigen Ergebnisse der Potenzierung erhalten wir[1]

$$S(y) = \left| \frac{1}{Q} \sum_{j=0}^{[\frac{Q-1-l}{r}]} \exp\left(\frac{2\pi(j * r + l)y * i}{Q}\right) \right|^2$$

$$= S(y) = \left| \frac{1}{Q} \sum_{j=0}^{[\frac{Q-1-l}{r}]} \exp\left(\frac{2\pi j * r * y * i}{Q}\right) \right|^2$$

$$= S(y) = \left| \frac{1}{Q} \sum_{j=0}^{[\frac{Q-1-l}{r}]} \exp\left(\frac{2\pi j * (r * y (\operatorname{mod} Q)) * i}{Q}\right) \right|^2 .$$

Aus der Summe haben wir dabei den Term $|\exp(2\pi i l y/Q)|^2 = 1$ als Faktor abgespalten, so dass wir uns um diesen Term nicht weiter kümmern müssen. Gleichzeitig haben wir damit die Abhängigkeit von l, also der Messung eines speziellen Wertes des rechten Registerteils, beseitigt. Der modulare Ausdruck im letzten Term wird durch $-Q/2 \leq r * y(\operatorname{mod} Q) < Q/2$ bewertet.

Die Auswertung dieser Summe erfolgt mit den üblichen mathematischen Tricks. Wir führen das hier nicht im Einzelnen vor, sondern geben nur die allgemeinen Überlegungen vor und überlassen die Details dem Leser (**Aufgabe**).

Zunächst ersetzen wir die Summe durch ein Integral und dessen Obergrenze durch Q/r. Der Ersatz der Obergrenze liefert einen Fehlerterm in der Größenordnung $O(1/Q)$, ist also zu vernachlässigen. Der Fehlerterm beim Ersatz der Summe durch das Integral[2] liegt ebenfalls in dieser Größenordnung, wenn der modulare Ausdruck (*zufällig*) in den Grenzen

$$-r/2 \leq r * y(\operatorname{mod} Q) < r/2$$

liegt, oder anders ausgedrückt, wenn die einzelnen Glieder der Summe eng benachbart sind. Gleichzeitig werden das Integral und damit auch die Summe relativ groß, weil alle Amplituden näherungsweise in die gleiche Richtung zeigen und sich nicht gegenseitig kompensieren können. Der Rest besteht aus dem Lösen des Integrals mit Hilfe von Variablensubstitutionen.

---

[1] Die Obergrenze der Summe enthält die sogenannte Gauß-Klammer, die einen rationalen Ausdruck auf den nächsten kleineren ganzzahligen Wert kürzt.

[2] Sie können zu dessen Abschätzung auf die Differenz zwischen Ober- und Untersumme in der Riemann-Integraldefinition zurückgreifen.

Nun kennen wir den genauen Wert von $y * r$ nicht, sondern können das Integral nur an den Grenzen des Intervalls, also bei $-r/2$ und $r/2$ auswerten. Der wahre Wert wird irgendwo dazwischen liegen. Unterbenutzung der Äquivalenz $a \equiv b(\bmod n) \Leftrightarrow n|a-b$ führt das zur Forderung der Existenz einer ganzen Zahl d, so dass

$$\left|\frac{y}{Q} - \frac{d}{r}\right| \leq \frac{1}{2Q}$$

erfüllt ist. Und wegen $Q > n^2 > r^2$ gibt es auch höchstens einen Bruch d/r, der diese Gleichung erfüllt.

Schauen wir uns das Erreichte an, bevor wir an die Ermittlung von r aus y schreiten. Bei der Auswertung können wir nun das Pech haben, dass r eine ungerade Zahl ist oder einer der ermittelten Faktoren Vielfaches von n ist. In diesem Fall müssen wir die Berechnung mit einem anderem m wiederholen, jedoch ist die Wahrscheinlichkeit, ein günstiges m zu finden, unabhängig von der Größe von n, also $O(1)$, und tut uns nicht weh. Außerdem müssen wir eine modulare Potenzierung durchführen. Multiplikation und Division sind schlimmstenfalls quadratisch in der Anzahl der Ziffern, also von der Ordnung $O(\log(n)^2)$, und müssen insgesamt $\log(n)$ Mal durchgeführt werden, d. h. der Aufwand auf dem Quantenrechner ist mit $O(\log(n)^3)$ polynomial in der Anzahl der Qbits.

6.5.2.4 Ermittlung der Periode

Die Aufgabe der Ermittlung der Periode r kann auch so formuliert werden, dass anstelle der rationalen Zahl y/Q eine rationale Zahl d/r gefunden werden soll, die y/Q mit vorgegebener Qualität annähert und deren Nenner kleiner als n ist. Die Lösung dieser Aufgabe ist den Mathematikern bereits seit Jahrhunderten bekannt und mit dem Begriff „Kettenbruchdarstellung“ verknüpft.

Die Kettenbruchdarstellung einer rationalen Zahl ist A definiert durch

$$A = a_0 + \cfrac{1}{a_1 + \cfrac{1}{a_2 + \cfrac{1}{\ldots + \cfrac{1}{a_N}}}}$$

mit der Rekursion

$$a_0 = [A]\,, \quad A_0 = A - a_0$$
$$a_{k+1} = [1/A_k]\,, \quad A_{k+1} = 1/A_k - a_{k+1}\,.$$

Sie entsteht gewissermaßen nebenbei bei dem noch älteren Algorithmus, den größten gemeinsamen Teiler zweier Zahlen zu ermitteln:

$$\frac{a}{b} = v_0 + \frac{r_0}{b} = v_0 + \frac{1}{\frac{b}{r_0}} = v_0 + \frac{1}{v_1 + \frac{r_1}{r_0}} \frac{a}{b} = v_0 + \frac{1}{v_1 + \frac{1}{\frac{r_0}{r_1}}} = \ldots .$$

Der Kettenbruch wird in der Form $A = [a_0 a_1 \ldots a_N]$ angegeben. Umgekehrt kann man natürlich aus der Kettenbruchform den ursprünglichen Bruch durch die folgende Rekursion wieder rekonstruieren.

$$\begin{aligned} p_0 &= a_0 \ , \ p_1 = q_1 a_0 + 1 \ , \ldots \ p_k = a_k p_{k-1} + p_{k-2} \\ q_0 &= 1 \ , \quad q_1 = a_1 \ , \qquad \ldots \ p_k = a_k q_{k-1} + q_{k-2} \ . \end{aligned}$$

Bricht man diese Auswertung vorzeitig bei $k < N$ ab, so stellt diese Teilauswertung die bestmögliche Näherung von A durch einen Bruch mit ziffernmäßig begrenztem Zähler und Nenner dar, und für die Qualität der Näherung gilt

$$\left| A - \frac{p_k}{q_k} \right| \leq \frac{1}{2q_k^2} \ .$$

Das ist aber gerade die Beziehung, die wir für die Berechnung von r gefunden haben, wenn wir $r < n$ und $n^2 < Q$ berücksichtigen. Die Lösung lautet somit

a) Zerlege y/Q in seine Kettenbruchdarstellung,
b) rekonstruiere den Kettenbruch bis $q_k < n < q_{k+1}$,
c) teste, ob mit $q_k = r$ ein Faktor für n gefunden werden kann.

Die Berechnungen dieses Algorithmenteils werden auf einem klassischen Rechner ausgeführt. Da außer Multiplikation und Division keine weiteren Operationen notwendig sind und auch die Kettenbruchzerlegung nicht mehr als $O(\log(Q)) = O(\log(n))$ Schritte benötigt, ist auch dieser Teil schlimmstenfalls wieder $O(\log(n)^3)$, also weiterhin polynomial.

6.5.2.5 Erfolgswahrscheinlichkeit

Der Test, ob mit q_k tatsächlich die Periode r gefunden worden ist, kann auch in der Form schiefgehen, dass bei einem ersten Test das Ergebnis

$$m^{q_k} \equiv a (\mathrm{mod}\, n) \ , \quad a \neq 1$$

lautet, also $q_k \neq r$. Wenn man sich die Kettenbruchentwicklung anschaut, stellt man fest, dass die Brüche jeweils maximal gekürzt sind, d. h. $\mathrm{ggT}(q_k, p_k) = 1$. Wir haben also nur dann eine Lösung gefunden, wenn nach unserer Auswertung $\mathrm{ggT}(p_k, r) = 1$ gilt. Die notwendige Anzahl der Wiederholungen des Algorithmus hängt somit von der Wahrscheinlichkeit ab, dass zu einem zufälligen Messergebnis y ein zufälliger Entwicklungskoeffizient p_k ermittelt wird, der teilerfremd zur Periode ist.

Wir schätzen diese Wahrscheinlichkeit hier nur grob ab. Aus ziemlich einfachen wahrscheinlichkeitstheoretischen (und damit nicht exakten) Abschätzungen erhält man für die Anzahl der Primzahlen $< N$ den Ausdruck (siehe Fußnote 1 auf Seite 293)

$$\pi(N) \approx \frac{N}{\ln(N)} .$$

Der exakte mathematische Primzahlsatz bestätigt dieses Ergebnis asymptotisch. Für größere Zahlen N bedeutet dieses Ergebnis, dass bei einer Primzahlzerlegung von N die meisten Primzahlen keine Teiler von N sind, d. h.

$$w(\mathrm{ggT}(a, N) = 1) > \frac{\pi(N)}{N} = \frac{1}{\ln(N)} .$$

Das Ergebnis ist natürlich nur eine sehr ungenaue Abschätzung, denn die Produkte aller dieser nichtteilenden Primzahlen, die kleiner als N bleiben, sind ebenfalls teilerfremd. Eine genauere Auswertung zeigt, dass der Aufwand das Finden einer zufällig ausgewählten teilerfremden Zahl bei $O(\log(\log(N)))$ liegt. Die Anzahl der zur erfolgreichen Faktorisierung notwendigen Versuche ist somit auch polynomial in der Anzahl der Bits von n.

Alles zusammengefasst liegt der Aufwand für den quantenmechanischen Faktorisierungsalgorithmus bei[1]

$$O((\log(n)^3 * \log(\log(n)))) < O(\log(n)^4) .$$

Der RSA-Algorithmus, dessen Sicherheit ja gerade auf der praktischen Undurchführbarkeit der Faktorisierung bei genügend großen Zahlen beruht, kann dem Quantenalgorithmus aufwandsmäßig nicht so leicht davonlaufen wie den klassischen Verfahren, bei denen der Aufwand exponentiell mit der Anzahl der Bits steigt.

6.5.3 Verschlüsslung auf Basis des diskreten Logarithmus

Der Shor-Algorithmus greift zunächst nur das RSA-Verfahren durch Faktorisierung einer zusammengesetzten Zahl an. Andere Verfahren arbeiten nicht mit zusammengesetzten Zahlen, sondern basieren auf dem Problem der Ermittlung von x, wenn in $y \equiv g^x (\mathrm{mod}\, p)$ die Zahlen y, g und p bekannt sind (p ist eine große Primzahl). Die Aufgabe $x \equiv \log_g(y)(\mathrm{mod}\ p)$ ist klassisch ähnlich schwer zu lösen wie die Faktorisierung, jedoch kann in klassischen Algorithmen wieder auf die gleichen

[1] Einige Abschätzungen gegen von einem noch etwas günstigeren Ergebnis voraus, indem sie die Möglichkeit der Übertragung schnellerer klassischer Algorithmen für die Multiplikation auf den Quantenrechner unterstellen.

Werkzeuge zurückgegriffen werden. Wir wollen hier nun zeigen, wie auch diese zweite Gruppe der klassischen Verschlüsselungsverfahren (Diffie-Hellman, ElGamal) mit einem Quantenrechner angegriffen werden kann.

Klassisch geht man das Problem des diskreten Logarithmus mit ähnlichen Methoden wie die Faktorisierung an. Um R in $y \equiv g^R \mod p$ zu bestimmen, werden Zahlenpaare $q_k \equiv g^{x_k} \mod p$ gesammelt und anschließend versucht, damit eine Äquivalenz der Art $yg^e \equiv \prod q_k^{x_k} \mod p$ zu finden, aus der dann R ermittelt werden kann. Die Ermittlung geeigneter Kandidaten für die Suche nach einer solchen Äquivalenz kann wieder mit Siebmethoden erfolgen.

Der Quantenalgorithmus baut auf dem gleichen Prinzip auf wie derjenige für die Faktorisierung. Für ihn werden allerdings zwei Eingabewerte der Größe $p < Q = 2^q < 2p$ benötigt, die wieder mit einer Superposition aller darstellbaren Werte vorbesetzt werden. Der Algorithmus berechnet

$$|a\rangle|b\rangle|0\rangle \rightarrow |a\rangle|b\rangle|g^a y^{-b} \mod p\rangle\ .$$

Anschließend werden beide Register a und b einer Fourier-Transformation unterworfen, was das System in den Zustand

$$\frac{1}{(p-1)Q} \sum_{a,b=0}^{p-2} \sum_{c,d=0}^{Q-1} \exp\left(\frac{2\pi i}{Q}(ac+bd)\right) |c,d,g^a y^{-b} \mod p\rangle$$

bringt. c und d werden nun gemessen. Ohne dass wir dies nun im Einzelnen nachweisen, führt dieser Ausdruck zu der Ungleichung

$$-\frac{1}{2Q} \leq \frac{d}{Q} + R\left(\frac{c(p-1) - [c(p-1) \mod Q]}{(p-1)Q}\right) \leq \frac{1}{2Q}\ .$$

Diesen Ausdruck kann man wie im Faktorisierungsalgorithmus durch Kettenbruchzerlegung auswerten, nach R auflösen und letzteres testen. Auch hier trifft man mit nur polynomial kleiner werdender Wahrscheinlichkeit auf ein Paar (c, d), das die Berechnung von R ermöglicht.

Auf der Basis dieses Algorithmus werden inzwischen auch Techniken für den Angriff auf die Verschlüsselung mit elliptischen Kurven u. a. diskutiert.[1] Wir gehen hier aber nicht weiter in die Details.

6.5.4 Fazit

Ob und wie schnell dieses Ergebnis nun tatsächlich das AUS für RSA & Co. bedeutet, hängt von vielen Parametern ab:

- Ist die Größe eines Quantenregisters skalierbar? Besitzt eine zu faktorisierende Zahl n Bits, so sind für die beiden Register sowie Hilfsregister für die Ausführung

[1] P. Kaye, C. Zalka, arXiv/quant-ph 0407095, 2004; A. Schmidt, Dissertation TU Darmstadt 2007.

der modularen Exponentiation $6 * n$ Registerbits notwendig, und sofern Fehlerkorrekturverfahren notwendig werden (siehe Seite 303 ff), sogar $54 * n$, wobei die Notwendigkeit von Fehlerkorrekturen bei größer werdendem d steigt.

- Für den Quantenalgorithmus sind $O(n^3)$ bis $O(n^4)$ Operationen notwendig. Weiterer Aufwand entsteht, wenn in großen Quantenregistern weit auseinander liegende Qbits miteinander verschränkt werden müssen (im Gegenzug sind einige Operationen ggf. parallelisierbar). Sind Quantencomputer auch hinsichtlich der durchführbaren Operationen skalierbar oder gibt es Schranken, jenseits derer die klassischen Algorithmen doch entkommen können und trotzdem technisch interessant bleiben?
- Mit welcher Fehlerrate arbeitet der Quantenrechner, wenn man ungenaue Operationen, nicht korrigierbare Fehler usw. zusammenfasst? Sind die Fehlerraten konstant oder steigen sie mit steigender Qbit- und Operationenzahl?
- ...

Derzeit ist die Technik noch sehr weit davon entfernt, etwas Brauchbares abzuliefern. Wenn man sich die rasante Entwicklung der klassischen Rechnertechnik anschaut, weiß man andererseits auch, wie weit man mit irgendwelchen Prognosen danebenliegen kann. Zu vergessen ist allerdings nicht, dass hinter der Entwicklung der klassischen Rechner auch ein nahezu unbeschränktes Anwendungspotential gesteckt hat, das sicher mitverantwortlich für die Schnelligkeit der Entwicklung ist. Quantenrechner tun sich derzeit noch genau in diesem Segment – der Breite der Anwendungen – sehr schwer, und damit fehlt natürlich auch ein Hebel für Investitionen.

6.6 Fehlerkorrekturverfahren

Das Kapitel über Fehlerkorrekturverfahren ist zwar im Abschnitt „Quantencomputer“ untergebracht, jedoch lassen sich die Prinzipien auch auf die Teile „Quantenkryptografie“ und „Teleportation“ anwenden. Wir haben dort schon verschiedentlich darauf hingewiesen, werden aber hier nicht explizit wieder in diese Kapitel zurückverweisen, sondern überlassen die entsprechenden Schlussfolgerungen dem Leser.

6.6.1 Allgemeines

Quantensysteme sind aufgrund der nicht vermeidbaren Wechselwirkung mit der Umgebung oder spontanen Zerfalls eines Zustands fehleranfällig. Während man gegen den spontanen Zerfall eines Zustands in der Regel wenig tun kann – er folgt aus der Quantenfeldtheorie, die wir hier nicht angesprochen haben, und man kann lediglich auf Zustände zurückgreifen, die keinen direkten Weg zu stabileren anderen Zuständen aufweisen und daher auf Mehrphotonenprozesse angewiesen sind, die eine geringere Wahrscheinlichkeit besitzen – hängt die Wechselwirkung mit der Umgebung mit der Reinheit der Materialien, der Güte des Vakuums und der Temperatur zusammen, d. h. durch entsprechenden Aufwand lässt sich die Qualität des Systems bis zu einer gewissen Grenze steigern.

Weitere Fehler können durch die Quantenoperationen selbst hervorgerufen werden, da diese nur von begrenzter Genauigkeit sind. Wie Rundungsfehler auf klassischen Systemen können ungenaue Quantenoperationen zu Messergebnissen führen, die nicht mehr der unterstellten Quantenstatistik gehorchen. Diese Fehlerquelle lässt sich ebenfalls durch einen entsprechend hohen Aufwand kontrollieren.

Alles in allem rechnet die Wissenschaftsgemeinschaft heute mit einer Fehlerrate von ca. 10^{-4}, d. h. nach durchschnittlich 10.000 Operationen ist mit einem Qbit-Fehler zu rechnen.[1] Das ist zwar gegenüber den bislang erreichten Qbit-Registerbreiten schon recht viel, würde aber selbst dann, wenn der Exponent sich verdoppeln oder verdreifachen würde, das vorzeitige AUS für den Quantenrechner bedeuten, wenn den Fehlern nicht von anderer Seite beizukommen ist.

Neben der Verminderung der Fehlerwahrscheinlichkeit durch technische Maßnahmen sind somit Fehlererkennungs- und Fehlerkorrekturmaßnahmen notwendig, wobei bei den beiden Maßnahmen wieder einmal die quantenmechanische Natur der Vorgänge zu beachten ist:

- Fehlererkennungsmaßnahmen erlauben den Ausschluss fehlerhafter Quantenzustände am weiteren Verfahren durch eine Messung an einem Teilsystem. Dadurch gehen alle Qbits verloren, die mit dem fehlerhaften Teil verschränkt sind, was den Einsatz auf Verfahren begrenzt, die dies tolerieren, beispielsweise die Quantenkryptografie.
- Fehlerkorrekturmaßnahmen erlauben das Erkennen und Beseitigen aufgetretener Fehler während des Rechenprozesses, wobei allerdings keine Messung an den betroffenen Qbits durchgeführt werden dürfen.
- Fehlertoleranzverfahren greifen während des Rechenprozesses nicht in das Geschehen ein, sondern basieren auf Coderedundanzen, die nach der Abschlussmessung auch fehlerbehaftete Ergebnisse eindeutig auf ein fehlerfreies Ergebnis abbilden können, sofern die Anzahl der Fehler ein bestimmtes Maß nicht überschreitet.

Auch wenn die Praxis längst nicht so weit ist und die folgenden Ausführungen nur als gut gemeinter Ratschlag des Theoretikers betrachtet werden müssen, wird man sich für ein bestimmtes Korrekturverfahren erst dann entscheiden können, wenn die Parameter des verwendeten Quantenregisters genau vermessen wurden.

Theoretisch erlaubt sind beispielsweise Zwischenmessungen an Qbits, die einen genau definierten Wert aufweisen müssen, wenn alles noch fehlerfrei abgelaufen ist. Zu Prüfen ist allerdings, welche Fehler damit überhaupt erkannt werden können (vielleicht beeinflusst ja eine zu große Anzahl von kritischen Fehlerzuständen das

[1] Neue Messungen deuten darauf hin, dass dieses Bild geschönt ist. Die Wahrscheinlichkeit für den Zerfall eines verschränkten Zustandes scheint eher quadratisch mit der Anzahl der beteiligten Qbits zu steigen als linear, was in Konsequenz zu einer höheren Fehlerrate pro Qbit führen würde, je mehr Qbits das Register enthält.

Testbit gar nicht) und ob eine selektive Messung überhaupt möglich ist (möglicherweise stellt der Messvorgang eine erhebliche Fehlerquelle für andere Qbits dar).

Last not least sind insbesondere Korrektur- und Toleranzmaßnahmen in die Algorithmen einzubauen, was zweckmäßigerweise auf Compilerebene erfolgt, d. h. die Algorithmen werden vom Programmieren in gewohnter Weise entwickelt und die notwendigen Zusatzmaßnahmen vom System automatisch eingebaut. Auf solche Probleme des Compilerbaus für Quantencomputer können wir hier allerdings allenfalls am Rande eingehen.

6.6.2 *Bitflips und ihre Korrektur*

Ein Bitflip ist der spontane Übergang eines Quantenbits in den komplementären Zustand, also gewissermaßen ein spontanes NOT:

$$BF:|0\rangle \rightarrow |1\rangle \ .$$

Ob das Qbit dabei vorzugsweise vom Zustand 0 in den Zustand 1 wechselt oder umgekehrt oder beide Vorgänge gleiche Häufigkeit besitzen, hängt vom Quantensystem ab. Eine Korrektur ist allerdings nur dann sinnvoll, wenn der Bitflip nicht mit einer bestimmten Richtung verbunden ist, denn bereits das Erkennen eines Flips stellt dann eine Messung dar, die Informationen über den inneren Systemzustand liefert und die weitere Rechnung obsolet machen kann.[1]

Um einen Bitflip feststellen und korrigieren zu können, bedarf es zusätzlicher Qbits zur Kontrolle, und da ein Bitflip das in der Rechnung verwendete Qbit genauso treffen kann wie das Kontrollqbit, besteht ein Korrektursystem aus mindestens drei Qbits. Das folgende Verdrahtungsschema korrigiert einen Bitflipfehler an einem Rechenqbit unter Einsatz zweier Kontrollqbits:

$$\begin{bmatrix} |q\rangle \rightarrow \circ \;\; \circ \rightarrow A \rightarrow \circ \;\; \circ \rightarrow \otimes \rightarrow \\ 0 \rightarrow \otimes \rightarrow \rightarrow \ldots \rightarrow \otimes \rightarrow \rightarrow \circ \\ 0 \rightarrow \rightarrow \otimes \rightarrow \ldots \rightarrow \rightarrow \otimes \rightarrow \circ \end{bmatrix} .$$

Hierbei symbolisiert die unitäre Matrix A einen Algorithmusabschnitt, der so bemessen ist, dass mit hoher Wahrscheinlichkeit höchstens ein Bitflip in allen drei Qbits auftritt. Unter der Voraussetzung, dass für den betrachteten Algorithmusteil

$$|q\rangle \approx A * |q\rangle$$

gilt, also das Qbit seinen Zustand nicht wesentlich ändert, kompensieren sich die CNOT-Operationen auf den beiden Kontrollqbits, so dass beide weiterhin den Wert 0 ausweisen und die CCNOT-Operation keine Wirkung hat. Gleiches gilt, wenn eines der Kontrollqbits einem Bitflip unterworfen war und am Ende den Zustand 1

[1] Besonders kritisch sind Systeme, die den Bitflip durch Aussenden eines Photons verraten. Dieser Vorgang läuft streng in einer Richtung ab und ist ohne weitere Maßnahmen mit einer kompletten Messung gleichzusetzen.

aufweist. Das korrekte Kontrollqbit unterbindet in der CCNOT-Operation eine Auswirkung auf $|q\rangle$. Lediglich wenn dieses selbst einem Bitflip unterworfen war, sind beide Kontrollqbits im Zustand 1 und führen $|q\rangle$ durch eine Invertierung auf den Pfad der Tugend zurück.

Aufgabe. Simulieren Sie das System für $|q\rangle \neq A * |q\rangle$ und stellen Sie fest, in welchem Umfang die Korrekturen selbst zu einem Fehler beitragen können, wenn der Systemzustand durch den Algorithmus verändert wird.[1]

In quantenkryptografischen oder Teleportationsanwendungen ist diese Art der Fehlerkorrektur problemlos anwendbar (soweit die experimentelle Seite das zulässt), auf dem Quantencomputer bereitet sie abgesehen von den in der Aufgabe beschriebenen Effekten allerdings weiteres Kopfzerbrechen. Da nicht bekannt ist, wann $|q\rangle$ seinen Zustand gewechselt hat, ist auch über den Unfug, den es im Fehlerzustand während des Algorithmusablaufs angestellt hat, nur bedingt etwas zu sagen.

Aufgabe. Untersuchen Sie den Suchalgorithmus hinsichtlich der Auswirkung von Bitflips. Ein Bitflip zu Beginn eines Algorithmus-Durchlaufs würde einen falschen Wert mit höherer Wahrscheinlichkeit versehen, was durch den weiteren Algorithmus korrigiert werden müsste. Untersuchen Sie das Ergebnisspektrum für unterschiedliche Bitflipwahrscheinlichkeiten.

In unserer Diskussion sind wir so vorgegangen, dass die Korrektur automatisch erfolgt und die Kontrollqbits anschließend „verbraucht" sind. Verfahrensabhängig lassen sie sich ggf. reinitialisieren und in weiteren Korrekturabschnitten wieder einsetzen, was die Anzahl der notwendigen Qbits verringert.

Alternativ ist aber auch eine andere Vorgehensweise möglich, bei der die CCNOT-Operation entfällt und Kontrollqbits direkt gemessen werden. In Abhängigkeit vom Messergebnis wird $|q\rangle$ ggf. einer NOT-Operation unterzogen. Da hierbei nichts über den tatsächliche Zustand von $|q\rangle$ verraten wird, ist diese Vorgehensweise ebenfalls zulässig und hat den Vorteil, dass der Experimentator weiß, in welchem Zyklus ein Fehler aufgetreten ist. Unter Umständen erleichtert dies die Beurteilung der Fehlerauswirkung auf das Gesamtergebnis.

6.6.3 *Phasenflips und ihre Korrektur*

Neben den Bitflips sind Phasenflips als weitere Fehler zu berücksichtigen:

$$PF: \frac{1}{\sqrt{2}}(|0\rangle + |1\rangle) \rightarrow \frac{1}{\sqrt{2}}(|0\rangle - |1\rangle) .$$

[1] Die Algorithmen sind zwar reversibel aufgebaut und die Änderungen während eines Durchlaufs sind in der Regel klein – allerdings muss das Quantensystem so robust sein, dass dieser Zustand wieder erreicht wird, bevor sich mehrere Bitflips in das System einschleichen können.

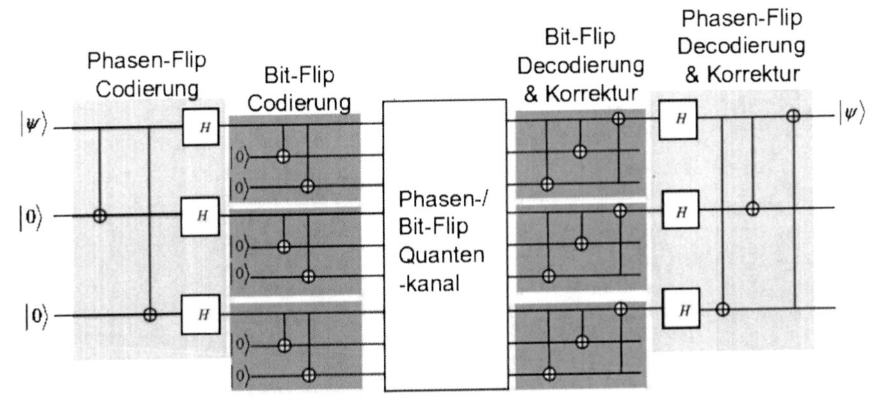

Abb. 6.10 Kombinierte Phasen und Bitflipkorrektur. Nach Literaturbeispielen, verändert

Phasenflips sind durch die Bitflipkorrektur nicht erkennbar, lassen sich jedoch durch die Hadamard-Operation, die zwischen den beiden PF-Zuständen vermittelt, in Bitflips überführen. Dazu wird das Bitflipschema folgendermaßen erweitert:

$$\begin{bmatrix} |q\rangle \rightarrow \circ \;\; \circ \; H \rightarrow A \rightarrow H \;\; \circ \;\; \circ \rightarrow \otimes \rightarrow \\ 0 \;\; \rightarrow \otimes \rightarrow H \rightarrow \ldots \rightarrow H \;\; \otimes \rightarrow \rightarrow \circ \\ 0 \;\; \rightarrow \rightarrow \otimes \; H \rightarrow \ldots \rightarrow H \rightarrow \otimes \rightarrow \circ \end{bmatrix}.$$

Beginn und Ende des Korrekturverfahrens bleiben gleich, nur wird jetzt in der kritischen Phase jetzt in eine andere Bezugsbasis gewechselt – nämlich genau in das Bezugssystem, das den Phasenflip beschreibt. Dem Algorithmus ist es egal, in welcher Basis er durchgeführt wird, so dass sich durch zweimalige Anwendung der Hadamard-Operation am Ergebnis nichts ändert, auftretende Phasenflips werden nun jedoch durch die zweite Hadamard-Operation in einen Bitflip konvertiert, der auf die beschriebene Art korrigiert wird.

Fasst man nun beides zusammen, so erhält man eine komplette Korrektur für Phasen- und Bitflips (Abb. 6.10). Allerdings sind für die Absicherung eines einzelnen Qbits nun insgesamt 9 Qbits einzusetzen: nach der Phasenflipabsicherung ist jedes der drei Qbits einzeln gegen einen Bitflip abzusichern, wenn die Gesamtkorrektur Erfolg haben soll. Das ist neben den anderen Problemen natürlich ein sehr hoher Aufwand, zumal Qbits ohnehin Mangelware sind.

6.7 Simulation auf klassischen Systemen

Wir haben schon verschiedentlich in diesem Buch Aufgaben zur Programmiertechnik gestellt. Da die Aufgaben aber ziemlich zerstreut sind und gerade im Bereich Quantencomputing Simulationen viel zum Verständnis beitragen können, fassen wir die Programmiertechnik hier nochmals ausführlich zusammen.

6.7.1 *Was können wir simulieren?*

Bezüglich der Simulation von Quantencomputern muss man sich zunächst noch einmal klar machen, dass es nicht genügt, einzelne Quantenbits zu simulieren, sondern es können nur komplette Quantenregister bearbeitet werden. Dadurch werden Simulationsprogramme zu echten Ressourcenfressern auf klassischen Computern. Grund ist die Verschränkung der Qbits, die bei Mehr-Bit-Operationen auftritt, was bei einem CNOT an einem 2-Bit-System zu folgenden Zuständen führt:

$$
\begin{aligned}
&(a_1|0\rangle + b_1|1\rangle) * (a_2|0\rangle + b_2|1\rangle) = \\
&\quad a_1 * a_2|00\rangle + a_1 * b_2|01\rangle + b_1 * a_2|10\rangle + b_1 * b_2|11\rangle \\
&\quad \overset{\text{CNOT}}{\rightarrow} a_1 * a_2|00\rangle + b_1 * b_2|01\rangle + b_1 * a_2|10\rangle + a_1 * b_2|11\rangle \,.
\end{aligned}
$$

Die Mischungsfaktoren der verschiedenen Zustände des 2-Bit-Gesamtraumes nach einer Mehr-Bit-Operation sind nicht mehr durch einfache Produkte der Räume der Einzelbits darstellbar. Als Konsequenz müssen auf einem klassischen System für die Repräsentation eines Quantenregister einzelne Faktoren für sämtliche Zustände bereitgehalten werden, d. h. für ein n-Bit-Register 2^n Faktoren.

Das beschränkt die Simulationsfähigkeiten klassischer Systeme auf relativ wenige Bits. Will man beispielsweise den kompletten 32-Bit-Integer-Zahlenraum der aktuellen klassischen Rechner als Quantenregister darstellen, benötigt man dazu ein komplexes Feld von 4 GB Länge, also insgesamt 64 GB Speicherplatz, sofern für Real- und Imaginärteil der Standarddatentyp `double` verwendet wird. Da Systeme i. d. R. nicht mehr Speicherplatz für einen Prozess zuweisen als physikalisch installiert ist, dürfte die Obergrenze für eigene Simulationsrechnungen irgendwo zwischen 25 und 32 Qbit liegen.

Und das wäre auch erst „nur" das Quantenregister selbst. Die dazugehörenden Transformationsmatrizen hätten $2^{64} \approx 1{,}8 * 10^{19}$ Elemente, also etwa 20 Exabyte. Letzteres ist das 1000-fache eines Petabytes, das wiederum das 1000-fache eines Terabytes, der heutigen Plattengröße. Außer zur Demonstration des Aussehens einer Matrix in einem 4-8-Qbit-System sind Transformationen daher direkt auf dem Quantenregister auszuführen.

Eine weitere Konsequenz aus den großen umzuwälzenden Datenmengen – bei nahezu jeder Operation ist das gesamte Feld betroffen – muss man sich auch darauf einstellen, dass die ansonsten recht flotten Rechner über ein Problem schon mal ein paar Stunden oder einen Tag nachgrübeln können. Dabei spielt auch die Komplexität der Operationen eine Rolle. Benötigt beispielsweise eine modulare Exponentiation auf einem 25-Qbit-Register etwa 1 Minute, so dauert die gleiche Operation bei Erweiterung auf 27 Qbit bereits 4,2 Stunden.

Nun enthält ein Quantenregister immer sämtliche Variablen und temporär benötigten Qbits; eine Trennung in Rechenregister und Speicher wie bei klassischen Rechnern existiert ja nicht. Als Konsequenz aus Speicher- und Rechenzeitproblemen wird man daher die meisten Simulationsrechnungen nur für 8 bis maximal 16 Bit-Probleme durchführen können, also nicht viel mehr als die Größenordnung, in die die experimentellen Quantenphysiker hoffen, mit ihren Quantenmaschinen in den nächsten Jahren vorstoßen zu können. Simulationen zur Fehlerkorrektur sind vermutlich gar nicht erst an Anwendungsalgorithmen überprüfbar, sondern nur als solche selbst (ggf. kann man Zwischenergebnisse von Teilregistern auf fehlerkorrigierte Register umrechnen und verwenden).

Trotzdem sind Simulationen in dieser bescheidenen Größenordnung durchaus sinnvoll. Die Theorie lässt sich in anschauliche Beispiele umsetzen, Dekohärenz- und Fehlereinflüsse lassen sich in einem bescheidenen Rahmen quantitativ untersuchen, und die Ergebnisse realisierter Quantencomputer können simuliert und besser verstanden werden.

Wie schon in der Einleitung des Buches angesprochen, werden wir die Programmierung in C++ vornehmen und Templatetechniken einsetzen, um mit variablen Qbit-Anzahlen zu operieren. Das Ergebnis ist eine kleine Bibliothek, mit der verschiedene Simulationsprobleme angegangen werden können. Wie bei jeder Bibliothek muss vor dem Einsatz jeweils getestet werden, ob die Berechnungen korrekt implementiert sind oder sich irgendwelche logischen Fehler eingeschlichen haben. Glücklicherweise ist das relativ einfach: wenn auf Superposition verzichtet wird, macht ein Quantenrechner das Gleiche wie ein klassischer Rechner. Nehmen wir als Beispiel an, wir möchten eine Implementierung für die Multiplikation testen:

$$\begin{aligned} \boldsymbol{U}|x\rangle|y\rangle|0\rangle|0\rangle &= |x\rangle|y\rangle|x * y\rangle|0\rangle \\ \boldsymbol{U}|7\rangle|13\rangle|0\rangle|0\rangle &= |7\rangle|13\rangle|91\rangle|0\rangle \,. \end{aligned}$$

Jedes Teilregister besitze eine Breite von 8 Qbit. Für das Testbeispiel wird das Quantenregister mit dem Wert 3,335 = 0x0D07 gefüllt, und wir erwarten nach der Berechnung den Inhalt 5.901.575 = 0x5A0D07. „Inhalt" bedeutet hierbei, dass in dem Feld der Größe 67.108.864 (= 26 Qbit) nur die Speicherplätze mit den beiden angegebenen Indizes von Null verschieden sind; alle anderen sind Null. Auf diese Weise lässt sich eine Implementierung bequem testen, auch wenn im Fehlerfall eine Korrektur zumindest zeitaufwändig ist, da die Simulationsrechnung ggf. schon mal einige Stunden unterwegs war.

6.7.2 Datentypen

Welche Datentypen nun genau implementiert werden sollten, hängt ein wenig davon ab, was Sie alles simulieren wollen. Für die Simulation eines Quantencomputers benötigt man nichts weiter als einen Spaltenvektor entsprechender Größe. Wollen Sie zusätzlich noch demonstrieren, wie Tensorprodukte in einheitlichen Raum transformiert werden oder wie Dichtematrizen aussehen, sind außerdem noch Zeilenvektoren und Matrizen notwendig.

Um das Tool ein wenig universell zu halten, werden wir alle drei Datentypen implementieren. Die Implementierung halten wir dabei so einfach wie möglich. Optimierungen sollen hier nicht interessieren, da es sich ja nicht um produktive Software handelt, bei denen sich einige Sekunden Zeitverzögerung unangenehm auswirken.

Die Datentypen für die allgemeinen Simulationsmöglichkeiten können nach folgendem Grundschema implementiert werden:

```
template <class T=complex<double>, int N=1> struct _ket {
public:
    _ket(){ a=new T[Dim<N>::dim];
            fill(a,a+Dim<N>::dim,Constant<T>::null());
            *a=Constant<T>::eins();      }

    _ket(_ket<T,N> const& v){
        a=new T[Dim<N>::dim];
        copy(k.a,k.a+Dim<N>::dim,a);     }

    ~_ket(){  delete[] a;  }

    _ket<T,N>& operator=(_ket<T,N> const& k)
          { copy(k.a,k.a+Dim<N>::dim,a); return *this;}

    inline T&       operator[](int i)       {return a[i];}
    inline T const& operator[](int i) const {return a[i];}

    _bra<T,N> BRA() const {
        _bra<T,N> b;
         for(int i=0;i<Dim<N>::dim;i++) b[i]=conj(a[i]);
         return b; }

    _ket<T,N>& pure_state(int i){
        fill(a,a+Dim<N>::dim,Constant<T>::null());
        a[i]=Constant<T>::eins();
        return *this;
    }

    T* a;};

template <class T=C, int N=1> struct _bra {
// wie _ket
};

template <class T=C, int N=1> struct _ut {
    // siehe oben
    inline T& operator()(int i, int j){
        return a[i*Dim<N>::dim+j];}

    inline T const& operator()(int i, int j) const {
        return a[i*Dim<N>::dim+j];}

    inline _ut<T,N>& I() {
        Z();
        for(int i=0;i<Dim<N>::dim*Dim<N>::dim;i+=(Dim<N>::dim
            +1))}
            a[i]=Constant<T>::eins();
```

```
        return *this; }

        T a[Dim<N>::dim*Dim<N>::dim];
    };
```

Für die Simulation eines Quantenregisters benötigen wir davon nur die Spezialisierung

```
template <int N> struct Ket: public _ket<complex<double>,N> {
    typedef _ket<C,N> simple_type;  };
```

Die Instanziierung mit verschiedenen Datentypen ist für die Demonstration des Umgangs mit Tensoren und Dichtematrizen sinnvoll. Komplexe Zahlen werden in einfachen Beispielen nicht benötigt (in manchen Fällen genügen sogar ganze Zahlen), so dass Ausgaben kleiner Vektoren und Matrizen übersichtlich bleiben. Um auch beim Test von Quantenrechnern die Übersicht zu behalten, empfehlen sich Ausgabemethoden, die nur Vektorelemente ungleich Null darstellen (und auch die ggf. etwas übersichtlicher). Beispielsweise führt die Methode

```
template <class T, int N>
string to_string(Quant::_ket<T,N> const& v, bool xml=false){
    string s;
    s="_ket([" + to_string((int)Dim<N>::dim,false) + "]\n" ;
    for(int i=0;i<Dim<N>::dim;i++){
        if(!compare<T>().zero(v.a[i]))
            s = s + "      |" + to_string(i,false) + "> " +
                to_string(v.a[i],false) + '\n';
    }
    s=s+")\n";
    return s;
}
```

mit dem Code

```
#define qbits 23
Ket<qbits> k;
k.pure_state(13 | (17<<8));
cout << to_string((Ket<qbits>::simple_type)k) << endl;
```

zu

```
_ket([8388608]
      |4365>  1.00+i* 0.00
)
```

was recht gut zu überschauen ist. Die weiteren Details hierzu und zu den anderen Datentypen sowie zur einfachen Initialisierung von Matrizen seien aber Ihnen selbst überlassen. Hilfe finden Sie in der bereits mehrfach erwähnten Literatur.

Die hier auftretende Klasse Dim berechnet die Größe des Vektors aus der Anzahl der Qbits.

```
template <int N> struct Dim {
    enum { dim = Dim<N-1>::dim*2 };
};

template <> struct Dim<0> {
    enum { dim = 1 };
};
```

Sollten Ihnen diese rekursiven Templatemechanismen nicht geläufig sein, sei ebenfalls auf die Literatur verwiesen.

6.7.3 Rechenoperatoren und Tensorprodukte

Für Berechnungen von Wellenfunktionen, Transformationen und Dichtematrizen, wie wir sie in den ersten Kapiteln durchgeführt haben, benötigen wir eine Reihe von Rechenoperatoren:

```
_ket<T,N> operator*(_ut<T,N> const& A, _ket<T,N> const& v){ ...
_ut<T,N> operator*(_ut<T,N> const& A, _ut<T,N> const& B){ ...
T operator*(_bra<T,N> const& u, _ket<T,N> const& v){ ...
_ut<T,N> operator*(_ket<T,N> const& u, _bra<T,N> const& v){ ...
...
```

Abweichend von der sonst üblichen Vorgehensweise empfehle ich Ihnen die Operatorform `operator*` und nicht `operator*=` auszugewählen. Diese vereinfachen die Implementierungen etwas, die samt der zugehörenden Mathematik so einfach sind, dass der Rest wiederum Ihnen überlassen bleibe.

Die Standardgröße der Vektoren und Matrizen ist ein Qbit. Spätestens bei einer Verschränkungsoperation muss man daraus ein größeres Quantenregister zusammenzustellen, was durch das Umwandeln des Tensorprodukts in einen einheitlichen Raum erfolgt. Auch diese Arbeit kann mittels Template-Klassen und Template-Funktionen erledigt werden.

Die erste Klasse definiert die über Tensorprodukte gebildeten Datentypen:

```
template <int dim, class T> struct cat_type;

template <int dim, class T, int N>
struct cat_type<dim,_ket<T,N> > {
    typedef _ket<T,Dim_Cat<N,dim>::dimension>     ket;
    typedef _ut<T,Dim_Cat<N,dim>::dimension>      ut;
    enum    {dimension = Dim_Cat<N,dim>::dimension };
};
```

Sie erlaubt, aus bereits verdichteten Teilquantenregistern einen neuen Ergebnistyp zu generieren, der in der Anwendung zur Anlage neuer Variablen genutzt werden kann. Eine dazu passende Methode führt die Zusammenführung der Vektoren durch:

```
template <class T, int N2, int N1>
_ket<T,N1*N2> cat_space(_ket<T,N1> const& u1,_ket<T,N2> const& u2){
    _ket<T,N1*N2> result;
    int i=0,j,k;
    for(j=0;j<N1;j++){
        for(k=0;k<N2;k++,i++){
            result[i]=u1[j]*u2[k];
        }
    }
    return result;
}
```

Während die Elementabzählung bei Vektoren noch einfach ist, fällt sie bei Transformationen etwas komplizierter aus, weil die Zeilen des ersten Faktors des Tensorprodukts nun um die Anzahl der Zeilen des zweiten auseinander liegen (entsprechendes gilt für die Spalten):

```
template <class T, int N1, int N2>
_ut<T,N1*N2> cat_tensor(_ut<T,N1> const& A, _ut<T,N2> const& B){
    _ut<T,N1*N2> res;
    T* it;
    it=res.a;
    for(int i=0;i<N1;i++){
        for(int k=0;k<N2;k++){
            for(int j=0;j<N1;j++){
                for(int l=0;l<N2;l++){
                    *it=A(i,j)*B(k,l);
                    it++;
                }
            }
        }
    }
    return res;
}
```

Zum Zusammenführen mehrerer Vektoren oder Matrizen in einem Arbeitsgang lassen sich Makros definieren. Da C++ jedoch nicht die Möglichkeit rekursiver Makros bietet, sind so viele Makros zu definieren, wie Komponenten im Maximalfall zusammengeführt werden sollen:

```
#define CAT_TENSOR_1(T1) T1
#define CAT_TENSOR_2(T1,T2) cat_tensor(T1,T2)
#define CAT_TENSOR_3(T1,T2,T3) cat_tensor(CAT_TENSOR_2(T1,T2),T3)
#define CAT_TENSOR_4(T1,T2,T3,T4) cat_tensor(CAT_TENSOR_3(T1,T2,T3),T4)
#define CAT_TENSOR_5(T1,T2,T3,T4,T5)
                cat_tensor(CAT_TENSOR_4(T1,T2,T4,T4),T5)
...
```

Damit können nun auf einfache Weise Transformationen berechnet werden. Beispielsweise berechnet

```
_ut<int,1> u1,u2;
u1=Hadamard<int>::UT(1.0);
cout << u1 << endl << CAT_TENSOR_2(u1,u1) << CAT_TENSOR_2(u1,u2) <<endl;
```

die Hadamard-Transformationsmatrizen für ein Qbit, für das erste Qbit eines Quantenregisters sowie für beide Qbit simultan und liefert die Matrixdarstellungen

```
_ut([2]
        1  1
        1 -1
    )

_ut([4]
        1  1  1  1
        1 -1  1 -1
        1  1 -1 -1
        1 -1 -1  1
    )

_ut([4]
        1  0  1  0
        0  1  0  1
        1  0 -1  0
        0  1  0 -1
    )
```

ab.

6.7.4 Unitäre Transformationen

Da wir mit der Tensorverdichtung über Operationen verfügen, beliebige nur jeweils 1 Qbit eines Registers betreffende Operationen zu „komponieren“, können wir uns auf $2 * 2$-Matrizen für die Grundoperationen beschränken. Das Zusammenführen überlassen wir wieder rekursiven, mehrstufig angelegten Templates.

Benötigt werden Operatoren für die Hadamard-Transformation, die NOT-Operation, eine Phasendrehung und eine kontrollierte Phasendrehung sowie die Rotationsmatrizen R_x, R_y und R_z. Aus der Definition der Operationen entnehmen wir, dass

a) die Phasen- und die Rotationsmatrizen den jeweiligen Winkel als Parameter benötigen, so dass wir sämtliche Operationen formal mit einem Paramater ausstatten müssen,
b) einige der Matrizen nur für komplexe Datentypen definiert sind, also auch nur solche Spezialisierungen implementiert werden dürfen.

Die Matrizen erzeugen wir durch statische Methoden von Template-Klassen. Diese Vorgehensweise ist notwendig, da die Klassen als Template-Parameter in Methoden für größere Qbit-Register benötigt werden. Zwei Beispiele mögen die Vorgehensweise erläutern:[1]

[1] `Constant <T>::eins()` ist eine spezielle Template-Klasse, die für unterschiedliche Datentypen automatisch korrekte Konstanten erzeugt. Näheres ist im angegebenen Programmierbuch beschrieben; wenn Sie dem nicht folgen möchten, können Sie dies auch durch entsprechende Spezialisierungen der Template-Methoden substituieren.

```
template <class T> struct Hadamard {
    static inline _ut<T,2> UT(double const&){
        _ut<T,2> H(false);
        typename _ut<T,2>::init in;
        in(H)=   Constant<T>::eins(),    Constant<T>::eins(),
                 Constant<T>::eins(), - Constant<T>::eins();
        return Constant<T>::eins()/root(Constant<T>::zwei())*H;
    }
};

template <class T> struct _RX;

template <class T> struct _RX<complex<T> > {
    static inline _ut<complex<T>,2> UT(double const& d){
        _ut<complex<T>,2> H(false);
        H(0,0) = H(1,1) = complex<T>(cos(Constant<T>::pi_2()*d)
            ,0);
        H(1,0) = H(0,1) = complex<T>(0,sin(Constant<T>::pi_2()*
            d));
        return H;
    }
};
```

Am anderen Ende der Template-Kette definieren wir für die Durchführung der Transformationen Template-Methoden, die für beliebige Qbit-Register die Gesamtmatrizen automatisch generieren und ausführen sollen. Am Beispiel der kontrollierten Phasendrehung sieht dies folgendermaßen aus:

```
template <class T, int N>
_ut<T,N> UT_PC(_ket<T,N> const&, double const& d = 1.0){
    return _MakeUT<T,_PC,N,true>::UT(d,0);
}

template <class T, int N>
_ut<T,N> UT_PC(_ket<T,N> const&, double const& d, int bit){
    return _MakeUT<T,_PC,N,false>::UT(d,bit);
}

template <class T, int N>
_ket<T,N> PC(_ket<T,N> const& k, double const& d = 1.0){
    return UT_PC(k,d)*k;
}

template <class T, int N>
_ket<T,N> PC(_ket<T,N> const& k, double const& d, int bit){
    return UT_PC(k,d,bit)*k;
}
```

Die ersten beiden Methoden erzeugen Transformationsmatrizen zur Drehung aller Qbits bzw. eines bestimmten Qbits (die anderen sind in diesem Fall konstant), die beiden weiteren Methoden wenden die Matrizen direkt auf einen Ketvektor an. Alle Matrizen benötigen einen Ketvektor aus Übergabeparameter, um dem Compiler die Konstruktion der richtigen Matrizengröße zu ermöglichen.

Die Konstruktion der Matrizen erfolgt rekursiv mittels des Mittelstücks der Template-Konstruktion, der der Template-Klasse `_MakeUT`, die jeweils die Basismatrix als Template-Parameter erhält. Ob alle Qbits einer Operation unterworfen werden sollen oder selektiv nur ein bestimmtes, wird über zwei weitere Template-Parameter festgelegt. Die Gesamtdefinition einschließlich der Abbruchspezialisierung für die Rekursion lautet hierfür:

```
template <class T, template <class> class Op, int N, bool all>
struct _MakeUT{
    static inline _ut<T,N> UT(double const& d, int bit){
        return
           cat_tensor(_MakeUT<T,Op,N/2,all>::UT(d, bit-1),
                      _MakeUT<T,Op,2,all>::UT(d, bit));
    }
};

template <class T, template <class> class Op>
struct _MakeUT<T,Op,2,true>{
    static inline _ut<T,2> UT(double const& d, int){
        return Op<T>::UT(d);
    }
};

template <class T, template <class>  class Op>
struct _MakeUT<T,Op,2,false>{
    static inline _ut<T,2> UT(double const& d, int bit){
        if(bit!=0){
            return _ut<T,2>();
        } else {
            return Op<T>::UT(d);
        }
    }
};
```

Gehen Sie diesem Schema einmal an einem einfachen Beispiel nach: für die zur Transformation ausgeschriebenen Qbits wird die gewünschte $2 * 2$-Transformation erzeugt und an der richtigen Stelle mittels der Tensorwerkzeuge in die Gesamttransformation eingebaut.

Diese Werkzeuge erlauben uns nun, relativ einfach Transformationen durchzuführen und das Ergebnis anschaulich darzustellen. Die Definition eines 3-Qbit-Registers und einer alle Qbits betreffenden Haramard-Operation besteht aus den Programmzeilen

```
_ket<double,8> a;
cout << a << endl << Had(a) << endl;
```

und liefert als Ausgabe[1]

[1] Denken Sie daran, dass wir vereinbarungsgemäß die Qbits von rechts nach links durchzählen!

```
_ket([8]
        |0>  1.00
)

_ket([8]
        |0>  0.35
        |1>  0.35
        |2>  0.35
        |3>  0.35
        |4>  0.35
        |5>  0.35
        |6>  0.35
        |7>  0.35
)
```

Eine nachfolgende (1 Qbit-)kontrollierte Phasendrehung anschließend (nun mit dem Datentyp complex):

```
_ket<complex<double>,8> a;
a=Had(a);
cout << PC(a,0.5,1) << endl;

_ket([8]
        |0>  0.35+i* 0.00
        |1>  0.35+i* 0.00
        |2>  0.00+i* 0.35
        |3>  0.00+i* 0.35
        |4>  0.35+i* 0.00
        |5>  0.35+i* 0.00
        |6>  0.00+i* 0.35
        |7>  0.00+i* 0.35
)
```

6.7.5 Kontrollierte Transformationen

Die einfachste kontrollierte Transformation ist die kontrollierte Phasendrehung, von der wir wissen, dass wir sie durch 1-Qbit-Operationen auf dem Kontrollbit realisieren können (siehe Seite 244 f.). Unter Rückgriff auf unsere im letzten Kapitel entwickelten Template-Bausteine besitzen Operation, Verwendung und Ausgabe das folgende Aussehen:

```
_ut<T,N> UT_CP(_ket<T,N> const& k, double d, int cbit, int tbit
    =0){
    return UT_RZ(k,-d,cbit)*UT_PH(k,d/2,cbit);
}

_ket<complex<double>,4> a;
a=pure_state(a,1)+pure_state(a,2);
```

```
cout << a << UT_CP(a,1,1) << CP(a,1,1) << endl;

_ket([4]
1>  0.71+i* 0.00
2>  0.71+i* 0.00
)
_ut([4]
1.00+i* 0.00     0.00+i* 0.00     0.00+i* 0.00     0.00+i* 0.00
0.00+i* 0.00     1.00+i* 0.00     0.00+i* 0.00     0.00+i* 0.00
0.00+i* 0.00     0.00+i* 0.00    -1.00+i* 0.00     0.00+i* 0.00
0.00+i* 0.00     0.00+i* 0.00     0.00+i* 0.00    -1.00+i* 0.00
    )_ket([4]
1>  0.71+i* 0.00
2> -0.71+i* 0.00
)
```

Ebenfalls noch recht einfach implementierbar ist die korreliert 2-Qbit-Drehung, die ausreicht, um alle anderen 2-Qbit-Transformationen zu erzeugen (siehe Seite 244 ff.). Da für Verschränkungsoperationen die Tensorverdichtung nicht verwendet werden kann, müssen die Matrixelemente direkt berechnet werden. Die Matrix enthält nur komplexe Diagonalelemente, wobei der imaginäre Anteil genau dann negiert wird, wenn beide Qbits gesetzt sind. Hierzu werden die Bitmasken der beiden Bits mit dem Zustand per UND verknüpft und ausgewertet (hier in einer 3-Qbit-Version):

```
template <class T, int N>
_ut<complex<T>,N> UT_RZZ(_ket<complex<T>,N> const&,
                          double d, int cbit, int tbit){
    _ut<complex<T>,N> u;
    for(int i=0;i<Dim<N>::dim;i++){
        if(((i & (1<<cbit)) != 0) ^ ((i & (1<<tbit))!=0)){
            u(i,i)= complex<T>(cos(Constant<T>::pi_2()*d),
                               -sin(Constant<T>::pi_2()*d));
        } else {
            u(i,i)= complex<T>(cos(Constant<T>::pi_2()*d),
                               sin(Constant<T>::pi_2()*d));
        }
    }
    return u;
}

_ket<complex<double>,8> a;
cout << UT_RZZ(a,0.5,0,1);

_ut([8]
0.71+i* 0.71  0.00+i* 0.00  0.00+i* 0.00  0.00+i* 0.00  0.00+i*
      0.00  0.00+i*
0.00  0.00+i* 0.00
  0.00+i* 0.00
0.00+i* 0.00  0.71+i*-0.71  0.00+i* 0.00  0.00+i* 0.00  0.00+i*
      0.00  0.00+i*
0.00  0.00+i* 0.00
  0.00+i* 0.00
```

```
0.00+i* 0.00  0.00+i* 0.00  0.71+i*-0.71  0.00+i* 0.00  0.00+i*
     0.00  0.00+i*
0.00  0.00+i* 0.00
  0.00+i* 0.00
0.00+i* 0.00  0.00+i* 0.00  0.00+i* 0.00  0.71+i* 0.71  0.00+i*
     0.00  0.00+i*
0.00  0.00+i* 0.00
  0.00+i* 0.00
0.00+i* 0.00  0.00+i* 0.00  0.00+i* 0.00  0.00+i* 0.00  0.71+i*
     0.71  0.00+i*
0.00  0.00+i* 0.00
  0.00+i* 0.00
0.00+i* 0.00  0.00+i* 0.00  0.00+i* 0.00  0.00+i* 0.00  0.00+i*
     0.00
0.71+i*-0.71  0.00+i* 0.00
  0.00+i* 0.00
0.00+i* 0.00  0.00+i* 0.00  0.00+i* 0.00  0.00+i* 0.00  0.00+i*
     0.00  0.00+i*
0.00  0.71+i*-0.71
  0.00+i* 0.00
0.00+i* 0.00  0.00+i* 0.00  0.00+i* 0.00  0.00+i* 0.00  0.00+i*
     0.00  0.00+i*
0.00  0.00+i* 0.00
  0.71+i* 0.71
    )
```

Etwas schwieriger ist die CNOT-Operation umzusetzen. In dieser Matrix sind sämtlich sämtliche Diagonalelemente zu löschen, in denen das Kontrollbit gesetzt ist. Zu setzen sind an diesen Stellen die Nichtdiagonalelemente in den vom kontrollierten Bit indizierten Zeilen- und Spaltenpositionen. Um die Matrix in einer Schleife erzeugen zu können, arbeiten wir mit einer Zwischenmarkierung der Diagonalelemente und erhalten die Implementierung

```
template <class T, int N>
_ut<T,N> UT_CNOT(_ket<T,N> const&, int cbit, int tbit){
    _ut<T,N> u;
    int cb,tb;
    cb = (1 << cbit);
    tb = (1 << tbit);
    for(int i=0;i<N;i++){
        if( (i&cb) != 0){
            if(u(i,i)==Constant<T>::zwei()){
                u(i,i) = Constant<T>::null();
            } else {
                u(i,i) = Constant<T>::null();
                if((i+tb)<N){
                    u(i+tb,i+tb)=Constant<T>::zwei();
                    u((i+tb)%N,i) = u(i,(i+tb)%N) = Constant<T
                        >::eins();
                }
            }
        }
```

```
    }
    return u;
}

// Kontrollbit = 0, kontrolliertes Bit = 1
_ut([8]
      1  0  0  0  0  0  0  0
      0  0  0  1  0  0  0  0
      0  0  1  0  0  0  0  0
      0  1  0  0  0  0  0  0
      0  0  0  0  1  0  0  0
      0  0  0  0  0  0  0  1
      0  0  0  0  0  0  1  0
      0  0  0  0  0  1  0  0

// Kontrollbit = 1, kontrolliertes Bit = 0
_ut([8]
      1  0  0  0  0  0  0  0
      0  1  0  0  0  0  0  0
      0  0  0  1  0  0  0  0
      0  0  1  0  0  0  0  0
      0  0  0  0  1  0  0  0
      0  0  0  0  0  1  0  0
      0  0  0  0  0  0  0  1
      0  0  0  0  0  0  1  0

// Kontrollbit = 0, kontrolliertes Bit = 2
_ut([8]
      1  0  0  0  0  0  0  0
      0  0  0  0  0  1  0  0
      0  0  1  0  0  0  0  0
      0  0  0  0  0  0  0  1
      0  0  0  0  1  0  0  0
      0  1  0  0  0  0  0  0
      0  0  0  0  0  0  1  0
      0  0  0  1  0  0  0  0
```

Alternativ kann man die RZZ-Matrix auch in der $4 * 4$-Form konstruieren und anschließend über Tensoroperationen die Gesamttransformation zusammensetzen:

```
_ut<complex<double>,2> UT_RZZ_2(){
    _ut<complex<double>,2> u;
    u = u * complex<double>(cos(M_PI_4),0) +
        CAT_TENSOR_2(S_z(),S_z()) * complex<double>(0.0,sin(
            M_PI_4));
    return u;
}

UT S_z(){
    UT u;
    u(1,1)=complex<double>(-1.0,0.0);
    return u;
}
```

Das simulationstechnische Problem bei dieser Vorgehensweise liegt in der Template-Technik: während die erste Berechnungsform zur Laufzeit erfolgt und in Schleifen untergebracht sein kann, wird bei der zweiten Technik bereits alles vom Compiler generiert und kann nicht in Laufzeitschleifen bearbeitet werden.

Beliebige andere durch ein Qbit kontrollierte Operationen (außer Phasenverschiebungen) können wahlweise

a) mit Hilfe von CNOT nach den auf den Seiten 244 ff. beschriebenen Methode konstruiert werden, wobei Sie allerdings eine Zerlegung der Operation in 1-Qbit-Drehungen vornehmen müssen, oder
b) die Transformationsmatrizen direkt konstruiert werden. Mit Hilfe der CNOT-Implementierung finden wir schnell die folgende Methode, die dies erledigt. Sie müssen dazu lediglich die 1-Qbit-Operation, die kontrolliert werden soll, als $2 * 2$-Transformation bereit stellen.

```
template <class T, int N>
_ut<T,N> UT_CU(_ket<T,N> const& k, _ut<T,2> const& uu, int cbit
    , int tbit){
    _ut<T,N> u;
    int cb,tb;
    tb = (1 << tbit);
    cb = (1 << cbit);
    for(int i=0;i<N;i++){
        if( (i&cb) != 0){
            if(u(i,i)==Constant<T>::zwei()){
                u(i,i) = uu(1,1);
            }else {
                u(i,i) = uu(0,0);
                if((i+tb)<N){
                    u(i+tb,i+cb)=Constant<T>::zwei();
                    u((i+tb)%N,i) = uu(1,0);
                    u(i,(i+tb)%N) = uu(0,1);
                }
            }
        }
    }
    return u;
}
```

Bei Operationen, die durch mehrere Kontrollbits gesteuert werden, bestehen ebenfalls wieder zwei Möglichkeiten der Umsetzung (wir beschränken uns auf C_2NOT):

a) Sie können die Operation aus 1-Qbit-kontrollierten Operationen nach den auf Seite 248 ff. beschriebenen Prinzipien zusammensetzen.
b) Sie können die Transformationsmatrizen direkt implementieren.

Für die direkte Implementierung genügt eine einfache Erweiterung des Codes der CNOT-Transformation:

```
template <class T, int N>
_ut<T,N> UT_C2NOT(_ket<T,N> const&, int cbit1, int cbit2, int
    tbit){
    _ut<T,N> u;
    int cb,tb;
    tb = (1 << tbit);
    cb = (1 << cbit1) | (1 << cbit2);
    for(int i=0;i<N;i++){
        if( (i&cb) == cb){
            if(u(i,i)==Constant<T>::zwei()){
                u(i,i) = Constant<T>::null();
            } else {
                u(i,i) = Constant<T>::null();
                if((i+tb)<N){
                    u(i+tb,i+tb)=Constant<T>::zwei();
                    u((i+tb)%N,i) = u(i,(i+tb)%N) = Constant<T
                        >::eins();
                }
            }
        }
    }
    return u;
}
```

Aufgabe. Sie können C_nNOT- bzw. C_nUT-Operation mit beliebigem n auch ganz allgemeingültig mit einer einzigen Funktion implementieren. Der Funktionskopf hat in diesem Fall das Aussehen

```
template <class T, int N>
_ut<T,N> UT_CnNOT(_ket<T,N> const&, int tbit, int ncbit,
    ...){
```

Der Parameter ncbit gibt die Anzahl der Kontrollqbits an, die anschließend in beliebiger Menge angegeben werden können. Allerdings können so entweder nur die Transformationsmatrix bereit gestellt oder die Transformation direkt ausgeführt werden, da variable Parameteranzahlen natürlich nicht weitergegeben werden können.

Für die andere Möglichkeit – die Zusammensetzung höherer kontrollierter Methoden mit Hilfe von 1-Qbit-kontrollierten Operationen, werden Quadrat- und höhere Wurzeln der Basistransformationen benötigt. Bei Drehmatrizen ist die Ermittlung der Wurzeln trivial, da eine Drehung immer in beliebig viele Teildrehungen zerlegt werden kann, beispielsweise

$$R_x(\alpha) = R_x(\alpha/2) * R_x(\alpha/2) .$$

Ist die zu kontrollierende Operation keine Drehmatrix, so muss dem Problem auf andere Art begegnet werden (zwar sind alle Matrizen aus Drehmatrizen erzeugbar, aber in der Regel gilt

$$\begin{aligned}\sqrt{R_a(\alpha) * R_b(\alpha)} &= R_a(\alpha/2) * R_a(\alpha/2) * R_b(\alpha/2) * R_b(\alpha/2) \\ &\neq R_a(\alpha/2) * R_b(\alpha/2) * R_a(\alpha/2) * R_b(\alpha/2)\end{aligned}$$

so dass dem Problem nicht einfach durch Teilen des Winkels beizukommen ist). Zunächst bestimmen wir die Eigenvektoren der Matrix und ordnen diese spaltenweise in einer Matrix V an. Das Produkt $D = V^{-1} * U * V$ ist eine Diagonalmatrix (mit den Eigenwerten als Diagonalelementen), und

$$\sqrt{D} = \begin{pmatrix} \sqrt{d_{11}} & \dots \\ \dots & \sqrt{d_{nn}} \end{pmatrix}$$

ihre Wurzel. Durch die Rücktransformation $\sqrt{U} = V * \sqrt{D} * V^{-1}$ erhalten wir die gesuchte Transformation, die nun in eine allgemeine kontrollierte Transformation eingesetzt werden kann.

Das Lösen von Eigenwertproblemen ist allerdings eine nicht ganz triviale numerische Aufgabe, weshalb wir hier einen anderen Weg gehen und auf ein symbolisches Mathematikprogramm zurückgreifen. Das Programm wxMaxima liefert die Wurzel einer $2 * 2$-Matrix mit folgendem Symbolcode:

```
/* Berechnen der Wurzel einer 2*2-Matrix
Eingabe der Matrix, komplexe Elemente sind in der Form (a+b*%i)
     einzugeben.
Zur späteren Vereinfachung der Ausdrücke werden die Werte in
    Polarform
überführt
(je nach Verlauf der Rechnung muss ggf. an der einen oder
    anderen Stelle ein
 Wechsel in andere Darstellungsformen erfolgen).
*/

/* Hier wird die Matrix manuell erfasst */
1/2*matrix(
 [1+%i,1-%i],
 [1-%i,1+%i]
);
A:polarform(%);

/* Berechnen der Eigenvektormatrix und ihrer Inversen */

[vals,vects]: eigenvectors(A);polarform(matrix(vects[1][1],
    vects[2]1]));
v:transpose(%);vm:invert(%);

/* Probe der Matrix, Berechnen der Wurzel der Diagonalmatrix */

v.vm;radcan(polarform(matrix([sqrt((vm.A.v)[1,1]),0],[0,sqrt((
    vm.A.v)[2,2])])));
```

```
/* Ausgabe der Wurzelmatrix der Eingabematrix in mathematischer
     und
numerischer Notation */

NOT_A:radcan(ratsimp(v.%.vm));float(NOT_A);

/* Probe: das Quadrat der Wurzelmatrix muss die Eingabematrix
    ergeben,
das Produkt mit der adjungierten die Einheitsmatrix */


ratsimp(NOT_A.NOT_A);radcan(ratsimp(NOT_A.transpose(conj(NOT_A)
    )));
```

Die vierte Wurzel aus NOT, benötigt für CCCNOT, wird mit diesem Programm in der Form

$$(\%o89) \begin{bmatrix} \frac{\sqrt{2}\%i + \sqrt{2} + 2}{4} & -\frac{\sqrt{2}\%i + \sqrt{2} - 2}{4} \\ -\frac{\sqrt{2}\%i + \sqrt{2} - 2}{4} & \frac{\sqrt{2}\%i + \sqrt{2} + 2}{4} \end{bmatrix}$$

ausgeliefert (nebst rein numerischen Darstellungen) und kann dann im C++ manuell erfasst werden.

6.7.6 Operationen auf großen Quantenregistern

Die bisher diskutierte Vorgehensweise eignet sich für Quantenregister von 8–10 Qbits und zur Veranschaulichung von Matrixdarstellungen, aber nicht zur Simulation der vorgestellten Anwendungen. Hier ist ein Umweg über Matrizen nicht möglich, sondern die die Transformationen müssen direkt auf den Vektoren vorgenommen werden.

Da von vielen Operationen gleich mehrere Qbits betroffen werden, definieren wir zunächst eine Hilfsstruktur zum Gruppieren von Qbits:

```
struct Register {
    int start;
    int len;
    Register(): start(0),len(INT_MAX) {}
    Register(int i, int j): start(i), len(j) {}
    Register(Register const& r): start(r.start),len(r.len){}
};
```

Sollen nun sämtliche Qbits dieses Registers negiert werden (NOT-Operation), so lassen sich die Positionen im Gesamtzustandsvektor beim kompletten Durchlaufen durch entsprechend Masken feststellen:

```
template <int N>
Ket<N>& NOT(Ket<N>& k, Register r=Register()){
    for(int bits=r.start;
            bits<min(r.start+r.len,Dim<N>::dim-r.start);bits++)
                {
        int mask1=1<<bits;
        int mask2=0xffffffff ^ mask1;
        for(int i=0;i<Dim<N>::dim;i++){
            if(i&mask1){
                swap(k[i],k[i&mask2]);
            }
        }
    }
    return k;
}
```

mask1 filtert die 1-Positionen des gerade bearbeiteten Qbits heraus, mask2 die 0-Positionen. Die Inhalte der beiden Zustände werden bei der NOT-Operation vertauscht.

Aufgabe. Dieses Programmierschema kann für die anderen 1-Qbit-Operationen beibehalten werden; Sie brauchen lediglich die Anweisungen im if-Block auszutauschen. Implementieren Sie so die Hadamard- und die verschiedenen Drehoperationen. Auch die kontrollierte Phasendrehung lässt sich hier mit erledigen. Hierfür kann mask2 entfallen, da nur der Zustand Eins gedreht wird.

Kontrollierte Operationen erfordern lediglich eine Erweiterung der Maskentechnik. CNOT und CCNOT lassen sich durch folgende Funktionen realisieren:

```
template <int N>
Ket<N>& CNOT(Ket<N>& k, int c, int o){
    unsigned int masko_1 = 1 << o;
    unsigned int masko_0 = 0xffffffff ^ masko_1;
    unsigned int maskc = (1<<c) | masko_1 ;
    for(int i=0;i<Dim<N>::dim;i++){
        if((i&maskc) == maskc){
            swap(k[i|masko_1],k[i&masko_0]);
        }
    }
    return k;
}

template <int N>
Ket<N>& CCNOT(Ket<N>& k, int c1, int c2, int o){
    unsigned int masko_1 = 1 << o;
    unsigned int masko_0 = 0xffffffff ^ masko_1;
    unsigned int maskc = (1<<c1) | (1<<c2) | masko_1;
    for(int i=0;i<Dim<N>::dim;i++){
        if((i&maskc) == maskc){
            swap(k[i|masko_1],k[i&masko_0]);
        }
```

```
    }
    return k;
}
```

Mehr wird kaum benötigt, und falls Sie die eine oder andere Operation noch in einer Simulation verwenden wollen, sollte Ihnen das kaum Schwierigkeiten bereiten. Komplexere Operationen werden aus diesen Methoden nach Kap. 6.4 zusammengebaut, von einem einfachen kontrollierten CSWAP

```
template <int N>
Ket<N>& CSWAP(Ket<N>& k,int control, int bit1, int bit2){
    CCNOT(k,control,bit1,bit2);
    CCNOT(k,control,bit2,bit1);
    CCNOT(k,control,bit1,bit2);
    return k;
}

template <int N>
Ket<N>& CSWAP(Ket<N>& k,int control, Register a, Register b){
    for(int i=0;i<a.len;i++){
        CSWAP(k,control,a.start+i,b.start+i);
    }
    return k;
}
```

über die Fourier-Transformation in beide Richtungen

```
template <int N>
Ket<N>& Fourier(Ket<N>& k, Register r=Register()){
    for(int i=r.start+r.len-1;i>=r.start;i--){
        Had(k,i);
        for(int j=i-1;j>=r.start;j--){
            CPC(k,j,i,pow(0.5,i-j));
        }
    }
    return k;
}

template <int N>
Ket<N>& IFourier(Ket<N>& k, Register r=Register()){
    for(int i=r.start;i<r.start+r.len;i++){
        Had(k,i);
        for(int j=i+1;j<r.start+r.len;j++){
            CPC(k,i,j,-pow(0.5,j-i));
        }
    }
    return k;
}
```

bis hin zur modularen konditionellen Multiplikation und zur modularen Exponentiation

```
template <int N>
Ket<N>& CMULP_MOD_CONST(Ket<N>& k, int control, int modul, int
    faktor,
                         Register fak, Register temp, int help){
    CMUL_MOD_CONST(k,control,modul,faktor,temp,fak,help);
    int u,v;
    ggt_euklid(modul,faktor,u,v);
    v%=modul;
    if(v<0) v=modul+v;
    CIMUL_MOD_CONST(k,control,modul,v,fak,temp,help);
    CSWAP(k,control,temp,fak);
    return k;
}

template <int N>
Ket<N>& EXP_MOD(Ket<N>& k, int modul, int basis, Register exp,
                           Register prod, Register temp){
    if(temp.len<prod.len+2){
        cout << "Helpqbits missing, aborting" << endl;
        edit(-1);
    }
    temp.len-=2;
    NOT(k,prod.start);
    for(int i=0; i<prod.len; i++){
        CMULP_MOD_CONST(k,exp.start+i,modul,basis,prod,temp,
                        temp.start+prod.len);
        basis=basis*basis%modul;
    }
    return k;
}
```

Die Namen geben dabei Auskunft über die Art des Algorithmus. CIMUL_MOD _CONST ist eine modulare Multiplikation mit einer Konstanten, wobei der Anfang CI signalisiert, dass der Algorithmus in einer kontrollierten Version eingesetzt werden muss (C), und zwar in Rückwärtsrichtung (I).

Aufgabe. Wie unschwer zu erkennen ist, werden die Algorithmen in Kap. 6.4 mehr oder weniger wortwörtlich in die C-Sprache übersetzt. Wenn Sie alle Algorithmen implementieren, die Sie so für notwendig erachten – Addition und Subtraktion in normaler oder modularer Form, zwischen Registerbereichen oder Konstanten, usw. – gelangen Sie wohl zu einer Liste von 20–25 Funktionen – zu lang, um hier alle anzugeben, und wohl auch einfach genug, um Ihnen die Arbeit überlassen zu können. Vergessen Sie aber nicht, alle Algorithmen sorgfältig zu testen, wie die in Kap. 6.7.1 angeregt wurde!

Es sei abschließend lediglich auf einige Besonderheiten verwiesen. In der modularen Multiplikation mit einer Konstanten wird für die Berechnung des modular-Inversen der erweiterte euklidische Algorithmus zur Berechnung des größten gemeinsamen Teilers zweier Zahlen benötigt. Die Theorie hierzu können Sie sich sicher leicht besorgen, eine (etwas vereinfachte) Implementierung macht aber das Programmieren etwas einfacher:

```
template <class T> T ggt_euklid(T a, T b, T& u, T& v){
    T w0[3],w1[3],w2[3];
    T *ptr[3], *hptr;

    for(int i=0;i<3;i++){
        w0[i]=Constant<T>::null();
        w1[i]=Constant<T>::null();
        w2[i]=Constant<T>::null();}
    w0[0]=a; w0[1]=Constant<T>::eins();
    w1[0]=b; w1[2]=Constant<T>::eins();
    ptr[0]=&w0[0]; ptr[1]=&w1[0]; ptr[2]=&w2[0];
    for (;;) {
        u=ptr[0][0] / ptr[1][0];
        for (i=0; i<3; i++){
            ptr[2][i] = ptr[0][i] - u*ptr[1][i];
        } //endfor
        if (ptr[2][0]==Constant<T>::null()){
            u=ptr[1][1];
            v=ptr[1][2];
            return ptr[1][0];
        }; /*endif*/
        hptr=ptr[0]; ptr[0]=ptr[1]; ptr[1]=ptr[2]; ptr[2]=hptr;
    }; /* endforever */
}; //end function
```

Außerdem taucht in den Algorithmen die Multiplikation mit 2 mit dem Vermerk „kann durch die Steuerung erledigt werden“ auf. Das funktioniert hier nicht, da die Reihenfolge der Qbits im Register nicht verschoben werden kann. Für diese Funktionen erhalten wir die Implementationen (wobei die Umkehrung wieder Ihr Werk sein soll):

```
template <int N>
Ket<N>& MUL2(Ket<N>& k, Register prod){
    int rmask=0,smask,m1,m2;
    for(int i=0;i<prod.len;i++){
        rmask = (rmask << 1) + 1;
    }
    rmask <<= prod.start;
    smask = INT_MAX ^ rmask;
    for(int i=Dim<N>::dim-1;i>=0;i--){
        m1=((i&rmask)<<1)&rmask;
        m2=i&rmask;
        if(m1>m2){
            k[(i&smask)|m1]=k[(i&smask)|m2];
            k[(i&smask)|m2]=0;
        }
    }
    return k;
}
```

```
template <int N>
Ket<N>& MUL2_MOD(Ket<N>& k, int modul, Register prod, int help)
    {
    MUL2(k,prod);
    SUB_CONST(k,modul,prod);
    CNOT(k,prod.start+prod.len-1,help);
    QADD_CONST(k,help,modul,prod);
    NOT(k,prod.start);
    CNOT(k,prod.start,help);
    NOT(k,prod.start);
    return k;
}
```

Wie Sie bemerken, sind die Implementationen sehr einfach gestrickt und genauso wenig optimiert wie vielfach die Quantenalgorithmen selbst. Eine modulare Exponentiation mag dann auch schon mal einige Stunden unterwegs sein, bis sich das Ergebnis zeigt. Im Gegenzug sollten Sie aber in der Lage sein, trotz der knappen Darstellung schnell zu einer funktionierenden Bibliothek zu gelangen, die Ihnen auch als Referenz für weitere Arbeiten dienen kann.

6.7.7 Messung

Am Ende des Algorithmus bzw. bei Zwischenkontrollen ist ein Ergebnis durch eine Messung festzustellen, die einzelne oder alle Bits umfasst. Die quantenmechanische Messung ist statistischer Natur und liefert eine der möglichen Bitkombinationen mit einer bestimmten Wahrscheinlichkeit – und dies ist möglicherweise nicht die Bitkombination, die zum gewünschten Ergebnis führt. Um zu den gesuchten Aussagen zu gelangen, müssen quantenmechanische Algorithmen daher häufig wiederholt werden, bis der zufällig gelieferte Messwert in der nachfolgenden klassischen Nachbearbeitung das gesuchte Resultat liefert.

In einer Simulation kann man auf Wiederholungen der Berechnung verzichten, sofern nicht die Operationen des Algorithmus statistischen Variationen unterworfen werden (*Fehlersimulation*). Mit dem Ende eines Algorithmus steht die Häufigkeitsverteilung eines Bitmusters in Form einer Tabelle fest, die nun nach Belieben mehrfach ausgewertet werden kann.

Seien nun ohne Beschränkung der Allgemeinheit im Register

$$R = (m_1, m_2, \dots m_K)(r_1, r_2, \dots r_L)$$

die Qbits m_k zu messen. Da sämtliche Zustände zueinander orthogonal sind, sind 2^K verschiedene Messergebnisse möglich, und durch die Messung geht das Register in irgendeinen Zustand

$$R \overset{MESS}{\rightarrow} (0_1, 1_2, \dots 0_K)(r_1', r_2', \dots r_L')$$

über, in dem alle m-Qbits nun fest zugewiesene Werte $\in \{0, 1\}$ aufweisen und alle r-Qbits nun neue Wahrscheinlichkeiten, falls eine weitere Messung an ihnen erfolgt. Wir halten uns die Möglichkeit einer solchen partiellen Messung mit nachfolgender weiterer Bearbeitung des Quantensystems offen und definieren die Methode

```
template <class T, int N>
T Messung(_ket<T,N>& k, Register r, bool ket_const=true){...
```

die einen Messwert generiert und in Abhängigkeit vom Parameter `ket_const`

- das Register unverändert lässt und die Abfrage weiterer Werte erlaubt. Dies entspricht mehreren kompletten Durchläufen des Quantenalgorithmus, wobei jeder Durchlauf das gesuchte Ergebnis nur mit einer bestimmten Wahrscheinlichkeit liefert, und der Zustand der nicht gemessenen Registerteile nicht weiter interessiert.
- oder das Register auf den Zustand nach der Messung transformiert. Dies entspricht einer partiellen Messung während eines Algorithmus-Durchlaufs, beispielsweise um Fehler frühzeitig diagnostizieren und beheben zu können, und erlaubt eine Fortsetzung mit den angepassten restlichen Registerqbits.

Zur Generierung eines Messwertes verdichten wir die Koeffizienten der Zustände zu akkumulierten Wahrscheinlichkeiten und wählen anschließend per Zufallszahlengenerator einen Wert im Intervall $[0,1)$ aus. Der letzte Index, bei dem der akkumulierte Wahrscheinlichkeitswert gerade noch kleiner ist als der Zufallswert, ist unser Messwert, aus dem wir nun die gemessenen Bits ausblenden. Soll der Ketvektor nicht verändert werden, sind wir bereits fertig.[1]

```
int i,mask,mess;
double prob =
     static_cast<double>(rand())/static_cast<double>(
         RAND_MAX);
double sum = 0.0;
for(i=0;i<Dim<N>::dim && sum<prob;i++){
    sum+=real(conj(k[i])*k[i]);
}
mess=(--i>>start)%(1<<anz);
if(ket_const) return mess;
```

Wenn der Ketvektor anschließend die Wahrscheinlichkeitsverteilung beinhalten soll, mit denen die verbleibenden Qbits gemessen werden, so sind die Koeffizienten alle Zustände, die nicht mit dem gemessenen Teilbitmuster übereinstimmen, auf

[1] Rein formal haben wir eine Messung des kompletten Registers gemacht und nur den interessierenden Teil ausgeblendet. Im quantenmechanischen Sinn korrekt wäre eine Verdichtung auf einen Zustandsvektor der Größe `r.len` gewesen, bevor das beschriebene Auswahlverfahren abläuft. Letzten Endes hätte das aber an der Wahrscheinlichkeit, einen bestimmten Wert zu messen, nichts geändert.

Null zu setzen, anschließend ist der Ketvektor zu normieren. Der zweite Teil der Methode besitzt damit den Code

```
T s = Constant<T>::null();
mask=(0xFFFFFFFF % (1<<anz)) << start;
mmask=mess<<start;
for(i=0;i<Dim<N>::dim;i++){
    if((i & mask) != mmask){
        k[i]=Constant<T>::null();
    } else \{
        s+=conj(k[i])*k[i];
    }
}
s=Constant<T>::eins()/root(s);
for(i=0;i<Dim<N>::dim;i++){
    k[i]*=s;
}
return mess;
```

Die partielle Messung sei an einem Beispiel demonstriert

```
// Startvektor
_ket([16]
        |0>   0.25+i* 0.00
        |1>   0.00+i* 0.25
        |2>   0.00+i* 0.25
        |3>  -0.25+i* 0.00
        |4>   0.00+i* 0.25
        |5>  -0.25+i* 0.00
        |6>  -0.25+i* 0.00
        |7>   0.00+i*-0.25
        |8>   0.00+i* 0.25
        |9>  -0.25+i* 0.00
        |10> -0.25+i* 0.00
        |11>  0.00+i*-0.25
        |12> -0.25+i* 0.00
        |13>  0.00+i*-0.25
        |14>  0.00+i*-0.25
        |15>  0.25+i* 0.00
)

// Zustandsmessung an Bits 0,1, gemessener Zustand: 3
// Wahrscheinlichkeiten für die Bitzustände 2,3 nach Messung:
_ket([16]
        |3> -0.50+i* 0.00
        |7>  0.00+i*-0.50
        |11>  0.00+i*-0.50
        |15>  0.50+i* 0.00
)
```

6.7.8 Statistisches

Wenn die technische Realisierbarkeit von Quantencomputern fortschreitet, ist neben einer Simulation eines Algorithmus auch eine Abschätzung wünschenswert, welche Rahmenbedingungen er in der Realität setzt, z. B. wie viele Operationen zu seiner Ausführung insgesamt notwendig sind, wie viel Zeit er benötigt und wie sich die Genauigkeit der Operationen auswirkt. Statt dies in der Theorie auszurechnen, kann man diese Daten auch in der Simulation durch die folgende Klasse protokollieren lassen.

```
class Statistik {
public:
    Statistik(string s) zm(0){
       opcnt=Statistik::counter();
       zm=new Zeitmessung(s);  }

    ~Statistik(){
        zm->add_info(string("Ops: ")+
            to_string(Statistik::counter()-opcnt,false));
        delete zm;
    }

    static unsigned long& operations(){
        static unsigned long cnt(0);
        return cnt;
    }

private:
    Zeitmessung* zm;
    int opcnt;
};
```

Die Klasse `Statistic` stellt eine Singleton-Zählvariable für die Operationenanzahl sowie ein Zeitmessungsobjekt für die Messung der Laufzeit der Simulation zur Verfügung. Weitere Zählgrößen können nach Bedarf implementiert werden. Die Zählung wird nun in die Grundtransformationen integriert:

```
template <class T> struct _RZ<complex<T> > {
    static inline _ut<complex<T>,2> UT(double const& d){
        _ut<complex<T>,2> H(false);
        Statistic::operations()++;
        ...
        H(0,0) = polar(Constant<T>::eins(),Constant<T>::pi_2()*
            d);
        H(1,1) = polar(Constant<T>::eins(),Constant<T>::pi_2()
            *-d);
        return H;
    }
};
```

Bei nicht elementar implementierbaren Operationen kann man entweder eine Zerlegung in Elementaroperationen vornehmen, die jeweils auf diese Art modifiziert sind, oder die Anzahl der Operationen theoretisch berechnen und entsprechend in Anrechnung bringen.

In den verschiedenen arithmetischen Operationen wird jeweils ein Objekt der Klasse erzeugt:

```
template <int N>
Ket<N>& QMULP_MOD_CONST(Ket<N>& k, int modul, int faktor,
                        Register fak, Register temp, int help){
    Statistik zm("QMULP_MOD_CONST");
    ...
```

Einen geeigneten Aufbau der Klasse `Zeitmessung` vorausgesetzt, was Ihnen überlassen sei, kann der Ablauf einer Simulationsrechnung nun verfolgt werden:

```
# Timer QMULP_MOD_CONST, id= 0 .. started
   # Timer QMUL_MOD_CONST, id= 1 .. started
      # Timer CQADD_MOD_CONST, id= 2 .. started
      # Timer id=2, CQADD_MOD_CONST, Ops: 794 .. done, total
          =2.27 sec
      ...
   # Timer id=1, QMUL_MOD_CONST, Ops: 5378 .. done, total=14.88
        sec
   ...
# Timer id=0, QMULP_MOD_CONST, Ops: 10834 .. done, total=29.51
     sec
```

Diese Art der Buchführung erfasst sämtliche Operationen so, als ob sie einzeln nacheinander ausgeführt werden. Das muss in einer praktischen Umsetzung natürlich nicht so sein, da viele Operationen theoretisch auch parallel durchgeführt werden könnten. Die Parallelisierung erfordert jedoch aufwändige Analysen, und damit ist auch noch nichts über eine Realisierbarkeit gesagt. Das serielle Modell ist daher auf jeden Fall auf der sicheren Seite.

Brauchbar ist diese Buchführung natürlich zunächst nur für den geringen Qbit-Umfang einer Simulation. Es ist allerdings relativ einfach, Speicherzuweisungen und Transformationen auszusetzen, wenn die Kapazität ihres RAMs erschöpft ist.

```
Operationsermittlung für 64-Bit-Teilregister
# Timer id=0, QMULP_MOD_CONST, Ops: 6.487.360 .. done, total
    =0.25 sec
# Timer id=0, QEXP_MOD, Ops: 416.223.426 .. done, total=8.86
    sec

Operationsermittlung für 128-Bit-Teilregister

# Timer id=0, QMULP_MOD_CONST, Ops: 51.108.480 .. done, total
    =1.35 sec
# Timer id=0, QEXP_MOD, Ops: 6.542.868.866 .. done, total
    =165.42 sec
```

Allerdings stößt man auch dort bald an Grenzen, wie die Beispiele zeigen.

6.7.9 Fehlersimulation

An einem realistischen Modell sollte auch der Einfluss von Bit- und Phasenflips simulierbar sein. Der folgende Code erzeugt zufällige Flips auf einem Register:

```
template <class T, int N>
struct Flipper{

    static Flipper<T,N>& FL(){
        static Flipper<T,N> fl(MAX_QBIT_LIFETIME);
        return fl;
    }

    void flip(_ket<T,N>& k){
        for(int i=0;i<N;i++){
            if(fliptime[i]<Statistic::msec()){
                fliptime[i]+=static_cast<double>(rand())/
                                    static_cast<double>(RAND_MAX)*
                                        tmax;
                if(static_cast<double>(rand())/
                                    static_cast<double>(RAND_MAX)
                                        <0.5){
                    k=PC(k,1.0,i);
                } else {
                    k=NOT(k,i);
                }
            }
        }
    }

private:
    Flipper(double tm): tmax(tm) {
        for(int i=0;i<N;i++){
            fliptime[i]=static_cast<double>(rand())/
                                    static_cast<double>(
                                        RAND_MAX)*tmax;
        }
    }
    double fliptime[N];
    double tmax;
};
```

Hierbei ist `tmax` die maximale Lebensdauer eines Qbits bzw. die Zeit, nach der mit der Wahrscheinlichkeit Eins ein Bit- oder Phasenflip eingetreten ist, `lifetime[]` die Zeit, zu der ein Flip durchgeführt werden soll. Diese wird zufällig im Verlauf der nächsten `tmax` Zeiteinheiten eingestellt. Ist ein Flip fällig, wird per Zufallszahl ein Phasen- oder Bitflip durchgeführt und eine neue Flipzeit vorgewählt.

Aufgabe. Die Klasse ist mit der `Singleton`-Technik implementiert, die automatisch genau ein Objekt dieser Klasse erzeugt (Sie müssen lediglich irgendwo `MAX_QBIT_LIFETIME` definieren). Fügen Sie den Bitflip passend in `_MakeUT` bei 1-Qbit-Operationen bzw. in den Erzeugungsmethoden für n-Qbit-Operationen ein.

6.7.10 Ein Simulationsbeispiel: Suchalgorithmus nach Grover

Für die Simulation des Suchalgorithmus benötigen wir eine Orakelfunktion, ein Indexregister, ein Kontrollbit zur Aufnahme der Phasenverschiebung sowie einige temporäre Hilfsqbits zur Durchführung der C_nNOT-Operation. Die Orakelfunktion lässt sich direkt durch Vorgabe der gesuchten Werte realisieren:

```
Ket<N>& Orakel(Ket<N>& k,Register x, int control,
                    Register temp, vector<int> v){
      vector<int>::iterator it;
      for(it=v.begin();it!=v.end();it++){
            for(int i=0;i<x.len;i++)
                  if((*it&(1<<i))==0)
                        NOT(k,x.start+i);
            CnNOT(k,x,control,temp);
            for(int i=0;i<x.len;i++)
                  if((*it&(1<<i))==0)
                        NOT(k,x.start+i);
      }
      return k;
}
```

Für jeden gesuchten Wert werden die 0-Qbits im Indexregister negiert und anschließend eine C_nNOT-Operation auf das Kontrollregister ausgeführt. Danach werden die negierten Zustände wieder korrigiert.

Alternativ kann mit einem Registersatz gearbeitet werden, der eine Überlagerung der gesuchten Werte enthält und der vom Indexregister abgezogen wird. Nach einer kompletten Negierung des Registers wird eine kontrollierte C_nNOT-Operation ausgeführt.

```
Ket<N>& Orakel(Ket<N>& k,Register x, Register y,
                    int control, Register temp){
      QSUB(k,x,y);
      NOT(k,x);
      CnNOT(k,x,control,temp);
      NOT(k,x);
      QADD(k,x,y);
      return k;
}
```

Die restlichen Teile des Suchalgorithmus – Initialisierung und kontrollierte Phasendrehung – sollten relativ einfach realisierbar sein, so dass diese Teile Ihnen überlassen bleiben. Insgesamt benötigt man so für eine Simulation zwischen 16 und 24 Qbits.

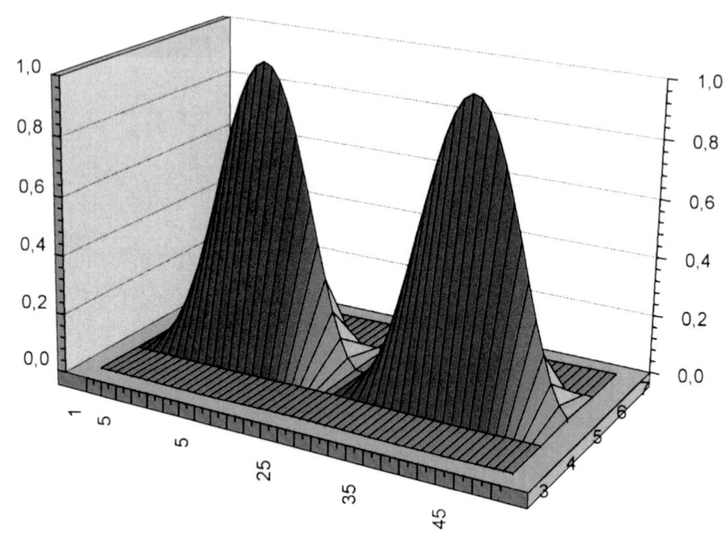

Abb. 6.11 Wahrscheinlichkeitsverteilung bei einer 8-Bit-Suche nach dem Suchwert 5 als Funktion der Iterationsanzahl

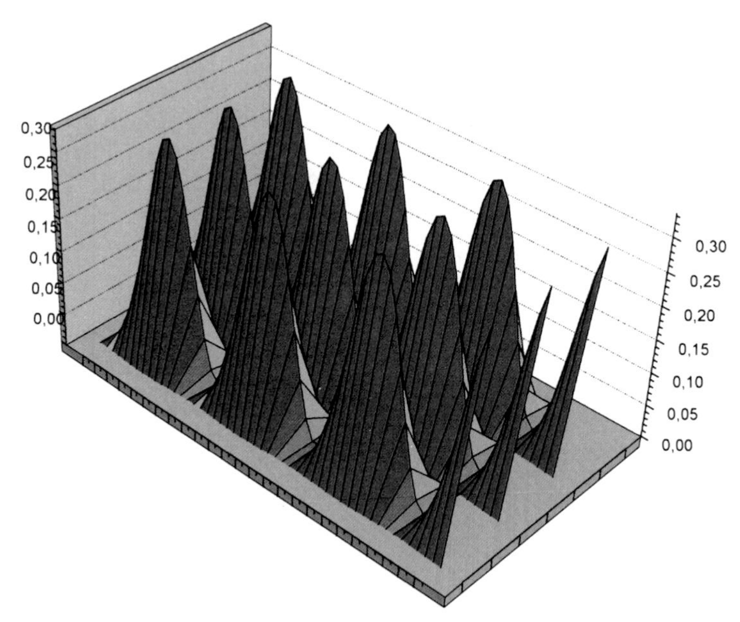

Abb. 6.12 Wie Abb. 6.11, jedoch mit drei Treffern (3, 5, 7)

Die Wahrscheinlichkeitsverteilungen für verschiedene Vorgaben in Abhängigkeit von der Anzahl der Iterationen sind in Abb. 6.11 und Abb. 6.12 sowie Tab. 6.1 dargestellt. Die Wahrscheinlichkeit für die Messung des gesuchten Indexwertes erreicht

Tabelle 6.1 Beste Messergebnisse bei 100 Messungen und ca. 7 Iterationen

M	3	5	7	15	18	79	89	104	153	161	252
n	31	30	31	1	1	1	1	1	1	1	1

bei einem Suchbegriff bei ca. 12 und 36 Iterationen den Maximalwert, wobei Periode und Fehlerwahrscheinlichkeit mit der theoretischen Vorhersage koinzidieren.

Bei drei korrekten Indizes erniedrigt sich die Iterationsanzahl auf ca. 7 Iterationen, wobei jeder korrekte Indexwert mit gleicher Wahrscheinlichkeit ermittelt wird.

6.7.11 Weitere Aufgaben

Die Simulation der weiteren Quantenalgorithmen wie dem Shor-Algorithmus und der Ermittlung des diskreten Logarithmus sei Ihnen überlassen. Testen Sie einmal aus, wie weit sie mit den begrenzten Ressourcen an Qbits hier kommen. Achten Sie auch darauf, dass Sie an den Algorithmen noch kleinere Anpassungen vornehmen müssen, um den Shor-Algorithmus durchführen zu können.

Ebenfalls ausprobieren lassen sich an diesen Algorithmen Fehler wie Bit- und Phasenflips. Korrekturalgorithmen lassen sich ebenfalls simulieren, aber wohl kaum noch an einem Anwendungsfall.

Die hier vorgestellten Implementationen können sicher an einigen Stellen auch noch effektiver gestaltet werden. Optimierungen des Codes sind daher ebenfalls ein Arbeitsgebiet, an das Sie sich heranmachen können.

Simulationsmöglichkeiten bestehen ebenfalls in Bereichen der Quantenkryptografie und der Teleportation. Im nächsten Kapitel wird auf die Teleportation im Rahmen des Quantencomputing nochmals eingegangen, und auch hierzu können Sie die eine oder andere Simulation starten.

Last-not-least können Sie versuchen, die Grenzen für die Anzahl simulierbarer Qbits etwas weiter hinauszuschieben. Möglichkeiten bestünden hier in der Nutzung schwach besetzter Matrixformen, die hinreichend nahe bei Null liegende Elemente nicht mehr berücksichtigen, sowie in der Ausnutzung von Symmetrien.[1]

6.8 Nicht lokale Quantensysteme

Eines der Hauptprobleme bei der Realisierung technisch verwendbarer Quantencomputer wird die große Anzahl von Qbits im Register sein, die im Laufe eines

[1] Der Rekord der Simulation von Quantencomputern liegt derzeit bei ca. 42 Qbit, d. h. auch solche Versuche sind nur von begrenztem Erfolg.

Algorithmus miteinander wechselwirken müssen. Wie erreicht man eine Wechselwirkung bei räumlich weit voneinander entfernten Qbits? SWAP-Operationen wurden ja bereits als Optionen diskutiert, aber sie benötigen Zeit, so dass die Gefahr einer Dekohärenz während der Rechnung steigt und bei komplexeren Algorithmen stärkere Einbußen des Effizienzgewinns gegenüber einem klassischen System nicht auszuschließen sind.

Alternativ kann man über dezentrale Systeme nachdenken, in denen die Quantenbits eines Algorithmus nicht direkt miteinander gekoppelt sind, sondern die Informationen bedarfsweise über eine Art Quantenbussystem übertragen werden. Damit eröffnet sich auch eine Möglichkeit für heterogene Systeme, in denen die einzelnen Einheiten unterschiedlichen technischen Linien angehören (*siehe technische Realisierung*). Die Heterogenität ergibt sich fast zwangsweise bei der Übertragung von Systemeigenschaften auf eine andere Einheit, die mit den Methoden der Quantenteleportation zu bewerkstelligen ist. Hier stoßen dann beispielsweise lokale, auf Kernspineigenschaften beruhende Recheneinheiten mit optischen Teleportsystemen zusammen.

Um beliebige Operationen auf entfernten Systemen durchführen zu können, sind 1-Bit-Rotationen und CNOT-Operationen notwendig. Wir diskutieren hier Möglichkeiten für die Durchführung beider Operationen.[1]

6.8.1 Entfernte Rotation

Der Einfachheit verwenden wir wieder die Bezeichnungen Alice und Bob für die Teilnehmer und sparen in den Formeln die Normierungsfaktoren ein. Alice verfüge über ein Qbit A, auf dem Bob eine Drehung durchführen will. Dazu muss Bob kein eigenes Quantenbit einsetzen, sondern für die Fernwirkung genügt ein verschränktes Qbit-Paar (a, b). Bob führt die Drehung auf seinem Qbit b des Teleporterpaars aus und überträgt die Wirkung mit Hilfe der bei der Teleportation diskutierten Prinzipien – Messung eines Zustands und Übertragen der nun klassischen Information an Alice, die nun ihrerseits in Abhängigkeit von der erhaltenen Operation unitäre Operationen ausführt – auf das Qbit A.[2]

Das Ablaufschema für die Übertragung zeigt Abb. 6.13. Zu Beginn der Operation werde der Systemzustand durch

$$(\alpha|0_A\rangle + \beta|1_A\rangle)(|0_a 0_b\rangle + |1_a 1_b\rangle)$$

[1] Chen Li-Bing, Chin. Phys. Soc. 9, 881 (2002).

[2] Das mag im ersten Moment esoterisch erscheinen, denn warum überträgt Bob nicht gleich die Anweisung zur Ausführung einer bestimmten Operation an Alice? Sofern es sich um eine einzelne 1-Bit-Operation handelt, wird er sich sicher so verhalten, aber die Operation auf seinem Teleporter-Qbit ist möglicherweise selbst eine Folge komplexer kontrollierter Operationen auf seinem System, und er weiß gar nicht, in welchem Zustand sein Teleporterbit sich befindet. Mit anderen Worten: sein Teleporterbit ist gleichzeitig Bestandteil seines Quantenregisters.

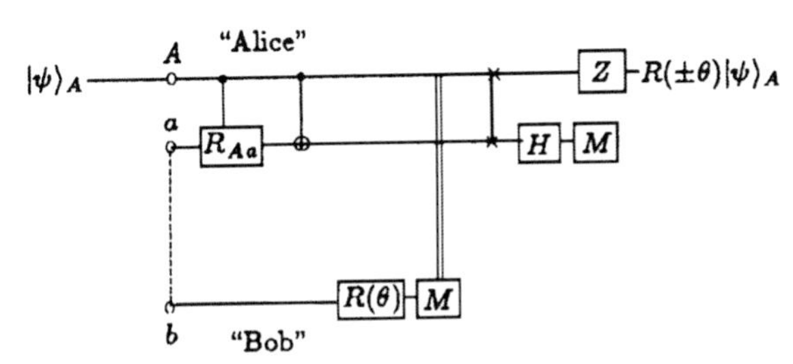

Abb. 6.13 1-Bit-Drehung auf einem entfernten System, nach Literaturbeispielen

beschrieben, d. h. Alices Qbit ist in irgendeinem nicht näher bekannten Zustand und das Teleporterpaar (a,b) ist in der angegebenen Weise verschränkt.

Auf Bobs Seite wird die Drehung $R(\theta)$ am Teleporter-Qbit b vorgenommen und anschließend eine Zustandsmessung durchgeführt. Deren Ergebnis, 0 oder 1, wird an Alice übertragen. Alice muss in der Zwischenzeit ihr System so vorbereitet haben, dass die Drehung auf A übertragen wird. Dazu bringt sie durch zwei kontrollierte Operationen das System zunächst in den Zustand

$$(\alpha|0_A 0_a\rangle + \beta|1_A 1_a\rangle)|0_b\rangle + (\alpha|0_A 1_a\rangle - \beta|1_A 0_a\rangle)|1_b\rangle \ .$$

Der Zustand wird durch die von A kontrollierte Operation

$$R_{Aa} = |0_A 0_a\rangle\langle 0_A 0_a| + |0_A 1_a\rangle\langle 0_A 1_a| + |1_A 0_a\rangle\langle 1_A 0_a| - |1_A 1_a\rangle\langle 1_A 1_a|$$

und ein kontrolliertes CNOT erzeugt. A und a sind nun verschränkt, und durch die Drehung $R(\theta)$ in Bobs System werden die Zustände des Qbits b durch

$$\begin{aligned} |0_b\rangle &\to \cos(\theta/2)|0_b\rangle + \sin(\theta/2)|1_b\rangle \\ |1_b\rangle &\to -\sin(\theta/2)|0_b\rangle + \cos(\theta/2)|1_b\rangle \end{aligned}$$

ersetzt. Durch Bobs Messung werden nun die Transformationen auf Alices System übertragen. Je nach Ergebnis befindet sich Alices System einschließlich der SWAP-Operation in einem der folgenden Zustände:

$$\begin{aligned} |0_b\rangle\colon\quad & (\alpha|0_A 0_a\rangle + \beta|1_A 1_a\rangle)\cos(\theta/2) \\ & - (\alpha|1_A 0_a\rangle - \beta|0_A 1_a\rangle)\sin(\theta/2) \\ |1_b\rangle\colon\quad & (\alpha|0_A 0_a\rangle + \beta|1_A 1_a\rangle)\sin(\theta/2) \\ & + (\alpha|1_A 0_a\rangle - \beta|0_A 1_a\rangle)\cos(\theta/2)\ . \end{aligned}$$

Die Drehung ist nun schon korrekt bei Qbit A angekommen, wie man sich durch Umsortieren der Terme leicht klarmachen kann:

$$\begin{aligned} |0_b\rangle\colon\quad & \alpha|0_a\rangle(\cos(\theta/2)|0_A\rangle - \sin(\theta/2)|1_A\rangle) \\ & + \beta|1_a\rangle(\sin(\theta/2)|0_A\rangle + \cos(\theta/2)|1_A\rangle) \end{aligned}$$

$$|1_b\rangle:\quad \alpha|0_a\rangle(\sin(\theta/2)|0_A\rangle + \cos(\theta/2)|1_A\rangle) \\ + \beta|1_a\rangle(-\cos(\theta/2)|0_A\rangle + \sin(\theta/2)|1_A\rangle)\,.$$

Die notwendige Eliminierung der Teleporterbits a kann aber noch nicht vorgenommen werden, da hierdurch der Zustand von A zerstört würde. Eine Hadamard-Operation mit $|0_a\rangle \rightarrow |0_a\rangle + |1_a\rangle$ bzw. $|0_a\rangle \rightarrow |0_a\rangle - |1_a\rangle$ und anschließende Messung liefert dann die endgültigen Transformationen

$$\begin{aligned}
|0_b0_a\rangle:\quad & \alpha(\cos(\theta/2)|0_A\rangle - \sin(\theta/2)|1_A\rangle) \\
& + \beta(\sin(\theta/2)|0_A\rangle + \cos(\theta/2)|1_A\rangle) = R(-\theta) \\
|0_b1_a\rangle:\quad & \alpha(\cos(\theta/2)|0_A\rangle - \sin(\theta/2)|1_A\rangle) \\
& + \beta(-\sin(\theta/2)|0_A\rangle - \cos(\theta/2)|1_A\rangle) = -\sigma_z R(\theta) \\
|1_b0_a\rangle:\quad & \alpha(\sin(\theta/2)|0_A\rangle + \cos(\theta/2)|1_A\rangle) \\
& + \beta(-\cos(\theta/2)|0_A\rangle + \sin(\theta/2)|1_A\rangle) = \sigma_z R(-\theta)\sigma_x \\
|1_b1_a\rangle:\quad & \alpha(\sin(\theta/2)|0_A\rangle + \cos(\theta/2)|1_A\rangle) \\
& + \beta(\cos(\theta/2)|0_A\rangle - \sin(\theta/2)|1_A\rangle) = R(\theta)\sigma_x\,.
\end{aligned}$$

Da Alice die Zustände beider Teleporter-Qbits kennt, kann sie die an A ausgeführte Operation nun korrigieren.

6.8.2 Entfernte CNOT-Operation

Die entfernte CNOT-Operation besteht im Prinzip aus einer CNOT-Operation auf einem der Teleporter-Qbits und einer zweiten CNOT-Operation, die das zweite Teleporter-Qbit auf den Ziel-Qbit ausführt. Da die Teleporter-Qbits wie üblich gemessen werden, muss wieder dafür gesorgt werden, dass nach den Messungen eindeutige Zustände vorliegen, an denen die notwendigen Korrekturen vorgenommen werden können.

Zu Beginn der Operation werde das System durch die Wellenfunktion

$$(\alpha|0_A\rangle + \beta|1_A\rangle)(|0_a0_b\rangle + |1_a1_b\rangle)(\gamma|0_B\rangle + \delta|1_B\rangle)$$

beschrieben. Alice führt die CNOT-Operation zunächst an ihrem Teleporterbit durch und erhält dadurch den Systemzustand

$$[(\alpha|0_A0_b\rangle + \beta|1_A1_b\rangle)|0_a\rangle + (\alpha|0_A1_b\rangle + \beta|1_A0_b\rangle)|1_a\rangle] \\ *(\gamma|0_B\rangle + \delta|1_B\rangle)\,.$$

Anschließend nimmt sie eine Messung ihres Teleporterbits vor und überträgt das Ergebnis an Bob. Misst sie eine 0, so braucht Bob nichts zu tun, misst sie eine 1, so

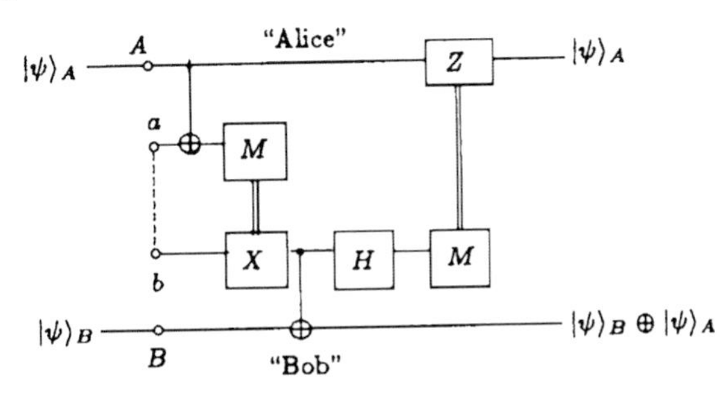

Abb. 6.14 CNOT-Operation auf einem entfernten System, nach Literaturbeispielen

muss Bob eine NOT-Operation auf seinem Teleporterbit durchführen, wie aus den Wellenfunktionen hervorgeht. Das System ist nun im Zustand

$$(\alpha|0_A 0_b\rangle + \beta|1_A 1_b\rangle)(\gamma|0_B\rangle + \delta|1_B\rangle) \; .$$

Eine CNOT-Operation auf Bobs Qbit B führt nun zu

$$\alpha|0_A 0_b\rangle(\gamma|0_B\rangle + \delta|1_B\rangle) + \beta|1_A 1_b\rangle(\gamma|1_B\rangle + \delta|0_B\rangle) \; .$$

Bis auf Bobs Teleporterbit b entspricht dies einer direkten CNOT-Operation zwischen A und B. Das Teleporterbit ist durch eine Messung zu eliminieren. Um dies zu erreichen, ohne den Zielzustand zu zerstören, wird an b zunächst wieder eine Hadamard-Operation durchgeführt. Die anschließende Messung liefert einen der beiden Zustände

$$[\alpha|0_A\rangle(\gamma|0_B\rangle + \delta|1_B\rangle) + \beta|1_A\rangle(\gamma|1_B\rangle + \delta|0_B\rangle)]\,|0_b\rangle$$
$$+\,[\alpha|0_A\rangle(\gamma|0_B\rangle + \delta|1_B\rangle) - \beta|1_A\rangle(\gamma|1_B\rangle + \delta|0_B\rangle)]\,|1_b\rangle \; .$$

Misst Bob eine 0, so ist der Endzustand erreicht, bei einer 1 muss er oder Alice das System durch eine zusätzliche Phasenverschiebung in den Sollzustand bringen.

Im Gegensatz zur ersten Operation, in der ein Teleporterbit zumindest vorübergehender Bestandteil eines Quantenregisters ist, sind bei der delokalisierten CNOT-Operation beide Teleporterbits unabhängig von der Quantenrechnung. Das erleichtert die Operation insofern, als in der Praxis die Teleporterbits beispielsweise nach Bedarf einem stetigen Strom verschränkter Photonen entnommen werden können, und diese Technik hat man aus der Quantenkryptografie bereits heute relativ sicher im Griff.

6.9 Technische Realisierung von Quantenrechnern

Für die technische Realisierung von Quantencomputern werden eine ganze Reihe von Kandidaten diskutiert, wobei einige sicher nur das Potential aufweisen, die quantenmechanischen Prinzipien beweisen zu können. Da es sich um dynamische

Systeme handelt, wird die Mathematik auch um einiges komplexer, und im folgenden Abschnitt wird eine Reihe von Formeln auftauchen, deren Herleitung Sie im allgemeinen Teil dieses Buches nicht finden werden. Ich habe sie trotzdem aufgelistet – nicht, um zu verwirren, sondern um die Komplexität der Gesamtaufgabe zu untermauern. Falls Sie nicht explizit noch tiefer in bestimmte Technologien eindringen wollen, denken Sie sich bitte nur begrenzt etwas dabei.

6.9.1 Übersicht

Technische Optionen und Randbedingungen

Die technische Realisierung von Quantencomputern ist alles andere als einfach. Man muss eine größere Anzahl von Qbits bereitstellen und präparieren, eine Vielzahl von Einzel- und Verschränkungsoperationen zwischen beliebigen Qbits durchführen und abschließend eine Messung durchführen können, wobei die Qbits aus einem einzelnen quantenmechanischen Teilchen bestehen. Die Manipulation auf 1-Teilchen-Ebene war aber bereits bei der Quantenkryptografie ein schwieriges und nur teilweise gelöstes Problem. Entsprechend weit liegt derzeit die Realisierung hinter technisch interessanten Größenordnungen zurück.[1]

Der Anforderungskatalog an geeignete Technologien umfasst im Wesentlichen folgende Eigenschaften:

- Das System muss in der Lage sein, Quanteninformationen, d. h. Superpositionen und Verschränkungen, zu speichern.
- Die einzelnen Systemzustände müssen durch Messungen unterscheidbar sein, insbesondere muss das System zunächst einmal eine endliche, bekannte Größe besitzen. Eine Messung muss eines der theoretisch möglichen Ergebnisse mit seiner quantenmechanischen Wahrscheinlichkeit liefern.
- Die elementaren Gatteroperationen einschließlich der 2-Qbit-Operation CNOT müssen hinreichend genau durchführbar sein.
- Die Dekohärenzzeit muss lang genug sein, um eine ausreichende Anzahl von Operationen zu gewährleisten.
- Das System muss in definierte Anfangszustände versetzt werden können.
- Das System muss insgesamt skalierbar sein, d. h. die Durchführbarkeit von Initialisierungen, Operationen und Messungen darf nicht zu stark von der Anzahl der Qbits abhängen.

Es existiert eine Reihe verschiedener Technologien, die den einen oder anderen Punkt der Anforderungsliste erfüllt. Eine Übersicht über deren wesentliche zeitliche Eigenschaften auf der Basis heutiger experimenteller Erkenntnisse gibt die folgende Tabelle.

---

[1] In gewisser Hinsicht fühlt man sich an die Fusionstechnik erinnert, die längere Zeit ebenfalls mit großer Euphorie betrieben wurde und um die es derzeit eigenartig still geworden ist.

System	Dekohärenzzeit	Operationszeit	Anzahl Operationen
Kernspin	10^{-2}–10^{8}	10^{-3}–10^{-6}	10^{5}–10^{14}
Elektronenspin	10^{-3}	10^{-7}	10^{4}
Ionenfalle	10^{-1}	10^{-14}	10^{13}
Elektronen-Au	10^{-8}	10^{-14}	10^{6}
Elektronen-GaAs	10^{-10}	10^{-13}	10^{3}
Quantenpunkt	10^{-6}	10^{-9}	10^{3}
Optische Kavität	10^{-5}	10^{-14}	10^{9}
Mikrowellenkavität	10^{0}	10^{-4}	10^{4}
Cooper-Paare	$> 10^{-3}$	?	? 10^{5}

Bevor wir detaillierter darauf eingehen, was sich hinter diesen Schlagworten verbirgt, können wir den Daten bereits entnehmen, dass das Hauptproblem bei der Realisierung von Quantencomputern das Verhältnis von Dekohärenzzeit und Operationszeit sein wird, weil dieses die Anzahl der möglichen Operationen bestimmt. Will man tatsächlich reale, technisch nutzbare Berechnungen in der Art der diskutierten Quantenalgorithmen durchführen, so sind Operationsanzahlen von weniger als 10^{6}–10^{8} Operationen wohl kaum hinreichend. Damit bleiben formal zunächst nur 3–4 Technologien übrig.[1]

Die Dekohärenzzeit hängt in starkem Maße von der Isolierung des Quantensystems von der Umgebung ab. Systeme mit Elektronen sind aufgrund von deren Kleinheit und Beweglichkeit kaum nennenswert von der Umgebung isolierbar, weshalb sie auch weniger geeignete Kandidaten für einen Quantenrechner darstellen.[2]

Besser gelingt dies mit kompletten Atomen, die bei guter Isolierung lange Standzeiten aufweisen. Gute Isolierung bedeutet aber auch große Systeme und damit Probleme in Bezug auf andere Eigenschaften wie die Ausführung von CNOT-Operationen oder die Konstruktion größerer Register. Konstruktiv optimal wären natürlich Systeme auf Halbleiterbasis, da hier keine Probleme bestehen, in kleine Dimensionen vorzudringen und hohe Schaltkreisdichten sowie Geschwindigkeiten zu erreichen. Die Dimensionierung auf Atomebene vorzunehmen und dabei auch noch den notwendigen Ordnungsgrad zu erreichen, ist aber noch ungelöst. Außer-

[1] Das ist aber kein Grund, auf die Untersuchung der anderen zu verzichten, und zwar aus mehreren Gründen: zum Einen drücken die Zahlen in der Tabelle den derzeitigen Kenntnisstand aus, und es ist nicht auszuschließen, dass zukünftige Entwicklungen wesentliche Verbesserungen auch heute ungeeigneter Techniken bringen. Auch kann die Erforschung einer Technik den Zugang zu einer neuen öffnen, die sonst gar nicht in den Untersuchungsrahmen gelangt. Und zuletzt ist vieles im Bereich der Quanteninformatik noch pure Theorie, die der experimentellen Bestätigung bedarf, und mit welcher Technologie diese erfolgt, ist unerheblich.

[2] Vergleiche aber die Anmerkungen über Cooper-Paare. Cooper-Paare sind Elektronenpaare in supraleitenden Materialien.

dem ist die Isolierung der Qbits gegen die Umgebung in Festkörpern nur schwierig zu gewährleisten, so dass kurze Dekohärenzzeiten auftreten können.

Nachgedacht wird auch über Hybridtechniken, indem beispielsweise der Systemzustand von einem schnell zerfallenden, aber operationstechnisch gut handhabbaren System zyklisch auf ein langzeitstabiles (*oder ein gleichartiges, frisch initialisiertes*) übertragen und von dort nach Systemauffrischung zur Weiterberechnung wieder zurück übertragen wird. Ein Vergleich der Operationszeiten und der Dekohärenzzeiten verschiedener Systeme engt solche Optionen allerdings auch stark ein.[1] Auf ein weiteres mögliches Problem deuten neuere Messungen[2] hin, nach denen die Wahrscheinlichkeit der Dekohärenz verschränkter Zustände nicht linear mit der Zahl der beteiligten Qbits steigt, sondern quadratisch. Dies würde den Weg zu funktionierenden größeren Systemen noch deutlich steiniger machen, als er schon ist.

Snapshot 2007

Der erste Quantencomputer aus dem Jahr 1998 operierte mit zwei Qbits, 1999 mit dreien, und eine erfolgreiche Implementierung von IBM im Jahr 2000 brachte es bereits auf fünf Qbits. Allerdings war das Ziel dieser Experimente (noch) nicht der Bau eines echten Quantencomputers, sondern zunächst einmal der Nachweis, dass es überhaupt funktioniert.

Der Stand der Technik 2007 ist das Qbyte. Für den Nachweis, dass hierbei tatsächlich ein verschränkter Zustand erzeugt werden konnte, waren ca. 10 Stunden Messzeit notwendig. Dabei handelt es sich wohlgemerkt nur um den Nachweis, dass ein 8 Qbit umfassender verschränkter Zustand produziert wurde, aber noch nicht um ein in irgendeiner Art für Rechnungen brauchbares Ergebnis. Die Zeitskalen in der oben dargestellten Tabelle drücken deutlich aus, welcher Zeitaufwand notwendig ist, das beabsichtigte Ergebnis statistisch in den Fehlversuchen überhaupt zu identifizieren.

Im Frühjahr präsentierte eine kanadische Firma einen auf Cooper-Paaren basierenden Quantencomputer mit 16 Qbit, auf dem die Funktion zweier Algorithmen demonstriert wurde.[3] Das Unternehmen gibt sich zuversichtlich, in kurzer Zeit in den Bereich 500–1000 Qbit vorstoßen zu können. Die Fachwelt gibt sich allerdings eher skeptisch: die Ergebnisse müssten noch genauer analysiert werden, das Unternehmen hält sich bei wesentlichen wissenschaftlichen und experimentellen Fragen (*vielleicht verständlich*) sehr bedeckt, was die Überprüfbarkeit des vorgelegten Versuches zu stark einschränkt, und die verwendete Technik besitzt nach überwiegender Meinung nicht das Potential, tatsächlich in die technisch interessanten Bereiche vorstoßen zu können.

---

[1] Per CNOT wird das Register auf ein mit 0 initialisiertes kopiert, die Kopie anschließend genutzt, um das Arbeitsregister zu löschen. Eine anschließende Messung des Arbeitsregisters muss den Zustand 0 liefern. Abweichungen signalisieren Dekohärenz, so dass die Rechnung nur bedingt fortgesetzt werden kann oder abgebrochen werden muss.

[2] scinexx Wissensmagazin

[3] Allerdings als Black-Box, d. h. es werden Ergebnisse geliefert, ohne dass die Öffentlichkeit der Technik bei der Arbeit zusehen durfte. Im Internet zu finden unter http://www.dwavesys.com/.

Drei Jahre später – 2010 – herrscht Funkstille bezüglich der Großspurigen Versprechungen, und die erreichten Registergrößen liegen je nach Interpretation, ob es sich tatsächlich um echte Quantencomputer handelt, bei 10–20 Qbit.

6.9.2 Optische Quantencomputer

Photonen besitzen den Vorteil, problemlos und mit relativ wenig Aufwand erzeugt und manipuliert werden zu können. Allerdings lassen sie sich nicht speichern, d. h. ein Quantenalgorithmus muss gewissermaßen komplett in Hardware verdrahtet werden.

Abbildung 6.15 zeigt einen Schaltkreis für eine 2-Qbit-Operation mit Photonen. Will man nun einen kompletten Algorithmus auf diese Weise realisieren, muss man die Ausgänge des Gatters mit den Eingängen weiterer Gatter koppeln (wobei Gatter natürlich auch erneut genutzt werden können) und durch den experimentellen Aufbau dafür sorgen, dass die jeweiligen Photonenpaare auch zeitgleich im Gatter eintreffen, um interferieren zu können.

Legen wir die Erfahrungen der Quantenkryptografie zu Grunde, so kommen wir bei einer mittleren Weglänge von 50 cm zwischen den Gattern und 100 km gesamter optischer Weglänge auf etwa 200.000 mögliche Operationen, die mit einem solchen Gerät hintereinander durchführbar sind. Nehmen wir an, dass bei n Photonen = Qbits jeweils $n/2$ Operationen parallel ausgeführt werden könnten, so liegt die Obergrenze bei $10^5 * n$ Operationen, steigt also mit der Anzahl der Qbits an, ist aber begrenzt.

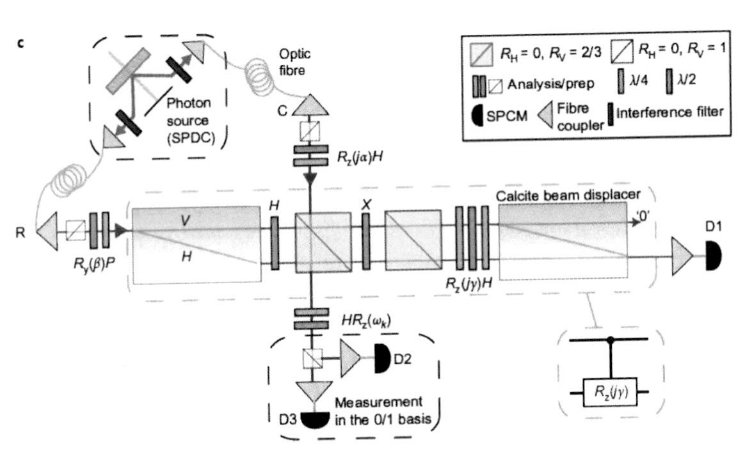

Abb. 6.15 Aufbau eines 2-Qbit-Quantenschaltkreises. Die Photonenquelle erzeugt zwei verschränkte Photonen, C (Control) und R (Register). Die *grünen* und *blauen Balken* sind Filter, die die Polarisationsebene des Lichts um einen bestimmten Betrag drehen. H, X und die *Quadrate* kennzeichnen logische Gatter. Quelle: Geoff Gillet et al., Towards quantum chemistry on a quantum computer, arXiv/quant:0905.0887 / LANYON BP, 2010, NAT CHEM, V2, P106, DOI 10.1038/NCHEM.483. (mit freundl. Genehmigung des Autors)

Sehr viel gravierender bei der Umsetzung ist der Aufbau des verdrahteten Algorithmus. Schließlich muss jeder Algorithmus individuell verdrahtet werden, und da man vermutlich nicht einen Hektar mit teurem Equipment füllen möchte, dass dann nur einmal verwendbar ist,[1] ist sehr viel klassische Rechenleistung notwendig, um die Gatternutzung zu optimieren. Neben den Gatterschaltungen benötigt man dazu schaltbare Spiegel sowie Verzögerungselemente, die die Photonen nach Bedarf in bestimmte Richtungen lenken oder so weit abbremsen, dass sie mit anderen Photonen zusammentreffen können.

Weitere Probleme bestehen darin, dass die Qbits nicht schneller sein dürfen als die Steuerelektronik, die eine optimierte Schaltung steuern muss. In der Quantenkryptografie wird das Synchronisationsproblem mit Steuerpulsen aus Photonen mit anderer Frequenz angegangen, und auch dies wäre in der Optimierungsberechnung zu berücksichtigen.

Ob dieses Bild, das ich hier entworfen habe, tatsächlich einmal zu einem optischen Quantencomputer führt, bleibt den Experimentalphysikern überlassen. Einstweilen begnügen die sich mit einer vereinfachten Version: der Algorithmus wird in Teile zerlegt, die einzeln ausgeführt und gemessen werden. Die Ergebnisse eines Teils dienen dann, ggf. nach einer entsprechenden Neuverdrahtung des Aufbaus, als Eingabewerte für den nächsten Teil. Dieses Verfahren begrenzt zwar den Hardwareaufbau, erforderte jedoch eine sehr umfangreiche klassische Vorarbeit zur Berechnung der jeweils einzustellenden Daten und ist aufgrund der Unterbrechungen nur auf bestimmte Probleme anwendbar, da durch die Messungen die Verschränkungen aufgehoben werden.

6.9.3 Kernspinresonanz in Molekülen

Zu den ersten Entwicklungen, mit denen auch bestimmte Effekte nachgewiesen werden konnten, gehört die Nutzung der Kernspins in Molekülen. Die Atomkerne besitzen in Molekülen eine gut definierte Umgebung, was gut kontrollierbare Operationen erwarten lässt.

Bringt man Moleküle mit Atomkernen mit dem Kernspin 1/2 (*beispielsweise* ^{1}H, ^{13}C, ^{31}P, ^{19}F; *die Zahlen geben die Gesamtanzahl von Protonen und Neutronen im Atomkern an*) in ein starkes statisches Magnetfeld, so erhält man ein Energieniveauschema für verschiedene Spinausrichtungen (*Abb. 6.16*). Die Niveaus hängen von der elektrischen Umgebung der Atomkerne (*Elektronenschale, Bindungselektronen*) ab. Strahlt man ein Magnetfeld mit der geeigneten Frequenz ein, erzeugt man Übergänge zwischen den Niveaus, die sich als Absorption oder Emission in einem Spektrum zu erkennen geben. Benachbarte Kernspins üben durch die sogenannte Dipol-Dipol-Kopplung einen Einfluss aufeinander aus, der zu einer weiteren Aufspaltung der Niveaus führt. Bei einem Spektralscan erhält man so eine Anzahl von Hauptbanden, die mit der Anzahl der Atome unterschiedlicher Umgebung im

[1] Das erinnert ein wenig an „domino day", an dem jährlich eine steigende Anzahl von Dominosteinen (2009: 4.800.000) zum kontrollierten Umfallen gebracht wird.

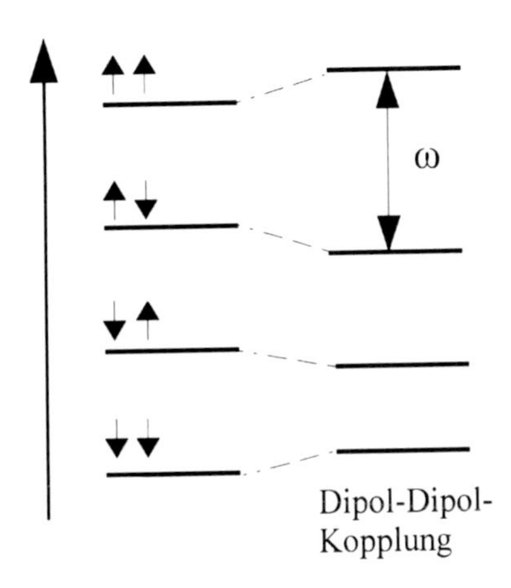

Abb. 6.16 Energieniveaus eines Systems mit zwei Kernspins (vereinfacht, siehe Text)

Molekül identisch sind und deren Intensitäten mit den jeweiligen Atomanzahlen eines Umgebungstyps übereinstimmen. Die Aufspaltung der Hauptbanden gibt wiederum Aufschluss darüber, wie viele Nachbarn ein Atom im Molekül jeweils besitzt. Aus der Summe dieser Informationen kann der Chemiker nun ersehen, was für ein Molekül er vor sich hat.

Die Dipol-Dipol-Wechselwirkung kann nun für die Realisierung quantenmechanischer Rechnungen ausgenutzt werden. Wird beispielsweise der linke Kernspin in der Abbildung so präpariert, dass er nach oben oder unten zeigt (*oder einen gemischten Zustand einnimmt*), so ist es möglich, durch Einstrahlung eines Magnetfeldes mit der Frequenz ω einen selektiven Übergang des rechten Spins unter Kontrolle des anderen zu bewirken, d. h. man hat im Prinzip eine CNOT-Operation realisiert.

Für Versuche mit einem solchen System spricht die einfache Realisierbarkeit, denn Moleküle können in der Regel problemlos nach Maß produziert werden und die Messungen sind mit leicht modifizierten Standard-Labormitteln durchführbar. Allerdings sind die Grenzen auch recht eng gesetzt:

- Eine Skalierbarkeit ist nicht gegeben, denn die Anzahl der in einem Molekül unterbringbaren Atome mit hinreichender Trennung der Haupt- und Nebenbanden im Spektrum ist begrenzt.
- Die Messungen werden nicht an einzelnen Molekülen, sondern in der Regel in verdünnten Lösungen durchgeführt.
  Unlängst konnte zudem nachgewiesen werden, dass echte Verschränkungen nicht erreichbar sind, sondern mehr durch eine Statistik wiedergegeben werden.
- Die Dekohärenzraten sind aufgrund der experimentellen Umgebung sehr hoch, was die Anzahl der möglichen Operationen begrenzt.

Trotzdem wurden die ersten Versuche an derartigen Systemen durchgeführt und die Realisierbarkeit des Deutsch-Algorithmus mit einem 5-Qbit-System und des Shor-Algorithmus mit einem 7-Qbit-System (*Faktorisieren der Zahl 15*) demonstriert. Die erreichten Demonstrationserfolge bestätigen die Theorie, sind aber vermutlich auch das, was man mit einem solchen System erreichen kann, d. h. die Molekül-NMR ist für praktische quantenmechanische Berechnungen uninteressant.

6.9.4 *Kernspinresonanz in Festkörpern*

Aufbau und Prinzip

Der nach seinem Erfinder Bruce Kane benannte Kane-Computer kann als Quantenpunktcomputer, der nach Kernspinmechanismen funktioniert, bezeichnet werden.

Die Quanteneinheiten bestehen aus isolierten Phosphor-Atomen des Isotops ^{31}P in einer ^{28}Si-Matrix. Die Phosphoratome verfügen über den Kernspin $1/2$, während die Silizium-Atome mit dem Kernspin 0 eine neutrale Matrix bilden. Zusätzlich verfügen die Phosphoratome mit ihren 5 Valenzelektronen über den Elektronenspin $1/2$ (*Silizium mit 4 Valenzelektronen hat den Elektronenspin 0*). Während die Kernspins als Qbits verwendet werden, können die Elektronen Wechselwirkungen zwischen den Qbits vermitteln, d. h. mit ihrer Hilfe sind kontrollierte Operationen möglich.

Damit das Ganze funktioniert, sind enge konstruktive Rahmenbedingungen einzuhalten.

- Zunächst muss man in der Lage sein, einzelne Phosphoratome präzise zu positionieren, wobei der Abstand nicht viel von 20 nm abweichen darf, um die Atome einerseits hinreichend gegeneinander zu isolieren, andererseits aber noch Wechselwirkungen untereinander zu ermöglichen.
- Silizium besteht aus ca. 92 % ^{28}Si und je ca. 4 % ^{29}Si und ^{30}Si. Matrixatome mit einem von Null verschiedenen Kernspin würden ebenfalls mit den ^{31}P-Qbits

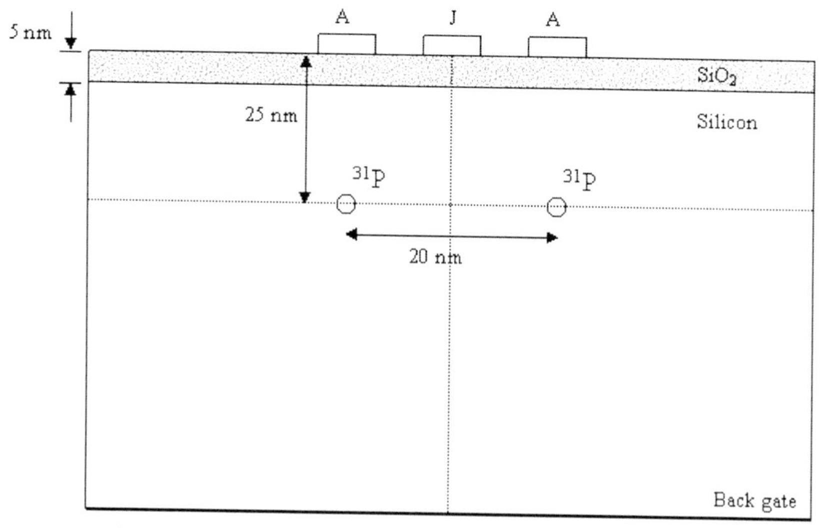

Abb. 6.17 Schaltbild zweier Qbits des Kane-Computers

wechselwirken und bedeuten das Aus für den Quantenrechner. Geht man von den Abmessungen in Abb. 6.17 aus und bildet einen Würfel von $50 * 50 * 70$ nm um die beiden Phosphoratome, so liegen diese in einer Matrix aus ca. $8{,}5 * 10^6$ Siliziumatomen, unter denen kein ^{29}Si sein darf.[1]

- Außerdem sind tiefe Temperaturen in der Nähe des absoluten Nullpunkts (*maximale einige Millikelvin*) notwendig, um Dekohärenz durch Wechselwirkung mit der Matrix und unkontrolliertes Verhalten der Valenzelektronen zu verhindern.

Werden diese Bedingungen eingehalten, so wird die Dekohärenzzeit in der Größenordnung von 10^8 s erwartet.

Solche Randbedingungen empfehlen ein solches Gerät nicht gerade als „Tischcomputer für Jedermann", jedoch stellt die erwartete Stabilität die derzeitige Obergrenze des Bekannten dar, was das Gerät zu einem aussichtsreichen Kandidaten für einen technisch nutzbaren Quantencomputer macht (*siehe Tabelle* 6.9). Der Aufbau aus Komponenten der Halbleitertechnik spricht aufgrund der langen Erfahrungen ebenfalls für dieses Konstruktionsprinzip, jedoch ist man derzeit (*noch*) nicht in der Lage, einzelne Phosphoratome präzise genug zu platzieren. Mit Hilfe eines Raster-Tunnel-Mikroskops können zwar experimentell einzelne Phosphoratome platziert werden, jedoch ist man hier noch sehr weit davon entfernt, tatsächlich ein geeignetes Phosphoratomraster in einer hinreichend „isotopenreinen" Matrix aufbauen zu können. Ob das in einem technisch interessanten Maßstab gelingt, gehört zu den Punkten, an denen Optimisten und Pessimisten voneinander scheiden.

Sofern das konstruktive Problem der Quantenpunkte gelöst werden kann, wäre aber noch zu klären, wie ein solches Register angesteuert werden kann. Die Antwort liegt in den Elektroden A und J oberhalb der einzelnen Quantenpunkte. Eine individuelle Ansteuereinheit für jedes Qbit = Phosphoratom ist in dieser Größenordnung nicht konstruierbar, also werden alle Quantenpunkte in einem homogeben Magnetfeld angeordnet und der Chip bei Operationen komplett mit entsprechende Impulsen bestrahlt. Die Elektroden A schirmen über ihren jeweiligen Ladungszustand die Quantenpunkte aber individuell ab, so dass bei genauer Einstellung der Strahlungsfrequenz nur ganz bestimmte Quantenpunkte angesprochen werden. Verglichen mit der Kernspinresonanz in Molekülen kann man den Kane-Quantencomputer auch als Molekül betrachten, dessen Qbit-Eigenschaften nach Bedarf eingestellt werden können. Dieser Teil der Technologie erlaubt es prinzipiell, jedes Qbit unabhängig von den anderen in einen bestimmten Zustand zu bringen.

Die Elektrode J regelt zusätzlich die Kopplung der Quantenpunkte untereinander über die Valenzelektronen und soll die Verschränkung der Qbits untereinander realisieren. Legt man beispielsweise eine positive Spannung an, so werden die Valenzelektronen der beiden benachbarten Phosphoratome angezogen und bilden ein Molekülorbital; bei negativer Spannung werden sie getrennt und die Atome sind voneinander isoliert. Bei Überlappung der Elektronenorbitale können diese über

[1] Den Einfluss der Isotopenzusammensetzung demonstriert eindrucksvoll die Wärmeleitfähigkeit von Si-Einkristallen. Isotopenreine Einkristalle aus 99,8 % des Isotops 28 – für den Quantencomputer eine noch nicht hinreichende „Isotopenreinheit" – haben eine um 60 % bessere Wärmeleitfähigkeit als Kristalle mit der natürlichen Isotopenzusammensetzung.

Spin-Spin-Wechselwirkungen eine Wechselwirkung der beiden Kernspins bewirken und so beispielsweise CNOT-Operationen umsetzen.

Grundsätzlich kann man auf diese Weise gleichzeitig unterschiedliche Operationen in verschiedenen Bereichen des Quantenregisters ablaufen lassen, in dem man gleichzeitig alle Atome aktiviert, auf denen eine dem nächsten Impuls entsprechende Operation durchgeführt werden soll. Hierdurch wird zwar die Rechengeschwindigkeit erhöht, jedoch kommt man aufgrund der ausschließlichen Koppelbarkeit der jeweils nächsten Nachbarn nicht darum herum, über SWAP-Operationen die betreffenden Qbits der nächsten kontrollierten Operation zunächst einmal in Nachbarn zu überführen. Dies frisst natürlich einen großen Teil der Geschwindigkeit wieder auf.

Die Skalierbarkeit des Systems hängt in hohem Maße davon ab, wie gut die Isotopenreinheit eingestellt werden kann. Die Anordnung der Elektroden nebst den notwendigen Leitungsverbindungen lässt vermuten, dass die Konstruktion aus einer linearen Kette von Quantenpunkten besteht und nicht eine flächendeckende Matrix bildet. Mit jedem weiteren Quantenpunkt steigt aber auch linear die Anforderung an die Isotopenreinheit, da ein Fremdatom wie ^{29}Si die Kette unterbrechen würde, indem es Fehler auf dem benachbarten Qbit verursacht. Die Kette selbst stellt – hinreichende Genauigkeit der Quantenoperationen unterstellt – kein Problem dar, da aufgrund der Kleinheit der Strukturen ohne weiteres 50.000 Quantenpunkte/mm realisierbar sind.

Die Linearität kann sogar zur Steigerung der Rechenleistung und zur Kompensation einzelner Fehler ausgenutzt werden. Auf einem Chip lassen sich nämlich mehrere 1000 Kettenregister nebeneinander unterbringen, die parallel betrieben werden können. Bei einer Messung erhält man direkt entsprechend viele Ergebnisse, die statistisch nach der Problemlösung durchsucht werden können, und es sind weniger Wiederholungen der Quantenrechnung notwendig.

Der Gesamt-Hamilton-Operator

Die Diskussion der Basisoperationen auf einem solchen System beginnen wir mit der Zusammenfassung der Energieterme eines 2-Qbit-Systems:[1]

$$
\begin{aligned}
H &= \sum_{k=1}^{2} (H_{B_k} + H_{A_k} + H_J + H_{ac_k}) \\
H_B &= -g_n \mu_n B \sigma_{z_n} + \mu_B B \sigma_{z_e} \\
H_A &= A \sigma_e \sigma_n \cdot A = \frac{8\pi}{3} \mu_B g_n \mu_n |\psi_e|^2 \\
H_J &= J \sigma_{e_1} \sigma_{e_2} \\
H_{ac} &= -g_n \mu_n B_{ac} \left[\sigma_{x_n} \cos(\omega_{ac} t) + \sigma_{y_n} \sin(\omega_{ac} t)\right] \\
&\quad + \mu_B B_{ac} \left[\sigma_{x_e} \cos(\omega_{ac} t) + \sigma_{y_e} \sin(\omega_{ac} t)\right] .
\end{aligned}
$$

[1] Da ein solcher Computer noch nicht gebaut wurde, beruhen die folgenden Darstellungen auf numerischen Simulationen. Nach C. D. Hill et al., arXiv:quant-ph/0305040.

Der Term H_B beschreibt die Aufspaltung der Kern- (n) und Elektronenspinniveaus (e) in einem homogenen Magnetfeld B, die für $B = 2\,\mathrm{T}$ bei $7{,}1 * 10^{-5}$ meV bzw. 0,116 meV liegen.

H_A beschreibt die Feinstrukturaufspaltung aufgrund der Kern-Elektron-Spinkopplung. A liegt bei einem ungestörten System in der Größenordnung $1{,}2 * 10^{-4}$ meV. Bei der Berechnung des Terms ist die Orbitalwellenfunktion ψ_e zu berücksichtigen, die durch elektrische Felder der Elektroden A beeinflusst werden kann und zu einer Änderbarkeit des Kopplungsterms in Höhe von ca. 50 % führt. Hierdurch können die Kernspins entsprechend Abb. 6.16 (*Seite 347*) wie in Molekülen individuell durch entsprechend abgestimmte Felder angesprochen werden.

H_J beschreibt die Kopplung der Elektronen benachbarter Qbits untereinander. Durch Aufladung der Elektrode J werden ebenfalls die Wellenfunktionen der beiden Elektronen beeinflusst, so dass hierüber die Stärke der Kopplung im Bereich 0–0,04 meV variiert werden kann.

H_{ac} beschreibt schließlich die Wirkung eines zu B senkrechten variablen Magnetfelds mit der Frequenz ω_{ac}, dessen Stärke in der Größenordnung 0,0025 T angenommen wird.

Bei einer Temperatur von $T = 100\,\mathrm{mK}$ befinden sich die Elektronen im thermischen Gleichgewicht bis auf einen Anteil von $2{,}1 * 10^{-12}$ auf dem unteren Energieniveau. Damit haben wir nun die Grundparameter festgelegt und können die einzelnen unitären Operationen untersuchen.

Phasenverschiebungen (*Z-Drehungen*)

Da Spins mit $s = 1/2$ nicht exakt in Feldrichtung weisen, rotieren sie formal um die Feldrichtung Z mit der Frequenz (*mit A aus der obigen Formel*)

$$\hbar\omega = 2g_n\mu_n B + 2A + \frac{2A^2}{\mu_B B + g_n\mu_n B} \,.$$

Wird mit Hilfe der Elektroden A die Feinstrukturkopplung eines Kerns verändert, ergibt sich eine Differenz der Rotationsfrequenz zu den anderen Kernen. Durch die Anschaltdauer der Spannung auf Elektrode A lässt sich der Betrag der Phasendifferenz einstellen. Unter den oben angegebenen Bedingungen ergibt sich für eine Phasenverschiebung von π eine Zeit von $t \approx 0{,}021\,\mu\mathrm{s}$. Nur durch Veränderung der A-Elektrodenspannung für eine bestimmte Zeit lassen sich somit Drehungen des Typs

$$R_z(\theta) = \mathrm{e}^{\mathrm{i}\theta/2\sigma_z}$$

durchführen, d. h. Phasenflips $\sigma_z = -\mathrm{i}R_z(\pi)$.

X- und Y-Drehungen

X,Y-Drehungen

$$R_x(\theta) = \mathrm{e}^{\mathrm{i}\theta/2\sigma_x} \,, \quad R_y(\theta) = \mathrm{e}^{\mathrm{i}\theta/2\sigma_y}$$

werden durch ein rotierendes Magnetfeld bewirkt, wobei die Frequenz des Feldes mit der Frequenz (*Larmor-Frequenz*) des rotierenden Spins übereinstimmen muss. Da über die Elektroden A die Larmor-Frequenz individuell eingestellt werden kann, kann auch jedes Qbit selektiv und einzeln angesteuert werden. Die induzierende Rotationsfrequenz ist

$$\hbar\omega_x = g_n \mu_n B_{ac} \left(1 + \frac{A_x}{g_n \mu_n B}\right) .$$

Die Feinabstimmung des Prozesses ist allerdings nicht einfach. Die Trennung der Frequenzen sollte möglichst hoch sein, allerdings bewirkt die Änderung der Elektrodenspannung A auch Phasenverschiebungen. Die Stärke des Magnetfeldes B_{ac} sollte gering sein, da hohe Feldstärken auch Drehungen von Kernen, die nicht in Resonanz sind, anregen und so die Qualität der Operation vermindern. Geringe Feldstärken führen aber wiederum zu längeren Pulszeiten. Die bei $B = 2{,}0\,\mathrm{T}$ vorgeschlagene Feldstärke $B_{ac} = 0{,}0025\,\mathrm{T}$ stellt einen numerisch gefundenen Kompromiss zwischen den widersprüchlichen Forderungen dar. Eine NOT-Operation (*Bitflip, X-Gate*) lässt sich so durch Einstrahlung eines rotierenden Feldes für 6,4 µs realisieren, die Hadamard-Operation

$$H = R_z(\pi/2) R_x(\pi/2) R_z(\pi/2)$$

benötigt ca. 3,2 µs.

Verschränkungsoperationen

Verschränkungsoperationen wie die CNOT-Operation sind nicht so einfach in Szene zu setzen. Realisiert werden sollen sie durch Spin-Spin-Kopplung zwischen den Elektronen der beiden Phosphorkerne. Im Normalzustand – entkoppelte Kerne – befinden sich die Elektronenspins im Grundzustand, d. h. ihre Ausrichtung ist parallel. Wird nun an der J-Elektrode eine positive Spannung angelegt, so koppeln sie miteinander, da sie beide von der Elektrode angezogen werden. Dies darf jedoch nicht zu einem echten Molekülorbital führen, da sonst die Elektronenspins entweder antiparallel ausgerichtet sein oder die Elektronen unterschiedliche Energieniveaus besetzen müssen. Diese Asymmetrie ist jedoch zu vermeiden, wenn unerwünschte Effekte unterbleiben sollen. Der Wechselwirkungsterm muss daher die Nebenbedingung

$$0 < J \ll \frac{\mu_B B}{2}$$

erfüllen. Unter diesen Bedingungen ändern die Elektronenspins ihre Ausrichtung im Magnetfeld nicht. Störungstheoretische Berechnungen, auf die wir hier nicht weiter eingehen, liefern in der Basis

$$|00\rangle,\ |a\rangle = \frac{1}{\sqrt{2}}(|10\rangle - |01\rangle),\ |s\rangle = \frac{1}{\sqrt{2}}(|10\rangle + |01\rangle),\ |11\rangle$$

die Energieniveaus

$$\begin{aligned} E(|\downarrow\downarrow\rangle|11\rangle) &= \hbar\omega_B \\ E(|\downarrow\downarrow\rangle|s\rangle) &= \hbar\omega_S \\ E(|\downarrow\downarrow\rangle|a\rangle) &= -\hbar\omega_S \\ E(|\downarrow\downarrow\rangle|00\rangle) &= -\hbar\omega_B \end{aligned}$$

mit

$$\begin{aligned} \hbar\omega_B &= 2A + 2g_n\mu_n B + \frac{A^2}{\mu_B B + g_n\mu_n B} + \frac{A^2}{\mu_B B + g_n\mu_n B - 2J} \\ \hbar\omega_S &= -\frac{A^2}{\mu_B B + g_n\mu_n B} + \frac{A^2}{\mu_B B + g_n\mu_n B - 2J} . \end{aligned}$$

Hierbei wurde unterstellt, dass beide Kerne die gleiche Umgebung besitzen, also die die A-Elektroden für beide Kerne das gleiche Abschirmungspotential aufweisen. Die Energieniveaus haben wir direkt in Form von Frequenzen angegeben, mit deren Hilfe die Wechselwirkungszeiten berechnet werden können.

Wenn wir uns auch mit der Herkunft der Terme nicht so genau beschäftigt haben, so lässt sich aus ihnen entnehmen, dass in Anwesenheit des Störfeldes J Wechselwirkungen zwischen den gemischten symmetrischen und antisymmetrischen Zuständen bestehen, die ohne das Störfeld nicht zustande kommen. Dies sollte uns den Schlüssel zu kontrollierten Operationen in die Hand geben.

Hierzu erinnern wir uns an die Ergebnisse von Kap. 6.3.4.2 f., nach denen jede 2-Qbit-Operation in der Form

$$\begin{aligned} U &= (V_1 \otimes V_2)U_c(W_1 \otimes W_2) \\ U_c &= e^{i(\alpha_x(\sigma_{x,1}\otimes\sigma_{x,2})+\alpha_y(\sigma_{y,1}\otimes\sigma_{y,2})+\alpha_z(\sigma_{z,1}\otimes\sigma_{z,2}))} \end{aligned}$$

mit 1-Qbit-Operation V und W ausgedrückt werden kann. Bei Einschalten der Elektrode J für eine Zeit t wird U durch einen solchen Ausdruck gegeben, so dass wir nach Elimination der z-Phasenverschiebung durch geeignete Pulsfolgen an den Elektroden A die folgende Wechselwirkung erhalten

$$U_c = e^{i\phi(\sigma_{x,1}\otimes\sigma_{x,2}+\sigma_{y,1}\otimes\sigma_{y,2})} , \quad \phi = \frac{1}{2}\theta_s = \frac{1}{2}\omega_s * t .$$

Hiermit lassen sich nun Pulsfolgen für die Realisierung verschiedener Standard-Operationen berechnen, beispielsweise für die CNOT-Operation (*Abb. 6.18*).

Der zeitliche Verlauf der Zustandsänderungen bei der CNOT-Pulsfolge ist in Abb. 6.19 dargestellt.[1] Der größte Zeitaufwand bei der insgesamt 16,0 µs in Anspruch nehmenden Operation wird für die X- und Y-Rotationen benötigt (12,6 µs), die Wechselwirkungsdauer zwischen den Qbits ist mit 3,2 µs dagegen recht kurz.

[1] Beide Abbildungen sind der in der Fußnote auf Seite 350 angegebenen Quelle entnommen.

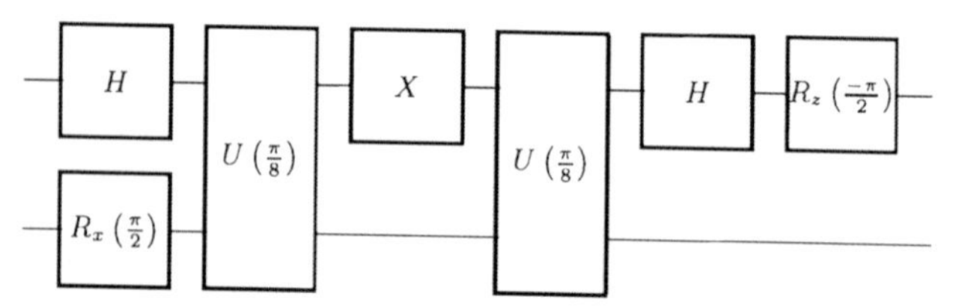

Abb. 6.18 Puls-Schema für CNOT-Operation, nach Literaturbeispielen

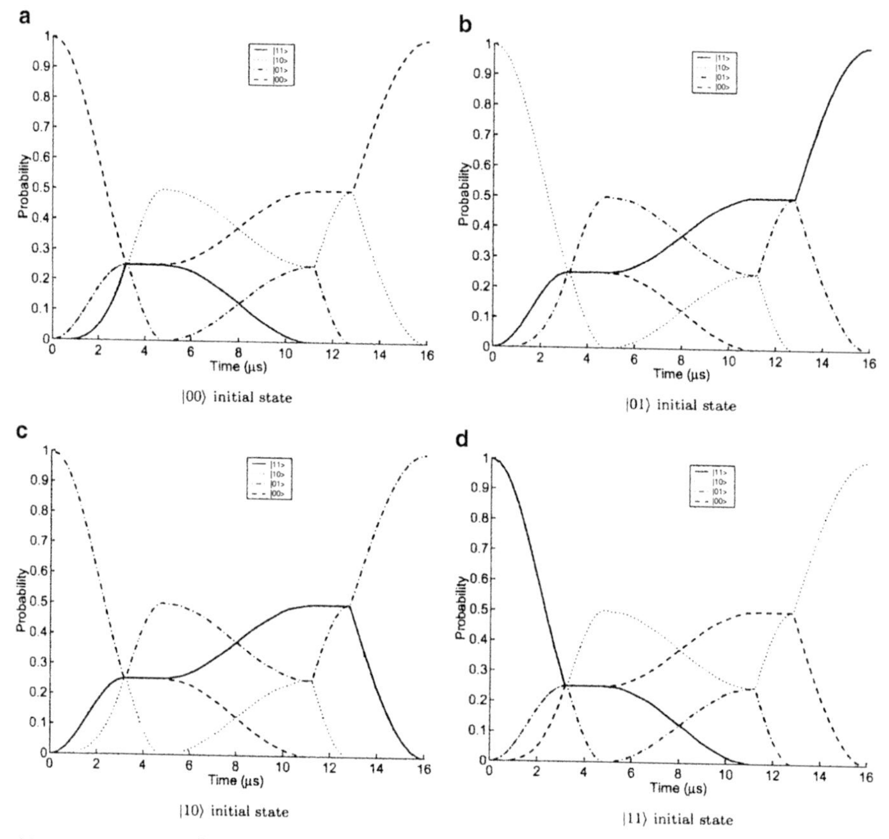

Abb. 6.19 Zeitliche Änderung der Zustände bei der CNOT-Operation, nach Hill et al. (mit freundl. Genehmigung)

Der Fehler der Operation liegt bei $4 * 10^{-5}$, wobei man allerdings nicht außer Acht lassen darf, dass bei der Ermittlung dieser Ergebnisse eine Reihe von Vereinfachungen verwendet wurden und alles nur auf Simulationsrechnungen, nicht auf praktischen Experimenten beruht (*Analogiebildungen zu Kernresonanzexperimenten sind allerdings möglich*).

Entsprechend lassen sich weitere Pulsfolgen für andere Operationen wie SWAP oder SQRT (*Quadratwurzel*) konstruieren, so dass kompaktere Operationen als bei einer Zusammensetzung resultieren (*SWAP benötigt beispielsweise nicht der CNOT-Operationen, sondern kommt bei entsprechender Anpassung der Pulsinhalte mit einer zusätzlichen 2-Qbit-Operation gegenüber einer CNOT-Operation aus*).

Algebraische Pulsfolgenberechnung

Die Operationskonstruktionen im letzten Teilkapitel, die zur Aufstellung einer Pulsfolge für die CNOT-Operation beigetragen haben (*Abb. 6.18*), beruhen mehr oder weniger auf der systematischen Anwendung der Operationszerlegung aus Kap. 6.3.4. Die ermittelten Pulsfolgen sind natürlich nicht die einzig möglichen, und ein anderer Bearbeiter mag zu anderen Ergebnissen kommen. Zu den Methoden der Operationsermittlung zählen darüber hinaus auch rein algebraische, die wir hier aber nur am Rande erwähnen können.[1] Hierbei werden alternierend zwei rotierende Felder auf die Probe eingestrahlt, so dass der Hamilton-Operator die Gestalt

$$H(t) = H_0 + H_a(t) + H_b(t)$$

besitzt. Eine Pulsfolge $(\tau_1 \ldots \tau_n)$ erzeugt dann eine unitäre Transformation

$$U(\tau_{1,\ldots\tau_n}) = \mathrm{e}^{\frac{-\mathrm{i}}{\hbar}(H_0+H_b)\tau_n} \cdot \mathrm{e}^{\frac{-\mathrm{i}}{\hbar}(H_0+H_a)\tau_{n-1}} \cdot \ldots \cdot \mathrm{e}^{\frac{-\mathrm{i}}{\hbar}(H_0+H_a)\tau_1} \quad .$$

Besitzt das System n verschiedene Zustände, so lässt sich durch eine Pulsfolge von n^2 Pulsen eine beliebige unitäre Transformation darstellen. Eine passende Pulsfolge zu berechnen ist allerdings nicht ganz einfach, da Approximierungsmethoden eingesetzt werden müssen und das Gleichungssystem hohe Grade aufweist. Ein System von p Qbits besitzt 2^p Zustände und erfordert die Berechnung von 2^{2p} Pulsen, was für eine CNOT-Operation 16 Pulse ergibt. Die Anzahl der Impulse ist in der Regel deshalb auch höher als die nach den anderen Methoden ermittelten.

Zusammenfassung

Bezüglich der theoretischen Ergebnisse ist der Kane-Computer durchaus in der Lage, die in die Quantencomputer gesteckten Erwartungen zu erfüllen. Die grundsätzliche Konstruktion wie die Abmessungen der Elektroden dürfte spätestens in einigen Jahren im Bereich der Nanotechnik liegen. Kritischer ist voraussichtlich die gezielte Platzierung einzelner Atome in größerem Maßstab in einer homogenen Matrix. Auch die Produktion einer isotopenreinen Matrix in den für praktische brauchbare Registerbreiten notwendigen Ausmaßen ist sicher noch ein Stolperstein. Möglicherweise kommen auch andere Matrizen wie Kohlenstoff, der weniger Probleme bezüglich der Isotopenreinheit aufweist und in den betrachteten Dimensionen als Alternative zu Silizium gilt, in Frage.

---

[1] E. Brion et al., arXiv:quant-ph/0507112.

6.9.5 *Klassische Ionenfallen*

Fallenprinzip und Ioneneigenschaften

In einer Ionenfalle werden einzelne geladene Atomkerne in elektrischen Feldern räumlich fixiert. Die Ionenfalle, auch Paul-Falle genannt, besteht aus vier parallelen Metallstäben, an denen ein elektrisches Wechselfeld angelegt wird. Jeweils zwei gegenüberliegende Stäbe besitzen das gleiche Potential, nebeneinander liegende entgegengesetztes, wodurch im Zentrum eine potentialfreie Achse entsteht. Eingespeiste ultrakalte Ionen (*gestrichelte Linie in Abb. 6.20*) und ordnen sich dort aufgrund der gegenseitigen Abstoßung in einer linearen Kette an. Zwei zusätzliche statisch geladene Plattenelektroden schließen das System an beiden Seiten ab und verhindern ein Entweichen der Ionen.[1]

Ist die Frequenz ν des Wechselfeldes hinreichend hoch, so befinden sich die Ionen im Potentialfeld (*die Längsachse der Ionenfalle ist vereinbarungsgemäß die Z-Achse*)

$$V = \frac{qV_0^2}{4m\nu^2 R^4}\left(x^2 + y^2\right) .$$

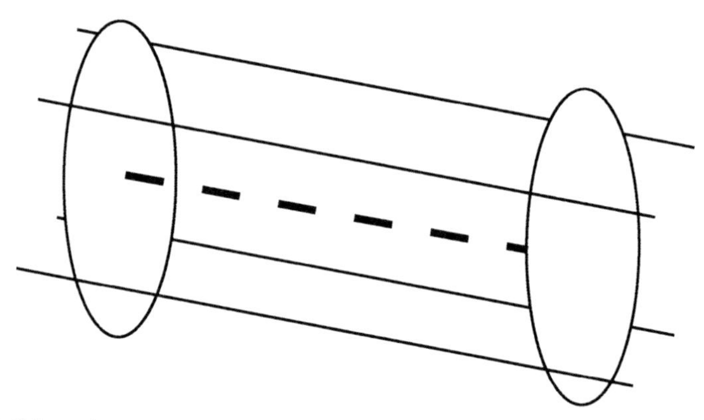

Abb. 6.20 Schematischer Aufbau einer Ionenfalle

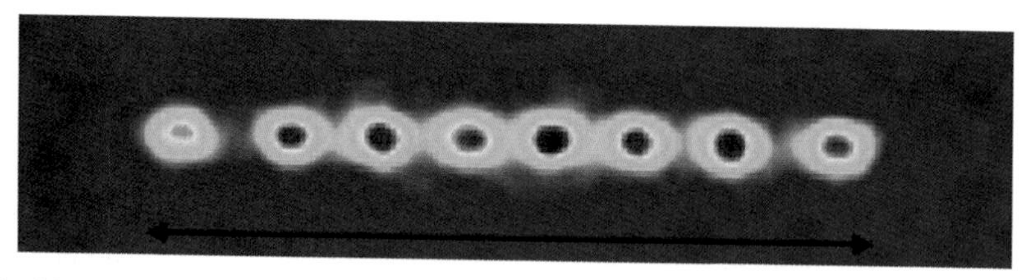

Abb. 6.21 Fluoreszenzbild einer Ionenkette in einer Falle, aus wikipedia

[1] Konstruktive kann die Falle auch etwas modifiziert aufgebaut werden. An die Elektroden werden zusätzlich weitere Korrekturpotentiale angelegt, die wir der Übersichtlichkeit halber aber nicht darstellen.

In einem solchen System können sich die Ionen nicht frei bewegen, sondern nur Schwingungen ausführen, die bei quantenmechanische Teilchen ebenfalls gequantelt sind, also nur bestimmte Frequenzen annehmen dürfen. Die Zustandsfunktion ist die eines harmonischen Oszillators mit den Energiedifferenzen

$$\hbar\omega = \sqrt{\frac{q}{2}\frac{\hbar V_0}{m\nu R^2}}$$

zwischen den Schwingungsniveaus (Abb. 6.22).

Die Gesamtwellenfunktion eines Ions besteht somit aus dem Energieniveauschema der Elektronen und den Schwingungsniveaus, wobei die Übergangsenergien zwischen den Schwingungsniveaus nur ca. 1/100 derjenigen der Elektronenniveaus ausmachen. Für die Konstruktion eines Quantencomputers sind beide Schemata von Bedeutung:

- Die Elektronenniveaus übernehmen die Rolle der Qbits und
- die Schwingungsniveaus vermitteln die Wechselwirkungen für kontrollierte Qbit-Operationen.

Bevor wir zu dessen Funktion kommen, klären wir zunächst die experimentellen Rahmenbedingungen: die Zustände einzelner Ionen werden extrem von der Umwelt beeinflusst, so dass kurze Dekohärenzzeiten die Folge sind. Da Umwelteinflüsse in der Hauptsache auf Zusammenstößen mit neutralen Gasteilchen beruhen, werden Ionenfallen im Hochvakuum bei extrem niedrigen Temperaturen betrieben.

Um die Falle mit Ionen zu füllen, wird zunächst der Druck auf 10^{-8}Pa erniedrigt und anschließend atomarer Dampf, beispielsweise von Quecksilber (Hg) oder Beryllium (Be), eingespeist, bis der Druck auf 10^{-6} Pa gestiegen ist. Durch Elektronenbeschuss werden die Atome ionisiert, anschließend wird wieder auf 10^{-8} Pa

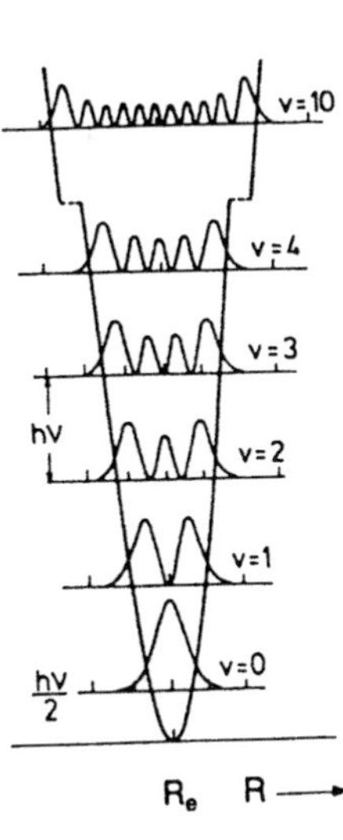

Abb. 6.22 Schwingungszustände eines harmonischen Oszillators

abgepumpt. Die Falle ist nun formal Ionen gefüllt und besitzt unter diesen Bedingungen eine typische Lebensdauer von ca. 6 Stunden.

Zur Kontrolle der korrekten Falleneinrichtung werden die Ionen durch Laserstrahlung zur Fluoreszenz angeregt und damit optisch nachgewiesen. Die Kontrolle ist wichtig, denn eine Falle kann auch „Fehlstellen" enthalten, an denen keine Fluoreszenz auftritt. Hier sind ionisierte Fremdatome gefangen worden, die von der elementspezifischen Laserstrahlung nicht angeregt werden. Für die Quantencomputeranwendung ist ein Fall mit Fehlstellen ungeeignet, so dass die Prozedur wiederholt werden muss.

Die statistische Fehlerstellendichte begrenzt die Skalierbarkeit des Systems. Je mehr Qbits das zukünftige Quantenregister enthält, desto größer wird die Wahrscheinlichkeit eines Fehlers und damit steigt auch die mittlere Anzahl der Versuche, eine Falle erfolgreich zu füllen. Ob technisch interessante Größenordnungen erreicht werden können, ist fraglich.

Qbits in Ionenfallen

Die Qbits in Ionenfallenquantencomputern werden durch die Besetzung bestimmter Elektronenenergieniveaus realisiert. Zum Einsatz kommen Ionen wie das Berylliumion $^9Be^+$, die ein überschau- und beherrschbares Termschema der Elektronenenergieniveaus aufweisen.

Elektronenenergieniveaus werden durch eine Reihe von Quantenzahlen beschrieben:[1]

- Die Hauptquantenzahl $n = 1, 2, 3, \ldots$, die bildlich ein Maß für die Entfernung des Elektrons vom Atomkern ist,
- die Drehimpulsquantenzahl l mit den möglichen Werten $0, 1, \ldots, n-1$, die mehr oder weniger die Form des Elektronenraums beschreibt,
- die magnetische Quantenzahl m mit dem Spektrum $-l, -l+1 \ldots, 0, \ldots l$, die unterschiedliche Orientierungen des jeweiligen Drehimpulsraums beschreibt, sowie
- die Spinquantenzahl s mit den beiden möglichen Werten $\pm 1/2$.

Die Elektronen eines Atoms müssen sich jeweils in mindestens einer Quantenzahl unterscheiden. Jede Kombination von Quantenzahlen ist mit einem bestimmten Energieniveau verknüpft (Abb. 6.23).

Dies ist allerdings nur das grobe Bild. Durch Anlegen eines äußeren statischen Magnetfeldes spalten die Energieniveaus der Ionen nun in Elektronenniveaus mit Feinstruktur aufgrund der Drehimpulsquantenzahl der Elektronen, Spin-Spin-Kopplungen und der oben diskutierten Schwingungshyperfeinstruktur auf (Abb. 6.24).

[1] Die Ausführungen hier können wiederum nur rudimentären Erinnerungscharakter haben. Wer sich ausführlicher einlesen möchte, dem sei der Griff zu einem Lehrbuch der Allgemeinen und Anorganischen Chemie empfohlen, bevor er ins Regal der theoretischen Physik greift. Bei den Physikern besteht ein wenig Gefahr, sich im Sumpf der mathematischen Formeln zu verirren, die für das Verständnis dieses Kapitels auch gar nicht notwendig sind.

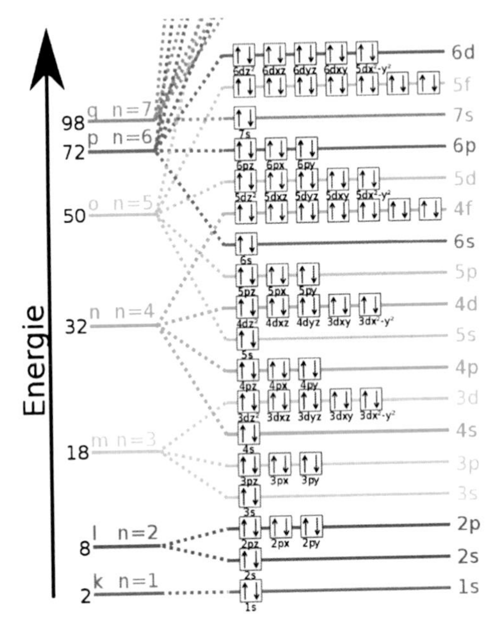

Abb. 6.23 Allgemeines Energieniveauschema, aus wikipedia

Normale Übergänge zwischen Elektronenniveaus durch Anregung mit Photonen sind nur unter bestimmten Änderungen der Quantenzahlen zulässig:

Δn .. beliebig
Δl .. ± 1
Δm .. 0, ± 1
Δs .. 0

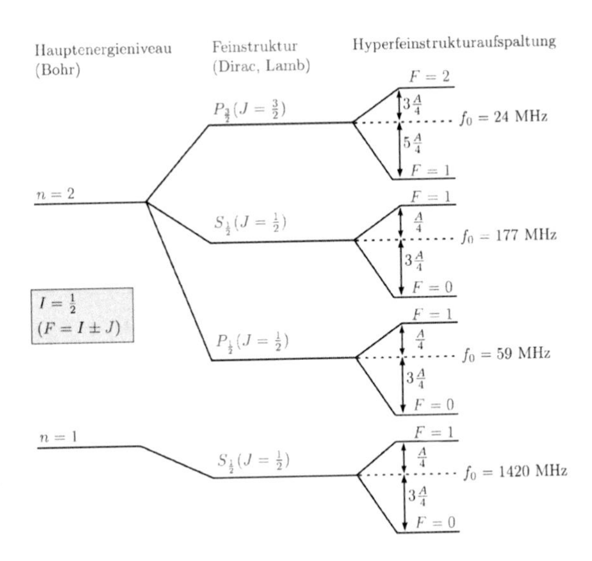

Abb. 6.24 Hyperfeinstrukturaufspaltung des Wasserstoffs, aus wikipedia

Allerdings zerfallen derartige angeregte Zustände unter Aussendung eines Photons auch sehr schnell wieder. Die Lebensdauer liegt im Nanosekundenbereich, was eine Nutzung für Quantenoperationen verhindert. Unter Nutzung der Hyperfeinstrukturaufspaltung und entsprechend engbandiger Laser können jedoch auch angeregte Elektronenniveaus erreicht werden, deren Elektronenquantenzahlen keinen Übergang erlauben, die den Änderungsregeln entsprechend, und aus denen ein spontaner Zerfall erheblich verzögert ist. Die Lebensdauern solcher Zustände liegen im Sekundenbereich, also hinreichend lang für eine kleinere Quantenberechnung. Anschaulich liegt der Grund für diese Verzögerung darin, dass derartige Übergange formal Mehrphotonenereignisse sind, die quantenstatistisch entsprechend eine geringere Wahrscheinlichkeit besitzen.

Dem Wert 0 eines Qbit wird nun der Grundzustand des Ions, also die Elektronenkonfiguration niedrigster Energie, zugewiesen, dem Wert 1 ein stabiler angeregter Zustand. Da bekannt ist, wie lang ein Laserpuls zum Anheben auf den angeregten Zustand sein muss, ist es durch kurze Laserpulse möglich, eine Superposition der Zustände zu realisieren. Eine Messung des Qbit-Zustands erfolgt durch einen Laserpuls, dessen Abstimmung ein Elektronen auf einem der Zustände gezielt in einen erlaubten angeregten Zustand überführt, der schnell unter Aussendung von Fluoreszenzstrahlung wieder auf ein niedrigeres Niveau zurückfällt. Wird somit Fluoreszenz beobachtet, so war das Qbit in dem untersuchten Zustand, bleibt sie aus, im anderen. Das Quantenregister kann so komplett ausgelesen werden.

Präparation der Zustände

Um die Ionen in diesem Sinne nutzen zu können, ist es zunächst notwendig, sie in einen definierten Grundzustand zu versetzen. Für $^9\mathrm{Be}^+$ wäre dies beispielsweise der Grundzustand $^2S_{1/2}|\downarrow_k \downarrow_e\rangle|0\rangle_v$.[1] Selbst im Hochvakuum unter sehr tiefen Temperaturen liegt dieser Zustand nicht spontan vor, sondern muss durch zusätzliche „Kühlung" des Ions mit einem Laser zwei Stufen erreicht werden.

Dopplerkühlung. Das Ion befinde sich in irgendeinem Zustand $^2S_{1/2}|j\rangle|v\rangle$. Durch Pumplaser werden Übergänge

$$^2S_{1/2}|j\rangle \rightarrow {}^2P_{3/2}$$

induziert, wobei die Laser so eingestellt sind, dass nur die „unerwünschten" Niveaus tatsächlich angeregt werden, der Grundzustand aber nicht betroffen ist (*die Schwingungsquantenzahlen sind für diesen Vorgang unerheblich und sind daher fortgelassen*). Der angeregte Zustand zerfällt nach kurzer Zeit in einen der Grundzustände,

[1] Diese Termbeschreibung umfasst von links nach rechts: die Hauptquantenzahl des Elektrons mit der höchsten Energie (hochgestellte 2), die Drehimpulsquantenzahl S $(= 0)$, der Gesamtdrehimpuls als Summe aus Spin und Drehimpulsquantenzahl, die Richtungen von Kern- und Elektronenspin im ersten Ket sowie die Schwingungsquantenzahl im zweiten Ket. Die Kets sind für den Qbit-Inhalt weniger von Interesse, der durch die ersten drei Bezeichnungen festliegt, sind aber für Übergänge und Qbit-Kopplungen wichtig.

wobei sich der Zustand mit $|\downarrow_k \downarrow_e\rangle$ allmählich füllt, da die anderen Zustände durch die Laser jeweils wieder angeregt werden.

In einem weiteren Schritt wird auch der Grundzustand angeregt, wobei die Laserenergie aber nur für den Übergang

$$^2S_{1/2}|\downarrow_k \downarrow_e\rangle|v\rangle \to {}^2P_{3/2}|v-1\rangle$$

genügt und das Elektron sich den fehlenden Betrag gewissermaßen bei der Schwingungsenergie borgt. Beim Rückfall in den Grundzustand wird aber keine Schwingungsenergie erzeugt und so der Zustand $^2S_{1/2}|\downarrow_k \downarrow_e\rangle_J|v-1\rangle$ erreicht. Da man sich diesen Prozess anschaulich auch so vorstellen kann, dass zufällig in Richtung des Laserstrahls schwingende Ionen eine höhere Frequenz „sehen", wird dieser Effekt auch Dopplerkühlung nach dem bekannten akustischen Effekt genannt.

Die Wiederholung dieser Schritte ist eine Kühlung bis in den Zustand $^2S_{1/2}|\downarrow_k \downarrow_e\rangle_J|1\rangle$ erreichbar. Da aber statistisch auch einige Ionen den Schwingungszustand $v = 0$ einnehmen werden, ist dies nicht ausreichend.

Raman-Kühlung. In diesem Schritt werden zwei Laser eingesetzt, die auf die Übergangsenergien[1]

$$^2S^{1/2}|\downarrow\rangle|1\rangle_v \to {}^2P_{1/2}|0\rangle_v$$
$$^2S^{1/2}|\uparrow\rangle|0\rangle_v \to {}^2P_{1/2}|0\rangle_v$$

eingestellt sind. Dies sind verbotene Übergänge, die so spontan nicht stattfinden. Bei starker Intensität wird hierdurch jedoch der Übergang

$$^2S^{1/2}|\downarrow\rangle|1\rangle_v \to {}^2S^{1/2}|\uparrow\rangle|0\rangle_v$$

vermittelt, wobei sich das Elektron die fehlende Energie wiederum aus der Schwingung „borgt". Durch Pumpen nach dem ersten Übergangsschema wird das System wieder in den Grundzustand zurückversetzt, wobei nun alle Quantenzahlen den gewünschten Wert besitzen.

Der unsymmetrische 2-Qbit-Quantencomputer

Als Vorstufe zum Quantenregister betrachten wir zunächst ein einzelnes Ion, das 2 Qbits enthält. Eines wird durch den Spin dargestellt, das andere durch die Schwingungsquantenzahl. Das Quantenregister kann also die Zustände

$$00 = |\downarrow\rangle|0\rangle\ , \quad 01 = |\downarrow\rangle|1\rangle\ ,$$
$$10 = |\uparrow\rangle|0\rangle\ , \quad 11 = |\uparrow\rangle|1\rangle$$

annehmen. Die Energiedifferenzen zwischen den unterschiedlichen Niveaus sind sehr unterschiedlich, d. h. $\omega_s(\downarrow \Leftrightarrow \uparrow) \gg \omega_v(0 \Leftrightarrow 1)$, und selektiv durch Photonen anregbar sind nur Übergänge zwischen den Spinzuständen. Die beiden Qbits sind

[1] Vereinfacht. Der Kernspin ist in den Betrachtungen nicht mehr berücksichtigt.

also nicht äquivalent, weder was die Operationen noch was die Messbarkeit angeht. Trotzdem können sämtliche notwendigen Operationen für Quantenalgorithmen auf diesem System realisiert werden.

1-Qbit-Operationen

Ein Laser der der Frequenz ω_s regt die Übergänge $00 \leftrightarrow 10$ und $01 \leftrightarrow 11$ an, wobei beide Richtungen je nach ursprünglichem Zustand gleich wahrscheinlich sind. Die Übergangswahrscheinlichkeit steigt mit der Dauer des Laserpulses. Durch die Einstrahldauer t kann also die Phasendrehung im Spinraum festgelegt werden, durch eine Polarisation ϕ des Laserstrahls die Richtung, um die die Phase gedreht wird. Bei geeigneter Wahl von t und ϕ können so die Drehungen $R_x(\alpha)$, $R_y(\beta)$ und damit alle 1-Qbit-Operationen realisiert werden. Die Operationen sind allerdings auf das Spin-Qbit beschränkt; auf dem Schwingungsqbit kann nicht operiert werden – zumindest nicht direkt.

2-Qbit-Drehungen, SWAP-Operation

Vergleichbar der Raman-Kühlung lassen sich laserinduziert die Übergänge $00 \leftrightarrow 11$ und $01 \leftrightarrow 10$ stimulieren, wobei der zweite Übergang die SWAP-Operation zwischen den beiden Qbits darstellt. Zwischenstufen entsprechen 2-Qbit-Drehungen. Kombiniert mit 1-Qbit-Operationen lassen sich so auch die Schwingungsqbits gezielt manipulieren, allerdings indirekt.

CNOT-Operation

Die letzte, für die Realisierung beliebiger Quantenalgorithmen notwendige Operation ist eine kontrollierte Wechselwirkung wie die CNOT-Operation. Hier übernimmt das Spin-Qbit die Rolle des kontrollierten Qbits, das Schwingungs-Qbit die Kontrollfunktion. Benötigt wird außerdem ein Hilfszustand, der unter den Energieniveaus des Ions geeignet gewählt werden kann. Die CNOT-Operation unterteilt sich in die folgenden drei Schritte:

a) Auf dem Spinzustand wird eine $\pi/2$-Drehung ausgeführt.
b) Für die Zustände $|x\rangle|1\rangle$ wird eine 2π-Drehung über einen Hilfszustand $|y\rangle_s|0\rangle_v$ durchgeführt, der insgesamt die Transformation

$$|x\rangle_s|1\rangle_v \to -|x\rangle_s|1\rangle_v$$

bewirkt.
c) Auf dem Spinzustand wird eine $-\pi/2$-Drehung ausgeführt.

Aufgrund der Selektivität addieren sich die beiden äußeren Drehungen, falls das v-Qbit den Wert 1 aufweist, im anderen Fall kompensieren sie sich und das Spin-Qbit verändert sich nicht. Damit wäre auch das CNOT-Gatter realisiert.

Der allgemeine Quantencomputer

Wie gelangt man nun von diesem 2-Qbit-System nicht-äquivalenter Qbits zu einem allgemeinen Quantencomputer mit n äquivalenten Qbits? Werden die Ionen in der Falle zu einer Kette aufgereiht, in der die Abstände durch die Abstoßung zwischen den Ionen definiert sind, so sind die Schwingungen der Ionen nicht unabhängig voneinander. Anstelle der Schwingungen für ein einzelnes Ion müssen die Schwingungsmodi der gesamten Kette betrachtet werden, was an den grundsätzlichen Zusammenhängen aber wenig ändert.

Wie zuvor wird der Computer initialisiert, indem die Spinniveaus individuell auf das niedrigste Niveau und die Kette insgesamt auf den niedrigsten Gesamtschwingungszustand eingestellt wird. Verwendet werden die Gesamtschwingungsniveaus $v = 0$ und $v = 1$, das Schwingungs-Qbit aus dem unsymmetrischen 2-Qbit-Ionencomputer bezeichnen wir nun als Bus-QBit. Die Ionen stellen nun individuelle Qbits auf Spinebene dar, die sich aber das Bus-Qbit teilen. Das erlaubt kontrollierte Operationen auf Spin-Qbit-Ebene, in dem man den Ort der Lasermanipulation jeweils wechselt. Die kontrollierte CNOT(1,2)-Operation an den Spin-Qbits 1 und 2 kann durch folgende Operationskette realisiert werden:

a) Durch eine SWAP-Operation wird der Zustand von Spin-Qbit 1 auf das Bus-Qbit übertragen.
b) Durch eine CNOT-Operation zwischen Bus-Qbit und Spin-Qbit 2 wird die kontrollierte Operation auf Qbit 2 durchgeführt.
c) Das Bus-Qbit muss nun phasenkorrigiert werden, was an beliebiger Stelle erfolgen kann.
d) Durch erneute SWAP-Operation wird der Zustand des Bus-Qbits wieder auf das Spin-Qbit 1 übertragen.

Bei korrektem Ablauf ist Spin-Qbit 1 im ursprünglichen Zustand, das Bus-Qbit weiterhin im Zustand 0 und das Spin-Qbit 2 in Abhängigkeit von Spin-Qbit 1 negiert.

Das grundsätzliche Funktionieren dieser Technik ist etwa bis in den Qbyte-Bereich hinein nachgewiesen, wenn auch nur formal und noch nicht mit echten Quantenalgorithmen. Das Hauptproblem solcher Quantenrechner ist allerdings die schlechte Skalierbarkeit, die durch die Fehlstellenstatistik und die begrenzte Lebensdauer der angeregten Zustände gegeben ist. Da sich alle Ionen das Bus-Qbit teilen, ist eine Parallelisierung der Operationen nicht möglich und damit die Anzahl der möglichen Operationen unabhängig von der Anzahl der Qbits begrenzt. Anders ausgedrückt: je mehr Qbits eingesetzt werden, desto weniger echte, d. h. das gesamte Quantenregister umfassende Algorithmenschritte sind durchführbar.

Quantenrechner mit $O(10^2)$ Qbits scheinen mit diesem Modell bei Verfeinerung der Methoden zwar durchaus in der technischen Reichweite zu liegen, technisch nutzbare Systeme, die für Faktorisierungen ca. 5000–20.000 Qbits aufweisen müssen, sind nach derzeitiger Einschätzung aber außerhalb der technischen Möglichkeiten dieses Modells.

6.9.6 *Halbleiter-Ionenfallen und anderes*

Ein ebenfalls mit Ionen arbeitendes Konzept versucht, sich die gute Beherrschung der Halbleitertechnologie zu Nutze zu machen. Auch hier werden einzelne Ionen gefangen, jedoch nicht in einer Falle der beschriebenen Art, sondern in einem Halbleitergitter, in dem sie elektromagnetisch auf ihren Gitterpositionen gehalten werden (Abb. 6.25). Da die Ionen durch die Halbleitermatrix voneinander getrennt sind, sind sie nicht über Schwingungszustände miteinander verknüpft, sondern vollständig eigenständige Qbits. Alle 1-Qbit-Operationen können individuell über Laserpunkte an jedem Gitterpunkt durchgeführt werden.

Um in diesem System kontrollierte Mehrbitoperationen durchführen zu können, müssen die Ionen miteinander in Kontakt gebracht werden. Dies kann ebenfalls durch Laser erfolgen, die die Ionen aus ihrer Falle heben, zum Gitterpunkt des Zielions transportieren und dort für hinreichend nahen Kontakt sorgen. Durch elektrostatische Wechselwirkungen werden 2-Qbit-Phasenoperation, wie wir sie bei der Realisierung der CNOT-Operation diskutiert haben, realisiert. Danach erfolgen wieder der Rücktransport zum eigenen Gitterpunkt und die Ablage.

Das Konzept weist mehrere Vorteile auf:

a) Die Gitterschwingungen werden nicht mehr für die Realisierung der 2-Qbit-Operationen benötigt, was den experimentellen Präparationsaufwand vermindert.
b) Die Ionen lassen sich in einer zweidimensionalen Struktur ablegen, ggf. sogar auf einer beschränkt dreidimensionalen. Hierdurch lassen sich viele Qbits auf kleinem Raum unterbringen und die Wege bei Wechselwirkungsoperationen bleiben klein.

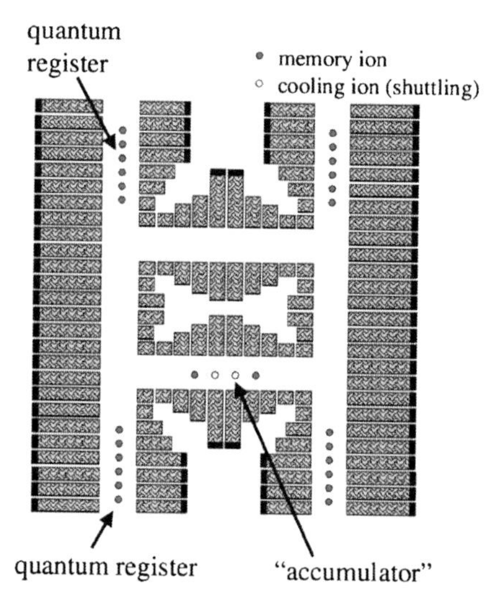

Abb. 6.25 Halbleiter-Ionenfallenkonzept nach D. Kielpinski, 2001 (verändert)

c) Da keine gemeinsamen Bus-Qbits benötigt werden, können viele Operationen parallel durchgeführt werden, d. h. die Zahl der ausführbaren Gesamtoperationen fällt nicht mehr mit zunehmender Registergröße.
d) Fehlstellen spielen keine Rolle, da der Algorithmus entweder nur mit den korrekt besetzen Gitterzellen arbeitet und die andern auslässt oder alternativ aus einem Pool die Gitterzellen mittels des Transportmechanismus aufgefüllt werden.

Von den Rahmenbedingungen her betrachtet hat dieses Konzept durchaus das Potential, brauchbare Quantenrechner hervorzubringen, da es das Skalierungsproblem vieler Quantenbits angeht. Allerdings ist es derzeit noch ein Konzept.

6.9.7 Cooper-Paare in supraleitenden Materialien

Beim Übergang von Normalleitungszustand in den Supraleitungszustand koppeln zwei Elektronen des Supraleiters zu einem sogenannten Cooper-Paar, gewissermaßen einem „Molekül" aus zwei Elektronen mit dem Gesamtspin Null. Durch den Spin Null sind Cooper-Paare Bosonen, was u. a. die hohe verlustfreie elektrische Leitfähigkeit erklärt.

Trennt man zwei Supraleiter durch eine dünne nichtleitende Schicht, so können die Cooper-Paare durch sie hindurch tunneln. Geeignet dimensioniert, kann man mit solchen Josephson-Kontakten diodenähnliche Schaltungen realisieren bzw. Cooper-Paare auch im Isolator gewissermaßen auf einer Insel isolieren (Abb. 6.26).

Der Zustand eines Cooper-Paars wird durch den Spin-Hamilton-Operator

$$H = -\frac{1}{2}\Delta E_c(V_x)\sigma_z - \frac{1}{2}E_J(\Phi_x)\sigma_x$$

beschrieben, wobei der erste Term die Ladungsenergie, der zweite Term die Kopplungsenergie zwischen den Elektronen beschreibt. σ_x, σ_z sind die Pauli-Matrizen.

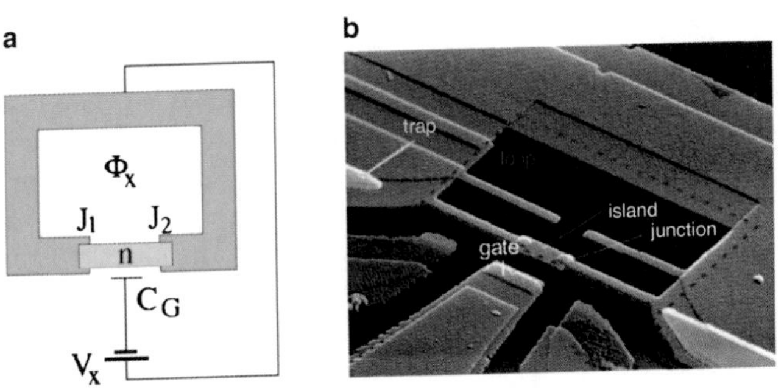

Abb. 6.26 Josephsonkontakt für Quantencomputeranwendungen, aus wikipedia. ‚n' ist die nicht supraleitende Verbindung zwischen zwei Supraleitern. Das Potential in der Verbindungsstelle wird über die Gegenelektrode CG eingestellt. Der gesteuerte Stromkreis ist *rechts gelb* dargestellt, *links* im Schema nur schematisch durch J_1, J_2 erfasst

Zwischen den Zuständen des Systems kann mit normalen Magnetresonanztechniken umgeschaltet werden. Durch Anpassung der äußeren Bedingung kann auch relativ einfach zwischen Ladungskopplung und Josephson-Kopplung als dominantem Anteil gewechselt werden.

Beides zusammen erlaubt es, einen Josephson-Kontakt in einen bestimmten Zustand bzw. eine Überlagerung von Zuständen der Besetzungszahlen $|n\rangle$, $|n+1\rangle$ zu bringen, wobei zwischen Flusszuständen (die Cooperpaare tunneln kohärent durch den Isolator) und Ladungszuständen (die Cooper-Paare sind auf den Inseln lokalisiert) unterschieden werden kann. Damit wäre die erste Stufe eines Quantenregisters erreichbar. Grundsätzlich ist es auch möglich, Josephson-Kontakte zu koppeln und damit Wechselwirkungen zwischen zwei solchen Qbits zu realisieren, womit Quantenalgorithmen möglich werden. Ausgelesen werden die Register durch Bestimmen der Ladungen/Besetzungszahlen.

Die Kleinheit der Elemente und die Realisierung durch Halbleiterschaltungen macht diese Technik zu einem interessanten Kandidaten für Systeme mit höheren Qbit-Anzahlen. Andererseits sind solche Systeme auch anfällig für Dekohärenz, was die Anzahl der möglichen Operationen beschränkt.

Wie bereits in der Einleitung berichtet, hat im Jahr 2005 ein Unternehmen für sich reklamiert, auf Basis dieser Technologie einen funktionsfähigen Quantencomputer bauen zu können. Das hat sich bislang nicht bewahrheitet, und das Misstrauen anderer Forscher in diese Technik macht es etwas unklar, welche Leistungen erwartet werden können.

6.9.8 Dissipative Systeme

Allgemein wird vorausgesetzt, dass ein Quantencomputer umso besser funktionieren kann, je besser er von der Umgebung isoliert ist. Mit zunehmender Größe des Quantenregisters und zunehmender Anzahl der Verschränkungsoperationen wird dies natürlich experimentell immer problematischer, weshalb auch immer wieder Überlegungen auftauchen, wie weit man mit Quantencomputern kommen kann, die Wechselwirkungen mit der Umgebung in Kauf nehmen.

Theoretische Untersuchungen und erste experimentelle Ergebnisse zeigen, dass Wechselwirkungen mit der Umgebung für eine Reihe von Problemen tatsächlich positiv genutzt werden können.[1] Ein Qbit-Register wird dazu über ein Hilfs-Qbit-Register an die Umgebung gekoppelt und verliert über dieses gewollt und gesteuert einen Teil der gespeicherten Information an die als konstant angenommene Umgebung ab. Dabei kann das Register bei geeigneter Konstruktion von Hilfsregister und Umgebung in einen stabilen Zustand übergehen, der einer Folge unitärer Transformationen entspricht und insbesondere auch komplexe Verschränkungen enthalten kann.

[1] Z. B. Universität Innsbruck, 2008–2010.

Dieser Vorgang wird als Dissipation bezeichnet und mündet ungesteuert in der Dekohärenz des Systems, kann aber auch, sofern die Umgebung entsprechend konstruiert werden kann, potentiell eingesetzt werden, um Zustände im Quantenregister zu realisieren, die durch unitäre Transformationen in isolierten Systemen schwer darstellbar sind. Meist denkt man hierbei an bestimmte Ausgangszustände für Quantenalgorithmen, jedoch besteht natürlich grundsätzlich auch die Möglichkeit, ein solches System sich in Richtung der Lösung eines algorithmischen Problems entwickeln zu lassen. Da der Endzustand gerade durch die Wechselwirkung stabilisiert wird, könnten durch solche Techniken Zeitprobleme, die durch Zerfall isolierter Systeme im Laufe der vielen unitären Transformationen entstehen, vermindert werden.

Das Problem besteht allerdings darin, das System zu aufzubauen, dass es sich in Richtung der Lösung entwickelt. Das Dekohärenzproblem wird hierdurch komplett behoben, sondern stellt sich erneut (und sogar verstärkt), wenn der stabile Zustand durch unitäre Transformationen zur Lösung entwickelt werden muss. Das Quantenregister muss für diesen Vorgang vom dissipativen wieder in den isolierten Zustand versetzt werden.[1]

Konkret sind die beiden Probleme, die sich für den Einsatz dieser Technik stellen, so zu beschreiben:

- Kann die dissipative Umgebung zu konstruiert werden, dass der Fixpunkt des Systems die Lösung repräsentiert oder hinreichend nahe an der Lösung liegt, um die letzten Schritte mit unitären Transformationen erreichen zu können?
- Kann der Informationsverlust im Verlauf der dissipativen Entwicklung skaliert werden?

Experimentalwissenschaftler behaupten, für die einfachsten Probleme bereits Rechnungen durchführen zu können, die denen isolierter Systeme entsprechen[2], schieben aber (bezeichnenderweise) die weitere Verantwortung den Theoretikern zu, die sich bitte mal intensiver um die äußerst vertrackten Rechnungen kümmern sollen. Da dies eine Spielwiese ist, die sich gerade entwickelt, ist es wohl noch zu früh für weitere Spekulationen.

6.10 Fazit und Ausblick

In der Diskussion sind noch einige weitere Techniken zur Realisierung von Quantencomputern (z. B. isolierte Elektronen-Quantenpunkte), auf die wir aber nicht weiter eingehen. Wie realistisch sind nun Erwartungen bezüglich funktionierender Quantencomputer? Alles in allem spaltet sich die Wissenschaftswelt angesichts der bekannten und diskutierten Daten in zwei gegensätzliche Lager:

---

[1] Noch radikalere Ansätze verzichten sogar mehr oder weniger vollständig auf eine Isolierung des Systems und umgehen damit dieses Problem (Quelle: scinexx Wissensmagazin).

[2] Nach Redaktionsschluss, aus Wissenschaft Online und scinexx Wissensmagazin.

- Ein Teil steht auf dem Standpunkt, dass die Eigenschaften der Basistechnologien bereits so gut bekannt sind, dass sich an den in der Tabelle angegebenen Eckdaten der Kandidatensysteme für Quantenrechner nur wenig verändern lässt. Abgesehen von dem Skalierungsproblem für die Quantenregister bedeutet dies aber auch ein Skalierungsproblem für die Rechnungen selbst, da die Anzahl der möglichen Operationen den Rechnungen eine Obergrenze setzt.
- Der andere optimistischere Teil hält dies alles nur für technische Probleme, die überwindbar sind, da prinzipiell nichts gegen die Realisierung wesentlich höherer Dekohärenzzeiten und damit Operationsanzahlen spricht.[1] Es ist also aus ihrer Sicht nur eine Frage der Zeit, bis technisch nutzbare und (nahezu) beliebig skalierbare Quantencomputer gebaut werden können.

Beide Gruppen sind sich relativ einig darin, dass Fortschritte auf jeden Fall noch eine ganze Weile auf sich warten lassen werden und man nicht sagen könne, welche Technologie sich letztlich durchsetzen wird. David Wineland vom National Institute of Standards and Technology drückt es bildlich so aus: bei einem Marathonlauf kann man vom Führenden nach 200 Meter nicht darauf schließen, wer als erster durchs Ziel geht. Andere sind etwas optimistischer und meinen, von den 42 km seien bereits 2–5 km geschafft.

Betrachtet man die hier diskutierten Technologien und die einschlägigen Literaturverzeichnisse, so muss man feststellen, dass sich zwar theoretisch recht viel tut, aber das primäre Skalierungsproblem – die Anzahl verfügbarer Qbits in einem Register – seit einem Jahrzehnt stagniert.[2] Die klassische Verschlüsselungstechnik arbeitet bereits heute mit 2048–4096 Bits beim RSA-Algorithmus, und es stellt kein grundsätzliches Problem dar, hier beispielsweise auf 32.768 Bit aufzustocken. Für einen Quantencomputer bedeutet das aber, mit 196.608 Qbits für die Rechnung und bis zu 1.769.472 Qbits für Bit- und Phasenflipkorrekturen aufzuwarten.[3] Und erst, wenn man hier weiterkommt, könnte man sich darum kümmern, ob dem Skalierungsproblem 2 – die Anzahl der ausführbaren Operationen – beizukommen ist. Bereits mit den reinen Rechenqbits wäre ein Quantencomputer nach den heutigen Vorstellungen über die realisierbaren Operationsanzahlen überfordert.

Nicht vergessen sollte man auch, dass sich die Notwendigkeit für die Quantenkryptografie ebenfalls erledigt, sollte ein Quantencomputing als Angriff auf RSA nicht realisierbar sein oder die klassische Technik einfach auf einen anderen, nicht kompromittierbaren Algorithmus ausweichen.

---

[1] Beispielsweise durch noch bessere Isolierung gegenüber der Umgebung, Verwendung von Zuständen mit geringeren Energieunterschieden (und damit höheren theoretischen Obergrenzen für die Dekohärenz) oder Verwendung von Zustanden, zwischen denen Übergänge nur durch Mehrphotonenprozesse möglich sind.

[2] Falls man sich nicht einer der beliebten Verschwörungstheorien anschließen will, dass die NSA seit Jahren alles im Griff hat, aber die Technik erfolgreich geheim hält.

[3] Es lassen sich im Internet auch Quellen finden, die bereits bei 1000 Qbit das Ende der klassischen Verschlüsselung sehen. Existieren verschiedene Sorten von Physik, und ich habe hier nur die falsche erwischt?

Wie Sie Verlauf der Lektüre bemerkt haben werden, bin ich an einer ganzen Reihe von Positionen im Moment etwas skeptisch, was die Erfolgsaussichten von Quantencomputern bei Angriffen auf asymmetrische Verschlüsselungstechniken angeht. Welchem Lager Sie sich hier anschließen, müssen Sie selbst entscheiden. Allerdings darf man Quantencomputer auch nicht auf dieses Thema beschränken. Inzwischen haben einige Disziplinen der Physik entdeckt, dass sich Quantencomputer zur Lösung spezieller Ausgaben in ihrem Arbeitsbereich ebenfalls einsetzen lassen dürften, und zwar mit einiger Wahrscheinlichkeit bereits vor möglichen Anwendungen in der Verschlüsselungstechnik.

Sachverzeichnis

A
Advantage Distillation 121
AES 97
Alice 28
Alterungseffekt 139
anisotrope Kristalle 168
Anregung 74
Asymmetrische Verschlüsselung 91
Atom 10
Atomorbital 159
Aufenthaltsort 18
Authentifizierung 136
Axiom 6, 19

B
BB84-Protokoll 98
Bell-Messung 81
Bell-Ungleichung 78
Besetzungszahl 74
Binomialausdruck 131
Binomialverteilung 102
Bitflip 305
Blockextraktion 130
Bob 28
Boson 219
Bosonen 73
Bremsvorgang 222
brute-force-Angriff 291

C
coherent eavesdropping 108
Controlled-Controlled-NOT 237
Cooper-Paar 74

D
Dämpfung 184
Dekodierung 86
Dekohärenz 25
Dekohärenzzeit 343
Denial of Service 138
Dichtematrix 87
Dichteoperator 49
Differentialgleichung 19
differentielle Kryptoanalyse 125
Diffie-Hellman 229, 302
Dirac 37
direkte Produkt 42
Doppelspalt 12
Doppelspalt-Experiment 31
Dopplerkühlung 360
Dotierung 158
Drehimpuls 65
Drehimpulsquantenzahl 173
Drehung 70

E
ECC-Algorithmen 229
Effizienzungleichung 156
Eigenfunktion 23
Eigenvektor 21
Eigenwerte 21
Einstein 44, 75
Einwegverfahren 91
Elektron 10, 68
Element 10
Elementarladung 10
ElGamal 302
Emissionsstatistik 181
Endomorphismus 39
energetisch instabil 25
Ensemble-Bildung 21
Entropie 84
Eve 28
Exzitonenzustand 173

G. Brands, *Einführung in die Quanteninformatik*.
DOI 10.1007/978-3-642-20647-4, © Springer 2011

F
Faktorisierung 226, 294
Fallback-Verfahren 127
Faraday-Rotator 179
Fehlererkennung 218
Fehlerkorrektur 218
Fehlerrate 139
Fermion 219
Fermionen 73
Fluoreszenz 358
Fresnel Rhomboeder 180

G
GaAlAs 158
Gemeinsame Geheimnisse 27
gemischte Systeme 23
Geschwindigkeit der Informationsübertragung 75
Gitterschwingung 162
Gradientenindexfaser 184
Güte-Schalten 165

H
Hadamard-Operation 42
Halbleiter 159
Hamilton-Operator 59
Hashalgorithmen 290
Hashverfahren 91
Hauptquantenzahl 173
Heinrich Hertz 93
Heisenberg 63
hermitesch 38
Hybridtechnik 344
hypergeometrische Verteilung 131

I
Impuls 18
Impulsoperator 62
incoherent eavesdropping 99
Information Reconciliation 125
Initiales Geheimnis 138
inkohärentes Lauschen 99
Inkrementalgorithmus 264
Integraloperator 22
Ionenfalle 358
Irreversibilität 26

J
John von Neumann 87

K
Kalkspat 168
Kampf der Hardware 156
Kampfes der Algorithmen 156
Kaskade 122
Kathodenstrahlröhre 12
Kettenbruch 299
Klassenbildung 123
Klonen 83
Kodierungstheorie 86
kohärenter Lauschangriff 108
Kollision 25
Kombination 21
Kommutator 36
Komplexitätsebene 5
Koordinate 20
Korrespondenzprinzip 5, 15, 59
Kryptologie 28

L
Lagrange-Prinzip 62
Laufzeitanalyse 125
Lauschangriff 100
Leitungsband 160
Lichtgeschwindigkeit 93
lineare Kryptoanalyse 124
Lineare Polarisation 94
linearen Algebra 19
Lokalität 75
Luftübertragung 182

M
MAC 139
magnetischen Moment 70
magnetischen Quantenzahl 173
man-in-the-middle 136
Manipulationsfreier Zusatzkanal 137
maximale Verschränkung 213
MD5 290
Mehrphotonenemission 150
Mehrphotonenereignis 75
Mehrteilchensystem 73
Message Authentication Code 139
Messung 14, 21, 74
Millikan 11
Mischung 21
Modenkopplung. 165
Molekül 159
Molekülorbital 159
Monomodenfaser 184
Multiprozessorsystem 225

N
NAND-Operation 226
Neutron 68
No-Cloning-Theorem 81, 204

O
One-Time-Pad 97, 117
Operator 20
optische Isolatoren 179
Orakelfunktion 284
Orbitale 159
Ort 18
ortsabhängig 19
Ortswahrscheinlichkeit 20

P
parametric downconversion 169
Parität 121
Partitionsgröße 128
Pauli 69
Pauli-Matrizen 69
Periodensystem 10
Permutation 236
Phasenflip 306
Phasenraum 85
Phasenschieber 57
Phasenverschiebung 71
Photonenspin 68
Planck 156
Podolski 75
Poisson-Verteilung 150
Polarisation 14
Pre Shared Secret 137
Primfaktor 295
Prisma 9
Privacy Amplification 126
Probedivision 293
Programmiersprache 236
Proton 68
public-key-Verfahren 229

Q
Qbit 99, 230
Quantenbussystem 338
Quantenfeldtheorie 74
Quantenkopierer 128
Quantenpunkt 166
Quantenrepeater 219
Quantenzahl 173
quasiklassisch 59

R
radioaktive Zerfall 72
Raman-Kühlung 361
Raman-Strahlung 222
reine Systeme 23
Relativitätstheorie 29
Replay-Attacke 139
Resonatorverstärkung 163
Reversibilität 26, 227
Rosen 75
Rotationen 241
Routensuche 226
RSA 229, 293
Rucksackproblem 226

S
Schlüsselvereinbarung 97
Schrödinger 24, 60
schwarzsche Ungleichung 113
selbstadjungiert 39, 47
Selbstkompensierende Systeme 185
Selektive Strahlenteiler 154
Shannon 85
Skalarprodukt 37
skalierbar 25
Skalierbarkeit 229
Spektralsatz 39
Spektrum 22
Spin 1/2 68
Spin 1 68
Spinquantenzahl 173
Spur 51
Statistik 18
Strahlenteiler 149, 152
Strom-Zeit-Analyse 125
Stufenindexfaser 183
Superposition 21, 41, 225
Supraleiter 74
Symmetrische Verschlüsselung 91

T
TAN-Liste 138
Teleportation 154
Template 309
Tensorprodukt 42, 246
Terbium-Gallium-Granat 179
Theorie 3
Toffoli-Gate 237

U
überlichtschnelle Kommunikation 30
Übertrag 265
Ueli Maurer 120
Umgebungsbedingungen 74
unitär 21
Universeller optimaler Kloner 114
Unschärfeprinzip 30, 36
Unschärferelation 63

V
Vakuum 25
Valenzband 160
Verdrahtungsdiagramm 233

verrauschte Kanäle 85
verschränkte Systeme 26
Verschränkung 26, 28
Verschränkungsqualität 217
Verstärkungsschaltung 164
Vorher vereinbarte Geheimnisse 137
Vorzeichen einer Zahl 258

W

Wahrscheinlichkeitsaspekt von Messungen 22
Wechselwirkung 19
Wellenfunktion 19
Wirkung 26
woman-in-the-middle 136

Z

Zeilinger 210
zeitunabhängige Schrödinger-Gleichung 60
Zerfall 74
Zerlegbarkeit in ein Produkt 26
Zirkulare Polarisation 94
Zustandsraum 87